"十四五"时期国家重点出版物出版专项规划项目

第二次青藏高原综合科学考察研究丛书

青藏高原
重大生态工程建设成效评估

王小丹　赵　慧　侯太平　熊东红　洪江涛　等　著

科学出版社

北　京

内 容 简 介

本书系"第二次青藏高原综合科学考察研究"之重大生态工程成效科学考察的总结性专著,亦系青藏高原生态安全屏障功能与优化体系研究的重要成果,由工作在青藏高原一线的科研人员共同编著。全书共 7 章,通过对青藏高原重大生态工程综合考察,掌握高原重大生态工程建设总体进展、实施成效和存在问题;追踪生态工程区生态格局与服务变化轨迹,提炼生态工程实施情况下生态环境变化的主导规律;综合考虑技术﹣政策﹣民生,提出青藏高原重大生态工程优化方案,形成对青藏高原重大生态工程建设成效的科学评估结论,为泛第三极国家和地区生态建设提供可借鉴的中国模式。

本书可供生态学、地理学、环境科学等领域的科技工作者和高校师生等相关人员参考使用。

审图号：GS京（2024）2288号

图书在版编目（CIP）数据

青藏高原重大生态工程建设成效评估/王小丹等著.—北京：科学出版社,
2024.11.——（第二次青藏高原综合科学考察研究丛书）.--ISBN 978-7-03-
079937-1

Ⅰ.X171.4

中国国家版本馆CIP数据核字第2024WF6482号

责任编辑：董　墨　李嘉佳 / 责任校对：郝甜甜
责任印制：徐晓晨 / 封面设计：马晓敏

科学出版社出版
北京东黄城根北街 16 号
邮政编码：100717
http://www.sciencep.com
北京建宏印刷有限公司印刷
科学出版社发行　各地新华书店经销
*
2024年11月第 一 版　开本：787×1092　1/16
2024年11月第一次印刷　印张：40 1/4
字数：951 000

定价：458.00元
（如有印装质量问题，我社负责调换）

"第二次青藏高原综合科学考察研究丛书"
指导委员会

《青藏高原重大生态工程建设成效评估》
编写委员会

第二次青藏高原综合科学考察队
重大生态工程科考分队人员名单

姓名	职务	工作单位
王小丹	分队长	中国科学院、水利部成都山地灾害与环境研究所
侯太平	执行分队长	四川大学
熊东红	执行分队长	中国科学院、水利部成都山地灾害与环境研究所
洪江涛	执行分队长	中国科学院、水利部成都山地灾害与环境研究所
赵　慧	队员	中国科学院、水利部成都山地灾害与环境研究所
魏　达	队员	中国科学院、水利部成都山地灾害与环境研究所
赵　伟	队员	中国科学院、水利部成都山地灾害与环境研究所
张宝军	队员	中国科学院、水利部成都山地灾害与环境研究所
吴建波	队员	中国科学院、水利部成都山地灾害与环境研究所
舒书淼	队员	中国科学院、水利部成都山地灾害与环境研究所
张建新	队员	中国科学院、水利部成都山地灾害与环境研究所
徐　昕	队员	中国科学院、水利部成都山地灾害与环境研究所
袁正蓉	队员	中国科学院、水利部成都山地灾害与环境研究所
庞　博	队员	中国科学院、水利部成都山地灾害与环境研究所
梁钰凌	队员	中国科学院、水利部成都山地灾害与环境研究所
祁亚辉	队员	中国科学院、水利部成都山地灾害与环境研究所
刘　放	队员	中国科学院、水利部成都山地灾害与环境研究所
王壮壮	队员	中国科学院、水利部成都山地灾害与环境研究所

喻鳟善	队员	中国科学院、水利部成都山地灾害与环境研究所
赵丽蓉	队员	中国科学院、水利部成都山地灾害与环境研究所
赵冬梅	队员	中国科学院、水利部成都山地灾害与环境研究所
秦小敏	队员	中国科学院、水利部成都山地灾害与环境研究所
刘 琳	队员	中国科学院、水利部成都山地灾害与环境研究所
张闻多	队员	中国科学院、水利部成都山地灾害与环境研究所
詹琪琪	队员	中国科学院、水利部成都山地灾害与环境研究所
杨梦娇	队员	中国科学院、水利部成都山地灾害与环境研究所
蔡泽宇	队员	中国科学院、水利部成都山地灾害与环境研究所
高 爽	队员	中国科学院、水利部成都山地灾害与环境研究所
唐铎腾	队员	中国科学院、水利部成都山地灾害与环境研究所
张 胜	队员	四川大学
张 杰	队员	四川大学
金 洪	队员	四川大学
陶 科	队员	四川大学
刘 崑	队员	四川大学
宋海凤	队员	四川大学
李志勇	队员	四川大学
曾路遥	队员	四川大学
万 俊	队员	四川大学
杨 建	队员	四川大学
邓易明	队员	四川大学
乔卫杰	队员	四川大学
周钰婷	队员	四川大学
蔡文涌	队员	四川大学

蹇庭昆	队员	四川大学
夏 越	队员	四川大学
何瑞鹏	队员	四川大学
徐婉茹	队员	四川大学
刘瑞轩	队员	四川大学
姚 远	队员	四川大学
杨聪聪	队员	四川大学
李 庆	队员	四川大学
陈 遥	队员	四川大学
孔祥阁	队员	四川大学
郭子安	队员	四川大学
夏林超	队员	四川大学
刘雪娇	队员	四川大学
李梦菡	队员	四川大学
曾 乙	队员	四川大学
杨 乐	队员	四川大学
付明月	队员	四川大学
丁笠晋	队员	四川大学
郭仕菡	队员	四川大学
侯硕严	队员	四川大学
金梦云	队员	四川大学
任 俊	队员	四川大学
吴茜玲	队员	四川大学
徐兴琼	队员	四川大学
赵 洋	队员	四川大学

霍婷婷	队员	四川大学
刘珂吉	队员	四川大学
刘昕怡	队员	四川大学
邵雨虹	队员	四川大学
谭 庭	队员	四川大学
汪安雪	队员	四川大学
杨晶晶	队员	四川大学
张奇祺	队员	四川大学
曾 莹	队员	四川大学
宋永秀	队员	四川大学
刘思思	队员	四川大学
黄 麟	队员	中国科学院地理科学与资源研究所
曹 巍	队员	中国科学院地理科学与资源研究所
王 健	队员	中国科学院地理科学与资源研究所
王 岚	队员	中国科学院地理科学与资源研究所
王欠鑫	队员	中国科学院地理科学与资源研究所
周立华	队员	中国科学院科技战略咨询研究院
刘 洋	队员	中国科学院科技战略咨询研究院
裴孝东	队员	中国科学院科技战略咨询研究院
夏翠珍	队员	中国科学院科技战略咨询研究院
王 娅	队员	中国科学院西北生态环境资源研究院
李军豪	队员	中国科学院西北生态环境资源研究院
陈 勇	队员	中国科学院西北生态环境资源研究院
胥 晓	队员	西华师范大学
杜子银	队员	西华师范大学

廖咏梅	队员	西华师范大学
陈亚梅	队员	西华师范大学
汪　涛	队员	西华师范大学
刘　刚	队员	四川省草原科学研究院
史长光	队员	四川省草原科学研究院
周　俗	队员	四川省草原科学研究院
肖冰雪	队员	四川省草原科学研究院
杨思维	队员	四川省草原科学研究院
刘雨桐	队员	四川省草原科学研究院
泽让东洲	队员	四川省草原科学研究院
尼　科	队员	四川省草原科学研究院
王　钰	队员	四川省林业科学研究院
唐永发	队员	四川农业大学
段　宇	队员	中国地质大学（武汉）
付　浩	队员	成都理工大学
秦小静	队员	河南理工大学
刘璐璐	队员	成都大学
吴　汉	队员	内江师范学院
张　素	队员	内江师范学院
马星星	队员	山西师范大学

丛书序一

　　青藏高原是地球上最年轻、海拔最高、面积最大的高原，西起帕米尔高原和兴都库什、东到横断山脉，北起昆仑山和祁连山、南至喜马拉雅山区，高原面海拔 4500 米上下，是地球上最独特的地质 – 地理单元，是开展地球演化、圈层相互作用及人地关系研究的天然实验室。

　　鉴于青藏高原区位的特殊性和重要性，新中国成立以来，在我国重大科技规划中，青藏高原持续被列为重点关注区域。《1956—1967 年科学技术发展远景规划》《1963—1972 年科学技术发展规划》《1978—1985 年全国科学技术发展规划纲要》等规划中都列入针对青藏高原的相关任务。1971 年，周恩来总理主持召开全国科学技术工作会议，制订了基础研究八年科技发展规划（1972—1980 年），青藏高原科学考察是五个核心内容之一，从而拉开了第一次大规模青藏高原综合科学考察研究的序幕。经过近 20 年的不懈努力，第一次青藏综合科考全面完成了 250 多万平方千米的考察，产出了近 100 部专著和论文集，成果荣获了 1987 年国家自然科学奖一等奖，在推动区域经济建设和社会发展、巩固国防边防和国家西部大开发战略的实施中发挥了不可替代的作用。

　　自第一次青藏综合科考开展以来的近 50 年，青藏高原自然与社会环境发生了重大变化，气候变暖幅度是同期全球平均值的两倍，青藏高原生态环境和水循环格局发生了显著变化，如冰川退缩、冻土退化、冰湖溃决、冰崩、草地退化、泥石流频发，严重影响了人类生存环境和经济社会的发展。青藏高原还是"一带一路"环境变化的核心驱动区，将对"一带一路"20 多个国家和 30 多亿人口的生存与发展带来影响。

　　2017 年 8 月 19 日，第二次青藏高原综合科学考察研究启动，习近平总书记发来贺信，指出"青藏高原是世界屋脊、亚洲水塔，是地球第三极，是我国重要的生态安全屏障、战略资源储备基地，是中华民族特色文化的重要保护地"，要求第二次青藏高原综合科学考察研究要"聚焦水、生态、人类活动，着力解决青藏高原资源环境承载力、灾害风险、绿色发展途径等方面的问题，为守护好世界上最后一方净土、建设美丽的青藏高原作出新贡献，让青藏高原各族群众生活更加幸福安康"。习近平总书记的贺信传达了党中央对青藏高原可持续发展和建设国家生态保护屏障的战略方针。

第二次青藏综合科考将围绕青藏高原地球系统变化及其影响这一关键科学问题，开展西风–季风协同作用及其影响、亚洲水塔动态变化与影响、生态系统与生态安全、生态安全屏障功能与优化体系、生物多样性保护与可持续利用、人类活动与生存环境安全、高原生长与演化、资源能源现状与远景评估、地质环境与灾害、区域绿色发展途径等 10 大科学问题的研究，以服务国家战略需求和区域可持续发展。

"第二次青藏高原综合科学考察研究丛书"将系统展示科考成果，从多角度综合反映过去 50 年来青藏高原环境变化的过程、机制及其对人类社会的影响。相信第二次青藏综合科考将继续发扬老一辈科学家艰苦奋斗、团结奋进、勇攀高峰的精神，不忘初心，砥砺前行，为守护好世界上最后一方净土、建设美丽的青藏高原作出新的更大贡献！

孙鸿烈

第一次青藏科考队队长

丛 书 序 二

　　青藏高原及其周边山地作为地球第三极矗立在北半球，同南极和北极一样既是全球变化的发动机，又是全球变化的放大器。2000年前人们就认识到青藏高原北缘昆仑山的重要性，公元18世纪人们就发现珠穆朗玛峰的存在，19世纪以来，人们对青藏高原的科考水平不断从一个高度推向另一个高度。随着人类远足能力的不断加强，逐梦三极的科考日益频繁。虽然青藏高原科考长期以来一直在通过不同的方式在不同的地区进行着，但对于整个青藏高原的综合科考迄今只有两次。第一次是20世纪70年代开始的第一次青藏科考。这次科考在地学与生物学等科学领域取得了一系列重大成果，奠定了青藏高原科学研究的基础，为推动社会发展、国防安全和西部大开发提供了重要科学依据。第二次是刚刚开始的第二次青藏科考。第二次青藏科考最初是从区域发展和国家需求层面提出来的，后来成为科学家的共同行动。中国科学院的A类先导专项率先支持启动了第二次青藏科考。刚刚启动的国家专项支持，使得第二次青藏科考有了广度和深度的提升。

　　习近平总书记高度关怀第二次青藏科考，在2017年8月19日第二次青藏科考启动之际，专门给科考队发来贺信，作出重要指示，以高屋建瓴的战略胸怀和俯瞰全球的国际视野，深刻阐述了青藏高原环境变化研究的重要性，希望第二次青藏科考队聚焦水、生态、人类活动，揭示青藏高原环境变化机理，为生态屏障优化和亚洲水塔安全、美丽青藏高原建设作出贡献。殷切期望广大科考人员发扬老一辈科学家艰苦奋斗、团结奋进、勇攀高峰的精神，为守护好世界上最后一方净土顽强拼搏。这充分体现了习近平生态文明思想和绿色发展理念，是第二次青藏科考的基本遵循。

　　第二次青藏科考的目标是阐明过去环境变化规律，预估未来变化与影响，服务区域经济社会高质量发展，引领国际青藏高原研究，促进全球生态环境保护。为此，第二次青藏科考组织了10大任务和60多个专题，在亚洲水塔区、喜马拉雅区、横断山高山峡谷区、祁连山-阿尔金区、天山-帕米尔区等5大综合考察研究区的19个关键区，开展综合科学考察研究，强化野外观测研究体系布局、科考数据集成、新技术融合和灾害预警体系建设，产出科学考察研究报告、国际科学前沿文章、服务国家需求评估和咨询报告、科学传播产品四大体系的科考成果。

两次青藏综合科考有其相同的地方。表现在两次科考都具有学科齐全的特点，两次科考都有全国不同部门科学家广泛参与，两次科考都是国家专项支持。两次青藏综合科考也有其不同的地方。第一，两次科考的目标不一样：第一次科考是以科学发现为目标；第二次科考是以摸清变化和影响为目标。第二，两次科考的基础不一样：第一次青藏科考时青藏高原交通整体落后、技术手段普遍缺乏；第二次青藏科考时青藏高原交通四通八达，新技术、新手段、新方法日新月异。第三，两次科考的理念不一样：第一次科考的理念是不同学科考察研究的平行推进；第二次科考的理念是实现多学科交叉与融合和地球系统多圈层作用考察研究新突破。

"第二次青藏高原综合科学考察研究丛书"是第二次青藏科考成果四大产出体系的重要组成部分，是系统阐述青藏高原环境变化过程与机理、评估环境变化影响、提出科学应对方案的综合文库。希望丛书的出版能全方位展示青藏高原科学考察研究的新成果和地球系统科学研究的新进展，能为推动青藏高原环境保护和可持续发展、推进国家生态文明建设、促进全球生态环境保护做出应有的贡献。

姚檀栋

第二次青藏科考队队长

序

　　近 20 年来，中国生态保护修复事业取得长足进步，为保障国家生态安全提供了重要基础支撑。青藏高原是重要的国家生态安全屏障，极端生境下生态系统的敏感性、脆弱性造就退化生态修复与生态功能维系成为世界性的难题，而全球气候变暖和强烈的人类活动加剧了这一问题的复杂性。在青藏高原生态安全屏障建设战略指引下，国家通过实施西藏生态安全屏障区、三江源自然保护区、祁连山自然保护区和横断山重要生态功能区、甘南-若尔盖重要生态保护区等一系列高原重大生态工程，生态保护修复取得明显进展，生态服务能力保持总体稳定。

　　本书系"第二次青藏高原综合科学考察研究"之重大生态工程成效科学考察的总结性地理学和生态学专著，亦系青藏高原生态安全屏障功能与优化体系研究之大成，由工作在青藏高原一线的科研人员共同编著。本书从多角度系统评估了青藏高原重点生态工程成效，展示了科考团队在生态工程和生态安全屏障研究中的实力与丰富的积累，是一份高质量的科考报告。全书通过对青藏高原重大生态工程综合考察，掌握高原重大生态工程建设总体进展、实施成效和存在问题；追踪生态工程区生态格局与服务变化轨迹，提炼生态工程实施情况下生态环境变化的主导规律；考虑技术-政策-民生，提出青藏高原重大生态工程优化方案，综合形成对青藏高原重大生态工程建设成效的科学评估结论，为高寒生态学和青藏高原地球系统科学发展有所贡献，为泛第三极周边国家和地区生态建设提供可借鉴的中国模式。

　　全书内容系统全面、资料严谨翔实、结构逻辑严密，极大地推动了青藏高原人类活动正向效应的深入研究，是迄今对青藏高原重大生态工程最系统的评估。近 50 年来，高原气候整体呈暖湿化趋势，是实施生态工程的重要窗口期，人类活动通过生态保护与修复发挥的正向效应愈加凸显。高原生态退化问题得到有效遏制，高原生态

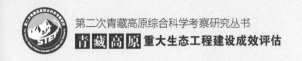

总体趋好，实现了生态安全屏障建设阶段目标。

专著的主体部分依托 2019 年启动的青藏高原第二次综合科学考察的第四任务"生态安全屏障功能与优化体系"的第四课题"重大生态工程成效评估"。作为第四任务的负责人，有幸参与了书稿框架的拟定，见证了编写团队数十年如一日的艰苦的高原科考工作。纵观全书，高原重大生态工程综合成效评估的主题鲜明，紧扣核心生态要素，全面总结自然－社会－经济方面的工程成效，形成科学严谨的评价结果，提出针对性和前瞻性的优化对策。该书不仅具有很高的学术价值，更可为从事生态保护与修复的广大科技工作者提供可借鉴的理论方法和关键技术。

中国科学院院士

青藏二次科考第四任务负责人

前　言

　　生态工程是 20 世纪 60 年代提出来的全新的、多学科相互渗透的应用学科领域，是指利用生物结构原理、功能过程原理与系统工程优化方法等，达到科学利用和改造自然并为人类提供可持续性服务的目的。由于发展时间短、学科交叉性强和应用范围广泛等特点，目前未形成较为统一的生态工程定义，相关的理论问题和科学体系仍然处在开拓和探索阶段，大多数学者将其纳入应用生态学、自然地理学、环境科学和可持续发展等范畴开展研究。在国际上，生态工程核心目标是在促进自然界良性循环前提下，发挥物质生产潜力并防止环境污染，解决现代人类社会可持续发展的问题。我国长期以来在农牧、林业和水利等行业生产实践中，围绕草地退化治理、天然林保护、防护林建设、沙漠化防治和水土流失治理等主题，实施青藏高原生态安全屏障建设、中国退耕还林还草工程、三北防护林体系建设等具有世界标志性的生态工程，产生显著综合效益和示范引领作用，逐步形成了我国现代生态工程科学与技术体系。本书认为，生态工程是应用生态学和工程学原理，有机结合整体论科学与还原技术，对生态环境和资源进行保护、治理、调控的技术体系或工艺过程，实现生态安全可持续性目标。

　　青藏高原是重要的国家生态安全屏障，拥有除海洋生态系统外几乎所有的陆地生态系统，多样的生态系统提供了重要的水源涵养、土壤保持、防风固沙、碳固持和生物多样性维持等功能，在保障国家生态安全和周边国家生态平衡等方面发挥着重要的屏障作用。高原以其最复杂的形成机制、最高的海拔、最重要的环境效应、最脆弱的生态系统等特点成为地理学和生态学关注的焦点，成为开展高寒极端生境生态保护与恢复的最理想实验室。极端生境下生态系统的敏感性、脆弱性造就退化生态修复与生态功能维系成为世界性的难题，而全球气候变暖和强烈的人类活动加剧了这一问题的复杂性。

　　在青藏高原生态安全屏障建设战略指引下，国家先后在西藏生态安全屏障区、三江源自然保护区、祁连山自然保护区和横断山重要生态功能区、甘南-若尔盖重要生态保护区等地实施了一系列重大生态工程，总投资超千亿元，生态保护面积约占国土总面积 1/3，是我国乃至全球单个自然地域单元实施的规模最大的生态工程。

重大生态工程成效评估科考分队是第二次青藏科考重要组成部分，由中国科学院水利部成都山地灾害与环境研究所、四川大学、中国科学院地理科学与资源研究所、中国科学院科技战略咨询研究院、中国科学院西北生态环境资源研究院、西华师范大学等单位组成。以藏北天然草地保护工程区、雅鲁藏布江河谷（简称雅江河谷）人工造林和沙化治理区、三江源国家公园、祁连山自然保护区和横断山高山峡谷区等为重点调查区域，综合采用地面监测-无人机（高光谱）-陆地卫星立体调查与监测、工程区内外对照监测、双核素联合示踪及泥沙定量反演、流域和区域模型改进和应用等方法，探究青藏高原生态工程实施后屏障功能的时空变化规律，查明青藏高原重大生态工程实施成效及存在的问题，明确重大生态工程实施后的生态环境效应，解析自然生态保护体系、退化生态修复体系与区域经济社会发展支撑体系的作用机制，提出青藏高原全域生态安全屏障重大生态工程优化方案，为青藏高原生态屏障体系优化与区域生态文明建设提供科学支撑。

本书是第二次青藏科考重大生态工程成效评估科考分队阶段成果总结，系统梳理了近 50 年来青藏高原生态工程实施状况，构建了适合高原特点的生态工程成效评估方法，总结了成功经验并诊断存在的问题，提出了未来生态工程优化调整对策与建议。青藏高原生态工程以生态系统为基点和典型生态问题为重点加以实施、以景观空间格局和生态安全格局为构型予以调控、以区域大尺度自然-社会-经济子系统协调予以整合的鲜明特色，取得了高寒区生态系统退化机理与防治技术、景观格局间相互作用与耦合机制、区域生态安全维持路径、生态安全屏障科学体系等前沿科学进展，成为高寒生态学和青藏高原地球系统科学的重要分支。近 50 年来，高原气候整体呈暖湿化趋势，是实施生态工程的重要窗口期，人类活动通过生态保护与修复发挥的正向效应愈加凸显。区域生态退化问题得到有效遏制，高原生态总体趋好，实现了生态安全屏障建设阶段目标。未来需要紧紧围绕筑牢国家生态安全屏障和构建生态文明高地的战略定位，从空间布局科学性、实施时序优先性和技术先进性等方面优化生态工程体系，需要从生态安全、生态经济、生态文化和生态制度等多维度协同与权衡推进生态工程实施，需要充分认识到高寒环境具有先天脆弱的特质，气候变化加剧下的生态风险增加，以及经济社会发展产生的生态压力提升，注定青藏高原生态环境保护具有长期性和艰巨性。

本书是重大生态工程成效评估科考分队阶段成果汇编。全书共分 7 章，第 1 章作者为王小丹、赵慧；第 2 章作者为王小丹、赵慧、魏达、舒书淼、张宝军等；第 3 章作者为赵慧、黄麟、魏达等；第 4 章作者为熊东红、洪江涛、魏达、张宝军、赵伟、杜子银、赵冬梅等；第 5 章作者为侯太平、刘刚、张胜、陶科、金洪、胥晓、张杰、杨思维、史长光等；第 6 章作者为周立华、王娅、李志勇、曾路遥等；第 7 章作者为王小丹、赵慧、洪江涛、魏达、张建新、吴建波等。王小丹负责全书结构、内容和技术路线的设计，最后由王小丹、赵慧完成全书的统稿和定稿。参与本书文字及格式处理工作的研究生有袁正蓉、梁钰凌、庞博、祁亚辉、王壮壮、刘放、夏翠珍、谭庭等。

生态工程成效评估涉及多学科、多部门且内容多而广，青藏高原受监测条件所限，大尺度和长时间序列监测数据缺乏，特别是生态工程区内外对照监测不足。加之研究时间和作者水平所限，难免有不详和疏漏之处，诚请读者批评指正。未来将加大生态工程的生物学原理、工程学原理和系统方法论的归纳，气候变化和人类活动驱动力的定量辨识，以及生态工程成效尺度拓展和远程环境效应的深入研究。

本书是重大生态工程成效评估科考分队众多科研人员长期不畏艰险、辛勤劳动的成果，感谢科考分队所有队员的付出与奉献。特别感谢第二次青藏科考队队长首席姚檀栋院士、任务负责人傅伯杰院士等专家的悉心指导。谨以《青藏高原重大生态工程建设成效评估》科考报告致以敬意！

王小丹

2024 年 7 月

摘　　要

青藏高原是"世界屋脊"和"地球第三极"，是我国和多个国家的"江河源"和"生态源"，是独特的生态地域单元，在维系高原生态系统、生物多样性及周边亚洲国家生态平衡等方面发挥着重要的生态屏障作用。青藏高原生态屏障区是国家"两屏三带"生态格局的主体空间单元之一，也处于《全国重要生态系统保护与修复重大工程总体规划(2021—2035)》的首要地位。生态工程成效监测与评估及相关技术优化是保障国家重大生态工程顺利实施的关键所在。从前期的西藏、三江源等重大生态工程实施效益评估中发现，部分生态工程内容不能满足国家对生态文明建设的新要求，个别工程实施效果不明显，生态工程布局和规模不完善，生态安全屏障体系需要相应调整。

针对以上问题，青藏高原第二次综合科考组建"重大生态工程成效评估科考分队"，以五个地理单元的林地生态保护与建设工程、草地生态保护与建设工程、土地沙化治理工程、水土流失综合治理工程等多类生态工程项目为重点科考对象，建立对重大工程实施区域的生态格局-功能-驱动力变化规律的科学认识，追踪高原全区重大生态工程的实施轨迹，提炼各类生态工程实施情况下脆弱高原生态系统恢复的主导规律，阐明高寒生态系统自我维持机制与生态工程布局-规模-时限的关系等关键科学问题，科学认知青藏高原重大生态工程的建设成效，为形成筑牢青藏高原生态安全屏障的总体优化方案提供重要支撑。

围绕以上科考目标，本科考分队的主要考察内容包括：①揭示过去 30 年(1990～2020 年)间水源涵养、土壤保持、固碳功能、生物量供给和生物多样性保护等生态功能的变化规律和工程区域差异，阐明生态屏障主要功能变化及存在问题，辨识气候变化与生态工程对生态系统结构功能变化的影响份额；②通过生态工程区内外碳水过程对比研究，实现工程区-流域-生态系统-区域尺度上的转换，回答生态工程实施的多尺度环境效应；③统筹自然生态保护体系、退化生态修复体系与区域经济社会发展支撑体系，提出青藏高原生态安全屏障优化方案。

基于科考分队队员前期研究基础和这次的科考核心内容，主要成果总结如下：①建立和开发了青藏高原重大生态工程评估综合数据库及监测平台，查明了近30年来青藏高原重大生态工程实施的时空格局。青藏高原重大生态工程的实施面积已经达到8250万 hm^2，其中草地类工程实施面积最广，达到2500万 hm^2；林地类工程建设周期最长，已有30年历史；水土流失治理和土地沙化治理工程的实施总面积也分别达到73.78万 hm^2 和63.73万 hm^2。②建立了基于生态结构-质量-功能-驱动力的生态工程成效评估的综合指标体系，结合五大地理单元的工程实施情况及西藏、三江源等典型高原生态工程综合评估的成功经验，集成野外和遥感观测、生态模型模拟和人文经济实证调查数据，开展了重大生态工程效益的综合评估，为后续生态工程顺利优化实施提供了科学依据。主要结论包括：近30年来，青藏高原生态系统格局稳定少动，生态系统类型变化相对缓慢，人类改造生态系统的强度和广度远低于全国其他地区；草地退化的趋势总体得到初步遏制，工程实施对草地覆盖度的提高产生了直接的正面作用，但高寒草地的天然特性决定了群落覆盖度提高幅度有限，不同区域变化差异明显；区域水土保持能力增加，沙化面积也略有减少，林草复合措施固沙效果好，雅江河谷景观生态改善，黑土滩建植后草地生产力迅速增加，生态恢复效果明显；水源涵养、固碳能力逐步提升，保护区野生动植物种群呈现恢复性增长，珍稀野生动物种群增加显著。这些评估结论证明，工程措施对区域生态恢复产生了正面影响，生态系统退化态势得到了进一步遏制，生态安全屏障功能总体稳定向好。青藏高原重大生态工程建设正在有序开展，在优化生态系统格局、增强生态系统服务功能、提高生态系统质量和改善区域生态环境方面起到了重要的作用，综合的生态和环境效益正在逐步显现。

目　　录

第1章　绪论 ·· 1

1.1　青藏高原生态安全屏障建设 ·· 2

1.1.1　生态安全屏障的科学基础 ·· 2

1.1.2　高原生态安全屏障面临的威胁 ·· 7

1.1.3　青藏生态安全屏障建设战略 ·· 11

1.2　高原重大生态工程建设 ·· 13

1.2.1　重大生态工程布局 ··· 13

1.2.2　重大生态工程类型 ··· 16

1.3　区域性重大生态工程 ··· 19

1.3.1　西藏生态安全屏障保护与建设工程 ·· 19

1.3.2　三江源地区重点生态工程 ·· 20

1.3.3　祁连山地区重点生态工程 ·· 21

1.3.4　若尔盖–甘南生态保护与建设工程 ·· 22

1.3.5　横断山生态保护与建设工程 ·· 23

第2章　高原重大生态工程监测与评估 ·· 25

2.1　生态工程成效监测理论与方法 ··· 26

2.1.1　宏观生态状况监测 ··· 26

2.1.2　生态工程信息实时监测 ··· 30

2.1.3　工程区域内外野外配对监测 ·· 35

2.1.4　放射性核素示踪监测 ·· 37

2.1.5　生态功能模型模拟及预测 ·· 39

2.2　重大生态工程评估的理论与方法 ·· 51

2.2.1　国内外重大生态工程成效评估的相关进展 ······························ 51

2.2.2　高原重大生态工程评估方法 ·· 55

第3章　重大生态工程对生态格局与功能的影响 ······································· 59

3.1　重大生态工程对生态系统宏观格局的影响 ·· 60

3.1.1　青藏高原生态系统格局及时空变化 ·· 60

3.1.2　森林生态工程的宏观结构效应 ·· 63

3.1.3　草地生态工程的宏观结构效应 ·· 64

   3.1.4 土地沙化治理的宏观结构效应 ·· 66

 3.2 重大生态工程对生态系统主要服务功能的影响··························· 66

   3.2.1 青藏高原生态系统主要服务功能的时空变化 ······················ 67

   3.2.2 典型工程区生态系统水源涵养功能状况及变化 ·················· 90

   3.2.3 典型工程区生态系统土壤保持功能状况及变化 ·················· 107

   3.2.4 典型工程区生态系统防风固沙功能状况及变化 ·················· 137

   3.2.5 典型工程区生态系统碳固定功能状况及变化 ···················· 168

   3.2.6 典型工程区生态系统生物多样性保护功能状况及变化 ········ 185

 3.3 高寒生态系统变化的驱动力··· 202

   3.3.1 气候变化对高寒生态系统的影响 ································· 202

   3.3.2 人类活动对高寒生态系统的影响 ································· 204

   3.3.3 高寒生态系统变化相对贡献率厘定 ······························ 207

第4章 重大生态工程的环境效应 ··· **211**

 4.1 区域环境要素变化·· 212

   4.1.1 高原面气候要素及其时空变化趋势 ······························ 212

   4.1.2 生态工程建设典型区域地表温度时空分布特征 ·················· 227

   4.1.3 生态工程典型区降水和地表水的时空变化 ······················ 231

   4.1.4 生态工程典型区蒸散发/潜热通量的时空变化 ·················· 234

 4.2 流域风沙、水沙过程演变与水土流失 ····································· 237

   4.2.1 局地生态工程植被－土壤－水文耦合作用变化 ·················· 237

   4.2.2 典型生态工程区侵蚀产沙效应 ································· 270

   4.2.3 典型流域径流泥沙变化及其影响因素 ··························· 300

 4.3 青藏高原重大生态工程地气过程 ··· 313

   4.3.1 退牧还草生态工程发展历程 ····································· 313

   4.3.2 高寒草地生态恢复工程下的 CO_2 汇 ····························· 315

   4.3.3 高寒草地生态恢复工程下的 CH_4 吸收 ·························· 317

   4.3.4 高寒草地生态恢复工程下的水热通量 ··························· 319

   4.3.5 高寒草地禁牧恢复面临的问题与前景 ··························· 322

 4.4 草地工程土壤养分形态转化与动态 ·· 323

   4.4.1 减畜工程实施现状 ··· 323

   4.4.2 牲畜排泄物降解及其养分动态 ································· 324

   4.4.3 减畜工程排泄物返还对土壤氮转化过程的影响 ·················· 330

   4.4.4 围栏封育对草地土壤养分的影响 ······························ 334

 4.5 草地工程植物养分吸收策略变化 ··· 339

   4.5.1 围封草地植物氮吸收策略变化 ································· 339

   4.5.2 围封草地植物根系特征对氮吸收速率的影响 ···················· 342

   4.5.3 围封草地种间关系对植物氮吸收偏好的影响 ···················· 342

第5章　高原重大生态工程优化技术⋯⋯⋯⋯⋯⋯⋯⋯⋯⋯⋯⋯⋯⋯⋯⋯**347**

　5.1　基于树种筛选和功能提升的人工林建设优化技术⋯⋯⋯⋯⋯⋯⋯⋯⋯348

　　5.1.1　人工林分布格局⋯⋯⋯⋯⋯⋯⋯⋯⋯⋯⋯⋯⋯⋯⋯⋯⋯⋯⋯348

　　5.1.2　主要树种的适应特征与环境效应⋯⋯⋯⋯⋯⋯⋯⋯⋯⋯⋯⋯354

　　5.1.3　人工林适生树种筛选和生态功能优化提升⋯⋯⋯⋯⋯⋯⋯⋯373

　5.2　典型退化草地修复技术优化提升⋯⋯⋯⋯⋯⋯⋯⋯⋯⋯⋯⋯⋯⋯⋯386

　　5.2.1　退化草地生态环境特征重要因素及治理进展⋯⋯⋯⋯⋯⋯⋯386

　　5.2.2　退化草地生态修复工程技术⋯⋯⋯⋯⋯⋯⋯⋯⋯⋯⋯⋯⋯412

　　5.2.3　退化草地生态修复工程技术集成⋯⋯⋯⋯⋯⋯⋯⋯⋯⋯⋯425

　　5.2.4　退化湿地生态修复技术⋯⋯⋯⋯⋯⋯⋯⋯⋯⋯⋯⋯⋯⋯⋯442

第6章　生态工程的绩效评价及优化管理⋯⋯⋯⋯⋯⋯⋯⋯⋯⋯⋯⋯⋯**457**

　6.1　基于公共价值的多元利益主体生态工程绩效评价⋯⋯⋯⋯⋯⋯⋯⋯458

　　6.1.1　生态工程绩效评价体系⋯⋯⋯⋯⋯⋯⋯⋯⋯⋯⋯⋯⋯⋯⋯458

　　6.1.2　典型生态工程绩效评价⋯⋯⋯⋯⋯⋯⋯⋯⋯⋯⋯⋯⋯⋯⋯469

　6.2　生态工程实施对民生质量的影响⋯⋯⋯⋯⋯⋯⋯⋯⋯⋯⋯⋯⋯⋯⋯494

　　6.2.1　典型地区农牧民生计调查评估⋯⋯⋯⋯⋯⋯⋯⋯⋯⋯⋯⋯494

　　6.2.2　典型地区生态工程对民生质量的影响⋯⋯⋯⋯⋯⋯⋯⋯⋯514

　6.3　基于多元利益主体的生态工程调控对策⋯⋯⋯⋯⋯⋯⋯⋯⋯⋯⋯⋯533

　　6.3.1　祁连山生态工程调控对策及优化建议⋯⋯⋯⋯⋯⋯⋯⋯⋯533

　　6.3.2　三江源地区退牧还草工程调控对策及优化建议⋯⋯⋯⋯⋯536

　　6.3.3　川西藏族聚居区生态工程的优化调控及经验启示⋯⋯⋯⋯540

　　6.3.4　西藏高原生态工程调控对策及优化建议⋯⋯⋯⋯⋯⋯⋯⋯544

　　6.3.5　青藏高原重大生态工程实施的经验总结与启示⋯⋯⋯⋯⋯548

第7章　青藏高原重大生态工程成效⋯⋯⋯⋯⋯⋯⋯⋯⋯⋯⋯⋯⋯⋯⋯**553**

　7.1　高原重大生态工程成效⋯⋯⋯⋯⋯⋯⋯⋯⋯⋯⋯⋯⋯⋯⋯⋯⋯⋯554

　　7.1.1　生态工程有序推进，生态安全屏障骨干体系基本成形⋯⋯⋯554

　　7.1.2　生态工程综合效益凸显，生态环境稳定向好⋯⋯⋯⋯⋯⋯556

　　7.1.3　生态工程绩效提升，生态为民富民取得实效⋯⋯⋯⋯⋯⋯558

　　7.1.4　暖湿化为主的气候进程总体利于生态工程发挥成效⋯⋯⋯558

　7.2　高原重大生态工程实施存在的问题⋯⋯⋯⋯⋯⋯⋯⋯⋯⋯⋯⋯⋯⋯559

　　7.2.1　缺乏一体化保护与系统化治理的整体方案⋯⋯⋯⋯⋯⋯⋯559

　　7.2.2　生态工程规模时序效应显现，技术亟待优化⋯⋯⋯⋯⋯⋯560

　　7.2.3　成效监测评估与科技支撑能力不足⋯⋯⋯⋯⋯⋯⋯⋯⋯⋯561

　　7.2.4　"重治理轻管护"，工程配套政策助力不足⋯⋯⋯⋯⋯⋯⋯561

　　7.2.5　生态补偿机制"一刀切"，适应性不足⋯⋯⋯⋯⋯⋯⋯⋯⋯561

　7.3　高原重大生态工程优化建议⋯⋯⋯⋯⋯⋯⋯⋯⋯⋯⋯⋯⋯⋯⋯⋯562

　　7.3.1　生态文明高地建设理论和区域高质量发展衔接⋯⋯⋯⋯⋯562

7.3.2 专题性和区域性生态工程的协同配合 …………………………… 562

7.3.3 多渠道投入生态补偿格局 …………………………………………… 563

7.3.4 分阶段加强监测评估和科技支撑 …………………………………… 563

7.3.5 加大生态工程建设规模和投资力度 ………………………………… 563

7.3.6 加强生态工程管理的制度建设 ……………………………………… 564

参考文献 …………………………………………………………………… **565**

第 1 章

绪　论

　　青藏高原是重要的国家生态安全屏障。高原平均海拔超过4000m，面积约260万km²，包括西藏自治区和青海省全部以及新疆、甘肃、四川、云南部分地区，是地球上独特的寒旱高极，被誉为"世界屋脊"和"地球第三极"。青藏高原的隆升不仅奠定了当今中国和亚洲的地形地貌格局，还使得我国东部与东亚地区避免成为类似同纬度北非、中东地区的沙漠地带，转而形成了湿润的亚热带季风气候区，构成了我国西北干旱、东部湿润、青藏高原寒冷三大自然区的地理环境格局，是亚洲乃至北半球气候变化的"启动器"和"调节器"。青藏高原是世界上山地冰川最发育的地区，拥有世界上湖泊面积最大、数量最多的高原湖泊区，是世界上河流发育最多的区域和诸多亚洲著名河流发源地，被称为"亚洲水塔"，为20多亿人提供水资源保障。高原江河之水滋养着土地和人民，是亚洲文明的源泉之一。

　　青藏高原拥有除海洋生态系统外几乎所有的陆地生态系统，构成了全球面积最大的高寒生物群系，这些多样的生态系统在气候调节、水源涵养、土壤保持、防风固沙、碳固持、生物多样性维持等方面发挥着重要作用，对保障国家生态安全和周边国家的生态平衡具有重大意义。然而，高寒生态系统先天脆弱敏感，受全球气候变暖和人类活动影响，面临着雪线上升、冰川退缩、冻土消融、草地退化、土地沙化和自然灾害等生态环境问题，对高原乃至周边地区生态安全构成严重威胁。筑牢生态安全屏障是国家保护青藏高原生态环境的重大战略，其以自然生态保护、退化生态修复和支撑保障体系建设为主线，以实施系列重大生态工程为抓手。近30年来，通过国家专项支持、行业主管部门投入、项目援藏等多渠道，青藏高原的自然保护地、重要生态功能区和生态脆弱区等区域得到了有效保护，退化草地、沙化土地、水土流失和地质灾害等区域也实施了生态修复，有效维持了高寒生态系统的结构与功能稳定。同时，还开展了高原生态状况变化监测，构建了生态工程成效科学评估方法，总结了重大生态工程实践经验，提升了生态服务能力和人类活动的正向效应，既服务于国家生态安全战略，也促进了生态工程学科的发展。

1.1　青藏高原生态安全屏障建设

1.1.1　生态安全屏障的科学基础

1. 生态安全

　　20世纪60年代以来，跨越国家的全球性问题，如森林锐减、土地退化、水土流失、水体与大气污染以及温室效应带来的全球气候变化日趋突出且严重，全球性环境恶化已经威胁到人类的生存与发展，对生态安全的企求和研究，已成为全世界关注的热点，特别是西方发达国家已将生态安全提升到国家战略层面的高度。这一变化促使国家和地区安全概念也因此从传统安全领域（领土安全、军事安全）发展到非传统安全（生态安全）。莱斯特 . R·布朗于 1977 年提出要对国家安全加以重新界定，随后他又指出，目前对安全的威胁来自人与自然间关系的可能性会增多，土壤侵蚀、地球基本生物系统的退化和石油储量的减少等，正在威胁着每个国家的安全（布朗，1984）。他是最早将环境变化含义明确引入安全概念的学者（崔胜辉等，2005）。20 世纪 80 年代早期，联合国大会裁军与国际安全委员会对共同安全的内容解释为日益增长的非军事威胁，包括经济压力、资源亏缺、人口膨胀和环境退化。1983 年，Ulman 将安全带来的威胁定义为对国家安全造成威胁的一项行动或一系列事件，包括在短时间内使一个国家居民生活质量变化和使一个国家政府或使一个国家私人及非政府的政策选择范围减小（Ulman，1983）。1987 年世界环境与发展委员会在《我们共同的未来》报告中提出，安全的定义必须扩展，应包括环境恶化和发展条件遭到的破坏（世界环境与发展委员会，1997）。1989 年国际应用系统分析研究所（International Institute for applied Systems Analysis，IIASA）提出生态安全的定义：生态安全是指在人的生活、健康、安乐、基本权利、生活保障来源、必要资源、社会秩序和人类适应环境变化的能力等方面不受威胁的状态，包括自然生态安全、经济生态安全和社会生态安全，组成一个复合人工生态安全系统。该定义强调人类生态安全，即突出人类赖以生存的环境的安全。

依据 IIASA 生态安全定义，Geoffrey（1995）进一步提出生态安全是人类生存环境处于健康可持续发展状态。曲格平（2002）提出，生态安全一般包括两层基本含义：一是防止由于生态环境的退化对经济基础构成威胁，主要指环境质量状况低劣和自然资源的减少与退化削弱了经济可持续发展的支撑能力；二是防止由于环境破坏和自然资源短缺引发人民群众的不满，特别是环境难民的大量产生，进而威胁社会安全，从而导致国家的动荡；肖笃宁和冷疏影（2001）认为，生态安全包含生态系统是否有益于人类安全，即生态系统所提供的服务是否满足人类的生存需要；此外，国外还有学者认为，生态安全是指国家生存和发展所需的生态环境处于不受或少受破坏与威胁状态（Malin，2002）。

在强调人类生态安全的同时，有不少学者从生态系统的角度对生态安全概念与内涵提出了自己的见解。Geoffrey（1995）认为，生态安全包括生物细胞、组织、个体、种群、群落、生态系统、生态景观、生态区（生物地理区）、陆（地）海（洋）生态及人类生态，只要其中的某一生态层次出现损害、退化、胁迫，都可以说是其生态安全处于危险状态，即生态不安全。Malin（2002）认为，生态系统的安全是生态安全的基础，生态安全可以分为三个层次：一是人的生命和健康安全，它取决于生命系统和环境系统的安全；二是生命系统的安全，它取决于环境系统的安全；三是环境系统的安全，它取决于特定空间中空气、阳光、水分、土壤、植被等因素的安全。此外，还有观点强调生态安全内涵包括两个方面：一是保护健康的生态系统，二是维护生态系统的恢复力。郭中伟（2001）从景观尺度上对生态安全加以定义，认为生态安全应包括区域生态系统的完整性和健康度，生态过程的连续性和稳定度，生态灾害的风险性和安全度。

从上述有关生态安全概念与内涵的介绍中可以看出，生态安全牵涉到生态学、环境科学、地学、生物学以及经济学、社会学等多种学科，是一门自然科学与社会科学交叉的学科。目前，国内外尚无公认的关于生态安全的科学定义。通过上述分析，结合作者在青藏高原的研究实践，本书认为生态安全是指一个国家或一个区域人类生存和发展所需的生态系统服务功能（包括提供物质产品的生产功能和满足人类生存需要的生态功能）处于不受或少受破坏与威胁状态，确保生态环境保持既能满足人类和生物群落持续生存与发展的需要，又能保持其本能不受损害，与经济社会共同实现可持续发展。所谓生态环境本能是指生态环境对维系人类生存与发展的外部环境稳定能力，对人类活动所释放废弃物的缓冲能力，对各类有毒物质的自然降解能力，对各类干扰和破坏生态系统平衡的抗逆能力，对生态系统受到破坏后的修补能力等。可见，保障一个国家或一个区域的生态安全，首要任务就是保护这个国家或地区的生态环境本能，使其生存和发展所处的生态环境保持良性循环，保持以土地、大气、水体、动植物种质资源为体现的"自然资本"的保值增值和永续利用。

全球生态安全受气候变暖和人类活动的响应强烈，在高温室气体排放的影响下，全球在 2100 年将约有 57% 以上的不安全土地。随着全球气候变暖和人类活动的加剧，生态安全将受到严重的威胁（Walther et al.，2002；Feng et al.，2016）。生态安全的破坏会导致荒漠化、粮食短缺和水资源安全等，严重威胁着人类的生存与发展（Glover et al.，2010；Feng et al.，2018；Huang et al.，2020）。

2. 生态安全屏障

近年来，有不少学者对与生态安全有关的生态屏障的概念、内涵等进行了探讨（陈国阶，2002；潘开文等，2004；王玉宽等，2005；四川省林学会办公室，2002），但迄今为止，尚无统一的认识。根据有关学者的理解，并结合作者团队在青藏高原多年工作的实践，认为生态屏障应具有如下特点和功能：一定区域的生态系统，其生态过程对相邻区域环境或大尺度区域环境具有保护性作用，为人类生存和发展提供了良好的生态服务。这里的"一定区域"不仅强调生态系统所处空间位置的特殊性和重要性，而且其范围大小依据实际情况而定。这类区域内的生态系统一般说来就是复合生态系统，既包括各种类型的自然生态系统，也包含半自然的和人工的生态系统。这些系统在空间上呈现多层次的结构和有序化的格局，不但与其所在区域自然生态环境相协调，而且与其所在区域人为环境相和谐，能够给人类生存和发展提供可持续的物质与环境服务，并对相邻区域环境乃至更大尺度区域的生态与环境安全起着保障作用，特别是对在空间格局上的陡坡山地、河源地带、江河沿岸、脆弱地带等的生态与安全起着极为关键的保障作用，具有这种功能的生态屏障是一种安全的屏障。因此，生态安全屏障定义可理解为：一个特定区域复合生态系统的生态结构与过程处于不受或少受威胁或破坏状态，形成由多层次、有序化生态系统类型组成的稳定格局，其生态系统服务功能能满足当代乃至后代人类生存与发展的需要，其中环境服务功能呈现出跨境性特征，对周边地区和国家的生态安全与可持续发展能力起着重要的保障作用。生态安全屏障的构建应遵循以下基本原理：

1) 生态系统地带性原理

陆地生态系统格局具有明显的水平地带性和垂直地带性，在空间上形成了由纬向地带性、经向地带性与垂直地带性互为交错的三维地带性多层次结构体系。生态安全是多层次生态系统体系的安全，这个体系在空间上的有机组合与布局，决定了生态安全屏障是由多层次生态屏障组成的安全屏障体系。以湖泊、沼泽湿地为特色的非地带性生态系统，以斑块状镶嵌于具有水平地带性特点的植被生态安全屏障之中，在维系区域生态安全上发挥着重要作用，也是生态安全屏障的重要组成部分。

2) 以生态系统服务功能重要性为依据的原理

生态系统服务功能包括生态功能和生产功能，即环境服务功能和提供物质产品功能。环境服务功能包括水源涵养与水文调节、土壤保持、气候与大气调节、生物多样性保护、水质净化等；提供物质产品功能包括食物、原材料生产等。生态系统所具有的这些服务功能处于不受或少受威胁状态，通过自身的调节和人为的辅助干预，实现并保持与当地自然条件相适应的服务功能，能满足当地一定人口容量下人类目前和长远生存与发展的需要，并对相邻区域环境起着保护和调节作用。生态安全屏障功能是屏障区、周边地区和国家生态安全与可持续发展能力的保障（钟祥浩，2008）。不同区域生态系统类型组合特征及其空间布局与结构不同，其屏障功能的强弱及其维系生态安全的地域范围也不一样。生态安全屏障作用表现为对物质流和能量流的储存、缓冲、过滤和调节，这些过程表现为生态系统服务功能的不同形式，它们直接影响到生态与环境过程速率和强度，进而对人类生存发展与安全产生影响。

3) 系统性和综合性原理

生态安全屏障构建应突出保护与建设并举。保护内容牵涉到自然保护区保护、重要生态功能区保护、生态敏感性区保护等。建设内容包括了退化草地的修复、水土流失和沙化土地治理等，其建设的区域既有重要生态功能区和生态敏感区，又有自然环境条件相对较好的经济发达区。生态安全屏障保护与建设是一项复杂的系统工程，既牵涉到需要实施保护的区域人口的搬迁安置问题，又涉及经济较发达建设区的经济社会发展问题。

3. 青藏高原生态安全屏障

青藏高原生态系统类型多样，依自然环境条件的时空差异而呈现出有规律的水平变化与垂直差异，在空间上形成了由水平地带性和垂直地带性互为交错的三维地带性多层次结构体系。青藏高原生态安全是多层次生态系统体系的安全，这个体系在空间上的有机组合与布局，决定了高原生态安全屏障是由多层次生态屏障组成的安全屏障体系。青藏高原在保障国家生态安全方面的作用得以发挥的关键，在于通过对自然生态系统的保护和人工生态系统的建设，形成由多层次、有序化生态系统组成的稳定格局，这是构建青藏高原国家生态安全屏障体系的核心（钟祥浩等，2006；孙鸿烈等，2012）。青藏高原生态安全屏障构建的重要目的是解决脆弱高原生态系统的保护与发展相协调问题，即通过高原生态安全屏障的构建，明确保护什么，在哪里保护和保护的范围以及如何保护；明确发展什么，在哪里发展，发展的规模以及如何发展等。需要开展多领域研究，通过多领域和多层次的综合研究，实现高原地域人地系统的协调与发展。

青藏高原隆起形成了我国东部湿润、西北干旱和高原寒冷三大气候格局，是我国与东亚气候系统的稳定器，在维系高原生态系统、生物多样性及周边亚洲国家生态安全等方面发挥着重要的作用（孙鸿烈等，2012；王小丹等，2017；钟祥浩，2008；钟祥浩等，2006，2010）。青藏高原海拔多在 3000m 以上，属于青藏高寒气候，年均降水量大多在 400mm 以下，受地势结构和大气环流特点的制约，自东南向西北水热条件呈现由暖湿向寒旱过渡的特征。区域内土壤以高山草甸土、高山草原土和高山漠土为主，植被属高寒荒漠区、高寒草甸和草原区类型，且自东向西呈现森林—草甸—草原—荒漠的地带性变化。青藏高原不仅对我国乃至亚洲环境变化有重要影响，而且是调节缓冲亚洲几条重要江河水文、水资源的生态屏障，在维系高原生态系统、生物多样性及周边亚洲国家生态平衡等方面发挥着重要的生态屏障作用。这种安全屏障功能具体表现以下几个方面。

1）水源涵养

青藏高原被称为"亚洲水塔"，储存了大量的淡水资源，惠及十几亿人口，对人类的生存和社会稳定及发展具有重要的影响（姚檀栋等，2019）。青藏高原发育有众多的冰川、湖泊、湿地和冻土，不仅是世界上山地冰川最发育的地区，也是世界上湖泊面积最大、数量最多的高原湖泊区，还拥有世界上独一无二的高山湿地和全球中低纬度地区范围最广的冻土。青藏高原的冰川面积约为 10 万 km²，湖泊面积约为 5 万 km²，面积大于 1km² 湖泊有 1000 多个，湿地面积约为 11.56 万 km²，多年冻土面积约 130 万 km²（姚檀栋等，2019；郎芹等，2019）。青藏高原也是世界上河流发育最多的区域之一，众多的冰川、湖泊、湿地和冻土孕育了长江、黄河和亚洲多条著名的国际河流。青藏高原水资源量约为 5688.61 亿 m³，占中国水资源总量的 20.23%（沈大军和陈传友，1996），其丰沛的水量构成了我国水资源安全重要的战略基地，同时也对我国未来水资源安全和能源安全起着重要的保障作用。

2）土壤保持与防风固沙

青藏高原被称为地球"第三极"，其气候干冷、生态脆弱等条件决定了高原沙漠化土地具有面积大、分布广和危害重的特征。其中，2014 年，西藏沙漠化土地总面积约为 20.18 万 km²，占西藏总土地面积的 16.78%，特别是在沙漠化强烈发育的西藏"一江两河"地区①，沙漠化土地总面积相当于耕地面积的 95%（李森等，1994；杨萍等，2020）。由于严酷的气候条件和高亢的地势，青藏高原的植被一旦被破坏，极易在水蚀和风蚀的综合作用下产生大量的裸露沙地，使得沙漠化成为青藏高原突出的环境问题之一。不仅会给区域生态、环境以及居民生产生活带来严重影响与危害，而且地面粉尘上升后，极易远程传输（方小敏等，2004），从而影响到整个东北亚–西太平洋地区。

---

① "一江两河"地区是指雅鲁藏布江、拉萨河、年楚河的中部流域地区。

因此，青藏高原所拥有的高寒草甸、高寒草原和各类森林是遏制土地沙化和土壤流失的重要保障，对高原本身和周边地区起到了重要的生态屏障作用。

3）固碳功能

独特自然环境下的青藏高原生态系统对全球碳循环具有重要作用。20 世纪以来青藏高原由早期的弱碳源或中性碳源转变为后期的碳汇，净初级生产力和土壤呼吸分别增加了 0.52Tg C/a 和 0.22Tg C/a，区域碳汇增长速率为 0.3Tg C/a（Zhuang et al.，2010）。2000 ~ 2018 年青藏高原净碳汇为（152.4±30.3）Tg C/a（Wei et al.，2021）。此外，青藏高原分布着 $1.40\times10^6 km^2$ 的多年永久冻土，封存了大量温室气体（伍星和沈珍瑶，2010）。例如，青藏高原永久冻土区 3m 内的土壤碳储量为 15.3 ~ 46.2Pg C（Ding et al.，2016，Wang et al.，2020）。近年来遥感观测研究表明，在当前气候暖湿化和部分地区放牧强度降低的情况下，青藏高原正在变得更绿（Wei et al.，2020），表明植物碳向土壤的输入增加。青藏高原作为重要的碳汇，影响着区域和全球气候变化。

4）生物多样性维持

青藏高原自东向西横跨 9 个自然地带（郑度，1996），高原特有的三维地带性分异特点，使广阔高原边缘的深切谷地发育了热带季雨林、山地常绿阔叶林、针阔叶混交林及山地暗针叶林等森林生态系统类型，在宽缓的高原腹地形成了广袤的内陆湖泊、河流以及沼泽等水域生态系统类型（郑度，1996；李明森，2000），特别是在高亢地势和高寒气候地区孕育了高原特有的高寒草甸、高寒草原与高寒荒漠等生态系统类型。青藏高原独特的自然环境格局与丰富多样的生境类型，为不同生物区系的相互交会与融合提供了特定的空间，使之成为现代许多物种的分化中心。这里不仅衍生出众多高原特有种，横断山脉地区就分布着特有种子植物 1487 种（李锡文和李捷，1993），同时又为某些古老物种提供了天然庇护场所，是全球生物多样性最为丰富的地区之一。根据第二次青藏科考统计：青藏高原有维管植物 14634 种，约占中国维管植物 45.8%，是中国维管植物最丰富和最重要的地区（傅伯杰等，2021）；特有种子植物共有 3764 种（不包含种下分类单元），占中国特有种子植物的 24.9%（于海彬等，2018），其中，草本植物、灌木和乔木分别占青藏高原特有种数的 76.3%、20.4% 和 3.3%，青藏高原特有种多数为草本植物。青藏高原记录有脊椎动物 1763 种，约占中国陆生脊椎动物和淡水鱼类的 0.5%（蒋志刚等，2016），特有脊椎动物占比同样很高，其脊椎动物物种数的 28.0%（即 494 种）为特有种；青藏高原还记录有陆栖脊椎动物 1047 种，特有种 281 种（王翠红，2004），其中包括藏羚羊、野牦牛等国家一级保护动物 38 种（马生林，2004）。青藏高原作为全球生物多样性保护的 25 个热点地区（Myers，2000）之一，尤其是高寒特有生物多样性保护的重要区域，其生态安全对于全球生态平衡具有不可估量的价值。

1.1.2　高原生态安全屏障面临的威胁

近年来，受全球气候变暖和人为活动的影响，青藏高原出现了草地退化、土地荒漠化、水土流失加剧、冰川退缩、冻土消融加快、天然湿地干涸等问题。生态功能退化趋势明显，特别是生态环境脆弱区生态环境退化尤为突出，环境资源与经济社会发展之间的矛盾日趋明显。随着青藏、川藏铁路建成运营后带来的人流、物流增加，自然资源和生态环境面临更大的压力，青藏高原生态环境也随之面临更大的挑战。在特殊高寒环境下，青藏高原生态敏感且环境极其脆弱。在全球变化和人类活动综合影响下，青藏高原生态系统的不稳定性加剧，资源环境压力加重，作为国家生态安全屏障面临严峻挑战。在全球气候变暖的影响下，青藏高原的升温速率高达每 10 年 0.3 ～ 0.4℃，这导致了"亚洲水塔"失衡，出现了冰川加速退缩、湖泊显著扩张、冰湖溃决等灾害发生频率增加、冻土退化、沙漠化加剧等威胁（陈德亮等，2015；崔鹏等，2017；姚檀栋等，2019）。

1. 冰川退缩

由于全球变暖，青藏高原冰川自 20 世纪 90 年代以来呈全面、加速退缩趋势（青藏高原冰川冻土变化对区域生态环境影响评估与对策咨询项目组，2010）。青藏高原现代冰川主要分布在昆仑山、喜马拉雅山、喀喇昆仑山、帕米尔高原、唐古拉山、羌塘高原、横断山、祁连山、冈底斯山及阿尔金山等各大山脉，其形态类型以悬冰川、冰斗-悬冰川、冰斗冰川为主，具有冰储量丰富（$4.56 \times 10^3 km^3$）、年融水净流量大（504.5 亿 m^3）等特点（刘宗香等，2000，李林等，2019）。但各区域冰川消融程度不同，藏东南、珠穆朗玛峰北坡、喀喇昆仑山等山地冰川退缩幅度最大（施雅风和刘时银，2000；Yao et al.，2002；姚檀栋等，2004；张威等，2021）。近 50 年来，"亚洲水塔"的冰川整体上处于亏损状态，冰川储量减少约 20%，面积减少约 18%（刘时银等，2015）。例如，对藏东南帕隆藏布上游 5 条冰川变化监测显示，冰川末端退缩幅度在 5.5 ～ 65m/a。其中，阿扎冰川末端 1980 ～ 2005 年平均每年退缩 65m，而帕隆 390 号冰川末端 1980 ～ 2008 年平均每年退缩 15.1m（杨威等，2010）。此外，2013 ～ 2020 年冰川流速呈现总体增大趋势（Zhang et al.，2021）。珠穆朗玛峰国家自然保护区冰川面积在 1976 ～ 2006 年减少 15.63%，珠峰绒布冰川末端退缩幅度在（9.10±5.87）～（14.64±5.87）m/a（聂勇等，2010）。希夏邦马地区抗物热冰川面积在 1974 ～ 2008 年减少了 34.2%，体积减小了 48.2%（马凌龙等，2010）。1972 ～ 2019 年克什米尔喜马拉雅山脉和赞斯卡山脉之间的 Machoi 冰川面积减少了约 $1.88km^2$（约 29%），以 10.6m/a 的速度向前退缩了 500m（Rashid et al.，2021）。冰川退缩导致地表裸露面积增加、冰湖增多。冰湖溃决并引起滑坡、泥石流发生频率、强度与范围增加。同时，冰川融化使得一些湖泊水位上升，湖畔牧场被淹（青藏高原冰川冻土变化对区域生态环境影响评估与对策咨询项目组，2010）。冰川融化不仅直接影响河流、湖泊、湿地等覆被类型的面积变化，而且涉及更广泛的水文、水资源（姚檀栋等，2004）与气候变化。

2. 土地退化显著

土地退化主要涉及冻土退化、土地沙化及草地退化等方面。气候变暖导致青藏高原北部多年冻土面积的减少，冻土分布海拔下界升高。据基于卫星遥感和模型模拟的研究，西藏冻土占总面积的43%，且1979～2018年多年冻土面积缩小，特别是在多年冻土边缘地带的岛状冻土区发生了明显的退化（邹宓君等，2020）。冻土活动层深度加深增大了地表基础的不稳定性，对区域的工程建设构成威胁。气候变化和人为活动是沙化过程中两大驱动力，其中气候变化加剧了土壤干燥化、植被退化和风蚀作用，同时伴随着强蒸发、冻融作用，人为驱动主要包括滥垦、滥樵、滥牧等过度的人为活动（杨萍等，2020）。2009年第四次全国荒漠化和沙漠化监测结果显示，截至2009年，西藏自治区沙化土地总面积为21.62万 km²（占全自治区总面积的17.98%），第五次全国荒漠化和沙漠化监测结果显示（西藏自治区人民政府，2021），截至2014年，西藏自治区沙化土地总面积为21.58万 km²（占全自治区总面积的17.90%），土地沙化面积基本维持不变。沙化土地主要分布于山间盆地、河流谷地、湖滨平原、山麓冲洪积平原及冰水平原等地貌单元。沙化使土层变薄，土壤质地粗化、结构破坏、有机质损失，土地质量下降，草地、耕地及其他可利用土地面积减少。另外，土地沙化后，处于裸露和半裸露状态的沙化土地，缺乏植被保护，易形成风沙，对交通及水利工程设施产生影响，甚至形成沙尘天气，进而影响我国中部和东部地区。

局部高寒草地生态系统退化严重是对青藏高原生态安全屏障的显著威胁，草地生态系统是区域牧业经济发展的基础。草地退化是自然和社会经济等因素共同作用的结果，其中自然要素主要包括地表水热条件（夏龙等，2021）；社会经济要素主要包括不合理的经济发展、人口密度的增加以及超载放牧，这都是草地植被覆盖度降低的关键驱动因素（李重阳等，2019）。草地植被群落结构破坏和生物量减少，直接降低了草地生态系统的物质生产能力，加重了草畜失衡的矛盾。有研究表明，近35年来，青藏高原的植被覆盖整体趋于好转，低覆盖度、干旱半干旱地区趋于改善，高覆盖度、湿润半湿润地区保持稳定（丁佳等，2021）。西藏第二次草原普查数据显示，截至2016年，全自治区不同程度的退化草地总面积23.53万 km²，占草地总面积的26.7%（中华人民共和国国务院新闻办公室，2016），在1990～2005年，西藏草场退化面积每年以5%～10%的速度扩大（邵伟和蔡晓布，2008）。青海省草地退化形势也比较严峻，如在长江源头治多县，20世纪70年代末至90年代初草地退化面积0.72万 km²（占该县草地总面积的17.79%），而90年代初至2004年草地退化面积达1.11万 km²（占该县草地的27.65%）；2009年玛多县草地覆盖面积约2.22万 km²，其中草地退化面积达1.76万 km²，占草地总面积的79%，以轻度和中度退化为主，占草地总面积的66.5%，随着三江源自然保护区的建立，大量生态保护建设工程的实施，玛多县草地退化由90年代的以重度和中度退化为主，转变为以轻度和中度退化为主，重度退化程度也改善到80年代水平。但草地退化面积依然在不断扩张，2009年草地退化面积比1997年增加了150km²，12年间增加了10%。草地退化程度呈逐渐加剧的趋势（黄麟等，2009；Miehe et al.，2019）。

3. 水土流失加重

青藏高原的地理环境特点决定了土壤侵蚀类型的多样性和侵蚀方式的复杂性。按营力性质所分的水蚀、冻融侵蚀、风蚀在这一地区都有很明显的表现，伴随着气候变化和人类活动加剧，水土流失日趋严重。西藏芒康县措瓦乡的森林砍伐、尼洋河流域以及扎囊县等地区的土地开垦导致生态环境恶化、水土流失加重、山洪和泥石流频繁暴发（李代明，2001）。青藏高原中度以上水土流失面积 46.00 万 km²，其中极重度以上占中度以上水土流失面积的 19.23%，主要分布在青藏高原东南高山峡谷地区（傅伯杰等，2021）。由于草地牲畜过载、工矿资源开发等人类活动加剧，20 世纪 90 年代末，青海省年输入黄河的泥沙量达 11490 万 t，直接威胁河流、湖泊、库区的安全。在国家大型水电厂龙羊峡库区，每年从库岸进入的流沙有 890 万 m³，再加上黄河上游及其支流挟带的泥沙，使得水电厂年发电量减少 24 亿 kW·h，直接经济损失 4.8 亿元；此外，青藏铁路、青藏公路和青新公路沙害累计里程 4046km，直接经济损失约 12.7 亿元，而间接损失无法估量[①]。据 2005 年调查，青海省水土流失面积为 38.2 万 km²（占青海省总面积的 52.89%）；其中黄河、长江、澜沧江三江源头地区水土流失面积分别占水土流失总面积的 39.5%、31.6% 和 22.5%；目前仍以每年 3600km² 的速度在扩大，成为水土流失的重灾区。此外，雅鲁藏布江在其辫状或乱流状水系极为发育的各宽谷段，也是中国河谷风沙地貌最发育、面积最大、分布最集中、危害最严重的区域，其中游区域年均风蚀量高约 174992 万 kg。

4. 生物多样性受到威胁

生物多样性是地球上丰富的生命物种经过数亿年进化演变的结晶，是人类赖以生存的基础，生物多样性的保护与生态安全屏障保护和建设相辅相成。近年来，随着全球变化加剧以及人类对生物资源的不合理利用，全球生物多样性遭受了前所未有的破坏（世界资源研究所，2005）。据世界自然保护联盟（International Union for Conservation of Nature，IUCN）红色名录的标准，青藏高原维管植物中有 662 种受威胁物种和灭绝物种，约占中国维管植物的受威胁和灭绝物种的 1/5；青藏高原脊椎动物中有 169 种为受威胁物种，占青藏高原所有脊椎动物物种数的 9.58%（傅伯杰等，2021）。青藏高原草地、森林、湖泊和湿地等生态系统也受到破坏，高原特有物种和特有遗传基因面临损失的威胁。由于不合理的放牧和脆弱环境的综合影响，青藏高原草地原生植物群落物种减少，毒、杂草类增多；20 世纪 70 年代青藏高原草原毒害草仅 24 种，到 1996 年达 164 种［隶属于 42 科 93 属（李寿，2010）］。在部分严重退化草地，毒草已成为主要标志性群落，形成了以狼毒等为主的草地。近些年大量采挖雪蕨、冬虫夏草和贝母等珍稀植物资源，西藏自治区已有 100 多种野生植物处于衰竭或濒危状态[②]（马生林，2004）。青海湖裸鲤资源量 1960 年为 28000t，由于过量捕捞，1999 年减少到 2700t（史建全等，2000），2000 年以后的"封湖禁渔"、保护青海湖裸

---

① 青海土地沙化每年十万公顷对青藏铁路构成威胁．http://news.cctv.com/society/20060915/101091. shtml.

② 见 2004 年《西藏自治区生态环境现状调查报告》。

鲤产卵场与洄游通道及人工增殖放流等措施的有效实施，使青海湖裸鲤资源量在 2010 年增至 16990.84 ～ 18551.62t（王崇瑞等，2011），虽然已恢复到 20 世纪 60 年代的 60.68% ～ 66.26%，但科学保护和管理仍是近期重要任务。

5. 自然灾害频发

强烈的构造隆升、复杂的地形地貌、敏感的气候环境等背景决定了青藏高原自然灾害类型多和受灾区域范围广的特征，青藏高原发育的自然灾害类型主要包括地震、崩塌、滑坡、泥石流、冰崩、冰湖溃决、山洪、雪灾和冻融等（崔鹏等，2017；姚檀栋等，2019）。青藏高原是我国现代构造活动和地震活动最强烈的地区之一，近 50 年来发生 7 级以上地震 40 余次，历史最高地震为 1950 年 8.6 级察隅地震；在区域构造活动、地形地貌、水热条件和人类活动的影响下，自然灾害发生频次增加，且呈地带性分布特征（高懋芳和邱建军，2011；崔鹏等，2017）。据气象站点资料分析，高原东部大—暴雪过程平均次数年际变化呈明显的增加趋势，增长率为 0.234 次 /10a，1967 ～ 1970 年为 1.5 次 /a，1991 ～ 1996 年增加到 2.4 次 /a，90 年代以后进入雪灾的频发期（周陆生等，2000），并认为气候变暖是主要原因（董安祥等，2001）。由于冰川融化和人类工程活动增强，地质灾害频发，高原南部喜马拉雅山中段的冰湖溃决、泥石流灾害发生频率明显增加。对波密地区近 40 年（1950 ～ 1995 年）的资料研究表明，1993 年以后泥石流活动加强（中国科学院成都山地灾害与环境研究所，1995）。2000 年 Landsat ETM 影像数据监测显示，青藏高原区域范围内地质灾害点共计 3259 个，崩塌、滑坡主要分布在雅鲁藏布江中游、三江流域、横断山区和湟水谷地；泥石流主要集中分布在祁连山、昆仑山、喀喇昆仑山和喜马拉雅山冰雪分布地区。2016 年 7 月 17 日和 9 月 21 日，西藏阿里地区的阿汝 53 号冰川和 50 号冰川发生冰崩，造成了严重的人员伤亡和财产损失（Kääb et al.，2018）。2018 年 10 月 16 日，雅鲁藏布江中下游米林县派镇加拉村下游 7km 处色东普沟发生冰崩，冰崩及其挟带的冰碛物导致雅鲁藏布江断流、水位上涨，形成冰崩堰塞湖；10 月 29 日，该地再次发生冰崩堵江事件。冰崩堰塞湖对上、下游派镇、墨脱县沿岸居民及交通线路构成巨大破坏，且存在继续发生堵江风险（姚檀栋等，2019）。自然灾害的频繁发生严重影响了青藏高原区域交通运输业、水利水电和农牧业生产的稳定发展。

1.1.3 青藏生态安全屏障建设战略

青藏高原是重要的国家生态安全屏障，是中华民族生态文明高地。以习近平同志为核心的党中央站在中华民族永续发展的战略高度，把青藏生态安全建设摆在党和国家工作全局的突出位置，多次指出要守护好高原的生灵草木、万水千山，把青藏高原打造成为全国乃至国际生态文明高地，奋力书写地球第三极生态安全屏障建设新篇章。

在中央第七次西藏工作座谈会上，习近平总书记提出"确保生态环境良好"的总体目标，强调"保护好青藏高原生态就是对中华民族生存和发展的最大贡献"。2009 年，国务院批准了《西藏生态安全屏障保护与建设规划（2008—2030 年）》，确定了生态保护、生态建设和支撑保障三大类 10 项工程，为切实保护好西藏这一重要的国家生态安全屏障明确了目标任务、方向举措。2011 年 3 月 30 日，温家宝总理主持召开的国务院常务会议上，讨论通过了《青藏高原区域生态建设与环境保护规划（2011—2030 年）》，国务院首次提出青藏高原"五大功能区"的划分思路，以推进青藏高原生态屏障建设。

2017 年 8 月 19 日，习近平总书记在第二次青藏高原综合科学考察研究贺信中指出："揭示青藏高原环境变化机理，优化生态安全屏障体系"，指出生态安全屏障建设的长期艰巨性及持续优化建设的必要性；2017 年 10 月，总书记给西藏隆子县玉麦乡牧民卓嘎、央宗姐妹回信指出，祖国疆域上的一草一木，我们都要看好守好，要"做神圣国土的守护者、幸福家园的建设者"。2018 年 7 月，李克强总理赴藏考察时叮嘱，要把生态脆弱的高原保护建设成生态文明的高地；2019 年 3 月 9 日，全国政协副秘书长、致公党中央常务副主席蒋作君在全国政协十三届二次会议第二次全体会议上作了题为《保护好青藏高原生态环境 积极应对气候变化》的发言，指出应"加大优化生态安全屏障体系建设支持力度"；2019 年 6 月，国家主席习近平在给"2019 中国西藏发展论坛"贺信中强调，要"建设美丽幸福西藏""保护高原生态环境"。

2019 年 10 月，习近平总书记在尼泊尔访问期间强调，加强珠穆朗玛峰保护合作。2020 年 8 月，中央第七次西藏工作座谈会上，习近平总书记指出，坚持对历史负责、对人民负责、对世界负责的态度，把生态文明建设摆在更加突出的位置，守护好高原的生灵草木、万水千山，把青藏高原打造成为全国乃至国际生态文明高地。2021 年 6 月，习近平总书记在考察青海时强调，保护好生态环境，是"国之大者"。要牢固树立绿水青山就是金山银山理念，切实保护好地球第三极生态。2021 年 7 月，习近平总书记在视察西藏工作时发表重要讲话，保护好西藏生态环境，利在千秋、泽被天下。要牢固树立绿水青山就是金山银山、冰天雪地也是金山银山的理念，保持战略定力，提高生态环境治理水平，推动青藏高原生物多样性保护，坚定不移走生态优先、绿色发展之路，努力建设人与自然和谐共生的现代化，切实保护好地球第三极生态。2021 年 7 月，习近平总书记主持召开中央全面深化改革委员会第二十次会议强调，要坚持绿色发展，立足青藏高原特有资源禀赋，找准适宜的经济发展模式，大力发展高原特色产业，积极培育新兴产业，走出一条生态友好、绿色低碳、具有高原特色的高质量发展之路。

"十四五"时期是开启全面建设社会主义现代化国家新征程、向第二个百年奋斗目标进军的第一个五年，2021～2022 年相继印发了《西藏自治区"十四五"时期生态环境保护规划》《青海省"十四五"生态环境保护规划》《甘肃省"十四五"生态环境保护规划》《云南省"十四五"生态环境保护规划》《四川省"十四五"生态环境保护规划》，要协同推进经济高质量发展和生态环境高水平保护，促进经济社会发展全面绿色转型，坚决筑牢国家生态安全屏障，进一步巩固生态安全地位，加强青藏高原生态安全屏障建设。

1.2 高原重大生态工程建设

1.2.1 重大生态工程布局

1. 国际重大生态工程概述

生态工程是应用生态系统中物种共生与物质循环再生原理，并遵循结构与功能协调原则，同时结合系统分析的最优化方法，设计的促进分层多级利用物质的生产工艺系统。生态工程的目标就是在促进自然界良性循环的前提下，充分发挥资源的生产潜力，防止环境污染，达到经济效益与生态效益同步发展。它可以是纵向的层次结构，也可以发展为几个纵向工艺链索横向联系而成的网状工程系统（马世骏和王如松，1984）。

针对生态工程的原理，Mitsch 和 Jorgensen(1989)、国际生态工程主席 Heeb 在1996 年提出了如生态系统结构和功能取决强制函数、生态系统是自我设计和自我组织的系统、生态系统协调需要生物功能和化学成分的一致性、生物和化学多样性对生态系统缓冲能力的贡献、具有脉冲形式的生态系统常具有高生产力，以及生态系统具有与其先前进化的关系相一致的反馈机制、复原及缓冲的能力等原理。我国学者（马世骏，1986；颜京松，1986）在系统生态学理论的基础上，根据我国生态工程实践经验，把生态工程原理总结为整体、协调、自生、再生循环等基本原理。生态工程研究主要包括农业生态工程和环保生态工程两个方面。关于农业生态工程的研究，国外农业生态工程以具体农场或工厂的实践为主，且替代农业的发展也逐步引起了重视，如 1980 年美国农业部组织了有机农业的调查并推荐有机农业模式等；国内农业生态工程注重传统农业技术与现代技术相结合，也注重生态效益和经济效益相结合，自生态工程正式提出（20 世纪 70 年代末）到 1991 年的 10 多年期间，有计划组织的农业生态工程试点县、乡、村或农场就有 2000 多个。关于环保生态工程的研究，全世界发行的英文版《生态工程》专著中，12 项研究与应用实例内有 9 项与环保及污染物处理与利用相关；我国生态工程以整体观为指导，研究和处理对象是生态系统或复合生态系统。关于生态工程的类型，主要包括生态系统恢复生态工程（湿地、沙地、矿区废弃地等生态恢复工程）、污染物处理生态工程、农牧复合生态工程、城镇发展生态工程和海滨生态工程等（钦佩等，2019）。

20 世纪以来，随着生态环境问题的日趋严峻，世界各国开始关注生态工程建设。国际上重点生态工程的实践始于 1934 年的美国"罗斯福工程"，继而出现了苏联"斯大林改造大自然计划"、北非五国"绿色坝工程"、加拿大"绿色计划"、日本"治山计划"、法国"林业生态工程"、菲律宾"全国植树造林计划"、印度"社会林业计划"、韩国"治山绿化计划"、尼泊尔"喜马拉雅山南麓高原生态恢复工程"（李世东，2007），以及我国"三北防护林"工程、"长江中上游防护林体系"工程等（朱教君等，2016）等。这些以国家运作方式开展建设的重大生态工程在一定程度上改善了生态环境，减缓了区域生态环境和人类社会发展之间的矛盾。2019 年，联合国发起了生态系统恢复十年（2021 ～ 2030）倡议，有效和可持续的生态恢复项目是实现可持续发展目标和全球优先事项的基于自然的重要解决方案。本书认为，生态工程是采取生态学和工程学原理，有机结合整体论科学与还原技术，对生态环境和资源进行保护、治理、调控的技术体系或工艺过程，实现生态安全可持续性目标。

2. 高原重大生态工程建设历程

为维持和提升青藏高原生态安全屏障功能，30 余年来青藏高原从无到有开展了大规模生态保护与修复。国家在西藏生态安全屏障区、三江源自然保护区、祁连山自然保护区和横断山重要生态功能区等实施了一系列的重大生态工程，总投资超过千亿元，保护面积 82.5 万 km^2，是我国乃至全球单个自然地域单元实施的规模最大的生态工程。构建了青藏高原生态安全屏障建设的主体框架。青藏高原重大生态工程建设的总体目标在于实现生态系统结构和重要生态功能的自我稳定维持，经济社会与生态环境协调发展（孙鸿烈等，2012；王小丹等，2017；钟祥浩等，2006），生态目标在于有效维持草地、森林、湿地等脆弱高寒生态系统的稳定，促进水源涵养、土壤保持、防风固沙、碳固定等重要生态功能的发挥。

1989 年后，青藏高原相继开始实施一系列生态工程建设项目。30 余年来，青藏高原相继实施了大规模的生态恢复工程，这些工程在植物生理和土壤结构、植被系统与气候变化、区域生态安全和可持续发展等不同尺度下发挥了重要作用。本节对青藏高原生态工程建设的历程进行了详细的调研分析与阶段划分，系统总结了青藏高原重大生态工程的实施历程。

高原生态工程建设历程的阶段可以划分为以下三部分（图 1-1）：①探索阶段（1989 ～ 2004 年），1989 年"长江中上游防护林建设工程"的实施涉及青藏高原川西和藏东的部分林区，正式拉开了高原生态工程建设的序幕，1998 年，"天然林保护工程"也开始实施，此阶段的工程是随着全国范围的重大生态工程规划开展而开展的。②融合发展阶段（2005 ～ 2010 年），2005 年，国务院批准实施《青海三江源自然保护区生态保护和建设总体规划》，2009 年国务院又批准实施了《西藏生态安全屏障保护与建设规划》，西藏和三江源是青藏高原核心地理单元，针对两大地理单元存在的草地退化和土地沙化等主要生态问题，制定了专项生态工程规划，两项重大生态工程规划的批复及顺利实施，标志着青藏高原生态工程建设进入到高原特色阶段。③快速增长阶段（2011 年至今），以《青藏高原区域生态建设与环境保护规划（2011—2030 年）》纲领性规划的产生为代表，实施了一系列重大综合生态工程，具体包括《祁连山生态保护与建设综合治理规划》（2012—2020 年）、《川西藏区生态保护与建设规划》（2013—2020 年）、《西藏"两江四河"流域造林绿化工程规划》（2014—2030 年），西藏、三江源、祁连山、甘南 - 若尔盖、横断山等青藏高原各地理单元均相继实施了一系列大型综合类生态工程建设项目（图 1-2）。高原生态工程建设快速发展，战略地位不断提升，《全国重要生态系统保护和修复重大工程总体规划（2021—2035 年）》中青藏高原生态保护与建设排在首位，高原的"山、水、林、田、湖、草"生态恢复工程逐渐形成体系。

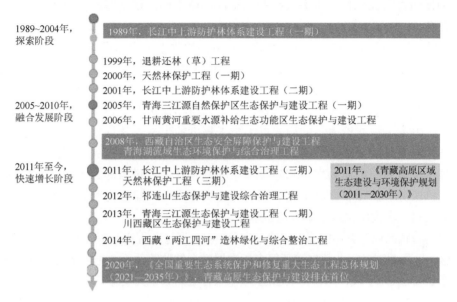

图 1-1 青藏高原重大生态工程建设大事记

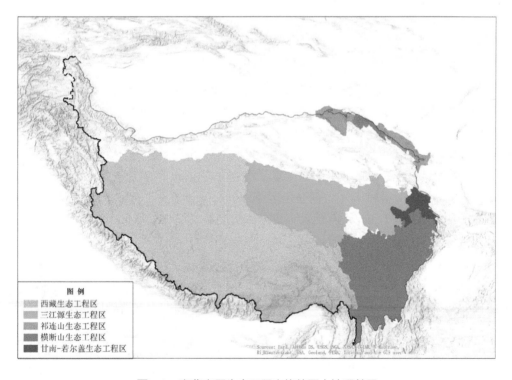

图 1-2 青藏高原生态工程实施的五大地理单元

1.2.2　重大生态工程类型

为保障青藏高原自然生态系统的独特性和原生性，依据青藏高原生态系统类型空间分布格局、特点、重要生态功能和存在问题，高原生态工程建设总体以保护手段为主、建设手段为辅，同步构建支撑保障体系。青藏高原生态工程建设内容可分为保护体系、建设体系和支撑保障体系三大类建设内容（钟祥浩等，2006，2010）。生态工程保护体系的建设充分发挥生态系统演替能力，具体建设内容涵盖退牧还草、退耕还林、森林防火及有害生物防治、草地鼠害治理、野生动植物保护及保护区建设、重要湿地保护等工程；生态工程建设体系的构建以人类干预下的生态系统恢复为主，具体建设内容包括防护林建设、天然草地改良工程、防沙治沙工程、水土流失治理工程等；生态工程支撑保障体系的构建为保护和建设体系的顺利开展提供监测、评估、生态补偿等方面的支撑服务，保障和提升生态工程的综合实施成效，建设内容具体包括生态安全屏障监测工程、农牧民生活基础设施工程等。

结合青藏高原生态环境保护与建设实际情况，通过工程实施情况调研 - 卫星遥感 - 航空遥感 - 地面观测 - 行业数据验证等多源数据融合的监测体系，结合融合 - 反演 - 模拟 - 验证等一系列技术手段，综合提取出近 30 年来青藏高原重大生态工程的时空格局。根据主导生态系统类型和工程实施的区域规划不同，将高原重大生态工程的实施情况分四类详述。

1. 草地保护与建设工程

草地保护与建设工程是青藏高原实施面积最广的生态工程，主要包括退牧还草和鼠虫害治理两大类主要实施工程。截至 2018 年，草地类生态工程共涉及青藏高原一半以上的县市，退牧还草工程累计实施总面积达到 25.0 万 km^2 以上，鼠虫害治理工程实施总面积达到 20.1 万 km^2 [图 1-3 (a)]。其中，西藏自治区草地类保护与建设工程涉及 42 个县，退牧还草工程实施面积达到 849.2 万 hm^2，草地鼠害虫害毒草治理工程实施面积达到 340 万 hm^2；三江源区草地类保护与建设工程涉及 22 个县，实施退牧还草工程 1118.7 万 hm^2，草地鼠害虫害毒草治理工程 836.4 万 hm^2；祁连山地区草地类保护与建设工程涉及 21 个县，实施退化草地恢复工程 62.24 万 hm^2，草地鼠害虫害毒草治理工程 238.6 万 hm^2；截至 2016 年，横断山区草地类保护与建设工程涉及 31 个县，实施退化草地恢复工程 470 万 hm^2，草地鼠害虫害毒草治理工程 597 万 hm^2。

2. 林地保护与建设工程

林地保护与建设工程主要采用天然林保护和人工造林等工程措施。横断山区南部、藏东南地区及祁连山的部分县区是林地类保护与建设工程的主要实施区域 [图 1-3 (b)]。目前统计结果显示，人工造林工程实施总面积达到 185.13 万 hm^2，天然林保护工程实施总面积达到 112.74 万 hm^2。其中，横断山区是青藏高原林地生态工程实施最广的区域，在此区域，长江防护林工程涉及 54 个县，1989～2018 年实施人工造林 153.28 万 hm^2，封山育林工程 54.65 万 hm^2。截至 2018 年，西藏自治区的林地类工程涉及 24 个县，实施人工造林工程 9.84 万 hm^2，封山育林工程 2.22 万 hm^2；三江源区的林地类工程涉及 13 个县，实施人工造林工程 17.8 万 hm^2，封山育林工程 45.99 万 hm^2；祁连山区的林地类保护工程涉及 9 个县，实施人工造林工程 4.21 万 hm^2，封山育林工程 9.88 万 hm^2。

3. 水土流失综合治理工程

水土流失综合治理工程面向水土流失重点区域，以大流域为依托，以县为单位，以小流域为单元，通过封禁修复、营造水土保持林草等专项工程，因地制宜开展综合治理、连续治理。横断山区的高山峡谷区、西藏"一江两河"地区及三江源东南的部分县区是水土流失综合治理工程主要实施区域［图 1-3(c)］（图 1-2），实施总面积达到 73.78 万 hm^2，其中，横断山区实施长江流域水土流失综合治理工程 55.4 万 hm^2（1989～2018 年），西藏区域实施水土流失治理面积达到 9.09 万 hm^2（2008～2018 年），青海三江源区域实施水土流失治理面积达到 9.23 万 hm^2（2005～2019 年），祁连山实施水土流失治理面积达到 563.62hm^2（2012～2015 年）。

4. 沙化土地治理工程

以基本遏制土地沙化荒漠化等生态环境退化趋势、急需治理的沙化土地得到有效治理为目标，通过封沙育草、草方格沙障和机械固沙等措施，在西藏"一江两河"河源及中游河谷地带及三江源区的西南部，先后开展大面积的沙化土地治理工程［图 1-3(d)］。截至 2018 年，青藏高原沙化土地治理工程实施总面积达到 63.73 万 hm^2。其中，西藏治理面积达到 31.08 万 hm^2（2008～2018 年），三江源区治理面积达到 26.68 万 hm^2（2005～2019 年），横断山区治理面积达到 5.97 万 hm^2（2007～2017 年）。

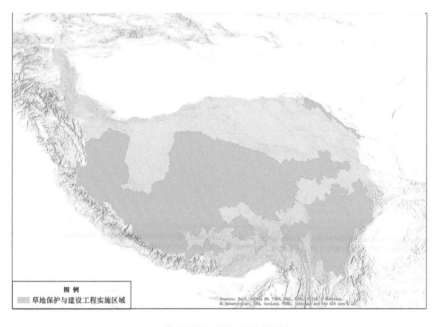

(a) 草地保护与建设工程实施区域

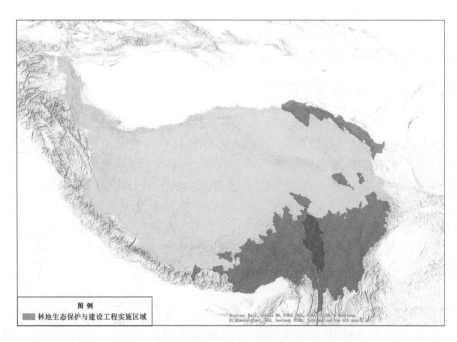

(b) 林地保护与建设工程实施区域

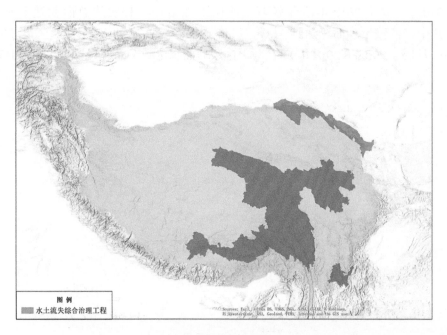

(c) 水土流失综合治理工程实施区域

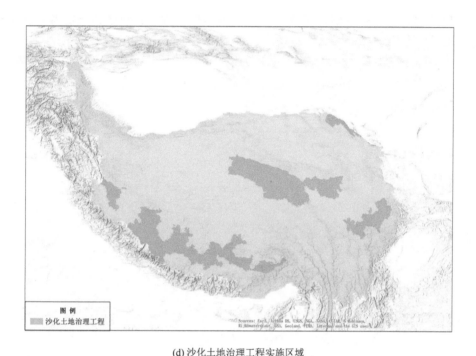

图 例
沙化土地治理工程

(d) 沙化土地治理工程实施区域

图 1-3　青藏高原重点保护与建设工程实施分布图

1.3　区域性重大生态工程

1.3.1　西藏生态安全屏障保护与建设工程

　　西藏生态安全屏障保护与建设工程是青藏高原生态屏障建设的主体，在整个高原生态工程建设中处于特殊重要的位置（钟祥浩等，2006，2010）。西藏不仅对我国乃至亚洲环境变化有重要影响，而且是调节缓冲亚洲重要江河水资源的生态屏障，并在维系高原生态系统、生物多样性及周边亚洲国际生态平衡等方面发挥着重要的生态屏障作用。近年来，受全球气候变暖和人为活动的影响，全区生态环境出现草地退化、土地荒漠化、水土流失加剧、冰川退缩、冻土消融加快等问题，特别是生态环境脆弱区的退化问题尤为突出，环境资源与经济发展之间的矛盾日趋明显（Wei et al.，2020；姚檀栋等，2015）。

　　2009 年 2 月，国务院批准了《西藏生态安全屏障保护与建设规划（2008—2030 年）》，规划三个生态安全屏障区，分别是藏北高原和藏西山地以草甸 - 草原 - 荒漠生态系统为主体的屏障区，藏南及喜马拉雅中段以灌丛、草原生态系统为主体的屏障区，以及藏东南和藏东以森林生态系统为主体的屏障区（图 1-4），逐步实施了保护、建设和支撑保障三大类 10 项工程，重点实施天然草地保护工程、森林防火及有害生物防治工程、野生动植物保护及保护区建设工程、重要湿地保护工程、农牧区传统能源替代工程5项保护工程，开展防护林体系建设工程、人工种草与天然草地改良工程、防沙治沙工程、水土流失治理工程4项建设工程，以及建设生态环境监测控制体系、草地生态监测体系、林业生态监测体系和水土保持监测体系的支撑保障项目（钟祥浩等，2010；王小丹等，2017）。截至2018年底，共计完成投资106.83亿元。

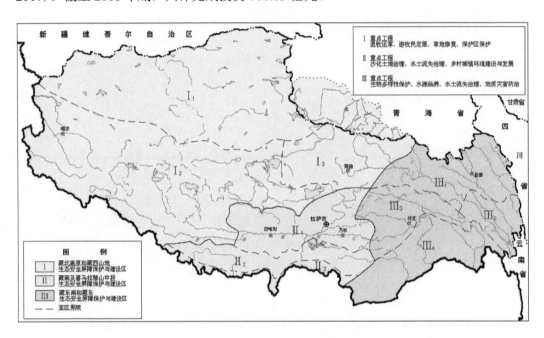

图 1-4　西藏高原生态安全屏障工程实施分区图（钟祥浩等，2006）

1.3.2　三江源地区重点生态工程

三江源位于青海省南部，地处青藏高原腹地，是我国长江、黄河、澜沧江的发源地，也是我国最主要的水源地和全国生态安全的重要屏障。20世纪中期以来，由于受到气候变化和人类活动的共同影响，三江源区生态系统发生了大规模持续退化，致使流域水土流失日趋严重，源头产水量减少，草原鼠害猖獗，野生动物栖息地生境质量和生物多样性明显下降，直接威胁到长江、黄河和澜沧江流域的生态安全（刘纪远等，2009）。

为了遏制三江源区生态系统的进一步恶化，2005年1月26日国务院批准了《青海三江源自然保护区生态保护和建设总体规划》，建设内容包括三大类22个子项目。①生态保护与建设项目。包括退牧还草、已垦草原还草、退耕还林、生态恶化土地治理、森林草原防火、草地鼠害治理、水土保持和保护管理设施与能力建设8项建设内容。②农牧民生产生活基础设施建设项目。包括生态搬迁工程、小城镇建设、草地保护配套工程和人畜饮水工程4项建设内容。③支撑项目。主要包括人工增雨工程、生态监测与科技支撑等建设内容（邵全琴等，2017）。工程重点实施区域是三江源自然保护区，包括 6 个片区的 18 个自然保护区，总面积 15.23 万 km²，占三江源地区总面积的 42%。2014 年，三江源生态保护和建设二期工程启动，包括草原、森林、荒漠、湿地、冰川与河湖等生态系统保护和建设工程，生物多样性保护和建设工程，以及生态畜牧业、农村能源建设、生态监测等支撑配套工程。截至 2019 年，三江源生态保护和建设一期（2005 ～ 2013 年）、二期（2014 ～ 2019 年）工程共投入 172.1 亿元（图 1-5）。

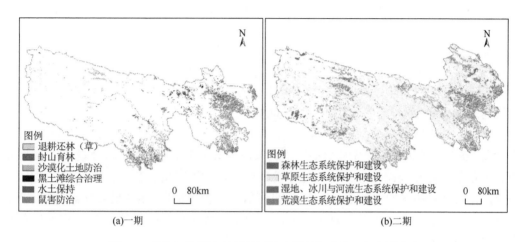

图 1-5　青海三江源自然保护区生态保护与建设工程空间分布

1.3.3　祁连山地区重点生态工程

　　祁连山地处青藏高原的东北缘，地跨甘肃、青海两省，东抵拉脊山东段，西连阿尔金山，南北分别以柴达木盆地和河西走廊为界。祁连山作为黑河、石羊河和疏勒河等六大内陆河和黄河支流大通河的重要水源地和西北高海拔地区重要的生物基因库，是中国西部重要的生态安全屏障。同时，祁连山作为丝绸之路经济带生态建设的重要区域，在维护河西走廊的生态安全、拱卫青藏高原生态平衡、阻隔沙漠南侵等方面具有重要的生态价值和意义。长期以来，受气候变暖、综合治理措施不到位、超载过牧、开山挖矿等人为破坏的影响，祁连山地区出现了冰川退缩、雪线海拔上升的趋势（李新等，2019；Guo et al.，2015；孙美平等，2015），山地森林草原的水源涵养效能下降、高山原始森林分布锐减、植被退化、生态系统失衡等生态问题（王涛等，2017）。特别是祁连山北麓牧区，草畜矛盾问题突出，草地开垦率较高，林草植被退化严重（周伟，2018；王贵珍等，2017；范可心等，2015），退化草地面积占到可利用草地面积的 74.81%，草地初级生产力较 20 世纪 80 年代中期普遍下降 20% ～ 30%。

　　基于祁连山重要的生态地位及生态保护的紧迫性，党中央、国务院对其高度重视和关注。2000 年后陆续在此区域实施了天然林保护工程，生物多样性保护工程，退耕还林、退牧还草、生态公益林管护、保护区基本建设等一系列大型生态工程建设。2001 年先后启动了《石羊河重点流域治理规划》《甘肃省黑河流域近期治理规划》《青海湖流域生态环境保护与综合治理项目》《祁连山国家公园总体规划》等综合治理项目。2012 年，国家发展和改革委员会启动《祁连山生态保护与建设综合治理规划（2012—2020 年）》规划项目，实施祁连山区林地、草地、湿地的保护与建设，水土保持，冰川环境保护，生态保护及科技支撑等 7 项工程。该工程是一项集合了林地、草地、湿地、冰川等生态保护综合性工程。

1.3.4 若尔盖 – 甘南生态保护与建设工程

针对黄河重要水源补给区草地退化、湿地面积萎缩、次生裸地面积增加、水源补给量减少等生态问题，为了促进甘南黄河重要水源补给生态功能区生态保护与可持续发展（图 1-6），2007 年国家批复《甘肃甘南黄河重要水源补给生态功能区生态保护与建设规划（2006—2020 年）》，批复总投资 44.51 亿元，主要实施生态保护与修复工程、农牧民生产生活基础设施建设及生态保护支撑体系三大类 23 项工程（王建宏，2011）。

从 2001 年开始，国家先后启动了"若尔盖国家级生态功能保护区建设项目""四川省若尔盖国际重要湿地保护与恢复建设工程项目""四川省若尔盖国际重要湿地生态效益补偿试点和保护与恢复工程建设项目"等综合治理项目，累计投入资金 5.22 亿元。工程实施后，湿地和草地功能逐步恢复，有效地发挥了调节气候的作用，提高土壤固碳与水源涵养能力，促进了区域内生物多样性保护。

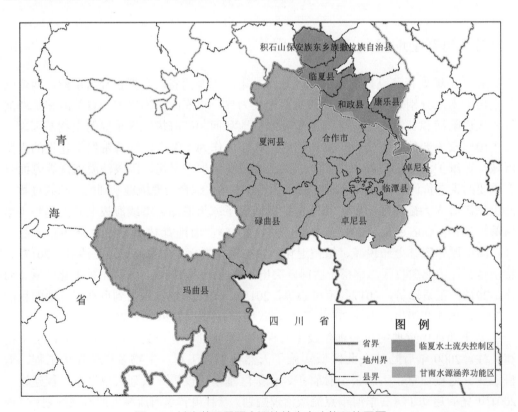

图 1-6　甘南黄河重要水源补给生态功能区位置图

1.3.5　横断山生态保护与建设工程

横断山区是中国四川省、云南省西部和西藏自治区东部一系列南北走向的平行山脉的总称（甘沛奇，2007）。东起邛崃山，西至伯舒拉岭，北达昌都、甘孜至马尔康一带，南抵中缅边境的山区，总面积约 40 万 km² （余有德等，1989）。区域内实施的主要生态工程可以分为生态保护与建设工程和支撑工程两大类，其中，生态保护与建设工程包括重大林业生态工程、草地保护工程、湿地保护工程、沙化土地治理及水土流失综合治理工程 5 类，支撑项目包括生态保护支撑和科技支撑两类。

横断山区实施的重大林业生态工程主要包括天然林保护工程、退耕还林工程、长江中上游防护林体系建设工程（图 1-7），这些重大生态工程实施以来，取得了巨大的

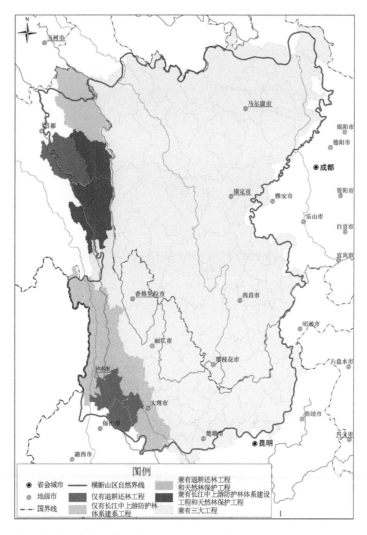

图 1-7　横断山区森林生态系统建设与保护工程（天然林保护工程、退耕还林工程、长江中上游防护林体系建设工程）的分布范围

生态、经济和社会效益。横断山区的沙化土地主要分布于川西北高原的阿坝藏族羌族自治州（简称阿坝州）和甘孜藏族自治州（简称甘孜州）境内，沙化土地总面积达到 79.7 万 hm²。2007 ～ 2017 年，四川省着力改善沙区生态与民生，累计投入中央、省财政治沙资金逾 12 亿元，累计治理川西北沙化土地 5.43 万 hm²，主要的治理工程有川西北地区防沙治沙试点示范工程、川西北藏区生态保护与建设工程等。横断山区实施的重大水土流失综合治理工程主要为"长治"工程，工程分布范围主要涉及云南、四川两省。横断山区"长治"工程建设内容包括坡耕地整治、小型水利水保工程、植物防护、保土耕作和封禁治理。

第 2 章

高原重大生态工程监测与评估

实时有效监测工程区生态环境变化，全面科学地评估生态工程的生态效益，有助于更高效地实施与管理现有工程，并优化实施未来的生态工程。全面及时地评估重大生态工程实施的生态成效及发现存在问题，是生态工程有效实施和科学管理的重要内容，有利于滚动调整生态工程实施方案、保障工程实施效果，并使后续生态工程部署具有科学性和空间针对性。本章系统阐述了生态工程成效监测及评估方法，解决因气候波动导致的生态工程生态效益评价不确定的问题，并准确判断生态系统的退化/恢复趋势和程度，从而使评估更具有科学性。

2.1 生态工程成效监测理论与方法

重大生态工程监测是通过数值平台实现空间遥感数据和地面观测数据的相互验证、融合和尺度转换，为实现天空地一体化的生态系统综合评估和生态工程成效评估提供决策支持。主要包括以下部分内容：宏观生态状况监测、生态工程信息实时监测、工程区域内外实地配对监测、放射性核素示踪监测、生态功能模型模拟及预测等。宏观生态状况监测主要包括生态系统类型面积变化、土地利用面积转移矩阵、植被状况及其变化、生态结构演变状况等方面，能直接、有效地反映生态系统状况。生态工程信息实时监测是应用高分等遥感技术进行草地动态监测，及时、准确地获取围栏区域面积及其空间分布，对工程区实时管理、工程效应评估、工程措施优化等均具有重要意义。生态功能模型模拟针对生态系统水源涵养、土壤保持、防风固沙、固碳及生物多样性维持5个方面进行估算，能有效反映生态系统服务功能状况。

2.1.1 宏观生态状况监测

1. 生态系统类型面积变化

在我国土地资源遥感调查与监测技术规程中，刘纪远等（2006）提出了基于遥感TM影像的土地利用/覆盖分类系统设计原则，并在此基础上设计了完整的土地利用/覆盖分类系统。采用该遥感土地资源分类系统，将青藏高原土地利用/覆盖分为耕地、林地、草地、水域、建设用地和未利用土地6个一级土地利用类型和有林地、灌木林、疏林地、其他林地以及高、中、低覆盖度草地等25个二级土地利用类型。根据1990～2020年多期土地覆被遥感解译数据，结合植被图等相关资料，对青藏高原的农田生态系统、森林生态系统、草地生态系统、湿地生态系统、城市生态系统、其他生态系统六大生态系统类型进行面积统计分析和空间分布分析。

生态系统类型面积变化速度的区域差异通过土地利用动态度模型进行度量。土地利用动态度模型可分为单一土地利用动态度和综合土地利用动态度。单一土地利用动态度表示的是某研究区一定时间范围内，某种土地利用类型数量变化的速率，它着重研究单个土地利用类型的变化情况。综合土地利用动态度描述的是某区域土地利用变化的总体速度，可用于土地利用动态变化的区域差异研究。综合土地利用动态度具体模型表达如下：

$$S = \left[\sum_{ij}^{n} \left(\frac{\Delta S_{i-j}}{S_i} \right) \right] \times \frac{1}{t} \times 100\%$$

(2-1)

式中，S_i 为监测开始时间第 i 类土地利用类型的总面积；ΔS_{i-j} 为由监测开始至监测结束时段内第 i 类土地利用类型转变为其他土地利用类型的面积总和；t 为时间段；S 为与 t 时段对应的项目区综合土地利用变化动态度，如 t 用年度表示则 S 即为土地利用的年变化速率。

2. 土地利用面积转移矩阵

转移矩阵可全面而具体地分析青藏高原生态系统变化的结构特征与各类型变化的方向。该方法来源于系统分析中对系统状态与状态转移的定量描述，为国际、国内所常用。

$$S_{ij} = \begin{bmatrix} S_{11} & \cdots & S_{1n} \\ \vdots & \ddots & \vdots \\ S_{n1} & \cdots & S_{nn} \end{bmatrix}$$

(2-2)

式中，n 为生态系统的类型数；i、j 分别为研究期初与研究期末的生态系统类型；S_{ij} 为研究期内，生态系统类型 i 转换为生态系统 j 的面积。

转移矩阵不但可以反映研究期初和研究期末的生态系统类型结构，还可以反映研究时段内各土地利用类型的转移变化情况，理解研究期初各类型土地的流失去向以及研究期末各土地利用类型的来源与构成。

3. 植被状况及其变化

1）植被覆盖状况

植被覆盖度是衡量地表植被覆盖状况的重要指标，其变化反映了地表植被长势状况的好坏。基于归一化植被指数（normalized difference vegetation index，NDVI）的植被覆盖度计算模型为

$$f_{NDVI} = (NDVI - NDVI_{min}) / (NDVI_{max} - NDVI_{min})$$

(2-3)

式中，f_{NDVI} 为植被覆盖度；$NDVI_{min}$ 为裸露地表（土壤或者建筑表面）覆盖区域的 NDVI 值，即无植被覆盖像元的 NDVI 值；$NDVI_{max}$ 为完全被植被所覆盖的像元的 NDVI 值，即纯植被像元的 NDVI 值。本评估采用的 NDVI 数据来源于 https://ladsweb.modaps.eosdis.nasa.gov，采用的是 MODISD 陆地专题的产品 MOD13Q1（MODIS/Terra Vegetation Indices 16-Day L3 Global 250m SIN Grid），空间分辨率为 250m，时间分辨率

为 16 天，采用的波段是 250m16 天 NDVI。

2）植被净初级生产力

植被净初级生产力（net primary productivity，NPP）反映植物群落在自然条件下的生产能力，它是维持地球生命的最基本、最重要的生态系统支持功能之一，与土壤营养与生源要素循环等共同成为生态系统提供给人类其他直接服务的基础，并支持或维持生态系统的形成和发展。分析和评估植被净初级生产力是认识和掌握生态系统支持功能的重要内容之一。利用 Carnegie-Ames-Stanford Approach（CASA）光能利用率模型在空间分析技术支持下反演估算青藏高原植被净初级生产力，以期为青藏高原植被生态系统生产力的评估、动态变化监测，以及重大生态保护工程的实施提供科学参考与决策依据。

NPP 估算模型采用改进的 CASA 模型，NPP 由植物光合有效辐射（absorbed photosynthetic active radiation，APAR）和实际光能利用率（ε）两个因子来表示，估算公式如下：

$$NPP(x,t) = APAR(x,t) \times \varepsilon(x,t) \tag{2-4}$$

式中，$APAR(x,t)$ 为像元 x 在 t 月吸收的光合有效辐射，MJ/m^2；$\varepsilon(x,t)$ 为像元 x 在 t 月的实际光能利用率，g C/MJ；$NPP(x,t)$ 为像元 x 在 t 月的净初级生产力。

$$APAR(x,t) = SOL(x,t) \times FPAR(x,t) \times 0.5 \tag{2-5}$$

式中，$SOL(x,t)$ 为 t 月在像元 x 上的太阳总辐射量，MJ/m^2；$FPAR(x,t)$ 为植被层对入射的光合有效辐射吸收的比例（fraction of photosynthetically active radiation，FPAR）；常数 0.5 表示植被利用的光合有效辐射（波长为 0.4 ～ 0.7μm）占太阳总辐射的比例。在一定范围内，FPAR 与 NDVI 存在线性关系，所以，可根据 NDVI 得到对应的 FPAR。

$$\varepsilon(x,t) = T_{\varepsilon 1}(x,t) \times T_{\varepsilon 2}(x,t) \times W_{\varepsilon}(x,t) \times \varepsilon_{\max} \tag{2-6}$$

式中，$T_{\varepsilon 1}(x,t)$ 和 $T_{\varepsilon 2}(x,t)$ 为低温和高温对光能利用率（NPP 累积）的胁迫作用；$W_{\varepsilon}(x,t)$ 为水分胁迫影响系数，反映水分条件的影响；$\varepsilon_{\max}$ 为植被在理想条件下的最大光能利用率，g C/MJ。

NPP 的大小由温度、降水量影响光能转化率的下调因子 δ 来决定，其中 δ 因子（$\delta = T_{\varepsilon 1} \times T_{\varepsilon 2} \times W_{\varepsilon}$）表征植被净生产力受气候因素影响的大小。

4. 生态结构演变状况

为了研究青藏高原近 30 年来在气候变化和人类活动影响下生态系统变化的时空发展规律及其反映的生态状况变化，本研究利用 1990 ～ 2020 年土地覆被类型数据集，通过计算土地覆被转移指数、土地覆被状况指数和景观指数，揭示青藏高原土地覆被时空变化特征及其反映的生态状况变化，从而对 20 世纪 90 年代以来各地区生态保护和建设工程实施以后，各地区土地覆被变化和宏观生态状况变化取得全面客观的科学认识。

1）土地覆被状况指数

本研究定义林地、灌丛、高覆盖草地、水体与沼泽（含永久冰川积雪和湿地）4 种具有较好生态服务的土地覆被类型面积之和的百分比例为土地覆被状况指数。土地覆被状况指数能用来衡量研究区土地覆被状况及其反映的生态系统综合功能。土地覆被状况指数越高，表示生态系统服务越强，支持功能和调节功能也越高。不同时期土地覆被状况指数的变化可以反映生态系统变化状况，土地覆被状况指数用以下公式计算：

$$Z = \left(\sum_{i=1}^{4} \frac{C_i}{A} \right) \times 100\% \tag{2-7}$$

式中，Z 为土地覆被状况指数；C_i 为林地、灌丛、高覆盖草地、水体与沼泽面积，$i=1,\cdots,4$，代表林地、灌丛、高覆盖草地、水体与沼泽 4 种土地覆被类型；A 为计算区域总面积。土地覆被状况指数变化率用式（2-8）计算：

$$Z_c = \frac{Z_2 - Z_1}{Z_1} \times 100\% \tag{2-8}$$

式中，Z_1 为前期土地覆被状况指数；Z_2 为后期土地覆被状况指数；Z_c 为土地覆被状况指数变化率，值为正，表示土地覆被状况变好；值为负，表示土地覆被状况变差。

2）土地覆被转移指数

土地覆被转移指数能够定量表征区域土地覆盖与宏观生态状况转好和转差的程度。定义土地覆被转移指数（land cover chang index，LCCI）如下：

$$\text{LCCI} = \frac{\sum_{k}^{n} \left[A_k \times (D_a - D_b) \right]}{A} \times 100\% \tag{2-9}$$

式中，LCCI 为土地覆被转移指数；$k=1,\cdots,n$，表示土地覆被类型；A_k 为土地覆被一次转移的面积；A 为某分析区域总面积；D_a 为转移前级别；D_b 为转移后级别；土地覆被转移指数值为正，表示区域土地覆被状况及宏观生态状况转好，值为负，表示区域土地覆被状况和宏观生态状况转差。

3）景观指数

景观空间格局反映不同大小和形状的景观斑块在空间上的排列状况。本评估利用 Fragstats 景观格局指数计算软件，选择斑块数（number of patches，NP）、平均斑块面积（mean patch size，MPS）、边界密度（edge density，ED）和聚集度指数（CONT）来定量分析 1990～2020 年青藏高原生态系统景观格局的动态变化。各景观指标的意义如下：

NP 在景观级别上等于景观中所有的斑块总数，反映景观的空间格局，经常被用来描述景观异质性，与景观的破碎度有很好的正相关性。一般规律是 NP 越大，破碎度越高；NP 越小，破碎度越低。

MPS 在斑块级别上等于某一斑块类型的总面积除以该类型的斑块数目，其计算公式为

$$MPS = \frac{A}{N} \tag{2-10}$$

式中，MPS 为景观的平均斑块面积；N 为景观的斑块数；A 为景观的总面积。平均斑块面积越大代表景观越完整。

ED 是指景观总体单位面积异质景观要素斑块间的边缘长度，其计算公式为

$$ED = \frac{E}{A} \tag{2-11}$$

式中，ED 为边界密度；E 为斑块边界总长度；A 为斑块总面积。

CONT 描述的是景观里不同斑块类型的团聚程度或延展趋势，其计算公式为

$$CONT = \left[1 + \sum_{i=1}^{m} \sum_{j=1}^{n} \frac{P_{ij} \ln(P_{ij})}{2\ln(m)} \right] \times 100 \tag{2-12}$$

式中，CONT 为聚集度指数；m 为斑块类型总数；P_{ij} 为随机两个相邻的栅格数据类型 i 和类型 j 的概率。聚集度通常度量同一类型斑块的聚集程度，取值在 $0 \sim 100$。其取值受到类型总数和均匀度的影响。聚集度指数高，说明景观中的某种优势斑块形成了良好的连通性；反之则表明景观是具有多种要素的密集格局，景观的破碎化程度较高。

2.1.2　生态工程信息实时监测

遥感信息源在时间、空间序列上的连续性及宏观效应，为应用遥感技术进行草地动态监测提供了条件。生态工程信息的遥感监测方法，主要利用陆地卫星 Landsat TM、ETM⁺、国产高分等遥感影像，通过人工解译、分类或遥感参数反演的方法，获取大区域尺度植被覆盖度、植被指数、生产力、生物量等，辨识生态恢复的特征信息，构建生态状况监测体系，进而判别生态工程的监测结果。

1. 人工林种植时间的突变点监测

为了对抗风沙侵蚀的影响，当地政府和人民自 20 世纪 80 年代以来在雅鲁藏布江中段流域进行了持续的人工造林活动。然而，由于人工造林时空跨度大、记录手段单一等原因，人工林种植时空信息未得到有效记录。遥感技术以其大面积的信息提取能力，广泛应用于宏观层面上的地表变化信息提取。通过对时序遥感影像进行土地覆盖分类，能够提取人工林的种植空间分布。

人工造林是将培育好的幼苗移植到种植区域，造林后会引起地表植被覆盖度的突

增，且植被覆盖度会随着人工林的生长持续增长。在时序遥感植被指数中则表现为种植之前呈现平缓的趋势（沙地），在种植之后呈现增长的趋势（人工林移栽及生长），则时序植被指数的趋势突增时间可以代表人工林的种植时间。通过对造林区域的时序遥感植被指数进行变化特征提取，可以提取人工林的种植时间。

1) 遥感影像获取与处理平台

谷歌地球引擎（Google Earth Engine，GEE）平台是一个基于云的地理信息处理平台，集成了大量的遥感影像数据与地理信息产品，依靠 Google 公司服务器可以快速进行海量数据处理。其中所集成的 Landsat Surface Reflectance（Landsat SR）产品具有较高的时空分辨率，并通过影像预处理去除了大气和传感器自身误差所带来的干扰。基于 GEE 平台，对 1988 ~ 2020 年内每年生长季（5 ~ 9 月）的 NDVI 影像取均值，获取覆盖雅鲁藏布江中段流域的时序 NDVI 均值影像。

2) 人工林种植空间信息辨识

利用集成于 GEE 平台的随机森林分类器（random forest classifier）对 2020 年的 Landsat 均值影像进行土地覆盖分类，可以提取人工林的种植空间分布信息。其主要步骤如下：首先利用聚类方法对待影分类影像进行面向对象分割，将种子像素周围具有类似光谱与纹理特征的临近像元划分为一个超像素，并将超像素内各像元的各波段属性进行均值处理并重新赋予每个像元，以达到面向对象分割的目的；然后，通过结合实地采样所记录全球定位系统（global positioning system，GPS）点位以及 Google 高清影像，提取了 1957 个样本点来训练随机森林分类器。通过每个训练样本点的光谱特征属性，结合样本类别属性，形成分类规则以构建 200 棵分类决策树；最后根据分类决策树对每个待分类像元进行地表覆盖类别属性划分，并在分类结果中提取具有人工林类别属性的像元，达到提取人工林空间分布的目的。

为了验证分类精度，选择一部分样本点作为验证点来评价遥感影像分类的精度。利用整体精度（overall accuracy，OA）来表达分类的总体精度：

$$OA = \frac{P}{n} \tag{2-13}$$

式中，P 为正确分类的验证点；n 为验证点总数。由于总体精度忽略了各类别样本之间的差异，引入 Kappa 系数来进行分类精度评价：

$$Kappa = \frac{OA - P_e}{1 - P_e} \tag{2-14}$$

P_e 的计算公式为

$$P_e = \frac{a_1 \times b_1 + a_2 \times b_2 + \cdots + a_n \times b_n}{n \times n} \tag{2-15}$$

式中，$a_1, a_2, \cdots, a_n$ 为每一类地物的真实样本个数；$b_1, b_2, \cdots, b_n$ 为分类结果中每一类别正确分类的样本个数。

此外，为了抵消由于验证集与训练集之间的差异所带来的精度评价误差，对总体精度与 Kappa 系数采用 3 折交叉验证方式计算。3 折交叉验证方法将总体训练数据集均分为 3 份，每次取整体训练数据集的 1/3 作为验证集，剩余总体训练数据集的 2/3 为训练集；通过对分类目标影像使用不同的训练、测试集进行 3 次分类，获得 3 对总体精度和 Kappa 系数，取其均值作为最后的分类评价指标。

3）人工林种植时间信息提取

针对前面所提出的假设，对时序 NDVI 指数进行突变探测，以探测代表人工林种植时间的时序 NDVI 趋势突增点，为此设计了一种自适应趋势突变检测算法。

该算法首先对时序 NDVI 进行窗口平滑处理，将平滑点 x_0 周围时间窗口 n 内的 NDVI 取均值再赋予 x_0。

$$x_0 = \frac{(x_{-w} + x_{-w+1} + \cdots + x_{-1} + x_0 + x_1 + \cdots x_{w-1} + x_w)}{n} \tag{2-16}$$

式中，

$$n = 2w + 1 \tag{2-17}$$

在对时序 NDVI 影像进行窗口平滑之后，将探测点 x_0 前后 T 尺度内的 NDVI 划分为前、后子空间，分别计算前后子空间内的 NDVI 拟合线斜率（S_{bef}，S_{aft}），用以代表探测点前后的 NDVI 趋势。通过计算探测点前后子空间内拟合斜率的差值 S_{diff}，以代表探测点前后的 NDVI 趋势变化：

$$S_{\text{diff}} = S_{\text{aft}} - S_{\text{bef}} \tag{2-18}$$

根据 S_{diff} 可得，当探测点处于时序 NDVI 突增点处时 S_{diff} 呈现为峰值，当探测点处于时序 NDVI 突降点处时 S_{diff} 呈现为谷值（图 2-1）。

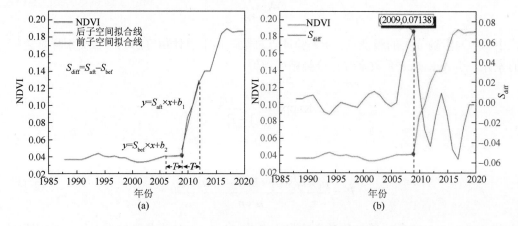

图 2-1 典型区域人工林拟合曲线

根据人工林的植被覆盖变化特征，在没有植被扰动的理想状况下，单纯通过时序 S_{diff} 的最大值判断条件可以提取时序 NDVI 的最大突增点，即人工林的种植时间。然而，由于人工林的生长过程中往往存在大量不同程度的植被扰动，在时序 NDVI 中表现为许多具有较大突变程度以及较小持续时间的异常值，对造林时间的判断造成干扰。同时，由于造林后人工植被的持续生长，造林引起的突变往往在时序 NDVI 中呈现较长的增长周期。因此，在对时序 NDVI 进行窗口平滑以及子空间划分时，设计了自适应组合平滑窗口与子空间窗口尺度的方法来消除不同突变程度异常值的干扰。在阈值区间内循环组合平滑窗口尺度以及子空间尺度，当 S_{diff} 峰值的最大值大于第二大值的 2/3 时设定为异常值被平滑，此时的 S_{diff} 峰值对应的时间即为人工林的种植时间。

2. 草地围封工程的高分影像提取

草地围封工程是国家改善牧区退化草原生态环境和促进牧区经济可持续发展的一项重大举措，及时、准确地获取围栏区域面积及其空间分布，对草场实时管理、工程效应评估、工程措施优化等均具有重要意义。青藏高原是全国最大的天然牧场，草地面积超过 130 万 km^2，围栏实施累计总面积 25 万 km^2。目前，国内各牧区主要采取的是传统野外实地调查的手段。青藏高原地区气候恶劣，草场围封范围广、数量多且面积大，野外实地调查方法需要耗费大量时间、人力和财力去进行围栏的测量和统计，外业测量的信息转内业，然后层层上报，最快到达核心管理部门时，围栏已经实施过 1～2 年，且信息传输过程中的人为误差较多，围栏范围与实际的围栏边界吻合精度不高。

草地围栏是利用铁丝网等材料将部分草地区域围封起来禁止放牧，围栏具有线性特征明显、宽度细等"亚像元"线性地物的特点。利用传统 Landsat 等中低分辨率遥感影像解译会存在大量混合像元，仅利用围栏本身的线性特征自动提取后，不能形成完整闭合的围栏边界，需进行人工目视解译识别此类线性地物，耗时且效率低下，难以应用在大范围多景遥感影像的联合提取。

针对现有的围栏区域实施边界和布局难以精确地面测量的问题，联合 ENVI、ArcGIS 和 Matlab 软件在影像融合、地理数据分析、迭代计算的优势，提供一种基于高分遥感影像的草地围栏提取方法。该方法利用植被处于生长期时，围栏内植被生长状况和绿度均较围栏外高的特点，基于植被特征值和面向对象分割的解译思路，通过对植被特征值的阈值分割实现矩形或者不规则形状的围栏区域提取，提高草地禁牧围栏的状况调查的效率与精度。

1) 方法原理

根据围栏内外植被绿度的差异，将植被指数特征和面向对象分割的图像解译相结合，计算 NDVI 及其显著特征值，通过阈值分割实现不规则围栏区域的提取。

$$NDVI = (DN_{NIR} - DN_R) / (DN_{NIR} + DN_R) \tag{2-19}$$

式中，DN_{NIR} 为近红外波段；DN_R 为红波段。

$$R_i(\mathrm{NDVI}) = \frac{\sum\limits_{j \in N_{(i)}, V_{(\mathrm{NDVI},j)} < V_{(\mathrm{NDVI},i)}}^{\infty} B_{(i,j)} \left[V_{(\mathrm{NDVI},i)} - V_{(\mathrm{NDVI},j)} \right]}{\sum\limits_{j \in N_{(i)}}^{\infty} B_{(i,j)}} \tag{2-20}$$

式中，$R_i(\mathrm{NDVI})$ 为 NDVI 的显著特征；i 为当前计算斑块；$N_{(i)}$ 为当前计算斑块的所有相邻斑块的集合；$B_{(i,j)}$ 为目标斑块与相邻斑块的公共边长，$V_{(\mathrm{NDVI},i)}$ 为目标斑块的 NDVI 值；(NDVI,j) 为相邻斑块的 NDVI 值。

2）方法步骤

方法步骤如下：①数据源的选择，采用拥有高分辨率 1m 全色、4m 多光谱的高分二号（GF-2）遥感卫星的影像，含有的四个波段分别是蓝波段、绿波段、红波段、近红外波段，辐宽 45km，所选影像处于植被生长季 6 ～ 8 月，云量＜5%，待提取的目标是围栏封育区域；②数据预处理，对目标区域 GF-2 遥感图像进行预处理，包括正射校正、图像融合、图像增强，提高数据的解译精度；③基于 NDVI 的图像分割，采用 NDVI 提取遥感影像中的植被区域，并利用面向对象的算法进行图像分割；④基于植被特征值的图像分类与重采样，计算 $R_i(\mathrm{NDVI})$，消除大尺度遥感影像各区域的 NDVI 绝对值差异，突出显示围栏区域；⑤图形整饰与输出，将批处理的多景目标区域重分类栅格图像，各景合并，然后转为矢量格式，为表达围栏的真实边界，对矢量文件进行消除内部小图斑以及边界平滑处理，得到围栏的边界；⑥野外核查精度验证，连续两年均开展了藏北各县围栏提取效果的野外精度验证，利用无人机等手段，直接航测围栏的边界，验证提取精确度达到 87.6%（图 2-2）。

遥感影像类型：GF-2　成像时间：2016年8月27日

(a)高分2号预处理后目标区域影像示例

遥感影像类型：GF-2　成像时间：2016年8月27日

(b)目标影像NDVI计算全值域示例

遥感影像类型：GF-2　成像时间：2016年8月27日

(c)目标区域围栏提取结果示例图

遥感影像类型：GF-2　成像时间：2016年8月27日

(d)野外提取标志的建立

图 2-2　草地围封工程的高分影像提取主要步骤

2.1.3　工程区域内外野外配对监测

目前，由于工程成效评估技术方法上存在较大的不确定性，大量生态工程评估缺乏针对性和系统性，只能从一些诸如恢复治理面积、植被覆盖度、生产力等表象特征上评价生态系统的变化状况，导致工程效果的高估或低估及缺乏科学性的问题，难以全面回答工程规划之初设定的目标、全面反映生态系统变化，以及揭示生态系统变化的原因和今后的发展趋势，直接影响到工程的科学决策与滚动实施。卫星遥感为大尺度、长时间序列的生态系统监测开辟了新思路，多角度遥感、高光谱、主动雷达以及激光雷达等技术已被证明在植被类型、结构特征和植被动态监测方面具有更大的优势。对地遥感可获取面状连续覆盖、动态的地表能量平衡信息、地表结构信息、地表水分信息和植被覆盖地表光合作用有关信息。目前遥感反演产品的质量虽然有了很大提高，但数据精度仍然有待改进。地表观测虽然可以获得高精度参数数据，然而仅能实现点上测量，很难获得工程区内外的配对数据，且对于同一区域工程区内外生态系统变化监测较少，无法对遥感反演产品进行验证。基于不同工程区内外的配对监测可提高数据获取的准确度，为青藏高原生态工程实施提供更为科学的数据支撑。

1. 监测布点原则

根据监测区域的生态地理环境特征，选择具有代表性的样点和样地，尽可能少的点位获取最具有代表性的生态系统状况信息。各生态要素配对监测点位尽可能在布设时靠近，各生态要素的配对监测项要有可靠的技术方法或仪器设备，便于实施质量控制。监测工作按计划进行，便于有效管理。

2. 监测站（点位布设）

根据对生态系统要素监测与评价、生态系统综合评估及生态保护和建设工程跟踪监测的要求，布设青藏高原生态监测 - 地面综合配对监测点。为满足生态环境状况、生态系统结构、完整性评价和生态系统综合评估的要求，结合区位的重要性、生态系统与小流域的特点，在青藏高原设生态系统综合配对监测站点，以草地、森林、湿地生态系统为监测的基本单元开展配对监测。为满足环境因子、生态要素评价及生态保护和建设工程成效评估的需求，布设生态监测配对监测基础站点，主要包括草地生态配对监测样点（地）、森林生态配对监测样点（地）、湿地生态配对监测样点、沙化土地配对监测点等。

草地生态配对监测样点根据草地植被类型进行布设，森林生态配对监测样点（地）根据林地类型进行布设，湿地生态配对监测样点（区）根据湿地类型以及湿地植被类型进行布设，沙化土地配对监测点（区）根据区域沙化土地状况进行布设，水文水资源配对观测站根据流域水系进行布设，水土保持配对监测小区及辅助监测点根据区域、小流域进行布设，气象要素观测站根据行政区域进行布设，土壤环境质量配对监测点根据土壤类型、结合土地利用及植被类型进行布设。

3. 地面配对监测内容

在青藏高原生态系统综合监测站点，以草地、森林、湿地生态系统为监测的基本单元，开展气象、水文、土壤、生物（植物）、环境等多项生态要素配对监测。监测内容应包括植被（草地、湿地、森林）、气象、水文、环境质量（环境空气、生活饮用水水质、地表水水质、土壤）等多项监测。

1）草地生态配对监测

草地配对监测样地按长期监测标准样地设计，在工程区内和工程区外分别设置监测样点，样地一经确定，不再轻易变更。样地的大小至少要满足有效监测10年，每年7～9月植被生长盛期监测1期，固定样地设置的面积不小于$10km^2$，同时监测位点面积不小于40m×30m。样方设置采用固定和随机两种方法。监测内容主要包括草地面积、草地类型、草地动态变化、草地群落结构、草地载畜量、草地鼠虫害、草地生态保护与建设工程配对监测等方面。草地样方面积为1m×1m，灌丛草地样方面积为2m×5m。在每个样方内，监测应至少重复6次。监测方法上，可采用现场调查法、现场描述法及资料收集等方式综合进行。对于草地鼠虫害的监测，针对啮齿类动物，可在草地植被监测点选定三块$0.25hm^2$ [①]的固定样地，采用堵洞盗洞法、夹日法进行调查。对于有害昆虫，应根据昆虫的种类、生理形态和危害习性，分别采用直接观察法（如样方法）和间接法（如扫网法）进行监测，同时结合其他监测手段进行损失调查。监测指标主要包括草地面积、草地类型、植被盖度、高度、频度、生物量、鼠虫害监测等。

2）湿地生态配对监测

湿地植被固定样地面积不小于$10km^2$，设置200m×4m的样带进行监测。监测内容主要包括湿地面积、湿地类型、水域动态变化、湿植物群落结构、湿地保护与建设工程跟踪监测。湿地植物群落监测采用200m×4m的样带，以中心线为准，兼顾中心线两侧各2m的区域进行区划调查。监测采用现场调查法、现场描述法、资料收集、访问调查进行监测。监测指标包括湿地分布、面积、植被类型、盖度、高度、群落生物量（包括湿地草本植物群落、湿地灌木群落）等。

3）森林生态配对监测

林地固定监测样地面积不小于$10km^2$，林木样方面积为$900m^2$。监测内容主要包括森林面积、林地类型、林木植被数量特征、林地植被群落结构、森林生态保护与建设工程跟踪监测。林地植物群落监测采用样方法，林地样方和林下灌木群落样方大小均为30m×30m，林下灌木监测采用对角线区划，样木实测法，最少选取5株监测木。草本监测样方为1m×1m，至少需4个重复。

4）沙化土地配对监测

沙化土地监测样地按长期监测标准样地设计，样地设置的面积不小于$10km^2$，采用固定或人为随机设置监测样地。监测内容主要包括沙化土地基本情况、沙化土地动

---

① $1hm^2=10000m^2$。

态变化、植被群落特征。监测指标主要包括植被类型、群落结构、盖度、生物量、沙化土地面积及沙丘移动速度。沙化土地植被监测（灌木监测）采用监测木（标志树木）实测法，草本监测采用样方实测法，草本样方面积为 1m×1m，至少需 6 个重复，监测采用现场调查法、现场描述法、资料收集等。

2.1.4　放射性核素示踪监测

青藏高原土壤侵蚀类型复杂多样、侵蚀过程多变，水力、风力、冻融等侵蚀营力交错或交替频繁出现，但区域内土壤侵蚀实测资料（如径流小区监测）极其缺乏。核素示踪法是除小区以外定量监测区域土壤侵蚀速率经常使用的方法，特别在边远山区、水土流失防治困难地区及观测站建立时间短的地区，其能够在不改变原始地貌的条件下，通过测定核素含量的时空分异来研究土壤侵蚀的发生和分布规律。其中 ^{137}Cs 已被广泛应用于反映地区中长期（1963 年以来）的土壤侵蚀特征，^{210}Pb$_{ex}$ 用于反映短期（近 20～30 年）的土壤侵蚀特征，^{137}Cs 和 ^{210}Pb$_{ex}$ 法的联合运用可以作为评估青藏高原近期实施生态工程前后土壤侵蚀变化状况的有效手段，既可以反映区域内中长期（1963 年以来）土壤侵蚀特征，也可以反映短期（近 20～30 年）生态治理工程前后的土壤侵蚀变化。

1）土壤采样点的布设原则与样品采集

背景值是指放射性核素自沉降以来，未经任何形式土壤侵蚀和人为影响的天然土壤剖面中总的含量。背景值地点的确定是核素示踪土壤侵蚀非常关键的一步，所采的样品能否代表该区域核素输入水平，直接影响试验的精度。理想的背景值样点应取自研究区域内或距离较近、地势平坦，并且既无侵蚀，又无堆积发生，同时植被覆盖较好的区域，如山顶平坦的草地样点。其他样点均遵循干扰少、具代表性的原则进行采集。为了充分反映土壤中 ^{137}Cs 和 ^{210}Pb$_{ex}$ 分布，采集的样品通常分为全样、层样和容重样三种。其中，土壤全样是指在一定面积上采集的包含所有 ^{137}Cs 和 ^{210}Pb$_{ex}$ 核素的土壤样品；层样是指自地表向下每一层位包含 ^{137}Cs 和 ^{210}Pb$_{ex}$ 核素的土壤样品，主要反映核素在土壤剖面中的分布形态，对判断同一区域其他全样采集深度是否超过核素赋存极限非常重要。野外采集到的样品带回实验室后，经过风干、研磨、过筛、称重等过程，再进入实验室利用高纯锗探头的 γ 能谱仪进行测定。

2）^{137}Cs 和 ^{210}Pb$_{ex}$ 面积活度计算

土壤样品的核素含量由单位面积浓度进行表示，基于样点与背景值点的面积活度比较，可确定目标样点发生了侵蚀还是沉积。对分层样而言，单位面积核素总含量的计算公式：

$$CPI(PPI) = \sum_{i=1}^{n} C_i \times Bd_i \times D_i \times 1000 \qquad (2\text{-}21)$$

式中，CPI（PPI）为采样点 ^{137}Cs 或 ^{210}Pb$_{ex}$ 的总量，Bq/m^2；i 为采样层序号；n 为采样层数；

C_i 为第 i 层的核素比浓度；Bq/kg；Bd_i 为第 i 层的土壤容重，g/cm^3；D_i 为 i 层的深度，cm。

对全样而言，单位面积核素含量的计算公式如下

$$CPI(PPI) = C_i \times \frac{W}{S} \tag{2-22}$$

式中，W 为过筛后测试样品总重，kg；C_i 为 ^{137}Cs/^{210}Pb$_{ex}$ 的比浓度，Bq/kg；S 为取样器的横截面面积，m^2。

3）基于放射性核素 ^{137}Cs 和 ^{210}Pb 的土壤侵蚀评估方法

由于放射性核素 ^{137}Cs 和 ^{210}Pb$_{ex}$ 的来源和半衰期不同，^{137}Cs 和 ^{210}Pb$_{ex}$ 能够提供不同时间尺度的土壤侵蚀相关信息。^{137}Cs 提供了 1963 年以来的平均土壤侵蚀速率信息；^{210}Pb$_{ex}$ 因其自然来源属性，具有连续沉降、半衰期较短的特点，它对当前土壤侵蚀速率变化最为敏感，主要反映了近 20 年发生的土壤侵蚀（Porto et al.，2014，2016）。结合相关土壤侵蚀模型，进一步评估实施生态工程前（1963 年至生态工程实施当年）的土壤侵蚀速率，通过比较分析生态工程实施前后土壤侵蚀速率差异以及工程区内外土壤侵蚀速率差异，可揭示生态工程驱动土地利用变化下的土壤侵蚀响应。防沙治沙生态工程区内外沙地土壤侵蚀模型均选用非农耕地土壤侵蚀模型计算，具体如下：

第一，1963 年来的总侵蚀状况评估。

对于非农耕地土壤，1963 年来的总体侵蚀状况可以采用 Zhang 等（1990）建立的非农耕地 ^{137}Cs 剖面形态模型评估：

$$A = A_{\mathrm{ref}} \mathrm{e}^{-ch} \tag{2-23}$$

式中，A 为非农耕地土壤 ^{137}Cs 面积活度，mBq/cm^2；A_{ref} 为 ^{137}Cs 本底值，mBq/cm^2；h 为 1963 年以来的非农耕地土壤流失总厚度，cm；c 为 ^{137}Cs 深度分布系数，cm^{-1}。

第二，近期土壤侵蚀状况评估。

非农耕地近 20 年的土壤侵蚀状况，如生态工程（如退牧还草工程）实施以来土壤侵蚀速率，可以采用 Zhang 等（2003）建立的 ^{210}Pb$_{ex}$ 质量平衡模型计算：

$$h = \frac{\lambda(A_{\mathrm{ref}} - A)}{C_x \gamma} \tag{2-24}$$

式中，h 为非农耕地实施生态工程以来的年均土壤流失厚度，cm；A 为非耕地土壤中 ^{210}Pb$_{ex}$ 面积活度，mBq/cm^2；C_x 为非农耕地表层土壤 ^{210}Pb$_{ex}$ 浓度，mBq/g；γ 为土壤容重，g/cm^3。

第三，生态工程影响评估。

基于 ^{137}Cs 核素示踪评估出 1963 年至今的平均土壤侵蚀速率 R_s，基于 ^{210}Pb$_{ex}$ 核素示踪可评估出土壤侵蚀状况发生变化（如实施防沙治沙生态工程）以来的土壤侵蚀速率 R_c，结合侵蚀变化前后的时间跨度，采取加权平均值法间接计算出土壤侵蚀状况发生变化前（1963 年至生态工程实施当年）的土壤侵蚀速率 R_b，计算公式如下：

$$R_s = \frac{R_b(t_c - 1963) + R_c(t_s - t_c)}{t_s - 1963} \tag{2-25}$$

式中，R_s 为 1963 年至今的平均土壤侵蚀速率，t/(hm^2·a)；R_c 为生态工程实施以来的平均土壤侵蚀速率，t/(hm^2·a)；R_b 为 1963 年至生态工程实施当年的平均土壤侵蚀速率，t/(hm^{2}a)；t_c 为生态工程实施年限；t_s 为取样年限。最后，通过对比生态工程实施前（R_b）、实施后（R_c）土壤平均侵蚀速率差异，可间接表征生态工程实施对土壤侵蚀的影响。

2.1.5 生态功能模型模拟及预测

1. 生态系统水源涵养服务量估算

水源涵养服务是生态系统内多个水文过程及其水文效应的综合表现，它是植被层、枯枝落叶层和土壤层对降雨进行再分配的复杂过程，主要功能表现在增加可利用水资源、减少土壤侵蚀、调节径流和净化水质等方面。基于对水源涵养功能内涵的不同理解，水源涵养的计算方法也不同，有土壤蓄水能力法、综合蓄水能力法、林冠截留剩余量法、水量平衡法、降水储存量法、年径流量法、地下径流增长法等多种方法（张彪等，2009；刘业轩等，2021），这些方法计量水源涵养的不同部分或者不同方面。综合蓄水能力法得到的结果反映了理论上最大的蓄水量，并不代表实际状态下森林的蓄水量。林冠截留剩余量法、土壤蓄水能力法、地下径流增长法代表了整体生态系统部分层次的截留降雨能力，容易高估或低估实际水源涵养量。水量平衡法是目前评估水源涵养服务最有效和应用最广泛的方法（Xu et al.，2019），以水量的输入（降水量）和输出（蒸发量和径流量）为着眼点，从水量平衡角度估算涵养水源量（肖寒等，2000），数据处理方法简单易于操作，可采用空间栅格数据，自上而下定量地研究所有时空尺度水源涵养服务（刘业轩等，2021），有助于反映涵养水源的整体状况和空间差异。本书青藏高原的水源涵养 / 水分调剂效应采用降水储存量法计算，用公式可表示为

$$Q = 10 \times A \times J \times R \tag{2-26}$$

$$J = J_0 \times K \tag{2-27}$$

式中，Q 为与裸地相比较，森林、草地等生态系统涵养水分的增加量，m^3；A 为生态系统面积，hm^2；J 为研究区产流降水量，mm；J_0 为研究区年产水量，mm；K 为产流降水量占降水总量的比例；R 为与裸地相比较，生态系统减少径流的相对效益系数。

1）降水量

青藏高原降水量数据从全国空间差值数据中切割出来。首先通过中国地区 756 个气象站点的日降雨资料，采用基于薄片样条理论的 ANUSPLIN 方法（Hutchinson，1995；Apaydin et al.，2004）进行空间插值，生成了 1990 ~ 2020 年全国 1km 逐月降水

数据集。该方法在空间插值过程中考虑了地形因子的影响，能够表达一定的空间异质性。但由于未考虑周边国际气象台站的数据，边界处插值结果偏低。本研究将 ANUSPLIN 插值结果与国家气象信息中心提供的 0.25°×0.25° 日值降水格点数据结合，以每个格点降水量纠正控制 ANUSPLIN 插值结果的总量，同时保留 ANUSPLIN 插值数据中的空间差异，生成了 1990～2020 年全国 1km 逐月降水数据集。

2）产流降水量占总降水量的比例（K 值）

产流降水量是指发生产流的降水量总和。已有研究发现，并非所有的降雨都能形成径流，只有在降水量和雨强满足一定的条件后才有可能产流。自然降雨中的小降雨次数频繁，而小降雨事件大多不产生侵蚀，在计算产流降水量时如果将不产生地表径流的降雨剔除掉，不但会大大减少工作量，而且会提高计算精度。

通过搜集已公开发表文献中用径流小区实测的降雨产流临界值，根据点位信息，以邻近国家气象台站实测日降水数据修正同时期热带降雨测量卫星（tropical rainfall measuring mission，TRMM）提供的逐日 3 小时降水量数据，累积单次降水量大于降雨产流临界值的数值，得到单点产流降水量占降雨总量的比例（K 值）。扫描并数字化了多年均河川径流系数等值线，并进行了空间插值，将上述 K 值与该点径流系数建立线性关系，相关系数高达 0.8 以上。通过该线性关系，即可得到产流降水量占总降水量比例的空间分布。

3）降雨径流率

青藏高原森林生态系统减少径流的效益系数主要通过已有的文献资料收集得到。草地生态系统降雨径流率通过草地植被覆盖度计算得到：

$$R=-0.3187\text{fc}+0.36403\ (r^2=0.9337) \tag{2-28}$$

式中，R 为与裸地相比较，生态系统减少径流的相对效益系数；fc 为植被覆盖度。

青藏高原高寒草甸面积较大，植物种类繁多，植株低矮，生长密集，其土壤具有良好的涵养水源能力。不同植被覆盖度下高寒草甸的降水产流特征采用李元寿等（2006）在长江和黄河源区的研究结果。

2. 生态系统土壤保持服务量估算

土壤保持服务是指地表植被和凋落物层截留降水，降低水滴对表土的冲击和地表径流的侵蚀作用，防止土壤崩塌泻溜，减少土壤肥力损失以及改善土壤结构的功能，是防止区域土地退化、降低洪涝灾害风险的重要保障（刘月等，2019）。区域土壤侵蚀计算的传统方法有区域观测法、观测点代表法、站点资料函数推广法、泥沙输移比转换法等（王飞等，2003）。20 世纪 50 年代美国农业部、普渡大学和其他部门基于大量小区观测资料和人工模拟降水实验资料合作建立了通用土壤流失方程（universal soil loss equation，USLE）（Wischmeier and Smith，1978）。1997 年，美国农业部自然资源保护局国家土壤侵蚀实验室构建了修正通用土壤流失方程（revised universal soil loss equation，RUSLE）（Renard et al.，1997），改进 USLE 方程中各因子的测算方法。符素华和刘宝无

（2002）在 USLE 的基础上，建立了中国土壤流失预报方程（Chinese soil loss equation，CSLE）。USLE、RUSLE 以及 CSLE 模型均为基于经验方程的土壤侵蚀估算模型，同时一些考虑土壤侵蚀过程的物理模型也相继推出，如美国的 WEPP（Foster and Lane，1987）、欧洲的 EUROSEM（Pond et al.，1998）、荷兰的 LISEM（de Roo et al.，1996）等。在众多模型中，RUSLE 模型由于结构简单、参数易于获取，同时考虑了影响土壤侵蚀的多个因素，在世界范围内得到了广泛应用（李天宏和郑丽娜，2012；孙文义等，2014；赵志平等，2014；怡凯等，2015；董蕊等，2020）。本书中基于通用 RUSLE，通过极度退化状况下的土壤流失量与现实状况下土壤流失量的差值评估青藏高原 1990～2020 年生态系统土壤保持功能量及变化，公式如下：

$$AB_i = AD_i - AT_i \tag{2-29}$$

$$AT_i = \sum_{i=1}^{23} AT_{ij} \tag{2-30}$$

$$AT_{ij} = R_{ij} \times K \times L \times S \times CT_{ij} \times P_i \tag{2-31}$$

$$AD_i = \sum_{j=1}^{23} AD_{ij} \tag{2-32}$$

$$AD_{ij} = R_{ij} \times K \times L \times S \times CD_{ij} \times P_i \tag{2-33}$$

式中，AB_i 为第 i 年土壤保持量，$t/(hm^2 \cdot a)$；AD_i 为第 i 年生态系统在极度退化状况下的土壤流失量，$t/(hm^2 \cdot a)$；AT_i 为第 i 年现实状况下土壤流失量，$t/(hm^2 \cdot a)$；CD_{ij} 为第 i 年第 j 期不同气候带生态系统极度退化状况下的盖度和管理因子，无量纲；CT_{ij} 为第 i 年第 j 期现实状况下的盖度和管理因子，无量纲；R_{ij} 为第 i 年第 j 期降雨侵蚀力，$MJ \ mm (hm^2 \cdot h \cdot a)$；$K$ 为土壤可蚀性，$t \cdot hm^2 \cdot h/(hm^2 \cdot MJ \cdot mm)$；$L$ 为坡长因子；S 为坡度因子。

1）降雨侵蚀力（R）

降雨侵蚀力是土壤侵蚀的驱动因子，与土壤侵蚀强度有直接的关系。降雨侵蚀力 R 计算可分为 EI_{30} 经典计算方法和常规气象资料简易算法两类。由于降雨动能（E）和 30min 降雨强度（I_{30}）资料获取难度较大，所以国内外许多学者根据区域性降雨侵蚀特点，建立了基于常规降水量资料的简易模型。采用章文波（2002）等的全国日降水量拟合模型来估算降雨侵蚀力，是基于日降水量资料的半月降雨侵蚀力模型。其公式如下：

$$M_i = \alpha \sum_{j=1}^{k} D_J^{\beta} \tag{2-34}$$

式中，M_i 为某半月时段的降雨侵蚀力值，$MJ \ mm/(hm^2 \cdot h \cdot a)$；$D_J$ 为半月时段内第 J 天的侵蚀性日降水量（要求日降水量大于或等于 12mm，否则以 0 计算，阈值 12mm 与中国侵蚀性降雨标准一致）；k 为半月时段内的天数，半月时段的划分以每月第 15 天为界，每月前 15 天作为一个半月时段，该月剩下部分作为另一个半月时段，将全年依次划分为 23 个时段；α、β 为模型待定参数：

$$\beta = 0.8363 + \frac{18.144}{\overline{P_{d12}}} + \frac{24.455}{\overline{P_{y12}}} \tag{2-35}$$

$$\alpha = 21.586\beta^{-7.1891} \tag{2-36}$$

式中，P_{d12} 为日雨量 12mm 以上（包括等于 12mm）的日平均雨量；P_{y12} 为日雨量 12mm 以上（包括 12mm）的年平均雨量。

2）土壤可蚀性因子（K）

土壤是土壤侵蚀发生的主体，土壤可蚀性是表征土壤性质对侵蚀敏感程度的指标，即在标准单位小区上测得的特定土壤在单位降雨侵蚀力作用下的土壤流失率。尽管关于土壤可蚀性值估算的研究很多，但具有代表性的成果为 RUSLE 方程中 Wischmeier 和 Smith（1978）等提出的 Nomo 图法和 Williams 等（1990）等在侵蚀生产力评价模型（erosion-productivity impact calculator，EPIC）中使用的计算方法，本研究采用了 Nomo 图法。

Wischmeier 根据美国主要土壤性质，分析了 55 种土壤性质指标，筛选出粉粒 + 极细砂粒含量、砂粒含量、有机质含量、结构和入渗 5 项土壤特性指标，建立了 K 值与土壤性质之间的诺谟图 Nomo 模型。其计算公式如下：

$$K=[2.1\times10^{-4}(12-OM)M^{1.14}+3.25(S-2)+2.5(P-3)J/100\times0.1317] \tag{2-37}$$

式中，K 为土壤可蚀性值；OM 为土壤有机质含量百分比，%；M 为土壤颗粒级配参数，为美国粒径分级制中（粉粒 + 极细砂）与（100– 黏粒）百分比之积；S 为土壤结构系数；P 为渗透等级。

美国制的粒径等级：黏粒为（< 0.002mm）；粉粒为（0.002 ～ 0.05mm）；极细砂为（0.05 ～ 0.1mm）；砂粒为（0.1 ～ 2.0mm）。在计算土壤可蚀性因子时采用的数据来源于 1:100 万中国土壤数据库，该数据库根据全国土壤普查办公室 1995 年编制并出版的《1:100 万中华人民共和国土壤图》，采用了传统的"土壤发生分类"系统，基本制图单元为亚类，共分出 12 土纲，61 个土类，227 个亚类。土壤属性数据库记录数达 2647 条，属性数据项 16 个，基本覆盖了全国各种类型土壤及其主要属性特征。

3）坡长和坡度因子（L、S）

由于坡度和坡长因子相互之间联系较为紧密，通常将它们作为一个整体进行考虑。坡长因子是指在其他条件相同的情况下，某一长度的田块坡面上的土壤流失量与 72.6ft[①] 长坡面上的流失量的比值。坡度因子是指在其他条件相同的情况下，某一坡度

---

① 标准单位小区的长度，1ft（英尺）=3.048×10⁻¹m。

① 标准单位小区的长度，1ft（英尺）=3.048×10^{-1}m。

的田块坡面上的土壤流失量与 9%（标准单位小区的坡度）坡度的坡面上流失量的比值，核心算法为

$$L = \left(\frac{\lambda}{22.13}\right)^{m} \tag{2-38}$$

$$\beta = \frac{\left(\dfrac{\sin\theta}{0.0896}\right)}{\left[3.0 \times (\sin\theta)^{0.8} + 0.56\right]} \tag{2-39}$$

$$S = \begin{cases} 10.8\sin(s) + 0.03, & \theta < 9\% \\ 16.8\sin(s) - 0.50, & 9\% \leqslant \theta \leqslant 18\% \\ 21.91\sin(s) - 0.96, & \theta > 18\% \end{cases} \tag{2-40}$$

式中，λ 为坡长，m；m 为无量纲常数，取决于坡度百分比值（θ）；s 为坡度，（°）。

4）覆盖度和管理因子

C 因子是指在一定的覆盖度和管理措施下，一定面积土地上的土壤流失量与采取连续清耕、休闲处理的相同面积土地上的流失量的比值，为无量纲数，介于 0～1。要确定 C 因子的值，需要详细的气候、土地利用、前期作物残留量、土壤湿度等资料，在大尺度研究中，一般难以获取这些资料，且 C 值的经典算法非常复杂，国内部分学者采用植被覆盖度求解 C 值，参考了蔡崇法等（2000）提出的 C 值计算方法：

$$C = \begin{cases} 1, & f = 0 \\ 0.6508 - 0.3436\lg f, & 0 < f \leqslant 78.3\% \\ 0, & f > 78.3\% \end{cases} \tag{2-41}$$

上述公式中，植被覆盖度 f 基于植被指数 NDVI 数据计算得到，公式如下：

$$f = \frac{(\text{NDVI} - \text{NDVI}_{\text{soil}})}{(\text{NDVI}_{\text{max}} - \text{NDVI}_{\text{soil}})} \tag{2-42}$$

式中，$\text{NDVI}_{\text{soil}}$ 为纯裸土像元的 NDVI 值；NDVI_{max} 为纯植被像元的 NDVI 值。

3. 生态系统防风固沙服务量估算

防风固沙服务是生态系统植被对风沙的抑制和固定作用（Roels et al.，2001），是风蚀地区自然生态系统提供的一项重要防护性服务，为区域生产生活的可持续发展创造条件。防风固沙服务功能的评估可以通过风力侵蚀模型计算植被引起的风蚀减少量获得，指潜在土壤风蚀量和地表覆盖植被条件下的土壤风蚀量的差值。风蚀量的物质量常通过风蚀模型进行计算，目前已有的研究模型包括 TEAM 模型（Gregory et al.，2004）、WEPS 模型（Coen et al.，2004）、WEQ 模型（Guo et al.，2017）、修正风蚀方程

(revised wind erosion equation，RWEQ) 模型等（申陆等，2016；黄麟等，2016；刘璐璐等，2018；徐洁等，2019）。在充分考虑气候条件、植被状况、地表土壤的粗糙度、土壤可蚀性、土壤结皮的情况下，综合考虑数据的可获得性以及模型升尺度的可操作性（Fryrear et al.，2000；Youssef et al.，2012），RWEQ 模型具有较好的高原区域适用性，其基本原理在于通过风力侵蚀模型计算植被引起的风蚀减少量，防风固沙服务量在于潜在土壤风蚀量和地表覆盖植被条件下的土壤风蚀量的差值，计算公式如下：

$$SL_{sv} = SL_s - SL_v \tag{2-43}$$

式中，SL_{sv} 为防风固沙服务量；SL_s 为裸土条件下的潜在土壤风蚀量；SL_v 为植被覆盖条件下的实际土壤风蚀量。

在充分考虑气候条件、植被状况、地表土壤的粗糙度、土壤可蚀性和土壤结皮的情况下，利用 RWEQ 定量评估裸土条件下的潜在风蚀量和地表覆盖植被条件下的现实土壤风蚀量。计算公式如下：

$$Q_{max\_Q} = 109.8 \times WF \times EF \times K' \times SCF \tag{2-44}$$

$$S_Q = 150.71 \times \left(WF \times EF \times K' \times SCF \right)^{-0.3711} \tag{2-45}$$

$$SL_s = \frac{2z}{S^2} Q_{max\_Q} \times e^{-\left(\frac{z}{S_Q}\right)^2} \tag{2-46}$$

$$Q_{max} = 109.8 \times WF \times EF \times K' \times SCF \times C \tag{2-47}$$

$$S = 150.71 \times \left(WF \times EF \times K' \times SCF \times C \right)^{-0.3711} \tag{2-48}$$

$$SL_v = \frac{2z}{S^2} Q_{max\_Q} \times e^{-\left(\frac{z}{S}\right)^2} \tag{2-49}$$

式中，SL_s 为裸土条件下的潜在风蚀量，kg/m^2；Q_{max_Q} 为潜在风力的最大输沙能力，kg/m；S_Q 为潜在关键地块长度，m；SL_v 为植被覆盖条件下的实际风蚀量，kg/m^2；Q_{max} 为实际风力的最大输沙能力，kg/m；S 为实际关键地块长度，m；z 为下风向距离（取50m）；WF 为气候因子，kg/m；EF 和 SCF 分别为土壤可蚀性因子（无量纲）和土壤结皮因子（无量纲）；K' 和 C 分别为土壤粗糙度因子（无量纲）与植被因子（无量纲）。RWEQ 模型主要因子计算方法如下：

1）气候因子

$$WF = wf \times SW \times SD \tag{2-50}$$

$$wf = \sum_{i=1}^{N} \rho \frac{\left(U_i - U_t\right)^2 U_i}{gN} \times N_d \tag{2-51}$$

式中，wf 为风力因子，m/s³；ρ 为空气密度，kg/m³；g 为重力加速度，m/s²，取 9.832m/s²；SW 表征土壤湿度因子；SD 表示积雪覆盖，为一年之中积雪厚度小于 20cm 的天数与一年总天数之比；U_i 为气象站观测风速，m/s；U_t 为最小起沙风速，模型默认为 5m/s；N 为观测时段内风速的个数；N_d 为观测周期。

其中，空气密度通过式 (2-52) 求得：

$$\rho = 348.0 \times \left(\frac{1.013 - 0.1183\text{EL} + 0.0048\text{EL}^2}{T} \right) \tag{2-52}$$

式中，EL 为海拔，km；T 为绝对温度，开氏度。

土壤湿度通过式 (2-53) 求得：

$$SW = \frac{ET_p - \left(R + I\right)\dfrac{R_d}{N_d}}{ET_p} \tag{2-53}$$

ET_p 采用了 Samani 和 Pessaralkli（1986）的方法，公式如下：

$$ET_P = 0.0162 \times \left(\frac{SR}{58.5} \right) \times \left(DT + 17.8\right) \tag{2-54}$$

式中，SW 为土壤湿度因子；ET_p 为潜在相对蒸发量，mm；R 为降水量，mm；I 为灌溉量，mm；R_d 为降雨次数和（或）灌溉天数；N_d 为天数，天（一般 15 天）；SR 为太阳辐射总量，cal/cm²；DT 为平均温度，℃。

其中太阳辐射采用方法如下：

$$R_{s0} = \left(a_s + b_s \frac{n}{N} \right) R_a \tag{2-55}$$

$$N = \frac{24}{\pi} \times \omega_s \tag{2-56}$$

$$R_a = \frac{24(60)}{\pi} \cdot G_{sr} \cdot d_r \cdot \left[\omega_s \cdot \sin\left(\varphi\right) \cdot \sin\left(\delta\right) + \cos\left(\varphi\right) \cdot \cos\left(\delta\right) \cdot \sin\left(\omega_s\right) \right] \tag{2-57}$$

$$d_r = 1 + 0.033 \cdot \cos\left(\frac{2\pi}{365} \cdot J \right) \tag{2-58}$$

$$\delta = 0.409 \cdot \sin\left(\frac{2\pi}{365} \cdot J - 1.39 \right) \tag{2-59}$$

$$\omega_s = \arccos\left[-\tan(\varphi) \cdot \tan(\delta)\right] \tag{2-60}$$

$$X = 1 - \left[\tan(\varphi)\right]^2 \cdot \left[\tan(\delta)\right]^2 \tag{2-61}$$

$$X = 0.00001 \quad \text{if} \quad X \leqslant 0 \tag{2-62}$$

式中，R_s 为太阳辐射，$MJ/(m^2 \cdot d)$；R_{s0} 为晴空下的太阳辐射，$MJ/(m^2 \cdot d)$；a_s 和 b_s 的取值：最好以当地校正结果为准，在无实测校正地区推荐采用 a_s 为 0.25，b_s 为 0.50 的标准值。R_a 为地球外辐射，$MJ/(m^2 \cdot d)$；n 为实际日照时数；N 为最大可能日照时数；G_{sr} 为太阳常数，$0.0820MJ/(m^2 \cdot min)$；d_r 为日地相对距离；ω_s 为日落时角，rad；φ 为纬度，rad；δ 为太阳倾角，rad；J 为对应于一年中的第几天。

雪盖因子通过式（2-63）求得：

$$SD = 1 - P\left(\text{snow cover} > 25.4mm\right) \tag{2-63}$$

式中，$P\left(\text{snow cover} > 25.4mm\right)$ 为计算时段内积雪覆盖深度大于 25.4mm 的概率。

2）土壤可蚀性因子

土壤颗粒分为可蚀性土粒和非可蚀性土粒，粒径大于 0.84mm 的土粒不易被风蚀，称为非可蚀性颗粒。土壤可蚀性因子则为土壤表层直径小于 0.84mm 的颗粒的含量。

Fryear 等（2000）建立以下方程来描述土壤可蚀性因子 EF 的值：

$$EF = \frac{29.9 + 0.31sa + 0.17si + 0.33\dfrac{sa}{cl} - 2.59OM - 0.95M_{CaCO_3}}{100} \tag{2-64}$$

式中，EF 为土壤可蚀性因子；sa 为土壤的粗质砂粒含量，%；si 为土壤粉砂含量，%；OM 为土壤中有机质占比；cl 为土壤中黏粒占比；M_{CaCO_3} 为土壤碳酸钙含量。

3）土壤结皮因子

土壤结皮为土壤颗粒物（特别是黏土、粉砂与有机质颗粒）的胶结作用而在土壤表面生成一层物理、化学和生物性状均较特殊的土壤微层（表 2-1）。其计算方法如下：

$$SCF = \frac{1}{1 + 0.0066(cl)^2 + 0.021(OM)^2} \tag{2-65}$$

式中，SCF 为土壤结皮因子；cl 为土壤中黏粒占比，%；OM 为土壤中有机质占比，%。

表 2-1　RWEQ 标准数据库中物质含量范围表　　　　　　　　　（单位：%）

项目	sa	si	cl	sa/cl	OM	CaCO$_3$
范围	5.5～93.6	0.5～69.5	5.0～39.3	1.2～53.0	0.18～4.79	0.0～25.2

土壤数据来源于中国西部环境与生态科学数据中心（http://westdc.westgis.ac.cn）提

供的 1 ： 100 万土壤图所附的土壤属性表和空间数据。对于土壤可蚀性和土壤结皮而言，由于我国土壤颗粒分级与美国制不同，RWEQ 中的分级使用的是美国制，为此需要先对土壤颗粒含量进行粒径转换，且实测的土壤颗粒含量参数需符合 RWEQ 标准数据库中的物质含量范围表，当实测值不符合要求时，可以使用 RWEQ 内嵌的土壤质地资料的输入参数（表 2-2）。

表 2-2　RWEQ 模型内嵌适用的土壤资料　（单位：%）

土壤质地	砂粒	粉砂	有机质	碳酸钙
砂土	93	4	0.3	1
壤砂土	84	10	0.5	2
砂壤土	64	26	0.5	3
砂黏壤土	59	13	1	3
砂黏土	52	7	1	3
粉砂土	6	88	1.5	3
粉壤土	21	67	1.5	3
壤土	41	41	1.5	3
粉黏壤土	10	56	2	3
粉黏土	6	47	2.5	3
黏壤土	32	34	2.5	3
黏土	20	20	3	3

4）地表粗糙度因子

土壤糙度因子 K' 取决于自由糙度 RR 和定向糙度 OR，Saleh 曾在总结前人研究的基础上提出了一种滚轴式链条法来测定地表糙度，这里拟采用这种简便方法。其基本原理是：两点间直线距离最短，当地表糙度增加时，其地表距离随之增加。于是当一个给定长度为 L_1 的链条放于粗糙的地表时，其水平长度将缩小为 L_2，L_1 和 L_2 的差值和地表粗糙程度密切相关，可用式（2-66）来计算地表糙度。

$$C_{rr} = \left(1 - \frac{L_2}{L_1}\right) \times 100 \qquad (2\text{-}66)$$

式中，C_{rr} 为任意方向上的地表糙度。这里还涉及一个垂直于垄向的糙度 PR，当用链条法测出 RR 和 PR 时，OR 就可通过式来求得。

$$OR = PR - RR \qquad (2\text{-}67)$$

土垄糙度因子可通过式（2-67）来进行计算，假设土垄呈等腰三角形，则：

$$K_r = \frac{2.118 \times 10^{-2} \times OR}{N_r} \qquad (2\text{-}68)$$

式中，N_r 为在长度 L_2 范围内土垄的数量。根据实验结果，当不考虑风向的影响时，土壤糙度因子 (K') 与土垄糙度因子 (K_r) 和随机糙度 (RR) 的回归方程为

$$K' = e^{\left(1.86K_r - 2.41K_r^{0.934} - 0.124C_{rr}\right)} \tag{2-69}$$

Saleh (1994) 开发出了风向与垄成任意角度时的糙度因子公式：

$$K' = e^{\left[R_c \times \left(1.86K_r - 2.41K_r^{0.934}\right) - 0.124C_{rr}\right]} \tag{2-70}$$

$$R_c = 1.0 \times 10^{-2}\left(4.71\theta - 7.33 \times 10^{-2}\theta^2 + 3.74 \times 10^{-4}\theta^3\right) \tag{2-71}$$

式中，θ 为风向与垄平行方向的夹角，(°)。

5) 植被覆盖度因子

该因子用来确定植被残茬和生长植被的覆盖对土壤风蚀的影响。

第一，倒放残茬。

$$\mathrm{SLR}_f = e^{-0.0438(\mathrm{SC})} \tag{2-72}$$

式中，SLR_f 为倒放残茬土壤流失比率；SC 为倒放残茬地表覆盖率。

第二，直立残茬。

$$\mathrm{SLR}_s = e^{-0.0344\left(\mathrm{SA}^{0.6413}\right)} \tag{2-73}$$

式中，SLR_s 为直立残茬土壤流失比率；SA 为直立残茬当量面积，是 $1\mathrm{m}^2$ 内直立秸秆的个数乘以秸秆直径的平均值 (cm) 再乘以秸秆高度 (cm)。

第三，作物覆盖。

$$\mathrm{SLR}_c = e^{-5.614\left(\mathrm{CC}^{0.7366}\right)} \tag{2-74}$$

式中，SLR_c 为作物覆盖土壤流失比率；CC 为土表植被覆盖度。

作物结合因子 C 为倒放残茬、直立残茬和作物覆盖三因子的乘积。

用于计算植被盖度的遥感数据来源于美国国家航空航天局 (National Aeronautics and Space Administration，NASA) 的 EOS/MODIS 数据 (http://edcimswww.cr.usgs.gov/pub/imswelcome/) 以及改进型甚高分辨率辐射计 (advanced very high resolution radiometer，AVHRR) 的数据。这里选择 2000 ～ 2010 年的 MOD13A1 数据产品。将数据进行格式转换、重投影、图像的空间拼接、重采样和滤波处理。采用最大合成法 (maximun value composites，MVC) 得到半月 NDVI 数据，并用像元二分法求取盖度值。

4. 生态系统固碳服务量估算

碳固定是生态系统服务功能中的重要环节，植被和土壤是陆地生态系统最重要

的两大碳库，其固碳功能在缓解气候危机上发挥着重要作用（Weber and Puissant，2003；Hou et al.，2020）。碳储量变化受到国际科学联合会（International Council of Scientific Unions，ICSU）、世界气象组织（World Meteorological Organization，WMO）和联合国环境规划署（United Nations Environment Programme，UNEP）等多个组织的高度关注。植被总初级生产力（Gitelson et al.，2006；曾慧卿等，2008）（gross primary productivity，GPP）、净初级生产力（net primary productivity，NPP）（Scurlock et al. 2002；Karabi et al.，2018；李金珂等，2019）等植被群落生产能力参数是反映生态系统固碳能力的国际通用指标，NPP 作为判定生态系统碳源碳汇的主要指标，不仅能表征陆地生态系统的质量状况，还能反映植被在自然环境下的生产能力。

地面固碳量估算法包括土壤调查和样方调查等实地调查方法，由于工作量大，采样时间长等因素，其仅适用于中小地区碳储量估算。利用遥感估算 NPP 并结合生态系统服务功能实物量评估模型使植被固碳量的定量计算成为可能（Zhang et al.，2016；冯源等，2020），而且已经有不少学者在各区域尺度（张继平等，2015；温宥越等，2020）证实了 NPP 时空分异与气候因子的相关性（王钊和李登科，2018），此外还可能受到地形、植被类型等其他自然因子（王芳等，2018）和人为因子的影响，不同区域 NPP 的影响因素也不相同，通过 NPP 研究青藏高原碳固定功能变化对丰富碳源／碳汇研究具有重要的指示意义（Piao et al.，2003）。本研究以 NPP 为基础评价青藏高原的固碳服务，NPP 数据来自 GEE（MODIS/006/MOD17A3HGF）。根据光合作用方程，植被积累 1kg 干物质时会从大气中吸收 1.63kg 二氧化碳，主要计算原理如下（Li and Zhou，2016）：

$$CS=1.63\times NPP \tag{2-75}$$

式中，NPP 为植被净初级生产力，$gC/(m^2 \cdot a)$。

5. 生态系统生物多样性维持服务量估算

生物多样性的最大威胁来自人为干扰强度增加造成的栖息地破碎化和丧失（邓文洪，2009），在栖息地以生境为单位进行生物多样性维持服务及其空间格局的研究，是生物多样性保护工作的重要方向之一。目前，生物多样性功能评估主要以种群和栖息地两种方式进行展开，《生态环境状况评价技术规范》（HJ/T 192—2015）即从上述两个方面进行生物多样性功能评估（蒋志刚，2019）。

1）种群数量

种群指标包含生物丰度指数、物种数量、多样性指数等，它们可以直接反映生物多样性功能水平。种群密度是指单位时间和空间内某种群的个体数量，是种群最基本的数量特征。它是一个随环境条件和调查时间而变化的变量，反映了生物与环境的相互关系。样方法是估算种群密度最常用的方法之一，其原理是：在被调查种群的分布范围内，随机选取若干个样方，通过计数每个样方内的个体数，求得每个样方的种群密度，以所有样方种群密度的平均值作为该种群的种群密度估值。标志重捕法是估算动物种群密度常用的方法之一,其原理是在被调查种群的活动范围内,捕获一部分个体,做上标记后再放回原环境,经过一段时间后再进行重捕,根据重捕到的动物中标记个体占总个体数的比例,来估计种群密度。即若将该地段种群个体总数记为 N,其中标志数(重捕前放回的标志个体数)为 M,重新捕获的个体数为 n,重捕中被标志的个体数为 m,则有 $N:M=n:m$。种群数量是生态学研究中的重要内容,是物种丰富度和分布均匀性的综合反映,体现了群落结构类型、组织水平、发展阶段、稳定程度和生境差异。青藏高原动植物的多样性是维持生态平衡的关键,是青藏高原生态可持续发展过程中不可忽略的重要指标之一。

2)生境质量

生境作为物种栖息和繁殖的场所,其动态变化直接影响物种的生存和繁殖(武正军和李义明,2003;万华伟等,2021),栖息地质量的改善有助于提高生物物种的保护效率与丰富区域生物多样性(王伟和李俊生,2021;赵宁等,2020)。生境质量在一定程度上反映了生态系统为物种的生存和繁殖提供必要条件的潜力,是生物多样性保护的关键(Sun et al.,2019)。栖息地指标包含受保护区域面积比、林地和草地覆盖度、生境质量指数等(栗忠飞和刘海江,2021;Marín et al.,2021),它们可以间接表征生物多样性功能。为提升生物多样性维持能力,主要采用改善栖息地质量、禁止围猎、防止外来物种入侵等保护措施(蒋志刚,2019)。基于 GIS 的生态系统服务功能价值评估与权衡(integrated valuation of ecosystem services and tradeoffs,InVEST)模型以快速、简便地评估区域的生境质量等优点,在国内已有较多的应用并取得了较好的成果(唐尧等,2015;陈子琦等,2022;赵筱青等,2022)。InVEST 模型中的生境质量模块(Habitat Quality)原理是以土地覆被/利用类型数据为基础,利用生境适宜度、胁迫因子敏感度、胁迫因子的影响距离与权重等影响因素对生境质量进行评估,将生境质量视为一个连续变量,用生境质量指数来表征生境质量,在一定程度上代表生物多样性的高低,即生境质量指数越高的区域,其生境质量越好,其生物多样性水平越高。计算公式如下(冯舒等,2018):

$$Q_{xj} = H_j \left(1 - \frac{D_{xj}^z}{D_{xj}^z + K^z} \right) \tag{2-76}$$

式中,Q_{xj} 为土地利用/覆被类型 j 中栅格单元 x 的生境质量指数;H_j 为土地利用/覆被类型 j 的生境适宜度,值域为 [0, 1],值越接近 1 表示生境质量越高;D_{xj} 为土地利用/覆被类型 j 中栅格单元 x 的生境的退化度;K 为半饱和常数,通常取最大退化度的一半,默认值为 0.05,z 为归一化常量,是模型默认参数,取模型定义值 2.5。D_{xj} 通过以下公式计算:

$$D_{xj} = \sum_{r=1}^{R} \sum_{y=1}^{Y_r} \left(\frac{W_r}{\sum_{r=1}^{R} W_r} \right) r_y i_{rxy} \beta_x S_{jr} \tag{2-77}$$

$$i_{rxy} = 1 - \left(\frac{d_{xy}}{d_{r\max}} \right) \tag{2-78}$$

$$i_{rxy} = \exp - \left(\frac{2.99}{d_{r\max}} \right) d_{xy} \tag{2-79}$$

式中，R 为胁迫因子个数；y 为胁迫因子 r 的所有栅格单元；Y_r 为胁迫因子的栅格数；W_r 为胁迫因子 r 的权重；r_y 为栅格 y 胁迫因子值；i_{rxy} 为栅格 y 的胁迫因子 ry 对栅格 x 的胁迫水平；β_x 为胁迫因子对栅格 x 的可达性；S_{jr} 为生境类型 j 对胁迫因子 r 的敏感程度，值域为 [0，1]；d_{xy} 为栅格 x 与栅格 y 的直线距离；$d_{r\max}$ 为胁迫因子 r 的最大胁迫距离。

模型中需要根据研究区具体情况进行调整的参数主要包括威胁因子的最大影响距离及权重、各土地利用类型对威胁因子的敏感程度。综合考虑青藏高原特殊地理环境并参考相关文献等（刘春芳等，2018；巩杰等，2018），将人类活动最为集中、对地表生境产生较大影响的建设用地、耕地、未利用地定义为威胁因子，并且结合实际情况设定不同威胁因子的最大影响距离及其权重，以及生境适宜度和不同生境对威胁因子的敏感程度。

2.2　重大生态工程评估的理论与方法

生态工程成效综合评估是生态工程实施中亟待解决的一个应用型理论与技术问题。工程成效一般可分为生态效益、经济效益和社会效益。生态效益是指在生态系统及其影响范围内，对人类社会有益的全部效用，包括保持水土、改良土壤、调节气候、减少灾害、保存物种、改善水土资源环境条件等。经济效益是指生态系统及其影响范围内，被人们开发利用已变为经济形态的效益，泛指被人们认识且可能变为经济形态的森林效益，前者特指已经实现的经济效益，后者特指其潜在的经济效益。社会效益是指生态系统及其影响范围内，被人们认识且已经为社会服务的效益。生态效益得到发挥是经济效益和社会效益得到体现和持续发展的基础，社会效益常常是生态效益在人类社会的延续。生态效益评估的基础是监测生态系统结构与服务变化，但由于生态系统及其服务的复杂与多样性，定量评价及其价值化方法也多种多样并逐步发展。

2.2.1　国内外重大生态工程成效评估的相关进展

国际上重点生态工程的实践始于 1934 年的美国"罗斯福工程"，还有苏联"斯大林改造大自然计划"、北非五国"绿色坝工程"、加拿大"绿色计划"、日本"治山计划"、法国"林业生态工程"、菲律宾"全国植树造林计划"、印度"社会林业计划"、韩国"治山绿化计划"、尼泊尔"喜马拉雅山南麓高原生态恢复工程"等（李世东，2007）。我国也高度重视生态环境建设，为了保护和修复生态系统，先后投巨资启动了天然林资源保护、三北防护林体系建设、退耕还林（草）、长江流域等防护林体系建设、青海三江源生态保护与建设、西藏自治区生态安全屏障保护与建设、三江源国家公园试点、石漠化综合治理等重大生态工程。全面及时地掌握重大生态工程实施的生态成效及存在问题，是生态工程有效实施和科学管理的重要内容，有利于滚动调整生态工程实施方案、保障工程实施效果，并使后续生态工程部署具有科学性和空间针对性。

1. 国外重大生态工程成效评估

国际上，联合国秘书长于 2000 年发起并开展了千年生态系统评估（Millennium Ecosystem Assessment，2005），评估报告由来自 95 个国家的 1360 位专家撰写，80 人组成的独立编审委员会，审核意见来自 850 位专家与政府部门，开展了 33 个亚全球和区域的生态评估。其主要研究内容包括：生态系统与人类福祉的关系。研究定量测度生态系统状况和服务、变化驱动力的方法，以及生态系统服务的改变对人类的影响和在区域、国家或全球尺度上可能采取的应对措施。首次提出了包括生态系统支持服务、供给服务、调节服务、文化服务和生物多样性的生态系统评估框架体系与指标体系，编写了在全球、亚全球和区域尺度的系列评估报告。评估了过去 50 年间的全球生态系统变化，分析了生态系统变化的得失，对今后 50 年中生态系统变化进行了情景分析，提出了扭转生态系统退化局面的策略（赵士洞和张永民，2006）。该项目是迄今为止对地球生态系统健康开展的最大时长评估项目，提出的生态系统评估框架体系、指标和方法在国内外广泛应用于生态系统评估。但其评估指标仅为生态系统服务功能，并不针对生态工程，评估方法也是以文献资料综述为主的定性判断（Millennium Ecosystem Assessment，2005）。

美国农业部（United States Department of Agriculture，USDA）发起的生态保护效果评估计划（Conservation Effect Assessment project，CEAP）对美国的环境质量激励计划（Environmental Quality Incentives Program，EQIP）、保育保护区计划（Conservation Reserve Program，CRP）、湿地保护区划（Wetland Reserve Program，WRP）、野生动植物栖息地激励计划（Wildlife Habitat Incentives Program，WHIP）等保护工程进行了工程效果评价。建立了包括水质、土壤质量、水调节（水源涵养）、野生动物栖息地等的评价指标体系，在田间、流域和国家 3 个尺度，分别采用样点调查、模型模拟和综合分析等方法，采用工程区和非工程区对比、工程前后对比、有工程措施和无工程措施模型模拟结果对比等手段，评价生态保护工程的生态效果。在国家和区域尺度，分别定量评价了工程对耕地、湿地、野生动植物和草地的影响，编写了系列评估报告，提出了生态保护规划、管理实施等方面的政策建议（Duriancik et al.，2008；Euliss et al.，2011）。开发了基于 Web 的分布式地球流域–农业研究数据系统（Sustaining the Earth's Watersheds-Agricultural Research Data System，STEWARDS）。STEWARDS 在美国被广泛应用于生态工程成效评估和后续工程布局、管理优化；提出的理论框架、技术方法在美国自然资源保护局（Natural Resources Conservation Service，NRCS）管理。

国际林业研究中心（The Center for International Forestry Research，CIFOR）研究

林业生态工程评价体系、森林经营指标与标准、可持续森林管理方案、森林生态系统诊断和清查技术等，协助相关国家制定林业工程管理、评价体系；提出了森林经营管理和评价的指标与标准，广泛应用于发展中国家的森林保护项目；基于 BACI（before-after-control-Impact）方法，对 15 个国家的森林保护项目 REDD+[5][①] 的实施效果进行了对比评估，评估了工程对碳蓄积的作用和贡献（Borner et al.，2016），但对其他方面的评价不足。

由欧盟发起的沙漠化防治计划（Prevention and Restoration Actions to Combat Desertification，PRACTICE）于 2009 ～ 2012 年对欧洲（希腊、意大利、西班牙以及葡萄牙）、非洲（摩洛哥、纳米比亚、南非）、中东（以色列）、亚洲（中国）、北美洲（墨西哥、美国）和南美洲（智利）全球 12 个国家防沙治沙措施的有效性进行了综合评价。该计划建立了涵盖社会、经济、文化以及环境 4 个方面，包含 50 余项指标的评价指标体系；在地面观测和遥感监测的基础上，采用参与式的评价模式，邀请农牧民、自然资源管理人员、科学家以及政策制定者，为不同的指标设置相应权重，对各地区防沙治沙手段和措施的有效性进行了分级评价（Rojo et al.，2012）。PRACTICE 建立了一个国际性的沙漠化防治长期监测站网，并确立了防沙治沙工程措施的有效性评价模式，编写了各地区沙漠化防治措施有效性评估报告。该方法主要基于参与式调查进行评价，能够更贴近实际情况并增加多方参与，但尚未对工程的生态效益进行量化评估。

加拿大不列颠哥伦比亚森林生态系统战略性生态恢复评估。通过生态、林务、生物、生态恢复等相关领域专家打分，定性分析确定每个地区退化最严重的生态系统，以及导致退化的原因；在此基础上，对退化森林生态系统恢复治理优先顺序进行排序，引导对退化森林生态系统恢复计划的投资方向。加拿大实施了战略性生态恢复评估（Strategic Ecological Restoration Assessment，SERA），采用专家打分方式，对退化森林生态系统恢复治理的优先顺序进行了排序（Holt，2001）。该方法简便易行，但并未对工程的生态效益进行量化评估。

2. 国内重大生态工程成效评估

我国于 1989 年开始试点开展林业生态工程综合效益评价，此后针对"三北"防护林、退耕还林、天然林保护等国家重大林业工程，构建各类评价指标体系，并建立了监测信息平台。这些方法包括但不限于采用站点监测数据对比，利用 NDVI、植被覆盖度等参数进行分析，从生态系统服务实物量和价值量方面进行分析，以水源涵养、水土保持、防风固沙、改善小气候等生态服务指标为基准，以及通过实证调查、层次分析、价值估算等方法对工程效果进行评价。

中国科学院地理科学与资源研究所开展了三江源生态保护与建设一期工程评估，

---

　　① REDD+[5]（reducing emissions from deforestation and forest degradation）指降低由于毁林和森林退化而导致的排放，"+"表示增加碳汇。

在制定三江源自然保护区生态保护与建设工程生态成效综合评估指标体系的基础上，采用了基于生态系统结构－服务功能动态过程趋势分析的重大生态工程生态成效综合评估技术方法框架，以自下而上的野外观测台站、野外调查、实证调查等方法，结合自上而下的遥感技术、地理信息技术和模型技术，获取三江源区生态系统长时间序列信息，在建设区域生态环境综合数据库系统的基础上，实现野外观测数据、生态模型模拟数据和遥感对地观测数据的集成分析，通过多源数据融合、尺度转换与地面－空间数据相互验证，构建了对三江源区生态系统格局、服务功能变化规律的地面联网和遥感监测体系，实现了区域生态系统状况与变化趋势及其驱动机制的监测评估，以及三江源一期工程的生态成效综合评估，深入认识了三江源区生态环境变化规律和生态环境保护的作用，为三江源区经济社会与生态环境协调发展的综合决策提供了有力支持（邵全琴等，2016）。

中国林业科学研究院曾开展三北防护林建设、退耕还林等重大林业生态工程监测与评价，开发了天然林保护及退耕还林工程监测信息系统平台，编制了相关行业标准，发布了系列《退耕还林工程生态效益监测国家报告》（国家林业局，2016）。针对退耕还林工程效益，古丽努尔·沙布尔哈孜等（2004）以恢复生态学为理论指导，根据局部地区退耕还林现状，以综合性、科学性、可行性、可操作性为原则，建立了退耕还林综合生态效益评价指标体系。该体系包括与生态效益、土壤效益、小气候效益和水文效益密切相关的植被覆盖率、生物多样性指数、土壤有机质、土壤盐分、土壤水分、土壤容重、气温、空气湿度、风速、灌溉量、地下水矿化度 11 项指标。应用层次分析法（analytic hierarchy process，AHP），构造两两比较判断矩阵，经过一致性检验，最终计算确定各因子的权重。在此基础上建立综合生态效益评价数学模型：

$$N = \sum_{i=1}^{11} W_i R_i \tag{2-80}$$

式中，N 为综合生态效益指数；W_i 为 i 项指标权重；R_i 为各生态类型 i 项指标的无量纲化数据矩阵。

根据测试及调查统计的各项评价指标的原始数据进行无量纲化处理后，按数学模型算出各种退耕还林还草模式的综合生态效益指数，并与农田生态系统进行了对比研究。杨建波和王利（2003）用环境效益层析法，从坡耕地退耕还林后的涵养水源、固土保肥、纳碳吐氧、减免灾害和改善生活环境等方面着手，对生态效益的评价方法进行了探讨。

中国科学院成都山地灾害与环境研究所进行了西藏生态安全屏障保护与建设工程建设成效评估（王小丹等，2017），按照联合国千年生态系统评估（MA）的基本原理，以空间信息技术为核心手段，采集和融合多时空尺度的生态监测与评估信息，围绕区域生态系统结构与核心服务功能特征及其变化规律，在西藏高原 1990～2008 年本底数据分析的基础上，研究了西藏生态安全屏障工程实施以来（2008～2014 年）高原生态系统的结构与服务功能变化。评估中基于多期土地覆被数据，采用生态系统面积、动态度植被覆盖度、植被净初级生产力等指标，分析生态系统格局与质量状况及其变化幅度。利用 GLOPEM 生态模型、草地产量模型和载畜压力指数模型计算草地生产力、产草量与载畜能力，通过降水储存量法统计分析不同时段水源涵养服务功能的变化；基于 RUSLE 模型估算土壤水蚀量，采用 RWEQ 模型计算土壤风蚀量；进一步确定不同时段的土壤保持量、土壤保持服务功能保有率、固沙量、防风固沙服务功能保有率等，评价生态系统主要服务功能及其变化趋势。

中国科学院水利部水土保持研究所开展了黄土高原生态工程的生态成效评价（刘国彬等，2017）。以黄土高原地区相关野外站的不同尺度监测及生态系统关键过程长期研究为基础，以遥感解译成果数据、社会经济年鉴、水文气象观测数据等为基础，以一组指标测度体系（包括治理措施、土地利用、植被覆盖、土壤水分、土壤侵蚀、径流泥沙、粮食和收入等）为对象，利用多种模型［如土壤侵蚀模型（RUSLE/CSLE）、植物生长模型（DSSAT）、土壤水分模型模拟和植被承载力模型（SWCCV）、土壤有机碳模型（RothC）等］和统计分析方法（包括 DPSIR 概念框架、TOPSIS 熵权法、向量自回归模型和结构方程等），在地块 / 农户、小流域 / 典型生态工程 / 典型样区、行政区 / 侵蚀和地貌区等多种尺度上，对土地利用和植被覆盖变化、水土保持与生态建设进展、治理过程中河川径流、土壤侵蚀强度和社会经济变化等进行综合分析与评估，形成黄土高原生态工程成效评估报告以及工程后期建设方向与可持续经营管理建议。

2.2.2　高原重大生态工程评估方法

基于历史动态本底与地带性顶级生态本底的概念，本书进一步发展并提出了"历史动态本底 - 恢复现状 - 恢复指数" + "地带顶级本底 - 恢复现状 - 偏离指数"生态工程生态效益评估方法。"历史动态本底 - 恢复现状 - 恢复指数"生态工程生态效益评估方法的核心内容是：建立工程区生态工程实施前十几年乃至几十年能够反映生态系统结构和质量及服务变化的历史动态本底，基于该本底，与生态工程实施后若干年的生态系统相关状况进行比较，进而量化工程前后生态系统各项监测评估指标的变化幅度，估算生态工程实施后生态系统的恢复指数，分析生态工程实施前后生态系统的变化趋势，在厘定工程因素和气候波动及变化对生态系统变化影响的贡献率的基础上，对生态工程的生态效益进行科学评估。"地带性顶级本底 - 恢复现状 - 偏离指数"生态工程生态效益评估方法的核心内容是构建生态工程区域地带性顶级生态本底，基于地带顶级生态本底，评价工程实施前后生态系统退化 / 恢复的趋势，对比分析生态系统与顶级状态的距离，分析生态工程的恢复程度、恢复差距和恢复潜力。通过将上述两种方法相结合，形成"历史动态本底 - 恢复现状 - 恢复指数""地带性顶级本底 - 恢复现状 - 偏离指数"生态工程生态效益评估方法，开展生态工程生态效益的综合评估，不仅可以解决因降水周期性导致的生态工程生态效益评价不确定性问题，而且可以准确判断生态系统的退化 / 恢复趋势和程度，从而使评估更具有科学性。

1. 评估框架

以卫星和航空遥感技术、野外观测台站网络的地面观察和测量系统为基础,获取区域生态系统信息,结合生态学理论、技术、模型和方法,分析认识陆地生态系统状况和变化趋势,提高生态系统管理水平,已经在国际生态系统评估与管理领域成为主流的方法体系。青藏高原重大生态工程成效综合评估采用了基于生态系统结构-服务动态过程趋势分析的重大生态工程生态成效综合评估技术方法框架。针对生态保护与建设工程预期生态成效的主要关注问题,以区域生态建设工程的生态成效评估为核心服务对象,以联合国 MA 框架为理论基础,以空间信息技术为核心手段,生成多时空尺度系列生态监测与评估信息,围绕区域生态系统结构与服务特征及其变化规律,构建综合评估指标体系(图 2-3),在建立生态工程区动态本底的基础上,对工程近 30 年的区域生态系统结构与服务变化进行了完整的把握,并在对比各项指标前 10 年和后 20 年变化趋势的基础上,给出生态工程成效与局限性的科学结论,客观公正地评价青藏高原生态保护和建设工程的生态建设成效。

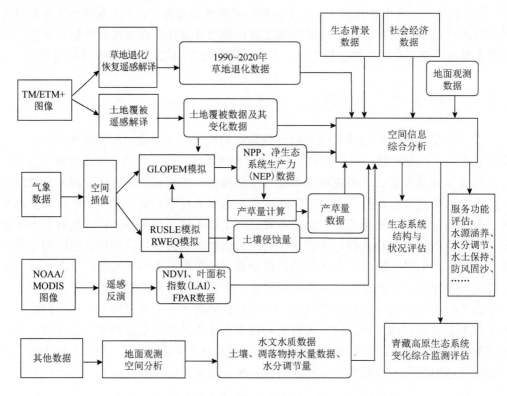

图 2-3　青藏高原生态系统变化综合评估技术方法框架

2. 评估指标体系

针对以往仅把生态工程实施的前一年作为"本底年",通过比较两个时间片段监测数据来评估成效，这种方法往往导致成效高估或低估的问题，基于"动态过程生态本底"的概念，本研究明确了生态本底"既包括了工程实施前 5～10 年的生态系统平均状况，也包括过去 20～30 年生态系统的变化趋势"，而不是以往认为的生态工程实施的前一年。这一变化不仅解决了因气候因素导致的生态工程生态成效评价偏差问题，而且可以准确判断生态系统的变化过程和趋势，从而使生态成效评估和决策建议更具科学性。

　　基于高原重大生态工程成效评估指标体系，明确本底概念的基础上，参考联合国MA 框架，针对青藏高原生态系统及其主要服务功能的特征以及青藏高原生态系统综合评估目标，本研究构建了一套以生态系统结构、质量和主要服务为核心的生态工程生态本底监测与评估指标体系。该指标体系与国内外相关评估指标相比，具有明显的先进性（表 2-3）。

表 2-3　高原重大生态工程成效评估指标体系

| 评估内容 | 评估指标 | | 时间范围 | 时间分辨率 | 空间分辨率 |
	一级指标	二级指标			
生态系统宏观格局	生态系统结构及其变化特征	各类型总面积、各生态系统类型之间的转移面积、土地覆被转移指数、扰动指数	1990～2020 年	5 年	1：10 万
	草地退化／恢复特征	草地破碎化、草地覆盖度、沼泽化草甸趋干化、沙化／盐化、草地好转、沼泽变干、沼泽变好	1990～2020 年	5 年	1：10 万
		草地退化发生、退化加剧、退化状况不变、轻微好转、明显好转	2008 年至今	5 年	1：10 万
生态系统质量		植被覆盖度	1990～2020 年	1 年	1km
		植被生物量	1990～2020 年	1 年	1km
	生产力	NPP	1990～2020 年	半月	1km
生态系统服务功能	水源涵养	调节水量（森林、草地、水体湿地）	1990～2020 年	1 年	1km
		土壤持水能力	—	—	点
	水土保持	冻融侵蚀模数（水利部标准）	1990～2020 年	5 年	1km
		土壤侵蚀敏感性	1990～2020 年	5 年	1km
	防风固沙	风蚀潜力（风洞推广模型 +RWEQ 考虑冻融交替的影响）	1990～2020 年	5 年	1km
	生物多样性保护	栖息地隐蔽性	1990～2020 年	5 年	1：10 万
		栖息地食物、水供给	1990～2020 年	5 年	1：10 万
		人类干扰程度	1990～2020 年	5 年	1：10 万
	碳源／汇	NEP	1990～2020 年	半月	1km
	水供给	流量	1990～2020 年	月／年	站点
		水质	4 年	1 年	断面
	牧草供给	牧草产量	1990～2020 年	月／年	1km
		草地承载力	1990～2020 年	半年	1km

评估内容	评估指标		时间范围	时间分辨率	空间分辨率
	一级指标	二级指标			
驱动因素	气候、水文因素	气温、降水、蒸散发、风速、日照等；冰川、雪线、冻土等	1990～2020年	日	点/1km
	社会经济状况	人口、GDP、单位草地面积羊单位等	1990～2020年	年	县
	人类活动	放牧强度、草畜矛盾、森林采伐强度、生态工程等	1990～2020年	年	—

第3章

重大生态工程对生态格局
与功能的影响

青藏高原拥有除海洋生态系统外的全部陆地生态系统，生态系统复杂多样。其中草地、森林和湿地是青藏高原主要的生态系统类型。生态系统格局和空间结构反映其自身的空间分布规律及其相互之间的结构关系，能反映生态系统整体状况及其分布特征。开展青藏高原生态系统格局变化研究，分析各生态工程区生态系统服务动态变化特征，能够更加明确地认识生态工程成效与影响，对于青藏高原的生态保护与可持续发展具有重要作用。近三十年，青藏高原生态系统类型变化相对缓慢，生态系统格局较为稳定，其中森林、草地和荒漠生态系统面积减少，湿地生态系统面积增加。生态系统的景观格局稳定，有朝着景观完整性增强，斑块破碎化程度减弱的趋势发展。青藏高原实施了人工林建设、退耕还林、天然林保护、退牧还草、天然草地保护和人工种草与天然草地改良等工程后，生态工程区森林覆盖度有不同程度的增加，草地退化面积和土地沙化面积明显减少，土壤质量提高，植被群落得到优化。

生态系统为人类提供了赖以生存和发展的多种产品和维持人类生命的支持系统。生态系统服务是指人类从生态系统获得的各种惠益，是人类赖以生存和发展的基础。全面认识青藏高原及生态工程区生态系统服务功能的空间格局及其演变特征，可为后续区域生态功能提升提供理论依据，对保障我国生态安全具有重要意义。基于遥感监测数据，本章探讨了青藏高原水源涵养、水土保持、防风固沙、固碳及生境质量等生态服务功能，并定量评估了主要生态系统服务功能在工程实施前后的时空变化特征。近 30 年，青藏高原生态系统服务功能稳步提升，其中水源涵养功能整体呈现波动中上升的持续改善趋势，提升 2%～3%。土壤保持功能虽有所下降但土壤水蚀量也在降低；局部地区沙化扩大趋势得到遏制，防风固沙功能也有所提升。固碳服务功能维持东南地区高，西北地区低的分布特征，整体有显著提升。生境质量指数保持稳中有升，珍稀野生动物种群数量呈现恢复性增长。

3.1　重大生态工程对生态系统宏观格局的影响

3.1.1　青藏高原生态系统格局及时空变化

1. 生态系统宏观结构状况

青藏高原是中国最大、世界海拔最高的高原，总面积约 258 万 km^2，是中国重要的牧区和林区，高原生态系统主要包括草地、森林和湿地等类型。青藏高原面积最大的生态系统类型是草地生态系统，面积为 155.53 万 km^2，占高原生态系统总面积的 60.16%，是我国草地的主要分布区，是欧亚大陆草地的重要组成部分，是世界上独特的高寒生态类型；森林面积约 31.74 万 km^2，占高原生态系统面积的 12.28%，是西南林区的主体，集中分布在高原东南部，地带性植被主要为针叶林及针阔混交林等，高原南部较低海拔区也存在常绿阔叶林及常绿落叶阔叶混交林与针阔混交林。湿地面积约 13.09 万 km²，占高原生态系统面积的 5.06%，主要分布在三江源区、羌塘高原东部和南部、甘南高原及若尔盖高原等区域（赵志刚和史小明，2020）（图 3-1，表 3-1）。

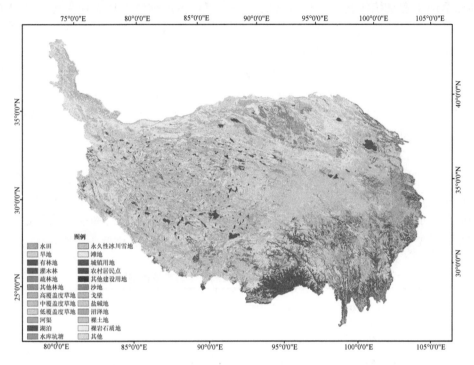

图 3-1　青藏高原生态系统类型空间分布（2020 年）

表 3-1　青藏高原生态系统类型结构统计（以 2020 年为例）

生态系统类型	面积 /km²	占比 /%
森林	317405.52	12.28
草地	1555321.94	60.16
湿地	130946.45	5.06
城镇	2634.37	0.10
农田	24081.40	0.93
其他	555133.09	21.47

2. 生态系统宏观格局时空变化

1）面积变化

生态系统数据使用国家尺度 1 ∶ 10 比例尺的多时期土地利用 / 土地覆盖遥感监测数据，遥感解译主要使用了 Landsat-TM/ETM 和 Landsat8 遥感影像数据。本数据采用三级分类系统：一级分为 6 类，主要根据土地资源及其利用属性，分为森林、草地、湿地、建设用地和未利用土地；二级主要根据土地资源的自然属性，分为 24 个类型。

　　1990～2020 年，青藏高原草地生态系统的空间格局变化不大，面积减少了1745.62km²，具体表现为高覆盖度草地面积增加，中、低覆盖度草地面积减少；近 30 年来，但高原草地生态系统状况呈总体改善的态势，草地植被物候总体表现为返青期提前、枯黄期推后及生长期延长；草地净初级生产力呈总体增加态势，但存在区域上的不平衡（张宪洲等，2015），在整体改善的背景下，存在局部退化态势。

　　青藏高原森林生态系统面积略有减少。其中，天然林资源保护工程实施前（2000年），青藏高原森林资源整体上缩减，表现为森林面积的减小和蓄积量的显著降低；2000 年以后，森林面积减小幅度降低。人工林建设和天然林保护工程的实施使得生态功能区森林面积与蓄积量双增长，森林老龄林比例减少，幼中龄林比例增加（张宪洲等，2015）。

　　1990～2020 年，湿地面积是各类生态系统中变化最大的，扩大了 5362.25km²，其中，湖泊面积呈现增大趋势，沼泽、湿地面积减小。城镇面积增加了 1054.76km²，农田面积增加了约 148.63km²（表 3-2）。近 30 年来，青藏高原生态系统格局稳定少动，生态系统类型变化相对缓慢，人类改造生态系统的强度和广度远低于全国其他地区。

表 3-2　1990～2020 年青藏高原生态系统类型面积变化

生态系统类型	1990～2000 年 /km²	2000～2010 年 /km²	2010～2020 年 /km²	1990～2020 年 /km²	1990～2020 年变化率 /%
森林	−412.09	−130.39	−109.81	−652.29	−0.025
草地	315.06	−116.07	−1944.61	−1745.62	−0.068
湿地	807.40	662.18	3892.67	5362.25	0.207
城镇	87.47	273.17	694.12	1054.76	0.041
农田	484.60	−223.62	−112.34	148.64	0.006
其他	−1272.44	−455.75	−2229.81	−3958.01	−0.153

2）格局变化

　　景观指数是景观格局分析应用最为广泛方法之一。景观指数可以高度集中景观格局信息，反映其结构组成，对景观空间配置格局等特征进行比较（陈文波等，2002）。结合研究目的和青藏高原景观特征，从类型和景观两种水平上选取了 4 种景观指数进行分析。

　　1990～2020 年，青藏高原 NP 呈现减小趋势，说明景观构成趋向简单化；MPS 呈少量增加趋势，说明景观趋于完整化。ED 和 CONT 保持稳定，说明景观的完整性和斑块的破碎化都变化不大（图 3-2）。总体而言，青藏高原各类生态系统的景观格局变化不大，有朝着景观完整性增强、斑块破碎化程度减弱的趋势发展。生态系统类型在向好的趋势转化。

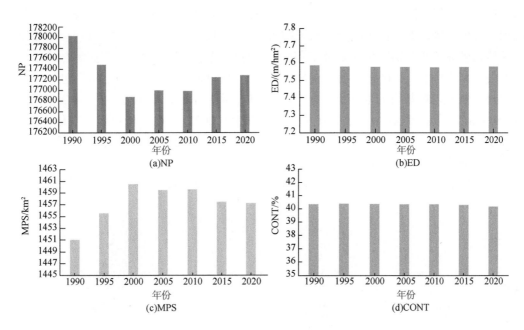

图 3-2 青藏高原生态系统格局指数变化图

3.1.2 森林生态工程的宏观结构效应

青藏高原的森林生态工程包括长江中上游防护林体系建设工程、退耕还林工程、天然林保护工程等。截至 2018 年，青藏高原人工造林工程实施总面积达到 1.85 万 km²，天然林保护工程实施总面积达到 1.13 万 km²。

西藏先后实施了护路护岸林、农田防护林、城镇周边防护林等工程，相继启动了"一江两河"宽谷区、藏东南"四江"流域重要地带和喜马拉雅山区重要地带三大防护林体系建设，在山南、昌都、林芝地区建设了一批具有影响力的防护林营造示范点。护路护岸林重点布局在国省道及大江大河沿线以及藏西北狮泉河和象泉河、"一江两河"、藏东"四江"流域和喜马拉雅山区 4 个区域。农田防护林重点布局在日喀则、山南、拉萨等地（市）的主要产粮区。城镇周边防护林主要布局在各地（市）、县城镇周边受风沙、洪水、泥石流等危害严重的区域。西藏防护林体系主要包括营造护路护岸林、农田防护林、城镇周边的防护林等，主要布局在生态灾害严重、对农牧民生产生活影响较大的大江大河沿岸、交通要道（铁路、国道、省道）、城镇周边等地，有力地保障了大江大河、重要交通干线、重要城镇和基本农田的生态安全。

1990 年以来，西藏有林地面积一直呈增长趋势，其中天然林资源保护工程启动（2000 年）前增长趋势慢于之后的 20 年。天然林保护工程实施以来，工程区森林面积明显增加，森林覆盖率由原来的 38.6% 提高到 39.5%，增加了 0.9 个百分点（图 3-3）。禁止砍伐森林之后，森林资源总消耗量由过去 150.5 万 m³ 降至目前的 69.4 万 m³，减少消耗量 53.9%（王小丹等，2017）。三江源区的天然林保护工程实施前，区域内有林地面积呈减少趋势，而工程实施后为增长趋势（张宪洲等，2015）。2005 年以前，三江源地区林地破坏严重，实施退耕还林工程后，林地面积有了大幅增长（许茜等，2017）。祁连山国家级自然保护区建立前，森林面积不足 5000km²，建立自然保护区以后，森林植被得以恢复，森林资源面积明显增加，目前，祁连山国家级自然保护区林地面积超过 8500km²，森林覆盖率为 28.8%（王有盛和张晶，2022）。乔木林总面积变化量和变化幅度以 1990～2000 年最大，2000～2010 年次之，2010～2017 年最小，乔木林面积变化逐渐趋于稳定（汪有奎等，2020）。横断山区在天然林保护工程实施前，区域内林地总面积呈减少趋势，工程实施后，林地总面积减少趋缓，有林地面积逐渐增加。

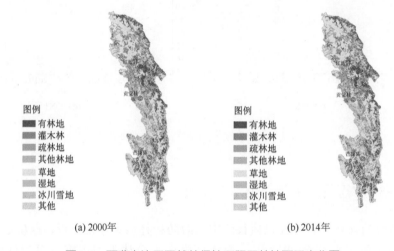

(a) 2000年　　　　　　　　　　　(b) 2014年

图 3-3　西藏自治区天然林保护工程区林地面积变化图

3.1.3　草地生态工程的宏观结构效应

青藏高原草地生态工程主要包括退牧还草工程、天然草地保护工程和人工种草与天然草地改良工程等。截至 2018 年，退牧还草工程累计实施总面积达到 25 万 km² 以上。持续的自然保护区建设和多种生态保护建设工程促进了高原中东部地区草地覆盖度增加趋势，并减缓了西部地区覆盖度下降态势（张镱锂等，2019）。

西藏自 2004 年开始在那曲、改则和比如 3 县实施 867km² 退牧还草工程试点，截至 2018 年，在阿里、那曲、日喀则、山南、昌都等地区 39 个县实施了退牧还草工程。通过建设围栏保护等措施，促进了 3.9 万 km² 天然草原的保护与恢复，围栏工程实施面积约占天然草地总面积的 5.7%。

覆盖度下降和破碎化增加是草地退化的主要表现形式之一。对西藏草地退化态势和格局进行遥感解译分析，结果显示，工程实施前草地退化发生面积 46.8 万 km²，占西藏草地总面积的 56%，退化形式以草地覆盖度下降为主，约占草地面积的 50.4%，主要分布在藏西北羌塘高原。工程实施后，西藏草地以覆盖度增加、破碎化减少的恢复态势为主，草地恢复发生面积为 51.5 万 km²，约占草地面积的 61.4%，广泛分布于除西藏西北和东南的西藏全区。草地退化以覆盖度下降为主，退化发生面积为 30.3km²，约占西藏草地面积的 36.1%，主要分布在西藏西部、中部和南部地区。相比工程实施前，工程实施后西藏草地退化态势减弱，覆盖度增加、破碎化减少的草地以及沼泽湿地趋好的面积和幅度都有明显增加，退化草地占比下降了 19.9%，恢复草地占比增加了 33%，好转态势显著（图 3-4）（王小丹等，2017；黄麟等，2018）。

图 3-4　藏北退牧还草实施区围栏内外对比

三江源自然保护区生态保护和建设工程实施（2004 年）以前，三江源地区草地逐步向荒漠及其他生态系统过渡，工程实施前 13 年间，草地生态系统总面积净减少 1246.5km²。工程实施以来，从 2004～2012 年三江源地区草地退化/恢复态势的统计结果看，退化状态不变的面积为 60213.5km²，占退化草地总面积的 68.52%；轻微好转类型的面积为 21834.7km²，占退化草地总面积的 24.85%；明显好转类型的面积为 5425.8km²，占退化草地总面积的 6.18%。而退化发生类型的面积最少，为 105.9km²，仅占退化草地总面积的 0.12%；退化加剧类型的面积为 297.5km²，占退化草地总面积的 0.34%，草地持续退化的趋势得到初步遏制。

1990 年以来，祁连山区草地变化不大，总面积占比约为 47%，2000～2015 年总面积减少了 1.98km²，其中 2000～2005 年表现为减少，2010～2015 年又相对增加。根据 2000～2015 年土地覆盖类型间的转移可知，草地转出以转为林地最明显，其次为耕地和水域（宋伟宏等，2019）。

1990 年以来，横断山区草地面积增加了 462.6km²，占草地总面积的 1.02%，其中，中覆盖度草地面积增加了 323.2km²，增加最多。高覆盖度草地和中覆盖度草地均为前期增加，后期相对减少，而低覆盖度草地面积一直表现为增加。

3.1.4 土地沙化治理的宏观结构效应

青藏高原自然环境严酷，植被覆盖率低，土地裸露沙化是长期严重威胁经济社会可持续发展的环境问题。人口与经济密集的雅鲁藏布江河谷地区，江心滩和两岸沙滩沙源丰富，受强劲风力驱动，河滩地和谷坡沙砾裸露，是西藏土地沙化较为严重的地方。截至 2018 年，青藏高原沙化土地治理工程实施总面积达到 6400km²。通过实施防风治沙重点工程，沙化区域自然景观有所改善，沙化土地面积呈收缩趋势，裸露江滩面积下降，流动性沙地面积逐渐减少。在沙化土地类型由极重度向重度、中度和轻度的逆转趋势较为明显。流动性沙地逐渐减少，极重度沙化土地面积减少。治理区植物种类与植被盖度增加，土壤质量明显提升，景观明显改观，林灌草植物种类增多。

防沙治沙工程实施之后，西藏沙化土地面积减少了 1071km²，年均减少 153km²。人口密集的"一江两河"中部流域，流动沙地减少了 384km²，半固定沙地减少了 155km²，沙化耕地减少了 196km²，极重度沙化土地面积减少了 2945km²（图 3-5）。雅江河谷防沙治沙的重点工程区内外对照，土壤有机质、水分指标分别提高了 88.5% 和 104.4%，植物全碳和干重指标分别提高了 9.1% 和 58.6%，主要植物种类由 29 种增加至 49 种，植被总盖度由 5% 提高到 20% 以上，土壤质量提高，植被群落得到优化。雅江河谷（曲水—桑日段）典型观测区的统计结果表明，灾害性沙尘天气由 2000 年的 85 天下降至 2014 年的 32 天（王小丹等，2017）。

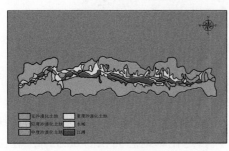 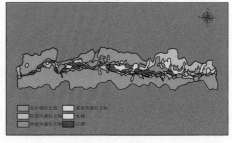

(a) 2003 年，工程前　　　　　　　　(b) 2014 年，工程后

图 3-5　雅鲁藏布江河谷土地沙化类型分布

3.2 重大生态工程对生态系统主要服务功能的影响

生态系统服务一词在 1960 年左右由 Kin 与 Helliwell 提出。生态系统服务的含义应当是自然生态系统和其中所生存的物种对人类生活所形成、维持和实现的全部环境条件以及过程（Daily，1997）。从生态系统的特征上进行定义，认为一切可以帮助提升人类生存质量的生态系统产品或功能均可定义为生态系统服务（Cairns，1997）。Costanza等（1997）等定义生态系统服务是由生态系统的产品以及功能构成，是自然生态系统的生境、物种、生物学状态、性质和生态过程所产生的物质与维持的良好生活环境对人

类提供的直接福利，并将其分为物质服务、文化旅游服务和调节服务。赵士洞等（2007）对生态系统服务的概念内涵、分类体系、影响机制、评价技术与方法进行了全面总结，并将其概括为：生态系统服务可以被解释为人类由生态系统中获取到的各类好处。

　　青藏高原是中国最大的生态脆弱区，具有海拔高、气温低、降水少、自然环境独特、生态系统结构简单的特点（于伯华和吕昌河，2011；张镱锂等，2002），具有全球性的影响。全球"第三极"的青藏高原素有"全球有机碳库""全球生物多样性保护区""世界文化圣地""亚洲水塔"之称，为人类提供重要的生态系统服务（谢高地等，2003；孙鸿烈等，2012）。青藏高原生态系统的水源涵养、土壤保持、固碳、生物多样性保护等生态系统服务功能对中国和亚洲人类生活具有重要的影响。但由于其气候复杂，生态具有脆弱性，随着全球变化和人类活动的增多，青藏高原地区的生态系统服务变得更加敏感、脆弱，生态环境问题进一步加剧（Newbold et al.，2015；Sun et al.，2012；Pan et al.，2015）。为解决青藏高原面临的生态问题，我国在西藏自治区、三江源、横断山、祁连山和甘南实施了一系列生态建设工程（如森林保护与建设工程、草地保护与建设工程、沙化土地治理工程、水土流失综合治理工程等主要生态工程）。近年来，随着生态工程的实施，青藏高原当地的生态系统服务功能也随之发生了变化，理解和评估青藏高原生态系统服务变化，对区域生态环境保护提供理论支持具有重要性，对青藏高原区域可持续发展具有理论和实践意义（Boyd and Banzhaf，2007）。

3.2.1　青藏高原生态系统主要服务功能的时空变化

1. 生态系统水源涵养功能及变化

　　基于水量平衡原理，采用降水储存量法评估了青藏高原 1990 ～ 2020 年及各生态工程区工程实施前后生态系统水源涵养功能及变化。2020 年，青藏高原森林、草地和湿地生态系统水源涵养量为 1304.71 亿 m^3，单位面积水源涵养量为 505.70m^3/hm^2。其中，森林生态系统水源涵养量为 640.54 亿 m^3，单位面积水源涵养量为 2277.27m^3/hm^2；草地生态系统水源涵养量为 592.04 亿 m^3，单位面积水源涵养量为 389.11m^3/hm^2；湿地生态系统水源涵养量为 72.13 亿 m^3，单位面积水源涵养量为 564m^3/hm^2。空间分布来看，南部的墨脱县与错那县等以及东部各区县水源涵养量较高，西部与北部地区水源涵养量较低（图 3-6）。

　　1990 ～ 2020 年，青藏高原生态系统单位面积水源涵养量年际变化整体呈现波动上升的趋势，年变化率为 1.96m^3/(hm^2·a)，其中 2020 年单位面积水源涵养量最大，为545.12m^3/hm^2，1992 年水源涵养量最低，为 395.08m^3/ hm^2（图 3-7）。从不同时段水源涵养功能时空变化格局来看，1990 ～ 2000 年，青藏高原年均水源涵养量为 1142.16 亿m^3，单位面积水源涵养量为 442.03m^3/hm^2，整体呈上升趋势，年变化率为 3.11m^3/(hm^2·a)，在空间上呈东南高西北低分布态势 [图 3-8（a）]；2000 ～ 2010 年，年均水源涵养量为1148.35 亿 m^3，单位面积水源涵养量为 444.43m^3/hm^2，整体呈波动上升趋势，年变化率

较小，为 1.09m³/(hm²·a)，空间上呈东南高西北低分布态势 [图 3-8(b)]。2010～2020
年年均水源涵养量为 1231.72 亿 m³，单位面积水源涵养量为 476.69m³/hm²，整体呈上
升趋势，年变化率为 7.76m³/(hm²·a)，空间上呈东南高西北低分布态势 [图 3-8(c)]。

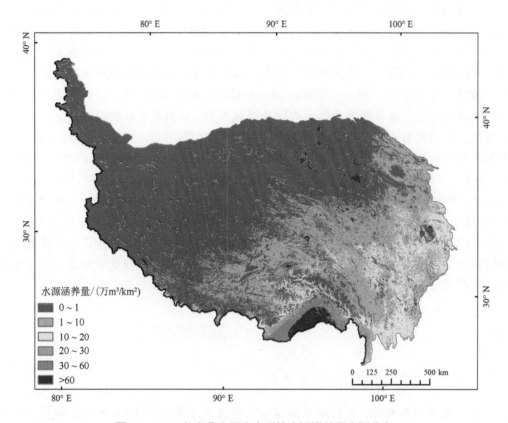

图 3-6　2020 年青藏高原生态系统水源涵养量空间分布

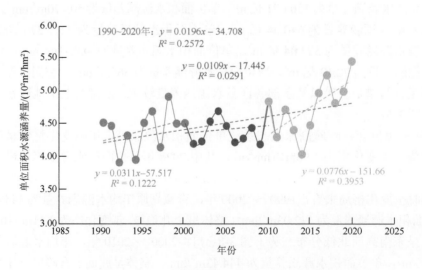

图 3-7　1990～2020 年青藏高原单位面积水源涵养量年际变化统计

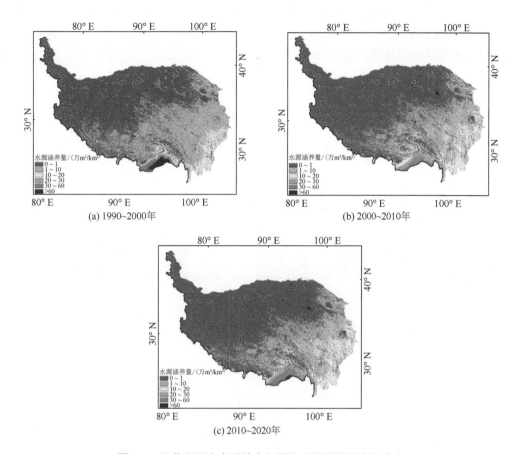

图 3-8　青藏高原生态系统多年平均水源涵养量空间分布

在 1990～2000 年、2000～2010 年及 2010～2020 年三个时段，森林生态系统年均水源涵养量最高，分别为 508.86 亿 m³、436.22 亿 m³ 及 502.91 亿 m³，年均单位面积水源涵养量分别为 1807.99m³/hm²、1550.85m³/hm² 及 1787.97m³/hm²；其次是草地生态系统，水源涵养量呈增加趋势，在三个时段年均水源涵养量分别为 497.86 亿 m³、534.13 亿 m³ 及 557.26 亿 m³，年均单位面积水源涵养量分别为 327.18m³/hm²、351.06m³/hm² 及 366.25m³/hm²；湿地生态系统在三个时段年均水源涵养量为 57.19 亿 m³、75.98 亿 m³ 及 71.22 亿 m³，年均单位面积水源涵养量分别为 447.09m³/hm²、594.13m³/hm² 及 556.9m³/hm²（图 3-9）。

相比 1990～2000 年，2000～2010 年的青藏高原生态系统年均水源涵养量上升了 0.54%，年增长速率变化不大，基本一致。从空间分布上来看，增加区域主要零散分布在中部及东部区域，墨脱县周边有明显降低；其中森林生态系统单位面积水源涵养量下降了 14.22%，草地生态系统上升了 7.3%，水体与湿地生态系统上升了 32.89%［图 3-10（a）］。相比 2000～2010 年，2010～2020 年的年均水源涵养量上升了 7.26%，单位面积水源涵养量上升了 7.26%，年变化速率加速明显，增加了 611.93%，增加区域主要分布在南部墨脱县等及东部部分区域；其中森林生态系统单位面积水源涵养量上升15.29%，草地上升了4.33%，水体与湿地下降了6.27%[图3-10(b)]。总体来看，全区水源涵养服务功能在持续改善。

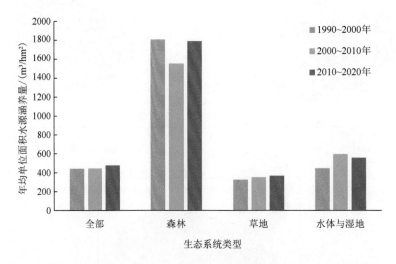

图3-9　1990～2000年、2000～2010年、2010～2020年林草湿生态系统单位面积水源涵养量

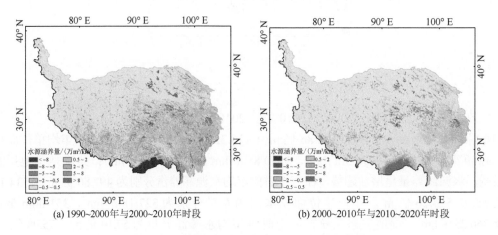

图3-10　青藏高原生态系统水源涵养量变化量

2. 生态系统土壤保持功能及变化

1) 土壤侵蚀量及变化

由RUSLE计算可知，2020年青藏高原土壤水蚀模数为18.93t/hm^2，土壤水蚀量为14.64亿t。其中，农田类型区土壤水蚀模数为8.97t/hm^2，土壤水蚀量为0.16亿t；森林类型区土壤水蚀模数为21.67t/hm^2，土壤水蚀量为5.02亿t；草地类型区土壤水

蚀模数为 21.46t/hm²，土壤水蚀量为 8.45 亿 t。空间分布来看，土壤水蚀较严重区域主要分布在藏东横断山高山峡谷区和雅鲁藏布江河谷山地等区域，藏北区域水蚀较轻（图 3-11）。

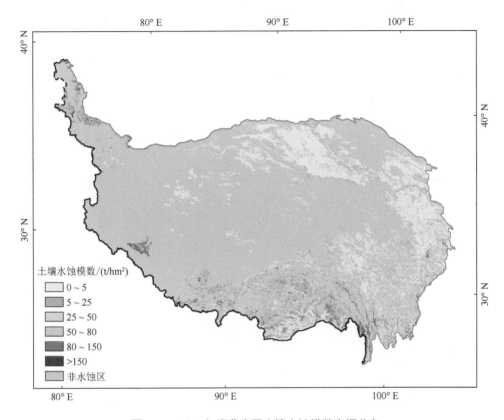

图 3-11　2020 年青藏高原土壤水蚀模数空间分布

1990 ～ 2020 年，青藏高原土壤水蚀模数整体呈现波动变化趋势，年变化率为 −0.2088t/(hm²·a)，其中 1998 年土壤水蚀模数最大，为 32.78t/hm²，2006 年最小，为 13.69t/hm²（图 3-12）。从不同时段青藏高原土壤水蚀模数时空变化格局来看，1990 ～ 2000 年，青藏高原年均土壤水蚀模数为 25.45t/hm²，年均土壤水蚀量为 19.69 亿 t，整体呈上升趋势，年变化率为 0.1664t/(hm²·a)，水蚀主要发生在藏东横断山高山峡谷区和雅鲁藏布江河谷山地等区域 [图 3-13(a)]；2000 ～ 2010 年，年均土壤水蚀模数为 19.85t/hm²，年均土壤水蚀量为 15.35 亿 t，整体呈减少趋势，年变化率为 −0.152t/(hm²a)，相比 1990 ～ 2000 年，平均水蚀模数和水蚀量均减小，空间上看雅鲁藏布江河谷山地部分区域水蚀加重 [图 3-13(b)]。2010 ～ 2020 年年均土壤水蚀模数为 20.52t/hm²，年均土壤水蚀量为 15.86 亿 t，整体呈上升趋势，年变化率为 0.1099t/(hm²·a)，空间分布态势变化较少 [图 3-13(c)]。

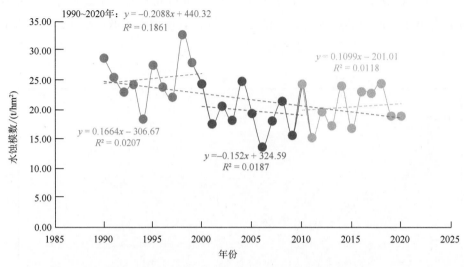

图 3-12　1990～2020 年青藏高原土壤水蚀模数年际变化统计

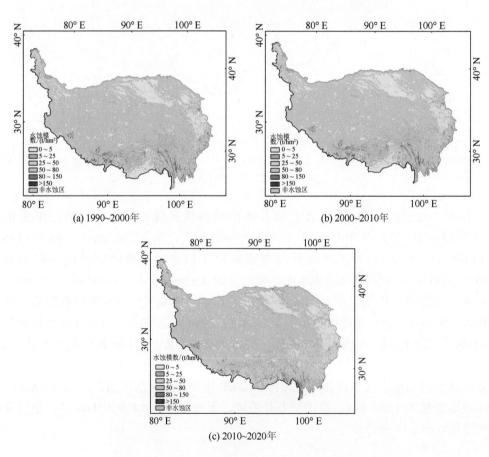

(a) 1990~2000年　　(b) 2000~2010年

(c) 2010~2020年

图 3-13　1990～2020 年青藏高原土壤水蚀模数空间分布

在 1990～2000 年、2000～2010 年及 2010～2020 年三个时段，农田生态系统多年平均土壤水蚀量最小，分别为 0.54 亿 t、0.23 亿 t 及 0.21 亿 t，年均土壤水蚀模数分别为 31.06t/hm²、13.02t/hm² 及 12.2t/hm²；森林生态系统在三个时段多年平均土壤水蚀量分别为 5.83 亿 t、5.85 亿 t 及 5.82 亿 t，年均土壤水蚀模数分别为 25.15t/hm²、25.24t/hm² 及 25.15t/hm²；草地生态系统在三个时段年均多年平均土壤水蚀量最高，分别为 12.41 亿 t、7.91 亿 t 及 8.36 亿 t，年均土壤水蚀模数分别为 31.5t/hm²、20.09t/hm² 及 21.21t/hm²（图 3-14）。

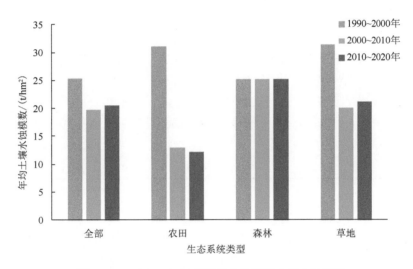

图 3-14　1990～2020 年陆地生态系统土壤水蚀模数

相比 1990～2000 年，2000～2010 年年均土壤水蚀模数下降了 21.99%，年均土壤水蚀量下降了 22.07%，年变化速率变化较大，由增长趋势变为轻微下降，减少区域主要分布横断山高山峡谷区北部，增加区域主要分布在最南部；其中农田生态系统年均土壤水蚀模数下降了 58.09%，森林生态系统上升了 0.33%，草地生态系统下降了 36.22%[图 3-15（a）]。相比 2000～2010 年，2010～2020 年的年均土壤水蚀模数上升了 3.37%，年均土壤水蚀量上升了 3.37%，年变化速率变化较大，由轻微下降趋势变为轻微增长，南部变化较明显，北部稳定少动；其中农田生态系统年均土壤水蚀模数下降了 6.29%，森林生态系统下降了 0.36%，草地生态系统上升了 5.59%[图 3-15（b）]。总体来看，全区土壤水蚀程度有所降低。

2）土壤保持量及变化

2020 年，青藏高原生态系统土壤保持量为 59.81 亿 t，单位面积土壤保持量为 77.37t/hm²。其中，农田生态系统土壤保持量最低，为 1.36 亿 t，单位面积土壤保持量为 77.89t/hm²；森林生态系统土壤保持量为 31.38 亿 t，单位面积土壤保持量为 135.49t/hm²；草地生态系统土壤保持量为 25.88 亿 t，单位面积土壤保持量为 65.69t/hm²。空间分布来看，单位面积土壤保持量高值区域主要分布在南部区域（图 3-16）。

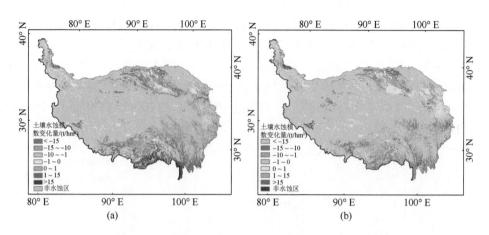

图 3-15　1990～2000 年与 2000～2010 年时段（a）及 2000～2010 年与 2010～2020 年时段（b）土壤水蚀模数变化量

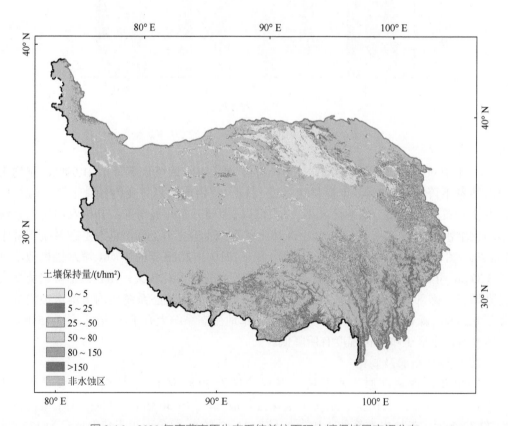

图 3-16　2020 年青藏高原生态系统单位面积土壤保持量空间分布

1990～2020 年，青藏高原单位面积土壤保持量整体呈现波动上升趋势，年变化率为 0.0795t/（hm²·a），其中 2006 年单位面积土壤保持量最大，为 80.97t/hm²，1998 年最小，为 69.54t/hm² (图 3-17)。从不同时段青藏高原土壤保持量时空变化格局来看，1990 ～ 2000 年，青藏高原年均单位面积土壤保持量为 74.1t/hm²，年均土壤保持量为 57.33 亿 t，整体呈明显减少趋势，年变化率为 –0.1953t/(hm²·a)，空间上呈现南部较高北部较低分布态势 [图 3-18(a)]；2000 ～ 2010 年，年均单位面积土壤保持量为 76.52t/hm²，年均土壤保持量为 59.16 亿 t，整体呈波动增加态势，年变化率为 0.1345t/(hm²·a)，空间分布态势变化较小 [图 3-18(b)]。2010 ～ 2020 年年均单位面积土壤保持量为 76t/hm²，年均土壤保持量为 58.75 亿 t，整体呈减少趋势，年变化率为 –0.1145t/(hm²·a)，空间分布态势变化较少 [图 3-18(c)]。

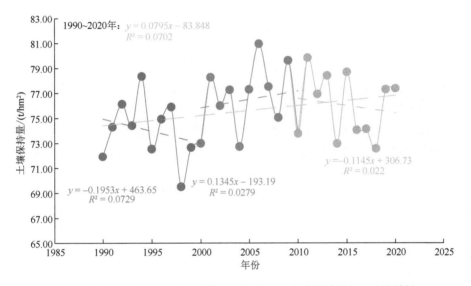

图 3-17　1990 ～ 2020 年青藏高原单位面积土壤保持量年际变化统计

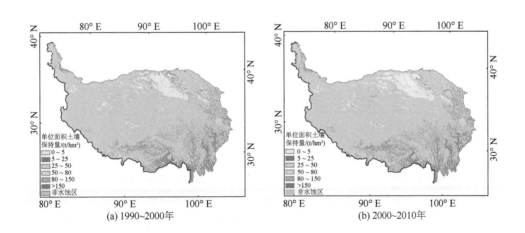

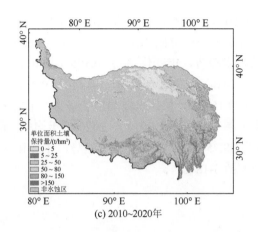

(c) 2010~2020年

图 3-18　陆地生态系统单位面积土壤保持量空间分布

在 1990～2000 年、2000～2010 年及 2010～2020 年 3 个时段，农田生态系统年均土壤保持量最低，分别为 1.14 亿 t、1.3 亿 t 及 1.31 亿 t，年均单位面积土壤保持量分别为 65.62t/hm²、74.66t/hm² 及 75.31t/hm²；森林生态系统在 3 个时段年均土壤保持量最高，分别为 31.01 亿 t、30.84 亿 t 及 30.8 亿 t，年均单位面积土壤保持量为 133.88t/hm²、133.16t/hm² 及 132.98t/hm²；草地生态系统在三个时段年均土壤保持量分别为 23.94 亿 t、26.11 亿 t 及 25.79 亿 t，年均单位面积土壤保持量为 60.76t/hm²、66.28t/hm² 及 65.47t/hm²（图 3-19）。

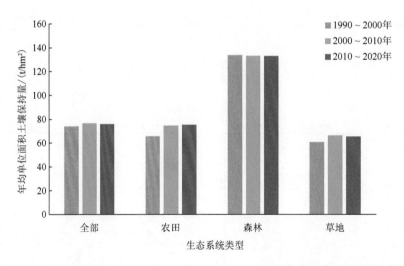

图 3-19　1990～2000 年、2000～2010 年、2010～2020 年生态系统单位面积土壤保持量

相比 1990～2000 年，2000～2010 年年均单位面积土壤保持量上升了 3.28%，年均土壤保持量上升了 3.18%，年变化速率由明显降低转变为轻微增加，空间上增加区域主要分布在中南部区域，南部部分区域有所下降；其中农田生态系统单位面积土壤保持量上升了 13.78%，森林下降了 0.54%，草地上升了 9.09%［图 3-20（a）］。相比

2000～2010 年，2010～2020 年的年均单位面积土壤保持量下降了 0.68%，年变化速率由轻微增加变为降低，空间上南部区域变化较为明显，北部区域稳定少动；其中农田生态系统单位面积土壤保持量上升了 0.86%，森林下降了 0.13%，草地下降了 1.22%[图 3-20(b)]。总体来看，全区土壤保持量保持稳定。

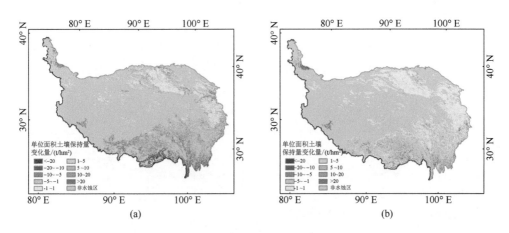

图 3-20　1990～2000 年与 2000～2010 年时段（a）及 2000～2010 年与 2010～2020 年时段（b）
单位面积土壤保持量变化量

3. 生态系统防风固沙功能及变化

采用目前较为成熟的 RWEQ 模型定量评估了 1990～2020 年青藏高原及各生态工程区工程实施前后生态系统防风固沙服务功能及变化。

1）土壤侵蚀量及变化

2020 年，青藏高原土壤风蚀模数为 6.07t/hm²，土壤风蚀量为 12.34 亿 t。其中，农田类型区土壤风蚀模数为 1.36t/hm²，土壤风蚀量为 0.02 亿 t；森林类型区土壤风蚀模数为 0.74t/hm²，土壤风蚀量为 0.04 亿 t；草地类型区土壤风蚀模数为 7.15t/hm²，土壤风蚀量为 9.23 亿 t；荒漠类型区土壤风蚀模数最高，为 9.87t/hm²，土壤风蚀量为 2.58 亿 t。空间分布来看，土壤风蚀模数高值区主要集分布于青藏高原西北腹地，土壤风蚀模数较低的区域主要分布在西北角和东南部地区（图 3-21）。

1990～2020 年，青藏高原土壤风蚀模数整体呈现波动中明显下降趋势，年变化率为 –0.3372t/(hm²·a)，其中 1991 年土壤风蚀模数最大，为 24.82t/hm²，2020 年最小，为 6.07t/hm²（图 3-22）。从不同时段青藏高原土壤风蚀模数变化时空分布格局来看，1990～2000 年，年均土壤风蚀模数最高，为 15.95t/hm²，年均土壤风蚀量也最大，为 32.45 亿 t，整体呈明显减少趋势，年变化率为 –1.11t/(hm²·a)，空间上呈中西部高，南部及东部较低分布态势，其中北部局部区域高值明显 [图 3-23(a)]；2000～2010 年，年均土壤风蚀模数为 15.8t/hm²，年均土壤风蚀量为 32.13 亿 t，整体呈稳定态势，空间分布态势变化较小，但西北腹地高值区面积有所减少 [图 3-23(b)]；2010～2020 年年均土壤风蚀模数为 10.02t/hm^2，年均土壤风蚀量为 20.38 亿 t，整体呈减少趋势，年变化率为 –0.544t/(hm^2·a)，空间上西北部高值区面积进一步减少［图 3-23（c）］。

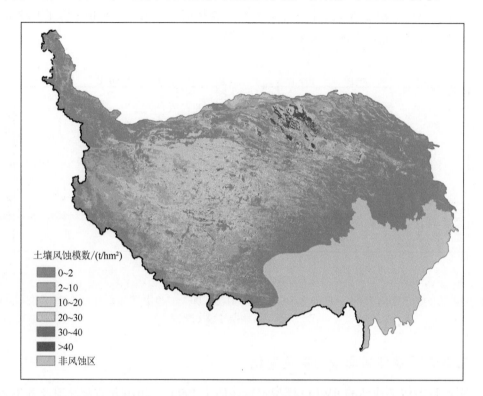

图 3-21　2020 年青藏高原土壤风蚀模数空间分布

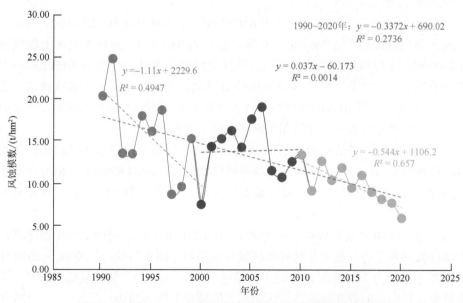

图 3-22　1990 ～ 2020 年青藏高原土壤风蚀模数年际变化统计

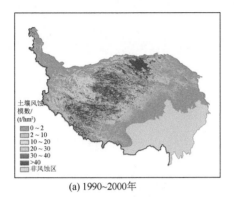
(a) 1990~2000 年

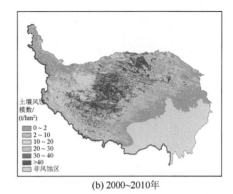
(b) 2000~2010 年

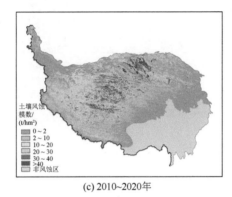
(c) 2010~2020 年

图 3-23　1990 ～ 2020 年青藏高原土壤风蚀模数空间分布

在 1990 ～ 2000 年、2000 ～ 2010 年及 2010 ～ 2020 年三个时段，农田生态系统年均土壤风蚀量分别为 0.04 亿 t、0.05 亿 t 及 0.03 亿 t，年均土壤风蚀模数分别为 3.36t/hm²、4.39t/hm² 及 2.14t/hm²；森林生态系统在三个时段年均土壤风蚀量分别为 0.09 亿 t、0.13 亿 t 及 0.07 亿 t，年均土壤风蚀模数最低，分别为 1.54t/hm²、2.29t/hm² 及 1.31t/hm²；草地生态系统在三个时段年均土壤风蚀量为 20.95 亿 t、23.35 亿 t 及 14.64 亿 t，年均土壤风蚀模数分别为 16.23t/hm²、18.08t/hm² 及 11.34t/hm²；荒漠生态系统在三个时段年均土壤风蚀量分别为 9.87 亿 t、7.31 亿 t 及 4.83 亿 t，年均土壤风蚀模数最高，分别为 37.77t/hm²、27.96t/hm² 及 18.48t/hm²（图 3-24）。

相比 1990 ～ 2000 年，2000 ～ 2010 年年均土壤风蚀模数下降了 0.97%，年均土壤风蚀量下降了 0.98%，年变化速率变化较大，由明显降低态势变为波动稳定，空间上减少区域主要分布在北部及西南部，中部有零散分布，增加区域主要分布在西北部腹地及东北部，其中农田生态系统年均土壤风蚀模数上升了 30.71%，森林生态系统上升了 48.65%，草地生态系统上升了 11.45%，荒漠生态系统下降了 25.98%［图 3-25(a)］。相比 2000 ～ 2010 年，2010 ～ 2020 年年均土壤风蚀模数下降了 36.57%，年均土壤风蚀量下降了 36.57%，年变化速率由波动稳定变为下降，空间上全区多数区域呈下降态势，仅西北部有少量上升区域；其中农田生态系统年均土壤风蚀模数下降了 51.17%，森林下降了 42.74%，草地下降了 37.32%，荒漠下降了 33.92%[图 3-25（b）]。总体来看，全区土壤风蚀下降明显。

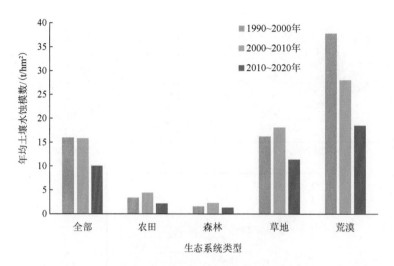

图 3-24　1990 ～ 2000 年、2000 ～ 2010 年、2010 ～ 2020 年不同生态系统土壤风蚀模数

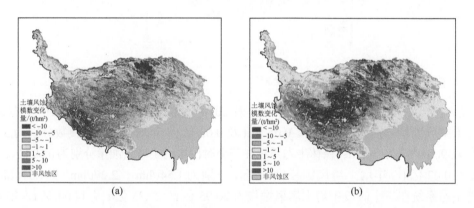

图 3-25　1990 ～ 2000 年与 2000 ～ 2010 年时段（a）及 2000 ～ 2010 年与 2010 ～ 2020 年时段（b）土壤风蚀模数变化量

2）防风固沙量及变化

2020 年，青藏高原生态系统防风固沙量为 28.46 亿 t，单位面积防风固沙量为 14.78t/hm^2。其中，农田生态系统防风固沙量为 0.11 亿 t，单位面积防风固沙量为 8.44t/hm^2；森林生态系统防风固沙量为 0.44 亿 t，单位面积防风固沙量为 7.8t/hm^2；草地生态系统防风固沙量为 21.62 亿 t，单位面积防风固沙量为 17.01t/hm^2；荒漠生态系统防风固沙量为 5.38 亿 t，单位面积防风固沙量为 21.69t/hm^2。空间分布来看，单位面积防风固沙量高值区主要集中分布于青藏高原中部腹地，单位面积防风固沙量较低的区域主要分布在西北部和东南部地区（图 3-26）。

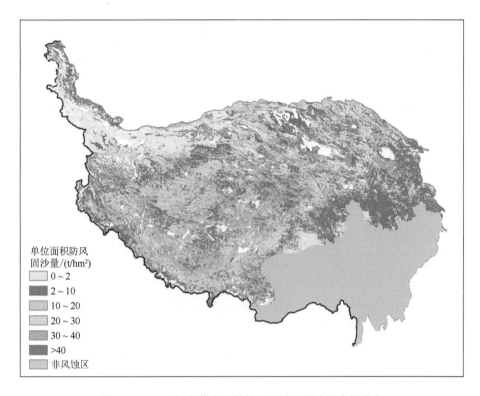

图 3-26　2020 年青藏高原单位面积防风固沙量空间分布

1990～2020 年, 青藏高原防风固沙量整体呈现波动增加趋势, 年变化率为 0.1254t/(hm²a), 其中 2020 年单位面积防风固沙量最大, 为 14.78t/hm², 1991 年最小, 为 6.00t/hm² (图 3-27)。从不同时段青藏高原单位面积防风固沙量变化时空分布格局来看, 1990～2000 年, 年均单位面积防风固沙量为 9.49t/hm², 年均防风固沙量为 18.26 亿 t, 整体呈明显增加趋势, 年变化率为 0.5964t/(hm²·a), 空间上呈中部较高, 北部和南部部分区域较低分布态势 [图 3-28(a)]; 2000～2010 年, 年均单位面积防风固沙量为 8.33t/hm², 年均防风固沙量为 16.04 亿 t, 整体呈轻微减少趋势, 年变化率为 -0.0608t/(hm²a), 空间分布态势变化较少, 但北部高值区面积有所增加 [图 3-28(b)]; 2010～2020 年年均单位面积防风固沙量为 11.35t/hm², 年均防风固沙量为 21.85 亿 t, 整体呈明显增长趋势, 年变化率为 0.3479t/(hm²·a), 中部高值区面积进一步增加 [图 3-28(c)]。

在 1990～2000 年、2000～2010 年及 2010～2020 年三个时段, 农田生态系统年均防风固沙量分别为 0.09 亿 t、0.08 亿 t 及 0.1 亿 t, 年均单位面积防风固沙量分别为 6.89t/hm²、6.40t/hm² 及 7.69t/hm²; 森林生态系统在三个时段年均防风固沙量分别为 0.41 亿 t、0.38 亿 t 及 0.41 亿 t, 年均单位面积防风固沙量分别为 7.26t/hm²、6.70t/hm² 及 7.29t/hm²; 草地生态系统在三个时段年均防风固沙量为 15.15 亿 t、12.59 亿 t 及 17.17 亿 t, 年均单位面积防风固沙量分别为 11.93t/hm²、9.91t/hm² 及 13.51t/hm²; 荒漠生态系统在三个时段年均防风固沙量为 2.05 亿 t、2.5 亿 t 及 3.5 亿 t, 年均单位面积防风固沙量分别为 8.27t/hm²、10.05t/hm² 及 14.12t/hm²(图 3-29)。

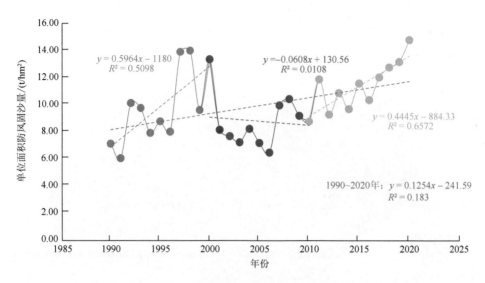

图 3-27　1990 ～ 2020 年青藏高原单位面积防风固沙量年际变化统计

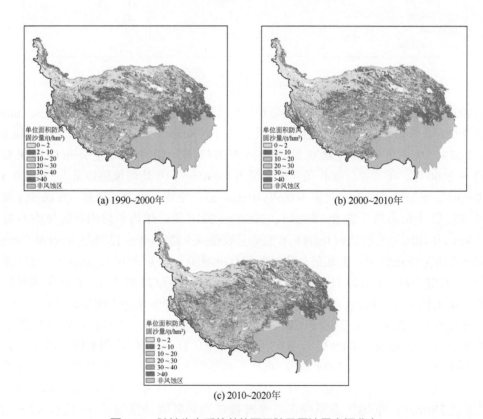

图 3-28　陆地生态系统单位面积防风固沙量空间分布

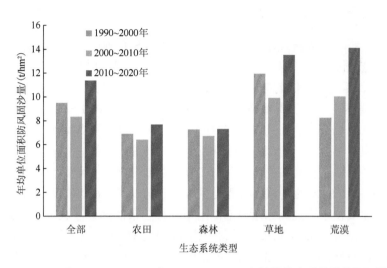

图 3-29　1990～2000 年、2000～2010 年、2010～2020 年陆地生态系统单位面积防风固沙量

　　相比 1990～2000 年，2000～2010 年年均单位面积防风固沙量下降了 12.18%，年均防风固沙量下降了 12.14%，年变化速率变化较大，由明显增长变为轻微降低，空间上增加区域主要分布在北部局部区域，减少区域主要分布在中部腹地及东南部区域；其中农田生态系统年均单位面积防风固沙量下降了 7.08%，森林生态系统下降了 7.76%，草地生态系统下降了 16.93%，荒漠生态系统上升了 21.45%［图 3-30(a)］。相比 2000～2010 年，2010～2020 年年均单位面积防风固沙量上升了 36.24%，年均防风固沙量上升了 36.24%，年变化速率由轻微降低变为明显增长，空间上中部区域增加较明显，西北部及东南部呈稳定少变态势；其中农田生态系统年均单位面积防风固沙量上升了 20.19%，森林生态系统上升了 8.76%，草地生态系统上升了 36.4%，荒漠生态系统上升了 40.44%。总体来看，全区陆地生态系统防风固沙量有所增加［图 3-30(b)］。

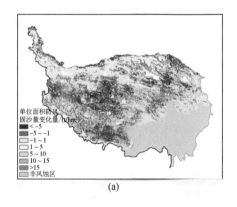
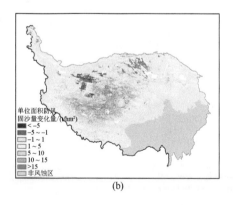

图 3-30　1990～2000 年与 2000～2010 年时段 (a) 及 2000～2010 年与 2010～2020 年时段 (b)
单位面积防风固沙量变化量

4. 生态系统碳固定功能及变化

通过 GEE 遥感大数据云计算平台，基于 MODIS 系列产品估算青藏高原 NPP，分析青藏高原植被固碳时空变化特征。2000 ～ 2020 年青藏高原平均固碳量在空间尺度上呈东南地区高、西北地区低的分布特征（图 3-31）。固碳量的高值区主要集中在山南和林芝区域，低值区主要位于青藏高原西北部及北部区域。2000 ～ 2020 年青藏高原平均固碳量为 233.18g C/(m²·a)，且以 0.6531g C/(m²·a) 的速率呈显著增加趋势（$p < 0.05$）（图 3-32）。2000 ～ 2020 年青藏高原固碳能力增大的区域约占总面积的 55.32%，约有 24.42% 的区域呈显著增加趋势（$p < 0.05$），主要分布于青藏高原中部以及东北部区域；此外，约有 10.84% 的区域固碳能力呈减小趋势，约 1.62% 的区域呈显著减少趋势（$p < 0.05$），主要位于青藏高原东南部山南市和林芝市的部分区域（图 3-33）。

2000 ～ 2010 年青藏高原年均固碳量为 231.45g C/(m²·a)，且以 1.88g C/(m²·a) 的速率呈显著增加趋势（$p < 0.05$）。在空间上，青藏高原东部绝大部分区域固碳量呈增加趋势，且增加趋势超过 2g C/(m²·a)，东南部林芝及山南市部分区域呈减少趋势，且减少趋势超过 2g C/(m²·a)，西部及北部区域固碳量基本不变（图 3-34）。2000 ～ 2010 年青藏高原固碳量呈增加趋势的面积占总面积的 55.32%，年平均变化率为 8.25g C/(m²·a)；约 13.51% 的区域呈显著增加趋势（$p < 0.05$），主要分布在青藏高原东北部；固碳量呈减少趋势区域约占总面积的 10.84%，年平均变化率为 8.92g C/(m²·a)。约 1.62% 的区域呈显著减少趋势（$p < 0.05$），主要分布于青藏高原西南部。

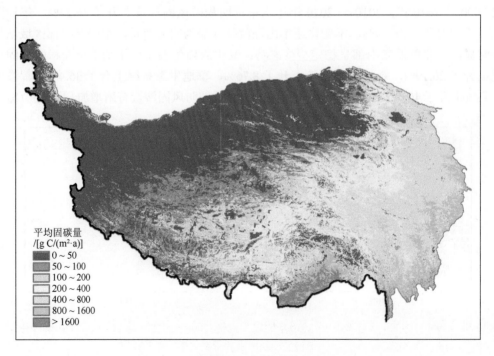

图 3-31　青藏高原生态系统固碳量空间分布

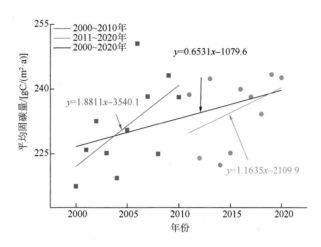

图 3-32　2000 ～ 2020 年青藏高原固碳量年际变化统计

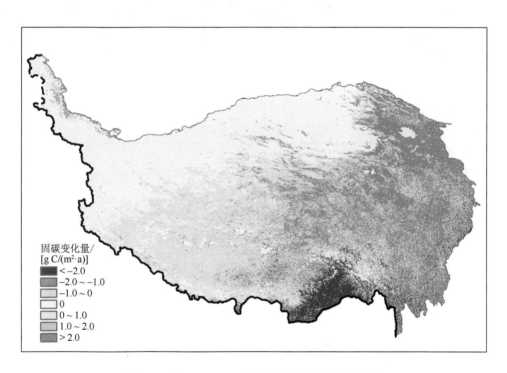

图 3-33　2000 ～ 2020 年青藏高原固碳变化量分布

2011 ～ 2020 年青藏高原年均固碳量为 235.08g C/(m²·a)，且以 1.16 g C/(m²·a) 的速率呈增加趋势。在空间上，东南部区域固碳量呈增加趋势，且增加量超过 2g C/(m²·a)；东南部固碳量呈减少趋势，变化率超过 2g C/(m²·a)，西部及北部区域固碳量基本保持不变（图 3-35）。2011 ～ 2020 年青藏高原固碳量呈增加趋势的面积占总面积的 50.22%，其中约 5.64% 的区域呈显著增加趋势（$p < 0.05$），主要分布在青藏高原东北部，

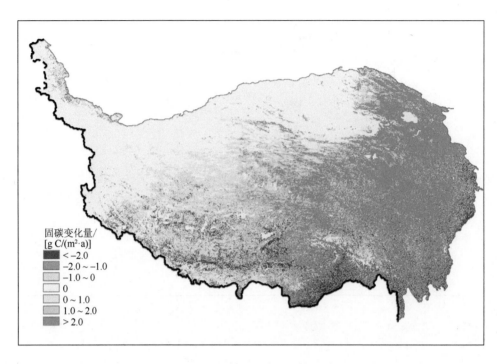

图 3-34　2000 ～ 2010 年青藏高原生态系统固碳量变化空间分布

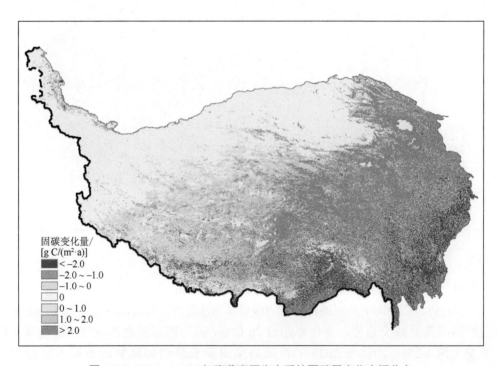

图 3-35　2011 ～ 2020 年青藏高原生态系统固碳量变化空间分布

其年平均增加趋势为 6.58g C/(m²·a)；固碳量呈减少区域约占总面积的 15.94%，其中约 0.47% 的区域呈显著减少趋势（$p < 0.05$），主要分布于青藏高原南部，其年平均减少趋势为 14.08g C/(m²·a)。

目前，也有较多学者对青藏高原的土壤和植被进行了碳储量的估算，主要包括实地调查、遥感估算和模型模拟等。Hua 等（2021）通过 NPP 估算青藏高原 2000 ～ 2015 年的固碳量，青藏高原固碳量呈东南高西北低的分布格局，年均固碳量为 303.99g C/(m²·a)，且固碳能力逐年呈增加趋势，增加速率为 2.65g C/(m²·a)，这与本研究青藏高原固碳趋势具有一致性。景海超等（2022）通过 CASA 模型模拟了那曲市 2000 ～ 2018 年各栅格单元上植被的固碳量，研究结果表明那曲市单位面积固碳量多年均值为 224.40g C/m²，单位面积固碳量高的区域分布在那曲市中部和东部地区，固碳量的高值区与本书的研究结果相同。此外，陈心盟等（2021）通过 CASA 模型，采用光能原理对青藏高原 1990 ～ 2015 年固碳进行评估并计算其价值量，结果表明青藏高原固碳价值量呈波动减少的趋势，多年平均固碳价值量为 672 元 /hm²，该研究结论与本研究相异，这可能与本研究的时间尺度差异较大相关。

5. 生态系统生物多样性保护功能及变化

基于 InVEST 模型中的生境质量模块对青藏高原进行生物多样性评估，结果表明 2000 ～ 2020 年青藏高原平均生境质量指数呈东南部及南部区域高，北部区域较低的分布特征（图 3-36），表明东部及东南部生态系统所维持的生物多样性较高，北部区域生

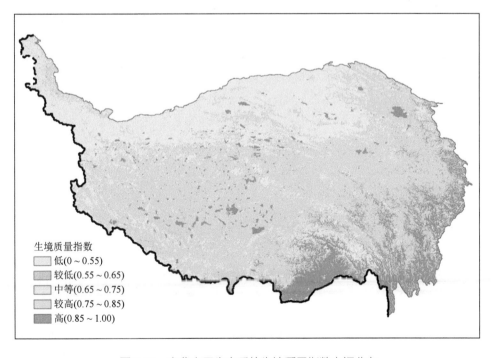

图 3-36　青藏高原生态系统生境质量指数空间分布

态系统所维持的生物多样性较低。2000～2020年单位面积的平均生境质量指数为0.6117，且以0.0001/a的速率呈波动增加趋势（$p < 0.05$），表明青藏高原生态系统生物多样性在不断提高（图3-37）。2000～2020年青藏高原生境质量指数呈增大趋势的区域占总面积的10.58%，主要分布于青藏高原北部和西北部；生境质量指数呈降低趋势的区域占总面积的5.14%，主要分布于青藏高原中部少量区域；此外，约84.28%的区域生境质量指数基本不变，其生态系统所维持的生物多样性较为稳定（图3-38）。

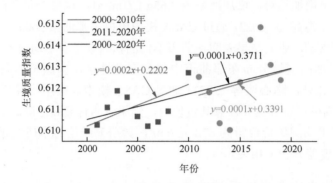

图3-37　青藏高原生态系统生境质量指数年际变化统计

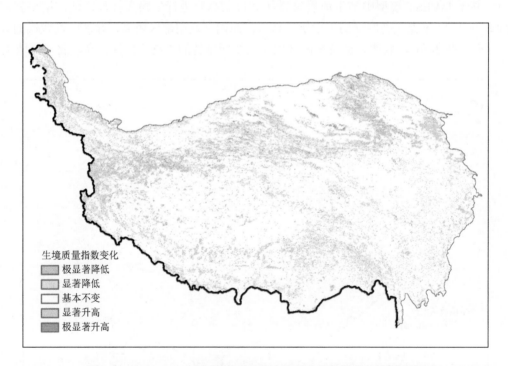

图3-38　2000～2020年青藏高原生态系统生境指数变化空间分布

　　2000～2010年青藏高原年均生境质量指数为0.6112，且以0.0002/a的变化率呈波动增加趋势，表明生态系统所维持的生物多样性逐步提高。在空间上，青藏高原

84.65% 的区域生境质量指数基本无变化，该部分区域生态系统所支持的生物多样性较为稳定，但柴达木盆地周围等区域生境质量指数呈增加趋势，年变化率超过 0.00006/a，可见这一时期，该区生态系统所维持的生物多样性在持续提高；但青藏高原西部部分区域生境质量指数呈降低趋势，且变化率大于 0.00006/a，这部分区域生态系统所维持的生物多样性有一定程度的降低（图 3-39）。2000 ~ 2010 年青藏高原生境质量指数呈增加趋势的面积占总面积的 9.64%；生境质量指数呈减少区域约占总面积的 6.71%。

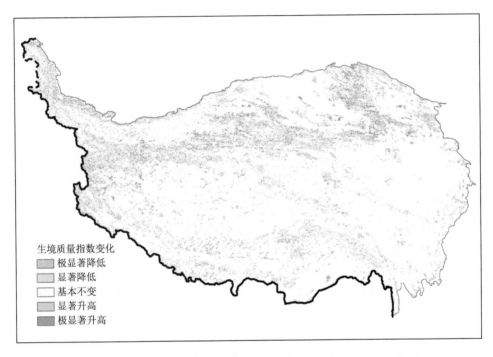

图 3-39　2000 ~ 2010 年青藏高原生态系统生境指数变化空间分布

2011 ~ 2020 年青藏高原年均生境质量指数为 0.6123，且以 0.0001/a 的变化率呈波动增加趋势。在空间上，青藏高原东部、中部和北部大部分区域生境质量指数无明显变化（图 3-40），该部分区域生态系统所维持的生物多样性较为稳定；青藏高原西部部分区域生境质量指数呈增加趋势，变化率大于 0.00006/a，相比于 2000 ~ 2010 年，这部分区域所维持的生物多样性在不断提升。2011 ~ 2020 年青藏高原生境质量指数呈增加趋势的面积占总面积的 12.14%；生境质量指数呈减少区域约占总面积的 8.61%；此外，约 79.25% 的区域生境指数无明显变化，青藏高原整体的生境质量指数后 10年比前 10 年呈增加趋势的面积增多，生态系统所维持的生物多样性也呈逐年提升的趋势。

改善生物栖息地是生物多样性保护的基础，青藏高原植被改善在整体上提升了野生动物栖息地环境质量。1963 年，青藏高原第一个国家级自然保护区（现白水江国家级自然保护区）成立。1994 年《中华人民共和国自然保护区条例》颁布实施后，明确

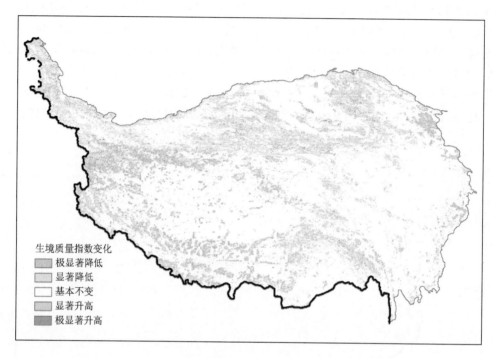

生境质量指数变化
极显著降低
显著降低
基本不变
显著升高
极显著升高

图 3-40　2011 ～ 2020 年青藏高原生态系统生境指数变化空间分布

了自然保护区等级体系、管理机构和功能区，青藏高原的自然保护区建设进入快速稳定发展阶段。目前，青藏高原已经建成各级自然保护区 155 个（其中国家级 41 个、省级 64 个），面积达 82.24 万 km²，约占高原总面积的 31.63%，占中国陆地自然保护区总面积的 57.56%，基本涵盖了高原独特和脆弱生态系统及珍稀物种资源（中华人民共和国国务院新闻办公室，2018）。1998 ～ 2009 年，西藏珠穆朗玛峰国家级自然保护区核心区植被明显好转。2005 年以来，三江源自然保护区荒漠化得到遏制，湿地面积增加，植被生态状况改善，野生动物栖息地破碎化趋势减缓且完整性逐步提高，生态环境明显好转。尕海 - 则岔国家级自然保护区内的尕海湖面积由 2003 年的 480hm² 增加到 2013 年的 2354hm²，且近年来基本保持在 2000hm²，水域面积增加促进了水禽类的繁衍生息（中华人民共和国国务院新闻办公室，2018）。

3.2.2　典型工程区生态系统水源涵养功能状况及变化

1. 西藏生态安全屏障区

2020 年，西藏生态安全屏障区森林、草地、湿地生态系统水源涵养量为 670.04 亿 m³，单位面积水源涵养量为 557.3m³/hm²。其中，森林水源涵养量为 414.6 亿 m³，单位面积水源涵养量为 3272.45m³/hm²；草地水源涵养量为 204.12 亿 m³，单位面积水源涵养量为 241.76m³/hm²；湿地水源涵养量为 16.12 亿 m³，单位面积水源涵养量为 297.96m³/hm²。空间分布呈现从西北到东南逐渐增加趋势（图 3-41）。

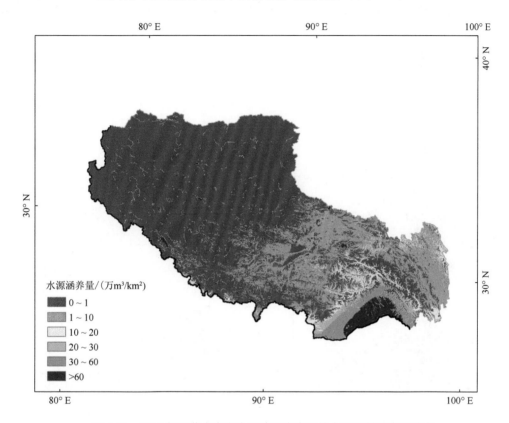

图 3-41　2020 年西藏生态安全屏障区生态系统水源涵养量空间分布

2000 ～ 2020 年，西藏生态安全屏障区森林、草地和湿地水源涵养量呈波动缓慢上升趋势，年变化速率为 7.09m³/(hm²·a)，多年平均单位面积水源涵养量为 415.61m³/hm²（图 3-42）；其中 2020 年单位面积水源涵养量最高，为 557.30m³/hm²，2014 年最低，为 305.88m³/hm²。从不同时段水源涵养功能时空变化格局来看，2000 ～ 2008 年（工程实施前），西藏生态安全屏障区森林、草地和湿地年均水源涵养量为 456.18 亿 m³，单位面积水源涵养量为 379.42m³/hm²，整体呈波动上升趋势，年变化率为 4.05m³/(hm²·a)，在空间上呈从西北到东南逐渐增加态势［图 3-43(a)］；2008 ～ 2015 年（一期工程实施期），生态系统年均水源涵养量为 480.54 亿 m³，单位面积水源涵养量为 399.69m³/hm²，整体呈减少趋势，年变化率为 −2.92m³/(hm²·a)，空间分布变化较少［图 3-43(b)］；2015 ～ 2020 年（二期工程实施期），生态系统年均水源涵养量为 589.99 亿 m³，单位面积水源涵养量为 490.72m³/hm²，整体呈明显增加趋势，年变化率为 14.18m³/(hm²·a)，呈东南高西北低分布态势［图 3-43(c)］。

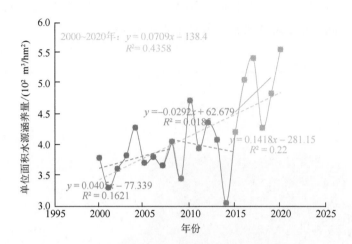

图 3-42　2000～2020 年西藏生态安全屏障区生态系统水源涵养功能年际变化统计

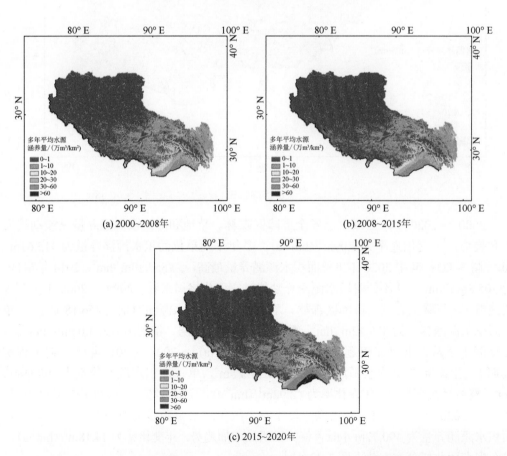

图 3-43　工程实施前后西藏生态安全屏障区生态系统多年平均水源涵养量空间分布

在 2000～2008 年（工程实施前）、2008～2015 年（一期工程）、2015～2020 年（二

期工程）三个时段，森林生态系统年均水源涵养量分别为 230.79 亿 m³、244.28 亿 m³ 及 338.4 亿 m³，年均单位面积水源涵养量分别为 1821.6m³/hm²、1928.06m³/hm² 及 2671.02m³/hm²；草地生态系统在三个时段年均水源涵养量分别为 181.97 亿 m³、188.74 亿 m³ 及 201.9 亿 m³，年均单位面积水源涵养量分别为 215.53m³/hm²、223.55m³/hm² 及 239.13m³/hm²；水体与湿地生态系统在三个时段年均水源涵养量分别为 14.05 亿 m³、15.51 亿 m³ 及 15.88 亿 m³，年均单位面积水源涵养量分别为 259.75m³/hm²、286.62m³/hm² 及 293.5m³/hm²（图 3-44）。

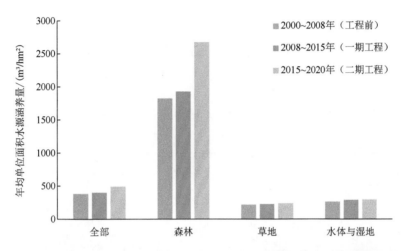

图 3-44　2000～2008 年、2008～2015 年、2015～2020 年林草湿生态系统单位面积水源涵养量

　　相比 2000～2008 年（工程实施前），2008～2015 年一期工程实施期间，西藏生态安全屏障工程区的年均水源涵养量上升了 5.34%，单位面积水源涵养量上升了 5.34%，年变化速率由增长趋势转变为减少趋势，整体来看南部增加明显，中部和东南地区有减少，北部区域以稳定少变为主；其中森林生态系统年均单位面积水源涵养量上升了 5.84%，草地生态系统上升了 3.72%，湿地生态系统上升了 10.35%［图 3-45（a）］。相比一期工程实施期间，2015～2020 年二期工程实施期间，西藏生态安全屏障区年均水源涵养量上升了 22.78%，单位面积水源涵养量上升了 22.78%，年变化速率转为增加态势，且增加速度较快，空间分布来看，全区以增加为主，其中南部墨脱县周边增加明显；其中森林生态系统年均单位面积水源涵养量上升了 38.53%，草地生态系统上升了 6.97%，湿地生态系统上升了 2.4%［图 3-45（b）］。总体来看，西藏生态安全屏障区水源涵养服务功能轻微上升。

2. 三江源区

　　2020 年，三江源区森林、草地和湿地生态系统水源涵养量为 255.53 亿 m³，单位面积水源涵养量为 837m³/hm²。空间上，南部的囊谦县与玉树市以及东部各区县水源涵养量较高，西部与北部地区水源涵养量较低，大部分区域不足 200m³/hm²（图 3-46）。

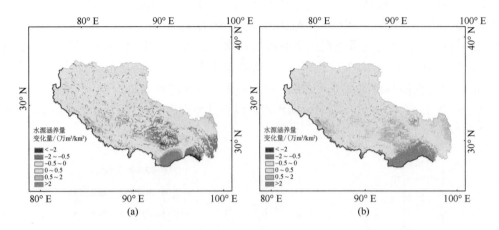

图 3-45　2000～2008 年（工程实施前）与 2008～2015 年（一期工程期）(a) 及 2000～2010 年（一期工程期）与 2010～2020 年（二期工程期）(b) 水源涵养量变化量

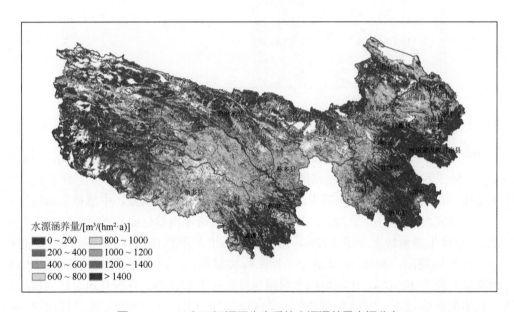

图 3-46　2020 年三江源区生态系统水源涵养量空间分布

　　2005～2020 年，三江源区森林、草地和湿地生态系统水源涵养量在波动中有所上升，平均水源涵养量为 218.54 亿 m³。其间，三江源区单位面积水源涵养量为 716m³/hm²（图 3-47）。三江源生态保护与建设一期工程（2005～2012 年）平均单位面积水源涵养量为 707m³/hm²（图 3-48，图 3-49），二期工程实施后（2013～2020 年），水源涵养量呈上升的趋势，平均单位面积水源涵养量为 725m³/hm²，单位面积水源涵养量明显提升（图 3-50，图 3-51）。从空间变化上看，相比一期工程，二期工程实施后三江源的中南部和东南部地区的水源涵养量呈明显的上升趋势，特别是久治县、同仁县等县域由减少转为增加态势；中部、东北轻微减少。

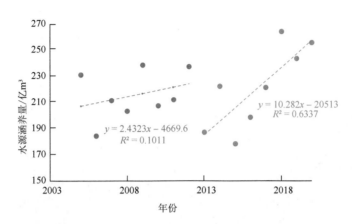

图 3-47　2005～2020 年三江源区生态系统水源涵养功能年际变化统计

图 3-48　2005～2012 年三江源区生态系统多年平均水源涵养量空间分布

3. 横断山区

2020 年，横断山区森林、草地和湿地生态系统水源涵养量为 365.71 亿 m³，单位面积水源涵养量为 1198.57m³/hm²。其中，森林水源涵养量为 173.65 亿 m²，单位面积水源涵养量为 1450.13m³/hm²；草地水源涵养量为 166.52 亿 m³，单位面积水源涵养量为 1044.98m³/hm²；湿地生态系统水源涵养量为 13.95 亿 m³，单位面积水源涵养量为 3312.58m³/hm²。空间分布上大致呈现从西到东逐渐增加趋势（图 3-52）。

图 3-49　2005 ～ 2012 年三江源区生态系统水源涵养量变化趋势空间分布

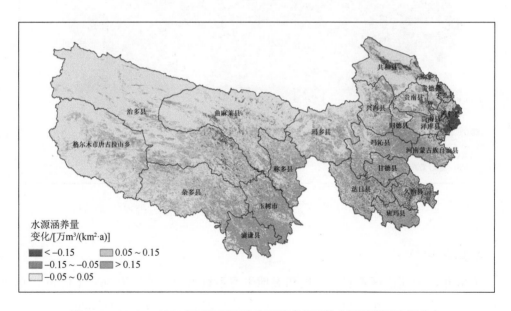

图 3-50　2013 ～ 2020 年三江源区生态系统多年平均水源涵养量空间分布

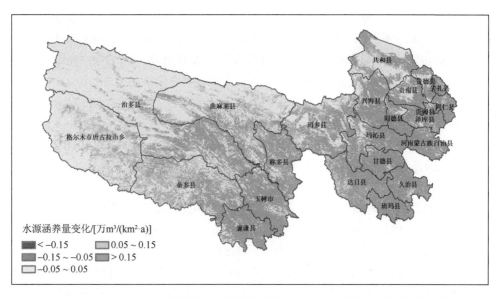

图 3-51　2013～2020 年三江源区森林、草地和湿地生态系统水源涵养量变化趋势空间分布

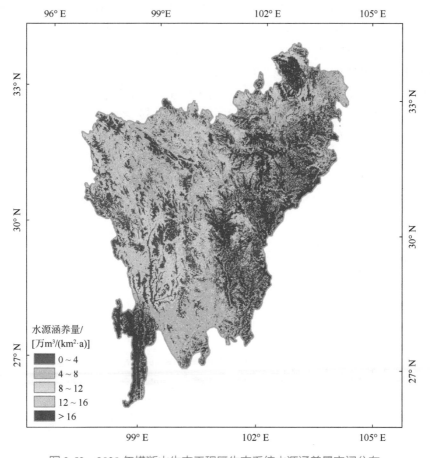

图 3-52　2020 年横断山生态工程区生态系统水源涵养量空间分布

1990～2020年，横断山生态工程区森林、草地和湿地生态系统单位面积水源涵养量在波动中有轻微上升，年变化速率为7.79m³/(hm²·a)，多年平均单位面积水源涵养量为1025.91m³/hm²；其中2020年单位面积水源涵养量最高，为1198.57m³/hm²，1994年最低，为808.67m³/hm²（图3-53）。水源涵养功能时空变化格局来看，1990～2000年，横断山生态工程区森林、草地、湿地生态系统年均水源涵养量为281.86亿m³，单位面积水源涵养量为923.66m³/hm²，整体呈波动上升态势，年变化率为14.58m³/(hm²·a)，空间分布上看大致呈现从西到东逐渐增加态势［图3-54（a）］；2000～2010年，生态系统年均水源涵养量为322.69亿m³，单位面积水源涵养量为1057.6m³/hm²，整体呈下降趋势，年变化率为−5.89m³/(hm²·a)，空间分布变化较少，西南部及东北部有少量高值区，空间异质性有所增加［图3-54（b）］。2010～2020年，生态系统年均水源涵养量为334.36亿m³，单位面积水源涵养量为1095.83m³/hm²，整体呈增加趋势，年变化率为12.95m³/(hm²·a)，空间分布变化较少［图3-54（c）］。

在1990～2000年、2000～2010年及2010～2020年三个时段，森林年均水源涵养量分别为136.06亿m³、156.7亿m³及159.93亿m³，年均单位面积水源涵养量分别为1135.07m³/hm²、1308.62m³/hm²及1335.56m³/hm²；草地在三个时段年均水源涵养量分别为129.66亿m³、142.76亿m³及150.37亿m³，年均单位面积水源涵养量分别为813.26m³/hm²、895.85m³/hm²及943.63m³/hm²；湿地生态系统在三个时段年均水源涵养量为9.55亿m³、12.98亿m³及13.52亿m³，年均单位面积水源涵养量分别为2265.76m³/hm²、3082.06m³/hm²及3209.19m³/hm²（图3-55）。

相比1990～2000年，2000～2010年的年均水源涵养量上升了14.49%，单位面积水源涵养量上升了14.5%，年变化速率由波动上升转变为波动下降，空间分布来看增加区域主要零散分布在中部区域，其中西南部及东北部增加较明显；其中森林生态

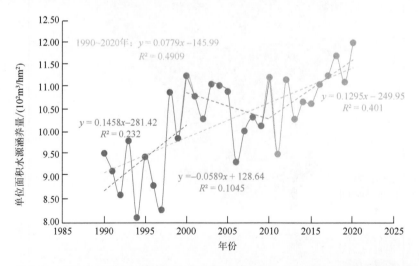

图3-53　1990～2020年横断山生态工程区生态系统水源涵养功能年际变化统计

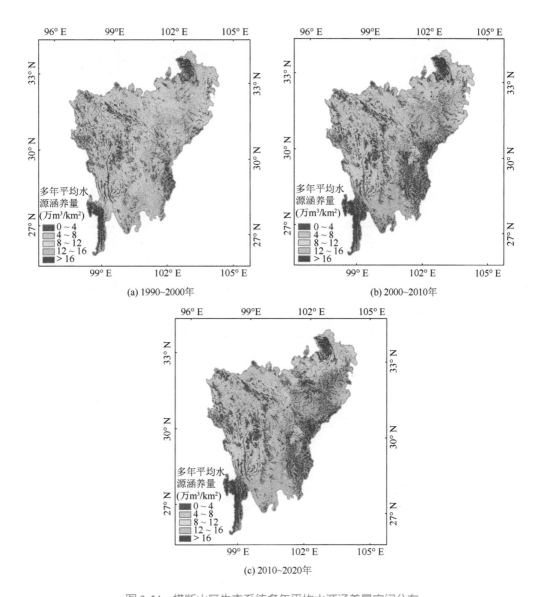

(a) 1990~2000年

(b) 2000~2010年

(c) 2010~2020年

图 3-54　横断山区生态系统多年平均水源涵养量空间分布

系统单位面积水源涵养量上升了 15.29%，草地生态系统上升了 10.16%，水体与湿地生
态系统上升了 36.03%[图 3-56(a)]。相比 2000～2010 年，2010～2020 年的年均水
源涵养量上升了 3.62%，单位面积水源涵养量上升了 3.61%，年变化速率由波动下降转
变为波动上升，空间分布来看从北到南逐渐由增加变为减少；其中森林生态系统单位
面积水源涵养量上升了 2.06%，草地生态系统上升了 5.33%，水体与湿地生态系统上
升了 4.12%[图 3-56(b)]。总体来看，横断山区水源涵养服务功能稳步上升。

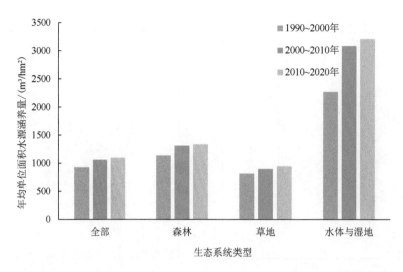

图 3-55　1990～2000 年、2000～2010 年、2010～2020 年林草湿生态系统单位面积水源涵养量

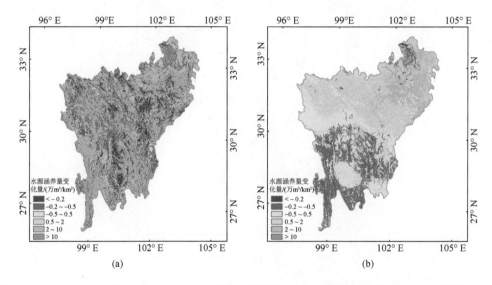

图 3-56　1990～2000 年与 2000～2010 年时段（a）及 2000～2010 年与 2010～2020 年时段（b）水源涵养量变化量

4. 祁连山区

2020 年，祁连山生态工程区林、草、湿生态系统水源涵养量为 11.8 亿 m³，单位面积水源涵养量为 177.6m³/hm²。其中，森林生态系统水源涵养量为 4.09 亿 m³，单位面积水源涵养量为 545.45m³/hm²；草地生态系统水源涵养量为 4.23 亿 m³，单位面积水源涵养量为 151.03m³/hm²；湿地生态系统水源涵养量为 0.72 亿 m³，单位面积水源涵养量为 758.54m³/hm²。空间分布大致呈现从西到东逐渐增加趋势（图 3-57）。

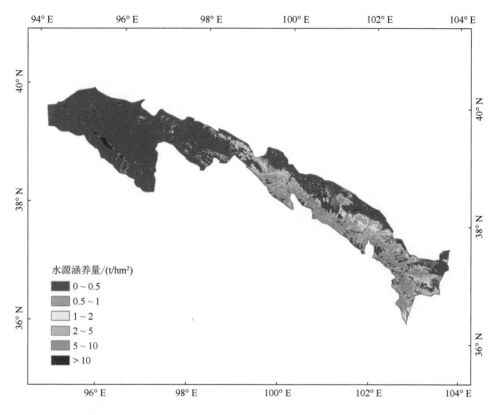

图 3-57　2020 年祁连山生态工程区生态系统水源涵养量空间分布

　　2000 ～ 2020 年，祁连山生态工程区森林、草地和湿地生态系统单位面积水源涵养量在波动中呈现上升趋势，年变化速率为 0.68m³/(hm²·a)，多年平均单位面积水源涵养量为 184.84m³/hm²；其中 2019 年单位面积水源涵养量最高，为 233.51m³/hm²，2013年最低，为 158.88m³/hm²（图 3-58）。从不同时段水源涵养功能时空变化格局来看，2000 ～ 2012 年（工程实施前），祁连山生态工程区森林、草地、湿地生态系统年均水源涵养量为 12.04 亿 m³，单位面积水源涵养量为 181.26m³/hm²，整体呈波动下降态势，年变化率为 –0.77m³/(hm²·a)，空间分布上看大致呈现从西到东逐渐增加态势［图 3-59(a)］；2012 ～ 2020 年（工程实施后），生态系统年均水源涵养量为 12.62 亿 m³，单位面积水源涵养量为 189.95m³/hm²，整体呈增加趋势，年变化率为 3.4m³/(hm²·a)，空间分布变化较少［图 3-59(b)］。

　　在 2000 ～ 2012 年（工程实施前）及 2012 ～ 2020 年（工程实施后）两个时段，祁连山生态工程区森林生态系统年均水源涵养量分别为 4.09 亿 m³ 及 4.46 亿 m³，年均单位面积水源涵养量分别为 546.11m³/hm² 及 595.35m³/hm²；草地生态系统在两个时段年均水源涵养量分别为 4.36 亿 m³ 及 4.57 亿 m³，年均单位面积水源涵养量分别

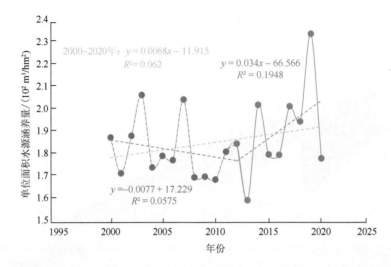

图 3-58　2000 ～ 2020 年祁连山生态工程区生态系统水源涵养功能年际变化统计

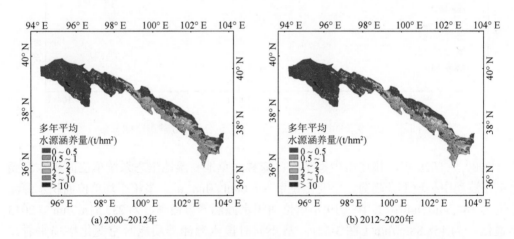

(a) 2000~2012年　　　　　　　(b) 2012~2020年

图 3-59　祁连山生态工程区生态系统多年平均水源涵养量空间分布

为 155.58m³/hm² 及 162.93m³/hm²；水体与湿地生态系统在两个时段年均水源涵养量为 0.72 亿 m³ 及 0.73 亿 m³，年均单位面积水源涵养量分别为 760.34m³/hm² 及 762.8m³/hm²（图 3-60）。

相比 2000 ～ 2012 年（工程实施前），工程实施后祁连山生态工程区年均水源涵养量上升了 4.79%，单位面积水源涵养量上升了 4.8%，年变化速率由轻微下降转变为波动上升，空间分布来看增加区域主要分布在中部及东部区域，西部区域有所减少；其中森林生态系统单位面积水源涵养量上升了 9.02%，草地上升了 4.73%，湿地上升了 0.32%。祁连山生态工程区水源涵养服务功能总体轻微上升（图 3-61）。

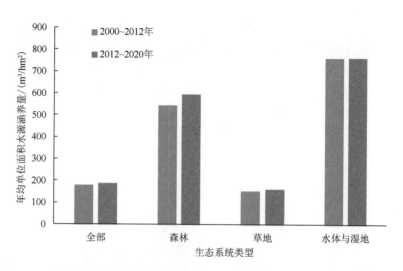

图 3-60　工程实施前后祁连山生态工程区林草湿生态系统单位面积水源涵养量

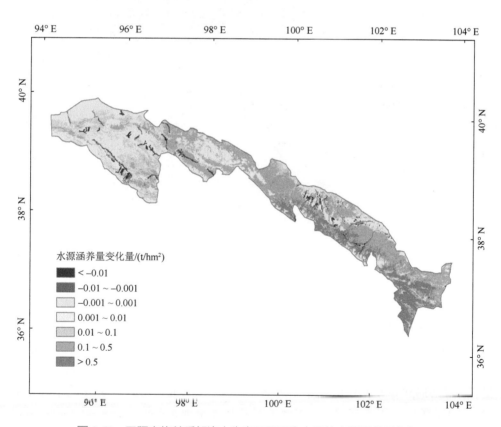

图 3-61　工程实施前后祁连山生态工程区生态系统水源涵养量变化量

5. 甘南地区

2020 年，甘南地区林、草、湿生态系统水源涵养量为 37.38 亿 m³，单位面积水源涵养量为 1292.07m³/hm²。其中，森林生态系统水源涵养量为 8.39 亿 m³，单位面积水源涵养量为 1202.11m³/hm²；草地生态系统水源涵养量为 22.01 亿 m³，单位面积水源涵养量为 1203.99m³/hm²；湿地生态系统水源涵养量为 5.73 亿 m³，单位面积水源涵养量为 3944.17m³/hm²。空间分布来看，高值区域主要分布在南部区域，其次是中部，北部总体较低（图 3-62）。

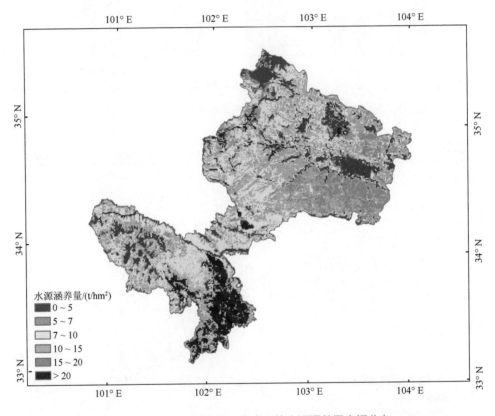

图 3-62　2020 年甘南地区生态系统水源涵养量空间分布

2000 ～ 2020 年，甘南地区森林、草地和湿地生态系统单位面积水源涵养量在波动中呈现上升趋势，年变化速率为 5.71m³/(hm²·a)，多年平均单位面积水源涵养量为 1104 .44m³/hm²；其中 2020 年单位面积水源涵养量最高，为 1292.07m³/hm²，2002 年最低，为 956.99m³/hm²（图 3-63）。从不同时段水源涵养功能时空变化格局来看，2000 ～ 2006 年（工程实施前），甘南地区森林、草地、湿地生态系统年均水源涵养量为 31.53 亿 m³，单位面积水源涵养量为 1089.85m³/hm²，整体呈波动上升态势，年变化率为 23.72m³/(hm²·a)，空间分布上看大致呈现南高北低分布态势 [图 3-64(a)]；2006 ～ 2020 年（工程实施后），生态系统年均水源涵养量为 32.12 亿 m³，单位面积水源涵养量为 1110.45m³/hm²，整体呈波动稳定趋势，年变化率为 9.97m³/(hm²·a)，空间分布变化较少，中部有所增加 [图 3-64(b)]。

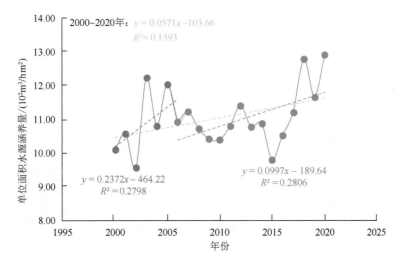

图 3-63　2000～2020 年甘南地区生态系统水源涵养功能年际变化统计

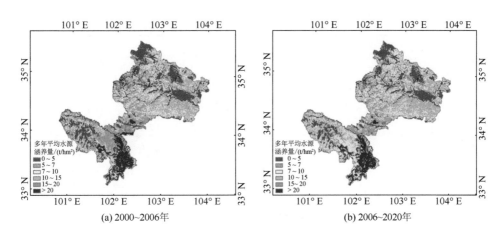

(a) 2000~2006年　　　　　　　　　　(b) 2006~2020年

图 3-64　甘南地区生态系统多年平均水源涵养量空间分布

在 2000～2006 年（工程实施前）及 2006～2020 年（工程实施后）两个时段，森林生态系统年均水源涵养量分别为 6.43 亿 m³ 及 6.74 亿 m³，年均单位面积水源涵养量分别为 921.59m³/hm² 及 966.62m³/hm²；草地生态系统在两个时段年均水源涵养量分别为 17.91 亿 m³ 及 18.69 亿 m³，年均单位面积水源涵养量分别为 979.82m³/hm² 及 1022.44m³/hm²；水体与湿地生态系统在两个时段年均水源涵养量为 6.23 亿 m³ 及 5.65 亿 m³，年均单位面积水源涵养量分别为 4290.43m³/hm² 及 3888.2m³/hm²（图 3-65）。

相比 2000～2006 年，工程实施后，甘南地区年均水源涵养量上升了 1.89%，单位面积水源涵养量上升了 1.89%，年变化速率持续上涨，但速率放缓，空间分布来看西南部增加明显，东南部增加与减少交叉分布，其他区域则以增加为主；其中森林生态系统年均单位面积水源涵养量上升了 4.89%，草地上升了 4.35%，水体与湿地下降了 9.37%。甘南地区水源涵养服务功能呈轻微上升趋势（图 3-66）。

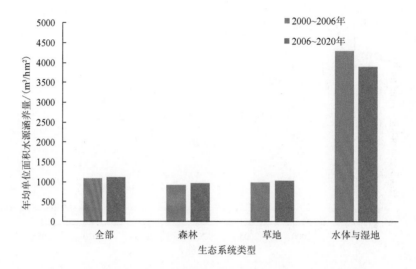

图 3-65　工程实施前后甘南地区生态系统单位面积水源涵养量

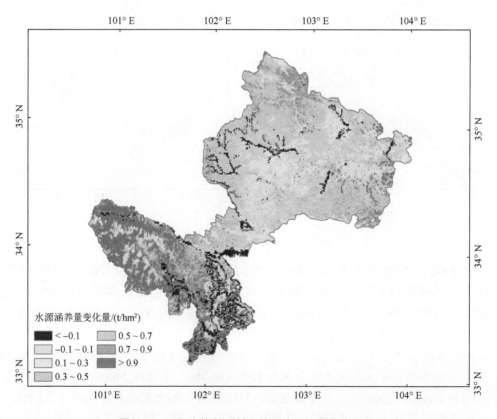

图 3-66　工程实施前后甘南地区水源涵养量变化量

整体来看，青藏高原各生态工程区中，甘南地区单位面积水源涵养量最高，其次是横断山区，祁连山生态工程区单位面积水源涵养量最低；就年际变化趋势来看，横断山区年变化率最快，其次是西藏生态安全屏障区，祁连山区年变化率最慢。从生态工程实施前后对比来看，所有生态工程区均呈现水源涵养功能增加的态势，其中，横断山区水源涵养服务量增加最大，其次是西藏生态安全屏障区，祁连山区增量最少；三江源生态工程区增速提升最快，其次是西藏生态安全屏障区，甘南地区增速变缓明显。

3.2.3 典型工程区生态系统土壤保持功能状况及变化

1. 西藏生态安全屏障区

1）土壤侵蚀量及变化

2020 年，西藏生态安全屏障区土壤水蚀模数为 6.75t/hm²，土壤水蚀量为 8.09 亿 t；其中，农田类型区土壤水蚀模数为 8.76t/hm²，土壤水蚀量为 0.07 亿 t；森林类型区土壤水蚀模数为 18.07t/hm²，土壤水蚀量为 2.96 亿 t；草地类型区土壤水蚀模数为 6.39t/hm²，土壤水蚀量为 3.55 亿 t。土壤水蚀模数较高的区域集中在南部区域，超过了 80t/hm²（图 3-67）。

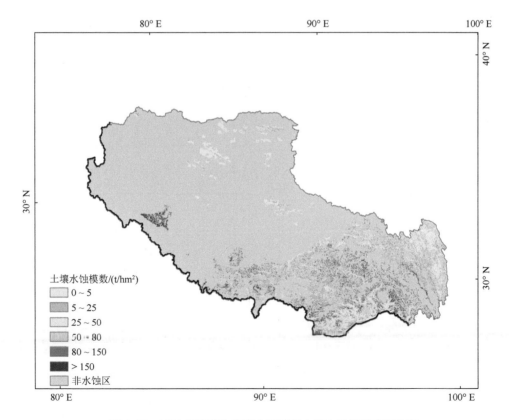

图 3-67 2020 年西藏生态安全屏障区土壤水蚀模数空间分布

2000～2020年西藏生态安全屏障区水蚀模数基本保持不变,年均土壤水蚀模数为6.84t/hm²。其中,2004年最高,为9.30t/hm²,2009年最低,为4.79t/hm²(图3-68)。从不同时段西藏生态安全屏障区土壤水蚀模数变化时空分布格局来看,2000～2008年(工程实施前),西藏生态安全屏障区的年均土壤水蚀模数为6.88t/hm²,年均土壤水蚀量为8.26亿t,整体呈下降趋势,年变化率为-0.1276t/(hm²·a),空间上高值区域主要分布在南部,其他区域也有零星分布[图3-69(a)];2008～2015年(一期工程实施期),年均土壤水蚀模数为6.68t/hm²,年均土壤水蚀量为8.02亿t,呈波动变化,空间分布态势变化较少[图3-69(b)];2015～2020年(二期工程实施期),年均土壤水蚀模数为7.02t/hm²,年均土壤水蚀量为8.42亿t,呈波动变化,空间分布态势变化较少[图3-69(c)]。

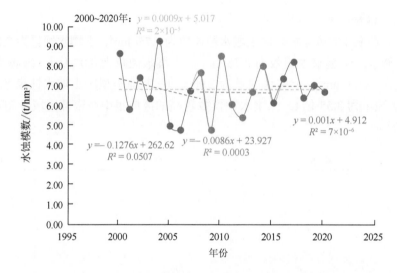

图 3-68　2000～2020 年西藏生态安全屏障区土壤水蚀模数年际变化统计

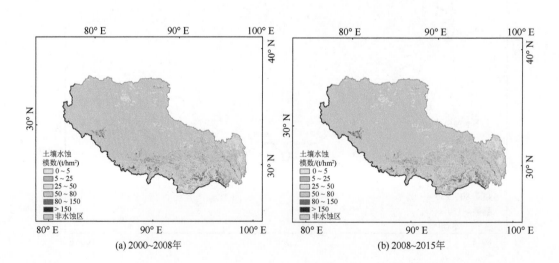

(a) 2000～2008年　　　　　　　　　　(b) 2008～2015年

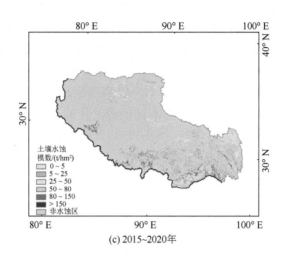

(c) 2015~2020年

图 3-69　工程实施前后西藏生态安全屏障区土壤水蚀模数空间分布

在 2000～2008 年（工程实施前）、2008～2015 年（一期工程）、2015～2020 年（二期工程）三个时段，农田生态系统年均土壤水蚀量分别为 0.07 亿 t、0.07 亿 t 及 0.08 亿 t，年均土壤水蚀模数分别为 15.54t/hm²、14.15t/hm² 及 16.37t/hm²；森林生态系统在三个时段年均土壤水蚀量分别为 3.44 亿 t、3.49 亿 t 及 3.28 亿 t，年均土壤水蚀模数分别为 27.28t/hm²、27.63t/hm² 及 25.98t/hm²；草地生态系统在三个时段年均土壤水蚀量为 4.53 亿 t、4.27 亿 t 及 4.85 亿 t，年均土壤水蚀模数分别为 5.37t/hm²、5.06t/hm² 及 5.75t/hm²（图 3-70）。

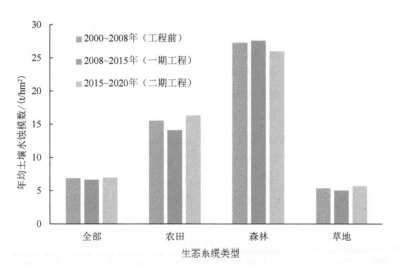

图 3-70　2000～2008 年、2008～2015 年、2015～2020 年陆地生态系统土壤水蚀模数

相比 2000～2008 年（工程实施前），2008～2015 年一期工程实施期间，西藏生态安全屏障区年均土壤水蚀模数下降了 2.95%，年均土壤水蚀量下降了 2.95%，年变化

速率由降低变为波动变化，空间上减少区域主要分布在中南部区域，增加区域则主要分布在墨脱县周边；其中农田生态系统年均土壤水蚀模数下降了 8.93%，森林生态系统上升了 1.27%，草地生态系统下降了 5.85%。相比一期工程实施期间，2015 ～ 2020 年二期工程实施期间，西藏生态安全屏障区年均土壤水蚀模数上升了 5.01%，年均土壤水蚀量上升了 5.01%，保持稳定变化态势，空间上减少区域主要分布在南部，中南部区域有所增加；其中农田生态系统年均土壤水蚀模数上升了 15.74%，森林生态系统下降了 5.98%，草地生态系统上升了 13.62%（图 3-71）。总体来看，全区土壤水蚀基本稳定。

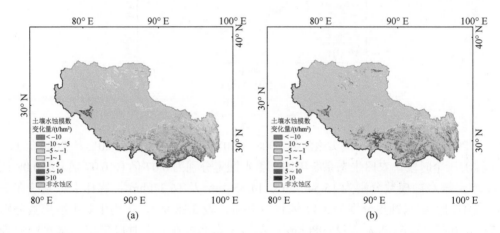

图 3-71　2000 ～ 2008 年（工程实施前）与 2008 ～ 2015 年（一期工程期）(a) 及 2008 ～ 2015 年（一期工程期）与 2015 ～ 2020 年（二期工程期）(b) 土壤水蚀模数变化量

2）土壤保持量及变化

2020 年，西藏生态安全屏障区生态系统土壤保持量为 24.32 亿 t，单位面积土壤保持量为 20.26t/hm²。其中，农田生态系统土壤保持量为 0.5 亿 t，单位面积土壤保持量为 66.32t/hm²；森林生态系统土壤保持量为 13.12 亿 t，单位面积土壤保持量为 80.11t/hm²；草地生态系统土壤保持量为 9.4 亿 t，单位面积土壤保持量为 16.94t/hm²。空间分布来看，单位面积土壤保持量从西北到东南逐渐增加（图 3-72）。

2000 ～ 2020 年，西藏生态安全屏障区单位面积土壤保持量整体呈现波动变化趋势，年均单位面积土壤保持量为 19.99t/hm²，其中 2009 年单位面积土壤保持量最大，为 21.68t/hm²，2004 年最小，为 18.14t/hm²。从不同时段西藏生态安全屏障区土壤保持量变化时空分布格局来看，2000 ～ 2008 年（工程实施前），西藏生态安全屏障区年均单位面积土壤保持量为 19.94t/hm²，年均土壤保持量为 23.92 亿 t，整体呈上升趋势，年变化率为 0.1062t/（hm²·a）（图 3-73），南部区域整体较高 [图 3-74 (a)]；2008 ～ 2015 年（一期工程实施期），年均单位面积土壤保持量为 20.14t/hm²，年均土壤保持量为 24.17 亿 t，整体呈波动变化，保持稳定，空间分布态势变化较少 [图 3-74 (b)]；2015 ～ 2020 年（二期工程实施期），年均单位面积土壤保持量为 19.85t/hm²，年均土壤保持量为 23.81 亿 t，整体呈波动变化，空间分布态势变化较少 [图 3-74 (c)]。

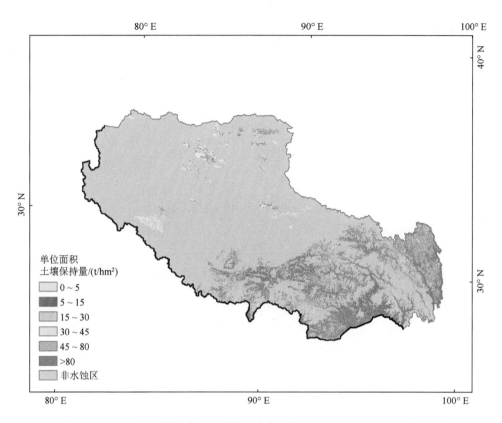

图 3-72　2020 年西藏生态安全屏障区生态系统单位面积土壤保持量空间分布

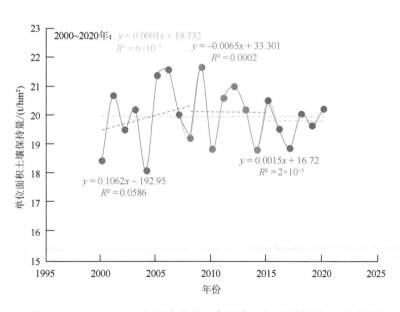

图 3-73　2000 ～ 2020 年西藏生态安全屏障区土壤保持量年际变化统计

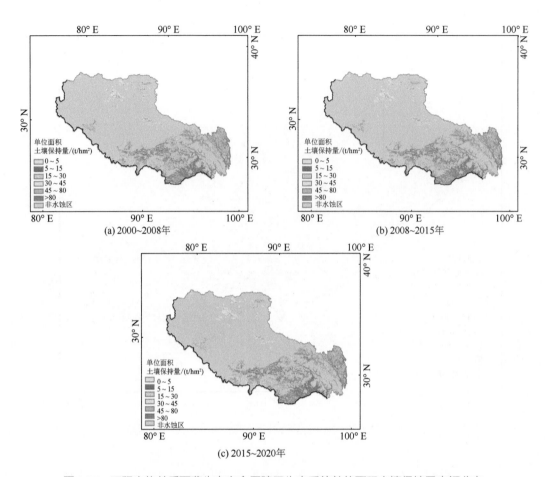

图 3-74　工程实施前后西藏生态安全屏障区生态系统单位面积土壤保持量空间分布

在 2000～2008 年（工程实施前）、2008～2015 年（一期工程）、2015～2020 年（二期工程）三个时段，农田生态系统年均土壤保持量分别为 0.32 亿 t、0.32 亿 t 及 0.31 亿 t，年均单位面积土壤保持量分别为 68.03t/hm²、69.16t/hm² 及 67.27t/hm²；森林生态系统在三个时段年均土壤保持量分别为 12.19 亿 t、12.16 亿 t 及 12.3 亿 t，年均单位面积土壤保持量为 96.59t/hm²、96.35t/hm² 及 97.44t/hm²；草地生态系统在三个时段年均土壤保持量分别为 11.16 亿 t、11.42 亿 t 及 10.95 亿 t，年均单位面积土壤保持量分别为 13.23t/hm²、13.54t/hm² 及 12.97t/hm²（图 3-75）。

相比 2000～2008 年（工程实施前），2008～2015 年一期工程实施期间，西藏生态安全屏障区年均单位面积土壤保持量上升了 1.03%，年均土壤保持量上升了 1.03%，年变化速率由上升转变为波动变化，增加区域主要分布在中南部，南部墨脱县周边及西部有下降；其中农田生态系统年均单位面积土壤保持量上升了 1.67%，森林生态系统下降了 0.25%，草地生态系统上升了 2.35%［图 3-76（a）］。相比一期工程实施期间，

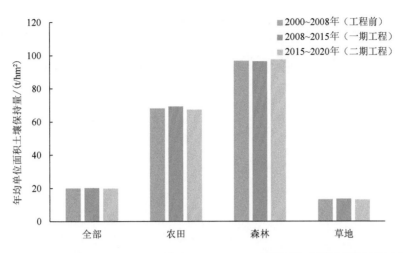

图 3-75　2000 ～ 2008 年、2008 ～ 2015 年、2015 ～ 2020 年不同生态系统单位面积土壤保持量

2015 ～ 2020 年二期工程实施期间，西藏生态安全屏障区年均单位面积土壤保持量下降了 1.46%，年均土壤保持量下降了 1.46%，年变化速率保持波动变化态势，空间变化来看，二期相较于一期增加区域主要分布在南部部分区域，中南部有所下降；其中农田生态系统年均单位面积土壤保持量下降了 2.73%，森林上升了 1.14%，草地下降了 4.17%［图3-76（b）］。总体来看，全区土壤保持量基本稳定。

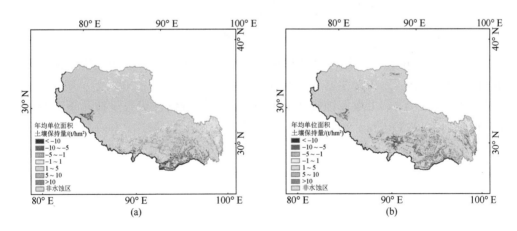

图 3-76　2000 ～ 2008 年（工程实施前）与 2008 ～ 2015 年（一期工程期）(a) 及 2008 ～ 2015 年（一期工程期）与 2015 ～ 2020 年（二期工程期）(b) 单位面积土壤保持量变化量

2. 三江源区

1）土壤侵蚀量及变化

2020 年，三江源区土壤侵蚀量为 3336.74 万 t，土壤侵蚀模数为 0.86t/hm²；土壤侵蚀模数较高的区域集中在贵南县与贵德县附近地区，少量区域超过了 50t/hm²（图 3-77）。

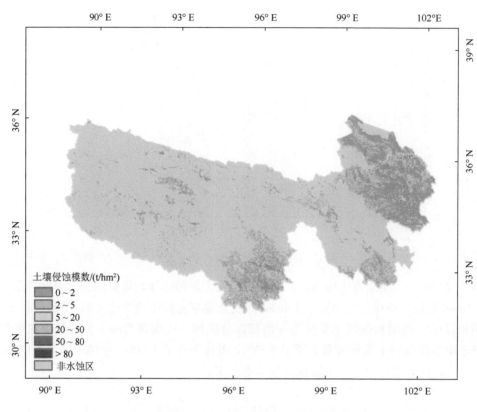

图 3-77   2020 年三江源区土壤侵蚀模数空间分布

2005 ～ 2020 年三江源地区土壤侵蚀量呈波动稳定态势，年均土壤侵蚀模数为 1.30t/hm²（图 3-78）。三江源生态保护与建设一期工程（2005 ～ 2012 年）期间，土壤侵蚀量为 4956.68 万 t，土壤侵蚀模数为 1.28t/hm²，土壤侵蚀模数呈波动下降趋势，年变化速率为 –0.0233t/（hm²·a），土壤侵蚀模数较高的区域集中在贵南县与贵德县附

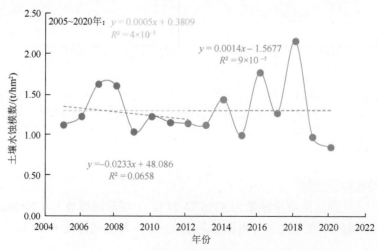

图 3-78   2005 ～ 2020 年三江源区土壤水蚀模数年际变化统计

近地区［图 3-79（a）］；二期工程实施后（2012～2020 年），土壤侵蚀量为 5093.84 万 t，土壤侵蚀模数为 1.31t/hm²，呈波动变化趋势，空间分布变化较少［图 3-79（b）］。

相对于一期工程，二期工程实施后三江源区土壤侵蚀模数及土壤侵蚀量均增加了 2.77%，年际变化趋势由微度下降变为波动变化，增大的区域主要集中在东部县域如贵南县、贵德县等；土壤侵蚀量减少的区域主要集中在南部囊谦县及东部河南蒙古族自治县附近（图 3-80）。

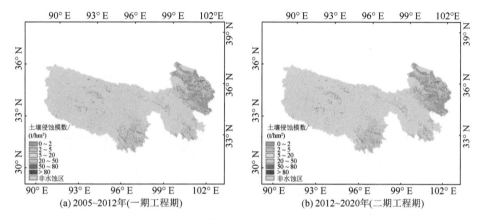

(a) 2005~2012 年(一期工程期)　　　　　　(b) 2012~2020 年(二期工程期)

图 3-79　三江源区多年平均土壤侵蚀模数空间分布

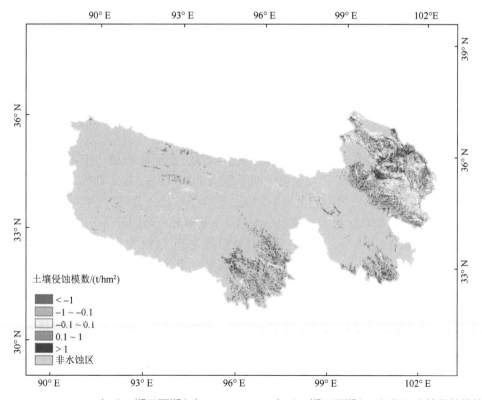

图 3-80　2005～2012 年（一期工程期）与 2012～2020 年（二期工程期）三江源区土壤侵蚀模数变化空间分布

2）土壤保持功能量及变化

2020年，三江源区土壤保持量为33366.94万t，单位面积土壤保持量为8.58t/hm²，南部区域土壤保持量较高，东部共和县、贵南县等地较低（图3-81）。

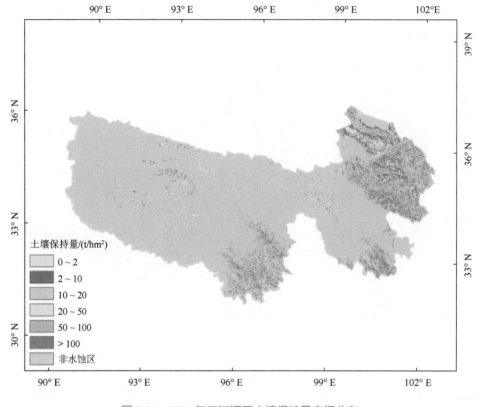

图3-81　2020年三江源区土壤保持量空间分布

2005～2020年三江源地区土壤保持量总体呈波动变化趋势，年均单位面积土壤保持量为8.18t/hm²。生态保护与建设一期工程（2005～2012年）期间，土壤保持量为31866.56万t，单位面积土壤保持量为8.2t/hm²，整体呈波动上升趋势，年变化率为0.0219t/(hm²·a)（图3-82），高值区域主要集中在南部及东部兴海、同德等县附近［图3-83（a）］；二期工程实施后（2012～2020年），土壤保持量为31817.31万t，年均单位面积土壤保持量为8.19t/hm²，整体呈波动变化态势，基本稳定，空间分布态势变化较少［图3-83（b）］。

相比一期工程实施期间，二期工程实施后，三江源地区年均单位面积土壤保持量下降了0.15%，年均土壤保持量下降了0.15%，由波动上升态势变为波动变化态势，空间上三江源南部班玛县、玉树市及东部贵南县等地区土壤保持量有所下降，南部囊谦县和东部同仁县、河南蒙古族自治县附近土壤保持量有轻微增加（图3-84）。

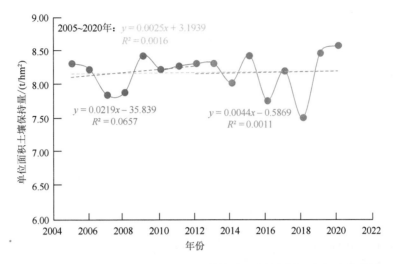

图 3-82　2005 ～ 2020 年三江源区单位面积土壤保持量年际变化统计

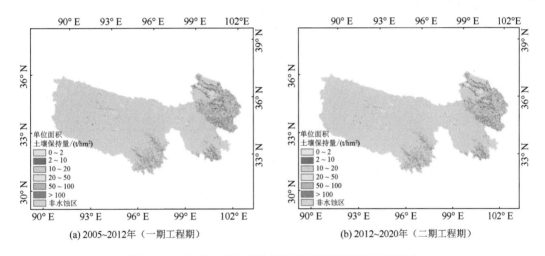

(a) 2005~2012年（一期工程期）　　　　　(b) 2012~2020年（二期工程期）

图 3-83　三江源区多年平均单位面积土壤保持量空间分布

3. 横断山区

1）土壤侵蚀量及变化

2020 年，横断山区土壤水蚀模数为 12.84t/hm²，土壤水蚀量为 3.92 亿 t；其中，农田生态类型区土壤水蚀模数为 15.84t/hm²，土壤水蚀量为 0.1 亿 t；森林生态类型区土壤水蚀模数为 13.83t/hm²，土壤水蚀量为 1.72 亿 t；草地生态类型区土壤水蚀模数为 12.63t/hm²，土壤水蚀量为 1.95 亿 t。空间分布来看，高值区域主要分布在东部部分区域及西南角，其他区域有零散分布（图 3-85）。

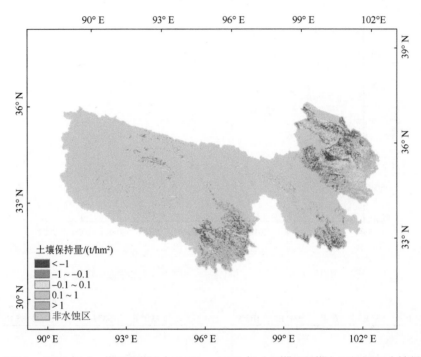

图 3-84 2005～2012 年（一期工程期）与 2012～2020 年（二期工程期）三江源区土壤保持量变化空间分布

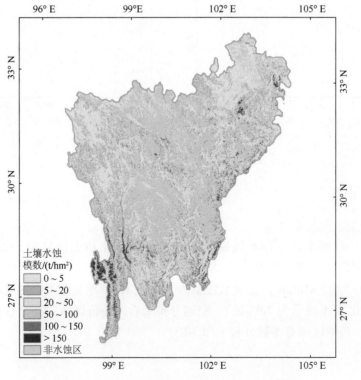

图 3-85 2020 年横断山区土壤水蚀模数空间分布

1990 ～ 2020 年横断山区土壤水蚀模数呈下降趋势,年变化速率为 -0.3472t/(hm²·a),年均土壤水蚀模数为 17.54t/hm²。其中,1998 年最高,为 31.53t/hm²,2011 年最低,为 7.56t/hm²(图 3-86)。从不同时段横断山区土壤水蚀模数变化时空分布格局来看,1990 ～ 2000 年,横断山区年均土壤水蚀模数为 23.28t/hm²,年均土壤水蚀量为 7.1 亿 t,整体呈波动变化,空间上高值区域主要分布在西南部 [图 3-87(a)];2000 ～ 2010 年,横断山区年均土壤水蚀模数为 14.98t/hm²,年均土壤水蚀量为 4.57 亿 t,整体呈波动变化态势,空间分布态势变化较少,西南角高值区域有所增加 [图 3-87(b)];2010 ～ 2020 年,横断山区年均土壤水蚀模数为 15.06t/hm²,年均土壤水蚀量为 4.59 亿 t,整体呈波动变化趋势,空间分布态势变化较少 [图 3-87(c)]。

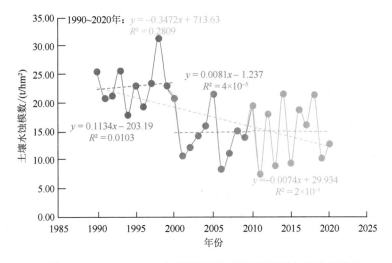

图 3-86　1990 ～ 2020 年横断山区土壤水蚀模数年际变化统计

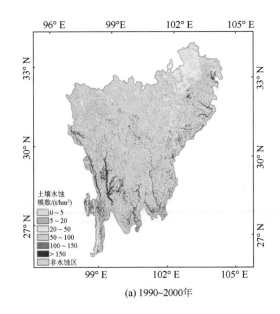

(a) 1990~2000 年

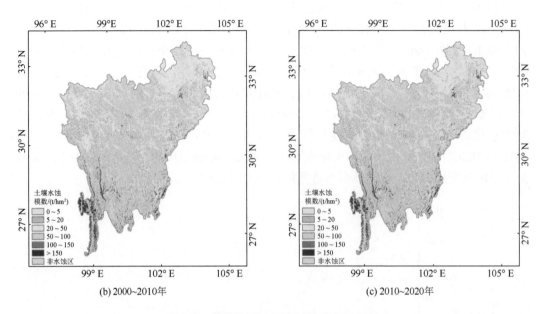

图 3-87　横断山区土壤水蚀模数空间分布

在 1990～2000 年、2000～2010 年及 2010～2020 年三个时段，农田生态系统年均土壤水蚀量分别为 0.27 亿 t、0.14 亿 t 及 0.13 亿 t，年均土壤水蚀模数分别为 50.55t/hm²、25.92t/hm² 及 24.53t/hm²；森林生态系统在三个时段年均土壤水蚀量分别为 3.37 亿 t、2.34 亿 t 及 2.32 亿 t，年均土壤水蚀模数分别为 28.14t/hm²、19.56t/hm² 及 19.37t/hm²；草地生态系统在三个时段年均土壤水蚀量为 3.4 亿 t、1.93 亿 t 及 1.99 亿 t，年均土壤水蚀模数分别为 21.32t/hm²、12.12t/hm² 及 12.48t/hm²（图 3-88）。

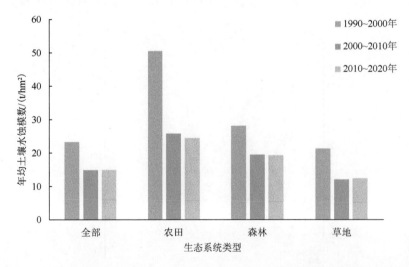

图 3-88　1990～2000 年、2000～2010 年、2010～2020 年陆地生态系统土壤水蚀模数

相比 1990～2000 年，2000～2010 年年均土壤水蚀模数下降了 35.62%，年均

土壤水蚀量下降了 35.63%，年变化速率变化不大，但均值减少明显，空间上减少区域主要分布在中部及北部区域，增加区域则主要分布在南部；其中农田生态系统年均土壤水蚀模数下降了 48.71%，森林生态系统下降了 30.49%，草地生态系统下降了 43.13%。相比 2000～2010 年，2010～2020 年年均土壤水蚀模数上升了 0.51%，年均土壤水蚀量上升了 0.51%，年变化速率变化较少，仍呈波动变化态势，空间上增加区域主要分布在东北部南部部分区域，减少区域主要分布在中部及西南角；其中农田生态系统年均土壤水蚀模数下降了 5.39%，森林下降了 0.95%，草地上升了 2.95%（图 3-89）。总体来看，全区土壤水蚀有所降低。

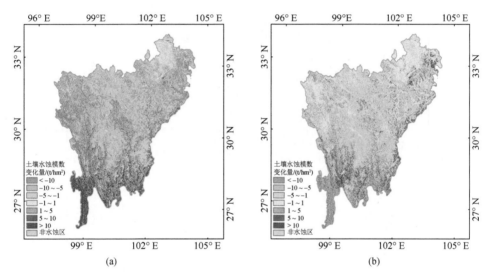

图 3-89　1990～2000 年与 2000～2010 年时段（a）及 2000～2010 年与 2010～2020 年时段（b）土壤水蚀模数变化量

2）土壤保持量及变化

2020 年，横断山区生态系统土壤保持量为 27.99 亿 t，单位面积土壤保持量为 91.74t/hm²。其中，农田生态系统土壤保持量为 0.99 亿 t，单位面积土壤保持量为 153.84t/hm²；森林生态系统土壤保持量为 16.92 亿 t，单位面积土壤保持量为 136.27t/hm²；草地生态系统土壤保持量为 9.6 亿 t，单位面积土壤保持量为 62.24t/hm²。空间分布来看，单位面积土壤保持量整体较高，大致呈现由北到南逐渐增加态势（图 3-90）。

1990～2020 年，横断山区单位面积土壤保持量整体呈现波动上升趋势，年变化率为 0.2484t/（hm²·a），其中 2011 年土壤保持量最大，为 95.37t/hm²，1998 年最小，为 78.93t/hm²（图 3-91）。从不同时段横断山区土壤保持量变化时空分布格局来看，1990～2000 年，横断山区年均单位面积土壤保持量为 84.27t/hm²，年均土壤保持量为 25.67 亿 t，整体较稳定，空间上则呈现由北到南逐渐增加态势［图 3-92（a）］；2000～2010 年，年均单位面积土壤保持量为 90.45t/hm²，年均土壤保持量为 27.59 亿 t，整体呈波动变化态势，空间分布态势变化较少［图 3-92（b）］；2010～2020 年年均单位面积土壤保持量为 90.23t/hm²，年均土壤保持量为 27.53 亿 t，整体呈轻微下降趋势，

年变化率为 $-0.0566 t/(hm^2 \cdot a)$，空间分布态势变化较少［图 3-92（c）］。

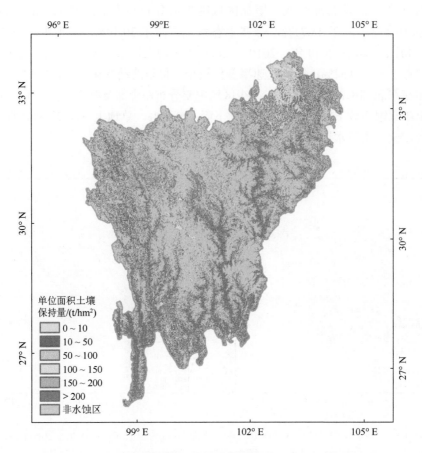

图 3-90　2020 年横断山区生态系统单位面积土壤保持量空间分布

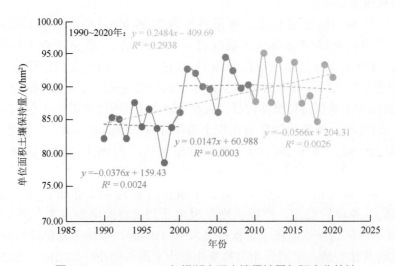

图 3-91　1990～2020 年横断山区土壤保持量年际变化统计

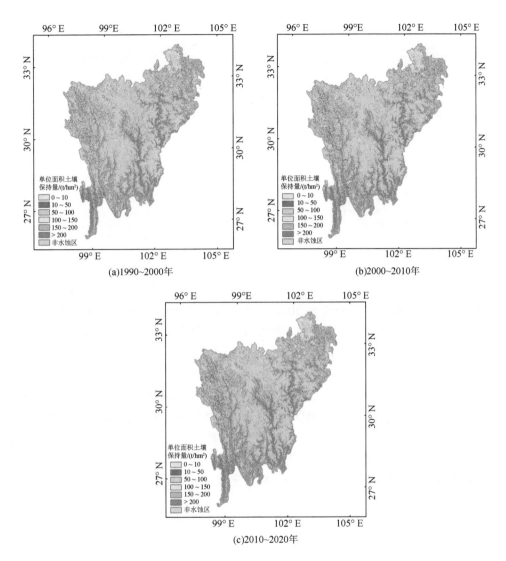

图 3-92　横断山区生态系统单位面积土壤保持量空间分布

　　在 1990 ～ 2000 年、2000 ～ 2010 年及 2010 ～ 2020 年三个时段，农田生态系统年均土壤保持量分别为 0.83 亿 t、0.92 亿 t 及 0.92 亿 t，年均单位面积土壤保持量分别为 154.07t/hm²、169.63t/hm² 及 170.36t/hm²；森林生态系统在三个时段年均土壤保持量为 16.09 亿 t、16.64 亿 t 及 16.62 亿 t，年均单位面积土壤保持量为 134.26t/hm²、138.94t/hm² 及 138.8t/hm²；草地生态系统在三个时段年均土壤保持量分别为 8.54 亿 t、9.65 亿 t 及 9.59 亿 t，年均单位面积土壤保持量分别为 53.55t/hm²、60.57t/hm² 及 60.22t/hm²（图 3-93）。

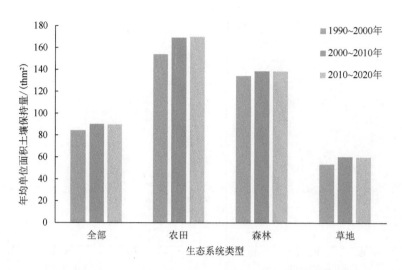

图 3-93　1990 ～ 2000 年、2000 ～ 2010 年及 2010 ～ 2020 年不同生态系统单位面积土壤保持量

　　相比 1990 ～ 2000 年，2000 ～ 2010 年横断山区年均单位面积土壤保持量上升了 7.33%，年均土壤保持量上升了 7.5%，年变化速率变化不大，但均值增加明显，总体保持波动变化态势，空间上看增加区域主要分布在中部及北部，南部有下降；其中农田生态系统年均单位面积土壤保持量上升了 10.1%，森林生态系统上升了 3.49%，草地生态系统上升了 13.11%［图 3-94(a)］。相比 2000 ～ 2010 年，2010 ～ 2020 年年均单位面积土壤保持量下降了 0.24%，年均土壤保持量下降了 0.24%，年变化速率由波动变化变为轻微下降，空间上看，增加区域主要分布在中部和南部部分区域，减少区域主要分布在北部；其中农田生态系统年均单位面积土壤保持量上升了 0.43%，森林生态系统下降了 0.1%，草地生态系统下降了 0.58%［图 3-94(b)］。总体来看，全区土壤保持量有轻微上升。

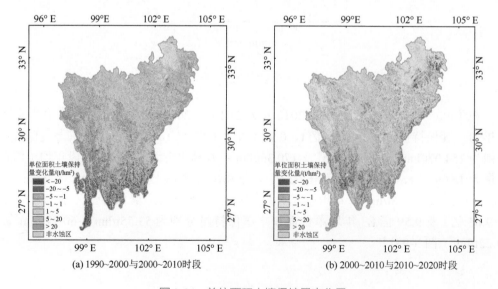

图 3-94　单位面积土壤保持量变化量

4. 祁连山区

1）土壤侵蚀量及变化

2020 年，祁连山区土壤水蚀模数为 1.22t/hm²，土壤水蚀量为 812.66 万 t；其中，农田类型区土壤水蚀模数为 2.08t/hm²，土壤水蚀量为 119.48 万 t；森林类型区土壤水蚀模数为 0.69t/hm²，土壤水蚀量为 50.13 万 t；草地类型区土壤水蚀模数为 1.63t/hm²，土壤水蚀量为 456.02 万 t。空间分布来看，全区低值区较多，主要分布在中部及东部区域，高值区域主要分布在中东部（图 3-95）。

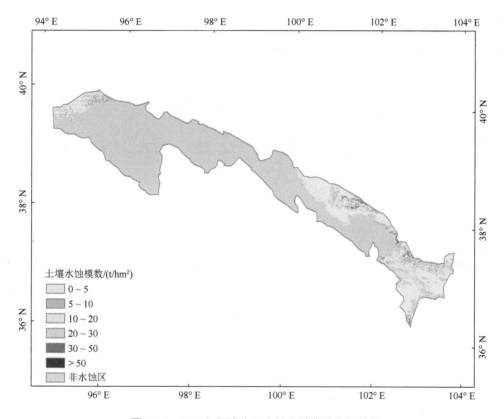

图 3-95　2020 年祁连山区土壤水蚀模数空间分布

2000 ～ 2020 年，祁连山区土壤水蚀模数呈波动稳定态势，年均土壤水蚀模数为 2.05t/hm²。其中，2012 年最高，为 2.82t/hm²；2020 年最低，为 1.22t/hm²（图 3-96）。从不同时段祁连山区土壤水蚀模数变化时空分布格局来看，2000 ～ 2012 年（工程实施前），祁连山区年均土壤水蚀模数为 2.09t/hm²，年均土壤水蚀量为 1388.94 万 t，整体呈波动稳定态势［图 3-97（a）］；2012 ～ 2020 年（工程实施后），年均土壤水蚀模数为 2.05t/hm²，年均土壤水蚀量为 1363.47 万 t，整体呈波动微度下降趋势，年变化率为 −0.0312t/（hm²·a）［图 3-97（b）］。

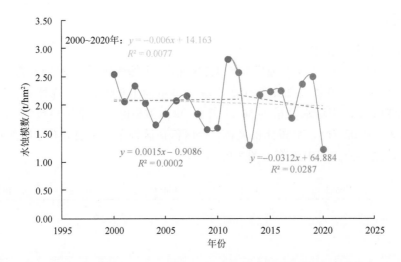

图 3-96　2000 ～ 2020 年祁连山区土壤水蚀模数年际变化统计

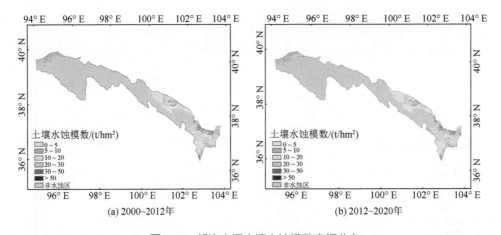

(a) 2000~2012年　　　　　　　　　(b) 2012~2020年

图 3-97　祁连山区土壤水蚀模数空间分布

在 2000 ～ 2012 年（工程实施前）及 2012 ～ 2020 年（工程实施后）两个时段，农田生态系统年均土壤水蚀量分别为 268.63 万 t 及 241.96 万 t，年均土壤水蚀模数分别为 4.44t/hm^2 及 4.00t/hm^2；森林生态系统在两个时段年均土壤水蚀量分别为 93.44 万 t 及 94.42 万 t，年均土壤水蚀模数分别为 1.25t/hm^2 及 1.26t/hm^2；草地生态系统在两个时段年均土壤水蚀量为 706.28 万 t 及 674.95 万 t，年均土壤水蚀模数分别为 2.52t/hm^2 及 2.41t/hm^2（图 3-98）。

相比 2000 ～ 2012 年（工程实施前），工程实施后祁连山区年均土壤水蚀模数下降了 1.83%，年均土壤水蚀量下降了 1.83%，年变化速率由波动稳定态势变为波动微度减少，空间上增加区域主要分布在西部及东部区域，减少区域则主要分布在中部及中东部；其中农田生态系统年均土壤水蚀模数下降了 9.93%，森林生态系统上升了 1.05%，草地生态系统下降了 4.44%（图 3-99）。总体来看，全区土壤水蚀模数基本稳定。

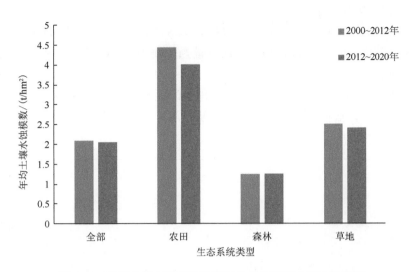

图 3-98 工程实施前后祁连山区陆地生态系统土壤水蚀模数

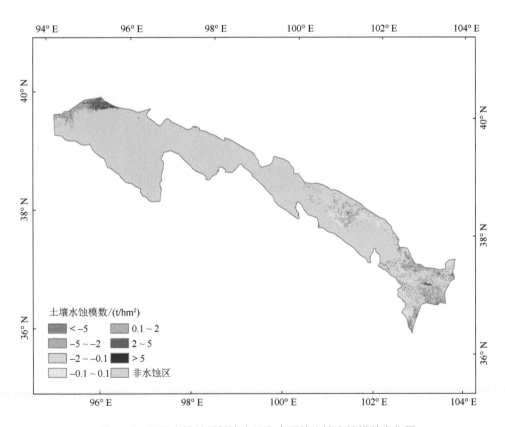

图 3-99 工程实施前后祁连山区生态系统土壤水蚀模数变化量

2）土壤保持量及变化

2020 年，祁连山区生态系统土壤保持量为 5778.24 万 t，单位面积土壤保持量为 8.7t/hm²。其中，农田生态系统土壤保持量为 1009.99 万 t，单位面积土壤保持量为 17.61t/hm²；森林生态系统土壤保持量为 1310.75 万 t，单位面积土壤保持量为 18.07t/hm²；草地生态系统土壤保持量为 3055.56 万 t，单位面积土壤保持量为 10.95t/hm²。空间分布来看，东部较高，低值区主要分布于西部及中部（图 3-100）。

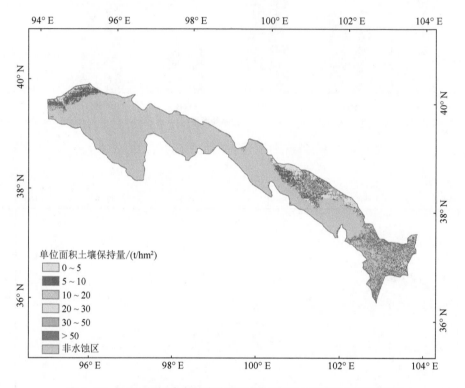

图 3-100　2020 年祁连山区生态系统单位面积土壤保持量空间分布

2000 ～ 2020 年，祁连山区单位面积土壤保持量整体呈现波动微度上升趋势，年变化率为 0.0099t/（hm²·a），其中 2020 年单位面积土壤保持量最大，为 8.70t/hm²，2011 年最小，为 7.24t/hm²（图 3-101）。从不同时段祁连山区土壤保持量变化时空分布格局来看，2000 ～ 2012 年（工程实施前），祁连山区年均单位面积土壤保持量为 7.87t/hm²，年均土壤保持量为 5228.59 万 t，整体呈波动微度上升趋势，年变化率为 0.0131t/（hm²·a），空间上则呈现低值区与高值区交叉分布特性，其中西部低值区较多［图 3-102（a）］；2012 ～ 2010 年（工程实施后），年均单位面积土壤保持量为 7.95t/hm²，年均土壤保持量为 5283.8 万 t，整体呈波动微度上升态势，年变化率为 0.0066t/（hm²·a），空间分布态势变化较少［图 3-102（b）］。

在 2000 ～ 2012 年（工程实施前）及 2012 ～ 2020 年（工程实施后）两个时段，

祁连山区农田生态系统年均土壤保持量分别为 1111.42 万 t 及 1137.98 万 t，年均单位面积土壤保持量分别为 18.38t/hm² 及 18.82t/hm²；森林生态系统在两个时段年均土壤保持量分别为 1412.47 万 t 及 1411.4 万 t，年均单位面积土壤保持量分别为 18.85t/hm² 及 18.84t/hm²；草地生态系统在两个时段年均土壤保持量分别为 2475.58 万 t 及 2508.3 万 t，年均单位面积土壤保持量为 8.83t/hm² 及 8.95t/hm²（图 3-103）。

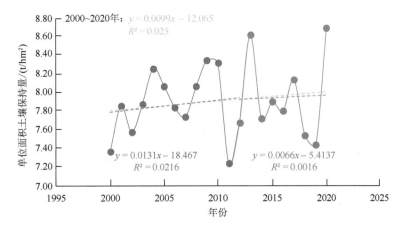

图 3-101 2000 ～ 2020 年祁连山区土壤保持量年际变化统计

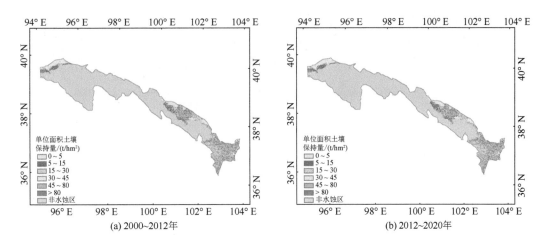

(a) 2000~2012年　　　　　　　　　(b) 2012~2020年

图 3-102 祁连山区生态系统单位面积土壤保持量空间分布

相比 2000 ～ 2012 年（工程实施前），工程实施后祁连山区年均单位面积土壤保持量上升了 1.06%，年均土壤保持量上升了 1.06%，年增长速率有所放缓，空间上看增加区域主要零散分布在中部及东部，西部及东部部分区域下降明显；其中农田生态系统年均单位面积土壤保持量上升了 2.39%，森林生态系统下降了 0.08%，草地生态系统上升了 1.32%。总体来看，全区土壤保持量基本稳定（图 3-104）。

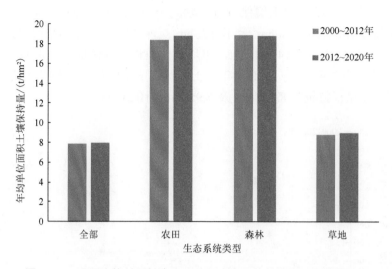

图 3-103　工程实施前后祁连山区不同生态系统单位面积土壤保持量

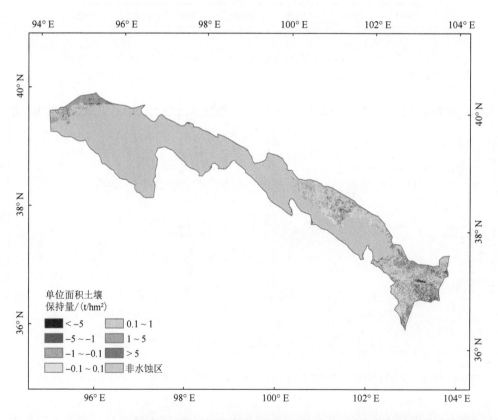

图 3-104　工程实施前后祁连山区生态系统单位面积土壤保持量变化量

5. 甘南地区

1) 土壤侵蚀量及变化

2020 年,甘南地区土壤水蚀模数为 3.34t/hm²,土壤水蚀量为 965.16 万 t;其中,农田生态类型区土壤水蚀模数为 4.16t/hm²,土壤水蚀量为 46.94 万 t;森林生态类型区土壤水蚀模数为 3.24t/hm²,土壤水蚀量为 217.23 万 t;草地生态类型区土壤水蚀模数为 2.99t/hm²,土壤水蚀量为 547.6 万 t。空间分布来看,全区低值区较多,仅西南部及东北部存在高值区域(图 3-105)。

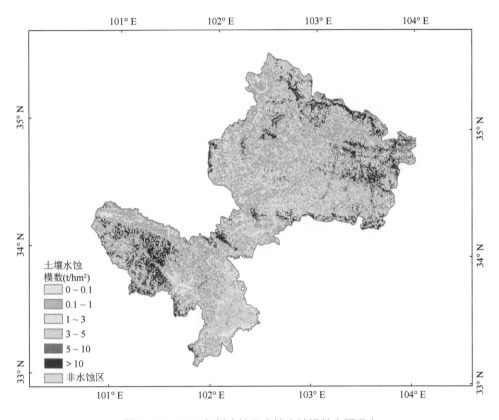

图 3-105　2020 年甘南地区土壤水蚀模数空间分布

2000 ~ 2020 年甘南地区水蚀模数波动变化,基本稳定,年均土壤水蚀模数为 2.69t/hm²。其中,2007 年最高,为 3.85t/hm²,2019 年最低,为 1.54t/hm²(图 3-106)。从不同时段甘南地区土壤水蚀模数变化时空分布格局来看,2000 ~ 2006 年(工程实施前),甘南地区年均土壤水蚀模数为 2.72t/hm²,年均土壤水蚀量为 785.91 万 t,整体呈波动上升趋势,年变化率为 0.1148t/(hm²·a),空间上较高值区域主要分布在西南部及东北部,全区大部分地区值较低 [图 3-107(a)];2006 ~ 2020 年(工程实施后),年均土壤水蚀模数为 2.66t/hm²,年均土壤水蚀量为 768.26 万 t,整体呈波动变化态势,基本稳定,空间分布态势变化较少,全区高值区域面积有所减少 [图 3-107(b)]。

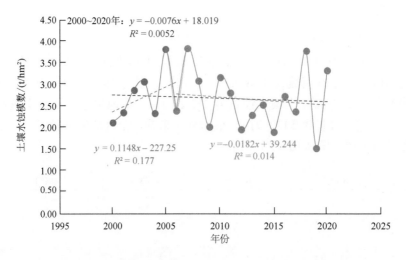

图 3-106 2000～2020 年甘南地区土壤水蚀模数年际变化统计

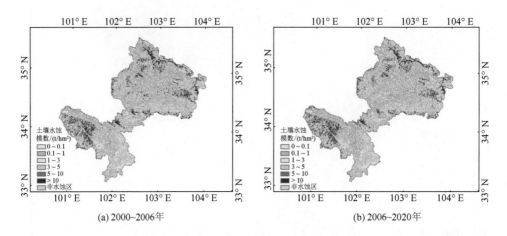

(a) 2000~2006 年 (b) 2006~2020 年

图 3-107 甘南地区土壤水蚀模数空间分布

在 2000～2006 年（工程实施前）及 2006～2020 年（工程实施后）两个时段，农田生态系统年均土壤水蚀量分别为 58.01 万 t 及 47.03 万 t，年均土壤水蚀模数分别为 4.56t/hm² 及 3.7t/hm²；森林生态系统在两个时段年均土壤水蚀量分别为 176.44 万 t 及 171.33 万 t，年均土壤水蚀模数分别为 2.53t/hm² 及 2.46t/hm²；草地生态系统在两个时段年均土壤水蚀量分别为 512.99 万 t 及 512.81 万 t，年均土壤水蚀模数分别为 2.81t/hm² 及 2.81t/hm²（图 3-108）。

相比 2000～2006 年，工程实施后，甘南地区年均土壤水蚀模数下降了 2.25%，年均土壤水蚀量下降了 2.25%，年变化速率由波动上升变为波动稳定，空间上主要呈现稳定少动或减少，减少区域主要分布在中部及北部部分区域，西南部及东北部部分区域有较明显增加区域；其中农田生态系统年均土壤水蚀模数下降了 18.93%，森林生态系统下降了 2.89%，草地生态系统上升了 0.03%（图 3-109）。总体来看，全区土壤水蚀模数较稳定。

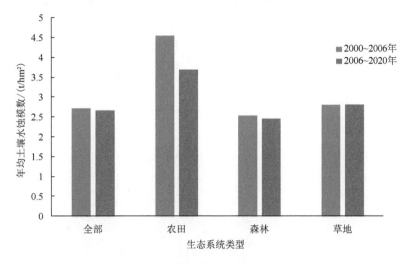

图 3-108　工程实施前后甘南地区陆地生态系统土壤水蚀模数

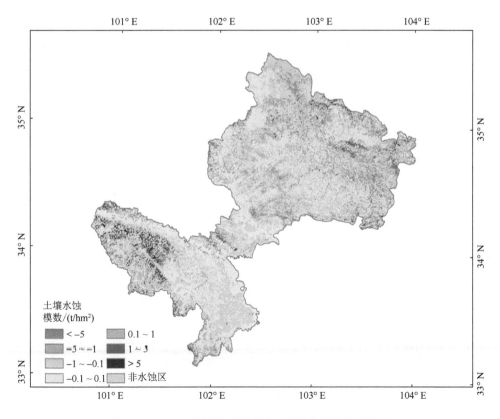

图 3-109　工程实施前后甘南地区土壤水蚀模数变化量

2）土壤保持量及变化

2020 年，甘南地区生态系统土壤保持量为 1.39 亿 t，单位面积土壤保持量为 47.97t/hm²。其中，农田生态系统土壤保持量为 531.35 万 t，单位面积土壤保持量为 47.11t/hm²；森林生态系统土壤保持量为 4239.82 万 t，单位面积土壤保持量为 63.19t/hm²；草地生态系统土壤保持量为 8412.24 万 t，单位面积土壤保持量为 45.88t/hm²（图 3-110）。空间分布来看，单位面积土壤保持量整体较高，中部及北部部分区域较低。

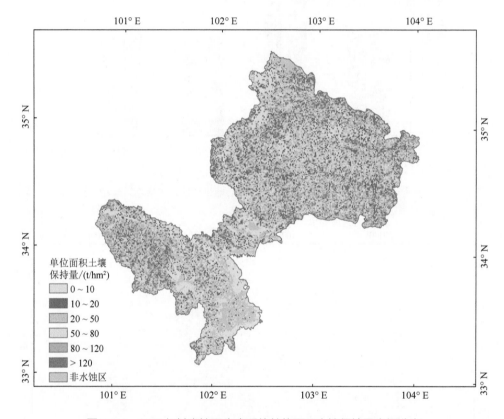

图 3-110 2020 年甘南地区生态系统单位面积土壤保持量空间分布

2000 ～ 2020 年，甘南地区单位面积土壤保持量整体呈现波动变化趋势，有轻微上升，年均单位面积土壤保持量为 48.59t/hm²，其中 2019 年土壤保持量最大，为 49.73t/hm²，2007 年最小，为 47.45t/hm²（图 3-111）。从不同时段甘南地区土壤保持量变化时空分布格局来看，2000 ～ 2006 年（工程实施前），甘南地区年均单位面积土壤保持量为 48.56t/hm²，年均土壤保持量为 14047.5 万 t，整体呈波动下降趋势，年变化率为 –0.1131t/(hm²·a)，空间上则呈现低值区与高值区交叉分布特性，高值较多，东南部分布较多低值区［图 3-112(a)］；2006 ～ 2020 年（工程实施后），年均单位面积土壤保持量为 48.62t/hm²，年均土壤保持量为 14066 万 t，整体呈波动微度上升变化态势，空间分布态势变化较少［图 3-112(b)］。

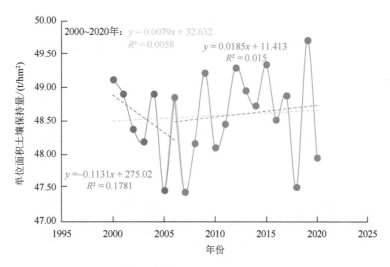

图 3-111　2000 ～ 2020 年甘南地区单位面积土壤保持量年际变化统计

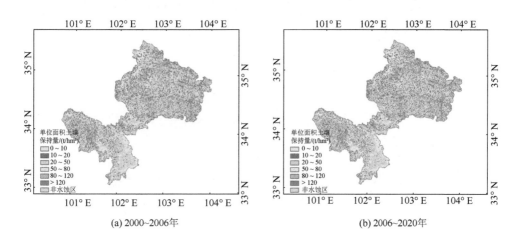

图 3-112　甘南地区生态系统单位面积土壤保持量空间分布

　　在 2000 ～ 2006 年（工程实施前）及 2006 ～ 2020 年（工程实施后）两个时段，农田生态系统年均土壤保持量分别为 513.37 万 t 及 524.36 万 t，年均单位面积土壤保持量分别为 40.36t/hm² 及 41.22t/hm²；森林生态系统在两个时段年均土壤保持量分别为 4588.31 万 t 及 4593.52 万 t，年均单位面积土壤保持量为 65.76t/hm² 及 65.84t/hm²；草地生态系统在两个时段年均土壤保持量为 8714.37 万 t 及 8715.33 万 t，年均单位面积土壤保持量为 47.67t/hm² 及 47.68t/hm²（图 3-113）。

　　相比 2000 ～ 2006 年，工程实施后，甘南地区年均单位面积土壤保持量上升了 0.13%，年均土壤保持量上升了 0.13%，由下降态势变为微度上升态势，空间上增加区域主要分布在中部及北部部分区域，减少区域主要分布在西南部及东北；其中农田生态系统单位面积土壤保持量上升了 2.14%，森林上升了 0.11%，草地上升了 0.01%（图 3-114）。

总体来看，全区土壤保持量总体较稳定。

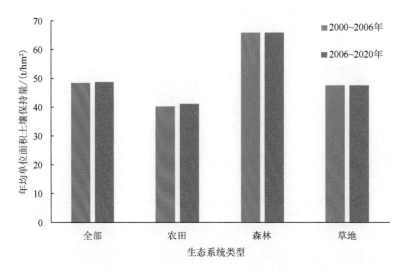

图 3-113　工程实施前后甘南地区不同生态系统单位面积土壤保持量

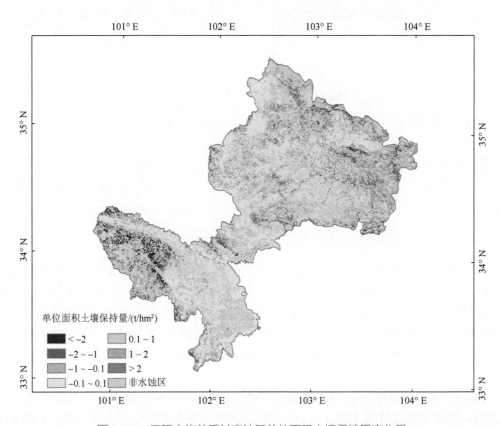

图 3-114　工程实施前后甘南地区单位面积土壤保持量变化量

整体来看，青藏高原各典型生态区中，横断山区水蚀模数最高，三江源区水蚀模数最低；就全时段年际变化趋势来看，除横断山区呈明显降低趋势外，其他地区多稳定少变。从生态工程实施前后对比来看，横断山区水蚀模数明显减少，西藏生态安全屏障区有一定程度增加，其他区域多稳定少变；从变化趋势来看，所有区域在工程实施后，水蚀模数均呈稳定少变态势。从土壤保持功能来看，横断山区单位面积土壤保持量最大，祁连山区单位面积土壤保持量最低；就年际变化趋势来看，除横断山区呈明显增加趋势外，其他区域多稳定少变。从生态工程实施前后对比来看，横断山区单位面积土壤保持量有所增加，其他区域稳定少变；变化趋势方面，三江源区工程实施后有轻微降低，甘南地区由降低趋势转为增加，西藏生态安全屏障区增速放缓，其他区域变率较稳定。

从各典型生态区生态工程实施前后水蚀模数及单位面积土壤保持量变化来看，除横断山区土壤保持功能有明显好转外，其他区整体较稳定。由于土壤保持量是生态系统极端退化下的潜在侵蚀量与真实状况下侵蚀量之差，故土壤保持量也会受降雨侵蚀力的影响，降水量的变化会直接影响土壤保持量的大小。土壤保持量的变化并不能完全反映生态工程的效益，气候因素也会对其产生影响。在后续生态工程实施过程中，需根据流域实际因地制宜、因害设防，形成工程措施与植物施相结合、立体防护的综合治理模式。当地表植被恢复到一定程度时，才能从根本上治理水土流失、改善生态状况，使生态系统逐步实现良性循环。

3.2.4　典型工程区生态系统防风固沙功能状况及变化

1. 西藏生态安全屏障区

1）土壤风蚀量及变化

2020 年，西藏生态安全屏障区土壤风蚀模数为 6.15t/hm²，土壤风蚀量为 7.38 亿 t。其中农田生态类型区土壤风蚀模数为 1.67t/hm²，土壤风蚀量为 0.01 亿 t；森林生态类型区土壤风蚀模数为 0.84t/hm²，土壤风蚀量为 0.14 亿 t；草地生态类型区土壤风蚀模数为 5.71t/hm²，土壤风蚀量为 3.17 亿 t；荒漠生态类型区土壤风蚀模数为 12.77t/hm²，土壤风蚀量为 1.49 亿 t。空间上分布来看，大致呈现中部腹地高，四周低的分布态势（图 3-115）。

2000 ～ 2020 年，西藏生态安全屏障区土壤风蚀模数呈下降趋势，年变化率为 –0.4969t/（hm²·a），平均土壤风蚀模数为 11.48t/hm²，其中 2005 年土壤风蚀模数最大，为 20.48t/hm²，2020 年最小，为 6.15t/hm²（图 3-116）。从不同时段西藏生态安全屏障区土壤风蚀模数变化时空分布格局来看，2000 ～ 2008 年（工程实施前），西藏生态安全屏障区年均土壤风蚀模数为 15.51t/hm²，年均土壤风蚀量为 18.61 亿 t，波动剧烈，整体呈明显增加趋势，年变化率为 0.5512t/（hm²·a），空间上呈中部高四周低的分布态势 [图 3-117（a）]；2008 ～ 2015 年（一期工程实施期），年均土壤风蚀模数为 10.86t/hm²，年均土壤风蚀量为 13.03 亿 t，时间上整体呈波动下降趋势，年变化率为 –0.307t/（hm²·a），

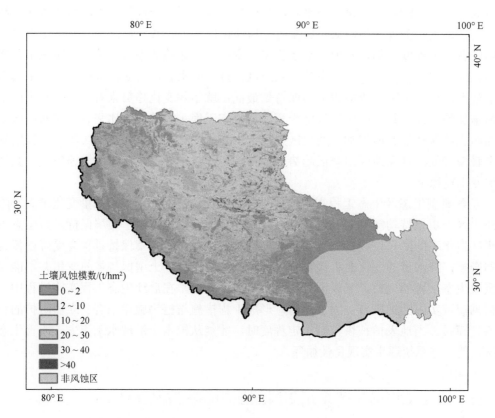

图 3-115 2020 年西藏生态安全屏障区土壤风蚀模数空间分布

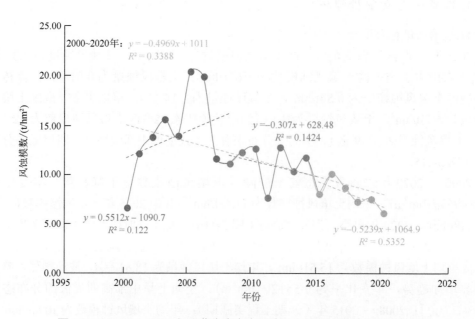

图 3-116 2000 ～ 2020 年西藏生态安全屏障区土壤风蚀模数年际变化统计

空间分布态势变化较少，但北部高值区面积有所减少［图3-117(b)］。2015～2020年（二期工程实施期），年均土壤风蚀模数为7.99t/hm²，年均土壤风蚀量为9.59亿t，整体呈减少趋势，年变化率为–0.5239t/(hm²·a)，空间分布格局变化较少，西北部高值区面积进一步减少［图3-117(c)］。

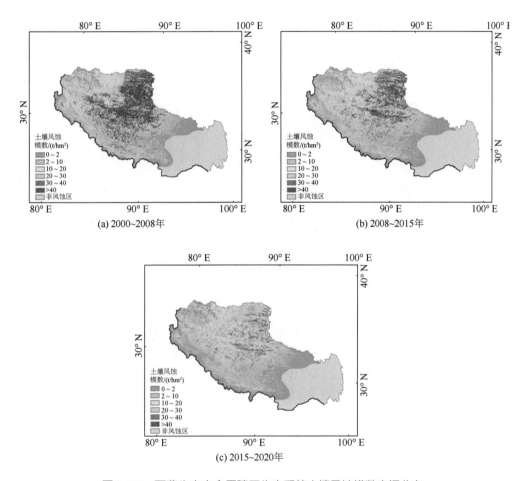

图 3-117　西藏生态安全屏障区生态系统土壤风蚀模数空间分布

在2000～2008年（工程实施前）、2008～2015年（一期工程）、2015～2020年（二期工程）三个时段，农田生态系统年均土壤风蚀量分别为0.03亿t、0.02亿t及0.01亿t，年均土壤风蚀模数分别为6.36t/hm²、3.67t/hm²及2.95t/hm²；森林生态系统在三个时段年均土壤风蚀量分别为0.02亿t、0.01亿t及0.01亿t，年均土壤风蚀模数分别为0.16t/hm²、0.1t/hm²及0.08t/hm²；草地生态系统在三个时段年均土壤风蚀量为17.46亿t、12.22亿t及8.97亿t，年均土壤风蚀模数分别为20.68t/hm²、14.48t/hm²及10.62t/hm²；荒漠生态系统在三个时段年均土壤风蚀量为0.81亿t、0.58亿t及0.45亿t，年均土壤风蚀模数分别为24.08t/hm²、17.39t/hm²及13.46t/hm²（图3-118）。

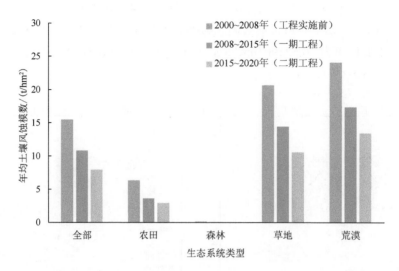

图 3-118　2000～2008 年、2008～2015 年、2015～2020 年西藏生态安全屏障区土壤风蚀模数

相比 2000～2008 年（工程实施前），2008～2015 年一期工程实施期间，西藏生态安全屏障区年均土壤风蚀模数下降了 29.99%，年均土壤风蚀量下降了 29.99%，年变化速率变化大，由明显上升态势变为波动下降，空间上减少区域主要分布在西部及中部大部分区域，增加区域主要在北部有少量分布；其中农田生态系统年均土壤风蚀模数下降了 42.35%，森林下降了 38.93%，草地下降了 29.99%，荒漠下降了 27.78%［图 3-119（a）］。相比一期工程实施期间，2015～2020 年二期工程实施期间年均土壤风蚀模数下降了 26.39%，年均土壤风蚀量下降了 26.39%，年减少速率加快，空间上中部大部分区域呈减少态势，四周稳定少变，西北部有少量上升区域；其中农田生态系统年均土壤风蚀模数下降了 19.5%，森林生态系统下降了 22.08%，草地生态系统下降了 26.63%，荒漠生态系统下降了 22.61%［图 3-119（b）］。总体来看，全区土壤风蚀量下降明显。

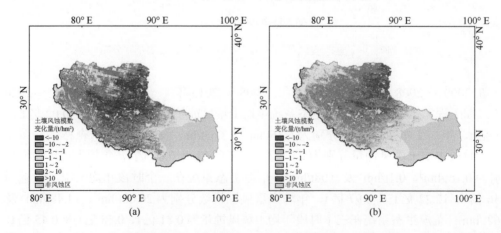

图 3-119　2000～2008（工程实施前）与 2008～2015（一期工程期）（a）及 2008～2015（一期工程期）与 20152020（二期工程期）（b）土壤风蚀模数变化量

2）防风固沙功能量及变化

2020 年，西藏生态安全屏障区生态系统防风固沙量为 15.57 亿 t，单位面积防风固沙量为 13.64t/hm²。其中，农田生态系统防风固沙量为 0.04 亿 t，单位面积防风固沙量为 5.66t/hm²；森林生态系统防风固沙量为 0.6 亿 t，单位面积防风固沙量为 3.74t/hm²；草地生态系统防风固沙量为 8.31 亿 t，单位面积防风固沙量为 15.25t/hm²；荒漠生态系统防风固沙量为 2.22 亿 t，单位面积防风固沙量为 19.37t/hm²。空间分布来看，单位面积防风固沙量呈现中部较高，四周较低的分布态势（图 3-120）。

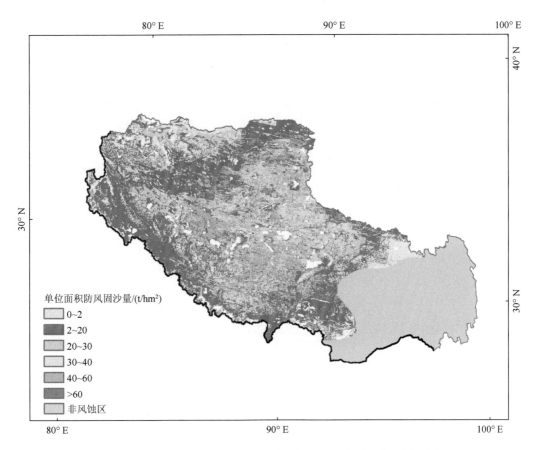

图 3-120　2020 年西藏生态安全屏障区单位面积防风固沙量空间分布

2000 ～ 2020 年，西藏生态安全屏障区单位面积防风固沙量整体波动较大，呈现波动中增加趋势，年变化率为 0.2762t/（hm²·a），年均单位面积防风固沙量为 9.49t/hm²，其中 2020 年单位面积防风固沙量最大，为 13.64t/hm²；2005 年最小，为 4.97t/hm²（图 3-121）。从不同时段西藏生态安全屏障区单位面积防风固沙量变化时空分布格局来看，2000 ～ 2008 年（工程实施前），西藏生态安全屏障区年均单位面积防风固沙量为 7.51t/hm²，年均防风固沙量为 8.57 亿 t，整体呈明显下降趋势，年变化率为 −0.3513t/（hm²·a），空间上看，全区均较低，高值区域零散分布在中部区域 [图 3-122（a）]；

2008 ～ 2015 年（一期工程实施期），年均单位面积防风固沙量为 9.62t/hm²，年均防风固沙量为 10.98 亿 t，整体呈上升趋势，年变化率为 0.2404t/(hm²·a)，空间分布态势变化较少［图 3-122(b)］；2015 ～ 2020 年（二期工程实施期），年均单位面积防风固沙量为 11.95t/hm²，年均防风固沙量为 13.65 亿 t，整体呈明显增长趋势，年变化率为 0.4832t/(hm²·a)，中部高值区面积有所增加［图 3-122(c)］。

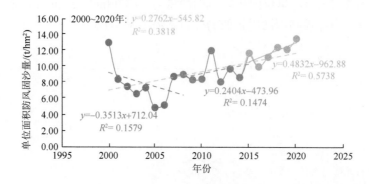

图 3-121　2000 ～ 2020 年西藏生态安全屏障区单位面积防风固沙量年际变化统计

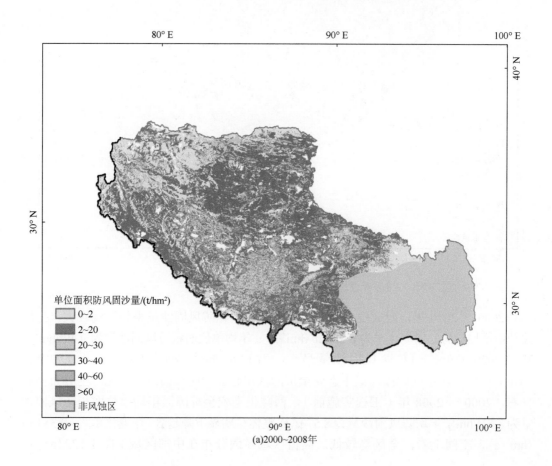

(a)2000~2008年

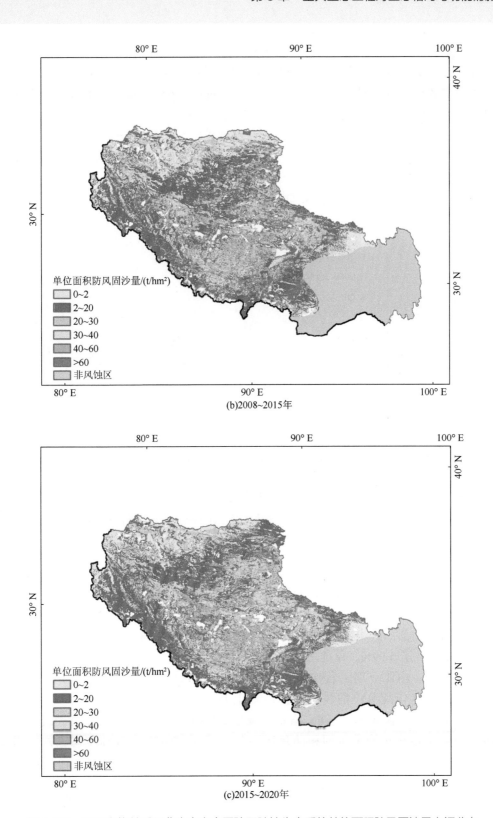

图 3-122　工程实施前后西藏生态安全屏障区陆地生态系统单位面积防风固沙量空间分布

在 2000～2008 年（工程实施前）、2008～2015 年（一期工程）、2015～2020 年（二期工程）三个时段，农田生态系统年均防风固沙量分别为 0.02 亿 t、0.03 亿 t 及 0.03 亿 t，年均单位面积防风固沙量分别为 4.77t/hm²、6.3t/hm² 及 6.96t/hm²；森林生态系统在三个时段年均防风固沙量分别为 0.07 亿 t、0.07 亿 t 及 0.08 亿 t，年均单位面积防风固沙量分别为 0.56t/hm²、0.59t/hm² 及 0.61t/hm²；草地生态系统在三个时段年均防风固沙量分别为 8.14 亿 t、10.43 亿 t 及 12.97 亿 t，年均单位面积防风固沙量分别为 9.75t/hm²，12.49t/hm² 及 15.54t/hm²；荒漠生态系统在三个时段年均防风固沙量分别为 0.22 亿 t、0.3 亿 t 及 0.38 亿 t，年均单位面积防风固沙量分别为 7t/hm²、9.32t/hm² 及 11.94t/hm²（图 3-123）。

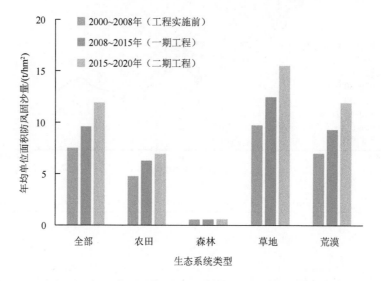

图 3-123　2000～2008 年、2008～2015 年、2015～2020 年西藏生态安全屏障区陆地生态系统单位面积防风固沙量

相比 2000～2008 年（工程实施前），2008～2015 年一期工程实施期间，西藏生态安全屏障区年均单位面积防风固沙量上升了 28.09%，年均防风固沙量上升了 28.09%，年变化速率变化较大，由明显下降变为上升，空间上中部增加为主，减少区域零散分布于北部；其中农田生态系统年均单位面积防风固沙量上升了 31.93%，森林生态系统上升了 5.99%，草地生态系统上升了 28.1%，荒漠生态系统上升了 33.27%［图 3-124（a）］。相比一期工程实施期间，2015～2020 年二期工程实施期间，西藏生态安全屏障区年均单位面积防风固沙量上升了 24.27%，年均防风固沙量上升了 24.27%，年增长速率加快，空间上增长区域主要分布于中部，其他区域多稳定少变；其中农田生态系统年均单位面积防风固沙量上升了 10.45%，森林生态系统上升了 2.92%，草地生态系统上升了 24.4%，荒漠生态系统上升了 28.08%［图 3-124（b）］。总体来看，全区陆地生态系统防风固沙量增加明显。

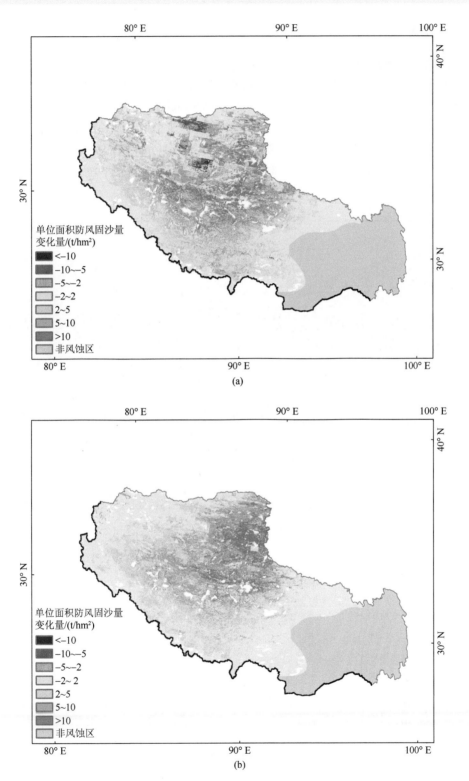

图 3-124　2000 ～ 2008 年（工程实施前）与 2008 ～ 2015 年（一期工程期）(a) 及 2008 ～ 2015（一期工程期）与 2015 ～ 2020（二期工程期）(b) 单位面积防风固沙量变化量

2. 三江源区

1) 土壤风蚀量及变化

2020 年，三江源区土壤风蚀量为 14692.5 万 t，单位面积风蚀模数为 3.78t/hm^2。2005 ~ 2020 年，三江源区土壤风蚀模数呈明显的下降趋势，平均土壤风蚀模数为 7.85t/hm^2（图 3-125，图 3-126）。三江源生态保护与建设一期工程（2005 ~ 2012 年）期间，年均土壤风蚀量为 37442.25 万 t，土壤风蚀模数为 9.63t/hm^2（图 3-127）。二期工程实施后（2012 ~ 2020 年），年均土壤风蚀量为 24687.5 万 t，土壤风蚀模数为 6.35t/hm^2（图 3-128）。

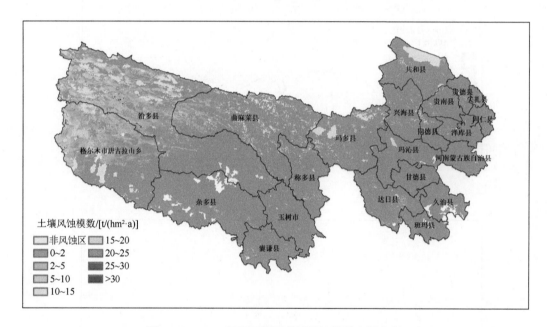

图 3-125　2020 年三江源区土壤风蚀模数空间分布

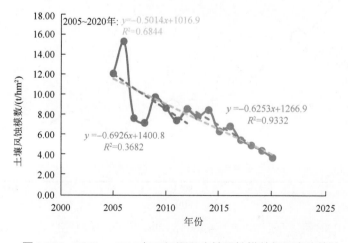

图 3-126　2005 ~ 2020 年三江源区土壤风蚀模数年际变化统计

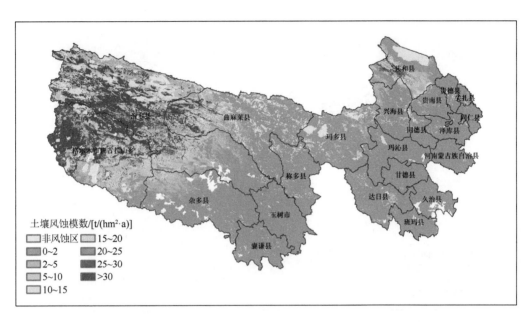

图 3-127 一期工程（2005～2012年）期间三江源区多年平均土壤风蚀模数空间分布

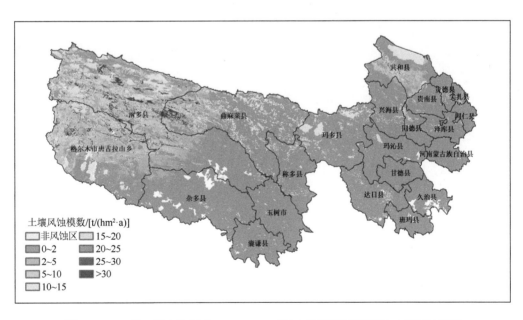

图 3-128 二期工程实施后（2012～2020年）三江源区多年平均土壤风蚀模数

工程实施后，三江源大部分地区土壤风蚀量变化不明显，变化值介于 –0.5～0.5t/hm²；西部治多县和格尔木市唐古拉山乡的部分区域土壤风蚀量显著减少；一期工程实施期间，治多县东部、曲麻莱县与共和县西部地区土壤风蚀量增加较显著（图 3-129，图 3-130）。

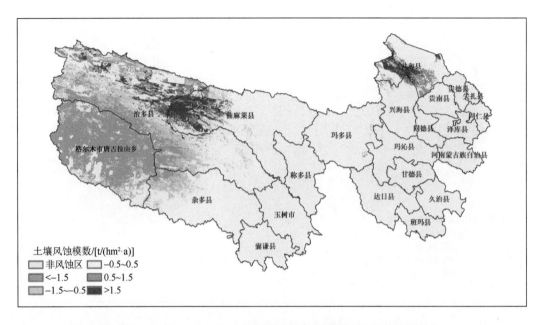

图 3-129   2005 ～ 2012 年三江源区土壤风蚀模数变化趋势空间分布

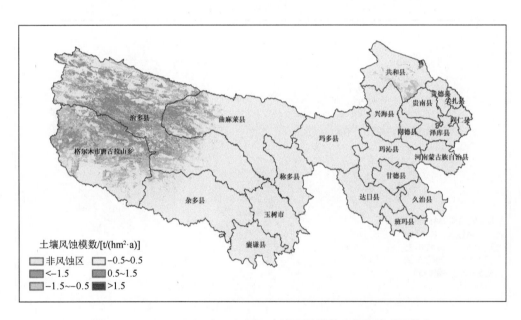

图 3-130   2012 ～ 2020 年三江源区土壤风蚀模数变化趋势空间分布

2）防风固沙功能量及变化

2020 年，三江源区防风固沙量为 53369.12 万 t，单位面积防风固沙量为 14.16t/hm²，西部以及东北部的共和县单位面积防风固沙量较高，超过了 30t/hm²。

2005 ~ 2020 年,三江源区单位面积防风固沙量为 10.86t/hm²(图 3-131,图 3-132)。一期工程(2005 ~ 2012 年)期间,三江源区多年平均防风固沙功能量为 36396.88 万 t,单位面积防风固沙量为 9.66t/hm²(图 3-133)。二期工程实施后(2012 ~ 2020 年),三江源区多年平均防风固沙功能量为 44713.12 万 t,单位面积防风固沙量为 11.86t/hm²(图 3-134)。

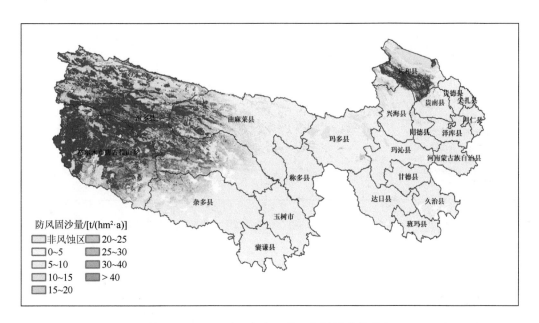

图 3-131　2020 年三江源区防风固沙量空间分布

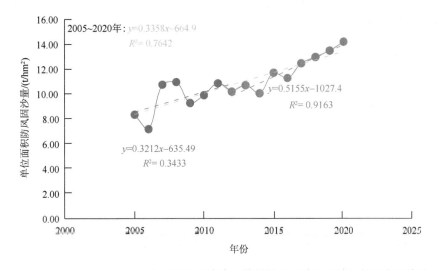

图 3-132　2005 ~ 2020 年三江源区生态系统单位面积防风固沙量年际变化统计

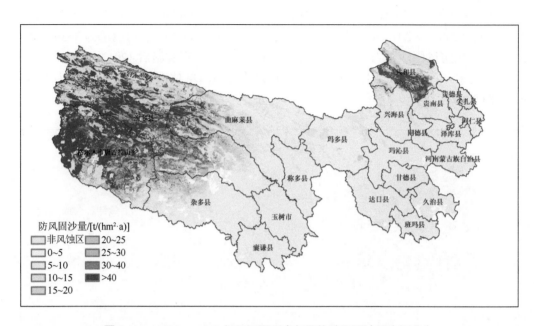

图 3-133　2005 ～ 2012 年三江源区多年平均防风固沙量空间分布

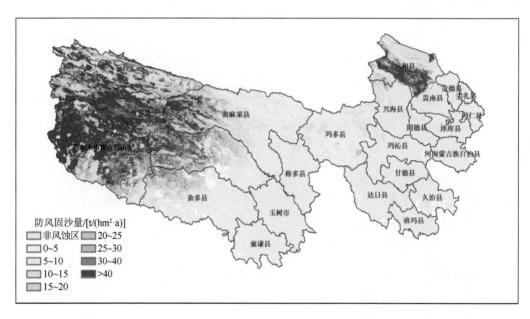

图 3-134　2012 ～ 2020 年三江源区多年平均防风固沙量空间分布

　　防风固沙量与土壤风蚀模数变化呈现相似的空间分布规律，东部地区增加较显著，其他大部分区域变化不大，一期工程实施期间治多县、曲麻莱县与共和县降低较显著（图 3-135，图 3-136）。

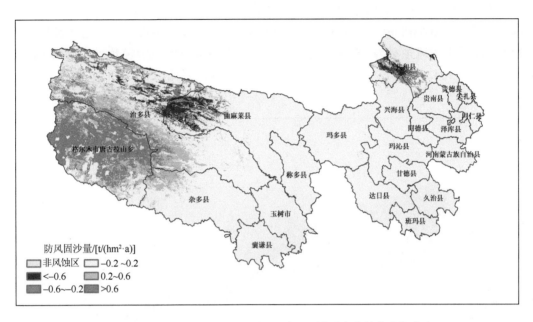

图 3-135　2005 ～ 2012 年三江源区防风固沙量变化趋势空间分布

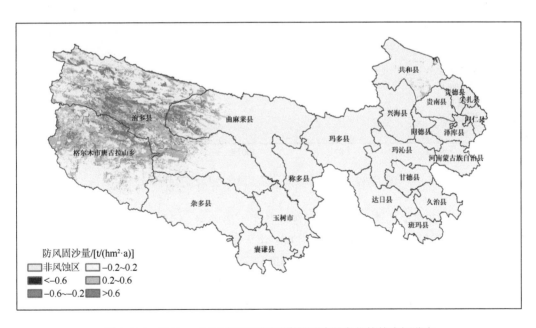

图 3-136　2012 ～ 2020 年三江源区防风固沙量变化趋势空间分布

3.祁连山区

1）土壤风蚀量及变化

2020 年，祁连山区土壤风蚀模数为 3.32t/hm²，土壤风蚀量为 2203.42 万 t。其中农田生态类型区土壤风蚀模数为 1.56t/hm²，土壤风蚀量为 94.41 万 t；森林生态类型区土壤风蚀模数为 0.64t/hm²，土壤风蚀量为 48.17 万 t；草地生态类型区土壤风蚀模数为 3.05t/hm²，土壤风蚀量为 854.52 万 t；荒漠生态类型区土壤风蚀模数为 6.68t/hm²，土壤风蚀量为 1042.09 万 t。空间上大致呈现从西到东逐渐降低的态势（图 3-137）。

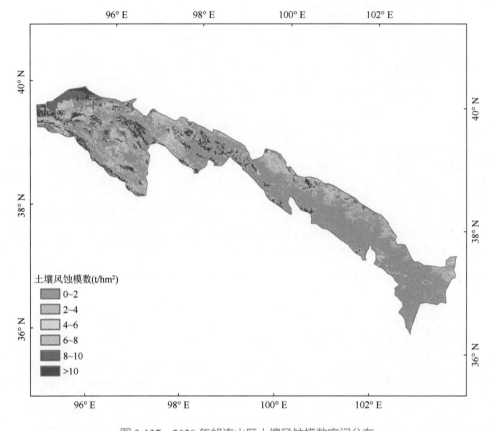

图 3-137　2020 年祁连山区土壤风蚀模数空间分布

2000 ～ 2020 年，祁连山区土壤风蚀模数呈下降趋势，年变化率为 –0.1773t/（hm²·a），平均土壤风蚀模数为 7.09t/hm²，其中 2001 年土壤风蚀模数最大，为 10.37t/hm²，2020 年最小，为 3.32t/hm²（图 3-138）。从不同时段祁连山区土壤风蚀模数变化时空分布格局来看，2000 ～ 2012 年（工程实施前），祁连山区年均土壤风蚀模数为 10.76t/hm²，年均土壤风蚀量为 7147.81 万 t，整体呈减少趋势，年变化率为 –0.1977t/（hm²·a），大致呈现从西到东逐渐降低的态势 [图 3-139（a）]；2012 ～ 2020 年（工程实施后），年均土壤风蚀模数为 6.16t/hm²，年均土壤风蚀量为 4092.09 万 t，时间上波动减少，年变化率为 –0.2642t/（hm²·a），西部高值区域有所减少 [图 3-139（b）]。

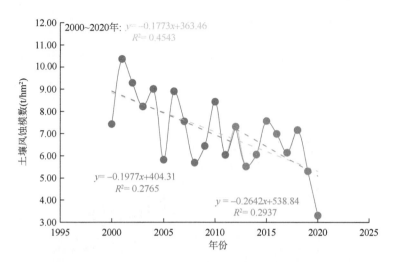

图 3-138　2000 ～ 2020 年祁连山区土壤风蚀模数年际变化统计

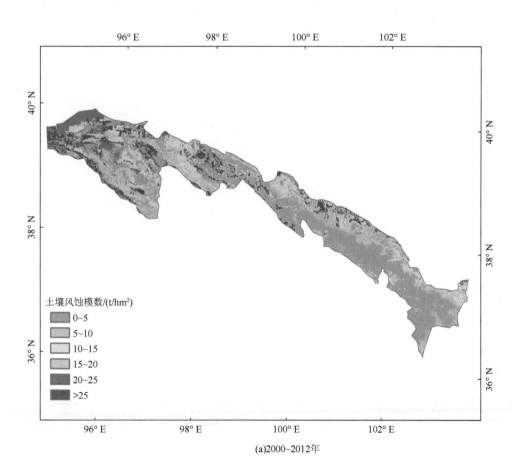

(a)2000~2012年

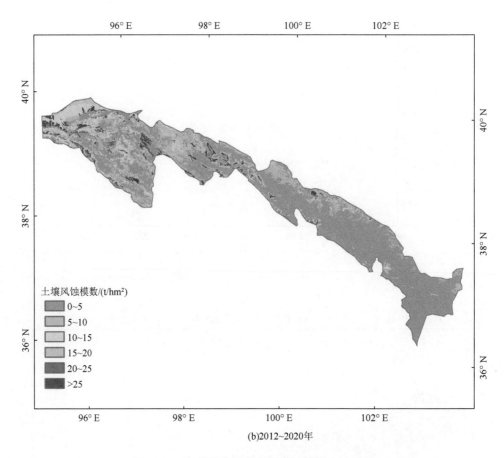

(b)2012~2020年

图 3-139 陆地生态系统土壤风蚀模数空间分布

在 2000～2012 年（工程实施前）及 2012～2020 年（工程实施后）两个时段，农田生态系统年均土壤风蚀量分别为 411.99 万 t 及 156.01 万 t，年均土壤风蚀模数分别为 6.81t/hm² 及 2.58t/hm²；森林生态系统在两个时段年均土壤风蚀量分别为 210.02 万 t 及 96.72 万 t，年均土壤风蚀模数分别为 2.8t/hm² 及 1.29t/hm²；草地生态系统在两个时段年均土壤风蚀量分别为 3167.31 万 t 及 1677.72 万 t，年均土壤风蚀模数分别为 11.3t/hm² 及 5.98t/hm²；荒漠生态系统在两个时段年均土壤风蚀量分别为 2859.49 万 t 及 1869.34 万 t，年均土壤风蚀模数分别为 18.33t/hm² 及 11.99t/hm²（图 3-140）。

相比 2000～2012 年（工程实施前），工程实施后祁连山区年均土壤风蚀模数下降了 42.75%，年均土壤风蚀量下降了 42.75%，年变化速率变化不大，持续下降，空间上多呈减少或稳定不变态势，西部及中部减少较明显；其中农田生态系统年均土壤风蚀模数下降了 62.13%，森林生态系统下降了 53.95%，草地生态系统下降了 47.03%，荒漠生态系统下降了 34.63%（图 3-141）。总体来看，全区土壤风蚀量及风蚀模数下降明显。

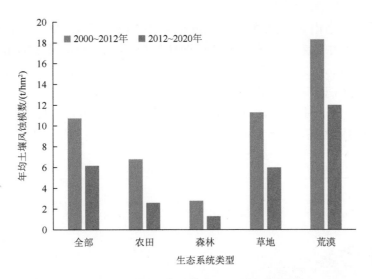

图 3-140　工程实施前后祁连山区土壤风蚀模数

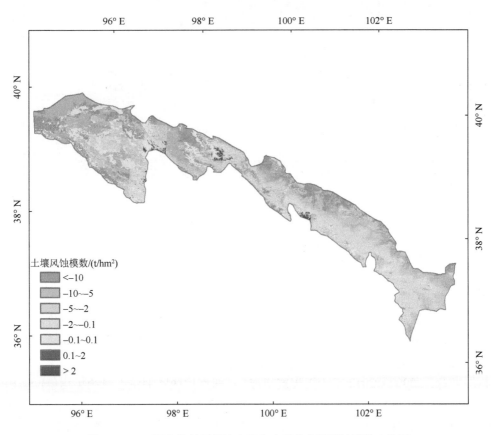

图 3-141　工程实施前后祁连山区生态系统土壤风蚀模数变化量

2）防风固沙功能量及变化

2020 年，祁连山区生态系统防风固沙量为 7499.5 万 t，单位面积防风固沙量为 11.38t/hm²。其中，农田生态系统防风固沙量为 637.33 万 t，单位面积防风固沙量为 10.54t/hm²；森林生态系统防风固沙量为 721.99 万 t，单位面积防风固沙量为 9.64t/hm²；草地生态系统防风固沙量为 3529.45 万 t，单位面积防风固沙量为 12.61t/hm²；荒漠生态系统防风固沙量为 2182.71 万 t，单位面积防风固沙量为 14.23t/hm²。空间分布来看，西北部整体较高，其次是西南部，中部有部分高值区（图 3-142）。

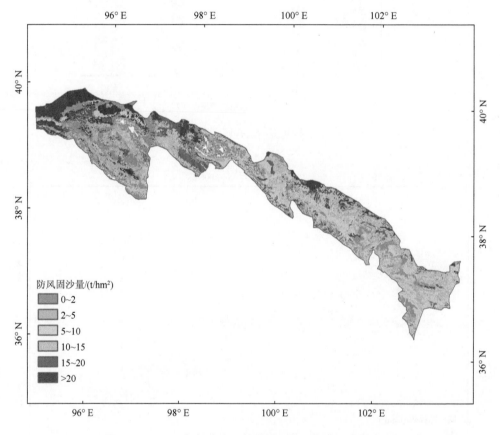

图 3-142　2020 年祁连山区单位面积防风固沙量空间分布

2000 ～ 2020 年，祁连山区单位面积防风固沙量呈现波动轻微上涨趋势，年变化率为 0.1547t/（hm²·a），其中 2020 年单位面积防风固沙量最大，为 11.38t/hm²，2001 年最小，为 5.32t/hm²（图 3-143）。从不同时段祁连山区单位面积防风固沙量变化时空分布格局来看，2000 ～ 2012 年（工程实施前），祁连山区陆地生态系统年均单位面积防风固沙量为 7.02t/hm²，年均防风固沙量为 4625.02 万 t，整体呈增加趋势，年变化率为 0.1622t/（hm²·a），空间上呈西北角及中部较高，中西部较低分布态势 [图 3-144（a）]；2012 ～ 2020 年（工程实施后），年均单位面积防风固沙量为 8.84t/hm²，年均防风固沙量为 5830.46 万 t，整体呈上升趋势，年变化率为 0.2404t/（hm²·a），空间分布变化较少 ［图 3-144（b）］。

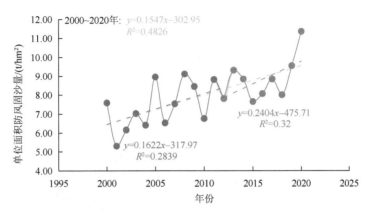

图 3-143　2000 ～ 2020 年祁连山区单位面积防风固沙量年际变化统计

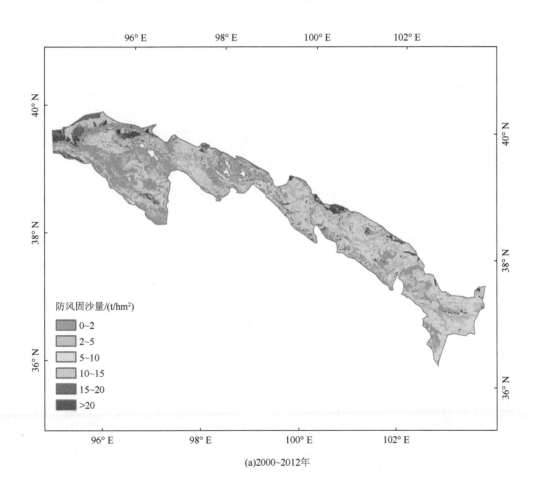

(a)2000~2012年

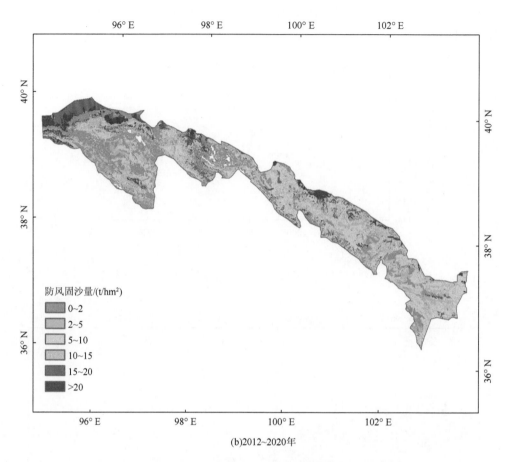

(b)2012~2020年

图 3-144　陆地生态系统单位面积防风固沙量空间分布

在 2000 ~ 2012 年（工程实施前）及 2012 ~ 2020 年（工程实施后）两个时段，祁连山区农田生态系统年均防风固沙量分别为 458.09 万 t 及 576.21 万 t，年均单位面积防风固沙量分别为 7.58t/hm² 及 9.53t/hm²；森林生态系统在两个时段年均防风固沙量分别为 615.78 万 t 及 676.24 万 t，年均单位面积防风固沙量分别为 8.22t/hm² 及 9.03t/hm²；草地生态系统在两个时段年均防风固沙量分别为 2135.76 万 t 及 2755.81 万 t，年均单位面积防风固沙量分别为 7.63t/hm² 及 9.85t/hm²；荒漠生态系统在两个时段年均防风固沙量分别为 1169.21 万 t 及 1504.28 万 t，年均单位面积防风固沙量分别为 7.62t/hm² 及 9.8t/hm²（图 3-145）。

相比 2000 ~ 2012 年（工程实施前），工程实施后祁连山区年均单位面积防风固沙量上升了 26.06%，年均防风固沙量上升了 26.06%，年变化速率变化不大，持续增加，空间上除中西部部分区域减少外，全区多以增加为主；其中农田生态系统年均单位面积防风固沙量上升了 25.79%，森林生态系统上升了 9.82%，草地生态系统上升了 29.03%，荒漠生态系统上升了 28.66%（图 3-146）。全区土壤防风固沙量总体增加明显。

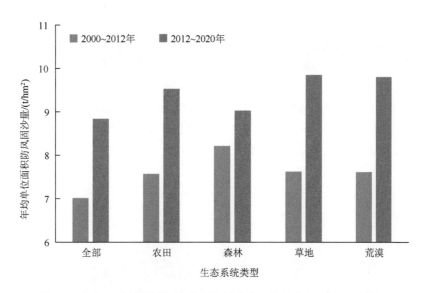

图 3-145　工程实施前后祁连山区陆地生态系统单位面积防风固沙量

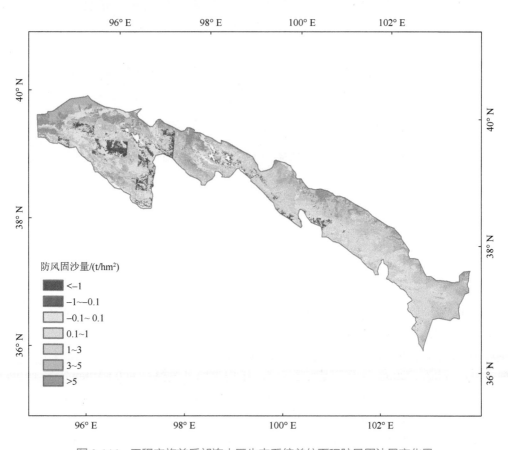

图 3-146　工程实施前后祁连山区生态系统单位面积防风固沙量变化量

4. 甘南地区

1) 土壤风蚀量及变化

2020 年,甘南地区土壤风蚀模数为 0.19t/hm²,土壤风蚀量为 53.52 万 t。其中农田生态类型区土壤风蚀模数为 0.13t/hm²,土壤风蚀量为 1.72 万 t;森林生态类型区土壤风蚀模数为 0.14t/hm²,土壤风蚀量为 9.92 万 t;草地生态类型区土壤风蚀模数为 0.17t/hm²,土壤风蚀量为 31.76 万 t;荒漠生态类型区土壤风蚀模数为 0.89t/hm²,土壤风蚀量为 5.86 万 t。空间上大致呈现东西高中间低的分布态势(图 3-147)。

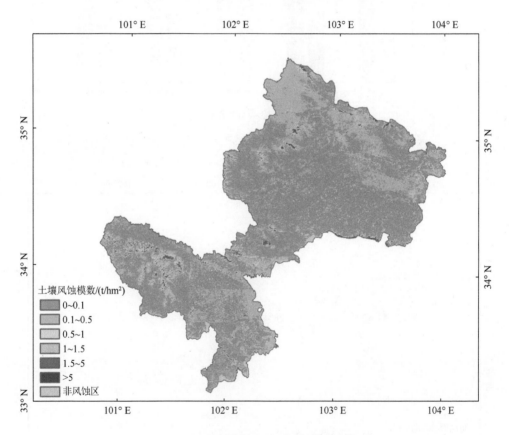

图 3-147　2020 年甘南地区土壤风蚀模数空间分布

2000 ～ 2020 年,甘南地区土壤风蚀模数呈下降趋势,年变化率为 –0.0085t/(hm²·a),平均土壤风蚀模数为 0.32t/hm²,其中 2004 年土壤风蚀模数最大,为 0.45t/hm²,2020 年最小,为 0.19t/hm²(图 3-148)。从不同时段甘南地区土壤风蚀模数变化时空分布格局来看,2000 ～ 2006 年(工程实施前),年均土壤风蚀模数为 0.84t/hm²,年均土壤风蚀量为 243.87 万 t,整体呈轻微下降趋势,年变化率为 –0.0014t/(hm²·a),空间上看西北、东南部整体较高 [图 3-149(a)];2006 ～ 2020 年(工程实施后),年均土壤风蚀模数为 0.29t/hm²,年均土壤风蚀量为 85.28 万 t,时间上呈明显下降趋势,年

变化率为 –0.0084t/（hm²·a），空间上低值区较多，仅西南部有少量高值区［图 3-149（b）］。

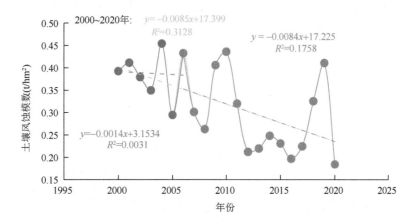

图 3-148　2000 ～ 2020 年甘南地区土壤风蚀模数年际变化统计

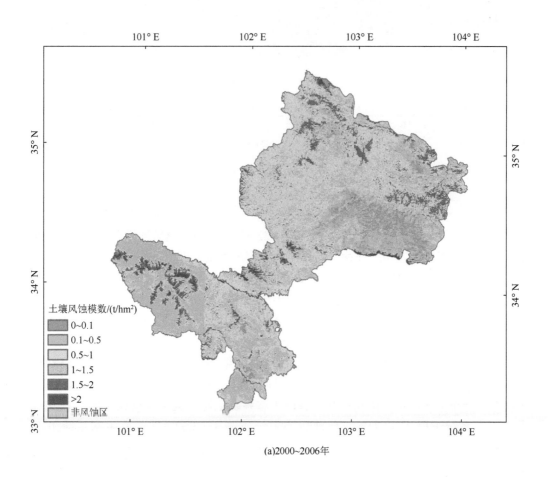

(a)2000~2006 年

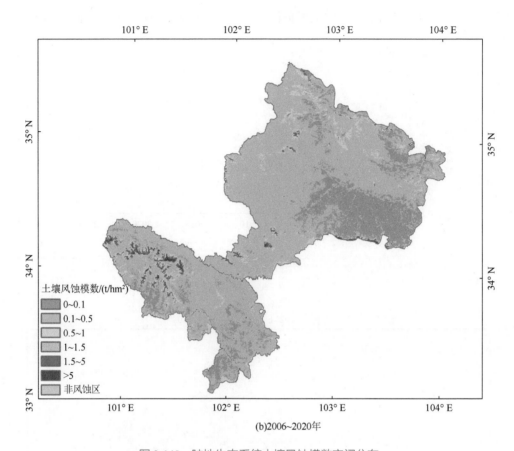

土壤风蚀模数/(t/hm²)
0~0.1
0.1~0.5
0.5~1
1~1.5
1.5~5
>5
非风蚀区

(b)2006~2020年

图 3-149　陆地生态系统土壤风蚀模数空间分布

　　在 2000 ～ 2006 年（工程实施前）及 2006 ～ 2020 年（工程实施后）两个时段，农田生态系统土壤风蚀量分别为 12.91 万 t 及 3.22 万 t，年均土壤风蚀模数分别为 1.01t/hm² 及 0.25t/hm²；森林生态系统在两个时段年均土壤风蚀量分别为 50.67 万 t 及 15.04 万 t，年均土壤风蚀模数分别为 0.73t/hm² 及 0.22t/hm²；草地生态系统在两个时段年均土壤风蚀量分别为 143.56 万 t 及 49.5 万 t，年均土壤风蚀模数分别为 0.79t/hm² 及 0.27t/hm²；荒漠生态系统在两个时段年均土壤风蚀量分别为 23.22 万 t 及 12.61 万 t，年均土壤风蚀模数分别为 3.55t/hm² 及 1.92t/hm²（图 3-150）。

　　相比 2000 ～ 2006 年，工程实施后甘南地区年均土壤风蚀模数下降了 65.03%，年均土壤风蚀量下降了 65.03%，年下降速率加快，空间上全区以减少为主，增加区域仅零星分布于中部及东南角；其中农田生态系统年均土壤风蚀模数下降了 75.05%，森林生态系统下降了 70.31%，草地生态系统下降了 65.52%，荒漠生态系统下降了 45.7%（图 3-151）。全区土壤风蚀量总体下降明显。

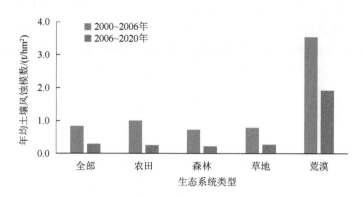

图 3-150　工程实施前后甘南地区土壤风蚀模数

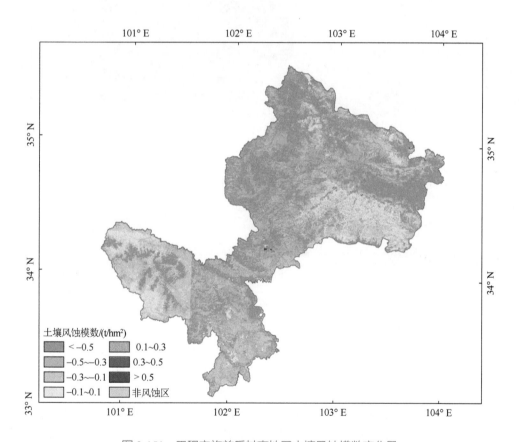

图 3-151　工程实施前后甘南地区土壤风蚀模数变化量

2）防风固沙功能量及变化

2020 年，甘南地区生态系统防风固沙量为 1485.81 万 t，单位面积防风固沙量为 5.14t/hm²。其中，农田生态系统防风固沙量为 37.05 万 t，单位面积防风固沙量为

2.91t/hm²；森林生态系统防风固沙量为378.48万t，单位面积防风固沙量为5.42t/hm²；草地生态系统防风固沙量为920.7万t，单位面积防风固沙量为5.04t/hm²；荒漠生态系统防风固沙量为38.62万t，单位面积防风固沙量为5.96t/hm²。除北部和西南部有部分较高值区域外，其他区域单位面积防风固沙量均较低（图3-152）。

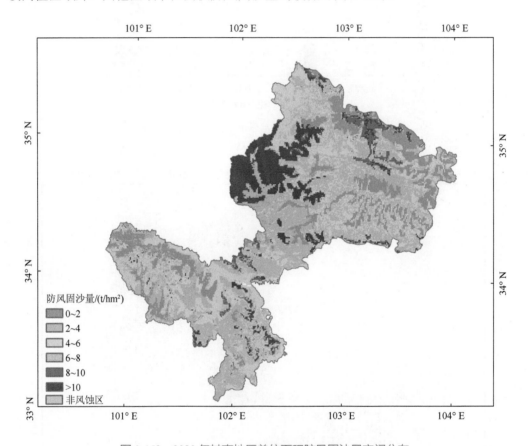

图 3-152　2020 年甘南地区单位面积防风固沙量空间分布

2000～2020年，甘南地区单位面积防风固沙量呈现波动上升趋势，年变化率为0.0079t/(hm²·a)，其中2020年单位面积防风固沙量最大，为5.14t/hm²；2004年最小，为4.89t/hm²（图3-153）。从不同时段甘南地区单位面积防风固沙量变化时空分布格局来看，2000～2006年（工程实施前），年均单位面积防风固沙量为4.64t/hm²，年均防风固沙量为1338.7万t，整体呈轻微上升趋势，年变化率为0.003t/(hm²·a)，空间上北部及西南部存在较高值区，其他区域防风固沙量较低［图3-154（a）］；2006～2020年（工程实施后），年均单位面积防风固沙量为5.04t/hm²，年均防风固沙量为1455.91万t，整体呈波动上升态势，年变化率为0.0077t/(hm²·a)，空间分布变化较小［图3-154（b）］。

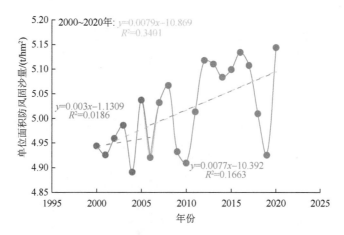

图 3-153　2000 ～ 2020 年甘南地区单位面积防风固沙量年际变化统计

在 2000 ～ 2006 年（工程实施前）及 2006 ～ 2020 年（工程实施后）两个时段，农田生态系统年均防风固沙量分别为 30.52 万 t 及 35.56 万 t，年均单位面积防风固沙量分别为 2.4t/hm² 及 2.8t/hm²；森林生态系统在两个时段年均防风固沙量分别为 346.7 万 t 及 373.45 万 t，单位面积防风固沙量分别为 4.97t/hm² 及 5.35t/hm²；草地生态系统在两个时段年均防风固沙量分别为 830.88 万 t 及 903.52 万 t，单位面积防风固沙量分别为 4.55 t/hm² 及 4.95t/hm²；荒漠生态系统在两个时段年均防风固沙量分别为 27.3 万 t 及 32.88 万 t，单位面积防风固沙量分别为 4.21t/hm² 及 5.07t/hm²（图 3-155）。

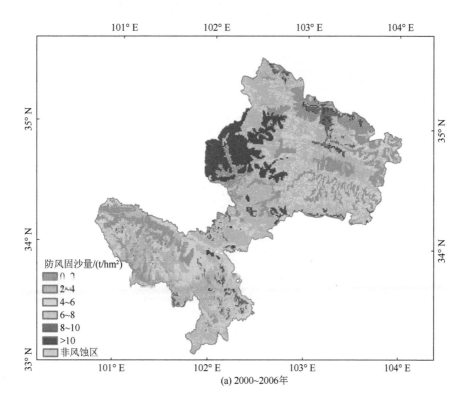

(a) 2000～2006年

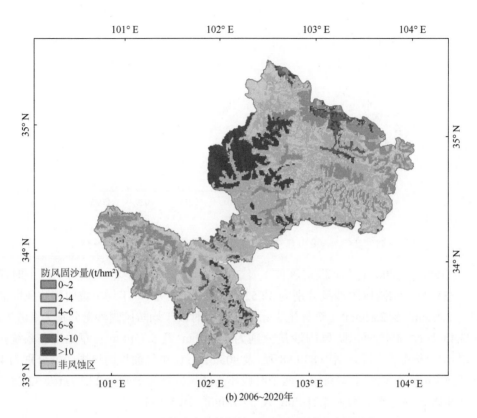

图 3-154　陆地生态系统单位面积防风固沙量空间分布

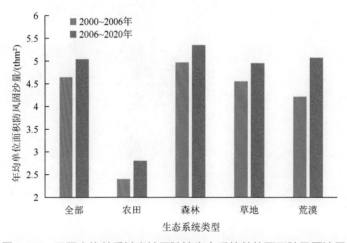

图 3-155　工程实施前后甘南地区陆地生态系统单位面积防风固沙量

相比 2000～2006 年，工程实施后甘南地区年均单位面积防风固沙量上升了 8.76%，年均防风固沙量上升了 8.76%，年变化速率变化大，上升趋势加快，空间上多呈轻微增加变化态势，北部区域整体稍高；其中农田生态系统年均单位面积防风固沙量上升了 16.52%，森林上升了 7.72%，草地上升了 8.74%，荒漠上升了 20.46%（图 3-156）。总体来看，全区陆地生态系统防风固沙量上升。

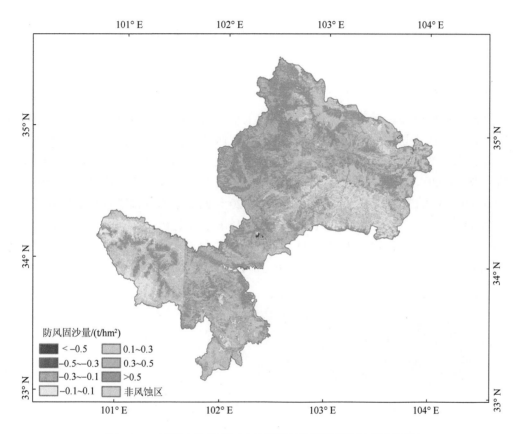

图 3-156　工程实施前后甘南地区单位面积防风固沙量变化量

整体来看，青藏高原各典型生态区中，西藏生态安全屏障区风蚀模数最高，甘南地区风蚀模数最低；就全时段年际变化趋势来看，所有典型生态区均呈降低趋势，三江源区降速最快，其次是西藏生态安全屏障区，甘南地区稳定少变。从生态工程实施前后对比来看，西藏生态安全屏障区风蚀模数明显减少，其次是祁连山区；变化趋势方面，除三江源区外，所有典型生态区风蚀模数降速均比工程实施前要快。

从防风固沙功能来看，三江源区单位面积防风固沙量最大，甘南地区单位面积防风固沙量最低；就年际变化趋势来看，所有典型生态区均呈增加态势，其中三江源区增加速度最快，甘南地区稳定少变。从生态工程实施前后对比来看，西藏生态安全屏障区单位面积防风固沙量增加最多，其次是三江源区，甘南地区几乎保持不变；变化增速方面，西藏生态安全屏障区在工程实施后增速加快明显，由工程前的降低趋势变为工程后的增长趋势，其次是三江源区，甘南地区保持稳定。

从各典型生态区工程实施前后风蚀模数及单位面积防风固沙量变化来看，所有典型生态区均有风蚀减少，防风固沙量增加的好转态势，沙化扩大趋势得到遏制，尤其是三江源区及西藏生态安全屏障区其风蚀模数下降、固沙量增加最为明显，生态工程效益显著。

3.2.5 典型工程区生态系统碳固定功能状况及变化

1. 西藏生态安全屏障区

2000～2020年西藏平均固碳量在空间上呈东南地区高、西北地区低的分布特征（图3-157）。固碳量的高值区主要集中在东部江达县、贡觉县、芒康县，东南部错那县、墨脱县、察隅县和南部亚东县，低值区主要位于西北部日土县、札达县、噶尔县等县（图3-158）。2000～2020年西藏平均固碳量为251.15 g C/(m^2·a)，年固碳量以0.27 gC/(m^2·a) 的速率呈增加趋势。2000～2020年西藏自治区固碳量呈增加的区域约总面积的53.70%，其中约有17.01%的区域呈显著增加趋势（$p < 0.05$），主要分布于西藏自治区中部区域；约有17.01%的区域固碳能力呈减少趋势，其中约2.82%的区域呈显著减少趋势（$p < 0.05$），主要分布在错那县和墨脱县（图3-159）。

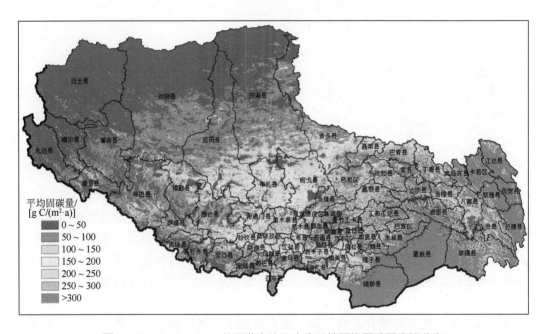

图3-157　2000～2020年西藏自治区生态系统平均固碳量空间分布

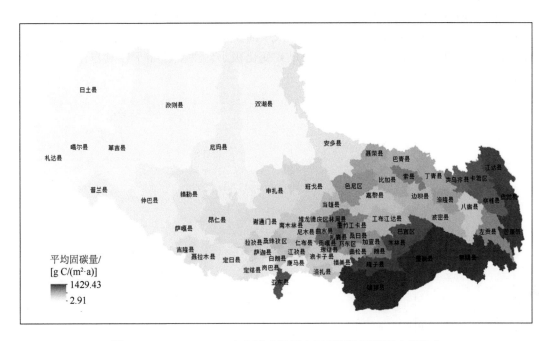

图 3-158　2000 ～ 2020 年西藏自治区各区县平均固碳量空间分布

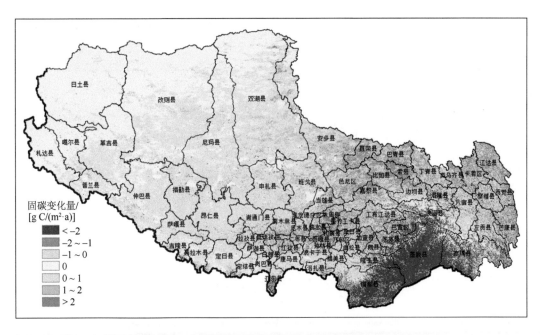

图 3-159　2000 ～ 2020 年西藏自治区生态系统固碳变化量空间分布

　　2000 ～ 2007 年西藏年均固碳量为 251.86 g C/(m²·a)，且以 3.67 g C/(m²·a) 的速率呈波动增加趋势（图 3-160），2000 ～ 2007 年西藏自治区固碳量呈增加趋势的面积占

48.06%，包括东部及东南部绝大部分区县，增加趋势超过 2 g C/(m²·a)；约 22.66% 的区域呈减少趋势，包括东南部错那县和墨脱县以及中部少数区域，减小趋势超过 2 g C/(m²·a)；此外，约 29.28% 的区域固碳量保持稳定或变化极小，主要分布于西藏自治区西北部（图 3-161）。

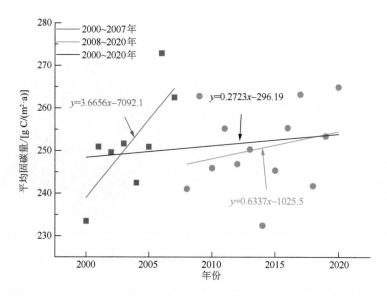

图 3-160 2000～2020 年西藏自治区生态系统平均固碳量年际变化统计

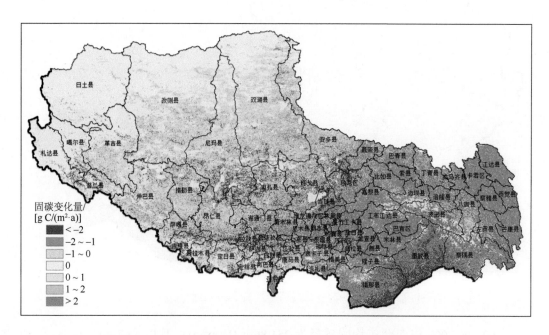

图 3-161 2000～2007 年西藏自治区生态系统固碳变化量空间分布

自 2008 年西藏生态安全屏障保护与建设工程实施以来，西藏生态系统单位面积固碳量维持东南地区高、西北部地区低的分布特征。2008～2020 年西藏自治区年均固碳量为 250.71 g C/(m²·a)，以 0.63 g C/(m²·a) 的速率呈缓慢波动增加的态势（图 3-160）；2008～2020 年年均固碳量和固碳速率略低于 2000～2007 年。在空间上，固碳量呈增加趋势的面积约为 54.05%，相比 2000～2007 年增加了 5.98%；呈减少趋势的面积约为 16.68%，相比 2000～2007 年减少 5.98%。西藏自治区东南部错那县和墨脱县减少趋势超过 2 g C/(m²·a) 的面积略有扩大，但相比 2000～2007 年，中部呈减少趋势的区域在 2008～2020 年明显减少，系列生态工程取得一定成效（图 3-162）。

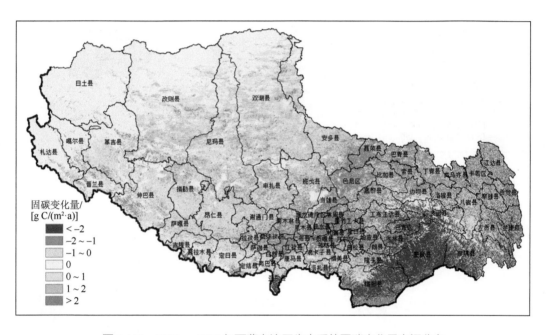

图 3-162 2008～2020 年西藏自治区生态系统固碳变化量空间分布

2. 三江源区

2000～2020 年三江源区平均固碳量在空间上呈东南地区高、西北地区低的分布特征（图 3-163）。平均固碳量的高值区主要集中在东部同仁县和河南蒙古族自治县，低值区主要位于西部治多县和格尔木市唐古拉山乡（图 3-164）。2000～2020 年三江源区平均固碳量为 342.91 g C/(m²·a)，且以 2.96 g C/(m²·a) 的速率呈显著增加趋势（$p < 0.01$）。2000～2020 年三江源区固碳量呈增加的区域约总面积的 89.61%，其中约有 58.35% 的区域呈显著增加趋势（$p < 0.05$），主要分布于三江源区东部、东北部和西北部；此外约有 3.58% 的区域固碳能力呈减少趋势，其中约 0.37% 的区域呈显著减少趋势（$p < 0.05$），零星散布在三江源区各区县（图 3-165）。

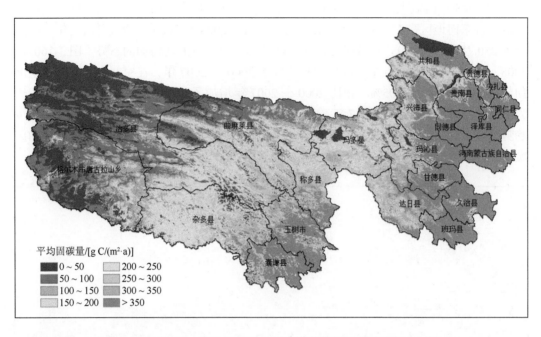

图 3-163　2000～2020 年三江源区生态系统平均固碳量空间分布

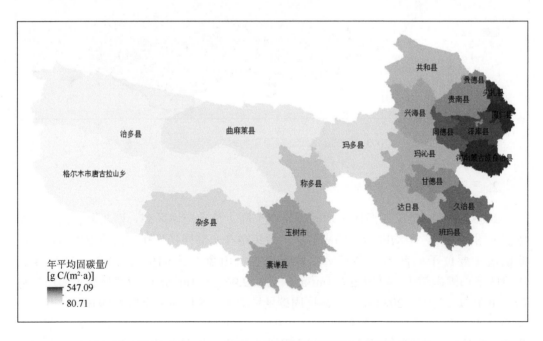

图 3-164　2000～2020 年三江源区各区县平均固碳量空间分布

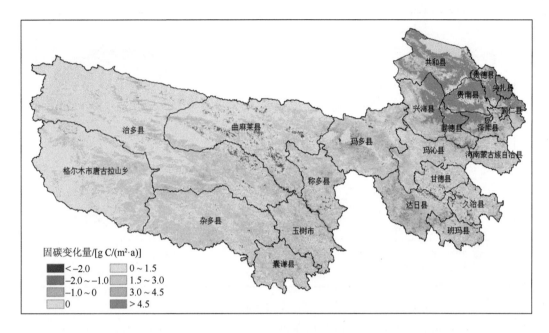

图 3-165　2000 ～ 2020 年三江源区生态系统固碳变化量空间分布

　　2004 ～ 2012 年三江源实施生态保护与建设一期工程，该时段三江源年均固碳量为 344.31 g C/(m²·a)（图 3-166），且以 4.48 g C/(m²·a) 的速率呈波动增加趋势。2004 ～ 2012 年三江源区固碳量呈增加的区域约总面积的 80.22%，其中约有 28.14% 的区域呈显著增加趋势（$p < 0.05$），主要分布于三江源区东部、东北部以及西部；此外约有 12.97% 的区域固碳量呈减少趋势，其中约 1.55% 的区域呈显著减少趋势（$p < 0.05$），零星散布在三江源区各区县（图 3-167）。

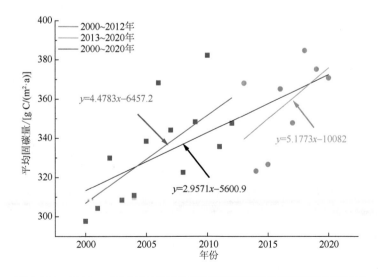

图 3-166　2000 ～ 2020 年三江源区生态系统平均固碳量年际变化统计

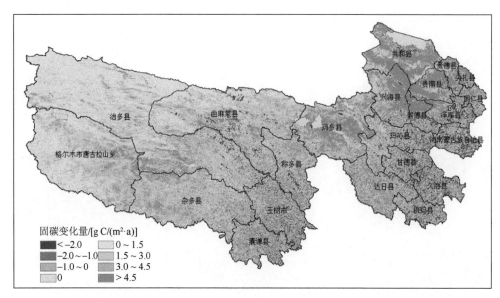

图 3-167　2004～2012 年三江源区生态系统固碳变化量空间分布

2013～2020 年三江源生态保护与建设二期工程实施后，年均固碳量为 357.73 g C/(m²·a)（图 3-166），以 5.18 g C/(m²·a) 的速率呈波动增加趋势，相比于 2004～2012 年，2013～2020 年三江源生态系统的年均固碳量和固碳速率都有一定程度的提高；在空间上，三江源区固碳量呈增加的区域约总面积的 83.91%，相比于 2004～2012 年增加了 3.68%；此外约有 9.29% 的区域固碳能力呈减少趋势，相比于 2004～2012 年减少了约 3.68%。三江源生态保护与建设工程在一定程度增加了三江源生态系统的固碳能力，同时也增加了生态系统的稳定（图 3-168）。

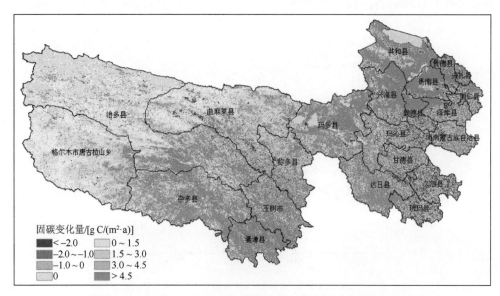

图 3-168　2013～2020 年三江源区生态系统固碳变化量空间分布

3. 横断山区

2000 ～ 2020 年横断山地区平均固碳量呈东部和南部地区高、西部和北地区低的分布特征（图 3-169）。平均固碳量的高值区主要集中在东部九寨沟县、茂县和南部香格里达市、木里藏族自治县、盐源县西昌市等区县所在地，低值区主要位于西北部江达县、察雅县、德格县等区县所在地（图 3-170）。2000 ～ 2020 年横断山地区平均固碳量为 684.89 g C/(m²·a)，且以 1.75 g C/(m²·a) 的速率呈增加趋势（图 3-172）。2000 ～ 2020 年横断山地区固碳量呈增加的区域约总面积的 79.10%，其中约有 16.20% 的区域呈显著增加趋势（$p < 0.05$），主要分布于横断山地区北部区域；约有 20.53% 的区域固碳能力呈减少趋势，其中约 1.85% 的区域呈显著减少趋势（$p < 0.05$），分布在横断山地区各地（图 3-171）。

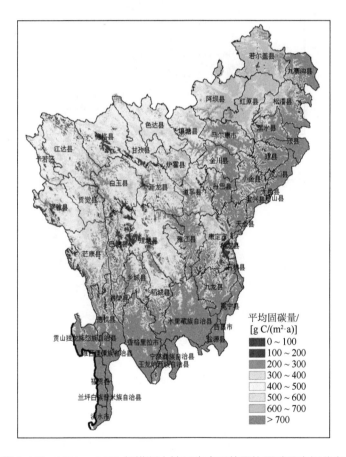

图 3-169　2000 ～ 2020 年横断山地区生态系统平均固碳量空间分布

图 3-170　2000 ～ 2020 年横断山地区各区县平均固碳量空间分布

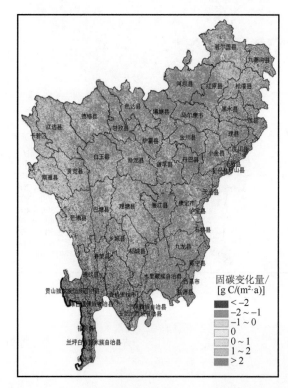

图 3-171　2000 ～ 2020 年横断山地区生态系统固碳变化量空间分布

2000 ～ 2010 年，横断山地区先后实施了长江中上游防护林体系建设工程（二期）、天然林保护工程（一期）和退耕还林（草）工程。2000 ～ 2010 年横断山地区平均固碳量为 678.62 g C/(m²·a)，且以 5.15 g C/(m²·a) 的速率呈波动增加趋势（图 3-172）。2000 ～ 2010 年横断山地区固碳量呈增加趋势的面积占 82.85%，绝大部分区县呈增加趋势，且增加趋势超过 6 g C/(m²·a)；约 16.77% 的区域呈减少趋势，包括东部少数区县，减小趋势超过 6 g C/(m²·a)（图 3-173）。

2011 ～ 2020 年横断山地区继续实施长江中上游防护林体系建设工程（三期）、天然林保护工程（二期）和退耕还林（草）工程，横断山地区生态系统单位面积固碳量保持东部及南部地区高、西部和北部地区低的分布格局。2011 ～ 2020 年横断山地区年均固碳量为 691.78 g C/(m²·a)，且以 0.67 g C/(m²·a) 的速率呈缓慢波动增加的态势（图 3-172），相比 2000 ～ 2010 年，平均固碳量有明显提升，但固碳速率稍有放缓。在空间上，固碳量呈增加趋势的面积约为 57.95%，相比 2000 ～ 2010 年减少了 24.91%；呈减少趋势的面积约为 41.68%，相比 2000 ～ 2010 年增加 24.91%（图 3-174）。虽然 2011 ～ 2020 年横断山地区减少趋势超过 6 g C/(m²·a) 的面积略有扩大，且增速放缓，但年均固碳量明显高于 2000 ～ 2010 年。横断山区生态系统逐渐趋于稳定，生态工程取得一定成效。

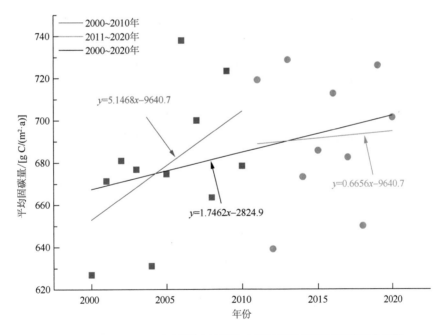

图 3-172　2000 ～ 2020 年横断山地区生态系统平均固碳量年际变化统计

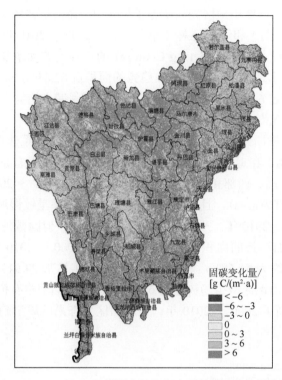

图 3-173　2000～2010 年横断山地区生态系统固碳变化量空间分布

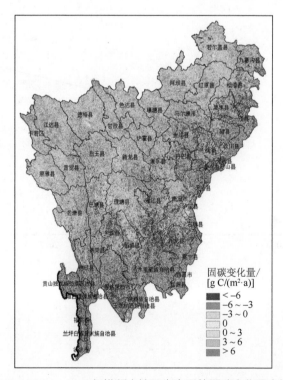

图 3-174　2011～2020 年横断山地区生态系统固碳变化量空间分布

4. 祁连山区

2000～2020 年祁连山生态保护与建设综合治理区平均固碳量在空间上呈东南地区高、西北地区低的分布特征（图 3-175），在时间尺度上呈现波动增加趋势。2000～2020 年祁连山生态保护与建设综合治理区平均固碳量为 121.47 g C/(m²·a)，且以 1.55 g C/(m²·a) 的速率呈波动增加趋势。2000～2020 年祁连山生态保护与建设综合治理区固碳量呈增加趋势的区域约总面积的 48.03%，其中约有 41.57% 的区域呈显著增加趋势（$p < 0.05$），主要分布于祁连山生态保护与建设综合治理区东南部；约有 0.77% 的区域固碳能力呈减少趋势，其中约 0.18% 的区域呈显著减少趋势（$p < 0.05$）（图 3-176）。

图 3-175　2000～2020 年祁连山生态系统平均固碳量空间分布

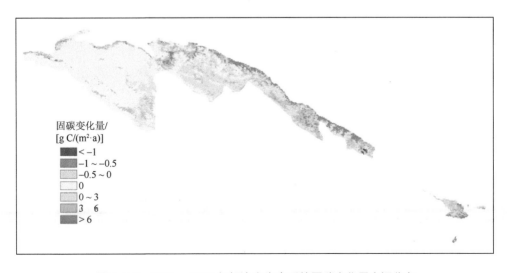

图 3-176　2000～2020 年祁连山生态系统固碳变化量空间分布

2000～2011年祁连山生态系统平均固碳量为115.01 g C/(m²·a)，且以1.77 g C/(m²·a)的速率呈波动增加趋势（图3-177）。2000～2011年祁连山生态保护与建设综合治理区约47.58%的区域固碳量呈增加趋势，约1.22%的区域呈减少趋势，约51.20%的区域年均固碳量保持不变（图3-178）。

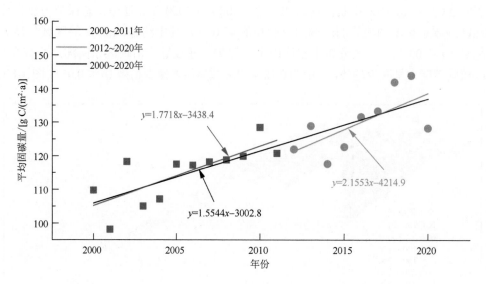

图3-177　2000～2020年祁连山生态系统平均固碳量年际变化统计

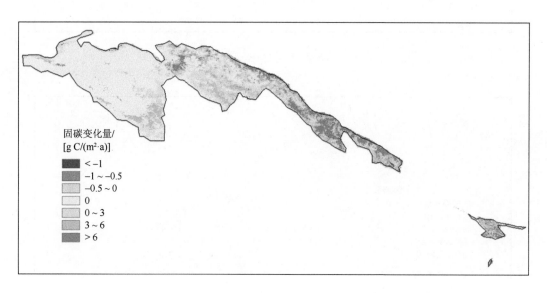

图3-178　2000～2011年祁连山生态系统固碳变化量空间分布

　　2012 ～ 2020 年祁连山实施生态保护与建设综合治理工程，祁连山生态系统保持单位面积固碳量保持东南地区高、西北地区低的分布特征。2012 ～ 2020 年祁连山生态保护与建设综合治理区平均固碳量为 129.16 g C/(m²·a)，且以 2.16 g C/(m²·a) 的速率呈缓慢波动增加的趋势（图 3-177），相比 2000 ～ 2011 年，2012 ～ 2020 年祁连山生态保护与建设综合治理区平均固碳量和固碳速率均有一定程度的增加。在空间上，固碳量呈增加趋势的面积约为 45.41%，相比 2000 ～ 2011 年减少了 2.17%；固碳量呈减少趋势的面积约为 65.98%，相比 2000 ～ 2011 年减少了 10.92%（图 3-179）。虽然，2012 ～ 2020 年祁连山生态保护与建设综合治理区固碳量呈减少趋势面积略有增大，但年均固碳速率和平均固碳量均高于 2000 ～ 2011 年。祁连山生态保护与建设综合治理工程实施后，生态系统功能逐步恢复，祁连山生态保护与建设综合治理工程取得一定成效。

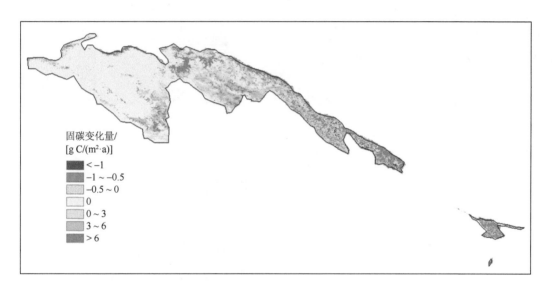

图 3-179　2012 ～ 2020 年祁连山生态系统固碳变化量空间分布

5. 甘南地区

　　2000 ～ 2020 年甘南平均固碳量呈东部地区高、西南地区低的分布特征（图 3-180）。甘南平均固碳量的高值区主要集中在东部临潭县，低值区主要位于西南部玛曲县（图 3-181）。2000 ～ 2020 年甘南平均固碳量为 251.15 g C/(m²·a)，且以 2.92 g C/(m²·a) 的速率呈波动增加趋势。2000 ～ 2020 年甘南固碳量呈增加的区域约总面积的 96.06%，其中约有 4.26% 的区域呈显著增加趋势（$p < 0.05$）；约有 3.74% 的区域固碳能力呈减少趋势，其中约 0.05% 的区域呈显著减少趋势（$p < 0.05$）（图 3-182）。

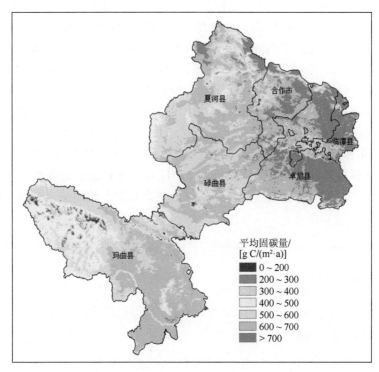

图 3-180　2000 ～ 2020 年甘南生态系统平均固碳量空间分布

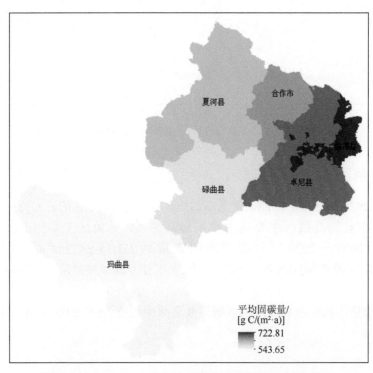

图 3-181　2000 ～ 2020 年甘南各区县平均固碳量空间分布

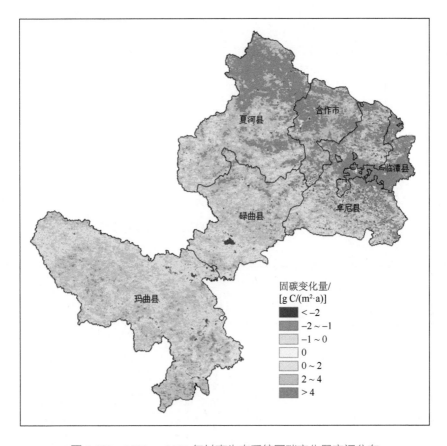

图 3-182　2000 ～ 2020 年甘南生态系统固碳变化量空间分布

2000 ～ 2005 年甘南年均固碳量为 577.20 g C/(m²·a)，且以 5.64 g C/(m²·a) 的速率呈波动增加趋势（图 3-183），2000 ～ 2005 年甘南固碳量呈增加趋势的面积约占 76.90%，约 22.90% 的区域呈减少趋势，主要位于西南部玛曲县（图 3-184）。

2006 ～ 2020 年甘南实施甘南黄河重要水源补给生态功能区生态保护与建设，甘南生态系统保持单位面积固碳量东部及东北部地区高、西南部地区低的分布特征。2006 ～ 2020 年横断山地区年均固碳量为 618.98 g C/(m²·a)，且以 0.96 g C/(m²·a) 的速率呈缓慢波动增加的态势（图 3-183），相比 2000 ～ 2005 年，平均固碳量明显提高，固碳速率稍有放缓。在空间上，固碳量呈增加趋势的面积约为 57.95%，相比 2000 ～ 2005 年减少了 24.91%；呈减少趋势的面积约为 65.98%，相比 2000 ～ 2005 年减少了 10.92%（图 3-185）。2012 ～ 2020 年甘南呈减少趋势面积略有扩大，且增速放缓，但年均固碳量明显高于相比 2000 ～ 2010 年。甘南黄河重要水源补给生态功能区生态保护与建设工程取得一定成效。

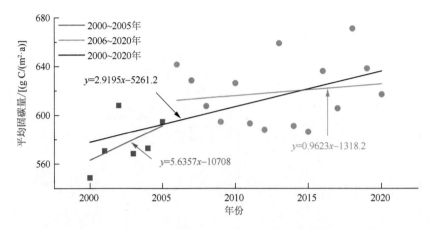

图 3-183　2000 ～ 2020 年甘南生态系统平均固碳量年际变化统计

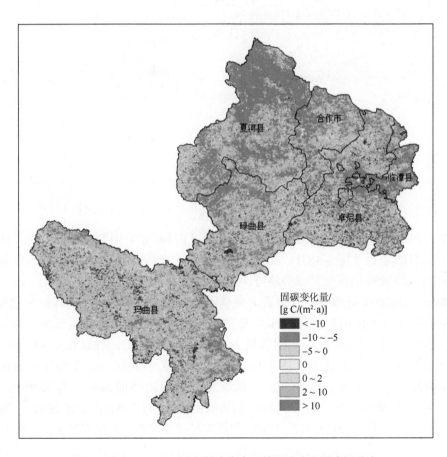

图 3-184　2000 ～ 2005 年甘南生态系统固碳变化量空间分布

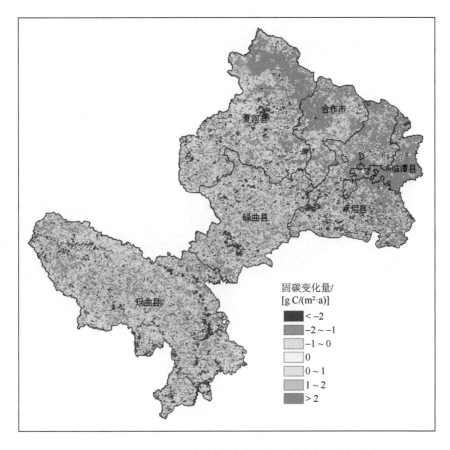

图 3-185　2006 ～ 2020 年甘南生态系统固碳变化量空间分布

3.2.6　典型工程区生态系统生物多样性保护功能状况及变化

1. 西藏生态安全屏障区

2000 ～ 2020 年西藏生境质量指数在空间上呈东南地区高、西北地区低的分布特征（图 3-186）。平均生境质量指数的高值区主要集中在东南部错那县、墨脱县、察隅县和南部亚东县等植被覆盖度高的地区，低值区主要位于西北部日土县、改则县、双湖县等地（图 3-187）。2000 ～ 2020 年西藏平均生境质量指数为 0.6837，有轻微的提升趋势。2000 ～ 2020 年西藏生境质量指数呈增加的区域约总面积的 9.98%；约有 7.91% 的区域生境质量指数呈减少趋势（图 3-188），绝大部分区域生境质量指数保持不变，约占西藏自治区 82.11%，该区域维持的生物多样性较为稳定。

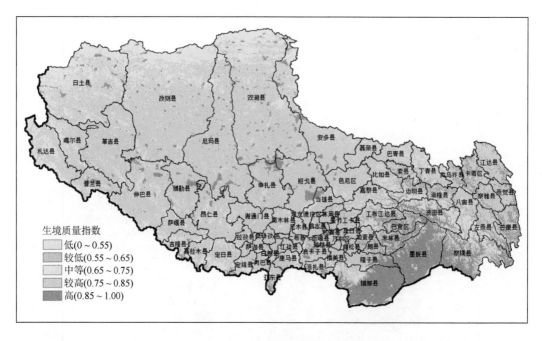

图 3-186　2000 ～ 2020 年西藏自治区生态系统平均生境质量指数空间分布

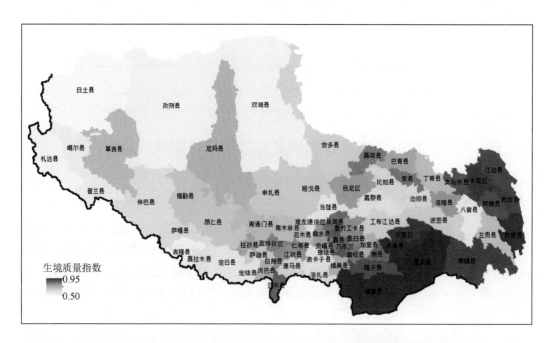

图 3-187　2000 ～ 2020 年西藏自治区各区县平均生境质量指数空间分布

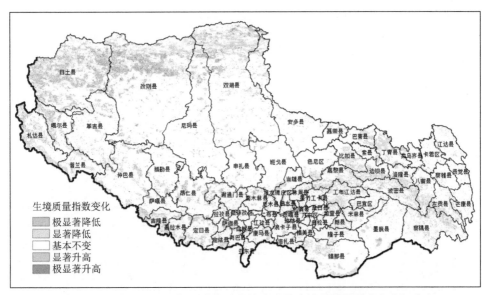

图 3-188　2000 ～ 2020 年西藏自治区生态系统生境质量指数变化空间分布

2000 ～ 2007 年西藏平均生境质量指数为 0.6841，生境质量指数以 –0.0005/a 的速率轻微降低（图 3-189）。2000 ～ 2007 年西藏生境质量指数呈增加趋势的面积占 6.42%；约 8.15% 的区域呈减少趋势；此外，约 85.43% 的区域生境质量指数基本保持稳定或变化极小（图 3-190）。

自 2008 年西藏生态安全屏障保护与建设工程实施以来，西藏生物多样性仍维持东南地区高、西北部地区低的分布特征。2008 ～ 2020 年西藏平均生境质量指数为 0.6834，且以 0.0006/a 的速率呈波动增加的态势（图 3-189），相比 2000 ～ 2007 年，平均生境质量指数降低，但生境质量指数由降低趋势转换为增加趋势，且变化速率增大，表明其所维持的生物多样性在逐步提高。在空间上，生境质量指数呈增加趋势的面积约为 11.24%，相比 2000 ～ 2007 年增加了 4.82%；呈减少趋势的面积约为 8.55%，相比 2000 ～ 2007 年增加 0.40%（图 3-191）；此外，西藏西部和西南部等区域 2008 ～ 2020 年生境质量指数在不断提高，表明这部分区域所维持的生物多样性在不断提高。

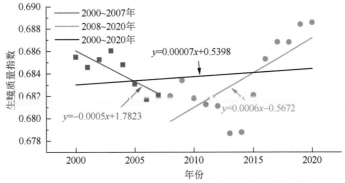

图 3-189　2000 ～ 2020 年西藏自治区生态系统平均生境质量指数年际变化统计

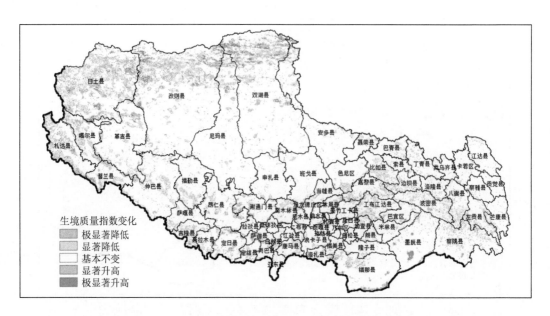

图 3-190　2000～2007 年西藏自治区生态系统生境质量指数变化空间分布

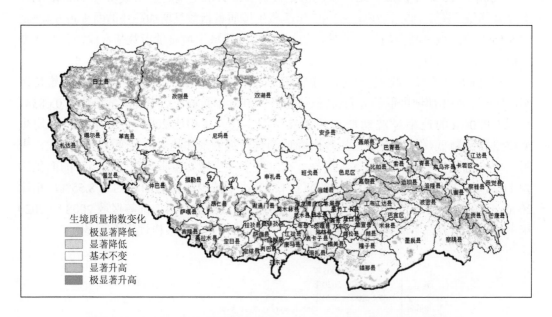

图 3-191　2008～2020 年西藏自治区生态系统生境质量指数变化空间分布

2. 三江源区

2000～2020 年三江源区平均生境质量指数在空间尺度上呈东部地区高、西北地区低的分布特征（图 3-192）。平均生境质量指数的高值区主要集中在东部的河南蒙古族自治县和东南部班玛县，低值区主要位于西部治多县区域（图 3-193）。2000～2020

年三江源区平均生境质量指数为 0.7061，生境质量指数以 –0.0006/a 的速率轻微降低（图 3-194）。2000 ～ 2020 年三江源区生境质量指数呈增加的区域约总面积的 5.30%，约有 5.19% 的区域生境质量指数呈减少趋势，此外，约 89.51% 的区域维持的生物多样性基本保持不变（图 3-195）。

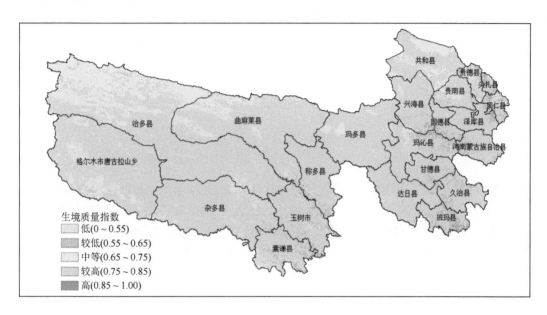

图 3-192　2000 ～ 2020 年三江源区生态系统平均生境质量指数空间分布

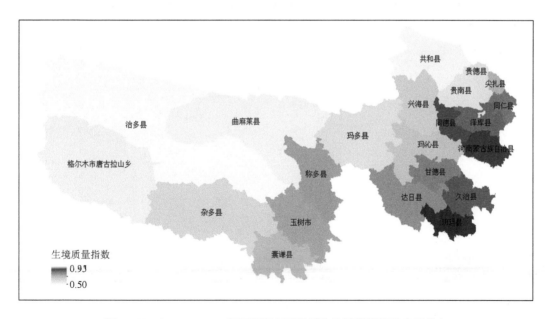

图 3-193　2000 ～ 2020 年三江源各区县平均生境质量指数空间分布

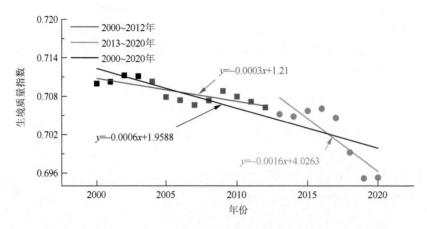

图 3-194　2000 ～ 2020 年三江源区平均生境质量指数年际变化统计

　　2004 ～ 2012 年三江源实施生态保护与建设一期工程,年均生境质量指数为 0.7077,且以 –0.0003/a 的速率轻微降低(图 3-194)。2004 ～ 2012 年三江源区生境质量呈增加的区域占总面积的 5.17%,约有 5.22% 的区域生境质量指数呈减少趋势(图 3-196)。相比 2004 年,2012 年三江源生境质量指数大于 0.95 的区域,增加了 3.10%,生境质量指数介于 0.75 ～ 0.85 的区域减少了 1%,但生境质量指数小于 0.35 的区域面积增加了 0.28%。虽然 2004 ～ 2012 年三江源地区平均生境质量指数呈降低趋势,但局部区域维持的生物多样性是提高的。

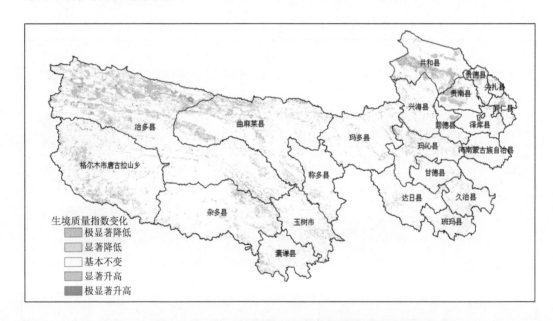

图 3-195　2000 ～ 2020 年三江源区生态系统生境质量指数变化空间分布

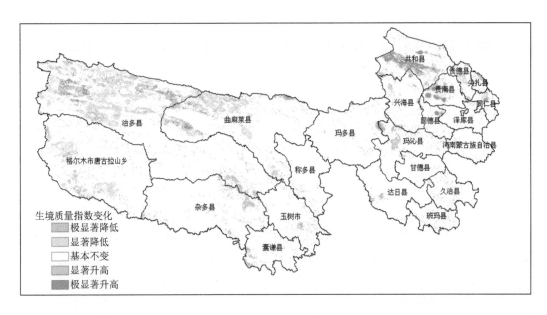

图 3-196　2004 ～ 2012 年三江源区生态系统生境质量指数变化空间分布

　　2013 ～ 2020 年三江源实施了生态保护与建设二期工程，2013 ～ 2020 年三江源年均生境质量指数为 0.7020，且以 –0.0016/a 的速率轻微降低（图 3-194）。2013 ～ 2020 年三江源区生境质量呈增加的区域约总面积的 4.03%，约 11.91% 的区域生境质量指数呈减少趋势，此外，约 84.06% 的区域生境质量指数维持稳定或变化极小（图 3-197）。

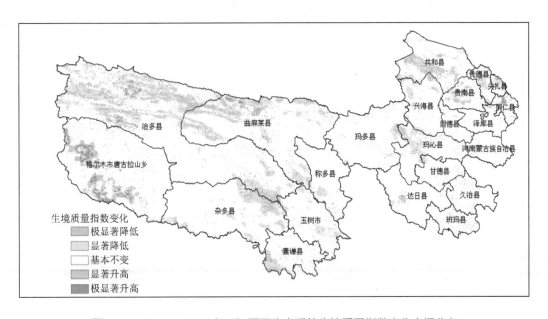

图 3-197　2013 ～ 2020 年三江源区生态系统生境质量指数变化空间分布

3. 横断山区

2000～2020 年横断山地区平均生境质量指数在空间上呈东部和南部地区高、西部和北地区较低的分布特征（图 3-198）。平均生境质量指数的高值区主要集中在东部九寨沟县和南部木里藏族自治县、盐源县、西昌市等区县所在地，低值区主要位于西北部察雅县、德格县和甘孜县等区县所在地（图 3-199）。2000～2020 年横断山地区平均生境质量指数为 0.8538，生境质量稳中有轻微上升趋势。2000～2020 年横断山地区生境质量指数呈增加的区域约总面积的 9.19%，约有 11.94% 的区域生境质量指数呈减少趋势，散布在横断山地区各地，约 78.88% 的区域生境质量指数维持不变或变化极小，该区域维持的生物多样性基本不变（图 3-200）。

2000～2010 年，横断山地区先后实施了长江中上游防护林体系建设工程（二期）、天然林保护工程（一期）和退耕还林（草）工程，2000～2010 年横断山地区平均生境质量指数达 0.8537，呈轻微的上升趋势（图 3-201）。2000～2010 年横断山地区生境质量指数增加趋势的面积占 10.03%，约 7.63% 的区域呈减少趋势，均匀地分布在横断山地区各地（图 3-202）。

图 3-198　2000～2020 年横断山生态系统平均生境质量指数空间分布

图 3-199 2000 ~ 2020 年横断山各区县平均生境质量指数空间分布

图 3-200 2000 ~ 2020 年横断山生态系统生境质量指数变化空间分布

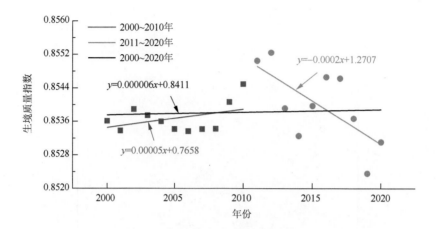

图 3-201 　2000 ～ 2020 年横断山平均生境质量指数年际变化统计

图 3-202 　2000 ～ 2010 年横断山生态系统生境质量指数变化空间分布

2011～2020 年横断山地区继续实施长江中上游防护林体系建设工程（三期）、天然林保护工程（二期）和退耕还林（草）工程，横断山地区生态系统单位面积生境质量指数保持东部及南部地区高、西部和北部地区低的分布格局。2011～2020 年横断山地区平均生境质量指数为 0.8540，且以 -0.0002/a 的速率轻微降低（图 3-201），相比 2000～2010 年，2011～2020 年的平均生境质量指数较高，变化趋势相反。在空间上，生境质量指数呈增加趋势的面积约为 6.30%，相比 2000～2010 年减少了 3.73%；呈减少趋势的面积约为 16.06%，相比 2000～2010 年增加了 38.43%（图 3-203）。

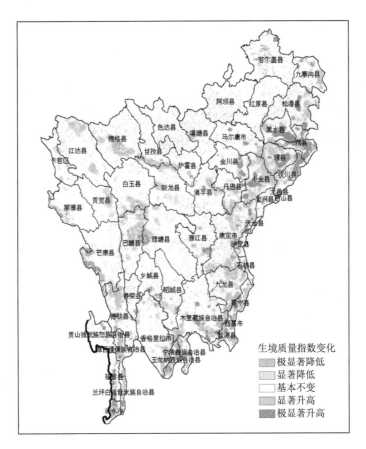

图 3-203　2011～2020 年横断山生态系统生境质量指数变化空间分布

4. 祁连山区

2000～2020 年祁连山生态保护与建设综合治理区平均生境质量指数在空间上呈东南地区高、西北地区低的分布特征（图 3-204）。2000～2020 年祁连山平均生境质量指数 0.4553，且以 0.0026/a 的速率呈波动增加趋势，该区生态系统所维持的生物多样性也在不断提高。2000～2020 年祁连山生态保护与建设综合治理区生境质量指数呈增加的区域约占总面积的 47.28%，约有 15.39% 的区域生境质量指数呈减少趋势，主要分布在祁连山东南部分区域，此外，约 37.33% 的区域生物多样性基本维持不变（图 3-205）。

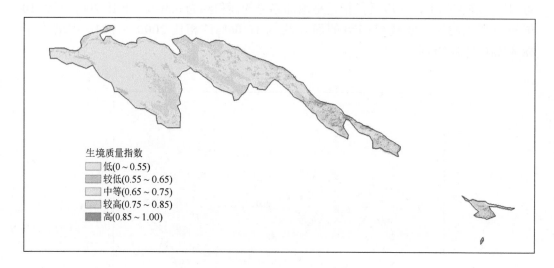

图 3-204　2000～2020 年祁连山生态系统平均生境质量指数空间分布

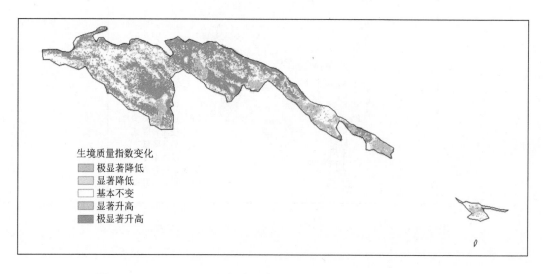

图 3-205　2000～2020 年祁连山生态系统生境质量指数变化空间分布

2000～2011 年祁连山生态系统平均生境质量指数为 0.4440，且以 0.0038/a 的速率呈波动增加趋势（图 3-206）。2000～2011 年祁连山生境质量指数呈增加趋势的面积占 31.08%，约 3.22% 的区域呈减少趋势，约 65.71% 的区域生境质量指数保持不变（图 3-207），可见祁连山生态系统生境质量指数在不断提高，所维持的生物多样性也在不断提高。

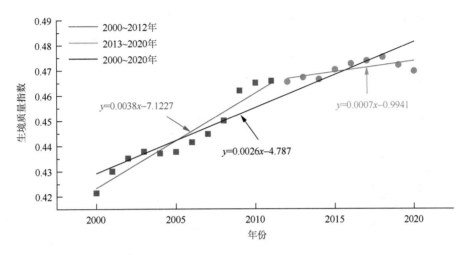

图 3-206　2000 ～ 2020 年祁连山平均生境质量指数年际变化统计

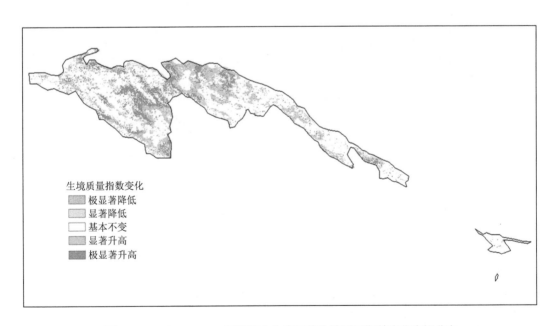

图 3-207　2000 ～ 2011 年祁连山生态系统生境质量指数变化空间分布

2012 ～ 2020 年祁连山实施生态保护与建设综合治理工程，祁连山生态系统维持生境质量指数保持东南部地区高、西北部地区低的分布特征。2012 ～ 2020 年祁连山平均生境质量指数为 0.4703，且以 0.0007/a 的速率缓慢增长（图 3-206），相比 2000 ～ 2011 年，2012 ～ 2020 年平均生境质量指数提升，但变化速率稍有变缓。在空间上，生境质量指数呈增加趋势的面积约为 15.67%，相比 2000 ～ 2011 年减少了 15.41%；呈减少趋势的面积约为 17.02%，相比 2000 ～ 2005 年增加了 13.80%（图 3-208）。2012 ～ 2020 年祁连山生境质量指数呈减少趋势面积增大，但年均生境质量指数仍高于 2000 ～ 2011 年，可见祁连山生态系统在祁连山生态保护与建设综合治理工程实施后，生态系统功能逐步恢复，生态系统生物多样性提升，祁连山生态保护与建设综合治理工程取得一定成效。

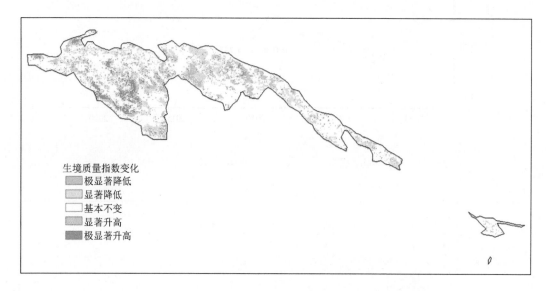

图 3-208　2012 ～ 2020 年祁连山生态系统生境质量指数变化空间分布

5. 甘南地区

2000 ～ 2020 年甘南平均生境质量指数在空间上呈东部地区高、西南地区低的分布特征（图 3-209）。平均生境质量指数的高值区主要集中在东部卓尼县，低值区主要位于东部临潭县。2000 ～ 2020 年甘南平均生境指数为 0.7969，且以 0.0003/a 的速率呈波动增加趋势。2000 ～ 2020 年甘南生境质量指数呈增加趋势的区域约占总面积的 21.91%，约有 6.51% 的区域生境质量指数呈减少趋势（图 3-210），此外，约 71.57% 的区域生境质量指数较为稳定，表明该生态系统所维持的生物多样性较为稳定。

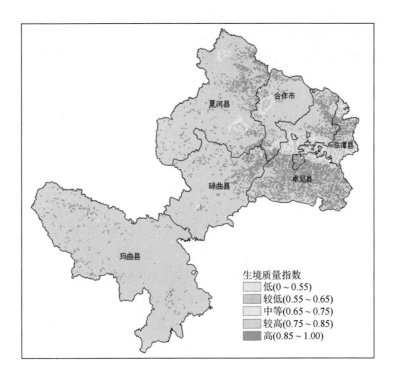

图 3-209　2000 ～ 2020 年甘南生态系统平均生境质量指数空间分布

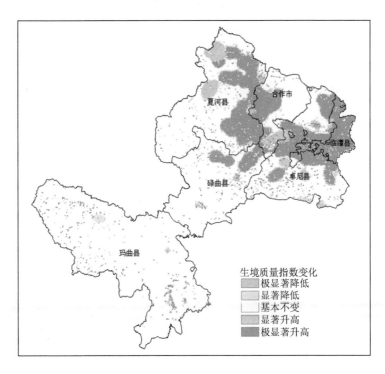

图 3-210　2000 ～ 2020 年甘南地区生态系统生境质量指数变化空间分布

2000 ～ 2005 年甘南平均生境质量指数为 0.7947，且以 –0.0002/a 的速率轻微下降（图 3-211）。2000 ～ 2005 年甘南生境质量指数呈增加趋势的面积占 8.80%，约 16.93% 的区域呈减少趋势，约 74.27% 的区域生境质量指数较为稳定或变化较小（图 3-212），表明甘南生态系统所维持的生物多样性较为稳定。

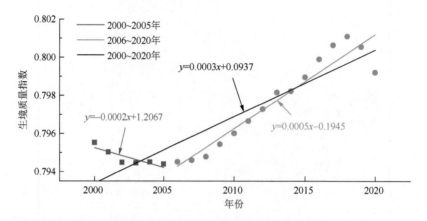

图 3-211　2000 ～ 2020 年甘南平均生境质量指数年际变化统计

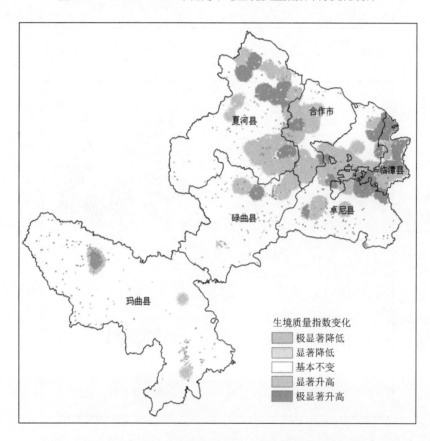

图 3-212　2000 ～ 2005 年甘南生态系统生境质量指数变化空间分布

2006～2020 年实施甘南黄河重要水源补给生态功能区生态保护与建设，甘南生态系统保持生境质量指数东部及东北部地区高、西南部地区低的分布特征。2006～2020 年甘南地区平均生境质量指数为 0.7977，且以 0.0005/a 的速率呈增加的态势（图 3-211），相比 2000～2005 年，平均生境质量指数整体增大，生境质量指数变化率也明显提高。在空间上，生境质量指数呈增加趋势的面积约为 23.77%，相比 2000～2005 年增加了 14.97%；呈减少趋势的面积约为 5.97%，相比 2000～2005 年减少了 10.96%；50.60% 区域的生物多样性还是维持在一个较为稳定的状态（图 3-213）。生境质量指数变化主要发生在甘南东北部分区域，该部分生境质量指数变化趋势由 2000～2005 年的减小趋势转变为增加趋势。可见在甘南黄河重要水源补给生态功能区生态保护与建设工程实施后，该生态系统所维持的生物多样性在逐步提高，该区系列生态工程取得一定成效。

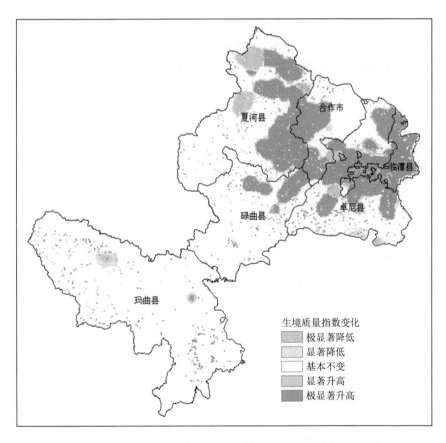

图 3-213 2006～2020 年甘南生态系统生境质量指数变化空间分布

3.3　高寒生态系统变化的驱动力

重大生态工程实施区域的生态系统恢复会受到年度气候波动与工程实施的共同影响，在生态工程效益评估时需要厘定生态工程和气候波动对生态系统恢复的贡献率，进一步明确生态工程的作用大小，这是生态工程成效评估需要解决的关键问题之一（邵全琴等，2017）。

3.3.1　气候变化对高寒生态系统的影响

1.气候暖湿化与生态系统生产力

高寒草地生态系统是对气候变化较为敏感的生态系统类型之一，青藏高原高寒草地约 152 万 km^2，占青藏高原总面积的 60%。低温和干旱是高寒生态系统两个主要限制因子，温度升高及降水的增加可能在很大程度上刺激高寒草原植物的生长发育。过去几十年的定位和遥感研究表明，气候变化已经导致青藏高原草地物种多样性和群落生物量发生了较大变化。自 20 世纪 80 年代以来青藏高原经历了显著的气候暖湿化，极大影响了该地区的高寒草地动态过程。鉴于此，针对气候变化对高寒草地的影响已经开展了相当多的研究。遥感数据揭示过去 30 余年来青藏高原植被总体变绿（图 3-214），暖湿化气候总体利于高寒植被生产力提升（Piao et al.，2012；Shen et al.，2015；Zhang et al.，2013），尽管也有观测表明物种构成变化导致高寒植被生产力未发生显著变化（Wang et al.，2020）。自 20 世纪 80 年代以来，青藏高原高寒草地净初级生产力得到了显著提高，尤其是 20 世纪 80 和 90 年代的 20 年间，青藏高原变暖变湿，草地植被净初级生产力整体增加明显。总体来看，青藏高原草地区域植被覆盖度和生产力增加，草地植被净初级生产力增加了 8.1%，青藏高原草地植被总体趋于向好（Zhang et al.，2016）。总体而言，气候变暖对青藏高原草地生态系统的影响是正面的，但这种影响存在时间和空间上的不平衡性，尤其是降水在时间和空间上的变化对草甸和草原区域的植被产生不同的影响。

从青藏高原控制实验整合的结果来看，高寒生态系统生产力对气候变化的响应存在类型差异，土壤水分多寡决定了生态系统对气候变暖的响应方向和强度：土壤水分较高的湿地和草甸在气候变暖影响下总体呈生产力提升趋势，而干旱的高寒草原有被升温削弱生产力的风险（Wei et al.，2021）。例如，在那曲典型高寒草甸中牧草的高度随着温度的升高而增加，从而导致地上生物量的增加；然而，同一地区高寒草原的生物量可能会随着气温的升高而减少（Ganjurjav et al.，2018），因为土壤水分的急剧减少可能引发严重的干旱。此外，气温升高对植被覆盖度的影响因植物种类不同而不同。例如，气候变暖将增加杂草的覆盖率，而减少禾本科和豆科植物的覆盖率和适口植物的占比（Klein et al.，2007）。也有研究表明，增温提高生产力的作用因季节不同而存在差异，相对于夏季增温，春、秋两季增温对生产力的促进作用更强。在相同增温程度下，春、秋两季植被 NDVI 指数增长幅度大于夏季，同时春末夏初的植被绿度变化对于增温最为敏感，近期还有研究发现夜间的最低温度是限制高寒植被返青和生长的最主要因素（Shen et al.，2016）。

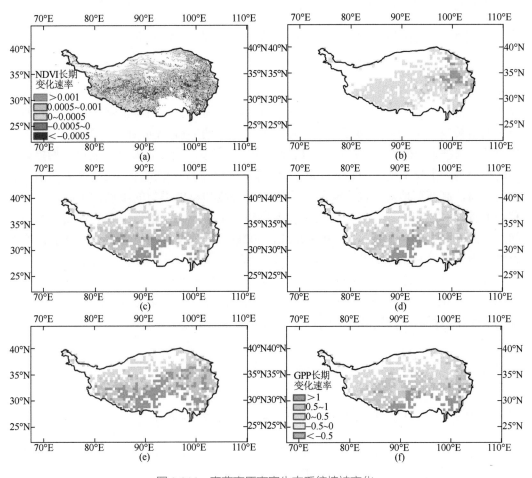

图 3-214　青藏高原高寒生态系统植被变化

（a）1982～2015 年 NDVI 长期变化速率；（b）JUNG 数据集模拟的 GPP 变化；（c）MsTMIP-SG1；（d）MsTMIP-SG2；
（e）MsTMIP-SG3；（f）MsTMIP-BG1；图（b）～（f）中的 GPP 均 ×10^{10} 以便在图中更好展示（Wei et al.，2020）

2. 降水与生态系统生产力变化

青藏高原区域性研究表明草地群落地上生物量对生长季降水的敏感性超过气温（武建双等，2012）。多站点尺度上研究发现，在青藏高原高寒草甸和高寒草原地区生长季降水对物种丰富度的影响大于温度指数。高寒草甸的降水模拟试验表明，增加生长季降水有利于生物量生产并提高物种多样性和群落均匀度、改变禾本科植物的相对重要值。区域尺度研究表明，青藏高原降水量小于 450 mm 的区域内，植被生产力变化的主导因子为降水量；降水量大于 450 mm 的区域，植被生产力变化的主导因子为气温。

湿润区气温升高，群落生物量也随之增加，而干旱区气温升高，则群落生物量随之降低（陈卓奇等，2012）。本世纪以来，高原迅速增温将导致蒸发量增加，可抵消甚至超过降水增加的作用，造成局部土壤活动层暖干化。如果区域内增温的同时降水的小幅度增加不能改善增温对生物量产生的正面效应，增温将导致生产力下降。

3. 气候变化格局主导下高寒生态系统动态的区域差异

青藏高原近几十年来气温和降水的时空异质性变化趋势可能导致植被动态的复杂响应（Cong et al.，2017；Kuang and Jiao，2016）。高寒植被在响应气候变化的过程中存在较强的空间差异，印度季风与西风相互作用对高寒生态系统影响存在差异。西风模态的植被返青期提前，印度季风模态的植被返青期推后（Yao et al.，2017）。基于来自卫星的植被指数的长期记录，几项研究表明，气候变暖会使青藏高原的返青期提前，凋落期推迟，生长季延长（Ding et al.，2013），这也与高寒草地净初级生产力的增加有关。然而，高寒草地对气候变暖的响应因水分梯度和草地类型的不同而不同。在相对潮湿的青藏高原东南部，气温升高可以促进植被生长；而在较为干燥的青藏高原西北部，气温升高会限制植被生长（Wei et al.，2021）。高寒草甸的植物生长主要受温度的限制，而高寒草原的植物生长受温度和土壤水分的双重限制（Wang et al.，2016）。此外，降水的变化对高寒草地 NDVI 或 NPP 的年际变化起着至关重要的作用（Shi et al.，2014）。在 2000 年以来全球变暖的背景下，降水差异可能是导致青藏高原东北部和西南部 NDVI 趋势不一致的最重要因素之一（Liu et al.，2015）。

3.3.2 人类活动对高寒生态系统的影响

1. 放牧强度是人类活动影响高寒生态系统的主要途径

青藏高原高寒植被是独特的气候条件和人类活动长期共同作用的产物。青藏高原的放牧活动可能持续了数千年甚至更久。同位素和花粉等证据表明，青藏高原最初的放牧活动出现在 8000 年前，长期的放牧活动改变了当地的植被类型，导致草地在高海拔地区取代了原本分布的森林和"高草"草原（tall grassland），形成了独具特色的高寒草甸（Miehe et al.，2019）。近几十年高原人口增长和生活水平的提高，畜牧业取得了巨大发展，这对原本脆弱的高寒草地生态系统施加了巨大压力，导致大量草地退化。例如，广受关注的三江源地区有近 40% 的高寒草地处于退化状态，形成"黑土滩"甚或裸地。人类活动在高寒草原的变化中起着越来越重要的作用，放牧是人为干扰的主要组成部分，也是当地草地退化的主要原因。根据 Meta 分析的结果（Lu et al.，2017），放牧可使地上生物量减少 47%。围栏内草地（禁牧）和围栏外草地（自由放牧）的比较表明围栏封育可以提高地上生产力，反之亦然（Lu et al.，2015；Wu et al.，2009）。此外，地上生物量对放牧的响应也受降水和海拔的影响（Wang and Wesche，2016）。

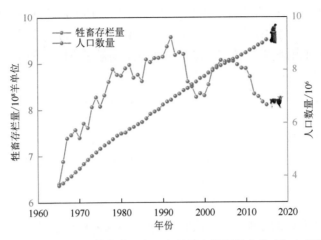

图 3-215　青海省和西藏自治区人口和牲畜存栏量的变化（1965 年以来）

自 20 世纪 60 年代以来，人口从 362 万增加到 912 万。从 1965 年到 20 世纪 90 年代中期，牲畜数量从 639 万头增长到 953 万头，随后由于极端气候的影响，牲畜数量呈下降趋势，自 2004 年以来，由于引入了草原保护政策，牲畜数量有所下降。

数据来自青海省和西藏自治区的统计年鉴

自 20 世纪 60 年代以来，青海省和西藏自治区的人口迅速增加，放牧压力在 20 世纪 90 年代中期之前增加，随后呈现不稳定的下降，自 2004 年以来由于引入草原保护政策而减小（图 3-215）。自 20 世纪 80 年代以来，靠近村庄的草原承包和密集放牧导致当地草原退化，而偏远的牧场得到了恢复的时间（Hafner et al.，2012；Zhao and Zhou，1999）。多项研究表明，可及性因素在小尺度上对草地退化具有重要作用（Gao et al.，2013；Wei and Qi，2016）。Zhao 等（2015）根据人口密度、路网和居民点对人类活动强度进行了量化，证实了人类活动加速了高寒草地退化，人类活动强度较高的地区 NDVI 下降速度较快。为维持和提升青藏高原生态安全屏障功能持续发挥，30 余年来从无到有青藏高原开展了大规模生态工程，从跟随全国性生态工程的步伐到有高原特色的规划项目全面实施。青藏高原生态工程主要实施范围包含西藏、三江源、祁连山、横断山等地理单元，开展了以森林保护与建设、草地保护与建设、水土流失和沙化土地治理等类型为主的重大生态工程，保护面积约占高原总面积的 1/3（Wang et al.，2017）。

2. 生态恢复工程恢复植被生产力

作为退化草地恢复治理的手段之一，围栏封育由于其投资少、见效快，已成为当前退化草原恢复与重建的重要措施之一。围栏封育提升高寒草地土壤固碳功能主要通过以下 3 种途径实现：①群落生物量的持续累积利于枯落物和根系等有机物质分解并返还土壤，②植被覆盖度的提高可显著降低土壤因风力侵蚀而损失的有机碳，③动物践踏排出和有机物质大量输入提升土壤团聚体水平，从而加强对土壤有机碳矿化的物理保护。围栏封育调控土壤有机碳累积速率受生态系统类型、气温和降水等环境因子的影响，围栏封育后高寒草甸有机碳累积速率高于高寒草原和高寒荒漠（Yu et al.，2019）。围封禁牧不仅促进地上生物量的恢复，而且促进地下根系的生长，尤其是浅层土壤根系。藏北高寒退化草地短期围封禁牧，其 0 ～ 10 cm 范围内的地下生物量显著增加，围栏内草地地下生物量为围栏外的 1.49 倍；但是围封禁牧时间过长也会影响地下生物量增加，长期围封禁牧导致高寒草原地下生物量呈下降趋势（吴建波和王小丹，2017）。短期封育围栏内植被地上／地下生物量、盖度、高度会显著增加，随着围封的时间增加，生产力类指标的增长速度减缓。然而，生物多样性类指标响应围栏封育的结果存在争议，对于退化严重的高寒草原来讲，短期禁牧（＜5 年），显著提高了地上生物量，有利于提升禾本科和莎草科植物的相对优势度（Wu et al.，2013，2015）；长期禁牧可能对物种多样性维持产生负面影响（Courtois et al.，2004；Lu et al.，2017）。

3. 放牧强度调控植被恢复格局

为了应对过度放牧的影响，中国政府从 2000 年以来启动了大规模的退牧还草计划，仅在西藏就有 9% 的草地实施了该工程。最近一项研究表明，青藏高原羊单位与植被生产力呈现出相反的变化过程，生长季初期的表观植物生长量与羊单位变化存在显著的负相关关系（Wei et al.，2020）。这一显著的负相关尤其在生长季峰值更加显著，而在 5 ～ 6 月相对较弱。该研究进一步分析了西藏 72 个县的统计资料，发现负相关关系在西藏西部地区更加显著——该地区的生长季峰值植被指数低于 0.3，这表明放牧活动对条件较差的牧场影响更加严重（图 3-216）。关于放牧活动的影响，我们观察到的现象证实了之前的推测，即放牧活动对生长季早期的植物生长存在显著的负向影响。这一结论与典型的人类适应理论有所不同——该理论认为草地生物量决定了野生动物的数量（这可能对于人类干扰相对较少的地区是成立的），相对较少的研究考虑了放牧活动对生长季峰值的影响。72 个县的结果支持放牧的负向调节作用，尤其是在生产力较差的生态系统。与此形成鲜明对比的是，在青藏高原东部地区牧草供给相对较高，牧草生产力与牲畜数量呈现显著正相关，这表明牧场决定论在这里是成立的——牧民通过考量牧场状况来决定牛羊蓄养量。放牧活动对大尺度植被动态有显著影响在科学上是成立的，一项跨青藏高原高寒草地围栏内外的对比研究认为高达 45% 的牧草被植物消耗，这高于 20% 的全球平均值，这一消耗量能够被卫星监测到（Wei et al.，2020）。

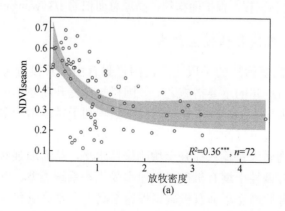

(a)

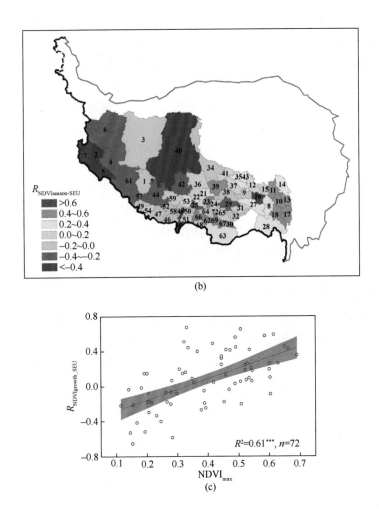

图 3-216　西藏 72 个县的放牧强度与生长季初期表观生长量的关系及其空间格局（Wei et al.，2020）
NDVIseason：季节性归一化植被指数（由每月 NDVI 最大值与五月 NDVI 的差值确定）；$R_{NDVIseason-SEU}$：不同每月年当量单位与季节性归一化植被指数之间的相关性；分图（b）中的数字为各县序号

3.3.3　高寒生态系统变化相对贡献率厘定

1. 高寒生态系统变化驱动力厘定方法

区分气候变化和人类活动的影响，对我们减缓或适应气候变化的影响具有重要的实践和科学意义。科学界普遍采用以下三类方法：控制实验、统计分析和模型对比。控制实验通常在局地水平研究气温、降雨、降雪、氮沉降和放牧对生态系统影响的机理构成。统计模型通常采用相关系数和偏相关分析遥感植被指数和气候与人类活动的关系。模型对比采用计算生态系统潜在和实际生产力的方式来区分人类活动，即残差法。区分二者对高寒植被动态的贡献是科学界广泛关注的热点问题和难题（Li et al.，2018）。初期研究主要用遥感监测数据和气候因子相关来分析气候变化和人类活动对高寒植被动态的影响，近期有学者不断将遥感模型和机理模型用于区分气候变化和人类活动贡献。如今，残差趋势模型是定量评价气候和人为因素对青藏高原高寒草地影响最广泛的模型。这种方法是基于潜在的植被生长只受气候变化的控制的假设。因此，在消除气候变化的影响之后，可以检测到人类引起的植被变化。NDVI 和 NPP 是该方法研究中应用最广泛的植被特征监测指标。以 NDVI 为代表指标，该方法称为基于 NDVI 的残差趋势法（RESTREND）。基于 NDVI 年峰值时间序列与降水、气温等相关气候因子之间的理想统计关系（Cai et al.，2015），可以预测受气候变化控制的 NDVI 变化。进而计算出人类活动引起的植被变化，即 NDVI 预测值与观测值之间的残差。最后，可以计算出残差的趋势。正趋势表明植被恢复主要是由人类活动驱动的，反之亦然。该方法估算结果的可靠性很大程度上依赖于植被指数变化与气候因子之间的线性关系（Wessels et al.，2012）。当使用 NPP 作为代表性指标时，首先使用遥感反演模型，如 CASA 模型模拟实际 NPP（NPP_A），然后使用气候模型，如陆地生态系统模型（terrestrial ecosystem model，TEM）和 Thornthwaite Memorial 模型模拟潜在或气候 NPP（NPP_P）。因此，人类诱导的 NPP（NPP_H）被定义为潜在 NPP 与实际 NPP 之间的残差（$NPP_H = NPP_P - NPP_A$），这代表了人类活动对高寒草地变化的影响。最后，通过比较 NPP_H 和 NPP_P 的变化趋势，可以确定气候和人为因素对高寒草地变化的相对贡献。

2. 高寒生态系统驱动力主流观点

气候变化控制青藏高原植被变化的长期变化趋势和格局，人类活动高寒植被存在对阶段性和局地影响。绝大多数研究都承认气候变化对青藏高原高寒生态系统长期动态的绝对控制作用，尤其是认可气候暖湿化对生产力的促进作用；但不同研究对人类活动的调控作用有较大差异。实际上，对于整个青藏高原地区高寒草地变化的影响因素的认识大致可分为四种不同的观点（图 3-217）（Li et al.，2018）。第一种观点认为气候变化对高寒植被动态起绝对控制作用，过度放牧及生态修复贡献较弱。例如，研究认为气候变化是草地变化的主导因素，气候变化影响的草地面积大于人类活动影响的面积（Chen et al.，2014；Huang et al.，2016）。2000 年以来，气候变化超越了过度放牧，成为青藏高原草地动态的主要控制因子（Lehnert et al.，2016）。基于多种全球生态系统模型的研究结果也表明，气候变化对青藏高原植被绿色度的增加起到了重要作用（Zhu et al.，2016）。第二种观点认为草地变化主要受非气候因素的影响在增强。Pan 等（2017）的研究认为草地变化主要受非气候驱动因素的影响，非气候因素比气候变化所影响的区域所占比例更大的结果也证明了这一点。同时，不管是过度放牧和生态修复导致的放牧强度变化，对植被动态的控制作用在增强（Wei et al.，2020）。第三种观点表明，气候变化和人类活动都控制着植被动态，但却产生了相反的影响，二者相互抵消。例如，Wang 等（2016）报告说，气候变化是高寒草地退化的主要因素，而人类活动是草地恢复的主导因素。相反，Li 等（2016）认为，气候变化特别是降水增加，在缓解草原沙漠化方面发挥了关键作用，而人类活动加剧了草地沙漠化。第四种观点认为，气候变化和人类活动交替主导着草原动态。Xu 等（2016）发现，在实施生态工程之前，人类活动是导致草原退化的主导因素，而在实施生态工程之后，气候成为草原改善的主导因素。此外，第五种观点认为青藏高原气候变化导致植被退化，放牧强度降低可能导致高寒草甸灌丛化，反而不利于高寒生态系统作为畜牧业重要支撑的可持续发展（Hopping et al.，2018）。

观点1：气候变化主导草地动态，8个案例

1. 气候变化影响的草地面积大于人类活动影响的面积(Huang et al., 2016)
2. 气候变化超越了放牧，成为青藏高原草地动态的主要控制因子(Lehnert et al., 2016)
3. 气候变化和草地管理共同控制草地动态，气候变化调控作用增强(Liu et al., 2021)
4. 气候变化控制青藏高原植被的年际变化，人类活动强度相对较弱(Yu et al., 2021)
5. 气候变化主导植被动态，人类活动的影响在减弱(Wu et al., 2021)
6. 放牧强度的变化远远低于降水对植被年际变化的贡献(Li et al., 2021)
7. 人类活动部分抵消气候变化的影响，但尚未取代气候的控制地位(Li et al., 2018)
8. 藏北地区高寒草原生产力由气候变化控制，人类活动有阶段性变化(Cao et al., 2019)

观点2：人类调控正负向调控增强，8个案例

1. 最近10年间人类活动对草地动态贡献率从20.2%提升至43.0%(Chen et al., 2014; Wei et al., 2020)
2. 非气候因子贡献从33.9%提升至66.1%，生态恢复抑制退化和干旱的负效应(Pan et al., 2017)
3. 气候变化对植被年际变化解释度减弱，放牧强度解释度增强(Wei et al., 2020)
4. 政策驱动的人类活动强度降低导致珠穆朗玛峰自然保护区植被动态(Wei et al., 2020)
5. 青藏铁路沿线30km内，人类活动强度提升掩盖了暖湿化的正向效应(Wei et al., 2020)
6. 自然保护区植被变绿速率是非保护区的5倍，保护早变绿越显著(Wang and Wei, 2022)
7. 人类活动的贡献超过气候变化，生态破坏的作用超过了生态修复(Luo et al., 2018)
8. 20年来气候变化和人类活动对草地生产力贡献分别为35.6%和64.4%(Liu L et al., 2021)

观点3：气候和人类相互矛盾，4个案例

1. 气候变化是高寒草地退化的主要因素，而人类活动是草地恢复的主导因素(Wang and Wesche, 2016)
2. 降水增加缓解草原沙漠化方面发挥了关键作用，人类活动加剧了草地沙漠化(Li J et al., 2016)
3. 气候变化促进青海植被恢复，人类活动导致西藏植被退化(Jiang et al., 2021)
4. 放牧等人类活动抵消了气候变化对植被生产力的正效应(Chen et al., 2020)

观点4：气候和人类交替主导，1个案例

生态工程实施前，人类活动是导致草原退化的主导因素；生态工程实施后，气候主导草地恢复(Xu et al., 2016)

观点5：气候和恢复均不利于高寒植被生产力提升，1个案例

气候变化导致高寒草甸生产力降低，放牧强度降低导致其灌丛化(Hopping et al., 2018)

图 3-217　青藏高原驱动力动态变化的主流观点分类

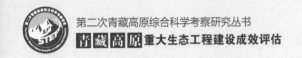

3. 高寒生态系统变化驱动力的区域差异

青藏高原地域广袤，导致气候和人类活动对不同区域调控因素差异极大。气候的空间分布和人为贡献也表现出显著的差异。人类活动强度主要集中在青藏高原南部和中东部，而在青藏高原西北部，特别是荒漠地区较为少见。然而，这些研究表明，尽管人类活动的相对贡献在不同的研究案例中有所不同，但在荒漠地区高寒草地退化或恢复中，人类活动占了很大比例（Chen et al.，2014；Wang et al.，2016；Xu et al.，2016）。不同植被类型对生态保护的响应差异显著，高寒草甸效果显著优于高寒草原（Zhang et al.，2016）。在三江源地区，Xu 等（2017）提出气候变化是高寒草地改良的关键因素，而 Du 等（2015）指出暖干趋势是高寒草地退化格局的主导因素。一些研究还表明，实施生态工程后，人类活动对草地的影响从不利变为有利（Cai et al.，2015），而气候的作用则相反（Zhang et al.，2016）。在藏北高寒草原区，气候变化和退牧还草共同驱动了植被向好（Cao et al.，2019；Feng et al.，2017）。在祁连山木里地区，煤矿开采等高强度人类活动是导致当地植被退化的重要驱动力，其强度远远超过了气候暖湿化对植被的贡献（Wu et al.，2018；Yuan et al.，2021）。在青藏铁路沿线附近，尽管气候暖湿化有利于高寒植被生产力提升，但人类活动普遍增强实际上导致植被状况恶化（Luo et al.，2020；Cao Y et al.，2018）。在举世瞩目的珠穆朗玛峰地区，自然保护区的建立和人类活动的控制主导了近期高寒植被的动态变化（Luo L et al.，2021）。

第 4 章

重大生态工程的环境效应

4.1 区域环境要素变化

联合国政府间气候变化专门委员会（Intergovernmental Panel on Climate Change，IPCC）第六次报告显示，自 1850 ～ 1900 年以来，全球地表平均温度已上升约 1℃，并指出未来 20 年全球升温预计将达到或超过 1.5℃，以全球气候变暖为代表的全球环境变化及其对生态系统和人类社会产生的影响，已引起广泛关注。作为除南极、北极以外的地球"第三极"，青藏高原地区的气候要素变化，将对周边地区，乃至整个亚洲都有极大的影响，它不仅是全球气候变化的重要组成部分，并且对全球气候波动也起到"触发器"和"放大器"的效果。

本节从青藏高原整个高原面和生态工程建设典型区域这两个不同尺度区域的气候要素出发，获取了高原面气候要素以及生态工程建设典型区域的地表温度、降水、地表水和蒸散发的时空变化趋势，以期为青藏高原生态环境保护和可持续发展提供科学参考。基于遥感和站点数据，综合分析了高原面气候要素（气温、降水、地表温度和蒸散发）的时空变化特征，并结合生态工程实施特征和时空变化，对"一江两河"生态工程建设典型区域地表要素的时空变化特征进行详细分析。通过获取长时序气候要素的时空变化特征，对近 20 年来高原面以及生态工程建设典型区域的气候要素变化有了准确认知，为生态工程建设区域的生态环境效应评估提供科学支持。

4.1.1 高原面气候要素及其时空变化趋势

青藏高原对整个大气环流有着重要的影响，不仅是全球气候变化的敏感区，也是受气候变化影响最严重的地区之一。"水"和"温"作为最基础、最关键的气候要素，在青藏高原的气候系统中扮演着重要角色。受地形海拔、地貌等因素影响，青藏高原的气象站和观测站空间分布密度较低，整个高原面气候要素的监测范围受到极大的限制。随着卫星观测技术的飞速发展，遥感为获取全球同步观测数据提供了新的方法和手段，其较高的时效性和较广的区域性很好地解决了空间不连续问题，能有效地获取"面"数据。遥感数据与地面数据相结合，为获取区域尺度长时序、高时空分辨率的气候数据提供了可能。

1. 气温

气温是各种植物生理、水文、气象、环境等模式或模型中的一个非常重要的近地表气象参数，也是气候变化最重要的指标因子之一。作为全球气候变化的敏感区，青藏高原地区气温正以远超全国平均水平的速度上升，并且已经持续了近 50 年（Yao et al.，2012）。本研究采用资源环境科学与数据中心（https://www.resdc.cn）的气候分区数据，将青藏高原地区划分为 11 个自然区（表 4-1），并研究了青藏高原不同气候带的气温时空分布特征。同时，选择时间序列较长（1958 ～ 2015 年）且均匀分布于青藏高原的 6 个气象站点（包括甘孜、沱沱河、大柴旦、刚察、拉萨、和田 6 个气象站）为研究对象（图 4-1），开展了站点尺度的气温时序分析。

表 4-1　青藏高原主要自然分区

温度带	干湿地区	自然区
V 中亚热带	A 湿润地区	V A6 藏东喜马拉雅南翼
H I 高原亚寒带	B 半湿润地区	H I B1 果洛那曲高山深谷
	C 半干旱地区	H I C1 青南高原宽谷
		H I C2 羌塘高原湖盆
	D 干旱地区	H I D1 昆仑高山高原
H II 高原温带	A/B 湿润/半湿润地区	H II A/B1 川西藏东高山深谷
	C 半干旱地区	H II C1 青东祁连山地
		H II C2 藏南山地
		H II D1 柴达木盆地
	D 干旱地区	H II D2 昆仑山北翼
		H II D3 阿里山地

　　研究显示，青藏高原气温整体上呈现出自东南向西北、自边缘向腹地逐渐降低的空间分布格局，平均气温随海拔升高、纬度增加而逐渐降低（图 4-1）。青藏高原气温高温地区主要集中在东南部的喜马拉雅南翼地区，多年平均气温高达 15.3 ℃，同时也是高原海拔最低的区域（平均海拔约 2219 m）（图 4-2）。气温第二梯度主要沿西南—东北方向分布，呈现出包裹高原腹地的空间分布格局；而气温低值区出现在青藏高原腹地。

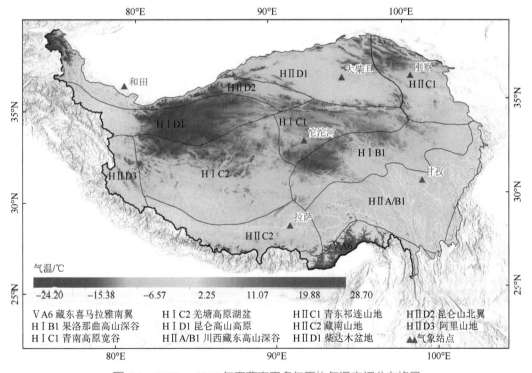

图 4-1　1998 ～ 2017 年青藏高原多年平均气温空间分布格局

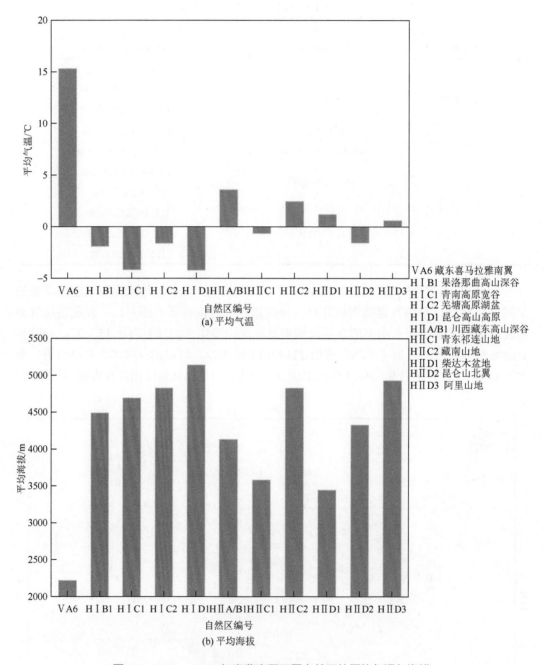

图 4-2　1998～2017 年青藏高原不同自然区的平均气温与海拔

　　根据不同自然区气温的时序变化结果发现，青藏高原整体气温呈现出一致增暖的变化趋势，不同地区气温变化幅度不同（图 4-3）。从空间分布来讲，1998～2018 年，高原增暖现象在西北部、中西部和东南部地区表现较为强烈，而在高原腹地及北部地区气温的升温趋势相对较弱。

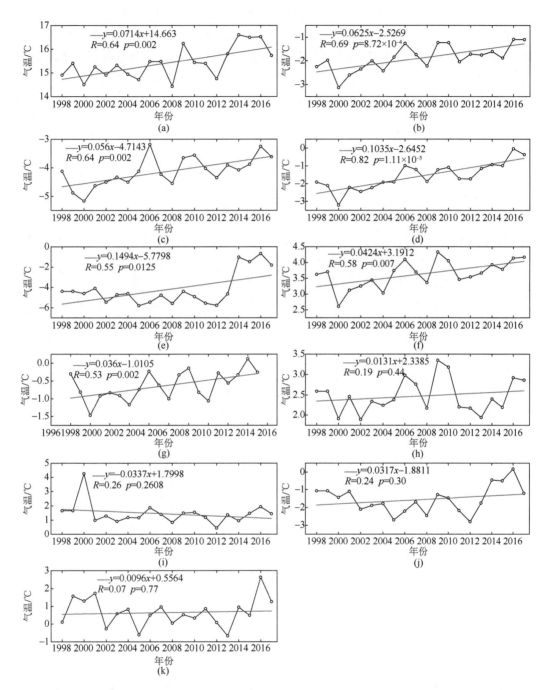

图 4-3 1998～2018 年青藏高原不同自然区平均气温变化趋势

(a) Ⅴ A6 藏东喜马拉雅南翼；(b) H Ⅰ B1 果洛那曲高山深谷；(c) HIC1 青南高原宽谷；(d) H Ⅰ C2 羌塘高原湖盆；

(e) H Ⅰ D1 昆仑高山高原；(f) H Ⅱ A/B1 川西藏东高山深谷；(g) H Ⅱ C1 青东祁连山地；(h) H Ⅱ C2 藏南山地；

(i) H Ⅱ D1 柴达木盆地；(j) H Ⅱ D2 昆仑山北翼；(k) H Ⅱ D3 阿里山地

分析 6 个气象站点 1958 ～ 2015 年的年平均气温的时序变化，结果显示，气温均随时间变化呈现增加趋势，且都为显著性增加（图 4-4），该研究发现与类似的青藏高原气温变化的研究结果基本一致（冀钦等，2020）。其中，位于高原北部柴达木盆地的大柴旦站的气温增加趋势最强，线性拟合趋势达到 0.49 ℃ /10a。双湖站年平均气温最低（-4.13 ℃），且增长率较小，仅为 0.22 ℃ /10 a。

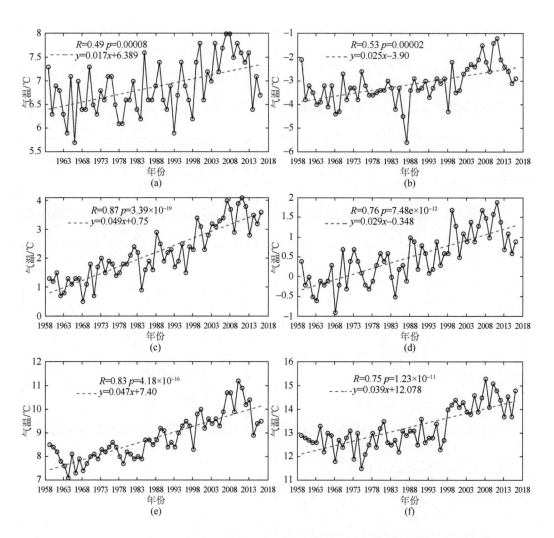

图 4-4　青藏高原不同气象站点多年平均气温变化趋势

（a）甘孜站；（b）沱沱河站；（c）大柴旦站；（d）刚察站；（e）拉萨站；（f）和田站

2. 降水

青藏高原作为地球"第三极"和"亚洲水塔"，是中国乃至亚洲的重要水源地，其降水情况会直接影响到源于此区域的河川径流变化及区域水源涵养功能，对下游地区水资源安全和生产生活会产生极大影响。选取来源于美国国家航空航天局的全球降水观测计划（global precipitation measurement，GPM）产品 IMERG "Final Run" V06B 版本 2015～2020 年月尺度降水数据，分析了青藏高原区域多年平均降水空间分布；并在青藏高原区域内选择了分布于不同空间位置的 6 个地面雨量站点 1958～2015 年的数据，分析不同区域的降水趋势的显著性。

　　研究显示，青藏高原降水的空间分布总体上呈现出自东南向西北、自南向北减少的趋势，西北部地区的年降水量最少，仅 40～300 mm，年降水量最大的地方集中分布于藏东南地区，年总降水量可达 4700 mm（图 4-5）。青藏高原降水的空间异质性较强，呈现出由西北区域向东南区域的条带状分布，既存在我国降水量最少的地区，如位于柴达木盆地西北部的冷湖，其年平均降水量不到 50 mm，也包含降水非常丰沛的东喜马拉雅南翼地区，平均降水量为 3000 mm 左右。青藏高原整体年均降水量在 1000 mm 以下，位于西北部的昆仑高山高原自然区年均降水量仅 150 mm，而位于东南区域的东喜马拉雅南翼自然区由于季风带来充足水汽、加上水汽被地形抬升，年均降水量最大达 3000 mm，表现出显著的空间异质性。

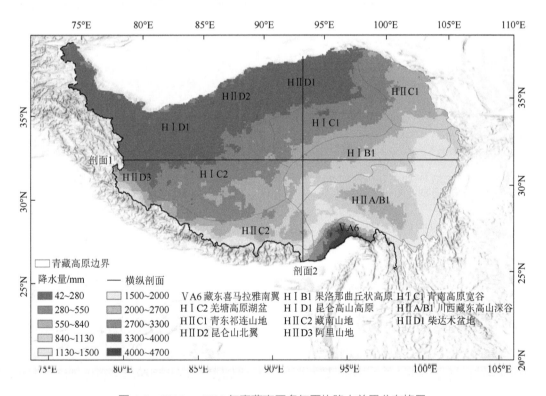

图 4-5　2015～2020 年青藏高原多年平均降水总量分布格局

进一步分析青藏高原降水的时间变化特征（图 4-6），从季节上来看，青藏高原降水在年内分配极不均匀，集中在夏季的 6 ～ 8 月，且降水高值区主要分布在高原东南部区域；而在冬季的 12 月至次年 2 月，高原整体降水量较少，大部分地区总降水量在 10 ～ 30 mm。从降水在不同季节的变化强度来看，一般为冬季＞春季＞秋季＞夏季。冬季降水量较少但变化幅度较大；春季降水量年际变化较为明显；秋季降水量呈现出波动变化，但总体变化率较小；夏季降水量值最大而变化幅度小。

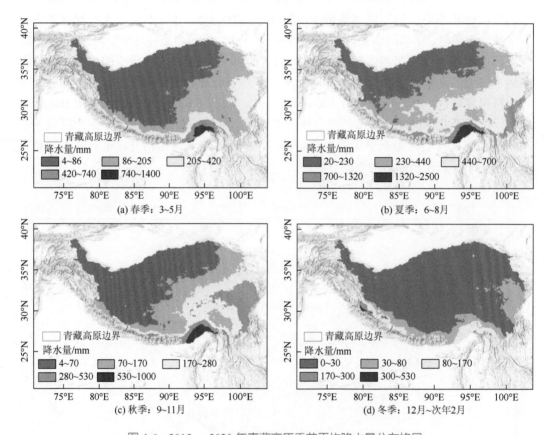

图 4-6　2015 ～ 2020 年青藏高原季节平均降水量分布格局

基于 6 个气象站的年平均降水量的时序变化（图 4-7），可以发现 1958 ～ 2015 年青藏高原各个区域的平均降水量呈现出东南部和中部显著增加的变化趋势。其中，位于高原东南区域的甘孜站和中部区域的沱沱河站呈现出显著增加的趋势（达到了 0.05 的显著性水平），其中甘孜站的增加趋势为 0.15 mm/10a，沱沱河站的增加趋势为 0.12 mm/10a；除此之外，位于东北区域的大柴旦站和刚察站、西北区域的和田站，以及南部区域的拉萨站增加趋势较小且均不显著。

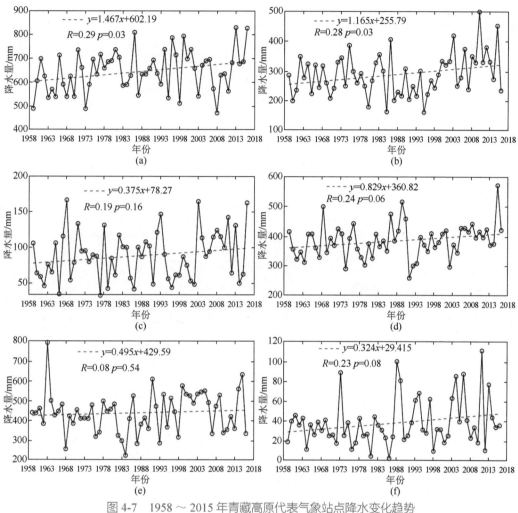

图 4-7　1958 ～ 2015 年青藏高原代表气象站点降水变化趋势

(a) 甘孜站；(b) 沱沱河站；(c) 大柴旦站；(d) 刚察站；(e) 拉萨站；(f) 和田站

3. 地表温度

地表温度（land surface temperature，LST）是表征地表过程变化的一个非常重要的特征物理量，作为地表水热能量平衡的重要分量和组成部分，能够提供反映地表能量平衡状态的时空变化信息。基于 2000 ～ 2020 年美国国家航空航天局 Terra 卫星中分辨率成像光谱仪（moderate-resolution imaging spectroradiometer，MODIS）日尺度 LST 产品（MOD11A1）数据，选用地表温度年周期模型（annual temperature cycle，ATC）提取年平均地表温度，开展了青藏高原地表温度时空分布特征分析。

研究显示，青藏高原白天和夜晚地表温度空间分布格局存在明显不同，白天 LST 呈现出"南北高、中心低"的格局，存在藏南山地和柴达木盆地两个高值中心；而夜晚则呈现出"西北低、东南高"的空间格局，LST 高值区域主要位于南部地区，低温主要位于西北部地区（图 4-8）。

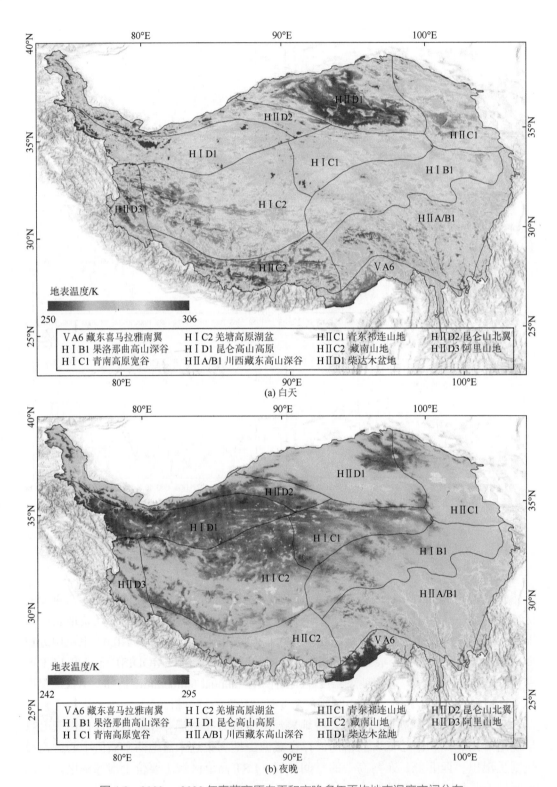

图 4-8　2000～2020 年青藏高原白天和夜晚多年平均地表温度空间分布

统计青藏高原不同自然区白天和夜晚的多年平均地表温度（图 4-9），可以发现地表温度在夜晚相比白天变化更剧烈。在夜晚，藏东喜马拉雅南翼的多年平均 LST 最高，达 279.80 K，最低温区位于昆仑高山高原，仅为 258.91 K。白天多年平均地表温度最高的是柴达木盆地，达 292.02 K，最低温区为昆仑高山高原，仅 283.34 K。

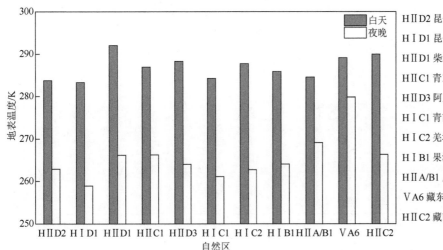

图 4-9　不同自然区昼夜多年平均地表温度统计

青藏高原地表温度时间变化研究显示（图 4-10），2000～2020 年青藏高原地表温度不管白天还是夜晚均表现出明显的增温趋势。其中，白天增温区域面积占青藏高原总面积的 51%；夜晚增温面积占总面积的 93%，其中显著增长的面积比例高达 49%。

统计不同自然区地表温度的时序变化结果（图 4-11），可以发现，白天地表温度增加区域主要集中在青藏高原的东南部区域，降温区域主要位于东北部、中部和西部地区。而青藏高原地表温度在夜晚则表现出普遍增温变化，这与全球气候变暖条件下夜晚的整体性增温有很大的关联。

4. 蒸散发

蒸散发（evapotranspiration，ET）是陆地表面热量平衡和水量平衡的主要过程参量，是联系水热循环的纽带（Wang and Dickinson，2012）。在全球变暖背景下，青藏高原作为一个敏感区，其水热能量交换对北半球乃至全球大气环流和气候极具影响。采用北京师范大学梁顺林教授团队研发的全球陆地表面卫星（global land surface satellite，GLASS）产品数据（2001～2018 年，时间分辨率为 8 天、空间分辨率为 0.05°）（梁顺林等，2017），开展了青藏高原蒸散发的时空变化分析。

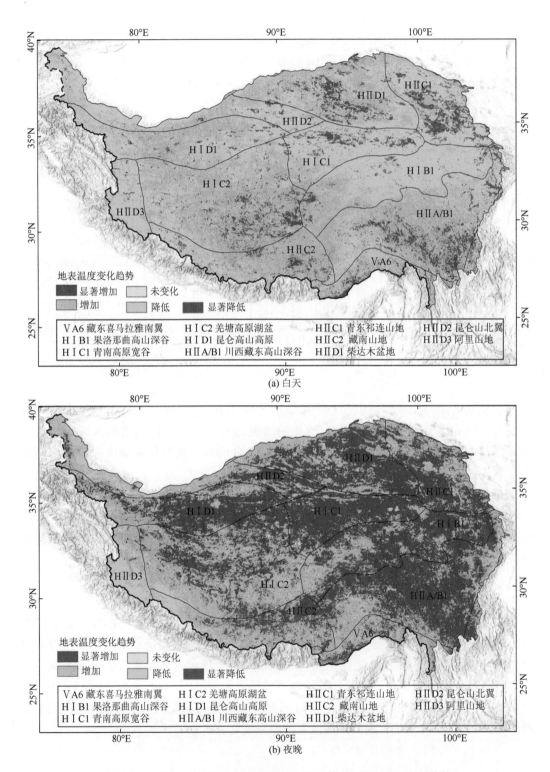

图 4-10　2000～2020 年青藏高原白天和夜晚地表温度时间变化趋势

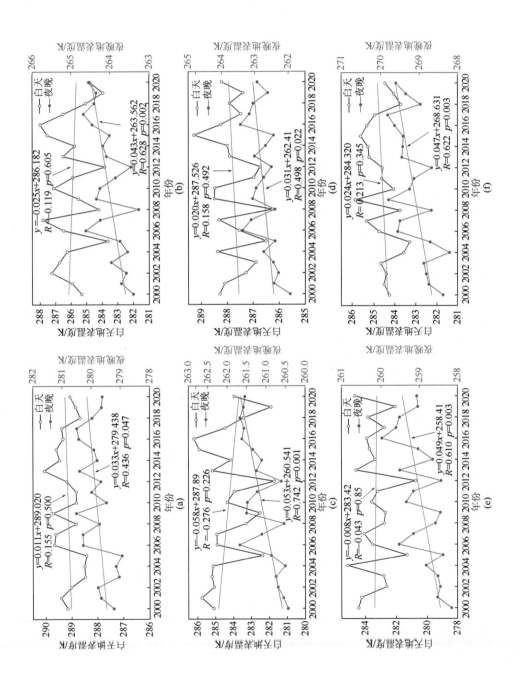

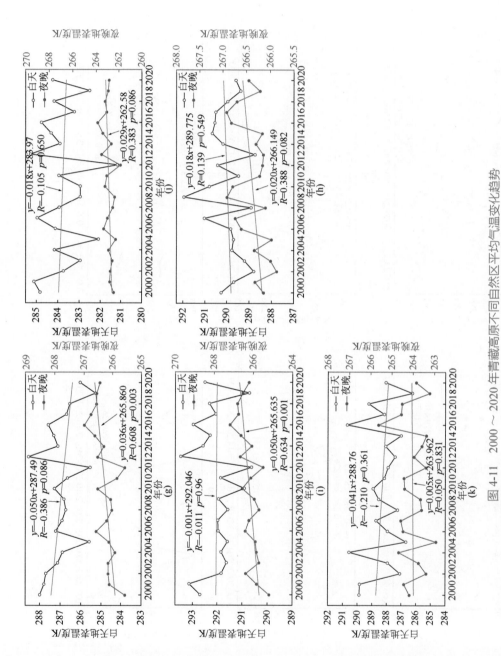

图 4-11　2000～2020 年青藏高原不同自然区平均气温变化趋势

(a) V A6 藏东喜马拉雅南翼；(b) H Ⅰ B1 果洛那曲高山深谷；(c) H Ⅰ C1 青南高原宽谷；(d) H Ⅰ C2 羌塘高原湖盆；(e) H Ⅰ D1 昆仑高山高原；(f) H Ⅱ A/B1 川西藏东高山深谷；(g) H Ⅱ C1 青东祁连山地；(h) H Ⅱ C1 青南山地；(i) H Ⅱ C2 藏南山地；(i) H Ⅱ D1 柴达木盆地；(j) H Ⅱ D2 昆仑山北翼；(k) H Ⅱ D3 阿里山地

2001 ～ 2018 年青藏高原多年平均蒸散发呈现出东高西低、南高北低、由东南湿润及半湿润地区向西北干旱及半干旱地区递增的空间分布格局（图 4-12），多年平均蒸散发为 151.70 mm，各自然区的数值在 89.00 ～ 1184.23 mm。

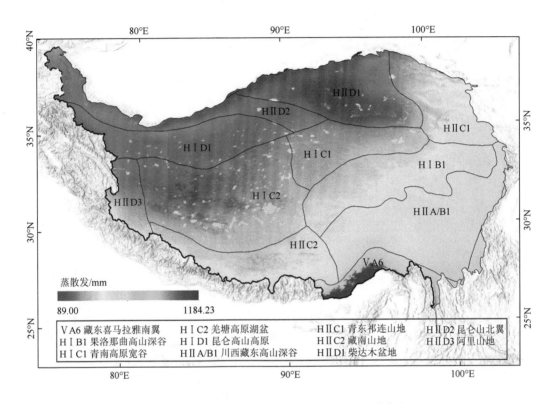

图 4-12　青藏高原 2001 ～ 2018 年多年年均蒸散发

基于青藏高原主要的 11 个自然区计算多年年均蒸散发（图 4-13），结果显示，青藏高原蒸散发空间分布特征与各地的干湿程度较为一致，在干旱程度越严重的地方，蒸散发越低，越湿润的地方其蒸散发越高。其中，位于藏北部干旱地区的柴达木盆地蒸散发均值最低，仅 163.47 mm，而地处青藏高原东南部的东喜马拉雅南翼是整个青藏高原上最湿润的自然区，其年均蒸散发也最高，为 690.94 mm。

统计不同自然区蒸散发的时间变化特征（图 4-14），结果显示，2001 ～ 2018 年青藏高原绝大部分地区蒸散发呈增长趋势，增长面积占比超过 92%，显著增长趋势面积占比达 47.44%。近 20 年青藏高原蒸散发显著性增长趋势的地区主要分布在高原西部的干旱或半干旱区，其中以羌塘高原湖盆增长速率最高，最高达 15.02 mm/a；显著减小的地区主要为高原东南部，其中东喜马拉雅南翼减小速率最快，最低为 –22.44 mm/a。

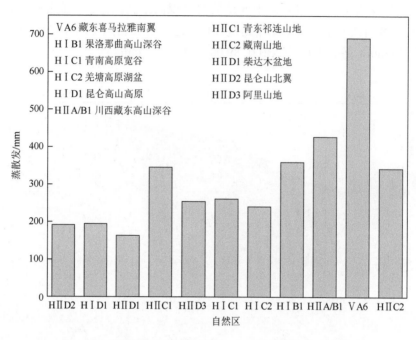

图 4-13　青藏高原各自然区 2001 ～ 2018 年多年年均蒸散发

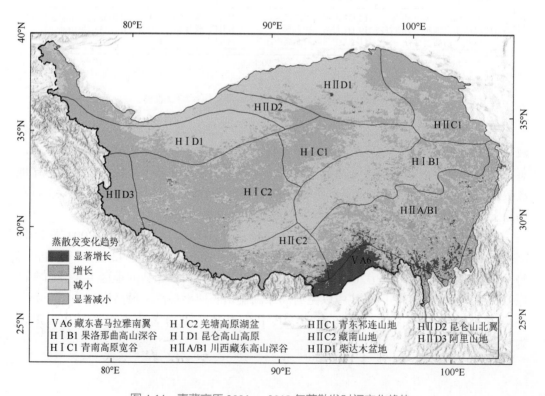

图 4-14　青藏高原 2001 ～ 2018 年蒸散发时间变化趋势

4.1.2　生态工程建设典型区域地表温度时空分布特征

"一江两河"地区主要包括雅鲁藏布江中游、年楚河及拉萨河流域的 18 个区县，这里属青藏高原南部高原河谷区，自然条件和自然资源独特、优越，是西藏自治区经济社会发展的核心地区，也是联系相邻地区及通往边境口岸的枢纽。为了应对地区人类活动导致的生态环境日趋恶化问题，该区域自 20 世纪 80 年代开始先后实施了系列生态治理工程，如退耕还林还草工程、防沙治沙工程、防护林体系建设工程等。生态工程对"一江两河"地区生态环境保护与改善起到了重要作用，生态修复成效显著。揭示"一江两河"地区地表温度的时空变化特征，不仅对理解区域地表能量和水循环具有重要的意义，而且为评估生态修复的环境效应研究提供重要的科学指导。

"一江两河"地区地表温度的空间变化呈现出白天地表温度表现出"南高北低"的空间格局，夜晚则表现出"中间高边缘低"的空间分布特征（图 4-15）。就空间分布而言，由于该区域海拔差异大，其昼夜地表温度高温区均呈现出沿河谷条带状分布，越靠近河谷温度越高，两侧高山区温度均较低。河谷区海拔低、城市用地以及沙化土地的广泛分布，一定程度上使得河谷区地表温度较高。该区域白天的地表温度均值为290.80 K，夜晚为 267.68 K，其昼夜地表温度均值均高于整个青藏高原，因此相较于高原内部的低温环境，该区域的热环境相对较好。

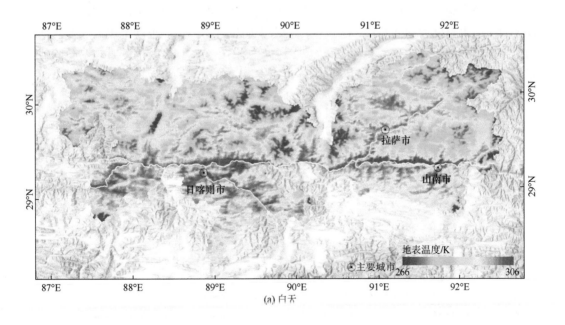

(a) 白天

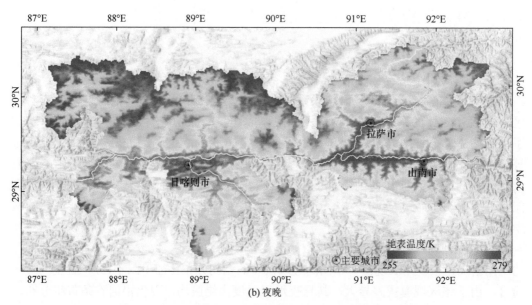

(b) 夜晚

图 4-15　"一江两河"地区白天和夜晚地表温度空间分布特征

进一步研究海拔差异对地表温度的影响，发现不管白天还是夜晚，"一江两河"地区地表温度都随着高程的增加而显著降低（图 4-16）。从变化速率来看，白天地表温度的递减率为 $-2.17\ \mathrm{K/m}$，夜晚递减率为 $-1.88\ \mathrm{K/m}$，白天地表温度随高程变化的趋势强于夜晚，说明白天地表温度受高程的影响大于夜晚。但是，从标准差的分布情况来看，夜间各高程区间内地表温度的标准差均小于同区间内白天的标准差，说明夜晚地表温度变化高程的主导作用更强，而白天各高程区间的地表温度变化在受高程影响的同时也易受其他因素的影响。同时发现随着高程的增加，昼夜地表温度的标准差表现出增长趋势。由此可发现地形复杂性的增加会加大高程对 LST 变化的影响，且这种影响在白天更强烈。

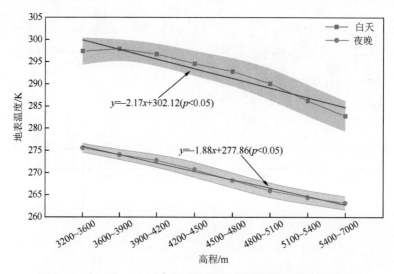

图 4-16　2000 ～ 2020 年不同高程区间地表温度均值和标准差

2000～2020 年，"一江两河"地区昼夜地表温度整体表现出了增温趋势（图 4-17），夜晚显著变化的地表温度平均变化速率（0.058 K/a）明显大于白天（0.029 K/a）。白天温度增加的面积占"一江两河"地区的 94%，其中显著增加区域面积占 7%。而夜晚增长的范围占比高达 99%，其中显著增长区域占比达到 56%。

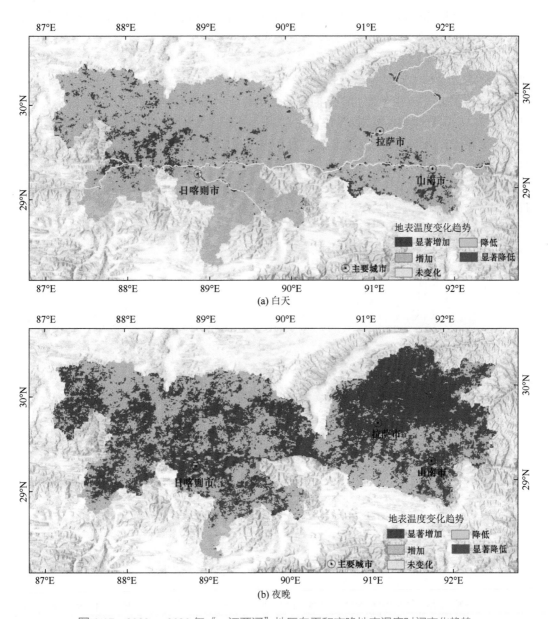

图 4-17　2000～2020 年"一江两河"地区白天和夜晚地表温度时间变化趋势

白天地表温度显著增长的区域主要位于西北部和东南部，在拉萨市附近也存在小范围的显著增温区域，这与该区域城镇化发展引起的地表增温有很大关联。另外，白天显著降温的区域主要位于北部和西南部，这主要与区域内水利工程修建引起的水面扩大有关，如拉萨河上游的旁多水利枢纽工程和直孔电站。同时，河谷区生态工程实施引发的植被覆盖条件增加也对白天地表温度有一定的降温效应，如拉萨市内植被条件的增加降低了城市热岛效应，进而有效提高了城市环境的舒适性。相比之下，夜晚地表温度显著增加区域主要集中于北部、中部和西部，降低的区域位于最南部但其并不显著，主要河流的河谷地带均表现出显著增温特征。

从上述地表温度时空分布特征可以看出，"一江两河"地区地表温度动态和植被的变化存在很大的关联。为更为直观地了解二者之间的关系，分析了 2000～2020 年"一江两河"地区生长季平均 NDVI 的时间变化趋势（图 4-18）。对比图 4-17 可以看出，河谷区的生态工程实施（特别是防沙治沙工程），有效改善区域的植被覆盖，植被指数均呈现显著增长趋势，平均显著变化率为 0.0019/a，对该区域地表温度的变化有极大影响。白天地表温度在植被显著升高的雅江上游、中游和年楚河流域内，表现出降温趋势。夜间地表温度的显著增长区域与生长季平均 NDVI 的显著增加区域在空间上具有较高的一致性，特别在拉萨河流域中段和雅江中游区域。

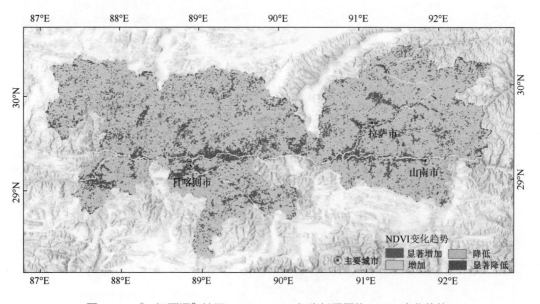

图 4-18　"一江两河"地区 2000～2020 年生长季平均 NDVI 变化趋势

从地表温度与植被变化的耦合关系可以看出，"一江两河"地区生态工程的实施直接影响到地表温度的变化。为定量评估生态工程实施后的气候调节作用，本研究通过偏相关分析获取了河谷区 NDVI 和地表温度的偏相关特征，结果如图 4-19 所示。除了中间河流水体区域的变化差异，河谷区的植被覆盖变化和白天地表温度的变化以负相关为主，即植被覆盖改善区域，地表温度表现出降温趋势；相反，植被覆盖变化和地表温度的变化在夜晚则以正相关为主。这一结果表明，"一江两河"地区生态工程实施后，对当地气候起了一定的调节作用，实施生态工程导致的植被显著增长对河谷区白天地表温度有降温效应，而在夜晚则有增温效应，这一结论和前文中定性分析结果一致。

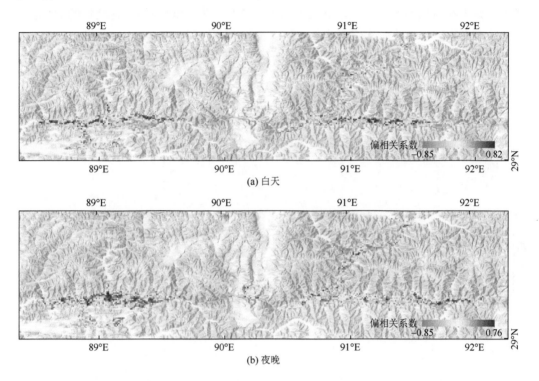

图 4-19　"一江两河"地区 2000 ～ 2020 年生长季平均 NDVI 变化和地表温度的偏相关性

4.1.3　生态工程典型区降水和地表水的时空变化

生态工程区内的植被生长状况好坏与当地气候条件密不可分，其中降水是为最为密切的气候因子之一。生态工程对区域降水起着一定程度的反馈作用，影响着降水分布。选择"一江两河"区域为生态工程典型区，开展区域降水时空变化分析。降水是雅鲁藏布江、拉萨河和年楚河的重要补给来源，而且是当地植被生长过程中不可或缺的水分来源。一般而言，降水越丰富的区域，植被生长越茂盛。基于 GPM 卫星降水产品 2015 ～ 2020 年的年均降水数据，以及区域内 5 个地面雨量站点 1971 ～ 2020 年的降水数据（尼木、贡嘎、墨竹工卡、泽当和拉萨），分析了生态工程典型区降水的时空分布状况变化，对评估生态工程实施后的植被恢复成效具有重要意义。

研究显示，生态工程区降水空间上整体沿雅江河谷降水自上游向下游逐渐增加，时间上整个区域全年 75% 以上的降水量集中在汛期的 6 ～ 9 月，在年际变化上呈显著增加趋势，其中流域中游段最为明显的特点（图 4-20 和图 4-21）。受该区域大气环流和地形的影响，流域下游地区降水较为丰富，局部区域多年平均降水能达到 900 mm 以上，而流域西北区域降水偏少，多年平均降水不足 500 mm，进而形成从东南向西北降水空间分布递减的趋势。此外，拉萨河流域降水较年楚河流域更为充沛，年均降水量多 200 mm 左右。"一江两河"地区内降水量年内分配呈现单峰型，全年 75% 以上的降水量集中在汛期的 6～9 月，最大值出现在 7 月，为 130.5 mm，占全年的 25%，受丰沛的雨水影响，当地的植被在这段时间内生长也最为茂盛。

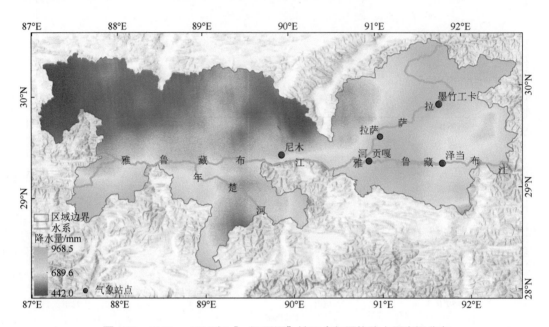

图 4-20　2015～2020 年"一江两河"地区多年平均降水量空间分布

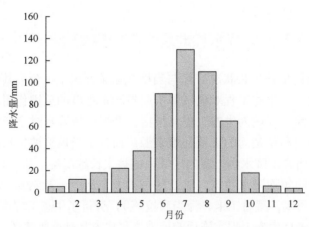

图 4-21　1971～2020 年"一江两河"地区多年月均降水量

从流域不同区域降水量的年际变化来看，"一江两河"地区的降水量在 1970～1980 年相对较低，1990 年以后相对较高，20 世纪 90 年代以来，流域降水量迅速增加（图 4-22）。流域上游地区的尼木站点显示降水量在 1980～2000 年相对偏低，2000 年以来，上游降水量快速增加。流域中游在 1970～1980 年相对较低，

1990 ～ 2010 年相对较高。20 世纪 90 年代以来，中游地区降水增长率较为显著，2000 ～ 2009 年的降水量比该地区年平均降水量高 21.23 mm，且该地区年降水量的年际变化也随着时间的推移呈现增加趋势。1970 ～ 1990 年下游地区降水量较小，且呈下降趋势，1990 年以后，下游降水量和多年平均降水量一致，呈增加趋势，2000 ～ 2009 年该地区年平均降水量比多年平均降水量高出 6.74 mm。以上结果表明，"一江两河"地区不同区域段降水量随时间均呈增加趋势，其中流域中游段最为明显。

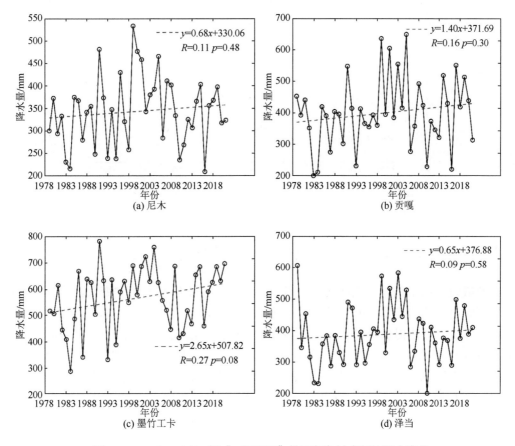

图 4-22 1978 ～ 2020 年"一江两河"地区气象站点年均降水变化

从整个流域的平均降水年际变化来看，自 1971 年以来，"一江两河"地区年平均降水量总体上以 3.58 mm/a 的速率呈显著增加趋势（图 4-23）。但具体又可以大致分为四个阶段：1971 ～ 1990 年，缓慢增加阶段，流域年平均降水量以 9.28 mm/a 的速度线性增加；1991 ～ 1999 年，大幅增加阶段，流域年平均降水量以 14.84 mm/a 的速度大幅线性增加；2000 ～ 2009 年，大幅下降阶段，流域年平均降水量以 –19.31 mm/a 的速度线性下降；2010 ～ 2020 年，大幅增加阶段，流域年平均降水量以 15.57 mm/a 的速度线性增加。

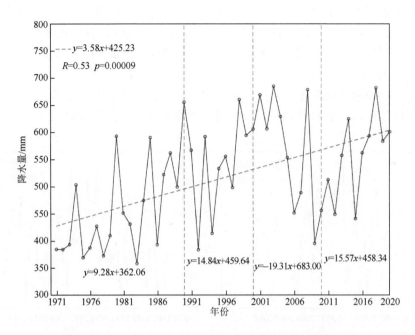

图 4-23　1971～2020 年"一江两河"地区年降水量变化趋势

4.1.4　生态工程典型区蒸散发/潜热通量的时空变化

　　蒸散发作为水热循环的纽带，了解其生态工程实施以来的时空变化，对当地农业区及其周边地区的能量水循环研究具有重要的意义，而且还能为生态环境保护及生态工程环境效应评估提供参考依据。选择"一江两河"区域作为生态工程典型区，基于 2001～2018 年的 GLASS 11B01 产品数据，开展了生态工程典型区蒸散发时空变化分析。

　　"一江两河"地区蒸散发的空间分布研究显示，区域多年平均蒸散发具有显著的空间分布差异，总体上呈现出西低东高，沿着雅江自西向东逐渐递增的趋势，多年年均蒸散发波动范围为 250.42～481.44 mm（图 4-24）。区域内蒸散发最低值为 250.42 mm，出现在雅江上游的西南部，地处干旱的羌塘高原湖盆地；沿着雅江向东，年均蒸散发值逐渐增高，最高可达 481.44 mm。若将"一江两河"地区在雅江与拉萨河交会处西部为界，分为上游和下游，上游位于羌塘高原湖盆和藏南山地中部，受干旱的影响整体蒸散发较低；下游主要位于藏南山地东部，少部分位于川西藏东高山深谷，较上游部分降水充足、湿润，因此蒸散发整体较上游高。值得注意的是，在雅江与拉萨河交会处的西南部年均蒸散发出现周围地区的极高值，这是因为该区域为羊卓雍错湖，水域的蒸散发较高；而从交会处沿着雅江向东为整个下游地区的低值区域，这可能是因为在雅江河谷区存在大量的沙地，植被覆盖较周围区域少，但因为该地区实施大量生态环境等保护措施，其蒸散发整体较上游高。"一江两河"地区地形复杂，海拔范围在 3200～7000 m，波动较大，结合高程数据探索蒸散发在各海拔区间的具体分布情况（图 4-25）。研究显示，在海拔为 4800 ～ 5100 m 区间年均蒸散发最低，仅为 314.05 mm；在海拔 3200 ～ 3600 m 区间，年均蒸散发最高，为 330.37 mm。

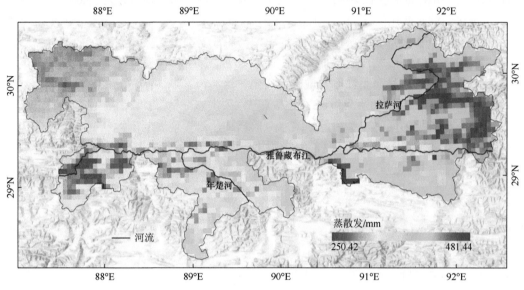

图 4-24　"一江两河"地区 2001 ～ 2018 年多年平均蒸散发

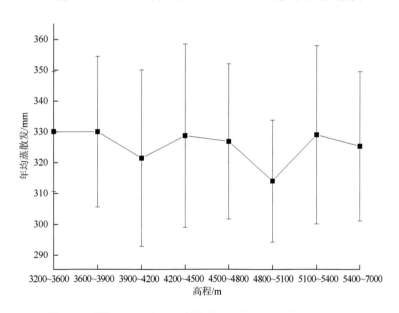

图 4-25　"一江两河"地区各高程段平均蒸散发

　　"一江两河"地区蒸散发的时间变化研究显示，区域 2001 ～ 2018 年年均蒸散发总体上随时间呈增长趋势，增长速率为 1.06 mm/a（图 4-26）。2001 ～ 2018 年年均蒸散发介于 306.26 ～ 349.13 mm，多年平均值为 323.32 mm。蒸散发较低的年份，如 2009 年和 2015 年，与当年因降水减少出现的旱情影响有关，而蒸散发较高的年份主要与降水充足有关。通过 MK 趋势检验,分析了"一江两河"地区 2001～2018 年蒸散发变化显著性分布(图 4-27)。总体上,"一江两河"地区蒸散发在 2001～2018 年以增长趋势为主,呈增长趋势的地区面积占比为 95.40%,其中呈显著性增长的面积占比为 25.68%。"一江两河"地区蒸散发变化呈减小趋势的地区很少,面积占比不到 5%,其分布主要位于年楚河及年楚河与雅江交会的上游地区,在拉萨河与雅江交会处的下游有零星散布。可以注意到,2001～2018 年"一江两河"地区蒸散发呈显著性增长趋势的地区主要分布在河谷附近,离河谷越近呈显著性增长地区越密集,这与该区域 NDVI 变化趋势相一致。近20 年来当地政府在"一江两河"地区实施了一系列生态环境保护工程,使得植被覆盖率逐步上升,植被增多同时也会引起地表水分的增加,改变地表的干湿状况。上述综合作用导致区域蒸散发呈增长趋势,这能够表明"一江两河"地区生态工程的建设成效。

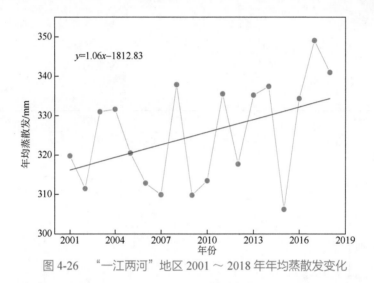

图 4-26　"一江两河"地区 2001～2018 年年均蒸散发变化

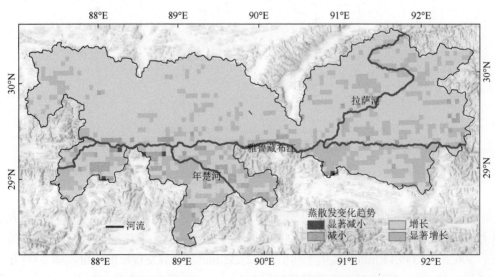

图 4-27　一江两河地区 2001～2018 年蒸散发时间变化趋势

4.2　流域风沙、水沙过程演变与水土流失

"一江两河"地区近数十年来受大规模生态建设驱动，土地利用变化剧烈，林草植被显著增加，由此对流域风沙、水沙过程演变与水土流失状况带来重要影响。通过试验研究、模型模拟等手段，从局地、流域、区域等多尺度综合揭示土壤侵蚀与生态水文过程、流域径流输沙等对植被变化的响应机制，为科学规划与推动区域生态文明高地建设提供支撑。

4.2.1　局地生态工程植被−土壤−水文耦合作用变化

雅鲁藏布江是世界上海拔最高的大河，在其辫状或乱流状水系极为发育的各宽谷段，也是中国河谷风沙地貌最发育、面积最大、分布最集中、危害最严重的区域。为了控制雅江河谷强烈的风沙灾害，在该地区"实施防沙治沙工程"一直被确定为西藏重大生态工程建设的重要内容之一。随着防沙治沙生态工程的大面积实施，河谷沙地植被逐渐恢复，引起植物群落近地表层特性（植被茎秆、枯枝落叶、土壤性质、生物结皮等）发生相应的变化，进而影响土壤和水文过程。土壤、植被和水在不同的时空尺度上都是耦合在一起的，其中一个的改变必然会导致其他两者的同时变化，了解土壤、水与植被之间的相互作用关系与耦合机理，对于制定可持续发展政策至关重要。因此，研究局地防沙治沙生态工程区内外植被−土壤−水文要素变化，揭示生态过程驱动的近地表特性变化及其对土壤侵蚀和水文过程的影响机理，对评估重大生态工程的环境效应具有重要意义。

1. 局地生态工程内外地表特性变化

生态工程实施可以有效地改善区域植被覆盖、群落结构和物种组成，从而有利于优化生态系统结构，增强生态系统功能。在植被恢复和演替过程中，植被茎秆、枯落物、根系系统和生物结皮会发生显著变化，同时，在植被、生物结皮与土壤相互作用过程中，土壤结构与养分状况也会逐渐改善（张光辉，2020）。植被特性、生物结皮与土壤理化性质等近地表特性作为生态系统结构和功能恢复的重要体现，研究这些特性在防沙治沙生态工程实施前后的变化，对评价生态工程实施成效有重要意义。为了深入了解这些变化，本研究选择雅江河谷防沙治沙生态工程区，考察了 4 种植被类型（杨树人工林、砂生槐、花棒、藏沙蒿）、3 种实施年限（6 年、10 年左右和 30 年以上）工程（表 4-2），重点关注了植被恢复驱动的近地表特性变化（刘琳等，2021）。

表 4-2　防沙治沙生态工程植物群落近地表特性调查样地基本信息表

植物群落	群落类型	工程年限 /a	经纬度	海拔 /m	土壤类型	植被盖度 /%	优势种
藏沙蒿	草本	10	29°18′18″N 91°32′42″E	3563	风沙土	42.10	藏沙蒿＋固沙草
花棒	灌木	10	29°18′18″N 91°32′44″E	3563	风沙土	58.67	花棒＋藏沙蒿

植物群落	群落类型	工程年限 /a	经纬度	海拔 /m	土壤类型	植被盖度 /%	优势种
砂生槐	灌木	6	29°18′44″N 91°22′15″E	3590	风沙土	38.33	砂生槐 + 藏沙蒿
砂生槐	灌木	12	29°18′20″N 91°32′16″E	3565	风沙土	56.03	砂生槐 + 藏沙蒿
砂生槐	灌木	>30	29°18′22″N 91°36′26″E	3651	风沙土	62.28	砂生槐
杨树人工林	乔灌	6	29°18′52″N 91°28′55″E	3575	风沙土	39.09	新疆杨 + 砂生槐
杨树人工林	乔灌草	10	29°19′04″N 91°21′17″E	3611	风沙土	83.33	北京杨 + 砂生槐 + 早熟禾
杨树人工林	乔草	>30	29°17′44″N 91°06′38″E	3568	风沙土	97.25	银白杨 + 草木犀 + 早熟禾

1) 典型防沙治沙生态工程植物群落生长特征

物种多样性反映群落的物种组成和结构特征，可以体现群落的发展阶段和稳定程度。对局地防沙治沙工程区样方的调查结果表明，沙地植被恢复后群落物种多样性明显提升，但由于立地条件限制，整体仍处于较低水平。雅江河谷防沙治沙生态工程实施后，4 种不同配置模式（杨树人工林、砂生槐、花棒、藏沙蒿）的 Simpson 多样性指数介于 0.46 ~ 0.60，Shannon-Wiener 多样性指数介于 0.65 ~ 0.99，Margalef 丰富度指数介于 0.28 ~ 0.52。其中，花棒群落的各生物多样性指数均最大，显著高于藏沙蒿，但与杨树人工林、砂生槐无显著差异。不同群落的 Pielou 均匀度指数介于 0.90 ~ 0.94，无显著差异。从工程实施初期的 6 年至恢复 10 年左右，杨树人工林各生物多样性指数变化不显著，到恢复 30 年以上的成熟林时植被物种多样性明显增大；而砂生槐群落各多样性指数从工程实施初期的 6 年至恢复 30 年以上其生物多样性呈现出不断下降趋势，这可能与砂生槐生长特性有关，砂生槐随其生长年限增加主根和侧根不断发达，并最大限度地向土壤下层和水平方向伸展，以充分吸收土壤水分，这会影响伴生草本植物的生长，进而使得生物多样性降低。整体而言，杨树人工林生物多样性显著高于单一的砂生槐灌木群落。

植被地上生物量是反映植被生长状况的重要指标，与植被的水土保持功能密切相关。不同防沙治沙生态工程实施下地上生物量差异明显（图 4-28）。4 种不同植被群落类型样地中，杨树人工林群落的林下植被地上生物量最高，达 18.91 t/hm²，分别是砂生槐（12.47 t/hm²）、花棒（12.21 t/hm²）和藏沙蒿（11.04 t/hm²）的 1.52 倍、1.55 倍与 1.71 倍，砂生槐、花棒、藏沙蒿群落间无显著差异。对比不同工程年限的地上生物量变化，随年限延长，杨树人工林群落的林下植被地上生物量呈先增加后减小趋势，砂生槐群落则呈增加趋势。工程实施 6 年、10 年和 30 年以上，杨树人工林的林下植被地上生物量分别是 10.66 t/hm²、18.91 t/hm² 和 1.60 t/hm²，砂生槐群落分别是 8.23 t/hm²、12.47 t/hm² 和 20.64 t/hm²。不同植物群落地上生物量随实施年限变化差异，主要与自身植被生长特性和林下植被演替有关。经过多年演替，30 年以上的成熟杨树人工林的林下植被以草本为主，使得林下生物量显著降低。但本次调查中保护研究区内植被不被过度破坏和保证样地间具有较好的可比性，杨树人工林地上生物量调查仅考虑了林下植被，未考虑乔木地上生物量。随着生长年限增加，杨树乔木的地上生物量会不断增加，整个工程区内的总植被地上生物量也会显著高于其他群落。

　　枯落物作为典型的地表覆盖可以显著影响地表水文过程。枯落物直接影响降水在地表的再分配，进而影响土壤水分储蓄和蒸发等过程；枯落物分解可以增加土壤有机质，进而改善土壤结构。枯落物蓄积量受到很多因素的综合影响，特别是植物群落类型、林龄或恢复年限、枯落物凋落量等。雅江河谷防沙治沙工程实施后，不同植物群落类型与实施年限间枯落物蓄积量表现出明显差异（图 4-28）。4 种不同植被群落类型样地中，杨树人工林群落的枯落物蓄积量为 4.85 t/hm²，相较砂生槐（0.94 t/hm²）、花棒（0.95 t/hm²）、藏沙蒿（0.54 t/hm²）高 4.16 倍、4.11 倍和 7.98 倍，砂生槐、花棒、藏沙蒿之间无显著差异。杨树人工林群落伴生大量一年生或多年生草本，群落类型丰富、地上生物量高，其枯落物蓄积量明显高于其他群落类型。在不同实施年限下，杨树人工林与砂生槐群落的枯落物蓄积量均随年限延长均先增加后减小的变化趋势。工程实施 6 年、10 年和 30 年以上，杨树人工林下枯落物蓄积量分别是 0.66 t/hm²、4.85 t/hm² 和 2.25 t/hm²，砂生槐分别是 0.52 t/hm²、0.94 t/hm² 和 0.84 t/hm²。在生态工程实施初期（6 年），两种群落类型的枯落物蓄积量无显著差异。随着年限延长，杨树人工林群落的枯落物蓄积量较同年限砂生槐显著增加了 4.16 倍与 1.68 倍，这也与杨树人工林群落类型更为丰富有关。

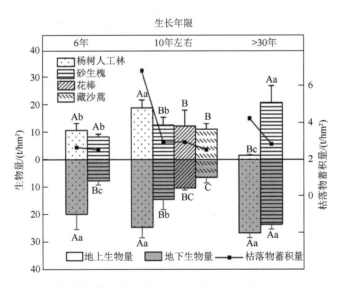

图 4-28　不同植被群落类型地上生物量、枯落物蓄积量与地下生物量

　　根系系统是植物群落的重要组成部分，具有强大的生态、水文和水保功能。根系系统对土壤侵蚀和水文过程的影响，包括其捆绑、缠绕、胶结土壤颗粒，以及化学分泌物的吸附等直接作用，也包括其生长、分解对土壤性质及其结构改善的间接作用。4

种不同植被群落类型样地中，0 ～ 60 cm 地下根系总生物量从大到小依次为杨树人工林（24.61 t/hm²）、砂生槐（14.46 t/hm²）、花棒（10.38 t/hm²）和藏沙蒿（6.52 t/hm²），杨树人工林（伴生砂生槐与固沙草等）较其他 3 种群落类型高 70.19% ～ 277.45%（图 4-28）。在垂直剖面上，不同植被群落根系的分布特征比较类似，均呈波动变化（图 4-29）。但也可以看出，杨树人工林群落类型的根系生物量在各土层均高于其他群落类型，特别在表层 0 ～ 20 cm，杨树人工林群落类型的根系生物量分别是藏沙蒿、花棒、砂生槐的2.31 倍、2.86 倍和 2.18 倍。这也与杨树人工林群落林下伴生大量砂生槐与一年生或多年生草本有关，草本植物大部分根系都分布在 0 ～ 20 cm 的表土层内。在不同实施年限下，杨树人工林 0 ～ 60 cm 根系生物量为 19.79 ～ 26.68 t/hm²，砂生槐 0 ～ 60 cm 根系生物量为 7.62 ～ 23.61 t/hm²，两种群落类型随年限延长均呈增加趋势（图 4-28）。在生态工程实施 6 年和 10 年左右，杨树人工林根系生物量均显著高于砂生槐，这是由于杨树人工林内伴生砂生槐灌木和草本，其会较单一的砂生槐群落具有更多的根系生长。随着年限延长至 30 年以上，研究中两者根系生物量差异不显著，这是由于杨树人工林林下植被演替至以草本为主，且根系调查时为根钻取土，未能采集到大量乔木粗根系，使得两者差异不显著。但整体而言，杨树乔木较灌木和草本具有更粗大的主根和侧根，其工程区内根系生物量会明显高于灌木和草本群落。

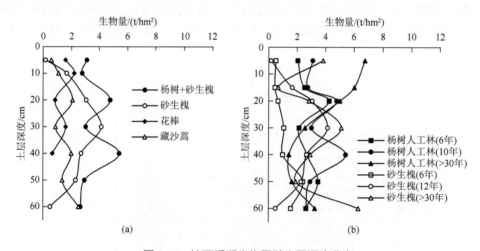

图 4-29 地下根系生物量随土层深度分布

总体看来，雅江河谷防沙治沙工程的实施显著促进了沙地植被恢复。其中，乔灌或乔灌草群落类型较单一的灌木或草本类型对群落物种多样性、地上生物量、枯落物蓄积量、地下生物量等改善效果明显更好，且杨树人工林随恢复年限增加，群落生长效果愈佳，这将更利于防风固沙效益的发挥。因此，建议在雅江河谷实施生态工程中推广乔灌配置模式（如"杨树 + 砂生槐"），并强化对单一灌木 / 草本型工程区的抚育与管理，以加快工程区内生态环境恢复与改善，进而促进防沙治沙作用的发挥。

2）典型防沙治沙生态工程生物结皮发育特征

生物结皮（biological soil crusts）又称生物土壤结皮、土壤微生物结皮等，其是由微细菌、真菌、藻类、地衣、苔藓等隐花植物及其菌丝、分泌物等与土壤砂砾黏结形成的复合物。生物结皮广泛分布于干旱、半干旱、半湿润、高山、极地等环境恶劣地区，占到全球陆地面积的 40% 以上。生物结皮被喻为"土壤的皮肤"，就像人的皮肤是保护身体的重要屏障，生物结皮可以保护下层土壤，具有防风固沙、水土保持、增加土壤肥沃程度等重要生态功能。生物结皮也是干旱半干旱沙漠最具有特色的生物景观之一，生物结皮的存在对沙漠的固定、土壤表面的物理化学生物学特性、土壤抗风蚀水蚀等方面具有重要意义（李新荣等，2009）。生物结皮也是沙漠植被演替的先锋种，对促进沙漠植被演化具有重要作用。

调查发现，雅江河谷防沙治沙工程实施后地表生物结皮广泛发育，以苔藓结皮与藻类结皮为主。生物结皮盖度、厚度皆因植被群落类型和工程实施年限不同而异。如表 4-3 所示，4 种不同植被群落类型样地中，杨树人工林群落由于伴生大量砂生槐和草本植物，其植被郁闭度高，且地表大量枯枝落叶覆盖，不利于地表无生物结皮发育，其他 3 种群落的生物结皮盖度从大到小依次排列为藏沙蒿＞花棒＞砂生槐。藏沙蒿局地生物结皮盖度可达 80%，是砂生槐与花棒的 1.6 倍和 2.46 倍，其苔藓结皮厚度和藻类结皮厚度分别是花棒、砂生槐的 1.31 倍、1.14 倍和 1.08 倍、1.14 倍。在不同实施年限下，杨树人工林仅在工程实施初期（6 年）有生物结皮发育，此时植被覆盖度相对较低，其生物结皮盖度为 4.33%，苔藓结皮与藻类结皮厚度分别为 14.66 mm 和 7.01 mm。砂生槐群落的生物结皮盖度与厚度随年限均呈增加趋势，从恢复 6 年到 30 年以上，生物结皮盖度由 6.44% 增加到 34.00%，苔藓结皮厚度由 9.79 mm 增加到 30.72 mm，藻类结皮厚度由 5.70 mm 增加到 13.18 mm。雅江河谷防沙治沙工程的实施在一定程度上促进了生物结皮的发育，生物结皮的存在不仅有利于增强地表稳定性，而且对荒漠土壤的形成也具有重要作用。生物结皮对缓解干旱半干旱区风沙侵蚀的贡献已得到了广泛的认可，在今后防沙治沙工程营建过程中，应重视对生物结皮的保护。

表 4-3　防沙治沙生态工程生物结皮发育特征

指标	工程年限 / 年	砂生槐	杨树人工林	花棒	藏沙蒿
生物结皮盖度 /%	6	6.44	4.33		
	10	32.50	—	50.00	80.00
	>30	34.00	—		
苔藓结皮厚度 /mm	6	9.79	14.66		
	10	11.54	—	10.03	13.11
	>30	30.72	—		
藻类结皮厚度 /mm	6	5.70	7.01		
	10	6.68	—	7.03	7.59
	>30	13.18	—		

3) 典型防沙治沙生态工程土壤理化性质变化特征

土壤理化性质是土壤的基本属性，与地表水文过程和侵蚀过程密切相关，植被与生物结皮的生长发育会显著影响表层土壤的理化性质。土壤质地，即土壤中黏粒、粉粒及砂粒的相对含量，是评估土壤入渗能力、持水性能、抗蚀能力的关键指标。植被与生物结皮覆盖地表，不仅可以同时抑制风蚀的发生并降低其强度，还能大量捕获风沙中的细颗粒，有效抑制地表粗化过程，同时为系统输入养分，促进沙区土壤的成土过程。4 种不同植被类型防沙治沙生态工程实施后，沙地表层 0 ~ 10 cm 土壤质地得到了显著改良，具体表现为中砂和粗砂比重显著降低，粉粒和极细砂比重显著增加（表 4-4）。与生态工程区外的活跃沙丘样地相比，生态工程区内沙地表层 0 ~ 10 cm 土层粉粒、极细砂含量显著提高了 25.75 ~ 54.61 倍、2.31 ~ 5.56 倍，中砂、粗砂含量显著降低了 55.47% ~ 91.57%、39.73% ~ 90.23%。在 10 ~ 30 cm 土层，除藏沙蒿外，其他 3 种群落土壤质地也显著改良。相较城区外的活跃沙丘样地，花棒、砂生槐、杨树人工林 10 ~ 30 cm 土层粉粒和极细砂含量也显著增加，中砂含量显著降低。以上结果表明，雅江河谷防沙治沙生态工程实施可以有效改良土壤质地，特别是驱动表层颗粒中粉粒和极细砂比重显著增加。整体而言，杨树人工林样地由于林下同时伴生大量砂生槐灌木和草本植物（如固沙草、早熟禾等），群落类型丰富，对土壤质地的改良效果最好。杨树人工林和砂生槐群落的土壤质地随实施年限延长也均发生显著变化。从图 4-30 中可以看出，生态工程区外的裸露沙地各土层均以大颗粒（细砂、中砂、粗砂）为主，含量高达 93.92% ~ 99.60%，砂生槐灌木与杨树人工林实施后的细砂、中砂、粗砂含量分别显著降低至 48.17% ~ 73.74% 和 10.28% ~ 66.93%，这表明生态工程实施初期即对土壤质地改良具有明显的促进作用。相同实施年限砂生槐各层土壤较大粒径砂粒（细砂、中砂、粗砂）含量均高于杨树人工林，这也说明杨树人工林（伴生砂生槐与草本的乔灌或乔灌草组合）相比单一的砂生槐灌木对沙地土壤质地改良效果更好。

表 4-4　不同植被群落类型土壤质地变化

植物群落	土层深度 /cm	黏粒 /%	粉粒 /%	极细砂 /%	细砂 /%	中砂 /%	粗砂 /%
活跃沙丘		0.00	0.41	5.67	40.33	44.58	9.01
藏沙蒿		0.02	12.72	19.53	42.45	19.85	5.43
花棒	0 ~ 10	0.00	10.97	18.78	49.62	18.33	2.30
砂生槐		0.02	23.13	28.68	33.64	12.36	2.17
杨树人工林		0.15	22.80	37.19	35.22	3.76	0.88
活跃沙丘		0.00	0.00	3.85	55.60	38.56	1.99
藏沙蒿		0.08	3.75	2.33	42.34	42.80	8.69
花棒	10 ~ 20	0.07	5.36	17.20	55.08	19.85	2.45
砂生槐		0.05	7.80	19.86	47.20	20.07	5.02
杨树人工林		0.30	25.38	38.11	33.97	1.99	0.24

续表

植物群落	土层深度 /cm	黏粒 /%	粉粒 /%	极细砂 /%	细砂 /%	中砂 /%	粗砂 /%
活跃沙丘		0.00	0.00	0.40	48.16	48.29	3.15
藏沙蒿		0.00	1.47	0.24	25.32	52.13	20.84
花棒	20 ~ 30	0.10	5.58	18.88	56.81	17.57	1.06
砂生槐		0.05	8.17	22.79	46.80	17.25	4.95
杨树人工林		0.35	27.24	37.39	32.26	2.49	0.28

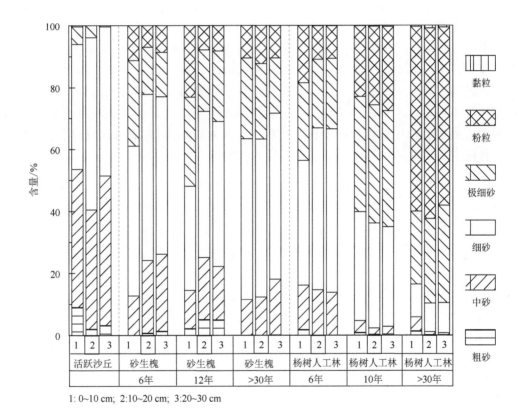

1: 0~10 cm; 2:10~20 cm; 3:20~30 cm

图 4-30 杨树人工林与砂生槐不同年限土壤质地变化

土壤容重和孔隙度是反映土壤结构好坏的重要指标，也是影响土壤渗透性能、持水性能、侵蚀过程的关键要素。4 种不同植被类型防沙治沙生态工程实施后，沙地表层 0 ~ 10 cm 土壤容重显著降低，总孔隙度、毛管孔隙度和非毛管孔隙度均显著提高（表 4-5）。在 0 ~ 10 cm 土层，4 种生态工程类型容重变化范围为 0.99 ~ 1.37 g/cm³，与工程区外的活跃沙丘（1.50 g/cm³）相比，显著降低了 8.67% ~ 34.00%，以杨树人工林样地降低幅度最大，其次为砂生槐、藏沙蒿和花棒。同时，4 种生态工程类型表层 0 ~ 10 cm 土壤总孔隙度、毛管孔隙度和非毛管孔隙度相比工程区外的活跃沙丘分别提高了 16.06% ～ 45.46%、8.74% ～ 23.39% 和 85.92% ～ 420.66%，由大到小依次为杨树人工林、砂生槐、花棒、藏沙蒿。在 10 ～ 30 cm 土层，藏沙蒿、花棒、砂生槐样地容重、孔隙度与工程区外的活跃沙丘 整体差异较小；但杨树人工林样地容重显著低于活跃沙丘，总孔隙度、毛管孔隙度 显著高于活跃沙丘。以上结果表明，藏沙蒿、花棒、砂生槐 3 种植被类型生态工程 仅对沙地表层土壤容重、孔隙度有显著影响，而杨树人工林样地由于伴生大量砂生 槐灌木与固沙草等草本植物，具有更稳定丰富的群落结构，对 30 cm 深度土层容重、 孔隙度也均有显著影响。这说明杨树人工林乔灌组合类型对沙地土壤结构的改良效 果，较单一的草本（藏沙蒿）或灌木（花棒、砂生槐）类型会更好。此外，杨树人 工林与砂生槐 2 种生态工程实施不同年限均引起表层土壤容重、孔隙度等土壤结构 指标变化（图 4-31）。随恢复初期的 6 年，至恢复 10 年，再至恢复至 30 年以上， 砂生槐 0 ～ 10 cm 土层土壤容重呈不断降低趋势，10 ～ 30 cm 土层土壤容重与孔隙 度变化较小；杨树人工林 0 ～ 30 cm 土层土壤容重整体呈不断降低趋势，土壤孔隙 度整体呈不断增加趋势。由于杨树人工林群落结构更丰富，随实施年限增加枯落物 蓄积和根系生长作用均强于砂生槐，杨树人工林对沙地土壤结构改善作用优于砂生 槐，且随实施年限延长对深层土壤也有显著影响。

表 4-5　不同植被群落类型土壤容重和孔隙度状况

植物群落	土层深度 /cm	容重 /(g/cm³)	总孔隙度 /%	毛管孔隙度 /%	非毛管孔隙度 /%
活跃沙丘		1.50	38.41	36.29	2.13
藏沙蒿		1.36	44.58	39.46	5.12
花棒	0 ～ 10	1.37	45.03	41.07	3.96
砂生槐		1.26	49.24	43.25	5.99
杨树人工林		0.99	55.87	44.78	11.09
活跃沙丘		1.42	40.24	36.64	3.61
藏沙蒿		1.47	36.33	32.28	4.05
花棒	10 ～ 20	1.49	37.23	34.74	2.49
砂生槐		1.51	37.99	34.78	3.21
杨树人工林		1.24	50.37	47.60	2.77
活跃沙丘		1.41	40.42	36.42	4.00
藏沙蒿		1.43	37.11	34.52	2.59
花棒	20 ～ 30	1.43	41.77	37.32	4.45
砂生槐		1.47	37.48	34.88	2.60
杨树人工林		1.26	49.59	47.28	2.31

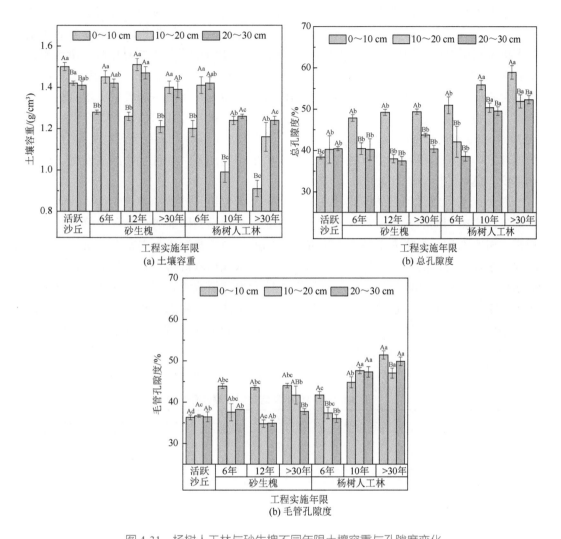

图 4-31　杨树人工林与砂生槐不同年限土壤容重与孔隙度变化

不同大写字母表示同一工程类型不同土层差异（$p < 0.05$）；不同小写字母表示相同土层不同工程类型差异显著（$p < 0.05$）

植被生长势必会引起土壤养分变化，而土壤养分变化反映植物与土壤相互作用的本质关系和动态特征。土壤有机质是典型的土壤黏结剂，可以直接将细小的土壤颗粒黏结在一起，改善土壤水文状况，提升土壤抗蚀能力。土壤总氮和总磷是限制植物生长和土壤肥力的关键指标，能够反映土壤潜在肥力的高低。4 种不同植被类型防沙治沙生态工程实施后，沙地 0 ～ 30 cm 土层土壤有机质、全氮含量较工程区外的活跃沙丘均明显增加，全磷含量变化不明显（表 4-6）。生态工程区外的活跃沙丘样地在 0 ～ 30 cm 土层内土壤有机质、全氮含量均极低，范围分别为 0 ～ 0.13 g/kg 和 0.02 ～ 0.07 g/kg。生态工程区内植被恢复沙地 0 ～ 10 cm、10 ～ 20 cm 和 20 ～ 30 cm 土层土壤有机质含量分别提高到 2.44 ～ 9.49 g/kg、0.41 ～ 5.71 g/kg 和 0.32 ～ 5.25 g/kg，土壤全氮含量分别提高到 0.21 ～ 0.66 g/kg、0.08 ～ 0.41 g/kg 和 0.05 ～ 0.43 g/kg。整体来看，砂生槐和杨树人工林（伴生有砂生槐）不同土层土壤有机质、全氮含量均显著高于藏沙蒿和花棒，这主要是由于砂生槐属于豆科类植物，具有明显的固氮作用。土壤养分的积累与植被恢复年限也密切相关（图4-32）。砂生槐0～10 cm土层土壤有机质、全氮含量均表现为10年左右最高，分别为9.49 g/kg和0.65 g/kg，10～30 cm土层土壤有机质、全氮含量在不同年限之间差异不显著。杨树人工林随实施年限增加表层土壤有机质、全氮含量均呈增加趋势，其中恢复30年以上0～10 cm土层土壤有机质、全氮含量高达39.61 g/kg和2.42 g/kg。综上所述，防沙治沙生态工程实施显著提高沙地土壤有机质、全氮含量。生态工程实施后风蚀作用减弱、风积作用加强，并且生物结皮发育、枯落物蓄积、根系生长等作用均促进了养分积累。

总体来看，雅江河谷防沙治沙工程的实施显著促进了沙地土壤理化性质改善。在生态工程实施初期的6年左右，表层土壤质地与土壤结构即显著改良，土壤养分明显积累。相比而言，杨树人工林下伴生灌木或草本，由于具有更为丰富的群落结构，对沙地土壤理化性质的改善效果明显优于单一的灌木或草本群落类型，且随着恢复年限的增加，杨树人工林恢复沙地深层土壤理化性质也逐渐改善。因此，在考虑生态工程改善土壤理化性质上，也建议雅江河谷今后实施防沙治沙生态工程时优先选择乔灌或乔灌草这种群落类型丰富的植被配置模式，同时建议对单一灌木/草本型工程区适当延长管护时间，以尊重自然演替，尽快形成稳定植被群落结构。丰富的植被群落结构有助于促进生态工程对深层土壤性质改善成效的发挥，加速沙地土壤成土过程。

表4-6 不同植被群落类型土壤养分状况

植物群落	土层深度/cm	有机质/(g/kg)	全氮/(g/kg)	全磷/(g/kg)
活跃沙丘		0.13	0.02	0.61
藏沙蒿		2.74	0.28	0.55
花棒	0～10	2.44	0.21	0.58
砂生槐		9.49	0.65	0.52
杨树人工林		8.46	0.66	0.68
活跃沙丘		0.00	0.07	0.70
藏沙蒿		0.41	0.08	0.31
花棒	10～20	0.60	0.08	0.60
砂生槐		1.11	0.12	0.59
杨树人工林		5.71	0.41	0.51
活跃沙丘		0.00	0.05	0.80
藏沙蒿		0.32	0.05	0.42
花棒	20～30	0.36	0.10	0.41
砂生槐		1.03	0.13	0.57
杨树人工林		5.25	0.43	0.62

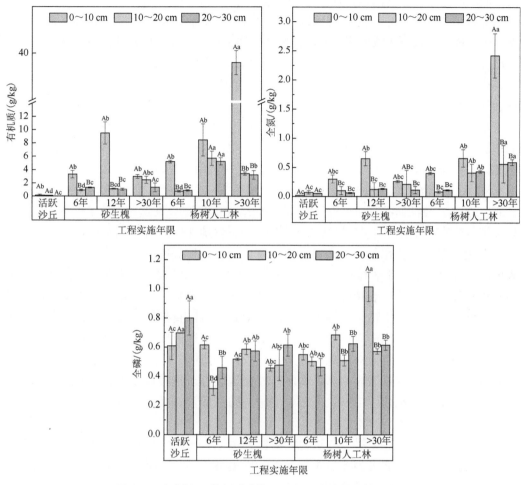

图 4-32　杨树人工林与砂生槐不同年限土壤养分状况变化

不同大写字母表示同一工程类型不同土层差异（$p < 0.05$）；不同小写字母表示相同土层不同工程类型差异显著（$p < 0.05$）

2. 局地生态工程抗侵蚀能力变化

植被自然恢复和重建是防治土壤侵蚀和土地退化的有效方式。在风蚀过程中，一方面，植被通过覆盖部分地表、分解风力和阻挡输沙等多种途径直接影响土壤风蚀；另一方面，植被地上冠层生长、枯枝落叶蓄积以及促进的生物结皮发育，会显著改变土壤的理化性质，从而使土壤抗风蚀能力提高（姬亚芹等，2015）。在水土保持人工植被建造中，其固土保水机制是重要依据。

1）植被恢复对地表粗糙度的影响

植被覆盖与地表粗糙度是影响土壤风蚀的两个重要地表特性，两者也是诸多风蚀预报模型中的关键输入因子。学者在植被覆盖的防风蚀效应方面已有大量的野外观测和实验研究，一般而言，植被覆盖影响土壤风蚀主要包括 3 个方面：一是降低近地表风速，减小侵蚀动力；二是对土壤颗粒提供有效遮挡保护作用，抑制其被风吹蚀；三是捕获运动中的风沙颗粒,使其沉积留存。地表粗糙度是表征下垫面特性的一个重要物理量,其可以有效增加摩擦效应,是影响风蚀过程的另一个重要因素。从空气动力学的角度出发,由于地面起伏不平或地物影响,在风速廓线上风速为零的位置往往不在高度等于零的地表,而在离地表某一高度的地方,把这一高度定义为空气动力学粗糙度(姬亚芹等,2015)。植被覆盖被认为是一种重要的地表粗糙度因子,大量研究表明植被覆盖可以显著增加地表空气动力学粗糙度,其影响效应大小与植被盖度、郁闭度、空间布局等因素有关。雅江河谷防沙治沙生态工程实施显著增加植被覆盖,势必会引起空气动力学粗糙度的增加,减弱风蚀过程。但由于生境条件限制,沙地植被恢复过程缓慢,整体盖度仍然较低。以往研究表明,在稀疏植被覆盖条件下,空气动力学粗糙度增加有限,多在毫米或厘米级;特别地,稀疏植被可能还会产生"漏斗效应",反而增加近地表风速(Leenders et al.,2007)。雅江河谷风沙过程主要受近地表河谷风驱动,在这种气象条件下,生态工程实施驱动的空气动力学粗糙度增加并不能完全很好地评价工程防风固沙成效。

从地形学的角度出发,地表粗糙度也可以理解为地面凹凸不平的程度,反映了地表的起伏程度,也称地表微地形(姬亚芹等,2015)。前述研究已表明,雅江河谷沙地植被恢复显著促进了地表特性变化,如植被茎秆、枯落物、生物结皮、土壤性质等。植被茎秆、枯落物、生物结皮等覆盖于沙地地表,可以直接增加微地形起伏差异,进而增大地表粗糙度。雅江河谷沙地植被恢复导致的上述近地表特性变化势必会引起地表粗糙度发生变化,进而对沙地表面风蚀过程产生影响。因此,在雅江河谷沙地植被恢复过程中,同时定量研究生态工程区内沙地地表由于植被恢复引起的微地形起伏差异,对深入揭示局地防沙治沙生态工程实施的防风固沙成效具有重要意义。基于此,以雅江河谷沙地典型防沙治沙生态工程为研究对象,分析了植被恢复导致的地表粗糙度变化,并探究了地表粗糙度与近地表特性的关系。研究结果有助于间接评估生态工程的防风固沙成效,并可为今后雅江河谷沙地植被生态工程类型优选提供理论依据。采用高精度近景摄影测量技术(图4-33),定量刻画了4种植被类型(杨树人工林、砂生槐、花棒、藏沙蒿)、3种实施年限(6年、10年左右和30年以上)工程(表4-7),由于植被恢复引起的沙地表层微地形起伏差异(Zhang et al.,2021)。

 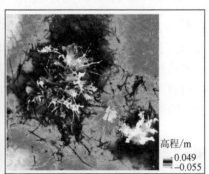

(a) 测量样点   (b) DEM示意图

图 4-33　测量样点与生成 DEM 示意图
数字高程模型(digital elevation model,DEM)

研究显示,雅江河谷中段防沙治沙生态工程实施后,地表粗糙度显著增大(图4-34)。生态工程区外的活跃沙丘对照样地,地表粗糙度变化范围0.89～1.14 mm,平均值1.02 mm。对于不同生态工程区的植被恢复沙地,地表粗糙度最小值变化范围8.40～15.46 mm,最大值变化范围9.47～20.59 mm,平均值9.02～18.12 mm。与生态工程区外的活跃沙丘对照样地相比,生态工程实施导致地表粗糙度基本增大1个数量级。

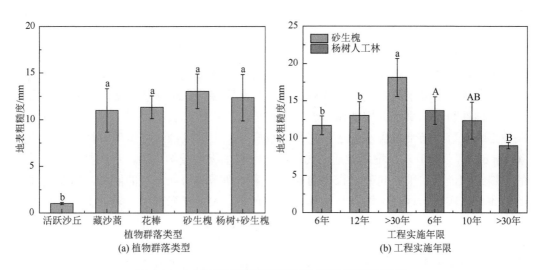

图 4-34　不同植物群落类型和恢复年限的地表粗糙度

对于不同工程类型而言,地表粗糙度变化表现出差异,数值上表现为砂生槐(13.04 mm)>杨树人工林(12.36 mm)>花棒(11.33 mm)>藏沙蒿(11.00 mm)。对于不同实施年限而言,砂生槐灌木地表粗糙度在恢复年限6年、12年和30年以上时分别为11.70 mm、13.04 mm和18.12 mm,呈增大趋势;而杨树人工林地表粗糙度在恢复年限6年、10年和30年以上时分别为13.70 mm、12.36 mm和9.02 mm,呈减小趋势。砂生槐灌木和杨树人工林地表粗糙度随实施年限变化差异,与群落植被演替差异有关,杨树人工林的林下优势群落逐渐由实施6年和10年时的砂生槐灌木演替为实施30年以上时的草本为主。但是,大量研究表明植被覆盖可以显著增加地表空气动力学粗糙度,其影响效应大小与植被盖度、郁闭度、群落垂直及水平结构等因素有关。随着杨树人工林林龄的增大,其树高和冠幅会逐渐增大,特别是林下伴生有灌木和草本,具有更丰富的群落垂直与水平结构。在这种条件下,杨树人工林对空气动力学粗糙度增加效果要明显优于草本与灌木群落(Leenders et al. 2007)。因此,随着林下植被群落演替,尽管杨树人工林地表微地形起伏逐渐减小,其样地内逐渐增大的空气动力学粗糙度对抑制风蚀过程的作用可能会越来越大。换言之,尽管成熟杨树人工林近地表粗糙度减小,其整体防风蚀效果实际在增加。此外,砂生槐灌木群落整体平均地表粗糙度为14.29 mm,显著大于其他草本和灌木生态工程类型。这一结果也说明,雅江河谷乡土灌木砂生槐生长在增大地表粗糙度方面效果极为显著。建议将杨树人工林与乡土灌木砂生槐组合，作为今后防沙治沙工程实施优先考虑的生态工程类型，不仅可以有效提高空气动力学粗糙度，而且可以有效提高微地形粗糙度。

2）植被恢复对抗风蚀性能的影响

土壤抗蚀性是指土壤抵抗外营力对其机械破坏和推移、搬运的能力，其强弱与土壤内在的物理和化学性质关系密切，研究土壤抗蚀性对了解风蚀过程和指导土壤防护措施实践具有重要意义。土壤颗粒及团聚体粒径分布是影响土壤抗风蚀性能的最重要因素，一般而言，将粒径＜0.84 mm 的土壤颗粒和团聚体定义为可蚀性颗粒，并将此指标直接用于评价土壤抗风蚀性。此外，土壤颗粒的团聚程度可以用平均重量直径定量表征，其值大小与土壤抗蚀性强弱密切相关。除土壤颗粒及团聚体粒径分布外，土壤抗风蚀性能也可通过其他土壤性质从不同角度来间接反映，如土壤水分状况、土壤抗剪强度等。土壤水可以使土壤颗粒表面形成水膜层，在土壤颗粒之间产生黏着力，土壤抗蚀性随着土壤水分增加而增加。特别是，已有研究表明土壤毛管持水量对土壤风蚀影响显著，当土壤含水量达到毛管持水量时，土壤风蚀速率呈现阶梯状下降趋势（Chen et al.，1996）。土壤颗粒通过物理、化学和生物的胶结作用，形成具有一定强度的土壤结构，沿水平方向或垂直方向破坏土壤体均需要消耗一定的能量，需要足够大的力才可以实现，这与土壤黏结力和紧实度有关。大量研究表明，随着土壤黏结力与紧实度增大，土壤风蚀显著减弱（Shahabinejad et al.，2019）。因此，土壤抗风蚀能力也可以采用土壤毛管持水量、土壤黏结力和紧实度等指标间接表征。植被恢复驱动的土壤性质、植被根系、生物结皮等近地表特性变化，会显著影响土壤抗风蚀性能。一般而言，良好的土壤质地与较高的有机质含量有利于土壤团聚结构形成及其稳定性提高，进而增强土壤抗风蚀性能。在质地较粗的土壤中，碳酸钙含量增加也会促进土壤团聚结构形成，进而降低土壤风蚀可蚀性。植被根系发育对土壤抗蚀性能的影响可分为两方面，一方面根系通过物理缠绕和化学吸附作用，增强土壤颗粒之间的强度；另一方面根系通过改善土壤质地，提高有机质含量，来增强土壤结构稳定、提高土壤入渗性能。生物结皮的生长发育，不仅通过其地表覆盖增强土壤抵抗外力破坏的能力，而且通过菌丝缠绕捆绑和胶结物质吸附来改善土壤质地、增强土壤团聚结构，进而显著增强土壤抗蚀性能。

雅江河谷防沙治沙生态工程实施后沙地近地表特性发生显著变化，会引起土壤抗风蚀能力发生响应。土壤抗风蚀性能可用众多单个指标表示，也可以进行综合评价。选择土壤颗粒及团聚体粒径分布状况参数（风蚀可蚀性颗粒含量和平均重量直径）、毛管持水量、土壤黏结力和土壤紧实度 5 个指标从不同角度表征土壤抗风蚀能力，并采用模糊数学中的加权和法，建立了土壤风蚀可蚀性综合指数，对防沙治沙生态工程实施前后的土壤抗风蚀性能变化进行了综合评价，并探究了土壤抗风蚀性能与近地表特在关系。研究结果对从局地尺度上定量评估生态工程的固沙成效具有重要意义。

表4-7给出了不同防沙治沙生态工程沙地表层土壤颗粒和团聚体的粒径分布状况，图4-35～图4-39给出了不同植物群落类型和恢复年限下沙地表层土壤风蚀可蚀性、平均重量直径、毛管持水量、黏结力和紧实度等指标的变化差异。整体而言，雅江河谷防沙治沙生态工程实施后沙地表层抗风蚀性能显著提升，植被恢复导致沙地表层风蚀

可蚀性颗粒含量降低，并促使团聚体平均重量直径、毛管持水量、黏结力和紧实度等指标显著增大。对于生态工程区外的活跃沙丘，其表层土壤颗粒及团聚体粒径均小于 0.84 mm，均为可蚀性颗粒。防沙治沙生态工程实施后，大多数植被样地的表层风蚀可蚀性颗粒含量呈现降低趋势（4.4%～32.2 %）。与生态工程区外的活跃沙丘相比，土壤团聚体平均重量直径在大部分工程区内的植被恢复沙地也显著增加（0.2～11.8 倍）。此外，与生态工程区外的活跃沙丘相比，植被恢复导致沙地表层毛管持水量、黏结力和紧实度分别显著增加 20.1%～135.0%、3.3～8.3 倍和 45.8%～490.2%。上述 5 个土壤抗风蚀性能指标，在不同植被类型和不同恢复年限间也表现出差异。植被恢复可以有效改善雅江河谷沙地土壤颗粒及团聚体粒径分布状况、提升土壤持水性能、增大土壤强度，进而显著强化土壤抗风蚀性能。

表 4-7　不同防沙治沙生态工程沙地表层土壤颗粒和团聚体粒径分布

植物群落	工程年限 /a	粒径 /mm							
		<0.1	0.1～0.25	0.25～0.5	0.5～0.84	0.84～2	2～5	5～20	>20
活沙丘	—	10.99	59.98	28.71	0.32	0.00	0.00	0.00	0.00
藏沙蒿	10	26.56	45.27	15.39	3.27	6.88	0.96	1.67	0.00
花棒	10	29.88	50.56	9.51	2.79	5.86	0.58	0.83	0.00
砂生槐	6	52.62	42.17	4.26	0.47	0.33	0.15	0.00	0.00
砂生槐	12	42.83	40.44	12.59	2.21	1.49	0.28	0.15	0.00
砂生槐	>30	40.48	54.96	4.10	0.33	0.14	0.00	0.00	0.00
杨树人工林	6	44.69	38.88	9.63	2.19	2.75	1.12	0.74	0.00
杨树人工林	10	76.81	15.12	2.35	1.32	2.51	1.18	0.71	0.00
杨树人工林	>30	40.63	11.01	9.71	6.42	11.28	7.10	8.35	5.49

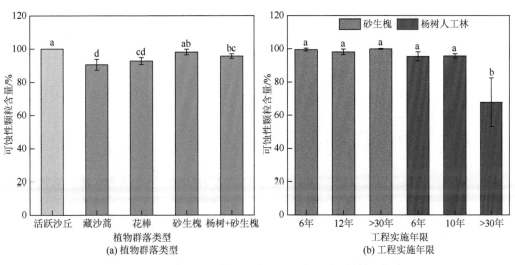

图 4-35　不同植物群落类型和恢复年限的风蚀可蚀性颗粒含量

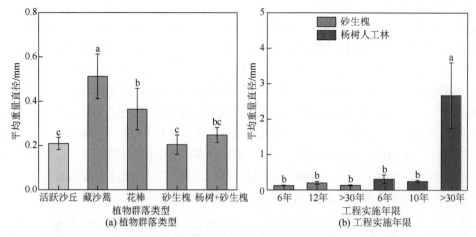

图 4-36 不同植物群落类型和恢复年限土壤颗粒及团聚体的平均重量直径

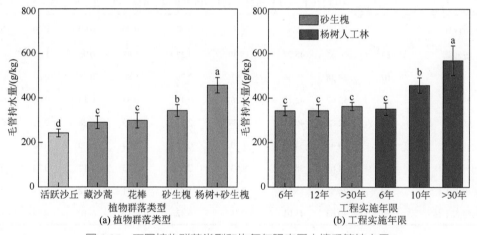

图 4-37 不同植物群落类型和恢复年限表层土壤毛管持水量

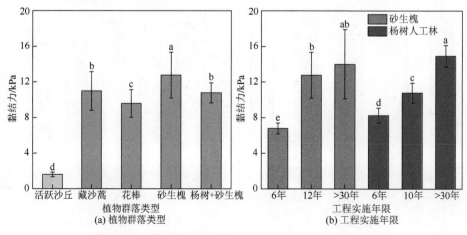

图 4-38 不同植物群落类型和恢复年限表层土壤黏结力

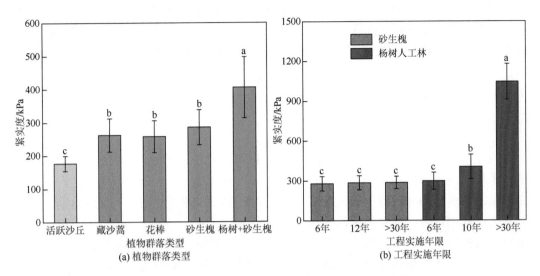

图 4-39　不同植物群落类型和恢复年限表层土壤紧实度

为了综合评价防沙治沙生态工程实施对土壤抗风蚀性能的影响，计算了生态工程区内外沙地表层的土壤风蚀可蚀性综合指数（图 4-40）。与生态工程区外的活跃沙丘相比，植被恢复样地的土壤风蚀可蚀性综合指数显著降低了 14.4% ～ 100%。4 种不同植被群落类型中，杨树人工林（林下伴生砂生槐、早熟禾、固沙草等）样地的土壤风蚀可蚀性综合指数最小，说明在雅江河谷局地尺度上，该植被配置模式的抗风蚀性能最佳。此外，随着植被恢复年限的增加，砂生槐灌木和杨树人工林土壤风蚀可蚀性综合指数均呈现明显的降低趋势，说明生态工程实施后沙地表层的抗风蚀性能随着植被恢复年限延长而逐渐增强。在相近恢复年限下，杨树人工林土壤风蚀可蚀性综合指数均小于砂生槐灌木地。3 种恢复年限下，砂生槐灌木地土壤风蚀可蚀性综合指数均值是 0.792，

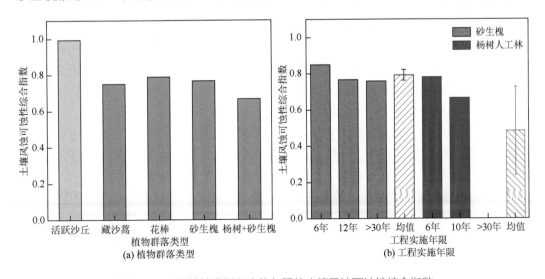

图 4-40　不同植被类型和实施年限的土壤风蚀可蚀性综合指数

而杨树人工林地土壤风蚀可蚀性综合指数均值仅为0.483。整体而言，杨树人工林群落沙地表层具有明显更高的抗风蚀性能。这再次表明，杨树人工林搭配灌木（如砂生槐）或草本（如早熟禾、固沙草）的"乔灌"或"乔灌草"植被配置模式，可以作为今后防沙治沙工程实施优先考虑的生态工程类型，可以有效提高沙地表层的抗风蚀性能，进而抑制风沙过程。

3.局地生态工程水文功能变化

在干旱半干旱地区，水分是制约植物生长的主要生态因子，水文过程决定土壤－植被系统的演化方向和生态功能，它不仅在调节植物对土壤水分的利用方面，而且在生态系统的水分循环过程中扮演着重要角色。植被冠层通过与截留、穿透雨和树干茎流水文过程的耦合，能够显著改变局部土壤水分的分布。同时，植被的根系响应土壤水分异质性分布，展现出水力提升功能，进而改善表层土壤的水分状况，确保植物在干旱条件下的生长用水需求得到满足。这一过程不仅影响植物的生长状况，还长远地作用于植物种群的结构、拓展和进化方向（李小雁，2011）。而由于沙地土壤粒径组成单一、孔隙度大和结构松散等，沙地具有入渗快、蒸发强烈、持水蓄水能力差等特性，这种土壤水文特性会对沙地生态环境产生不利影响。一方面，沙地土壤涵养水源能力弱将导致土壤水库向植被根系供水能力降低，阻碍沙地生态系统正向演替；另一方面，植被生长驱动的地表特性和土壤结构变化势必引起沙地土壤水文功能变化。因此，理解沙地植被生长对沙地土壤水文功能的影响对于指导沙地植被恢复具有重要意义。

1）植被恢复对土壤入渗过程的影响

土壤入渗是水分在分子力、毛管力和重力的共同作用下在土壤中运动的物理过程，是评价土壤水分调节能力最重要的指标之一（伍海兵和方海兰，2015）。由于沙地土壤不稳定的孔隙结构，水分在进入土壤后在重力作用下迅速向深层渗漏，无法被植被根系有效利用，是限制区域植被恢复主要影响因素之一。雅江河谷防沙治沙生态工程实施促进了沙地土壤理化性质改良，增加了沙地土壤有效孔隙度和有机质等含量，一定程度改善了沙地土壤结构差的问题（唐永发等，2021a）。枯落物混入土壤分解为腐殖质以及根系穿插生长作用也均有效改良了土壤结构，影响土壤入渗过程。理解不同防沙治沙生态工程实施前后沙地土壤入渗过程差异，对认识防沙治沙生态工程实施驱动的沙地水文功能提升效果具有重要意义。

选择雅江河谷山南宽谷段的全国防沙治沙综合示范区开展野外考察，采用双环入渗法，调查了藏沙蒿、花棒、沙棘、砂生槐、杨树人工林等典型植物群落类型区内外的土壤入渗过程差异。研究表明，不同植物群落类型的防沙治沙生态工程均显著减缓了土壤入渗过程（图4-41）。生态工程区内外沙地土壤入渗过程呈现一致的时间变化规律，均表现为入渗速率在初始的3 min内急剧下降，之后逐渐趋于稳定。但是，生态工程区外活跃沙丘的初始入渗速率和平均入渗率均显著高于生态工程区内的植被恢复沙地。此外，工程区外活跃沙丘的稳定入渗率为12.51 mm/min，降雨后水分的快速下渗流失极不利于植被生长利用，而藏沙蒿（8.82 mm/min）、杨树人工林（8.36 mm/min）、沙棘（5.26 mm/min）、砂生槐（4.74 mm/min）、花棒（4.28 mm/min）等植物群落恢复沙地的稳定入渗率较活跃沙丘分别降低了 29.50%、33.17%、57.95%、62.11%、65.79%，降低效果以 3 种灌木最好，杨树人工林次之，藏沙蒿最差。活跃沙丘 40 min 累积入渗量高达 502.64 mm，藏沙蒿、杨树人工林、沙棘、砂生槐和花棒 40 min 累积入渗量相比活跃沙丘分别降低了 27.98%、32.34%、55.32%、59.67% 和 63.59%。

　　以上结果表明，防沙治沙生态工程实施有效减缓了沙地土壤入渗过程，提升了沙地土壤水文功能。这是由于生态工程实施一方面延长了水分在土壤中的渗透路径，另一方面通过改变土壤结构提高了土壤基质势，减缓了水分在土壤中运动过程。整体来看，减缓土壤入渗过程以 3 种灌木（花棒、砂生槐、沙棘）效果最好，其次为杨树人工林，藏沙蒿效果最差。建议今后实施生态工程时优先考虑构建乔灌草互补的配置模式，充分发挥不同植被类型的优势，以促进沙地土壤水文功能更好提升。

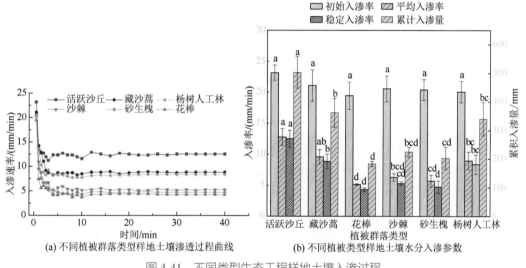

图 4-41　不同类型生态工程样地土壤入渗过程

(b) 中同一参数不同字母表示不同工程类型差异显著 ($p < 0.05$)

2）植被恢复对土壤蒸发过程的影响

　　土壤蒸发是发生于土壤 - 大气界面的土壤水分散失过程，也是土壤水与大气水重要的转换环节，以及地表水分平衡及能量交换的重要组成部分。土壤蒸发没有直接参与植被生理过程，属于无效水分损失。沙地土壤由于结构差、升温快等问题，水分蒸发过程剧烈，不利于植被生长恢复。防沙治沙生态工程实施后植被冠层覆盖、枯落物凋落覆盖在地表、生物结皮发育均对沙面形成有效保护，可以抑制太阳辐射并改变局地小气候环境，进而影响沙地土壤蒸发过程。定量研究了不同防沙治沙生态工程区内外土壤蒸发过程差异，并分析了冠层覆盖、枯落物覆盖、结皮覆盖等地表特性的影响，研究结果对于深入了解生态工程实施如何提升沙地水文功能及机制，以及指导沙地植被恢复措施的选择和管护实践，具有重要意义。

　　研究显示，雅江河谷防沙治沙生态工程区内外沙地土壤蒸发过程基本一致（图 4-42）。

近地表 5 cm 土层在第 1 ~ 3 天内表现为稳定蒸发阶段，第 4 ~ 6 天蒸发强度迅速下降，第 7 天以后土壤水分迅速下降进入水汽蒸发阶段。20 cm 表土层土壤蒸发过程与近地表 5 cm 土层不同，在试验期间土壤蒸发速率随时间变化呈上下波动变化，这是土层深度不同导致供水量差异，进而使 20 cm 土层内土壤蒸发强度随大气蒸发强度变化而变化。随着蒸发过程持续，20 cm 土层也将出现完整的下降阶段和水汽蒸发阶段。

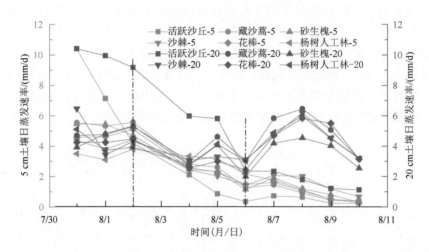

图 4-42　土壤日蒸发速率变化过程

雅江河谷不同类型防沙治沙生态工程实施均显著抑制了土壤水分蒸发（图 4-43 和图 4-44）。防沙治沙生态工程样地近地表 5 cm 土层第 1 天土壤累积蒸发量均显著低于工程区外的活跃沙丘，相比活跃沙丘降低了 37.86% ~ 62.24%，杨树人工林蒸发量最小，其次为灌木（沙棘、花棒、砂生槐）和藏沙蒿。这说明在自然降雨或人工浇灌后，土壤水分充足，生态工程区内植被生长可显著抑制土壤蒸发，保证土壤中储存更多的水分，进而被植被生长利用。随着蒸发过程持续进行，第 4 天、7 天、10 天土壤累积蒸发量差异性逐渐变得不显著，这是由土壤水分含量迅速降低所致。在试验结束的第 10 天累积蒸发量数值上仍表现为活跃沙丘（27.33 mm）最高，藏沙蒿（26.19 mm）次之，砂生槐（24.95 mm）、沙棘（24.44 mm）、花棒（23.96 mm）和杨树人工林（23.25 mm）较小。与近地表 5 cm 土层不同，不同植物群落类型生态工程样地 20 cm 表土层的土壤累积蒸发量，直到第 7 天仍显著低于活跃沙丘，分别降低了 37.86% ~ 62.24%（第 1 天）、49.97% ~ 56.35%（第 4 天）和 32.09% ~ 44.35%（第 7 天）；不同类型植物群落类型生态工程与活跃沙丘第 10 天累积蒸发量差异性不显著，但数值上均低于活跃沙丘。

上述结果表明，防沙治沙生态工程实施显著降低了沙地土壤水分蒸发量，抑制了土壤水分蒸发过程，这有利于降雨在沙地土壤中的保持和被植物利用，进而促进沙地植被恢复。整体来看，杨树人工林对沙地土壤水分蒸发过程的抑制效果优于花棒、沙棘和砂生槐等灌木群落，草本藏沙蒿最差，这与不同生态工程类型的植被冠幅、枯落物、生物结皮、土壤理化性质等地表特性差异有关。

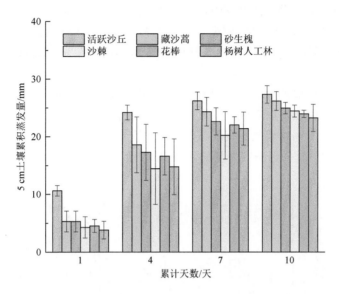

图 4-43　5 cm 土层第 1 天、4 天、7 天、10 天累计蒸发量

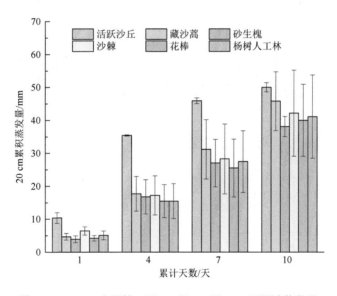

图 4-44　20 cm 土层第 1 天、4 天、7 天、10 天累计蒸发量

　　雅江河谷防沙治沙生态工程实施后驱动的地表特性变化是影响沙地土壤蒸发过程的重要因素。图 4-45 和图 4-46 分别为 5 cm 和 20 cm 土层 8 月 4 日和 8 月 6 日土壤累积蒸发量，由图可知，"冠层＋枯落物"覆盖抑制土壤水分蒸发的效果最明显。5 cm 和 20 cm 土层"冠层＋枯落物"覆盖相比无覆盖条件土壤累积蒸发量分别显著降低了 36.66%～62.90%、51.77%～61.24%。5 cm 土层各生态工程样地不同覆盖条件抑制土壤累积蒸发量效果以"冠层＋枯落物"覆盖最好，藏沙蒿、砂生槐、沙棘、花棒相比样地内无覆盖降低幅度分别

为 46.24%、36.67%、62.90%、39.45%;"冠层 + 结皮"覆盖其次(29.28%、36.47%、63.40%、34.88%);"边缘 + 枯落物"与"边缘 + 结皮"上述样地土壤蒸发则分别为 14.44%、18.76%、53.14%、31.57% 和 10.38%、9.56%、32.33%、15.02%。20 cm 土层不同覆盖条件与 5 cm 土层表现基本一致,也均显著降低了土壤蒸发量。以上结果说明防沙治沙生态工程实施后植被冠层覆盖削弱了太阳辐射对沙面的直接作用,同时降低了近地表风速,进而使土壤蒸发量降低,有效提高土壤水分含量。除此之外,枯落物凋落覆盖在沙地表面也对太阳辐射和风速有削减作用;生物结皮由于自身新陈代谢作用需要水分参与,对土壤蒸发过程的影响较为复杂且抑制效果低于其他覆盖条件。

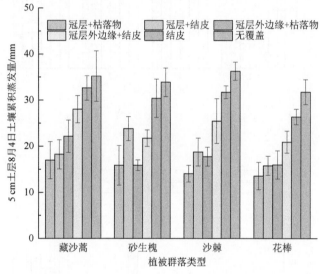

图 4-45　5 cm 土层 8 月 4 日土壤累积蒸发量

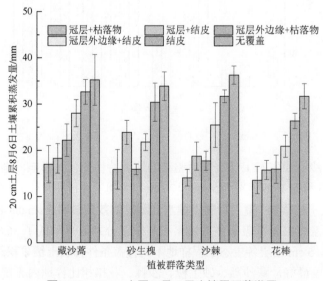

图 4-46　20 cm 土层 8 月 6 日土壤累积蒸发量

　　总体来看，防沙治沙生态工程实施驱动的地表特性变化（冠层、枯落物、结皮）均有效抑制了土壤蒸发，减少了土壤水分散失。在防沙治沙生态工程管理过程中，需注重对植被冠层、枯落物的保护；此外，对于棵间裸地可适当采取秸秆覆盖、砾石压沙等措施抑制土壤蒸发，以促进沙地土壤水分保持。

3）植被恢复对土壤持水性能的影响

　　土壤持水量是表征土壤含蓄水量的重要指标，包括饱和持水量、毛管持水量、田间持水量。饱和持水量是土壤所能含蓄水量的最大值，是衡量土壤涵养水源功能的重要指标之一；毛管持水量介于饱和持水量与田间持水量之间，是土壤所能保持的最大毛管上升水量；而田间持水量则是土壤所能保持的最大毛管悬着水量，不产生渗漏水，是土壤所能稳定保持的最大有效水量，常被作为灌溉定额指标。因此，提高表层土壤持水性能，特别是提高田间持水量，对于促进沙地生态系统正向演替具有重要意义（王玮璐等，2020）。

　　研究显示，与生态工程区外的活跃沙丘样地相比，防沙治沙生态工程实施均促进沙地 0～10 cm 土壤持水量指标显著提高（图 4-47）。在 0～10 cm 土层，4 种生态工程样地土壤饱和持水量大小排序依次为杨树＋砂生槐（575.37 g/kg）、砂生槐（391.32 g/kg）、藏沙蒿（328.76 g/kg）、花棒（328.22 g/kg），相比生态工程区外的活跃沙丘样地（256.35 g/kg），

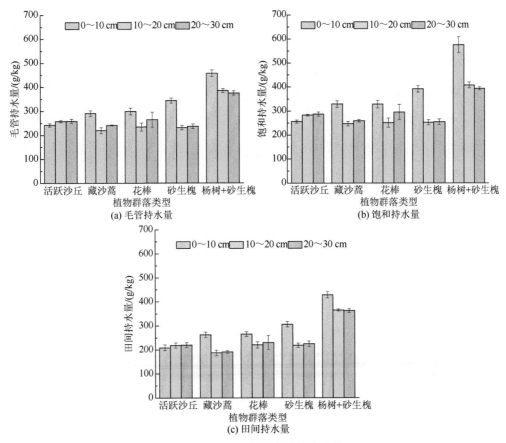

图 4-47　不同类型样地土壤持水量差异

分别提高了 124.45%、52.65%、28.25% 和 28.04%；毛管持水量变化范围为 290.95 ～ 457.31 g/kg，相比生态工程区外的活跃沙丘样地（242.28 g/kg）显著提高了 20.09% ～ 88.75%；田间持水量变化范围为 262.33 ～ 427.87 g/kg，相比生态工程区外的活跃沙丘（208.92 g/kg）显著提高了 25.56% ～ 104.80%。在 10 ～ 20 cm 和 20 ～ 30 cm 土层，杨树 + 砂生槐样地土壤饱和持水量、毛管持水量、田间持水量相比生态工程区外的活跃沙丘样地也均有显著提高，藏沙蒿、花棒、砂生槐样地变化不显著。

植被生长对土壤持水量指标的影响是长期持续的过程。如图 4-48 所示，生态工程实施不同年限后，沙地表层（0 ～ 10 cm）土壤各持水量指标较生态工程区外的活跃沙丘均有显著提高。相比活跃沙丘对照，砂生槐灌木林样地饱和持水量、毛管持水量和田间持水量在实施 6 年、12 年和 30 年以上时，分别提高了 45.98% ～ 59.39%、41.58% ～ 49.87% 和 52.11% ～ 60.94%；杨树人工林样地在实施 6 年、10 年和 30 年以上时，上述持水量则分别提高了 68.82% ～ 155.71%、45.01% ～ 135.02% 和 50.40% ～ 157.91%。随实施年限增加，砂生槐样地土壤饱和持水量、毛管持水量、田间持水量均表现为 30 年以上的样地最高，较初期 6 年分别提高了 9.19%、5.85% 和 5.81%，但差异均不显著；杨树人工林样地则分别提高了 51.47%、62.08% 和 71.48%。

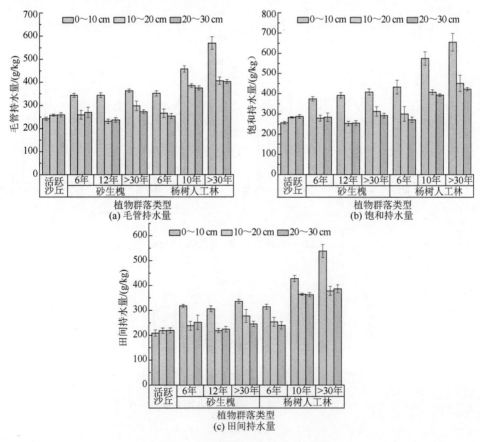

图 4-48　不同年限样地土壤持水量差异

4）植被恢复对土壤水分含量的影响

土壤水分含量动态变化反映了自然条件下土壤水分状况，能够综合判断土壤的水源涵养功能。一般而言，土壤持水量与含水量不同，沙地土壤水分含量水平越高，其入渗、蒸发过程越慢，水源涵养持蓄能力越强。特别是防沙治沙生态工程实施以后，无论从入渗、蒸发过程还是持水能力方面，防沙治沙生态工程样地均显著优于工程区外的活跃沙丘，而不同植被类型由于生长作用不同也产生了差异。因此，通过对不同防沙治沙生态工程区内外沙地土壤含水量变化的动态监测，可以综合判断防沙治沙生态工程实施对土壤水文功能的提升作用，从而为地方生态修复植被选育及模式搭配提供有益参考。

图 4-49 给出了不同植物群落类型生态工程区内外沙地 0～40 cm 土层平均土壤含水量的时间动态变化特征。整体来看，防沙治沙生态工程内的植被恢复沙地土壤含水量明显高于工程区外的活跃沙丘。工程区外的活跃沙丘土壤含水量随时间变化处于相对稳定的状态，不同类型生态工程区内沙地由于入渗、蒸发、持水等性能差异，土壤水分波动幅度相对较大，藏沙蒿、砂生槐、沙棘、花棒和杨树人工林等平均土壤含水量相比活跃沙丘分别提高了 16.62%、1.87%、20.18%、16.32% 和 5.31%。

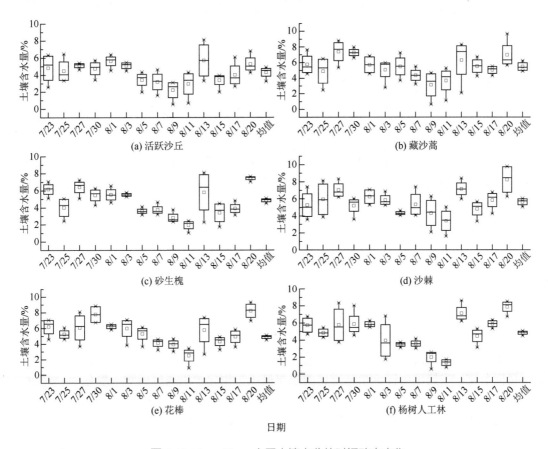

图 4-49　0～40 cm 土层土壤水分的时间动态变化

防沙治沙生态工程实施明显提高了沙地 0 ～ 20 cm 土层土壤含水量。从图 4-50 可以看出，生态工程区外的活跃沙丘，土壤含水量随土层深度呈增加趋势，这是由于活跃沙丘入渗快、蒸发强烈，降雨发生后水分迅速向下层土壤渗漏流失，而滞留在表层的土壤水分在降雨结束后迅速被蒸发散失。生态工程区内的植被恢复沙地土壤含水量随土层深度均呈先增大后减小的趋势，主要集中于 5 ～ 10 cm 和 10 ～ 20 cm 土层。这是因为生态工程实施减缓了表层土壤入渗过程、抑制了土壤水分蒸发过程，并提高了沙地表层土壤持水能力，进而促进了土壤水分在表层的滞留，使得植被恢复沙地表层 20 cm 土壤含水量显著高于裸露的活跃沙地。

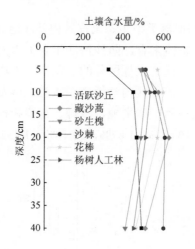

图 4-50　0 ～ 40 cm 土层土壤水分的剖面变化特征

5）植被恢复整体提升沙地土壤水文功能

雅江河谷防沙治沙植被生态工程实施后，沙地土壤入渗快、蒸发强、持水蓄水能力差等缺点得到改善。单一的持水性能、入渗和蒸发指标无法综合描述沙地土壤水文功能。因此，基于模糊数学法中的隶属度函数值法，分别选择饱和持水量，毛管持水量，饱和持水量，初始入渗率，稳定入渗率，累积入渗量，20 cm 土层 1 日、4 日、7 日累积蒸发量共 9 组数据计算沙地土壤水文功能指数（SHFI）。

$$\mathrm{SHFI} = \sum_{i=1}^{n} T_i W_i$$

式中，T_i 为第 i 种参评指标所对应的隶属度值，通过隶属度函数确定；W_i 为第 i 种参评指标所对应的权重值，参评指标由土壤持水量、入渗率、累积蒸发量指标组成；n 为参评指标个数。隶属度由评价指标所属的隶属度函数确定，隶属度函数一般分为"S"形和反"S"形，根据各指标对综合土壤水文功能的正负效应选择函数和确定其隶属度。其中饱和持水量、毛管持水量和田间持水量与土壤水文功能呈正相关，采用"S"形隶属函数计算；初始入渗率、稳定入渗率、累积入渗量、20 cm 土层 第 1 天（$E_{S20\text{-}1}$）、第

4 天（$E_{S20\text{-}4}$）、第 7 天（$E_{S20\text{-}7}$）累积蒸发量等指标与土壤水文功能呈负相关，采用反"S"形隶属函数计算。

　　雅江河谷防沙治沙生态工程实施促进了沙地土壤水文功能的整体提升（图 4-51）。活跃沙丘土壤水文功能最小（0.226），生态工程区内沙地土壤水文功能显著高于活跃沙丘，以乡土种砂生槐灌木土壤水文功能（0.820）最高，其次为引进种花棒灌木（0.747）、沙棘灌木（0.722）和杨树人工林地（0.718），乡土种藏沙蒿草地最少（0.614），相比活跃沙丘，5 种生态工程样地土壤水文功能提高了 1.71 ～ 2.62 倍。

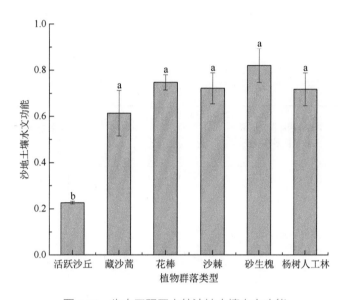

图 4-51　生态工程区内外沙地土壤水文功能

4. 局地生态工程植被－土壤－水文耦合机理

　　雅江河谷防沙治沙生态工程实施后，土壤防风固沙功能和水文功能显著提高，这必然是由不同植物群落下土壤、植被、生物结皮等近地表特性的变化引起。因此，进一步分析了土壤防风固沙功能和水文功能与植物群落近地表特性的关系，揭示了局地生态工程植被－土壤－水文耦合机理。

1）植被恢复驱动地表特性变化对地表粗糙度的影响机理

　　通过将地表粗糙度（LSR）与植被、土壤、生物结皮等地表特性进行相关性分析，确定了关键影响因素。结果表明，防沙治沙生态工程实施后地表粗糙度的显著增加，主要与植被茎秆、枯落物、生物结皮等地表特性变化有关。植被茎秆和枯落物覆盖于沙地表层，会直接导致地表的微地形起伏，进而增大地表粗糙度，地表粗糙度与植被茎秆直径（SD）、植被茎秆盖度（SC）和枯落物蓄积量（RD）显著正相关。植被茎秆和枯落物覆盖于沙地表层，会直接导致地表的微地形起伏，进而增大地表粗糙度。地表粗糙度与植被茎秆直径之间呈显著指数函数关系，与茎秆盖度和枯落物蓄积量呈显著线性函数关系（图 4-52）。然而，不同植物群落类型间植被茎秆与枯落物特性（如类型、构成、降解速率等）可能会存在显著差异，这导致其对地表粗糙度存在不同的影响效应，需要以后进一步研究，以期为今后生态工程实践提供更全面的理论指导。

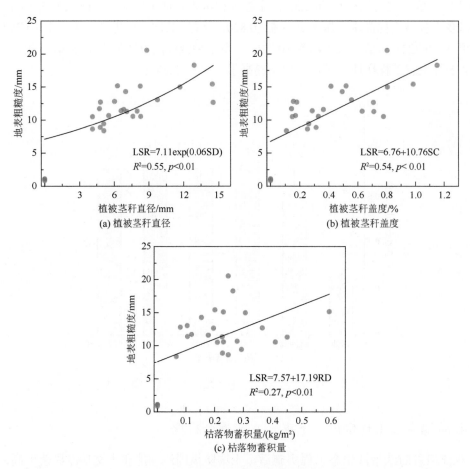

图 4-52　植被特性对地表粗糙度的影响

生物结皮覆盖不仅会引起空气动力学粗糙度的增加，也会引起地形微起伏差异，其对地表粗糙度的增加效应与其类型、盖度、发育阶段等有关（Fick et al.，2020）。相关分析表明，雅江河谷沙地植被恢复后地表粗糙度的增加也与生物结皮盖度（BC）和生物结皮厚度（BT）显著正相关（图 4-53）。生物结皮厚度与其类型和发育阶段有关，一般处于演替后期的苔藓结皮较演替初期的蓝藻结皮厚度要大，因此苔藓结皮覆盖对地表粗糙度的增大效果更为显著。生物结皮覆盖除直接增加地表粗糙度外，它们的菌丝还会缠绕和捆绑土壤颗粒，形成抗蚀性较强的土层，比没有生物结皮覆盖的区域遭受风蚀更少。这种由生物结皮覆盖引起的空间异质性，也会对增大地表粗糙度具有重要影响。因此，建议对生态工程区内沙地控制放牧，减少踩踏对生物结皮的破坏，保证植被恢复沙地表层生物结皮能较好发育。

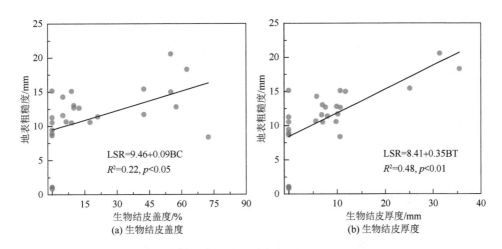

图 4-53　生物结皮特性对地表粗糙度的影响

随着植被恢复与生物结皮发育，沙地表层土壤性质也发生了显著变化。土壤大颗粒或团聚体存在，会增大微地形起伏差异，进而增大地表粗糙度。雅江河谷沙地植被恢复后，表层土壤质地显著改良，但砂粒仍占主导。大量砂粒存在极不利于土壤团聚体的形成，尽管相关分析结果表明地表粗糙度与土壤颗粒组成存在相关关系，但当前植被恢复后引起的土壤颗粒细化可能对地表粗糙度增加的贡献有限。

考虑到地表粗糙度野外测量费时、费力，有必要采用一些容易测量的近地表特性对植被恢复后沙地地表粗糙度的变化进行估计。基于前述分析，拟采用植被与生物结皮特性指标建立地表粗糙度估计公式。与茎秆直径相比，不同植物群落类型间茎秆盖度差异更为明显，且生物结皮厚度可以较好地反映其演替发育阶段，其与地表粗糙度的关系较生物结皮盖度也更为显著。因此，选择植被茎秆盖度、枯落物蓄积量和生物结皮厚度等参数对雅江河谷防沙治沙生态工程实施后沙地地表粗糙度变化进行了模拟，模拟结果较好（NSE=0.76）。基于此模拟公式，可快速评估生态工程实施后的地表粗糙度提升效果（图 4-54）。

$$LSR=4.53+1.48SC+16.21RD+0.32BT \quad R^2=0.77$$

式中，LSR 为地表粗糙度，mm；SC 为植被茎秆盖度，%；RD 枯落物蓄积量，kg/m^2；BT 为生物结皮厚度，mm。

2）植被恢复驱动地表特性变化对沙地土壤抗风蚀性能的影响机理

防沙治沙生态工程实施后沙地表层抗风蚀性能的变化势必是植被生长及其改善土壤性质的综合结果。通过将土壤抗风蚀性能指标与近地表特性进行相关性分析，确定了防沙治沙植被生态工程实施驱动近地表特性变化后导致沙地地表土壤抗风蚀性能显著提高的关键影响因素。结果表明，土壤风蚀可蚀性综合指数与砂粒含量呈正相关，而与黏粒含量、粉粒含量、有机质含量、碳酸钙含量、根系密度间呈负相关（图 4-55）。

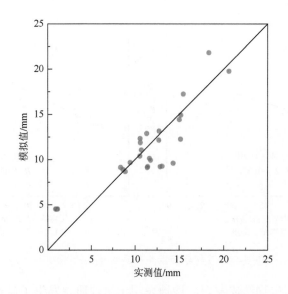

图 4-54　雅江河谷防沙治沙生态工程区内外地表粗糙度实测值与模拟值比较

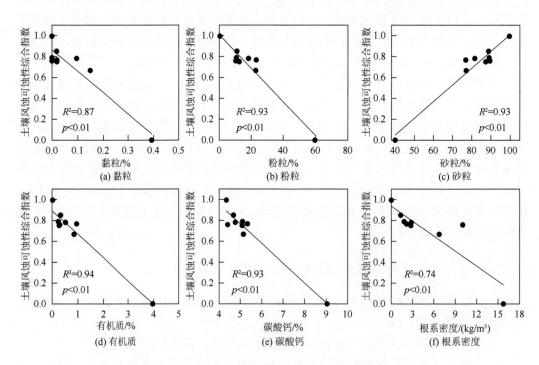

图 4-55　土壤风蚀可蚀性综合指数与影响因素关系

　　考虑到大多数近地表特性之间存在着相关性，采用偏最小二乘法回归模型进一步评价了近地表特性对土壤抗风蚀性能提升影响效应的相对重要性。在偏最小二乘法回归模型中，各近地表特性对土壤风蚀可蚀性综合指数的影响程度主要采用变量投影重要性值（variable importance in projection，VIP）和回归系数值（regression coefficients，RCs）反映。VIP 值反映了针对模型中自变量 x 在解释因变量 Y 时作用的重要性，普遍以 VIP $>$ 1 为标准，体现为对模型影响较大的变量；RCs 值表示自变量 x 对因变量 Y 影响大小和方向，回归系数越大表示影响越大，正回归系数表示 Y 随 x 增大而增大，负回归系数表示 Y 随 x 增大而减小。由表 4-8 可以看出，影响土壤抗风蚀性能的主要因素包括碳酸钙（VIP = 1.104）、有机质（VIP = 1.102）、砂粒（VIP = 1.101）、粉粒（VIP = 1.101）、黏粒（VIP = 1.070）和根重密度（VIP = 1.004）。然而，各土壤性质的 VIP 值均高于植被根重密度，说明植被恢复后沙地表层土壤性质变化是引起土壤抗风蚀性能提高的更为主要的因素，这也印证了以往研究普遍认为土壤抗风蚀性能主要受控于土壤理化性质的认识。但是，植被恢复后沙地表层土壤性质变化与植被生长（根系发育、枯落物分解等）和生物结皮发育密切相关。

表 4-8　土壤风蚀可蚀性综合指数各影响因素的 VIP 值和 RCs 值

指标	黏粒	粉粒	砂粒	容重	有机质	碳酸钙	根重密度	生物结皮厚度
VIP	1.070	1.101	1.101	0.927	1.102	1.104	1.004	0.366
RCs	−0.128	−0.155	0.155	0.073	−0.164	−0.195	−0.190	−0.062

3）植被恢复驱动地表特性变化对沙地土壤水文功能的影响机理

相关分析结果表明，防沙治沙生态工程实施驱动的土壤理化性质变化影响了沙地土壤入渗性能（表 4-9）。土壤平均入渗率、稳定入渗率和 40 min 累积入渗量与中砂、粗砂显著正相关，与粉粒、极细砂、总孔隙度和毛管孔隙度指标呈显著负相关。以上结果说明，由于沙地中中砂、粗砂等大颗粒的存在，沙粒之间无法有效形成毛管力吸持水分，使得入渗能力强，不利于植被生长。而生态工程实施后，沙地颗粒组成细化以及孔隙度含量提高，均促进沙地土壤对水分的保持能力，减缓了土壤入渗过程。稳定入渗率表征了沙地土壤在供水充足条件下土壤水分的入渗情况，因此选择稳定入渗率进行进一步深入分析，逐步回归分析结果表明，土壤稳定入渗率（i_c，mm/min）主要影响因子为中砂（X_1，%）、黏粒（X_2，%），决定系数 R^2 为 0.681，可表示为

$$i_c=30.02X_1+13297.56X_2-0.57$$

此外，稳定入渗率通径系数分析结果表明（表 4-10），中砂含量越高，土壤稳定入渗率越大，中砂含量增大了沙地土壤入渗性能，且直接作用高于黏粒的间接作用。黏粒与沙地土壤稳定入渗率的相关性为负，黏粒抑制了沙地土壤入渗，但是黏粒含量对沙地土壤入渗的直接作用为 0.389，也为正相关，中砂的间接影响，导致黏粒对沙地入渗大小为负相关，并且间接影响明显大于黏粒的直接作用。

表 4-9　土壤理化性质与入渗性能的相关性分析

指标	黏粒	粉粒	极细砂	细砂	中砂	粗砂	总孔隙度
初始入渗率	−0.081	−0.211	−0.182	−0.098	0.264	0.295	−0.390
平均入渗率	−0.102	−0.523*	−0.654**	−0.155	0.729**	0.702**	−0.589*
稳定入渗率	−0.098	−0.536*	−0.682**	−0.160	0.755**	0.721**	−0.600**
40 min 累积入渗量	−0.109	−0.531*	−0.670**	−0.159	0.745**	0.712**	−0.601**

指标	毛管孔隙度	非毛管孔隙度	容重	有机质	全氮	全磷
初始入渗率	−0.395	−0.163	0.194	−0.122	−0.106	−0.059
平均入渗率	−0.539*	−0.325	0.436	−0.393	−0.398	0.119
稳定入渗率	−0.510*	−0.382	0.463	−0.399	−0.412	0.137
40 min 累积入渗量	−0.533*	−0.354	0.460	−0.397	−0.405	0.123

* 表示 0.05 水平上显著相关，** 表示 0.01 水平上显著相关。

表 4-10　稳定入渗率影响因素通径系数分解

指标	与稳定入渗率的简单相关系数	直接系数	间接通径系数	
			中砂	黏粒
中砂	0.754	0.953	—	−0.199
黏粒	−0.098	0.389	−0.487	—

　　相关分析结果表明，防沙治沙生态工程实施驱动的土壤理化性质变化显著影响了沙地土壤蒸发过程（表 4-11）。土壤累计蒸发量与中砂、粗砂、容重、全磷正相关，这是由于土壤大颗粒含量越高，形成的土壤孔隙越大，水分在太阳辐射、温度等外界因子的胁迫下迅速蒸发散失；而土壤累计蒸发量与粉粒、极细砂、总孔隙度和毛管孔隙度显著负相关，这是因为植被生态工程实施后驱动沙地土壤质地显著改良，一方面，粉粒、极细砂含量增加提高了土壤比表面积，吸附作用增加；另一方面，粉粒、极细砂含量增加减少了沙地土壤大孔隙含量，有效提高了沙地有效孔隙度含量，毛管力增加，提升了沙地土壤土水势，进而减缓了土壤蒸发过程。由于 5 cm 表层土壤受外界环境因子作用明显，第 1 日土壤日蒸发量 $E_{S5\text{-}1}$ 变化较为剧烈，选择第 1 日土壤累计蒸发量进行进一步深入分析。第 1 日土壤累计蒸发量线性逐步回归分析表明，中砂（X_1，%）与全氮（X_2，g/kg）是第 1 日土壤累计蒸发量（$E_{S5\text{-}1}$，mm）的主要影响因素，决定系数 R^2 为 0.693。

$$E_{S5\text{-}1} = -2.278 + 27.759X_1 + 6.080X_2$$

　　通径系数分析如表 4-12，中砂对于土壤蒸发的直接系数为 1.098，超过 1，说明第 1 日土壤累计蒸发量与中砂相关性非常强，中砂含量越高，土壤蒸发量越大；而全氮含量通过影响中砂，间接抑制了土壤蒸发。全氮含量越高，土壤累计蒸发量越小，而全氮的直接作用为正，促进了土壤蒸发，由于中砂对全氮的间接作用抑制了土壤蒸发。

表 4-11　土壤理化性质与累积蒸发量的相关性分析

指标	黏粒	粉粒	极细砂	细砂	中砂	粗砂	总孔隙度
1 日累积蒸发量	−0.164	−0.389[*]	−0.404[*]	−0.202	0.351[*]	0.338[*]	−0.511[**]
10 日累积蒸发量	0.040	−0.529[**]	−0.614[**]	−0.469[**]	0.539[**]	0.642[**]	−0.512[**]

指标	毛管孔隙度	非毛管孔隙度	容重	有机质	全氮	全磷
1 日累积蒸发量	−0.428[**]	−0.336[*]	0.490[**]	−0.302	−0.354[*]	0.097
10 日累积蒸发量	−0.500[**]	−0.236	0.313	−0.304	−0.289	0.545[**]

表 4-12　表层 5 cm 第 1 日土壤蒸发量影响因素通径系数分解

指标	与 1 日累积蒸发量的简单相关系数	直接系数	间接通径系数	
			中砂	全氮
中砂	0.758	1.098	—	−0.340
全氮	−0.286	0.485	−0.771	—

相关分析结果表明，防沙治沙生态工程实施驱动的土壤理化性质变化显著影响了沙地土壤持水性能（表 4-13）。土壤饱和持水量、毛管持水量、田间持水量与土壤大颗粒（细砂、中砂和粗砂）以及容重呈极显著负相关；与土壤细颗粒（黏粒、粉粒、极细砂）、孔隙度、养分（有机质、全氮、全磷）呈极显著正相关，说明大颗粒的存在不利于土壤形成有效孔隙，小颗粒含量提升增加了土壤比表面积，一方面提高土壤土水势，另一方面为水分提供存储空间。防沙治沙生态工程实施促进了沙地土壤颗粒细化和土壤结构改善，有效促进土壤持水性能提升（表 4-13）。

为进一步确定其主要影响因素，利用线性逐步回归方法，选择灌溉定额指标田间持水量（C_f，g/kg）与各理化性质进行拟合，进一步筛选为 5 个主要影响因素，分别为总孔隙度（X_1，%）、全氮（X_2，g/kg）、极细砂（X_3，%）、容重（X_4，g/cm^3），毛管孔隙度（X_5，%），决定系数 R^2 为 0.989。

$$C_f = 581.65 - 451.19X_1 + 43.50X_2 + 122.63X_3 - 324.17X_4 + 741.03X_5$$

通径分析结果表明（表 4-14），土壤容重对土壤田间持水量的直接作用为负，即降低了土壤田间持水量大小。土壤总孔隙度对土壤田间持水量的简单相关系数为正，提高了土壤田间持水量大小，而土壤总孔隙度对田间持水量的直接作用为负作用，即土壤总孔隙度含量直接作用降低了土壤田间持水量大小。但是，土壤全氮、极细砂、容重和毛管孔隙度含量通过对总孔隙度含量产生间接作用促进土壤田间持水量提升，该间接作用为正并且大于直接作用。全氮和极细砂含量促进土壤田间持水量提升的直接作用仅为 0.244 和 0.157，也表现为间接作用高于直接作用（表 4-14），表现为其他因素对其产生影响进而间接促进土壤田间持水量提升。毛管孔隙度直接作用为0.468，与其他因素的间接作用0.467相当，这也说明毛管孔隙度一方面通过自身作用提升土壤田间持水量，另一方面也在全氮、极细砂、容重等因素的影响下促进土壤田间持水量提升。

表 4-13　土壤理化性质与持水性能的相关性分析

指标	黏粒	粉粒	极细砂	细砂	中砂	粗砂	容重
饱和持水量	0.463**	0.709**	0.546**	−0.678**	−0.595**	−0.361**	−0.984**
毛管持水量	0.542**	0.785**	0.577**	−0.743**	−0.646**	0.407**	−0.958**
田间持水量	0.566**	0.798**	0.624**	−0.743**	−0.696**	0.428**	−0.939**

指标	总孔隙度	毛管孔隙度	非毛管孔隙度	有机质	全氮	全磷
饱和持水量	0.952**	0.802**	0.712**	0.773**	0.831**	0.434**
毛管持水量	0.957**	0.897**	0.546**	0.776**	0.848**	0.427**
田间持水量	0.945**	0.903**	0.506**	0.763**	0.837**	0.377**

表 4-14　土壤持水性能影响因素通径系数分解

指标	与 C_f 的简单相关系数	直接通径系数	间接通径系数					
			总孔隙度	全氮	极细砂	容重	毛管孔隙度	合计
总孔隙度	0.957	−0.347	—	0.185	0.113	0.563	0.443	1.304
全氮	0.857	0.244	−0.263	—	0.060	0.483	0.333	0.613
极细砂	0.705	0.157	−0.248	0.093	—	0.356	0.347	0.548
容重	−0.954	−0.590	0.331	−0.200	−0.095	—	−0.400	−0.364
毛管孔隙度	0.935	0.468	−0.328	0.174	0.117	0.504	—	0.467

4.2.2　典型生态工程区侵蚀产沙效应

1. 雅江中部流域生态工程区土地利用变化

1）工程区沙化土地时空变化

土地沙化是雅江中部流域面临的重要生态环境问题之一，广泛分布的沙化土地，不仅导致当地土地生产力下降、生物多样性丧失，还引起风沙、扬尘、沙尘暴等极端天气频发。早在2005年，国务院审议通过的《全国防沙治沙规划（2005—2010年）》中已将雅江中部流域列为土地沙化重点治理区域。国家林业和草原局最新编制了《全国防沙治沙规划（2021—2030年）》将青藏高原高寒沙化土地类型区列为五大沙化土地类型区之一，并结合生态保护和修复重点工程，以及沙化土地封禁保护区、全国防沙治沙综合示范区、国家沙漠公园等建设项目开展防沙治沙工作。为此，本研究选择雅江中部流域及其主要支流拉萨河下游流域的河谷地区为研究区（图 4-56），采用 Landsat 地表反射率遥感数据（1990～2020 年），基于 GEE 平台，分析了雅江中部流域沙化土地时空变化特征（Zhan et al.，2021），研究结果有利于准确评估近几十年来防沙治沙和植被恢复等生态工程的实施成效，并针对未来生态工程布局提出靶点建议。

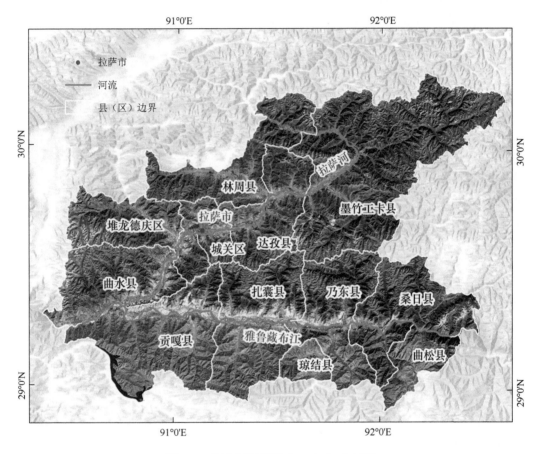

图 4-56　研究区位置及 Google Earth 影像

研究显示，雅江中部流域 1990 年、1995 年、2000 年、2005 年、2010 年、2015 年和 2020 年，沙化土地面积分别为 467.68 km²、444.04 km²、301.85 km²、290.68 km²、289.06 km²、278.10 km² 和 272.96 km²，分别占区域总面积的 2.32%、2.21%、1.50%、1.44%、1.44%、1.38% 和 1.36%（图 4-57）。1990～2020 年，雅江中部流域沙化土地面积总共减少了 194.72 km²，年平均减少速率为 6.49 km²/a，说明该地区的土地沙化趋势得到有效控制。分布在雅江流域的沙地面积明显大于拉萨河流域，且存在显著的减少变化，说明在雅江中部流域河谷地区实施的大规模、长时序防沙治沙和植被恢复生态工程取得了较显著的成效，使区域沙化土地面积减少、风沙活动受到抑制。

271

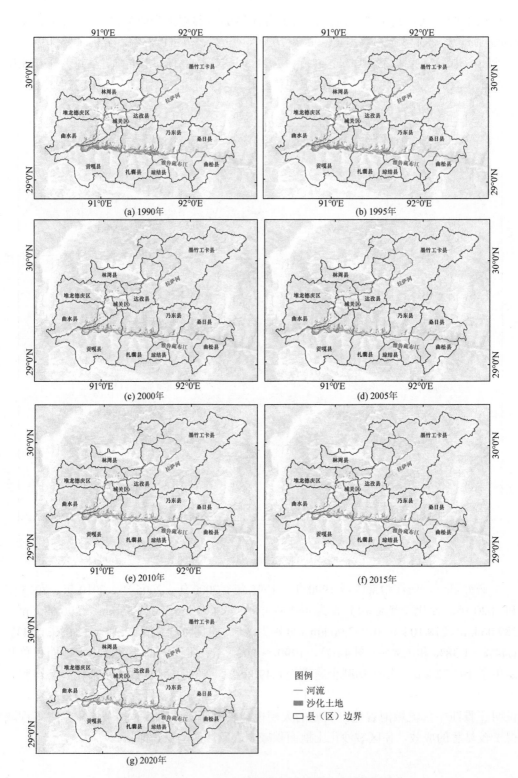

图 4-57　1990～2020 年雅江中部流域沙化土地空间分布

对比不同时段沙化土地的变化面积和速率（表 4-15），研究区沙化土地的面积发展可以分为 2 个变化阶段：1990～2005 年的快速缩减期和 2005～2020 年的缓慢缩减期。1990～2005 年，雅江中部流域沙化土地总面积减少了 177.00 km²，年平均减少速率达 11.80 km²/a，表明 20 世纪 90 年代实施的"一江两河"林业生态工程在遏制沙化土地扩展和植被恢复方面取得了显著成效。2005～2020 年，研究区沙化土地面积总计减少了 17.72 km²，年平均减少速率约为 1.18 km²/a，面积减少速率相比于前 15 年明显放缓。其中，2010～2015 年沙化土地出现相对显著的下降趋势，该时期沙化面积减少了 10.96 km²，占 2005～2020 年减少总面积的 61.85%。西藏生态安全屏障建设项目（包括防沙治沙工程）于 2008 年正式启动，雅江中部流域河谷区域作为土地沙化重点治理区，实施了大量的防沙治沙生态工程，是导致 2010～2015 年沙化土地面积明显下降重要原因。在随后的 2015～2020 年，沙化土地缩减强度略有降低，说明该时期土地沙化防治和植被恢复生态工程的治理成效已达到相对稳定状态，其防沙、治沙和固沙能力趋于饱和，需要采取措施探析生态工程实施现状，以寻求新的防沙治沙手段加强和巩固治理成效。

表 4-15　沙化土地不同时段的变化面积和速率

时段	变化面积 /km²	年平均变化速率 /(km/a)
1990～1995 年	−23.64	4.73
1995～2000 年	−142.19	28.44
2000～2005 年	−11.17	2.23
2005～2010 年	−1.62	0.32
2010～2015 年	−10.96	2.19
2015～2020 年	−5.14	1.03
1990～2020 年	−194.72	6.49

雅江中部流域沙化土地的空间分布具有高度一致性，呈现出河谷盆地区域的带状、破碎化分布，主要分布在距河道较近的区域，离河道距离越近，沙化土地面积越大（图 4-58）。1990～2020 年，分布在距河道 0～2.5 km、2.5～5 km 和 5～7.5 km 内的沙化土地面积与总体变化趋势保持一致，呈现出持续下降的趋势；分布于 7.5 km 以上的沙化土地面积相对稳定、略有增加。这可能是由于在雅江中部流域关键治沙区的生态工程主要集中实施在靠近河道的河谷、阶地与低坡地区域。距河道 0～2.5 km 内沙化土地面积最多，且变化也最为显著。受河谷特殊地形的影响，离河道距离越远，海拔越高，地形地势越复杂，该地区存在的沙化土地主要属于爬升沙丘，人力物力难以到达，目前治理相对较少也比较困难。

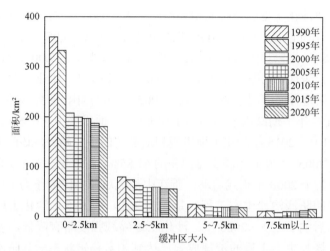

图 4-58 雅江中部流域分布在距河道不同缓冲区内的沙化土地面积变化

在不同坡向上，沙化土地集中分布在南坡和西坡等阳坡地区（图 4-59）。其中，南坡沙化土地变化较为显著，共减少了 158.22 km²，超过沙化土地减少总面积的 80%。受河流走向与河谷地形的影响，雅江北岸主要是阳坡地区，在河谷风力作用下河道及江心洲裸露的沙化物质容易被吹动、搬运、堆积在北岸区域，随着一系列江心洲及河谷走廊生态工程的实施，雅江北岸的土地沙化趋势得到了有效遏制，沙化土地面积也大幅度减少。研究区内存在少部分沙化土地分布在东坡和北坡地区，变化幅度较为稳定。因此当地政府应针对沙化土地集中分布在南坡和西坡的空间分布特征，结合区域地形特征和沙源地分布规律采取相应措施，特别是控制河谷区沙源地，来巩固和提高区域防沙治沙和植被恢复生态工程的建设成效。

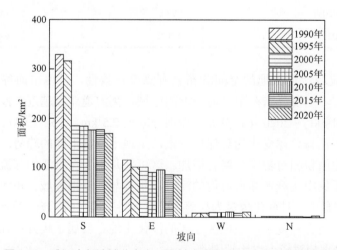

图 4-59 雅江中部流域分布在不同坡向范围内的沙化土地面积变化

2）雅江河谷生态工程时空变化信息

掌握精确的生态工程建设时空信息是准确评估生态工程实施成效的基础，也是后续开展生态工程治理规划的必要前提。然而，由于生态工程的建设时间跨度长、空间布局分散、施工单位多样等原因，生态工程时空布局信息记录的完整性、准确性面临极大挑战。生态工程时空信息的记录方式长期以行政区划为单位进行简单的文字描述、数据统计等，政府部门一直缺少准确、直观的生态工程建设时空信息。人工林种植是将培育好的人工林幼苗移植到沙地区域，因此，人工林种植区域由沙地向植被转变的地表覆盖变化可以反映人工林的种植活动，通过探测人工林区域的地表覆盖变化时间可以反演人工林的种植时间。遥感卫星经过持续的对地观测累积了大量的遥感数据，记录了长时间的地表覆盖变化，为反演人工林的种植时间提供了可能。

（1）人工林种植时间提取方法构建。

雅江中游河谷地区自 20 世纪 80 年代开始进行了持续的人工造林活动以遏制土地沙漠化，累积了大量的不同时空种植的人工林（图 4-60）。然而，由于缺少精确的人工林种植时空信息作为基础数据，难以对人工林的种植管理提供有效参考，也无法准确评估人工林的生态效益。为此，基于时序遥感数据提取人工林种植时空信息，从而为人工林的种植管理和生态效益评估提供基础数据。

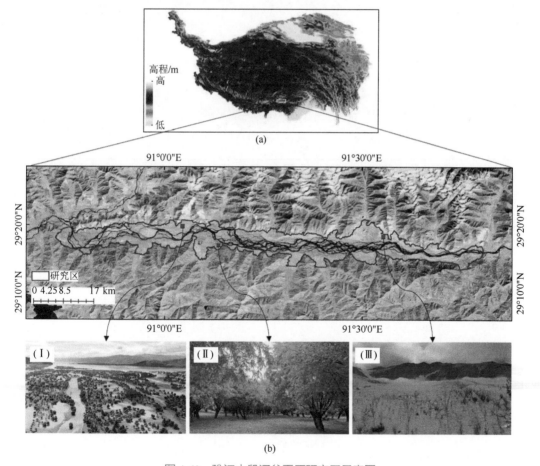

图 4-60　雅江中段河谷平原研究区示意图

选择 Landsat 系列影像开展监测研究，Landsat 卫星序列提供了自 1988 年至今覆盖雅江中段河谷平原的时序影像，并具有适宜的时间（16 天）、空间分辨率（30m）。基于 GEE 平台对 Landsat 时序地表反射率影像（landsat surface reflectance，landsat SR）NDVI，以反映地面人工林的生长变化。为减少 Landsat 系列不同传感器（Landsat 5-TM、Landsat 7-ETM+、Landsat 8-OLI）之间定标差异带来的系统性误差，采用 Roy 等（2016）研究中提出归一化系数对不同卫星的反射率产品进行交叉定标。同时，由于植被在生长季的可探测性更强，更能反映人工林种植对地区植被覆盖的影响。因此，利用 1988～2020 年生长季（5～9 月）内经过交叉定标的 Landsat（包括 Landsat 5-TM、Landsat 7-ETM+、Landsat 8-OLI）无云条件地表反射像素合集，重构年度生长季最大值 NDVI 时序影像集，代表研究区植被的时序变化情况。

图 4-61 展示了 1990～2020 年每 10 年一期的生长季 NDVI 最大值影像。根据实

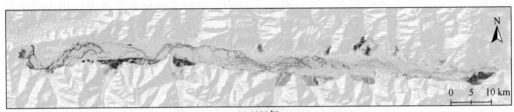

(a) 1990年

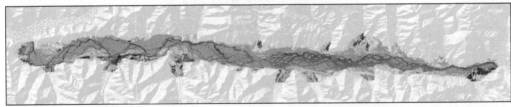

(b) 2000年

(c) 2010年

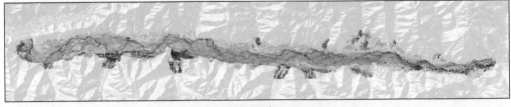

(d) 2020年

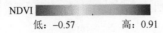

NDVI　低：−0.57　　高：0.91

图 4-61　雅江河谷中游区域 1990 年、2000 年、2010 年、2020 年生长季最大值 NDVI 影像

际站点调查分析结果，本研究选择生长季 NDVI 值大于 0.2 的区域可被视为树木植被，更高的 NDVI 代表着更高的林地覆盖度。显然，图中时序 NDVI 能够很好地反映了地表的植被覆盖变化情况。对比 1990 年、2000 年、2010 年、2020 年的 NDVI 影像，可以发现由于持续的植树造林活动，雅江中游整体的 NDVI 高值区域在不断增大，特别在 2010 ~ 2020 年植被覆盖区域增长明显，这是由于 2010 年前后投入大量资金进行生态工程建设，人工造林面积大幅增加。

如前所述，人工林种植活动可由沙地转变为人工林的地表覆盖变化来表现。如图 4-62 所示 2009 年种植人工林样本：种植前的 Landsat 地表反射率合成影像（RGB=NIR-Red-Green）呈现黄色（沙地）和蓝色（水体）；而种植之后的 Landsat 合成影像呈现红色，且种植年份与时序 NDVI 的趋势突增时间相同。基于该现象，提出人工林区域时序 NDVI 中的突增时间代表人工林种植时间的假设，据此对人工林区域时序 NDVI 进行趋势突增探测以提取其种植时间。

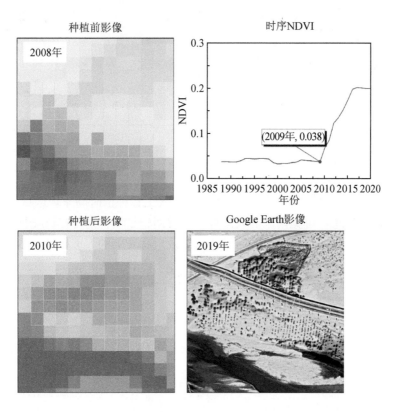

图 4-62　人工林种植前后 Landsat 影像与时序 NDVI

利用随机森林分类器（random forest classifier）对 2020 年生长季 Landsat SR 均值影像进行分类，以获取最新的人工林种植区域。为了减少分类结果的椒盐噪声并提升分类精度，对分类影像进行面向对象分割以进行面向对象分类。

获取人工林的种植区域之后，通过对人工林区域的时序 NDVI 进行突变探测以获取其突增点，从而提取人工林的种植时间。为此，提出了基于子空间划分的突变探测方法，通过对比探测点前后的 NDVI 趋势变化进行突变检验，时序 NDVI 的最大趋势突增点即视为人工林的种植时间。同时，引入自适应窗口平滑，以消除异常值对人工林时序 NDVI 突增点产生的混淆。

（2）人工林种植信息提取结果。

对分类结果进行三重交叉验证，相较于面向像素的分类结果，面向对象分类结果的总体精度由 78.2% 提升至 85.1%，Kappa 系数由 0.731 增长至 0.821，分类精度较好。人工林区域空间分布提取结果如图 4-63 所示，1988～2020 年人工林共计种植 116.79 km^2。由于南岸的生态工程建设起始时间早于北岸，南岸的人工林种植面积大于北岸，且大部分聚集在人口聚居地附近，如桑耶镇、山南市等地附近。此外，河心滩及河岸边上仍种植大量人工林，如山南市、杰德秀镇、甲竹林镇附近。

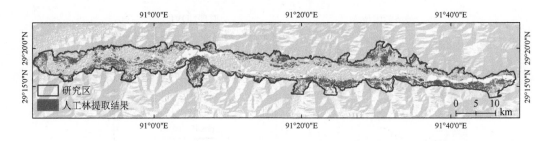

图 4-63　雅江中段河谷人工林种植区域

人工林种植时间的探测结果如图 4-64 所示，人工林种植时间呈现区域聚类特征。通过种植时间探测结果，可见南岸的人工林种植时间较早，特别是在贡嘎县、扎囊县及山南市等大型人口聚居地附近，而南岸的河岸及河心滩上的人工林种植时间却晚于

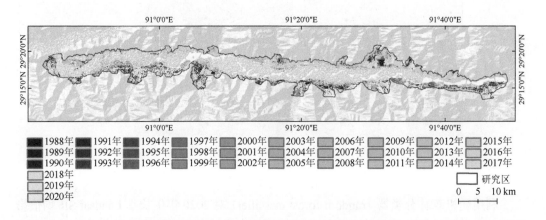

图 4-64　雅江中段河谷人工林种植时间提取结果

平原地区的人工林。由于北岸人口分布密集程度低于南岸，北岸人工林种植时间整体相对南岸较晚，但仍存在较早种植时间的人工林，主要集中在桑耶镇、章达村等人口聚居地附近，且位于北岸河岸及河心滩之上的人工林种植时间相对远离河岸的平原区人工林较晚。

（3）人工林种植信息时空变化特征。

在雅江中段流域，持续的生态工程建设随时间发展主要分为"探索－保护－建设"三个阶段。通过统计每年人工林种植面积的结果（图 4-65），可见种植面积最大的年份在 2011 年，达 20.4 km²；总体趋势上，在 2008 年以前种植面积呈现较为平稳的趋势，两个较大的峰值聚集在 2011 年和 2019 年附近。最小值出现在 2020 年，为 0.52 km²，这期间种植的人工林处于生长初期，NDVI 增量较小而难以被探测。

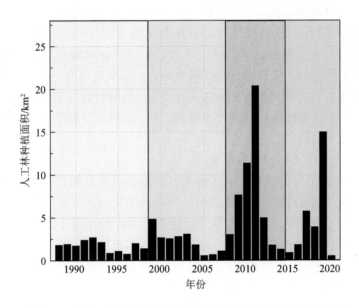

图 4-65　雅江中段河谷平原人工林种植时间提取结果时序分布

根据雅江河谷主要的生态工程实施时间节点，将可观测序列分为四个阶段，可发现不同年份人工林种植面积在时间维度上与该地区生态工程的实施时间高度一致。

第一阶段（1988～1998 年）。该阶段为西藏生态保护与建设的探索阶段，人工林种植面积年际变化较小，且种植面积总量偏小。这主要与生态工程实施形式相关，为治理严重的沙漠化，该地区一直在进行生态调查与生态保护等；人工造林主要是由当地民众自发进行，以改善生活环境为目的的造林区域集中分布于聚居地附近。

第二阶段（1999－2007 年）。该阶段为生态保护与建设的发展阶段，人工林种植面积较第一阶段呈现小幅增长。国家开始实施退耕还林还草工程，重点集中在生态环境的保护方面。而政府层面的植树造林活动主要是道路等基础设施建设的附属人工林种植，因此该阶段人工林种植面积相对整体同样较小。

第三阶段（2008～2014年）。该阶段为综合类生态建设工程大力推进阶段，由于大量生态工程建设资金的投入，人工林种植面积相较之前的探索和发展阶段呈现大幅增长。2008～2014年，开始实施《西藏生态安全屏障保护与建设规划（2008—2030年）》等生态建设工程，颁布《青藏高原区域生态建设与环境保护规划（2011—2030年）》等生态政策，开始投入大量的资源进行生态工程建设，该阶段也对应于造林面积中的最大峰值区域。

第四阶段（2015年至今）。由于新一轮的生态工程开始实施，人工林种植面积呈现第二个增长阶段。于2014年开始实施西藏"两江四河"造林绿化与综合整治工程，造林面积在次年之后开始增长。此外，2018年西藏生态环境厅投资107亿元实施了《西藏生态安全屏障保护与建设规划（2008—2030年）》下的3类10个项目，大大加快了雅江中段流域的造林速度，该阶段的造林面积于2019年达到峰值。

通过雅江中游的人工林种植时空信息探测结果可发现：在早期探索与发展阶段（1988～2007年），人工林种植活动由民众自发组织进行以减轻土地沙化对生活环境的影响，因此早期种植的人工林均分布在城镇等人口聚集地附近，造林面积相对较小。而在生态工程建设的大力推进阶段（2008年至今），随着政府政策的颁布及大型生态工程的陆续实施，人工林种植面积呈现飞速增长，人工林种植区域不再限于居住地附近，开始拓展到河岸及河心滩。

3）人工林种植区域土地沙化治理成效

进一步通过对比不同时间种植人工林与沙化地的空间分布相关性，分析种植人工林在抑制土地沙化方面的作用。结果表明，沙化地的减少区域与该段时间的人工林种植区域相关，证明了种植人工林在土地沙化治理上的积极作用。图4-66中（a）为雅江中游人工林种植时间探测结果，（b）、（c）为两个样本地区，通过对比人工林种植时间前后的沙化区域变化，可以发现人工林区域的沙化土地在种植后转变为非沙化地。例如，在（b）样地中2010～2015年沙化地减少的区域（粉色），与该段时间内种植人工林的空间分布（绿色）相吻合；（c）样地中在2015～2020年沙化地减少的区域（褐色），与该段时间内种植人工林的空间分布（黄色）相吻合。同时，也可通过对比种植前后的合成Landsat影像发现，在生态工程建设时间前后地表覆盖由沙化地（白色）变为植被（红色）。

种植人工林成功遏制了雅江中游的土地沙化，通过对比1988～2020年的沙地与NDVI变化（图4-67）：NDVI增长区域与沙化地的减少区域相符，主要集中在河岸及河心滩上。而在杰德秀镇至山南市河心滩区域的沙地减少，但NDVI值未见增长，这可能是由雅江水位的影响导致河心滩的裸露程度不同。同时，在平原地区，如桑耶镇、吉纳村、杰德秀镇附近，由于存在农田等非沙化区域，部分NDVI增长区域与沙化地的减少区域不相匹配。

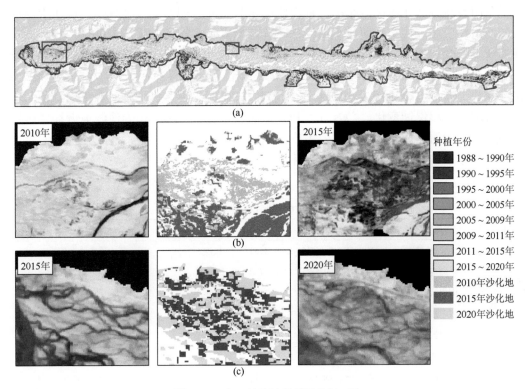

图 4-66　人工林种植前后沙化地对比

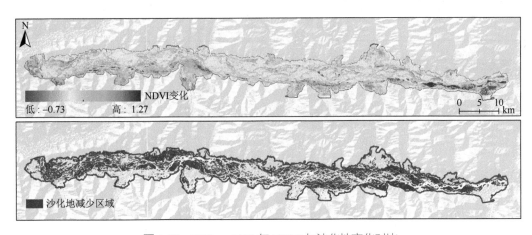

图 4-67　1988～2020 年 NDVI 与沙化地变化对比

2. 工程区风蚀效应及其生态工程的影响

1）核素示踪技术评估局地生态工程区固沙成效

定量评价生态工程实施前后土壤侵蚀变化状况，是防沙治沙生态工程成效评估的一个重要方面。青藏高原地区风沙区域大、地形复杂、交通不便、天气多变等条件，难以采用传统方法如风洞试验法、野外监测法等获取长期土壤风蚀数据，进而难以评价防沙治沙生态工程实施前后土壤侵蚀状况。核素示踪法（尤其是 ^{137}Cs 和 ^{210}Pb$_{ex}$ 法）能够在不改变原始地貌的条件下，通过测定核素含量的时空分异来研究土壤侵蚀的发生和分布规律，在监测数据稀缺地区评估土壤侵蚀状况具有独特优势。特别是 ^{137}Cs 能综合反映 1963 年以来的土壤侵蚀状况，^{210}Pb$_{ex}$ 能敏感地监测到近期（20 年）土地利用变化引起的土壤侵蚀变化。^{137}Cs 和 ^{210}Pb$_{ex}$ 法的联合运用，可以作为沙源地近期实施生态工程后防沙治沙成效评估的有效手段。本次考察主要针对防沙治沙工程和天然草地保护工程 2 项生态工程类型（表 4-16 和图 4-68），采用双核素示踪法开展了工程实施成效评估。

表 4-16 研究样地基本信息

工程类型	样地类型	经纬度	海拔/m	土壤类型	植被概况
拉萨河谷区防沙治沙工程	活跃沙坡	29°26′54″N，90°57′51″E	3633	风沙土	基本无植被生长
	半固定沙坡	29°34′44″N，90°58′57″E	3762	风沙土	草本为主，植被盖度 <15%
	固定沙坡Ⅰ	29°26′54″N，90°57′26″E	3667	风沙土	草本为主，植被盖度约 40%
	固定沙坡Ⅱ	29°25′32″N，90°56′57″E	3606	风沙土	草本与砂生槐灌木，植被盖度约 45%
	背景值	29°34′42″N，90°59′11″E	3665	草甸土	草本为主，植被盖度约 60%
申扎高寒草地保护工程	风蚀区Ⅰ	30°57′06″N，88°42′40″E	4680	高寒草原土	草本为主，植被盖度约 45%
	风蚀区Ⅱ	30°57′06″N，88°42′33″E	4674	高寒草原土	草本为主，植被盖度 <15%
	爬升沙坡	30°57′48″N，88°42′21″E	4850	风沙土	距坡顶 90 m 以内均为裸露沙丘；距坡顶 90～200 m，少量草本分布，植被盖度 3%～15%
	背景值	30°57′08″N，88°42′09″E	4660	高寒草原土	草本为主，植被盖度 >70%

图 4-68 研究样地示意图

图 (a)、(b)、(c)、(d) 均为拉萨河河谷防沙治沙生态工程区附近爬升沙坡样地，其中 (a) 为活跃沙坡，(b) 为半固定沙坡，
(c) 和 (d) 为固定沙坡；图 (e)、(f)、(g) 均为藏北高寒草地研究样地，其中 (e) 为典型爬升沙坡及其取样示意图，
(f) 为实施围栏封禁工程的风蚀区Ⅰ，(g) 为常年天然放牧的风蚀区Ⅱ

背景值是指放射性核素自沉降以来，未经任何形式土壤侵蚀和人为影响的自然土

壤剖面中的总含量。背景值地点的确定是核素示踪土壤侵蚀非常关键的一步，所采的样品能否代表该区域核素输入水平，直接影响试验的精度。据此，在拉萨河谷区以及藏北高寒地带申扎区，背景值采样点均为长期无人为干扰、无侵蚀无沉积发生且位于其他样地附近的高植被覆盖天然草地。研究结果表明，拉萨河谷区 ^{137}Cs 和 ^{210}Pb$_{ex}$ 的背景值含量分别为 435.22 Bq/m^2 和 3102.48 Bq/m^2。该区本底值 0～9 cm 的 ^{137}Cs 核素比活度达 3.01 Bq/kg，占总浓度的 69.18%；^{210}Pb$_{ex}$ 比活度以表层（0～3 cm）最高，为 49.92 Bq/kg，0～6 cm^{210}Pb$_{ex}$ 比活度占总浓度的 90.93 %。藏北高寒草地申扎研究区 ^{137}Cs 和 ^{210}Pb$_{ex}$ 的背景值含量分别为 385.26 Bq/m^2 和 6485.56 Bq/m^2。9 cm 深度内 ^{137}Cs 比活度为 9.09 Bq/kg，占总浓度的 85%；9 cm 深度内 ^{210}Pb$_{ex}$ 比活度超过 82%，9～18 cm 层的 ^{210}Pb$_{ex}$ 比活度仅为 32.93 Bq/kg。如图 4-69 所示，两个研究区土壤剖面中 ^{137}Cs 和 ^{210}Pb$_{ex}$ 比活度随土层深度的增加均呈明显的指数递减趋势，表明这两个研究区的背景值可靠。

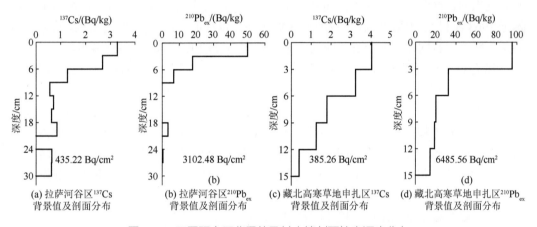

图 4-69　不同研究区背景值及其土壤剖面核素深度分布

（1）拉萨河谷防沙治沙生态工程成效评估。

爬升沙坡作为一种重要的风沙沉积表现形式，其风沙活跃程度是沙源地土壤侵蚀状况、地表环境变化的重要间接体现。在风蚀过程中，若沙源地的地表环境状况差、易发生侵蚀，往往导致大量风沙沉积至爬升沙坡，致使爬升沙坡长期处于活跃状态。随着生态工程的实施，沙源地植被恢复会带来显著的防风固沙效果，致使沉积到爬升沙坡的风沙显著减少，进而影响爬升沙坡的发展。拉萨河谷防沙治沙生态工程区内沙源物质主要为河道沉积泥沙（基本不含 ^{210}Pb$_{ex}$），基于 ^{210}Pb$_{ex}$ 以年为时间尺度的沉降通量可认为是恒定不变的这一原理，即在 ^{210}Pb$_{ex}$ 年沉降浓度含量一定的条件下，由沙源地吹蚀到爬升沙坡上的风沙量较大，沙坡土壤中 ^{210}Pb$_{ex}$ 浓度则相对较小；反之，^{210}Pb$_{ex}$ 浓度变大，则表明了沙源地生态环境改善、有效减少风蚀。

基于以上原理，对各爬升沙坡核素剖面深度分布进行深入分析，可将其分为 3 种不同发展阶段类型。

第一，活跃爬升沙坡型［图 4-70（a）］，该土壤深度剖面基本不含 ^{210}Pb$_{ex}$，表明该点风沙活跃，年风沙沉积厚度大，导致 $^{210}Pb_{ex}$ 含量极微，以沉积为主。

第二，半固定爬升沙坡型 [图 4-70(b)]，在土层深度 30 cm 以下，$^{210}Pb_{ex}$ 含量分布较为均匀；土层深度 30 cm 以上，$^{210}Pb_{ex}$ 含量呈增加趋势，表明近几十年来该点风沙沉积厚度正在逐渐减小，进而 $^{210}Pb_{ex}$ 含量在表层 30 cm 逐渐增加，进一步说明了沙源地生态工程的实施在一定程度上减少了风沙侵蚀。

第三，固定爬升沙坡型，存在两种情况，一是固定爬升沙坡型 I，即沙坡从原风沙沉积程度大转为沉积程度极小或无沉积/侵蚀；二是固定爬升沙坡型 II，即沙坡风沙迁移路径发生逆转，由原来的"沉积为主"转变为现在的"侵蚀为主"。如图 4-70(c)所示，$^{210}Pb_{ex}$ 含量在土壤表层 3 cm 急剧增加，表明该点可能在近些年风沙沉积量极少或无沉积/侵蚀，因而 $^{210}Pb_{ex}$ 含量增加显著，这表明沙源地生态工程能有效防风固沙，爬升沙坡近年来风沙沉积大大减小，致使 $^{210}Pb_{ex}$ 含量显著增加；如图 4-70(d)所示，^{137}Cs 主要分布在表层 40 cm 内，且含量接近本底值的平均含量，表明其可能是 1963 年左右沉积的，同时，土壤深度剖面基本不含 $^{210}Pb_{ex}$，初步判定该点当前以侵蚀为主，基本无 1963 年以来的风沙沉积，说明该沙坡逐渐由以往的"沉积为主"向现在的"侵蚀为主"转变，也间接表明河谷沙源地生态工程实施后沙坡风沙沉积逐渐减少。

结合各沙坡沙源地防沙治沙工程实施状况，半固定沙坡对应的沙源地已实施防沙治沙工程近 20 年，固定沙坡对应的沙源地防沙治沙工程年限约 30 年；而活跃沙坡沙源地生态工程面积（仅 2.5 hm²）相比整个沙源地面积（近 200 hm²）可忽略不计，基本可视为无生态工程。总体来看，爬升沙坡的发展与沙源地地表环境变化密切相关，随着沙源地防沙治沙生态工程的实施，爬升沙坡风沙沉积量得到有效控制，并由活跃向固定沙坡转变。但是，目前由于缺乏沙坡年沉积厚度的定量研究，风沙具体沉积年限难以确定，准确的固沙成效量化研究有待后续开展。

(2) 藏北高寒草地保护工程（围栏退牧还草）的防风固沙成效评估。

从西藏沙漠化土地分布情况来看，沙化地不仅集中分布在人-地矛盾突出的"一江两河"河流谷地及湖盆地等区域，在草-畜矛盾突出的藏北高山草原、草甸地区也广泛分布。为了有效遏制草地退化、减轻沙化问题，藏北高寒地区实施了一系列的天然草地保护工程，如围栏封禁、退牧还草、人工种草等工程。由于缺乏野外定点连续观测，高寒草地土壤风蚀过程定量研究一直相对滞后，特别是生态工程实施对土壤风蚀的影响效应难以评估。因此，选取地处藏北高寒地带申扎县的中国科学院成都山地灾害与环境研究所申扎高寒草地与湿地生态系统观测试验站附近的典型爬升沙坡系统，通过划分沙源地风蚀区和沙坡风积区，选取已实施了 9 年围栏退牧还草工程的典型工程区（风蚀区 I，该工程于 2011 年实施）及其附近一爬升沙坡作为研究对象 [图 4-68(e)，图 4-68(f)]，同时，为对比工程区内外风蚀变化，选取了位于工程区附近另一风蚀区——天然放牧区（风蚀区 II）作为对照（图 4-68），通过沙源-沙汇风沙迁移路径角度，采用核素示踪技术进行工程区内外土壤侵蚀差异分析，对高海拔草地保护生态工程的固沙成效进行了评估研究。

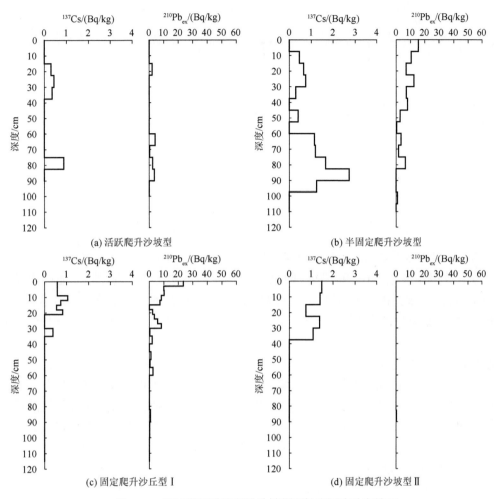

图 4-70　不同发展阶段爬升沙坡剖面核素深度分布特征

第一，风蚀区的 ^{137}Cs 和 $^{210}Pb_{ex}$ 深度分布特征。

图 4-71 给出了风蚀区的 ^{137}Cs 和 $^{210}Pb_{ex}$ 核素深度剖面分布状况。图 4-71(a) 和图 4-71(c) 分别为风蚀区Ⅰ和风蚀区Ⅱ的 ^{137}Cs 核素深度剖面分布图，风蚀区Ⅰ的 ^{137}Cs 核素深度剖面分布呈尖峰型，风蚀区Ⅱ的 ^{137}Cs 核素深度剖面分布呈递减型。风蚀区Ⅰ剖面中的 ^{137}Cs 核素比活度峰值出现在 3～6 cm 内，为 1.85 Bq/kg。与之不同的是，风蚀区Ⅱ的 ^{137}Cs 核素比活度在表层 0～3 cm 为最高值（1.44 Bq/kg），之后随着土层深度增加呈递减趋势，两个样地的 ^{137}Cs 核素比活度峰值均显著低于参考点表层比活度。^{137}Cs 分布深度为 12 cm，风蚀区Ⅱ的 ^{137}Cs 分布深度为 9 cm，且两风蚀区的 ^{137}Cs 分布深度明显低于背景值分布深度（15 cm）。图 4-71(b) 和图 4-71(d) 分别为风蚀区Ⅰ和风蚀区Ⅱ的 $^{210}Pb_{ex}$ 核素深度剖面分布图，如图所示，风蚀区Ⅰ和风蚀区Ⅱ的 $^{210}Pb_{ex}$ 分布深度均为 18 cm，且均在 0～3 cm 土层中比活度最高，分别为 97.98 Bq/kg 和 73.41 Bq/kg；自土层 3 cm 以下 $^{210}Pb_{ex}$ 比活度呈急剧下降趋势。

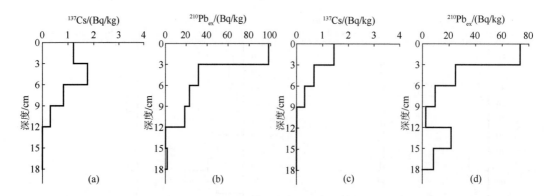

图 4-71　风蚀区Ⅰ[(a)，(b)]和风蚀区Ⅱ[(c)，(d)]剖面核素深度分布（风蚀区Ⅰ为实施有围栏退牧还草工程区，风蚀区Ⅱ为天然放牧区）

第二，风蚀区 ^{137}Cs 和 ^{210}Pb$_{ex}$ 面积活度及其土壤侵蚀速率。

由于放射性核素 ^{137}Cs 和 ^{210}Pb$_{ex}$ 的来源和半衰期不同，^{137}Cs 和 ^{210}Pb$_{ex}$ 能够提供不同时间尺度的土壤侵蚀相关信息。^{137}Cs 提供了 1963 年以来的平均土壤侵蚀速率信息；^{210}Pb$_{ex}$ 因其自然来源属性，具有连续沉降、半衰期较短的特点，它对当前土壤侵蚀速率变化最为敏感，主要反映了近 20 年发生的土壤侵蚀。结合相关土壤侵蚀模型，进一步评估实施生态工程前（1963 年至生态工程实施当年）的土壤侵蚀速率，通过比较分析工程区内外土壤侵蚀速率差异及其土壤核素面积活度特征，可揭示生态工程驱动土地利用变化下的土壤侵蚀响应。因此，基于围栏退牧还草工程区和常年放牧的天然草地区的土壤核素面积活度及不同时期土壤侵蚀速率分析，结果表明实施围栏退牧还草工程后，土壤风蚀速率显著下降，围封对工程区内土壤流失具有较好的抑制作用，固沙效果明显，具体表现如下。

若某一区域土壤剖面 ^{137}Cs 核素的总面积活度低于背景值，说明在该采样点土壤存在侵蚀，若高于背景值，则表明该土壤存在沉积。由表 4-17 可知，风蚀区Ⅰ的 ^{137}Cs 面积活度为 170.38 Bq/m^2，相比背景值的土壤 ^{137}Cs 面积活度（385.26 Bq/m^2），残存百分比为 –55.78%；风蚀区Ⅱ的 ^{137}Cs 面积活度为 88.03 Bq/m^2，相比背景值的土壤 ^{137}Cs 面积活度，残存百分比为 –77.15%。风蚀区Ⅰ的 ^{137}Cs 土壤侵蚀速率为 14.31 t/(hm^2·a)，而风蚀区Ⅱ的土壤侵蚀速率为 25.71 t/(hm^2·a)。基于 ^{137}Cs 土壤风蚀量比较分析，草地实施围栏退牧还草工程前后均存在一定程度侵蚀，但经围封后风蚀区内的风蚀量呈急剧减少，仅为天然放牧区即风蚀区Ⅱ的 55.7%。可以看出，草地实施围栏退牧还草工程后，由于草地可以长期保持良好生长，土壤风蚀量得到明显遏制，这表明草地围栏退牧还草工程固沙成效显著。

风蚀区Ⅰ的 ^{210}Pb$_{ex}$ 面积活度为 6862.50 Bq/m^2，相比背景值的土壤 ^{210}Pb$_{ex}$ 面积活度，残存百分比为 5.81%；风蚀区Ⅱ的 ^{210}Pb$_{ex}$ 面积活度为 5369.32 Bq/m^2，相比背景值的土壤 ^{210}Pb$_{ex}$ 面积活度，残存百分比为 –17.21%。围栏封禁前后，风蚀区Ⅰ的 ^{210}Pb$_{ex}$ 土壤侵蚀速率分别为 17.18 t/(hm^2·a) 和 –6.67 t/(hm^2·a)；风蚀区Ⅱ分别为 24.91 t/(hm^2·a)

和 24.33 t/(hm²·a)。基于 $^{210}Pb_{ex}$ 残存百分比及其土壤风蚀量可以看出（表 4-17），风蚀区 II 仍处于长期侵蚀状况，与 ^{137}Cs 结果一致；而通过围栏封禁，风蚀区 I 已从风沙侵蚀为主明显转为风沙沉积为主。进一步比较 $^{210}Pb_{ex}$ 剖面深度分布，风蚀区 I 表层 0 ~ 3 cm 面积活度比风蚀区 II 表层 0 ~ 3 cm 面积活度高约 1200 Bq/m²，该结果说明围栏退牧还草工程实施后起到了较好的植被恢复作用，草地植被生长状况向好的同时，有效抑制了风蚀区表层土壤颗粒被吹蚀，进而促进土壤表层 $^{210}Pb_{ex}$ 累积。

表 4-17　风蚀区核素面积活度及土壤侵蚀速率

样地类型	^{137}Cs 面积活度 /(Bq/m²)	^{137}Cs 残存比 /%	$^{210}Pb_{ex}$ 面积活度 /(Bq/m²)	$^{210}Pb_{ex}$ 残存比 /%	^{137}Cs 土壤侵蚀速率 /[t/(hm²·a)]	$^{210}Pb_{ex}$ 土壤侵蚀速率 /(t/(hm²·a))	
						围栏前	围栏后
风蚀区 I	170.38	−55.78	6862.50	5.81	13.41	17.18	−6.67
风蚀区 II	88.03	−77.15	5369.32	−17.21	24.82	24.91	24.33

第三，风蚀区围栏退牧还草工程前后植被 NDVI 变化特征。

强烈的人类干扰可在短时间内促使植被生长及其格局发生改变，从而影响土壤侵蚀过程。NDVI 对植被的生长长势以及生长量非常敏感，并且能够较好地代表植被的覆盖变化而被广泛用于表征草地植被生长状况。研究结果表明，围栏退牧还草工程实施前后，工程区内植被盖度显著增加，防风固沙作用增强，具体表现如下。

图 4-72 给出了 2000 ~ 2020 年各风蚀区逐年平均 NDVI 值，随着年限增加，风蚀区 I 和风蚀区 II 的 NDVI 值均呈增加趋势，在围栏封禁前（2000 ~ 2011 年）风蚀区 I 的多年平均 NDVI 值为 0.098，虽高于风蚀区 II（0.068），但各风蚀区 NDVI 逐年增长速率基本一致；围栏封禁后（2012 ~ 2020 年），风蚀区 I 的 NDVI 增长趋势较风蚀区 II 更为显著。从围栏前后多年平均 NDVI 值来看，风蚀区 I 的平均 NDVI 值从 0.098 增长到 0.137，风蚀区 II 由于常年放牧干扰，NDVI 值从 0.068 增长到 0.084，风蚀区 I 的增长率是风蚀区 II 的 1.65 倍。结合各风蚀区围栏前后的增长趋势，进一步证实了围栏退牧还草工程的实施在一定程度上能够阻止人为因素和牲畜对草原生态系统的扰动与破坏，更有利于促进植被恢复，进而有效减少草地土壤风蚀。

第四，风积区爬升沙坡 $^{210}Pb_{ex}$ 深度分布特征及其对工程区环境变化的响应。

藏北高寒草地通常属高寒、高海拔地区，由于长期受强风干旱的影响，导致该区易形成爬升沙坡、新月沙丘等风沙地貌。在一定规模的生态系统区域中所提供的生态系统功能不仅能服务于当地，还可以对其周围区域产生影响。在沙源 – 沙汇风沙迁移过程中，当沙源地实施生态工程后，植被的恢复一方面可以促进植被盖度增加、枯落物增多、土壤养分及土壤黏结力等提升，进而提高临界启动风速；另一方面可以削弱近地表层风速，减少沙子被吹扬搬运的数量，导致爬升沙坡的沙源供应量降低，沙粒从沙源区迁移至风沙堆积区（爬升沙坡）受到抑制。因此，在长期稳定的气候条件下，风积区爬升沙丘的发展状况是沙源地地表环境变化的重要反映。

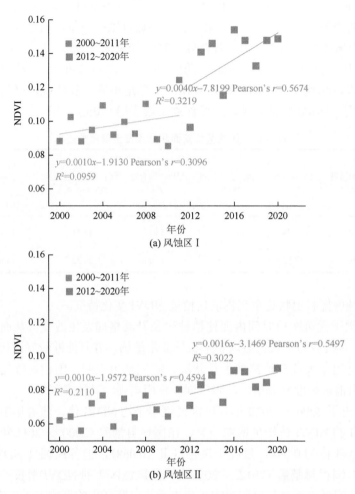

图 4-72　NDVI 值随年份变化（风蚀区 I 为实施围栏封禁区，风蚀区 II 为天然放牧区，
围栏工程实施起始于 2011 年）

　　图 4-73 给出了沿着爬升沙坡坡脚方向不同断面的 $^{210}Pb_{ex}$ 深度分布状况。可以看出，距坡顶距离不同，各断面核素深度分布具有差异。沙坡中上部（距离坡顶 0～100 m）各断面的 $^{210}Pb_{ex}$ 剖面深度分布均显示：15 cm 土层深度内 $^{210}Pb_{ex}$ 整体分布较为均匀，无显著差异，且各断面表层（0～3 cm）相比 3～6 cm 土层均有不同程度的减小，表明沙坡中上部风沙沉积厚度较为均匀且表层存在一定程度的吹蚀，即距离坡顶 100m 内风沙较为活跃；沙坡中下部（距离坡顶 100～200 m）各断面的 $^{210}Pb_{ex}$ 剖面深度分布图表明，在各断面 18 cm 土层以内的 $^{210}Pb_{ex}$ 比活度较 18 cm 以下土层比活度有不同程度的增加趋势，表明沙坡中下部的风沙沉积厚度整体呈逐渐减小趋势，其中，距离坡顶 150～200 m 各断面土壤表层 3 cm $^{210}Pb_{ex}$ 急剧增加，这进一步说明近年来沙坡坡脚部位的风沙沉积较距坡顶 100～150 m 部位更为明显。据此可以看出，沙源地近年来实施围栏退牧还草生态工程后，爬升沙坡中下部已有向半固定发展的趋势，但中上部仍较为活跃。

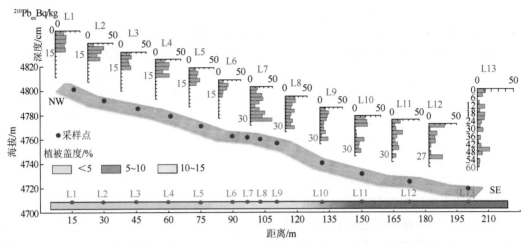

图 4-73　典型爬升沙坡顺坡脚方向各断面的 $^{210}Pb_{ex}$ 深度分布与植被盖度变化

此外，根据实际调查与走访得知，自 2016 年来爬升沙坡中下部逐渐有草本植被生长（植被覆盖度在 3%～15%）。同时，借助 3S 技术获取了 2000～2020 年爬升沙坡逐年 NDVI 数据，结果如图 4-74 所示，2000～2014 年爬升沙坡的平均 NDVI 值整体趋于稳定；自 2016 年起沙坡下部（距离坡顶 150～200 m）植被 NDVI 有轻微上升趋势，尤其是 2018～2020 年期间，距离沙坡坡顶 100～200 m 的植被 NDVI 显著增加，这与实际调查结果基本相符。沙源地围栏工程实施能够促进植被生长，增加地表粗糙度，削弱近地表层风速，减少沙粒被吹扬搬运的数量，进而导致爬升沙坡的沙源供应量降低，使其沙面逐渐趋于稳定。沙坡固定是植被生长的重要保障，只有稳定的沙土基质才能促进植被繁殖体的定居，为种子的萌发及生长等提供稳定的土壤环境。因此，基于沙坡核素分析，该结果进一步表明了沙源地实施生态工程五年后，沙源地的环境改善能够在一定程度上促进爬升沙坡的稳定。而植被主要从爬升沙坡的中下部开始生长，沙坡中上部长期处于活跃状态，这可能与爬升沙坡坡脚到坡顶的地势逐渐变陡、土壤水分逐渐减少、风速逐渐增大等有密切联系，以致沙坡中上部立地条件恶劣且难以短期内迅速稳定下来。据此，围栏退牧还草工程实施后能够优先抑制爬升沙坡中下部（从坡脚沿上坡方向 100 m 内）的发展，基于由易到难的治理思路，建议在爬升沙坡的治理过程中优先选择坡脚部位并逐步往上坡方向进行治理。

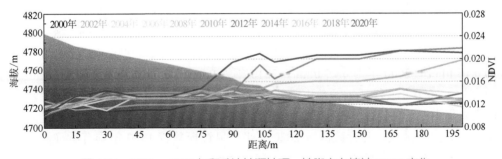

图 4-74　2000～2020 年爬升沙坡顺坡顶－坡脚方向植被 NDVI 变化

2）雅江中部流域工程区防风固沙功能时空变化分析

修正风蚀方程（revised wind erosion equation，RWEQ）是一种以较高时空分辨率对区域土壤风蚀状况进行长时间序列估算，从而有效预测风蚀量的模型（Fryear et al.，2000）。RWEQ 模型较充分地考虑了植被、气候和土壤因子对风蚀的影响，具有较高可行性，广泛应用于中国的风蚀和防风固沙研究中。为探究雅江河谷中段地区土壤风蚀时空格局及生态工程防风固沙功能服务质量变化，选择与前述"雅江中部流域工程区沙化土地时空变化"一致的研究区，采用 RWEQ 模型模拟计算了 1990～2020 年区域风蚀的时空动态变化，以定量分析生态工程的防风固沙成效。此外，为定量辨识气候变化、生态工程对工程区防风固沙功能变化的影响，通过对比平均气候状况和真实气候状况下的土壤风蚀量与防风固沙量来表征工程及气候的贡献率（黄麟等，2018）。真实气候状况下，指标变化反映了气候变化与生态工程的综合影响；而平均气候状况下，即估算时输入多年平均气候要素得到的指标变化，由于气候要素不变，可认为指标变化与气候变化无关，主要反映生态工程的影响。

（1）土壤风蚀量时空变化特征。

研究显示，雅江中游区域土壤风蚀量总体较低（图 4-75）。区域风蚀量分布不均匀，高值主要分布于贡嘎县、扎囊县、曲水县、乃东区、桑日县等河谷地带的局部区域，其余大部分区域为风蚀量低值地带。为了进一步探明河谷内部及附近风蚀量分布情况，据此以河谷边界矢量数据设立缓冲距离为 1 km 的缓冲环提取相应范围的风蚀量。表 4-18 结果显示，研究区风蚀主要发生在河谷内部，占总风蚀量 80% 左右；距离河谷 1 km 及以上的范围风蚀量较少，不足 20%。这种风蚀量分布格局的原因在于：河谷内部地带相较于周边地区沙源多且风沙输送能力更高，导致了雅江河谷内部与外部风蚀量分布呈现明显差异，同时也说明了雅江河谷内部地带是风沙治理的重点区域。

1990～2020 年雅江中游区域土壤风蚀量呈现总体减少趋势。1990 年、2000 年、2010 年和 2020 年雅江中游区域土壤风蚀物质总量分别为 3181.64×10^3 t、2946.56×10^3 t、679.39×10^3 t、192.08×10^3 t，1990～2020 年全区域土壤风蚀物质总量减少了 298.96 万 t，降低幅度高达 94%，其中 2010 年减少最为显著，降低幅度达 77%。其中位于河谷内的扎囊县共计减少风蚀量 112.79 万 t，降低幅度高达 93.67%。2000 年后各县风蚀物质总量均有所降低，这与 2000 年后开展的植树种草等一系列防沙治沙工程的大规模实施有关，表明该地区生态工程实施对减少土壤风蚀物质量起到了明显的正向作用。

为了明晰研究区土壤风蚀波动的变化特征，以土壤风蚀模数为指标来揭示土壤风蚀波动变化。1990～2020 年雅江中游区域土壤风蚀模数总体较低，风蚀区域逐渐由流域四周往中间的河谷地带收缩，且 2000 年后下降极为显著。1990 年区域土壤风蚀模数为 0.16 t/hm²，2000 年为 0.15 t/hm²，2010 年为 0.03 t/hm²，2020 年为 0.01 t/hm²。与 1990 年比，2020 年土壤风蚀模数下降幅度近 93%。雅江中游区域土壤风蚀模数较高的地区主要集中在贡嘎县、扎囊县中部以及曲水县西部（图 4-75），这些区域也是河谷沙化土地分布集中区域。各行政区域 2020 年平均风蚀模数较 1990 年均有所降低，下降量最大的是扎囊县，由 0.56 t/hm² 下降至 0.04 t/hm²。

表 4-18　雅江中游区域 1990～2020 年土壤风蚀量缓冲分析

年份	河谷内风蚀量/t	＜1 km 风蚀量/t	1～2 km 风蚀量/t	2～3 km 风蚀量/t	3～4 km 风蚀量/t
1990	2105410	36790	4790	4100	3680
2000	1868190	30940	3850	3270	2980
2010	393130	5210	360	340	330
2020	147610	1540	70	60	30

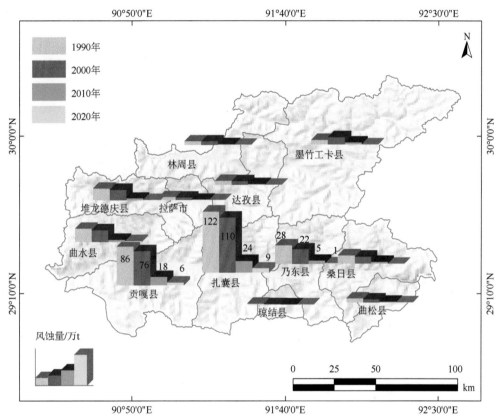

图 4-75　雅江中游区域各县 1990～2020 年风蚀量变化图

（2）土壤风蚀等级时空变化特征。

根据《土壤侵蚀分类分级标准》（SL190—2007），将研究区土壤风蚀物质量进行强度 [单位面积每年土壤风蚀物质量，t/(hm²·a)] 分级，按照微度 [＜2 t/(hm²·a)]、轻度 [2～25 t/(hm²·a)]、中度 [25～50 t/(hm²·a)]、强烈 [50～80 t/(hm²·a)]、极强烈 [80～150 t/(hm²·a)] 和剧烈 [＞150 t/(hm²·a)] 六个等级标准进行雅江中游区域土壤风蚀强度分级。表 4-19 表明区域土壤风蚀强度总体较弱，土壤风蚀强度为微度与轻度区域面积占比较大。1990～2020 年，区域土壤风蚀程度逐年减弱。土壤风蚀强度轻度及以上区域面积不断减小，至 2020 年，土壤风蚀强度以微度为主，无中度及以上侵蚀强度分布，轻度风蚀强度分布仅占 1.25%。空间变化中，河谷区土壤风蚀等级相对较高得到有效抑制,土壤风蚀模数从 172.90 t/(hm²·a) 降到 0.80 t/(hm²·a)（图 4-76）。雅江中部流域近几十年来实施的大规模生态工程,使得区域土壤风蚀状况呈现明显好转态势。

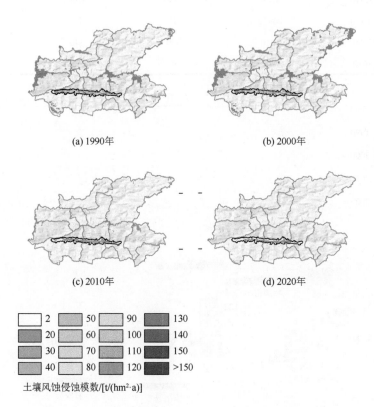

(a) 1990年 　　　　　　　　　　　　　(b) 2000年

(c) 2010年 　　　　　　　　　　　　　(d) 2020年

土壤风蚀侵蚀模数/[t/(hm²·a)]

图 4-76　雅江中游区域 1990 ～ 2020 年土壤风蚀模数分布图

表 4-19　雅江中游区域 1990 ～ 2020 年土壤风蚀强度分布

年份	参数	微度	轻度	中度	强烈	极强烈	剧烈
		<2 t/(hm²·a)	2 ～ 25 t/(hm²·a)	25 ～ 50 t/(hm²·a)	50 ～ 80 t/(hm²·a)	80 ～ 150 t/(hm²·a)	>150 t/(hm²·a)
1990	面积 /km²	18070	1513	101	78	109	4
	比例 /%	90.92	7.61	0.51	0.39	0.55	0.02
2000	面积 /km²	17878	1642	111	82	85	2
	比例 /%	90.29	8.29	0.56	0.41	0.43	0.01
2010	面积 /km²	19136	573	73	0	0	0
	比例 /%	96.73	2.90	0.37	0	0	0
2020	面积 /km²	19669	248	0	0	0	0
	比例 /%	98.75	1.25	0	0	0	0

(3) 土地利用类型的风蚀基本特征。

土地利用变化是一个持续缓慢的过程，其变化情况对地区风蚀发生具有一定影响。选择了 1990 年、2020 年两期土地利用数据与对应的土壤风蚀空间分布进行叠加分析，获取两个时期的土壤风蚀变化情况，结果表明该区域主要的土地利用变化集中在灌木林、有林地、草地、裸地之间的互相转换，其中裸地（含裸岩石砾地、戈壁）、草地面积大量减少，作为风蚀重要物源区的裸地减少约 77.11%，对该区域风蚀情况影响较大。

表 4-20 显示两个时期实际风蚀量变化幅度极大，均有着不同程度的减少，其中有林地、草地、滩地、裸地内风蚀减少较明显，尤其是滩地，共计减少了 166.89 万 t。滩地风蚀量最高，约占总面积的 61%，其次是裸地与草地，与前述结果均表明雅江河谷区域风蚀情况最为严重。

统计不同土地利用类型土壤风蚀模数变化，结果表明：滩地的多年平均土壤风蚀模数明显大于其他地类，其数量级是其他地类的 20 倍左右，远远超过有林地，其主要原因是滩地地表覆被物少，具有丰富的沙源，导致该土地类型区域的土壤风蚀严重。研究还发现，滩地、有林地、草地、耕地内土壤风蚀模数减少率较高，减少率均超过90%。而作为防风固沙重点防治对象的沙地、裸地等未利用地因其特殊的地理条件，其土壤风蚀模数减少率稍低。综合而言，植被覆盖是抑制土壤风蚀提升防风固沙服务功能的有效途径。

表 4-20 不同土地利用类型土壤风蚀变化

土地利用类型	面积			实际风蚀量			风蚀模数		
	1990 年 /km²	2020 年 /km²	变化率 /%	1990 年 /t	2020 年 /t	变化率 /%	1990 年 / (t/hm²)	2020 年 / (t/hm²)	变化率 /%
耕地	898.85	1066.00	18.60	92000	8830	−90.40	1.02	0.08	−92.16
灌木林	1341.29	2458.00	83.26	6920	5420	−21.68	0.05	0.02	−60.00
有林地	250.00	1383.00	453.20	28560	340	−98.81	1.14	0.00	−100.00
草地	14020.36	10953.00	−21.88	680300	31960	−95.30	0.49	0.03	−93.88
建设用地	237.59	207.00	−12.88	10160	1090	−89.27	0.43	0.05	−88.37
滩地	758.91	795.00	4.76	1803660	134810	−92.53	23.77	1.70	−92.85
沙地	9.14	30.00	228.23	1480	1060	−28.38	1.62	0.35	−78.40
裸地	2324.00	532.00	−77.11	336610	22730	−93.25	1.45	0.43	−70.34

(4) 土壤防风固沙服务功能分析。

防风固沙是我国防沙带主要生态功能，对于筑牢我国生态安全屏障至关重要。通过防风固沙量与潜在风蚀量之间的比值作为防风固沙率，以防风固沙率来表征区域土壤防风固沙服务功能变化情况。1990 ～ 2020 年雅江河谷中段地区防风固沙功能总体呈增强趋势：1990 ～ 2020 年防风固沙率均值分别为 82.38%、78.41%、84.13%、90.88%。相较 1990 年，2020 年防风固沙率得到了有效的提升，增幅为

10.32%。

从图 4-77 中可以看出，雅江河谷中段地区防风固沙率总体较大，局部防风固沙率均大于 40%。防风固沙率高值分布范围较广泛，多分布于土壤结皮、植被覆盖程度相对较高或裸露表土少的地区。防风固沙率低值地区分布与水系走向一致，且最低值仅分布于河谷地带。

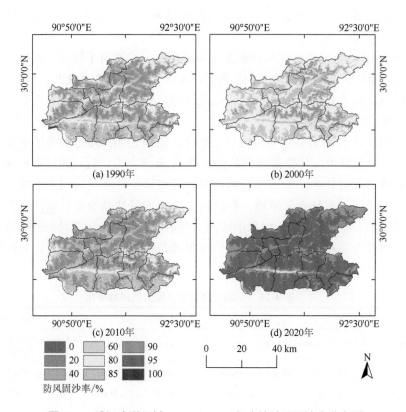

图 4-77　雅江中游区域 1990 ～ 2020 年土壤防风固沙率分布图

（5）工程和气候的贡献率辨识。

为辨识气候变化与人类活动（以生态工程为主）对土壤风蚀发生及防风固沙功能变化的贡献程度，归因分析了不同气候条件下的土壤风蚀量与防风固沙量，模型模拟结果表明（表 4-21），气候变化对雅江中游区域风蚀量的减少和防风固沙功能的增强整体处于主导地位：1990 ～ 2020 年真实与平均 2 种气候状况下，气候变化对于风蚀量与防风固沙量的贡献率均值分别为 90% 与 61%，而生态工程贡献率均值分别为 10% 与 39%。1990 ～ 2020 年，生态工程贡献率逐渐增加，对风蚀量减少与防风固沙量增加的贡献率增幅分别为 1655% 与 361%。尤其是 2000 年后生态工程对指标量的贡献率大幅度提升，相对应的是气候变化贡献率呈减少趋势，说明气候变化背景下，生态工程防风固沙成效凸显。

表 4-21　雅江中游区域不同气候状况下指标量归因统计

年份	指标量	真实气候状况 /t	平均气候状况 /t	生态工程贡献率 /%	气候变化贡献率 /%
1990	风蚀量	3200640	106890	3.34	96.66
	防风固沙量	5077000	816260	16.08	83.92
2000	风蚀量	2965960	162370	5.47	94.53
	防风固沙量	41190	888520	21.57	78.43
2010	风蚀量	696850	94940	13.62	86.38
	防风固沙量	1814060	793380	43.74	56.26
2020	风蚀量	212050	37210	17.55	82.45
	防风固沙量	970610	1221760	74.12	25.88

3. 工程区水蚀效应及其生态工程的影响

拉萨河流域是西藏水土流失重点防治区,流域内大规模生态建设工程的实施,如天然草地保护、防护林体系建设、防沙治沙、水土流失治理工程等,将会对流域水沙过程产生不可忽视的影响,但其效应以往鲜有定量评估。以拉萨河流域为研究区,选择 WaTEM/SEDEM 模型,利用唐加水文站实测输沙数据校正和验证模型,模拟分析了 1990 ~ 2015 年流域土壤侵蚀产沙的时空变化特征,并探讨了降水和土地利用变化对流域侵蚀产沙强度的影响,进而厘定气候变化、土地利用变化与植被恢复在土壤侵蚀强度变化中的贡献,研究成果可为拉萨河流域今后生态工程措施优化调控提供参考。

WaTEM/SEDEM 是一种空间分布式土壤侵蚀模型,能够模拟土壤在流域内的沉积和输送状况,预测河道中的泥沙运移量以及评估水利水保措施的有效性 (van der Weerden et al.,2001;李子君等,2021)。由于该模型结构相对简单,校正参数少,对于水沙实测资料缺乏的地区适应性更高,并且能够充分考虑土地利用、流域连通性和地块尺度等因素对侵蚀产沙的影响,在世界不少地方得到了较好的应用,如瑞士 (Batista et al.,2022)、西班牙穆尔西亚 (Lieskovský and Kenderessy,2014)、中国东北黑土区 (Fang,2020) 等地区。模型主要输入数据包括土地利用、数字高程模型 (DEM)、植被覆盖与管理 C 因子、水土保持措施 P 因子、土壤可蚀性 K 因子、降雨侵蚀力 R 因子、河流水系 River 分布等,以及高 K_{TC_H}、低 K_{TC_L} 泥沙传输能力系数等参数。不同土地利用类型下 C 因子和 P 因子赋值见表 4-22。综合考虑地表覆盖对径流产输沙的影响,并采用唐加水文站产沙数据进行验证,最终将高 K_{TC_H}、低 K_{TC_L} 泥沙传输能力系数分别校正为 0.42 和 0.20。

表 4-22　各土地利用类型 C 和 P 因子赋值表

一级分类	二级分类	C 因子	P 因子	一级分类	二级分类	C 因子	P 因子
耕地	旱地	0.22	0.4	水域	滩涂	0.001	0
林地	有林地	0.001	1		滩地	0.001	0
	灌木林	0.01	1	建设用地	城镇用地	0	0
	疏林地	0.01	1		农村居民点	0	0
	其他林地	0.2	0.7		其他建设用地	0	0
草地	高覆盖度草地	0.12	1	未利用地	沙地	1	1
	中覆盖度草地	0.18	1		戈壁	1	1
	低覆盖度草地	0.32	1		盐碱地	1	1
水域	河流	0	0		沼泽地	0.05	1
	湖泊	0	0		裸地	1	1
	水库坑塘	0	0		裸岩石质地	0	0
	永久冰川	0.8	1		其他未利用地	1	1

1）拉萨河流域土壤侵蚀时空变化

研究显示，1990 ～ 2015 年拉萨河流域内总体侵蚀产沙强度呈现大幅降低态势（图 4-78），1990 年流域土壤侵蚀模数为 110.79 t/(km^2·a)，2015 年土壤侵蚀模数为 58.98 t/(km^2·a)，相比之下流域土壤侵蚀模数降低了 51.81 t/(km^2·a)；整个流域总产沙量由 1990 年的 746.91 万 t 显著下降至 2015 年的 674.9 万 t，降低幅度达 9.64%，输沙量相应从 165.2 万 t 降低至 154.17 万 t，土壤侵蚀总量明显降低。

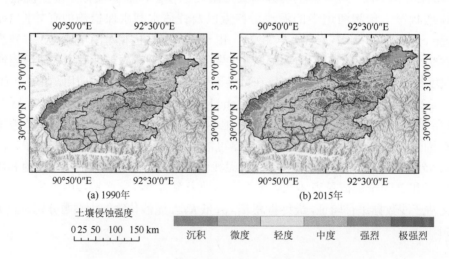

图 4-78　1990 ～ 2015 年拉萨河流域土壤侵蚀强度分布

依据水利部《土壤侵蚀分类分级标准》（SL 190—2007），将流域土壤侵蚀强度划分为沉积、微度、轻度、中度、强烈和极强烈侵蚀 6 个等级（表 4-23）。结果显示，流域内土壤侵蚀强度总体较弱，以沉积、微度和轻度侵蚀为主，其面积超过 80%，主要分布于流域上游的那曲县南部、嘉黎县、当雄县西南部等地；流域中度侵蚀及以上区域面积总体较小，其面积之和占比在 12% 以下，主要集中于流域中下游地区，如墨竹工卡、林周及堆龙德庆等区域。从土壤侵蚀的时间变化看，1990 ～ 2015 年流域土壤侵蚀强度显著降低，以流域中下游地区变化最为明显，且主要表现为中度及以上侵蚀强度向微度和轻度转变。流域内中度、强烈和极强烈侵蚀所占区域面积均呈显著减少，分别由 1990 年的 7.56%、2.03 % 和 1.60 % 降至 2015 年的 2.92%、0.75% 和 0.42%。

表 4-23　拉萨河流域侵蚀 / 沉积特征

侵蚀 / 沉积强度	1990 年		2015 年	
	面积 /km²	占比 /%	面积 /km²	占比 /%
沉积	8361.11	25.43	8414.64	25.59
微度侵蚀	5412.02	16.46	7320.74	22.27
轻度侵蚀	15426.00	46.92	15797.45	48.05
中度侵蚀	2485.44	7.56	959.59	2.92
强烈侵蚀	665.97	2.03	246.12	0.75
极强烈侵蚀	527.51	1.60	139.51	0.42

以上侵蚀格局变化与流域内近几十年来实施的大规模生态建设有关。拉萨河流域从 20 世纪 90 年代初期有组织地开展植树种草等生态建设工程，该时期治理水平较低，没有形成完善的水土保持治理体系，因此建设初期流域内侵蚀强度仍然相对较高。1999 年以后"退耕还林（草）工程""天然林保护工程一期"两项工程建设先后实施，植树造林增量开始体现，到了 2008 年得到了大力推进，流域内先后实施了诸如"西藏自治区生态安全屏障保护与建设工程""西藏两江四河造林绿化与综合整治工程"等项目，因地制宜地开展了退牧还草、天然林保护、防护林体系建设、荒山造林及水土流失治理等工程，这些生态工程对于区域土壤侵蚀的防治发挥了重要的作用，这可能是导致流域土壤侵蚀降低的主要原因。

2）流域土壤侵蚀产沙的影响因素分析

土壤侵蚀产沙主要受降雨、地形、土壤、植被、人类活动等因素影响。为探索拉萨河流域 1995 ～ 2015 年土壤侵蚀产沙的主要影响因素，将降雨侵蚀力 R、坡度坡长 LS、土壤可蚀性 K、植被覆盖与管理 C 和水土保持措施 P 因子与土壤侵蚀产沙建立相关性分析（图 4-79）。结果显示，1990 ～ 2015 年由土地利用引起的植被覆盖和水土保持措施的变化是影响流域土壤侵蚀的主要因素,而降雨侵蚀力的作用相对较弱。由图 4-79 可知,降雨侵蚀力对土壤侵蚀产沙相关性系数有所增加,但均呈弱相关,主要是由于采用多年降雨侵蚀力的平均状况参与的相关性分析,可能低估了降雨等气候因素对流域土壤侵蚀产沙的影响。植被覆盖与管理 C 因子、水土保持措施 P 因子与土壤侵蚀的相关性最高,为影响流域土壤侵蚀的主要因素。其中水土保持措施 P 因子的相关系数从 1990 年的 0.54 升至 2015 年的 0.74,植被覆盖与管理 C 因子的相关系数也从原来的 0.37 增至 2015 年的 0.58,说明与土地利用有关的两类因子对土壤侵蚀的空间变化有显著影响。该时期内,土地利用中林地变化最大(2015 年林地面积较1990 年增长了 28.91 km^2,同比增加达 2.32%),这充分证明了植树造林等生态工程的治理效果。

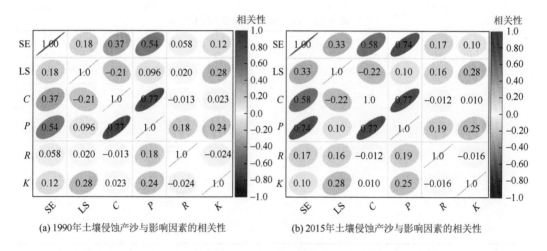

(a) 1990年土壤侵蚀产沙与影响因素的相关性   (b) 2015年土壤侵蚀产沙与影响因素的相关性

图 4-79　1990 ～ 2015 年拉萨河流域土壤侵蚀产沙变化影响因素分析

3) 流域土壤侵蚀产沙对于土地利用变化的响应

上述研究发现人类活动对土地利用方式和结构的改变是驱动流域土壤侵蚀产沙变化的重要因素,土壤的侵蚀强度变化在一定程度上是由不同的土地利用方式所导致。为进一步分析土地利用变化对土壤侵蚀的影响。将 1990 年和 2015 年土地利用 / 土地覆被数据进行空间分析,构建区域土地利用的转移矩阵,分析近 25 年来拉萨河流域土地利用格局变化特征。

从拉萨河流域各地类结构看,流域内草地、未利用地和林地占比最大(图 4-80),总共占流域总面积 90% 以上。流域内近 25 年间不同土地利用类型间的转化以草地、耕地、林地、城镇用地的变化为主。其中草地面积变化最大,其次是建设用地和林地。其余土地利用面积变化较小(表 4-24)。

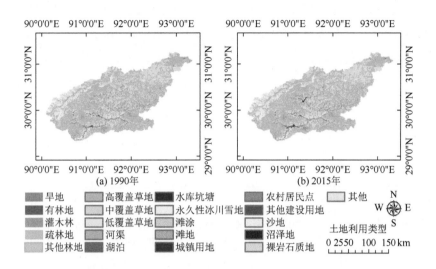

图 4-80　1990 ~ 2015 年拉萨河流域土地利用时空变化

表 4-24　1990 ~ 2015 年土地利用 / 覆被变化转移矩阵　　　　单位：km²

		2015 年						
		草地	耕地	建设用地	林地	水域	未利用地	总计
	草地	21603.19	53.85	27.34	126.58	46.43	501.43	22358.82
	耕地	55.04	519.18	23.34	3.76	12.59	2.75	616.66
	建设用地	2.96	2.97	39.16	0.43	0.72	0.38	46.62
1990 年	林地	112.8	3.33	1.39	1116.86	2.51	7.39	1244.28
	水域	17.55	8.92	1.77	11.46	790.7	41.51	871.91
	未利用地	489.36	2.6	1.79	14.1	44.9	7179.24	7731.99
	总计	22280.9	590.85	94.79	1273.19	897.85	7732.7	32870.28

　　流域内土地利用变化导致土壤侵蚀强度相应发生了系列变化。总体上，流域土壤侵蚀强度逐渐减弱，如图 4-81 所示，1990 ~ 2015 年土壤侵蚀强度等级减弱部分的面积比侵蚀增强部分的面积多 5070.69 km²。经分析，侵蚀强度减弱原因与区域内草地与林地、未利用地与林地以及草地与未利用地等的相互转化紧密相关。其中，草地向林地的转变使得流域侵蚀面积减少了 281.52 km²，林地向草地转换使得侵蚀面积增加了 72.89 km²。研究时段内未利用地转化为草地，使得侵蚀面积减少了 20.96 km²，而其转化导致的侵蚀增加面积却达 359.30 km²，总体上未利用地与草地之间转换会导致侵蚀强度升高，但侵蚀强度变化等级较小，相对于未利用地而言草地具有更高的抗侵蚀性；相反，由未利用地变为林地则会导致侵蚀面积显著减少，面积达 37.35 km²。值得注意的是，同期旱地向林地、草地的转化也导致了侵蚀面积显著降低，面积分别达

8.5 km²、44.54 km²。总而言之，1990～2015年土壤侵蚀强度仍是以降低为主，可见该时期的植树造林、封禁还草对降低土壤侵蚀起到一定的作用。

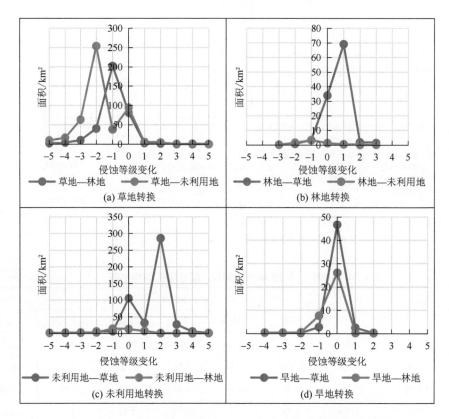

图 4-81　主要土地利用类型变化下土壤侵蚀强度等级的变化面积

0 表示侵蚀强度不变；负值表示侵蚀强度等级降低，正值表示侵蚀强度等级增加

总体上，1990～2015年拉萨河流域土壤侵蚀程度以微度和轻度为主，且呈显著降低趋势，土壤侵蚀强度向轻度转变。以草地和未利用地向林地转变为主的土地利用变化，是导致流域侵蚀产沙强度降低的主要原因。结合该区域林地的空间分布可知，1990～2015年区域内实施了大量生态工程，大面积的沙地、荒草地被改造成灌木林和高覆盖草地，植被生态在得到修复的同时，流域水土流失也得到了有效抑制。

4.2.3　典型流域径流泥沙变化及其影响因素

为阐明重大生态工程影响下的流域水沙过程，选择生态工程实施效果较好的拉萨河流域，进一步采用水文评价工具（soil and water assessment tool，SWAT）模型模拟，研究了生态工程实施前后流域水沙变化，并定量辨识了气候变化和生态工程措施的影响，旨在为青藏高原生态安全屏障工程优化与功能提升提供科技支撑。

1.模型率定与验证

基于拉萨河流域 1980 ～ 2018 年径流输沙、气象、DEM、土地利用和土壤等数据，构建 SWAT 模型基础数据库，坡度分为 4 级：0° ～ 5°、5° ～ 10°、10° ～ 25°、> 25°，土地利用类型、土壤类型及坡度面积比重阈值分别设为 10%、10% 和 10%。模型率定期为 1980 ～ 1989 年，验证期为 1990 ～ 1999 年，共选取 28 个参数进行率定和验证。基于 SWAT 模型模拟拉萨河径流输沙结果显示（图 4-82 和图 4-83），在月尺度上，校准期（1980 ～ 1989 年）和验证期（1990 ～ 1999 年）的模拟月径流量 / 输沙量和实测径流量 / 输沙量均具有相对一致的变化过程，各水文站径流输沙模型模拟结果 $R^2 > 0.5$，NSE > 0.5，基本满足要求。

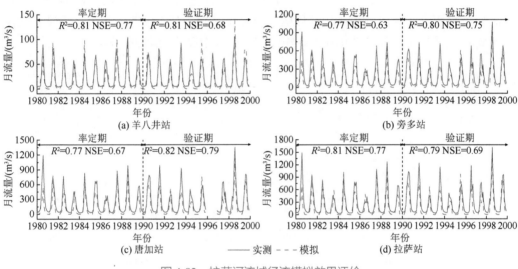

图 4-82　拉萨河流域径流模拟效果评价

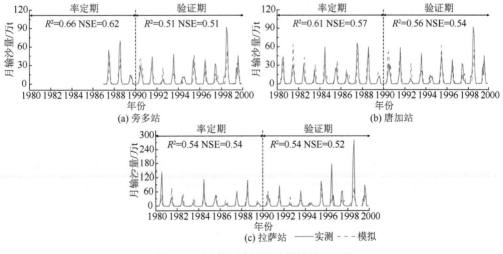

图 4-83　拉萨河流域输沙模拟效果评价

2. 拉萨河流域径流输沙的时空变化

1）拉萨河径流输沙年际波动与变化

河流径流量、输沙量是气候变化和人类活动共同作用的结果，对区域生态环境具有指示作用。研究分析表明，拉萨河年径流量和输沙量均呈多峰波动，二者逐年变化方向基本同步，均表现为不显著的增加趋势，且输沙量的峰值变化更为显著（图 4-84 和表 4-25）。1980 ~ 2018 年，拉萨河年平均径流量、输沙量分别为 91.65 亿 m³、147.06 万 t；最大年径流量发生在 2003 年，为 145.94 亿 m³，最大年输沙量于 1998 年测得，为 570.40 万 t；最小年径流量、输沙量仅为 46.72 亿 m³、19.75 万 t，分别于 2015 年、1992 年测得。流域年均径流、输沙变差系数分别为 0.29 和 0.84，属中等变异，即输沙量的年际变化远较径流量大。各年代间的径流、输沙均值表现出显著的"水多沙多""水少沙少"的特点。Mann-Kendall 趋势检验统计量 Z 值分别为 0.07、0.29，在显著性水平 α=0.05 的条件下，拉萨站年径流、输沙均表现为不显著的增加趋势。

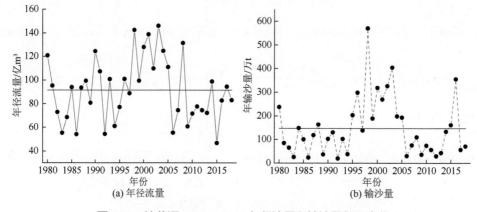

图 4-84　拉萨河 1980 ~ 2018 年径流量和输沙量年际变化

表 4-25　拉萨河流域 1980 ~ 2018 年径流量和输沙量变化特征

时期	径流量 / 亿 m³			输沙量 / 万 t		
	均值	变差系数	极值比	均值	变差系数	极值比
1980 ~ 1989 年	83.49	0.25	1.23	100.14	0.68	9.17
1990 ~ 1999 年	95.68	0.28	1.62	179.08	0.89	27.88
2000 ~ 2009 年	108.05	0.30	1.64	219.14	0.77	17.02
2010 ~ 2018 年	78.02	0.19	1.11	108.88	0.93	11.07
多年平均	91.65	0.29	2.12	147.06	0.84	27.88

2）拉萨河径流输沙年内波动与变化

拉萨河径流、输沙年内分配不均，季节差异大，径流、输沙主要集中在夏秋季，尤以夏季输沙量最为突出（图 4-85）。汛期（5 ~ 10 月）径流、输沙分别占全年总径流和总输沙的 85.79% 和 99.62%，其二者月度峰值分别出现在 8 月和 7 月（21.31 亿 m³、56.25 万 t），非汛期月份月均径流、输沙量极小，均不足 5 亿 m³ 及 1 万 t。径流量夏秋两季显著高于冬春两季，分别占全年总径流量的 57.39% 和 29.01%；输沙量季节分配差异较径流量更为突出，夏秋两季分别占全年总输沙量的 84.70% 和 13.96%，冬春季存在明显的 "有水无沙" 现象。

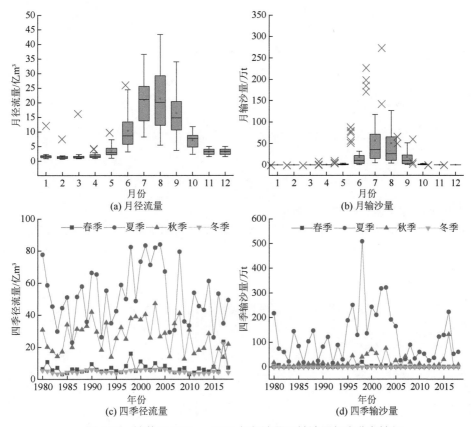

图 4-85　拉萨河 1980 ～ 2018 年径流量和输沙量年内分布特征

由此可见，汛期为拉萨河流域主要的产水产沙时期；年内水沙关系与年际水沙关系表现不同，年际水沙关系表现出紧密的 "水多沙多、水少沙少" 的特点，而年内水沙表现为汛期紧密的 "水多沙多" 关系、非汛期 "有水无沙或少沙" 的特点。

3）拉萨河径流输沙变化突变特征

采用累积距平法，分析了拉萨河径流、输沙的阶段性变化特征（图 4-86），并用均值差异 T 检验法对累积距平值极值出现的年份进行突变点验证，不同时期受到的气候变化和人类活动影响存在差异，因此径流输沙时间序列呈现一定的突变特征。

拉萨河年径流量在 2005 年发生突减变化，年输沙量分别在 1994 年、2005 年发生突增和突减变化。拉萨河径流量和输沙量累积距平值分别在 1995 年、1994 年取得极小值，在 2005 年均出现极大值；流域径流输沙年际变化在研究期间内大致可分为 1980 ～ 1994 年、1995 ～ 2004 年和 2005 ～ 2018 年 3 个阶段，径流输沙累积距平值分别表现为波动减少、逐年增加、波动减少的趋势。突变结果表明，拉萨河年径流量序列在 2005 年通过显著性检验，而 1995 年未通过显著性检验；年输沙量序列在 1994 年、2005 年均通过显著性检验。

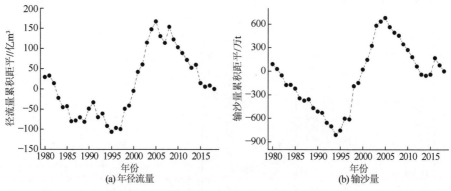

图 4-86　拉萨河年径流量和输沙量累积距平变化

4）拉萨河径流输沙周期变化特征

运用 Morlet 小波分析了拉萨河年径流、输沙的周期特征（图 4-87），小波系数实部为正值指代丰水期，负值指代枯水期，零值则表示从丰水期转为枯水期或者由枯水期转为丰水期的转折点。

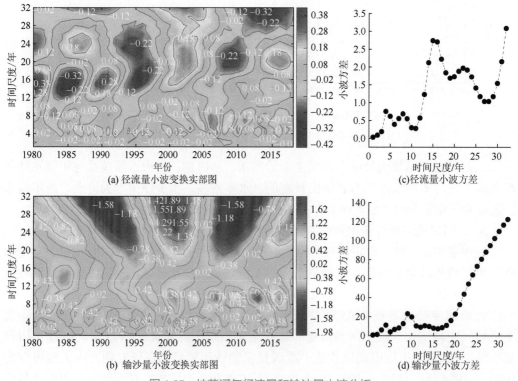

图 4-87　拉萨河年径流量和输沙量小波分析

可以看出，拉萨河年径流量、输沙量的周期性存在着显著的差异，年径流量主周期为 9 年，年输沙量主周期为 4 年。拉萨河年径流量在 3 ～ 5 年、7 ～ 10 年、12 ～ 18 年、20 ～ 28 年时间尺度上振荡周期比较明显，其中 12 ～ 18 年时间尺度的振荡最为显著。在 12 ～ 18 年的特征尺度下，出现了"丰水 – 枯水"的准 3 次振荡，主要集中在 1980 ～ 2020 年经历了强烈的丰—枯交替转变过程。拉萨河年径流量小波方差出现 4 个峰值，分别为 4 年、8 年、15 年和 22 年，15 年左右时间尺度的能量最强，周期最为显著，为主周期，4 年、8 年和 22 年为次周期。年输沙量在 3 ～ 5 年、7 ～ 11 年时间尺度上振荡周期比较明显，其中 7 ～ 11 年时间尺度上的振荡最为显著。在 7 ～ 11 年的特征尺度下。出现了"丰水—枯水"的准 4 次振荡，主要集中在 1990 ～ 2020 年。拉萨河年输沙量小波方差出现了 2 个峰值，分别为 4 年和 9 年，9 年左右时间尺度的能量最强，为主周期，4 年为次周期。

5）拉萨河径流输沙变化的影响因素分析

以降水为主的气候因素是流域水沙变化的主要因素之一，而在一定的气候条件下，人类活动是决定径流、输沙的主要因素。为了分析拉萨河径流、输沙变化的影响因素，首先对拉萨河降水与径流、输沙分别进行了相关分析（图 4-88）。研究显示，拉萨河降水量与径流量、输沙量之间均呈极显著相关关系（$p < 0.01$），且降水与径流间的相关系数达 0.8631，表明降水是影响拉萨河径流、输沙变化的主要原因。

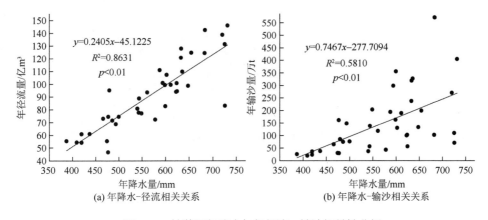

图 4-88　拉萨河年降水与年径流、输沙相关性分析

为进一步分析人类活动和降水对径流、输沙变化的影响，考虑到拉萨河年径流量在 2005 年发生显著突变，年输沙量在 1994 年和 2005 年发生显著突变，这里将 1980 ～ 1993 年划分为基准期，1994 ～ 2004 年作为变化期Ⅰ，2005 ～ 2018 年作为变化期Ⅱ。

降水 – 径流 / 输沙双累积曲线结果表明（图 4-89），拉萨河降水 – 径流与降水 – 输沙双累积曲线斜率均呈现先增后减的变化趋势，降水 – 输沙双累积曲线斜率值变化更为显著。说明相比基准期，拉萨河的径流量和输沙量在不同变化期Ⅰ、Ⅱ均分别发生增加、减少变化，且输沙变化更为显著。联系区域内的各种工程建设等人类活动，可知：一方面，20 世纪 90 年代初开始，"一江两河"地区综合开发项目的实施促进该地区农业、工业、城市建设等方面的较大进步，青藏铁路二期工程格尔木—拉萨段也于 2001 年开工，并于 2005 年全线竣工，交通、建筑等生产建设工程伴有的破坏原有植被、开挖坡脚、弃土弃渣等不可避免的活动导致增沙效应明显。因此，1994 ～ 2004 年拉萨河水沙增加与该期间较强的生产建设工程活动的开展存在紧密的联系。另一方面，为了区域内发电、供水、灌溉、防洪等方面需求，拉萨河干流于 2007 年建成具有日调节能力的直孔水库水电站（位于中下游墨竹工卡县境内），于 2015 年建成年调节能力的旁多水库水电站（位于上游的林周县旁多乡下游 1.5 km 处），两座水库总库容 14.46 亿 m³，占拉萨河年平均径流量的 15.90%。水库的修建控制下泄流量和输沙量，引发相应的河床形态调整与再平衡，改变下游水沙过程。2008 年以来，国家在青藏高原先后实施了一系列生态安全屏障工程，拉萨河也河谷地区开展了大量的植树造林、防沙治沙生态工程，拉萨市林业绿化局防沙治沙项目统计报告显示，2011 ～ 2016 年拉萨市累计完成防沙治沙面积 11762.44 hm²。生态恢复工程的大面积实施会有效拦截径流泥沙、降低土壤侵蚀，进而影响河流水沙变化。因此， 2005 ～ 2018 年拉萨河径流量、输沙量减少与该期间水利工程建设运行及生态工程实施有一定关系。

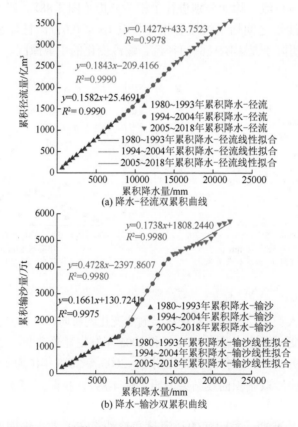

图 4-89　拉萨河年降水－径流／输沙的双累积曲线图

　　根据上述划分的基准期和变化期Ⅰ、Ⅱ，结合各个时期的径流－输沙的回归方程分别得到不同时期降水、人类活动对径流／输沙变化的影响程度（表 4-26）。相比基准期，变化期Ⅰ、Ⅱ径流量 / 输沙量模拟值与基准期径流量 / 输沙量模拟值的差值即为降水对径流量 / 输沙量的影响值；变化期Ⅰ、Ⅱ径流量 / 输沙实际值与相应阶段模拟值的差值即为人类活动对径流量 / 输沙量的影响值；变化期Ⅰ、Ⅱ径流量 / 输沙量实际值与基准期径流量 / 输沙量实际值的差值即为降水和人类活动对径流量 / 输沙量的综合影响值。

　　研究结果表明，相比基准期，降水增加是变化期Ⅰ拉萨河径流增加的主要原因，而变化期Ⅱ径流减少主要受人类活动的影响；变化期Ⅰ人类活动产沙对该时期河流输沙量增加贡献巨大，变化期Ⅱ输沙量增加主要受降水的影响，但人类活动在减少该时期河流输沙方面也具有重要贡献。由表 4-26 可知，相比基准期，径流变化期Ⅰ降水变化对拉萨河径流量的影响为 78.99%，人类活动对拉萨河径流量的影响为 21.01%，降水为该阶段径流量变化的主导因素；变化期Ⅱ模拟径流量较基准期增加了 5.69 亿 m^3/a，说明降水影响径流增加，而实测径流量较模拟径流量减少了 11.86 亿 m^3/a，说明人类活动对流域径流量减少贡献巨大。输沙变化期Ⅰ相较基准期实测输沙量增加了 171.81 万 t/a，降水变化对拉萨河输沙变化的影响为 20.63%，人类活动对输沙量的影响为 79.37%，与径流量不同的是，人类活动对输沙量增加的影响大于降水；变化期Ⅱ模拟输沙量较基准期增加了 10.92 万 t/a，但实测输沙量仅增加了 4.99 万 t/a，表明该降水条件下人类活动影响输沙量减少了 5.93 万 t/a。

表 4-26　拉萨河 1980～2018 年年均径流量和输沙量变化

项目	变化阶段	平均降水 /mm	模拟值	实际值	总变化	降水影响	降水贡献率 /%	人类活动影响	人类活动贡献率 %
径流	1980～1993 年	530.36	87.27	87.27	—	—	—	—	—
	1994～2004 年	635.59	105.74	110.66	23.38	18.47	78.99	4.91	21.01
	2005～2018 年	561.84	92.96	81.10	−6.17	5.69	−92.21	−11.86	192.21
输沙	1980～1993 年	537.04	96.81	96.81	—	—	—	—	—
	1994～2004 年	617.52	132.25	268.62	171.81	35.44	20.63	136.37	79.37
	2005～2018 年	561.84	107.73	101.80	4.99	10.92	218.95	−5.93	−118.95

注：上述表格中，除降水和贡献率外，其余与径流相关的数值单位为亿 m^3/a，与输沙相关的数值单位为万 t/a。

　　研究也采用了交叉小波和小波相干法分析拉萨河年径流、输沙量的周期，年输沙量与年降水量、降雨侵蚀力在 1994～2004 年存在 12 个月的相关显著周期，同时在低能量区存在 4～32 个月的显著周期变化，而在 2005 年以后两者相干性显著周期明显变小，缩减为 4～16 个月（图 4-90），这进一步说明降雨的作用在 2005 年以后逐渐减弱，进一步验证了上述 2005～2018 年径流减少主要受人类活动影响的结论。

　　为深入理解近 40 年来生态工程实施以来植被恢复对水沙过程产生的影响机制，研究进一步采用偏最小二乘 - 结构方程模型构建了流域气候 - 植被 - 径流 - 泥沙耦合模型，定量评估气候变化和植被覆盖对流域水文过程的综合影响。图 4-91 显示了流域径流输沙量在整个研究期间的偏最小二乘 - 结构方程模型，该模型将温度、降雨、植被、积雪、径流和输沙设置为潜变量。其中，温度由最大温度、最小温度及平均温度构成；降雨由降水量和降雨侵蚀力构成；植被和积雪分别由 NDVI 植被指数、雪水当量构成；径流和输沙分别对应流域径流量和输沙量，共描述了 6 个潜变量与 9 个观测指示变量之间复杂的因果关系。图中"*"代表变量间的关系显著（$p < 0.05$），箭头旁边的数字表示路径系数，R^2 表示变量的解释力。表示拟合优度的指标 Goodness-of-Fit 达到了 0.7 以上，模型拟合效果较好。

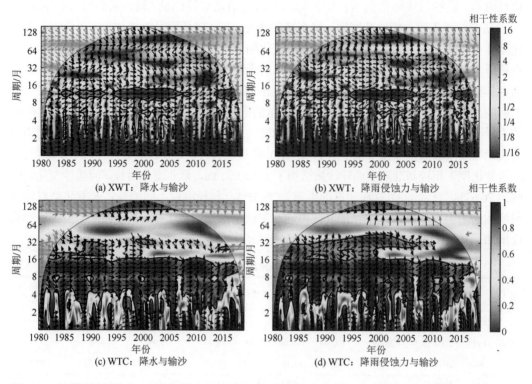

图 4-90　拉萨河流域降水、降雨侵蚀力与输沙量之间的交叉小波（XWT）及小波相干（WTC）分析结果

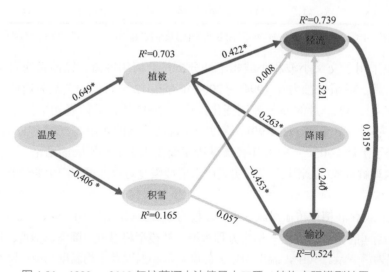

图 4-91　1980 ～ 2018 年拉萨河水沙偏最小二乘－结构方程模型结果

在一定地形地貌基础上，林草植被与降水是决定地表产流产沙量的主要因素，而这些因素共同作用于地表产流产沙，增加了影响机制的复杂性。研究发现林草植被覆盖的增加促进了地表径流的产生，同时却减弱了流域产沙能力。由图 4-91 可知植被覆盖与径流呈显著的正相关关系（路径系数 β=0.422，$T < 1.96$，$p < 0.05$），而对输沙增加趋势显示负相关（路径系数 β=−0.453，$T<1.96$，$p > 0.05$），表明流域下游生态工程实施以来，植被的不断恢复并没有降低径流，但却降低了输沙量。众所周知，植被恢复下流域的产流产沙过程总体上表现为：随着植被的增加，流域径流和输沙总体呈减少的趋势，即植被变化与径流和输沙的变化之间存在一定的负相关关系。植被恢复一方面可以通过改变土壤有机质、团聚体稳定性和抗剪强度等降低土壤可蚀性，另一方面植被恢复增强了土壤入渗过程，减小了地表径流量并延长了地表产流时间，从而达到减蚀的效果。但事实上径流对植被覆盖变化的效应存在很大的不确定性。植被覆盖度高低、植被的结构（林灌草的组成）、类型（草地、混交林、针叶林以及阔叶林等）、位置以及枯落物量等都会对产流产沙产生不同程度的影响。拉萨河流域作为西藏水土流失重点防治区，近几十年来大面积生态恢复工程的实施显著增加了流域的植被覆盖度，其 NDVI 值在 1998 ~ 2018 年从 0.22 增加到 0.25（图 4-92），集中体现在流域中下游河漫滩等沙化地。原本地表裸露、降水入渗率颇大的沙化地，在实施生态工程后地表覆盖度和地表枯落物量明显增加、入渗速率显著减小（刘琳等，2021），进而增大了地表产流量并缩短了产流时间。此外，河漫滩、沟口等生态工程实施地的植被，也会通过地表粗糙度的增加对上方陡坡径流泥沙起到一定的拦截作用，从而改变流域水沙关系。由于植被恢复对流域产流产沙影响的复杂性和尺度依赖性，林草植被在不同区域尺度的水文功能评价仍有待进一步深入研究。

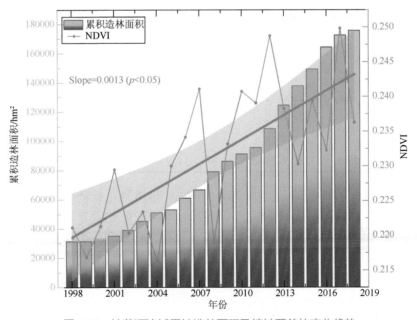

图 4-92　拉萨河流域累计造林面积及植被覆盖的变化趋势

流域水沙的影响除植被以外还受到气温、积雪等其他环境因素的综合影响。在模型结果中，流域–气温对植被动态有显著的直接影响（路径系数为 0.649，$p < 0.05$），气候特征解释了 70.3% 的植被动态，并且也通过影响植被进一步影响径流和泥沙。另外，气温还可以通过直接影响积雪动态（路径系数为 –0.406，$p < 0.05$），来间接影响径流和输沙。植被、积雪动态和气候因子变量（降雨、气温）对径流量的变异解释度达到了 73.9%。径流、植被和积雪动态进一步受到降雨和气温的影响，共同解释了 52.4% 的输沙变异（图 4-91）。

综上所述，1994 ～ 2004 年拉萨河径流输沙增加的原因同时受降雨增加以及城镇、交通等生产建设工程大量实施的影响，而 2005 ～ 2018 年径流输沙减少可能与该时期大规模生态工程实施植被恢复减沙效应及流域内水库建成后拦水拦沙等多种因素有关。

3. 径流泥沙变化与下垫面要素变化的驱动 – 响应关系

1）土地利用变化对流域产流产沙的影响

人类活动主要通过改变土地利用来改变地表植被截留量、土壤水分入渗能力和地表蒸发等因素，从而影响流域水沙变化趋势和土壤侵蚀程度。1990 ～ 2015 年拉萨河流域土地利用转移量如表 4-27 所示，由于 SWAT 模型土地利用数据输入的需要，本节土地利用类别划分相比 4.2.2 节更加详细。

表 4-27　1990 ～ 2015 年拉萨河流域土地利用转移矩阵　　　　（单位：km²）

| | | 2015 年 | | | | | | | | | |
		草地	林地	耕地	农村居民点	城镇用地	其他建设用地	未利用地	水域	沼泽地	总计
1990 年	草地	21603.19	126.58	53.85	4.91	14.61	7.82	500.38	46.43	1.05	22358.82
	林地	112.80	1116.86	3.33	0.31	0.50	0.58	7.39	2.51		1244.28
	耕地	55.04	3.76	519.18	4.41	15.65	3.28	1.32	12.59	1.43	616.66
	农村居民点	1.71	0.20	2.33	9.28	3.07	0.08	0.23	0.34		17.24
	城镇用地	0.08	0.15	0.10		17.54			0.13		18.00
	其他建设用地	1.17	0.08	0.54	0.06	0.47	8.66	0.12	0.25	0.03	11.38
	未利用地	488.75	14.09	1.12	0.37	0.13	1.10	7170.76	44.89		7721.21
	水域	17.55	11.46	8.92	0.12	1.26	0.39	41.21	790.70	0.30	871.91
	沼泽地	0.61	0.01	1.48		0.19			0.01	8.48	10.78
	总计	22280.90	1273.19	590.85	19.46	53.42	21.91	7721.41	897.85	11.29	32870.28

结合 4.2.2 节土地利用变化分析可知，1990 ～ 2015 年，拉萨河流域土地利用变化主要表现为生态工程实施导致的林地略微增加、水利设施建设导致的水域增加及城市化进程下的城镇面积增加和草地减少。流域土地利用转移量结果显示，草地与林地、草地与未利用地之间存在显著的土地利用面积互相转换，且地类转入面积与转出面积存在一定的差异，转换分别导致林地增加 13.78km²、未利用地增加 11.63 km²；水域与草地之间的转入面积与转出面积差值较大，水域面积增加 28.88 km²。除此之外，草地转为城镇用地、耕地转为城镇用地、未利用地转为林地面积较为突出，分别为 14.61 km²、

15.65 km^2、14.09 km^2。

SWAT 模型模拟结果表明（图 4-93、表 4-28、图 4-94），拉萨河流域径流、输沙变化主要受气候变化影响，土地利用变化导致流域径流、输沙整体增加，但局部土地利用变化存在一定的减流减沙效应。2015 年土地利用模拟流域径流输沙量结果高于 1990 年土地利用模拟结果，说明土地利用变化引起拉萨河流域径流、输沙量增加。在相同的土地利用条件下（情景 S1 与 S2、情景 S3 与 S4），2001～2018 年气候条件较 1980～2000 年的年均径流深减少约 6.57 mm，年均侵蚀模数减少约 2.73 t/km^2；在相同气候条件下（情景 S1 与 S3、情景 S2 与 S4），2015 年土地利用状况较 1990 年的年均径流深增加约 2.89 mm，年均侵蚀模数增加约 1.71 t/km^2；气候变化影响流域径流、输沙均减少，而土地利用影响流域径流、输沙均增加，气候变化和土地利用对年均径流量影响占比分别约为 178.15% 和 –78.15%，对年均侵蚀模数的影响占比分别约为 269.56% 和 –169.56%，气候变化为拉萨河流域变化的主控因素。从土地利用变化区产流产沙空间分布上看，土地利用变化对区域径流、输沙变化的影响具有一致性，土地利用变化区径流减少面积为 42.29%，输沙减小面积为 50.38%，土地利用变化的减沙效应大于减流效应。

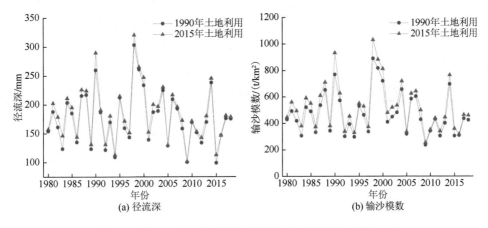

图 4-93 基于不同土地利用拉萨河流域年径流输沙模拟结果

表 4-28 土地利用与气候变化情景下的拉萨河流域径流输沙变化统计

代码	不同类型数据			径流 /mm			输沙 /(t/km^2)		
	土地利用	气候	土地利用变化响应	气候变化响应	综合响应	土地利用变化响应	气候变化响应	综合响应
S1	1990 年	1980～2000 年	S3–S1=3.56			S3–S1=2.10		
S2	1990 年	2001～2018 年	S4–S2=2.22	S2–S1=–5.92		S4–S2=1.33	S2–S1=–2.34	
S3	2015 年	1980～2000 年			S4–S1=–3.7			S4–S1=–1.01
S4	2015 年	2001～2018 年		S4–S3=–7.26			S4–S3=–3.11	
	平均值		2.89	–6.59		1.71	–2.73	
	贡献 /%		–78.15	178.15		–169.56	269.56	

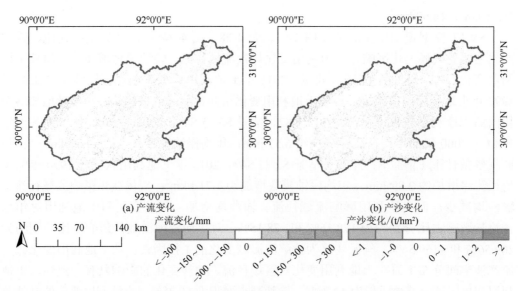

图 4-94　拉萨河流域多年平均产流／产沙空间变化图

2）土地利用变化区域产流产沙的局部效应

生态工程的大面积实施会有效调控径流、拦截泥沙、降低土壤侵蚀，进而影响河流水沙变化。基于 SWAT 模型模拟结果，进一步量化分析了土地利用类型转化对产流产沙的影响。

表 4-29　1990～2015 年拉萨河流域主要地类变化的产流产沙效应

地类变化		面积 /km²	径流 /%			输沙 /%		
			增加	不变	减少	增加	不变	减少
转为林地	草地－林地	126.58	2.63	36.14	61.23	0.00	91.54	8.46
	耕地－林地	3.76	1.80	98.20	0.00	0.00	99.95	0.05
	未利用地－林地	14.09	5.82	2.20	91.98	0.00	2.20	97.80
	农村居民点－林地	0.20	0.00	100	0.00	0.00	100	0.00
	城镇用地－林地	0.15	0.00	100	0.00	0.00	100	0.00
	其他建设用地－林地	0.08	0.00	100	0.00	0.00	100	0.00
	水域－林地（河道）	11.46	0.00	99.97	0.03	0.00	100	0.00
	沼泽地－林地	0.01	0.00	100	0.00	0.00	100	0.00
其他主要土地利用转化类型	草地－城镇用地	14.61	83.56	3.13	13.31	83.65	13.53	2.82
	耕地－城镇用地	15.65	50.55	43.54	5.91	50.55	45.06	4.39
	林地－草地	112.80	82.32	9.96	7.72	61.29	38.71	0.00
	草地－未利用地	500.38	76.52	13.06	10.42	76.53	21.18	2.29
	未利用地－草地	488.75	31.85	14.68	53.47	3.53	21.11	75.36
	水域－草地	17.55	35.75	64.25	0.00	18.03	81.97	0.00
	草地－水域	46.43	0.00	68.62	31.38	0.00	99.07	0.93

由表 4-29 可知，草地转为林地，其减流面积占转化量的 61.23%，减流效应明显，而其减沙面积仅占转化量的 8.46%，减沙效应小于减流效应；未利用地转化为林地，对径流、输沙的影响以减流减沙为主，二者面积占比超过 90%，减流减沙效应显著。根据拉萨河流域土地利用变化分析结果，草地–城镇用地、耕地–城镇用地、未利用地–林地为拉萨河流域土地利用变化的主要类型，草地转为城镇用地，增水增沙效果显著，增水增沙面积占比超过 80%，耕地–城镇用地的增水增沙效应次之，而未利用地转为林地则减水减沙效应显著。除此之外，结合拉萨河流域土地利用转入类型和转出类型的面积来看，草地与林地（林地增加 13.78 km^2）、草地与未利用地（未利用地增加 11.63 km^2）、水域与草地（水域增加 28.88 km^2）地类变化面积大且转入面积与转出面积也存在较大的差异。当某一地类转为另一地类时，会产生一定的产流产沙效应，相反，当这一地类转换回原地类时，则会出现相反的产流产沙效应。这种地类之间的相互转化，往往导致产沙的总效应在两种相反作用的影响下变得复杂，可能表现为总体上的减弱或相互抵消，从而使得综合效应不显著。林地转为草地增水增沙效果显著，增水效应大于增沙效应，相比之下，草地转为林地的减水减沙效应较小；草地转为未利用地径流泥沙变化以增水增沙为主，反之则以减水减沙为主；水域变更为草地径流输沙以不变为主，增水增沙效果较小，对径流的影响大于对输沙的影响。

综上所述，土地利用变化导致的径流变化与输沙变化存在一致性，拉萨河流域林地、水域增加是产流产沙减少的主要原因，而城镇用地的增加在一定程度上增加产流产沙。从生态工程实施角度来看，土地利用变化从草地转为林地，减水减沙效益较低，未利用地转为林地减水减沙效果显著，但从全流域尺度上来看，仅 0.09% 的林地面积增加对流域径流输沙变化影响甚微。

4.3　青藏高原重大生态工程地气过程

4.3.1　退牧还草生态工程发展历程

青藏高原作为极为特殊的地理单元，面积超过 260 万 km^2。该区独特的高寒干旱气候条件及人类活动长期作用，形成了以高寒草地为主导的高寒植被群系，这也是全球最大的高寒生态系统，为近 500 万人口提供了放牧业支撑。近几十年，青藏高原经历了 0.3℃/10 年的气候变暖，变暖速率是全球陆地的 3 倍。地面长期监测和遥感观测均证实青藏高原植被总体趋势向好，但生态系统面临人类活动的压力依然有增强趋势。青藏高原过去几十年间经历了人类活动自然增加（2004 年之前）到调控降低（2004 至今）的过程，部分地区人地关系仍然紧张。气候暖湿化主导着青藏高原高寒植被的变化，人类活动改变了局地植被动态。30 余年来青藏高原在西藏、三江源、祁连山和横断山开展了大规模的生态恢复和建设工作，基于重要性分为林地保护与建设、草地保护与建设、水土流失和沙化土地治理（图 1-3）。不同区域开展生态系统保护的目的和措施有所差异，青藏高原三江源开展了黑土滩治理和人工草地建植等，祁连山开展了水源涵养林保护和修复，横断山开展了天然林和生物多样性保护，西藏重点以大规模退牧还草为主，"一江两河"地区还涉及较多的人工林建设工程。自 2000 年以来国家在西藏、三江源、祁连山和横断山等地区实施的生态工程保护面积超过 80 万 km²，占高原面积 1/3 以上，成为我国乃至全球单个自然地域单元实施规模最大的生态工程之一，深刻影响着高寒生态系统结构、功能变化及其气候效应。

围栏禁牧是我国乃至全球实施最为广泛的一种生态恢复工程之一。围栏是牲畜管理和生态保护的重要措施，也是导致景观斑块化和生态退化的推手。带刺编织铁丝网代表了全球农牧业地区的主要线性人为干扰特征（Jones et al.，2019）。围栏的扩散加速了生态系统的分裂，打破了曾经连续的景观，形成了广泛碎片化或不规则的网格化地域面貌。例如，北美北部平原的阿尔伯塔省和蒙大拿州的两个大草原耗费了约 34 万 km 的围栏，平均密度分别为 1.1 km/km² 和 2.4 km/km²（Seward et al.，2012，Poor et al.，2014）。20 世纪中叶以来，我国各大草场人口压力增加使牧场出现了广泛的过度放牧（Zhang et al.，2020），导致青藏高原高达 30% 的高寒草地生态系统显现出退化趋势（Harris，2010；Wang and Wesche，2016；Liu et al.，2018）。我国于 2003 年发起了"退牧还草"行动，围栏作为简单有效的技术手段在我国内蒙古、新疆和青藏高原随处可见（图 4-95）。

图 4-95　青藏高原实施的围栏封育自然恢复成效

围栏封育的初衷是协调经济发展和生态保护。几千年来，青藏高原高山牧场为野生和驯化的草食动物供给了优良牧草（Miehe et al.，2019）。高寒草地生态系统占据了青藏高原面积的 60% 以上，代表着世界上最大的高山生态系统（Wang Y et al.，2020）。对于总面积 2.5 × 10⁶ km²，平均海拔超过 4000 m 的青藏高原，这里的牧民以放牧为生，依靠天然植被维持生计。高寒牧场以极端恶劣的环境而著称，其特点是气温低、降水少以及空气中氧气浓度低、太阳辐射强、土壤层浅（< 50 cm）和植物生长季节短（Liu et al.，2018）。因此，高寒区的植物生长缓慢，易受极端气候影响，生态系统恢复力和稳定性等各种功能极为脆弱。这些高寒牧场是在高原和山区的极端环境中发展而来，

而由于其固有的脆弱性和不稳定性,对人类干扰和全球变暖极其敏感。牲畜放牧目前被认为是草地上最重要的人为干扰(Niu et al., 2018, 2019),并且是调控碳水热过程的重要因素(Schönbach et al., 2012; Skiba et al., 2013)。为维持高寒草地生态安全,2003 年至今,青藏高原实施的"退牧还草"围栏禁牧生态工程已实施近 20 年(Chen X et al., 2021),213 个县中有 176 个县实施了退牧还草生态工程。其中,2004 ~ 2013 年西藏自治区共投入 13.7 亿元用于围栏建设,促使该区近 9% 的高寒草地通过围栏得以封育,累计围封和保护草地的面积超过 390 万 hm^2(王小丹等,2017)。

围栏对生态系统过程的影响以及牲畜和人类之间的关系是复杂的(Woodroffe et al., 2014)。生态保护与经济发展之间存在着一定的权衡,当围栏作为一种过渡性和非永久性的工具时可能是一种有用的工具。随着时间的延续,有系列研究认为这种长期的围栏恢复工程并不利于生态系统的可持续性发展(Sun et al., 2020; Li et al., 2018; Du et al., 2022),且牧草和牲畜之间的矛盾是高寒草原畜牧系统可持续发展的重要议题(Shang et al., 2014)。因此,必须平衡围栏区、放牧区和生态补偿,以缓解人类活动产生的消极影响。

4.3.2 高寒草地生态恢复工程下的 CO_2 汇

基于申扎高寒草原和湿地生态观测站的配对涡度相关系统监测显示,围栏生态工程实施后对二氧化碳(CO_2)汇的改变在不同生态系统中存在显著差异(图 4-96)。对于高寒湿地,围封和放牧两种情形下生态系统的年度碳吸收量分别为 291.29 g C/(m^2·a)和 112.14 g C/(m^2·a);对于高寒草原,围封和放牧对生态系统的年度碳吸收量分别为 25.55 g C/(m^2·a)和 60.92 g C/(m^2·a)。高寒湿地围栏封育后的净 CO_2 吸收显著提升了 1.6 倍,而草原则减弱至放牧水平的一半左右。

放牧被证明是影响 CO_2 循环的重要调控因素之一(Schönbach et al., 2012; Skiba et al., 2013),而围栏封育作为牧场生态保护工程已广泛施行。研究发现,青藏高原中部冬季放牧沼泽草甸是稳定的 CO_2 汇,年吸收量为(162±28) g C/m^2(Niu et al., 2017),其他区域也报道了高寒草甸是中等强度碳汇,年平均碳汇量为(121±62) g C/m^2(Kato et al., 2006)。Rybchak 等(2020)在相同气候下的轻度放牧与重度放牧生态系统中使用配对涡度相关系统对牧场进行了长达四年的连续监测发现,重度放牧生态系统更能有效地吸收 CO_2。该现象一定程度上与重度放牧生态系统中产生的大量毒杂草有关,而当牲畜不采食的物种远高于适口性较好的物种,说明牧场已不再适用于放牧。这也暗示着优化管理的牧场可能并不是碳利用效率最高的生态系统。另外有研究报道,轻度或中度放牧生态系统是碳汇(Allard et al., 2007),过度放牧及践踏则会对土壤有机碳储量产生消极影响(Dlamini et al., 2016)。放牧遗留下来的效应在围栏封育后会明显促进群落的光合作用和碳封存。随着时间的推移,放牧产生的综合累积效应将促使生态系统演进为一套独特及固定的群落组成,从而逆转放牧的负面影响(Han et al., 2014)。一项长达 7 年的研究指出,围栏封育在未改变生态系统呼吸的基础上增强了总光合能力,进而提高了生态系统的净碳吸收量(Liu et al., 2020)。这一现象在其他研究中也被广泛报道（Nieberding，et al.，2021；Liu et al.，2020）。但与之相反的是，一些研究认为随着围封禁牧时间的延续，蓄积的生物量和凋落物将限制生态系统光合作用（Tanentzap and Coomes，2011；McSherry and Ritchie，2013），增加 RE 潜力，最终造成生态系统碳储量的损失（Gomez-Casanovas et al.，2017）。这种气候变暖正反馈风险一定程度上可归结于当前 RE 对生态系统响应研究结论的不确定性。RE 受生物量增加导致的 RE 增加与 RE 温度敏感性变化及其他因素干扰所导致数值变化之间权衡的共同作用（Liu et al.，2020）。研究结果表明，禁牧封育对不同类型生态系统的成效显现出了一定的差异性，高寒湿地围栏封育净 CO_2 吸收显著提升 1.6 倍，而草原则削减至放牧水平的一半左右。因此，未来有必要加强对不同类型生态系统的核算与比较（Sun et al.，2021）。

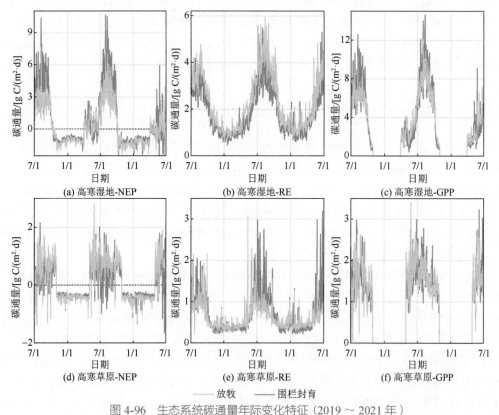

图 4-96 生态系统碳通量年际变化特征（2019 ～ 2021 年）

NEP 为净生态系统生产力（net ecosystem productivity），RE 为生态系统呼吸（ecosystem respiration），
GPP 为总初级生产力（gross primary productivity）

青藏高原多数研究报道了环境温度对生物量和 NEP 较强的综合控制能力（Niu et al.，2017；Qi et al.，2021）。对于高寒湿地，围栏封育在未改变 RE 温度敏感性的情况下提升了生态系统碳汇潜力；对于高寒草原，围栏封育则提高了 RE 温度敏感性潜力（图 4-97），造成生态系统碳汇功能存在一定的不确定性。温度对 CO_2 通量动态的巨大贡献通常体现在冬季温度较低的生态系统，如相对寒冷或潮湿的苔原生态系统（Harazono et al.，2003）、亚北极沼泽生态系统（Griffis et al.，2000）和高寒生态系统（Qi et al.，2021，Saito et al.，2009）等。但是，并非所有区域的 NEP 年度或季节性变化都可以用温度进行直接解释（Kato et al.，2006）。有研究基于 FluxNet 站点汇总了森林、草原、农田和苔原生态系统发现，年平均空气温度仅解释了 17% 的 NEP 年际变化特征（Law et al.，2002）。因此，温度一定程度上驱动着高寒生态系统碳通量的变异性，但并不是唯一驱动力，其他影响因素如降水或水汽压亏缺等（Yang et al.，2018）。

高寒湿地-放牧：NEP，Q_{10}=4.35，R^2=0.37；RE $_{（非生长季）}$，Q_{10}=1.99，R^2=0.30；RE $_{（生长季）}$，Q_{10}=1.95，R^2=0.81
高寒湿地-围栏封育：NEP，Q_{10}=9.39，R^2=0.45；RE $_{（非生长季）}$，Q_{10}=1.98，R^2=0.21；RE $_{（生长季）}$，Q_{10}=2.07，R^2=0.74
高寒草原-放牧：NEP，Q_{10}=1.04，R^2=0.00；RE $_{（非生长季）}$，Q_{10}=1.10，R^2=0.04；RE $_{（生长季）}$，Q_{10}=1.59，R^2=0.21
高寒草原-围栏封育：NEP，Q_{10}=0.91，R^2=0.00；RE $_{（非生长季）}$，Q_{10}=0.97，R^2=0.00；RE $_{（生长季）}$，Q_{10}=1.86，R^2=0.44

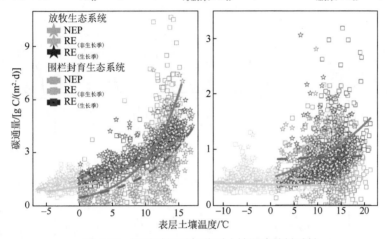

图 4-97　不同碳通量组分对土壤温度的敏感性

NEP 为净生态系统生产力（net ecosystem productivity），RE 为生态系统呼吸（ecosystem respiration），GPP 为总初级生产力（gross primary productivity）；NEP 仅使用生长季时期的数据；RE $_{（非生长季）}$ 和 RE $_{（生长季）}$ 分别表示非生长季和生长季时期的生态系统呼吸

4.3.3　高寒草地生态恢复工程下的 CH_4 吸收

放牧作为影响草地生态系统的重要因素，可通过改变土壤微环境和养分过程等影响甲烷（CH_4）的产生与排放。放牧对土壤微生物生物量的影响较为复杂。研究显示放牧及其强度增加存在损害生态系统功能的潜力并降低土壤微生物量，而大量牲畜排泄物输入和高强度牲畜放牧将刺激植物生长并形成更多根际沉积而有益于土壤微生物量的增加。因此放牧及其强度对微生物的效应亦是多指标共同叠加的结果，且微生物生物量还显示出明显的夏季最多和冬季最少的季节波动循环现象（杨振安，2017）。也有研究认为放牧与长期围封草地土壤微生物量碳和氮无显著差异（Yuan et al.，2020）。土壤微生物生物量碳可通过对土壤胞外酶活性的影响间接驱动 CH_4 吸收（Shrestha et al.，2020）。刘阳（2018）研究发现，放牧行为可降低草地 CH_4 吸收，氮素添加可促进 CH_4 吸收，但两者均未改变高寒草甸土壤和生态系统作为 CH_4 汇的功能。高寒草甸非生长季吸收 CH_4，且观测期间放牧行为未对 CH_4 的排放通量产生显著影响。

通过在禁牧和放牧样地进行对比观测（禁牧 4 ～ 5 年），发现围栏禁牧样地与自由放牧样地各种指标均存在着明显的差异，围栏已经在多方面改变了高寒草原生态系统：包括土壤容重降低，土壤孔隙度增加；地上植被覆盖度增加，植物物种结构改变等。然而，对于较为稳定的总氮和土壤有机碳，其变化并不显著。不管禁牧与否，高寒草原均是甲烷汇 [二者分别为 $(63.4 \pm 6.0) \mu g/(m^2 \cdot h)$ 和 $(70.2 \pm 10.4) \mu g/(m^2 \cdot h)$]。在所有年份，CH_4 吸收均存在类似的季节规律：从 5 月到 7 月，吸收能力逐步下降；在 8 月多雨时段吸收极低，甚至出现 CH_4 排放；雨季过后，又逐渐恢复为吸收。围栏禁牧和自由放牧样地在季节规律上无明显差异，也未改变高寒草原作为 CH_4 汇的属性（图 4-98），但围栏禁牧样地的 CH_4 吸收量却比自由放牧样地高 17.8% ～ 33.8%。

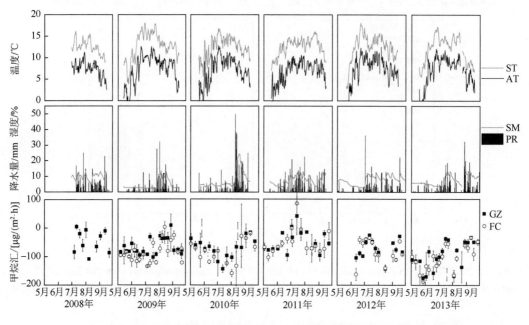

图 4-98　禁牧措施下的高寒草原 CH_4 通量（Wei et al.，2012）

ST 为土壤温度；AT 为空气温度；SM 为土壤湿度；PR 为降水；GZ 为放牧；FC 为围栏禁牧

对比围栏禁牧与自由放牧样地，围栏样地的甲烷吸收能力比同期自由放牧样地约提高 20%，围栏禁牧样地的吸收水平甚至接近内蒙古典型草原的 CH_4 吸收能力 [86.0 μg/($m^2 \cdot h$)]（Wang et al.，2005）。Li 等（2007）等对夏季休牧 8 年的围栏草地和全年放牧草地的温室气体排放通量研究发现，试验期间高寒矮嵩草草甸植被 – 土壤系统是大气 CH_4 的弱汇，夏季休牧和全年放牧草地 CH_4 平均吸收强度分别为 28.1g/($hm^2 \cdot d$) 和 21.9 g hm^2 d，夏季休牧后草地土壤对 CH_4 的吸收能力增强。由此可见，季节性休牧措施降低了草地对大气中温室气体浓度增加的贡献。Liu 等（2007）和 Mosier 等（1991）从反面证实了上述结论，他们发现牛羊踩踏对土壤存在压实作用，进而降低了温带草原土壤对 CH_4 的吸收能力。青藏高原高寒草原亦发现了围栏禁牧样地土壤表层较为疏松现象，且其容重显著低于有牛羊踩踏的自由放牧样地。因此高寒草原围栏封育后 CH_4 吸收能力的提高并对气候变暖存在负反馈潜力的原因可能来源于此。

Guo 等（2019）研究发现，放牧导致的重度退化草甸较原生草甸 CH_4 吸收显著增加，且影响草甸 CH_4 通量的主要因子为土壤紧实度、有机质和植被盖度。杜睿等（1997）指出，不同的放牧强度均会降低草原生态系统对 CH_4 的吸收，这与 Hirota 等（2005）在青藏高原高寒湿地的研究结果一致，但与齐玉春等（2005）在内蒙古温带典型草原研究中发现的放牧促进生长季土壤对 CH_4 的氧化吸收，非生长季部分时段增加 CH_4 正排放的结果具有一定差异。此外，梁艳（2016）在藏北高寒草甸的研究发现，氮添加对 CH_4 排放无显著影响，且生长季与非生长季 CH_4 排放量无显著差异。高寒草甸铵态氮（NH_4^+-N）、凋落物氮量、–5 cm 土壤湿度增加显著促进 CH_4 排放，但土壤硝态氮（NO_3^--N）含量增加显著抑制 CH_4 排放。与之不同的是，通过研究源自牲畜排泄物的氮素输入对草地土壤 CH_4 排放通量的影响发现，与藏羊粪便相比，牦牛粪便处理的 CH_4 吸收量较低。此外，牦牛粪便中 NH_4^+-N 对 CH_4 对应活性位点的竞争会抑制 CH_4 氧化（Cai et al.，2013）。

4.3.4　高寒草地生态恢复工程下的水热通量

土壤和植被与大气间的水热通量交换是陆面大气动力和热力过程的基础，决定着区域甚至全球的水分循环及热量平衡，在生态环境保护、气候变化适应策略和水资源管理等领域占据重要地位。围栏封育作为直接有效的退化草地恢复治理模式，广泛应用于青藏高原退化草地恢复。围栏封育能显著提升植被生物量和生态系统碳吸收，改变物种构成、土壤碳储量等生物地球化学性质，然而如何影响高寒生态系统水热通量仍缺乏定量。以藏北腹地典型高寒湿地和高寒草原生态系统为研究对象，采用涡度相关技术开展禁牧－放牧配对观测，基于围栏内外 2019 年 7 月～ 2021 年 6 月连续两年的观测数据发现，不同高寒生态系统类型与大气间水热交换差异显著。①高寒草原以感热作用为主向大气传输能量。申扎高寒草原生态系统感热通量全年呈现双峰型分布特征，春季感热通量呈现波动上升趋势，于生长季初期达到最大，最大月均值为 73.41 W/m^2，生长季变化幅度不显著，秋季达到第二个峰值，冬季感热通量下降达全年最低值，最小月均值为 20.83 W/m^2（图 4-99）。对于潜热通量，冬季受降水和温度限制，蒸散发较小，潜热通量值接近于 0 并处于全年最低状态，最小月均值为 0.78 W/m^2，夏季随着温度升高以及降水量的增加，蒸散发增强，潜热作用明显增加，潜热通量达最大值，最大月均值为 85.66 W/m^2，全年呈现倒 V 形分布。从整体上看，夏季潜热通量值高于感热，而非生长季草原受水分限制，潜热通量数值较小，潜热通量值低于感热通量值。感热通量和潜热通量年均值分别为 40.69 W/m^2 和 24.89 W/m^2，整体上仍以感热作用为主导（图 4-100）。②高寒湿地以潜热作用为主向大气传输能量。受温度和降水限制，夏季潜热通量值最高，最大月均值为 157.35 W/m^2，冬季最低，最小月均值为 14.63 W/m^2，全年变化趋势与高寒草原生态系统相似。不同类型生态系统的下垫面差异造成高寒湿地蒸散发潜力高于草原，非生长季草原潜热通量低于湿地，而草原生态系统潜热通量低值持续时间较长。从整体来看，高寒湿地感热作用影响较小，常年以潜热作用为主，研究期间感热通量和潜热通量年均值分别为 21.19 W/m^2 和 78.63 W/m^2，这说明高寒湿地以潜热作用为主导影响气候变化。

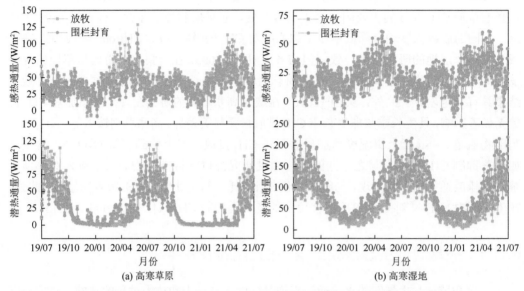

图 4-99　2019 年 7 月至 2021 年 6 月申扎感热通量与潜热通量日变化特征

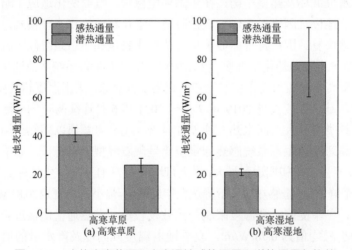

图 4-100　申扎高寒草原和高寒湿地感热通量和潜热通量年均值

　　高寒草原与高寒湿地两种生态系统类型水热通量季节变化趋势基本一致，但分配形式存在差异（图 4-101 和图 4-102）。①围栏封育降低了高寒草原生态系统的热通量值。整体上，感热和潜热通量放牧区均高于围栏封育区域，感热通量年均值为 37.69 W/m²（围栏封育）、43.69 W/m²（放牧），潜热通量年均值为 22.48 W/m²（围栏封育）、27.32 W/m²（放牧）。从围栏内外各通量值的月均变化曲线来看，感热通量围栏内外的显著差异主要集中于春季（2～6 月）和秋季（8～10 月），而潜热通量则是夏季差异显著（6～9 月）。②围栏封育提高了高寒湿地的热通量值。整体上，感热和潜热通量放牧区均高于围栏封育区域,感热通量年均值为 22.70 W/m²（围栏封育）、19.67 W/m²（放牧），潜热通量年均值为 94.10 W/m²（围栏封育）、63.16 W/m²（放牧）。整体上，围栏封育在全年尺度中整体降低了高寒草原感热通量与潜热通量，且降低幅度相似；增加了高寒湿地感热通量与潜热通量，其中潜热通量增加尤为明显。

　　基于藏北典型生态系统围栏生态工程水热效应配对研究发现，高寒草原和高寒湿地地气间水热通量的能量分配存在显著差异，能量分配主要由下垫面差异所致。研究结果与藏北地区多个站点水热通量结果相符。如那曲（马耀明等，2000，严晓强等，2019）、双湖（郭燕红等，2014）、纳木错（胡媛媛等，2018）等地。围栏封育降低高寒草原感热通量，增加高寒湿地潜热通量，感热通量下降或潜热通量增加均代表生态系统热量的损失，围栏封育对高寒生态系统存在一定降温潜力。藏北高寒草原与湿地生态系统围栏封育后地表能量分配差异显示，下垫面植被盖度及土壤水分多寡一定程度上决定了生态工程实施后的水热通量及变化方向。

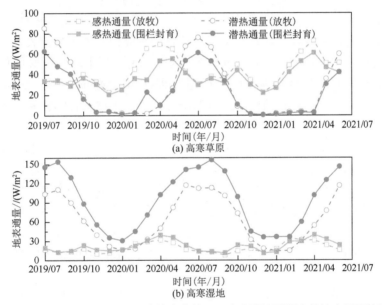

图 4-101　2019 年 7 月至 2021 年 6 月申扎高寒草原和高寒湿地围栏内外地表通量值月均变化特征

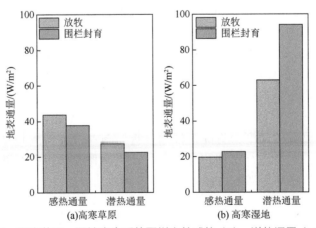

图 4-102　高寒草原、湿地生态系统围栏内外感热（H）、潜热通量（LE）对比

4.3.5　高寒草地禁牧恢复面临的问题与前景

食草动物的觅食行为会影响植物群落组成，以及植物生物量数量和质量（Charles et al.，2016）。适度的觅食行为一定程度上会刺激根系生长并增加根系生物量及根际沉积，从而促进土壤碳的输入。动物的选择性觅食伴随着的践踏、尿液和粪便将对土壤物理—化学性质产生影响，这将改变土壤微生物及其碳利用效率，并决定着土壤呼吸和碳分解的量级。小型食草动物倾向于关注营养丰富的非禾本草本植物（forbs）（Edwards and Crawley，1999），而大型食草动物的选择性通常较低，因此偏向于降低草本植物（herbaceous）物种的丰度（Milchunas and Lauenroth，1993）。小型食草动物比大型食草动物表现出更多的踩踏频率和踩踏步数。因此，与大型食草动物相比，它们对浅层土壤具有更强的压实作用。对于多种草食动物的混合放牧，体型大小的差异性使它们在觅食和踩踏之间存在着合作与竞争双重效应（Li et al.，2021）。考虑到一些区域的文化习俗和生活习性，并不是所有放牧动物粪便都被土壤回收。牦牛粪作为高原牧民的传统燃料（Rhode et al.，2007），这种行为从野生动物被驯服作为畜牧阶段便逐步形成，即从全新世中期到距今已超过 8000 年（Miehe et al.，2014）。粪便回收造成了营养物质的再分配和输出。最近的研究认为，大型草食动物和小型草食动物分别适合在半干旱草原和干旱草原放牧（Li et al.，2021），因此草地放牧管理的转变可进一步提升土壤固碳潜力，并存在抵消历史碳排放的潜力（Bagchi and Ritchie，2010；Wilson et al.，2018）。

目前对不同围栏封育年限下高寒生态系统功能和服务的影响存在一定争议。最近一项基于问卷调查和文献荟萃分析认为（Sun et al.，2020），高寒生态系统应当采用短期 4～8 年的围栏封育政策。该项研究认为长期禁牧造成土壤营养元素供给不足（如氮和磷）进而使植被生长速度放缓。通过对青藏高原高寒草甸草原不同禁牧时间下植被结构及土壤性质的研究认为（Li W et al.，2018），长期禁牧使植物生物多样性和密度降低，造成植被由少数具有较强殖民能力的物种主导，且基于此建议围封阈值设定为 6 年。围栏封育对牧场碳增汇具有提升效应，而一些研究也报道了放牧更有利于促进高寒草甸的碳汇效应（Du et al.，2022）。这是因为局部适当放牧可能促进植物生理应激与活力，存在放牧区碳汇成效持平甚至高于禁牧区的现象。最近几篇研究显示（Li W et al.，2018；Wu et al.，2013；Bariyanga et al.，2016），由于区域政府对围栏建设的财政支持不足，禁牧存在加剧青藏高原草地退化风险的潜力，并对牧民的福祉产生负向影响。为解决围栏封育后的高生产力与低生物多样性间的矛盾，应在休眠期进行割草或适度周期性放牧（Li W et al.，2018）。最近，青藏高原一些地方的围栏开始逐渐被拆除，然而在拆除前并没有得到科学评估。围栏生态工程的停止与否，需要进行定期和全面评估，以确保政策得到有效管理，制定适当的围栏禁牧管理策略亦是当务之急。

4.4　草地工程土壤养分形态转化与动态

4.4.1　减畜工程实施现状

自 2003 年我国退牧还草等大型生态保护工程开始陆续实施，以及 2011 年草原补奖政策的出台和草畜平衡制度的深化，约有超过 50 亿亩草原先后经历了过度利用、全面禁牧和草畜平衡利用 3 个阶段。其中，草原生态保护补助奖励政策是我国政府为了保护草原生态环境，降低放牧率，并在一定程度上帮助牧区牧民改善生计而出台的一项公共政策（关士琪，2020）。它是通过政府行政手段干预牧户超载过牧行为，成为减少牧区牲畜养殖数量和保障草原可持续利用的政策之一（冯晓龙等，2019）。在当前政策所指引的牧户草畜平衡维护方式主要是减畜，即直接卸载牲畜对于草场的放牧压力（褚力其等，2022）。相比之下，减畜作为草原生态补奖政策的主要着眼点，既可以避免人为干扰对草地生态系统的潜在影响，又能切中目前草地退化的核心原因，对调节草畜关系具有更为直接和积极的作用。因此，合理实施减畜工程策略对于促进草畜平衡和维持草地生态系统可持续发展将至关重要。

研究发现，自减畜工程实施以来，各地区牲畜饲养量总体呈不同程度下降趋势。在实施草原生态奖励补助机制前的 2010 年，西藏草原实际载畜数量为 2321 万头（只匹），到 2013 年已降至 1948 万头（只匹），减少了 16%。数据显示，2013 年该区草原鲜草产量 8675 万 t，较 2007 年增加了 17.6%，实施退牧还草工程各县的植被覆盖率、植被高度及产草量均明显提升。樊江文等（2011）对三江源地区的研究指出，随着减畜政策的落实，该地区家畜数量逐年下降。这与吴雪（2020）在青海省研究发现的近年来牲畜饲养量均呈现下降趋势的结果部分一致。总体而言，牲畜量的变化受牧民意愿、外部政策、环境条件等多方面因素影响。牛和羊是西藏和青海草地生态系统中具有典型性且占比较大的畜种类型，减畜工程实施对于牛羊的数量和类型也产生了不同影响。通过查阅统计年鉴资料分析发现，牛的数量自工程实施以来在缓慢增加，羊的数量呈现下降趋势。例如，自 2011 年实行生态补奖政策以来，西藏自治区牛的数量在缓慢上升，从 2011 年的 614.9 万头，增长到 2019 年的 621.9 万头，增长了约 1.11%（表 4-30）；而羊的数量从 2011 年的 1646.1 万只减少到 2019 年的 1017.0 万只（表 4-30），减少了约 38.22%。与之类似的，青海省牛的数量也处于上升趋势，从 2011 年的 442.4 万头增加到 2019 年的 494.6 万头（表 4-30），增加了约 11.80%；而羊的数量处在下降趋势，从 2011 年的 1497.5 万头减少到 2019 年的 1326.9 万头（表 4-30），下降了约 11.39%。

表 4-30　西藏自治区与青海省 2011～2019 年牛羊数量　　单位：万头（只）

年份	西藏自治区		青海省	
	牛	羊	牛	羊
2011	614.9	1646.1	442.4	1497.5
2012	600.8	1525.9	425.1	1446.3
2013	617.9	1588.6	452.2	1460.2

续表

年份	西藏自治区		青海省	
	牛	羊	牛	羊
2014	613.1	1457.1	452.9	1457.1
2015	616.1	1496.0	455.3	1435.0
2016	610.0	1437.7	483.7	1390.7
2017	592.6	1105.3	546.6	1381.4
2018	608.4	1047.1	514.3	1336.1
2019	621.9	1017.0	494.6	1326.9

资料来源：根据《中国统计年鉴》（国家统计局 2012～2020 年）整理。

覃照素等（2016）研究发现，西藏自治区近年来牦牛饲养比重对牧户减少牲畜存栏的贡献较大，牦牛饲养比重每增加 10%，牧户降低 56.84% 的牲畜存栏量；而山羊或绵羊饲养比重每增加 10%，牧户将减少 39.57% 和 25.71% 的牲畜存栏量。再加上近年来牦牛肉价格的不断攀升，对牧户而言，牦牛饲养比重提升不但能保证经济收益，而且有利于草地保护，从而导致牧户愿意提高牦牛的饲养而减少羊的饲养。此外，吴雪（2020）在研究近 30 年来青海草地牲畜时空变化特征时认为，导致牲畜存栏量下降而出栏量增加的原因主要有政府政策因素、雪灾和社会经济因素等。

在草地生态系统中，减畜放牧是除全面禁牧和人工种草外使草地生态环境恢复的另一个重要举措。减畜轮牧是在严格控制草地载畜量的前提下，根据牧草生长的周期性差异，充分利用夏秋草场，保护冬春草场的措施（张光茹等，2020），减畜轮牧对于减少轮牧影响和维持草地生态系统平衡具有重大意义。研究发现，在减畜轮牧下的草地生态恢复过程与围栏封育较为相似，牧草产量、土壤理化性状、土壤持水性能及植被多样性指数依次恢复（张光茹等，2020），但相对于围栏封育，减畜轮牧的土壤碳水恢复年限较长（> 20 年）。樊江文等（2011）指出，自 20 世纪 80 年代后，减畜工程实施后草地载畜压力有明显下降的趋势。在 1988～2005 年，三江源地区各县草地载畜压力均有不同程度的下降。在时间序列上大致经历了 2 个阶段：即在 1988～1998 年期间，其载畜压力呈波动性下降；1999～2005 年草地载畜压力最低，并基本保持平稳。针对载畜压力指数，吴柏秋（2019）还指出，减畜工程实施以来理论载畜量增加而现实载畜量下降，载畜压力指数相比工程实施前下降了 5.12%，但整体上仍然处于超载水平。土壤侵蚀量增速逐渐变小，由 0.23 亿 t/a 下降至 0.049 亿 t/a，土壤保持功能增强。风蚀量呈先上升后下降的趋势，由工程前的 1.52 亿 t/a 降低至实施后的 –0.45 亿 t/a，风蚀量逐渐减少。水源涵养量增加了 19%，且工程实施后 5 年中水源涵养量趋于平稳状态。另外，在藏北高寒草原的前期研究发现，放牧牲畜粪便沉积是高寒草地重要的温室气体排放来源，粪便甲烷和二氧化碳排放是其碳素损失的重要途径，减少牲畜粪便排泄将对减弱高寒草地生态系统碳排放具有积极的贡献。

4.4.2　牲畜排泄物降解及其养分动态

氮是牲畜粪便和尿液的重要组成元素，粪尿返还是影响草地土壤氮素转化、迁移以及生态系统生产力的重要作用方式（杨小红等，2004）。研究发现，放牧牲畜所取食植物氮的 75%～90% 会以排泄物形式返还到草地生态系统（Haynes and Williams，1993；vander Weerden et al.，2011），进而使排泄物斑块区域成为重要的氮转化活跃点（宁瑞迪等，2019；Sordi et al.，2014；Cai and Akiyama，2016）。一般而言，牲畜粪便中有机氮约占 90%（Fukumoto et al.，2003），粪便降解过程中氮转化以有机氮矿化为主，粪便输入对土壤氮素动态影响持续周期长，且作用机制复杂（Brouwer and Powell，1998）；而尿液中大部分氮以尿素形式存在，尿素快速水解可转化为 NH_4^+-N 和 NO_3^--N，是植物生长重要的养分来源（Allen et al.，1996；Dixon et al.，2010）。近年来，随着畜牧业的迅速发展与牲畜养殖规模不断扩大，大量牲畜排泄物归还改变了草地生态系统的物质循环，引发了不容忽视的生态环境效应（Moe and Wegge，2008）。为遏制草地退化，青藏高原草原牧区启动实施禁牧减畜工程，在一定程度上减少了草地牲畜排泄物的返还量并有助于在调控其环境效应方面发挥积极的作用。牲畜粪尿作为一种天然有机肥，其动态变化会改变土壤氮素初级矿化 - 同化周转速率、自养硝化作用以及反硝化速率（王敬等，2016；Cai et al.，2017）。初始的牲畜粪便和尿液斑块氮素形态和含量不同，导致其降解过程中氮素释放特征和变化规律表现出差异性（Bathurst and Mitchell，1982）。因此，明确牲畜粪尿自身降解过程及其氮素变化特征是进一步解析其对草地土壤氮素动态、氮转化过程影响和作用机制的前提，有助于从排泄物氮输入环节探究其对草地土壤氮素有效性及氮转化过程的贡献。总体而言，牲畜粪尿自身氮素过程主要包括 4 个方面，即氮的矿化、氨化、硝化和反硝化（刘忠宽等，2004）[图 4-103（a）]。

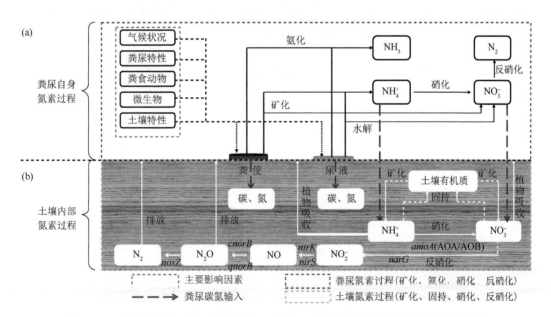

图 4-103　牲畜粪尿自身氮素过程及其对土壤内部系统氮转化关键过程影响示意图

amoA 为硝化功能基因；AOA 为氨氧化古菌；AOB 为氨氧化细菌；narG 为硝酸还原酶编码基因；nirK/nirS 为亚硝酸还原酶编码基因；cnorB/qnorB 为一氧化氮还原酶编码基因；nosZ 为氧化亚氮还原酶编码基因

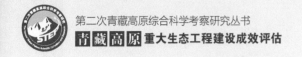
（1）牲畜排泄物氮矿化作用

矿化是指有机氮在土壤动物和微生物作用下转化为无机态氮的过程（主要是 NH_4^+-N）（Brouwer and Powell，1998；Herman et al.，1977）。主要途径包括蛋白质的氨化、氨基酸糖和多聚体的氨化、核酸物质脱氮等（Zaman et al.，1999）。牲畜粪尿有机氮形态不同，导致其氮矿化特征具有明显差异（Bathurst and Mitchell，1982）。粪便木质素比例较高（Lupwayi and Haque，1999），导致其矿化速率慢，持续时间长（Haynes and Williams，1992；Sorensen，2001）。粪便降解过程中有机氮矿化是氮转化的初始环节，矿化速率能调控供植物吸收利用、淋溶和硝化/反硝化作用的无机氮量。基于藏北高寒草原的研究发现，牦牛和藏绵羊粪便经过 93 d 降解后，粪便干物质量分别减少了 30.9% 和 21.6%（图 4-104），粪便斑块自身结构和特性的不同导致其降解速率较为缓慢且具有差异性。牛粪全氮含量显著降低，而羊粪全氮含量降低不显著（图 4-105），表明自然降解过程中牛粪氮素损失更为突出，相对较高的氮含量、含水量以及微生物活性可能是导致牛粪氮矿化速率更高和活性氮损失量更大的主要原因（杜子银等，2014）。Haynes 和 Williams（1992）及 Underhay 和 Dickinson（1978）指出，氮矿化初期大量氨（NH_3）挥发导致粪便在降解前 35 d 斑块氮浓度呈下降趋势，而矿化作用进一步增强可能导致其在降解后期氮含量的逐渐增加。胡道龙（2008）分析猪粪和牛粪等有机肥的氮矿化特征发现，粪便降解中矿化表现为 0～30 d 快速矿化、30～60 d 缓慢矿化以及 60 d 之后矿化与固持保持动态平衡的阶段性特点，且快速矿化阶段能够为植物提供营养，在此之后其供氮能力逐渐减弱。此外，在室内培养条件下，不同有机肥氮矿化量和矿化率的动态变化存在明显差异（周博等，2012），其中氮矿化率在 29.1%～84.9%，且猪粪与牛粪平均氮矿化累积量和矿化率无显著差异（周博等，2012）。

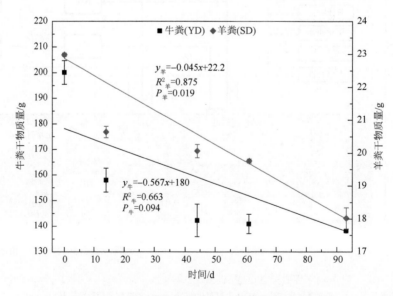

图 4-104　牦牛和藏绵羊粪便干物质量随时间变化

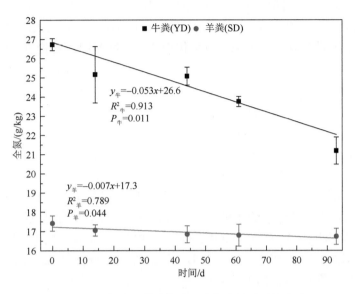

图 4-105　牦牛和藏绵羊粪便全氮含量随时间变化

与之不同的是，牲畜尿氮矿化主要表现为尿素发生水解，且与粪便氮素相比其氮矿化速度快、持续时间短（Floate，1970；Carran et al.，1982）。研究发现，尿斑形成的最初 24 h 内尿素水解速度最快，且经过 3～4.7 h 的尿素水解程度将达到 50%（Carran et al.，1982；Whitehead and Raistrick，1993）。粪尿斑块自身特性、自然的生物和土壤因子等被认为是影响氮矿化作用的主导因素（刘忠宽等，2004）。粪便碳氮比（C/N）以及木质素 / 氮素比与氮矿化速率呈负相关关系（Frankenberger and Abdelmagid，1985；Hassink，1992；Wedin and Tilman，1990）。当 C/N 介于 25:1～30:1 时，矿化初期主要表现为无机氮的固持作用，随着降解时间的增长和矿化作用的持续进行才有部分无机氮被释放，而 C/N 低于 25:1 和高于 30:1 时则分别会导致净氮矿化的快速出现和无矿化氮的释放（Bengtsson and Bengtson，2003）。草地土壤动物可促进粪便氮矿化（Lupwayi and Haque，1999；Esse et al.，2001；Tyson and Cabrera，1993），其中蚯蚓和粪食性动物的贡献可达 64%～70%，且有土壤动物参与的氮矿化较无动物的快 38%（Esse et al.，2001）。草地土壤温湿度通过调节土壤通气性和微生物活性影响氮矿化过程，且高温和干燥环境有利于粪便氮矿化（Bengtsson and Bengtson，2003；Stanford and Epstein，1974）。此外，土壤干湿交替和 pH 的升高能够改善土壤通气状况、增加有机物的可溶性，为微生物生长繁殖提供更多的碳氮基质，并促进其群落结构的变化进而有助于加快粪便氮矿化（Haynes，1986）。Alef 等（1988）还指出，土壤微生物类型和群落结构与氮矿化关系密切，表现为细菌主要影响输入土壤的氮矿化作用，而真菌对地表牲畜排泄物的降解和氮矿化作用相对较为突出。

（2）牲畜排泄物氮氨化作用

氨化作用是微生物分解有机氮释放 NH_3 的过程（Ross and Jarvis，2001）。矿化过程

中产生大量 NH_4^+-N 和氢氧根（OH^-）有助于氮氨化作用进行（Hatch et al.，1990）。由于氮含量及其组分不同，牲畜粪便和尿液氮的氨化作用特征差异较大，主要表现为粪便氮氨化作用慢、持续时间长，而尿氮氨化作用快、持续时间短的特点（Petersen et al.，1998）。随着排泄物降解时间的增长，氨化速率逐渐降低，主要是由于粪便和尿液两种斑块形成初期 NH_4^+-N 浓度和 pH 较高，适于氨化作用的快速发生，而随着硝化作用的进行粪斑 NH_4^+-N 含量减少和 pH 降低会较大程度抑制氨化作用（Sommer and Sherlock，1996）。此外，土壤有机质含量（Stevens et al.，1989；Otoole et al.，1985）、阳离子交换量（cation exchange capacity，CEC）（Otoole et al.，1985）与氨化作用速率呈负相关关系，太阳辐射强度（Brunke et al.，1988）和粪尿作用的植物凋落物量（Fenn et al.，1987）与氨化作用正相关。土壤温度对氨化作用影响明显且主要在粪尿斑块形成初期与氨化作用正相关，而土壤湿度除在极度干旱土壤条件以外对牲畜排泄物尤其是尿液氮素氨化过程的影响不明显（McCarty and Bremner，1991），这主要是由于温度升高增强有机氮矿化和尿酶活性，进而加速 NH_4^+-N 的形成和扩散（Rachhpal-Singh and Nye，2010）。

（3）牲畜排泄物氮硝化作用

硝化作用是在好氧条件下由氨氧化微生物［氨氧化细菌（ammonia oxidizing bacteria，AOB）和氨氧化古菌（ammonia oxidizing archaea，AOA）］驱动，将 NH_3 或矿化产生的 NH_4^+-N 氧化为亚硝态氮（NO_2^--N）和 NO_3^--N 并释放副产物氧化亚氮（N_2O）和一氧化氮（NO）的过程（Cai et al.，2017；Prinn et al.，1990）。一般而言，硝化作用可分为自养硝化和异养硝化，而传统意义上硝化作用主要是指自养硝化（蔡延江等，2012）。自养硝化主要通过两个阶段完成（Kowalchuk，2001）：第一阶段是以 AOB 为主要驱动微生物，在氨单加氧酶（ammonia mono oxygenase，AMO）和羟胺氧化还原酶（hydroxylamine oxido reductase，HAO）催化下，将 NH_3 或 NH_4^+-N 氧化成 NO_2^--N；第二阶段是在亚硝酸盐氧化菌（nitrite oxidizing bacteria，NOB）驱动和亚硝酸盐氧化还原酶（nitrite oxido reductase，NOR）催化下，将 NO_2^--N 进一步氧化成 NO_3^--N。草地土壤氮的硝化作用与生态系统的氮循环、植被生长和环境保护关系密切（Prinn et al.，1990；蔡延江 等，2012；Kowalchuk，2001；Wrage et al.，2001；Kaiser and Heinemeyer，1996）。温度、含水量、通气性、矿化氮含量及微生物活性等是影响氮硝化作用的重要因素（Ball et al.，1979；Monaghan and Barraclough，1992），从而调控排泄物自身降解过程及其氮素释放特征。研究发现，每 mol 的 NH_4^+-N 经硝化过程产生的 2 mol 氢离子（H^+）是导致粪尿斑块 pH 下降并发生一定程度酸化的主要原因（Haynes and Williams，1992；Sherlock and Goh，1985）。牲畜粪便降解缓慢，有机氮矿化往往持续较长的时间，从而为硝化作用的持续发生提供了长期作用底物。与之不同的是，尿液尿素水解通常要在 3 d 内快速完成，而硝化作用存在明显的时滞现象，往往在一周后产生显著作用（Monaghan and Barraclough，1992）。温度作为影响排泄物氮硝化过程的重要因素（Thomas et al.，1988），低温可能导致与硝化过程有关的微生物和酶活性较低，从而不利于硝化作用的顺利进行和 NO_3^--N 的形成，使得粪便斑块通常出现 NO_2^--N 累积现象。另外，硝化作用是需氧过程（Monaghan and Barraclough，1992），粪便排泄会在短期内造成斑块覆盖区域氧气含量降低，可能抑制粪斑与土壤接触面的硝化作用的进行。Smith（1990）认为硝化作用氧气含量的临界值为 10% ～ 17%，当土壤氧气含量低于临界范围时会抑制硝化过程，而高于临界范围时会促进硝化作用。由此可见，土壤氧浓度与硝化速率总体上呈一定的正相关关系。除此之外，底物和产物浓度过高也会抑制硝化作用（Anthonisen et al.，1976），其中 NH_4^+-N 的抑制效应主要表现为产生的 NH_3 对硝化细菌的毒害作用（Anthonisen et al.，1976），而 NO_3^--N 主要通过抑制亚硝酸菌和硝酸菌的生长阻碍硝化作用进行（Monaghan and Barraclough，1992）。针对高寒环境条件下牲畜粪便降解的研究还发现，粪便斑块大小是影响其降解速率和氮素过程的重要因素。斑块物理结构破碎易通过减小牛粪表面积和改变粪便理化和微生物特性，从而更为复杂地影响粪斑自身氮转化过程。一定程度的斑块碎化增加牛粪比表面积和 NH_4^+-N 淋溶（图 4-106），硝化作用所需底物含量的降低将进一步减少牛粪 NO_3^--N 的累积淋溶量及其占全氮损失量的比例。

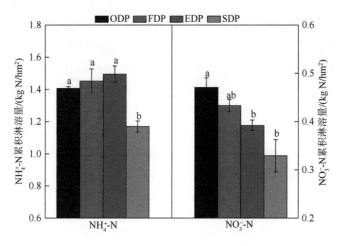

图 4-106　牛粪渗滤液 NH_4^+-N 和 NO_3^--N 累积淋溶量

ODP：原状牛粪斑块，FDP：1/4 碎化斑块，EDP：1/8 碎化斑块，SDP：1/16 碎化斑块

（4）牲畜排泄物氮反硝化作用

反硝化作用是在厌氧环境条件下，由反硝化微生物驱动，在硝酸盐还原酶（nitrate reductase，NaR）、亚硝酸盐还原酶（nitrite reductase，NiR）、一氧化氮还原酶（nitric oxide reductase，NOR）以及氧化亚氮还原酶（nitrous oxide reductase，N_2OR）催化下（蔡延江等，2012），NO_3^--N 被还原为 NO_2^--N、NO、N_2O 和氮气（N_2）的过程，是与硝化作用相反的过程，也是氮损失和活性氮转变成惰性氮（N_2）的一个重要途径（Cai et al.，2017）。反硝化作用通常包括生物反硝化和化学反硝化，且主要以反硝化细菌主导的生物反硝化过程更为重要（蔡延江等，2012）。Wrage 等（2001）认为，大多数反硝化微生物是异养型的兼性厌氧细菌，异养反硝化细菌在有氧条件下进行有氧呼吸，不发生反硝化作用；但在厌氧条件下会以有机碳为电子供体，氮氧化物为电子受体，发生电子传递氧化磷酸化作用。Knowles（1982）研究发现，反硝化作用存在明显的时滞现象，尿斑形成 25 d 所发生反硝化的氮含量低于 2%，但之后时滞效应减弱，反硝化作用增

强且在较短时间内即可完成反硝化过程。牲畜粪便降解中反硝化作用则通常受底物浓度（可利用碳、氮含量）、厌氧环境、土壤质地、温度、pH 和微生物特性等因素影响（刘忠宽等，2004）。总体而言，土壤可利用有机碳既是反硝化微生物呼吸作用的底物，也是其生长的重要基质，能直接影响其生长和繁殖过程从而对反硝化作用产生影响（刘忠宽等，2004；Whitehead and Raistrick，1993）。粪尿施加可使草地土壤有机碳含量大幅增加，不仅能为异养反硝化微生物提供相对充足的碳源和能源，还可通过消耗大量的氧气进一步促使土壤厌氧环境的形成（Stevenson and Firestone，1982）。研究表明，牲畜排泄物氮反硝化作用的临界充气孔隙度为 11% ～ 14%，高于此范围时反硝化作用受到抑制，且适宜于反硝化发生的土壤充水孔隙度（water filled pore space，WFPS）为 65% ～ 90%，低于此临界范围时反硝化同样受到抑制（刘忠宽等，2004）。然而，Ryden 等（1984）研究几种不同质地土壤的含水量、氧气含量及其与排泄物反硝化速率的关系发现，土壤水分、氧含量等对反硝化速率的影响微弱，而土壤质地可能是决定牲畜排泄物反硝化速率的关键因子。另外，反硝化作用可在 0 ～ 75 ℃范围内进行，温度低于 10 ℃时反硝化速率很低（高永恒，2007），一般在 65 ℃时达到最大速率，之后随温度升高呈下降趋势（周寿荣，1979）。土壤 pH 与反硝化作用密切相关，当 pH<4 或 pH>8 时反硝化作用都会受到抑制，而介于 6 ～ 8 时反硝化速率受到影响较小（高永恒，2007），土壤 pH 大小与 N_2O/N_2 比例具有显著的负相关关系。另外，与反硝化细菌相比，反硝化真菌对氧气（O_2）浓度的适应范围相对更大，但过量 O_2 都会抑制其反硝化作用发生（Zhou et al.，2001）。然而，与反硝化细菌类似，反硝化古菌也能通过异化还原作用促使反硝化作用发生，但细菌和古菌的反硝化酶基因及其结构和调控机理方面具有一定的差异。除此之外，牲畜类型，排泄物物理形状、化学组成，以及区域气温和降水等也是调控其反硝化速率的重要因素，需要在未来的研究中给予更多关注。

4.4.3　减畜工程排泄物返还对土壤氮转化过程的影响

自然生态系统中，氮的生物地球化学循环主要包括氮素向生态系统输入和从生态系统输出的外循环过程，以及氮素化学形态的转变和在系统不同库之间迁移的内循环过程（杨小红等，2004）。其中，氮的矿化、固持、硝化、反硝化、牲畜排泄物返还以及植物氮吸收等被认为是氮素内循环过程的重要体现（陈佐忠和汪诗平，2000）。通常，牲畜粪便排泄到地表，在降水、淋溶、粪食性动物活动等作用下进入土壤中，通过对土壤微生物活性和生物量、氮转化相关功能基因丰度、微生物数量和群落结构等产生重要影响从而调控土壤氮转化过程（何奕忻等，2009）；而尿液输入草地土壤则可能通过快速改变土壤氮素供应和氧化还原条件从而影响土壤内部氮转化和迁移过程（图 4-103）。

1. 排泄物输入对土壤氮矿化和固持的影响

土壤氮矿化是有机氮在微生物作用下转化为无机氮的生物化学过程，决定着土壤氮的可利用性（王常慧等，2004）。对草地生态系统而言，氮是植物生长的限制性元素，土壤有机氮矿化率高和矿化氮含量的增加使得可供植物吸收利用的氮相对较为丰富。氮的固持主要指矿化作用生成的 NH_4^+-N、NO_3^--N 和一些简单的氨基态氮被微生物与植物同化吸收的过程，以及部分 NH_4^+-N 被黏土矿物固定的过程（杨小红等，2004）。研究表明，牲畜排泄物返还作为草地土壤重要的氮素来源，粪尿氮素输入会改变土壤氮素动态和微生物过程，从而影响土壤氮矿化、固持及其氮素有效性（Bouwman et al.，2002）。

针对丹麦多年生草场和英国永久性牧场等的研究表明，牲畜粪尿施加通过增加土壤有效碳供给和增强微生物活性促进了土壤氮矿化，且矿化速率的变化可能与排泄物类型、时间尺度和季节性差异等因素关系密切（Ambus et al.，2007；Hartmann et al.，2013；Antil et al.，2001；Hatch，2000）。Barrett 和 Burke（2000）在美国半干旱草原的研究发现，土壤净氮矿化和总氮固持随土壤有机碳含量增加而升高，且氮固持与碳矿化间显著正相关，表明活跃的微生物群落和易矿化有机质的可利用性有助于促进氮的快速稳定（Barrett and Burke，2000）。排泄物沉积通过增加碳的有效性和微生物活性从而增强土壤自身氮的总矿化和微生物的氮固持作用（Barrett and Burke，2000）。而且，牲畜粪便施加后总氮固持量的增加可能大于总氮矿化量的增量，从而使得粪便处理的土壤表现为净氮固持（Hatch et al.，2000）。Yoshitake 等（2014）在日本寒温带草地的研究发现，牛粪施加增加了土壤矿化氮含量，且以增加 NH_4^+-N 含量为主，但关于牛粪矿化氮输入量和土壤自身氮矿化量对土壤 NH_4^+-N 含量增量的贡献差异的认识还不甚清楚。胡道龙（2008）认为，施入牛粪有机肥具有正"激发效应"，表现为促进土壤氮矿化，从而对土壤自身氮矿化量、供氮潜力以及植物吸收氮的来源和含量等产生影响。与之类似，邹亚丽（2015）在对氮沉降响应敏感的黄土高原典型草原的研究表明，土壤全氮对氮沉降的响应具有时间累积效应，且氮处理浓度增加导致表层 0～10 cm 和 10～20 cm 土层氮矿化潜势线性升高，但该氮处理形式未改变氮矿化的季节模式且均表现为夏季明显高于秋季（邹亚丽，2015）。

此外，由于牲畜尿液排泄后会迅速渗透进入土壤，而粪便完全分解进入土壤需要很长一段时间（Vadas et al.，2011），因此对于牲畜粪便和尿液施加对土壤氮矿化和固持影响的时间效应（短期和长期等）如何需要进行分类评估。例如，Sordi 等（2014）在亚热带巴西牧场的研究发现，牛尿施加 1d 后土壤 NH_4^+-N 含量达到最大值（200～250 mg/kg），而牛粪施加后的 10～14d 土壤 NH_4^+-N 含量才达到最大值（100～200 mg/kg）；与之相对的，土壤 NO_3^--N 含量分别在牛尿施加后的 23～26d 达到峰值（40～50 mg/kg），而在牛粪施加后的 19～50d 达到峰值（40～50 mg/kg），表明牛粪作用下的土壤矿化氮含量变化相对较为滞后（Sordi et al.，2014），这可能与牛粪自身降解过程缓慢和氮素释放速率较低密切相关。此外，Antil 等（2001）发现，牛粪处理通过增加可利用有效碳和增强微生物活性，使得生长季 7～9 月土壤净氮矿化速率较高，这与 Lovell 和 Jarvis（1996）在英国西南部永久性牧场的研究结果类似。由此可见，牲畜粪便和尿液自身氮含量和形态等的不同将改变土壤矿化氮的含量、有效性和微生物活性，从而导致土壤氮矿化和固持作用的差异性响应。

2. 排泄物输入对土壤氮硝化和反硝化作用的影响

一般而言，牲畜粪尿施加会通过调控土壤 pH、含水量、通气性、矿化氮、有效碳含量以及微生物活性等改变土壤硝化和反硝化速率，进而影响土壤氮素有效性、植被氮吸收量和氮的生物地球化学循环过程。Carter（2007）及 Hartmann 等（2013）研究指出，牲畜排泄物施加会增加可利用 NH_4^+-N 含量，刺激硝化作用首要步骤的发生，从而增强土壤硝化作用。这可能主要与粪尿施加增加 AOB 丰度，而 AOA 丰度未受到显著影响甚至降低等有关（Hartmann et al.，2013）。有研究则认为在高氮含量土壤中，硝化作用中 AOB 贡献更为突出；而 AOA 在低氮含量土壤的硝化作用中贡献更显著（Di et al.，2009，2010；Sterngren et al.，2020）。在藏北高寒草原的研究发现，牦牛和藏绵羊粪便返还有助于改变土壤理化特性和微生物活性，进而调控高寒草地土壤氮转化关键过程。研究结果显示，牦牛粪便返还较藏绵羊粪便和对照处理显著增加表土含水量并降低土壤温度。牛粪处理在试验前 14 d 显著增加 0～10 cm 土壤 NH_4^+-N 含量，且在整个试验期内较其余各处理显著增加土壤 NO_3^--N 含量（Cai et al.，2014）。这种牛粪处理导致的土壤 NH_4^+-N 含量增加与 Yoshitake 等（2014）在寒温带放牧草地得到的研究结果一致，即牛粪 NH_4^+-N 的输入是增加土壤有效氮的主要来源。相比之下，牛粪处理使得高寒草原土壤具有更高的 N_2O 排放通量和累积排放量，羊粪处理的 N_2O 排放主要来源于硝化作用，而牛粪处理的土壤 N_2O 排放主要源于反硝化作用（Cai et al.，2014）。这可能主要是由于原状牛粪斑块覆盖在增加土壤含水量和氮素供应，以及增强土壤厌氧环境条件方面较颗粒状羊粪和对照处理更为显著，进而通过增强反硝化微生物活性从而促进土壤反硝化作用发生和 N_2O 排放。而且，牛粪斑块破碎化及其影响下的高寒草原土壤氮素供应与氧化还原环境改变易导致土壤氮素动态及 N_2O 排放的差异性响应。

针对不同类型高寒草地的培养试验研究指出，土壤含水量对牛羊粪便返还下高寒草地土壤氮素动态、硝化和反硝化作用具有重要影响。牦牛粪便处理较藏绵羊粪便和对照处理总体持续增加不同含水量的高寒草原和高寒草甸土壤 NH_4^+-N 含量，但导致相应的土壤 NO_3^--N 含量呈现较为明显的波动性变化特征（Cai et al.，2013）。牛粪施加主要在试验初期和末期较为显著增加低土壤含水量高寒草原和高寒草甸 N_2O 排放通量，相对高含水量的高寒草原和高寒草甸对试验初期羊粪处理的 N_2O 排放通量影响较大（Cai et al.，2013）。

刘红梅（2019）在内蒙古贝加尔针茅草原的研究发现，外源性氮添加促进了土壤硝化作用，且氮添加量低于 200 kg/hm² 时有利于固氮菌生长，而高氮添加显著提高了 AOB 基因丰度，降低了 AOA 基因丰度。此外，Shand 等（2002）发现，施加天然羊尿处理的土壤 NH_4^+-N 含量明显低于合成羊尿处理，可能在一定程度上反映了天然羊尿中有机化合物（如马尿酸）促进了硝化作用发生从而导致 NH_4^+-N 含量降低。而且，施加等体积的合成羊尿和天然羊尿对土壤的影响有所差异，主要表现为天然羊尿施加有助于增加土壤溶液中可溶性有机碳（DOC）、NH_4^+-N 和 NO_3^--N 等浓度，但其增幅明显小于合成羊尿处理（Shand et al.，2002）。另外，与牲畜粪便返还的影响不同，放牧牛羊尿液施加可通过迅速增加土壤含水量和矿化氮供应等从而对高寒草地土壤氮素动态具有显著的短期效应。与对照相比，牛尿处理在 28 d 试验期内显著增加 0 ～ 10 cm 和 10 ～ 20 cm 土壤 NH_4^+-N 含量，羊尿处理显著增加 0 ～ 10 cm 和 10 ～ 20 cm 土壤 NO_3^--N 含量（图 4-107）。尿液处理通过改变土壤理化特性、硝化和反硝化速率以及氮淋溶过程等影响高寒草原土壤有效氮的积累和消耗（Du et al.，2022）。放牧牛羊尿液返还下高寒草原土壤 NH_4^+-N 和 NO_3^--N 含量权衡变化将进一步改变土壤可利用氮的形态和含量，从而可能对高寒草地植被氮素吸收利用策略产生不容忽视的重要影响（Du et al.，2022）。

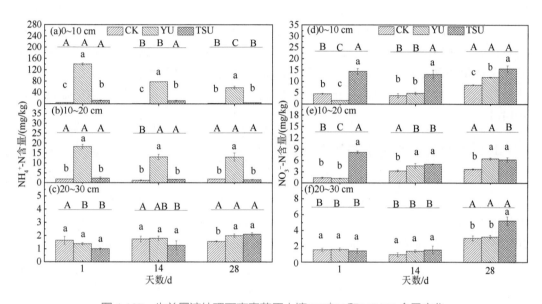

图 4-107　牛羊尿液处理下高寒草原土壤 NH_4^+-N 和 NO_3^--N 含量变化

CK：对照；YU：牦牛尿液；TSU：藏绵羊尿液；同一采样时间点的不同小写字母表示各处理间具有显著性差异；同一处理的不同大写字母表示采样时间点间具有显著性差异。检验方法为最小显著差异法（LSD）检验

　　除此之外，尿液沉积会在短期内通过增加土壤含水量、NO_3^--N 含量和可利用碳的有效性等显著增强反硝化速率（Carter，2007）。Cai 等（2017）指出，尿液沉积对反硝化功能基因 *narG* 的丰度影响不大，但对 *nirS*、*nirK* 和 *nosZ* 基因丰度可能表现为无影响或者增加其丰度。Philippot 等（2009）认为尿液施加对反硝化功能基因的影响主要取决于土壤条件。与之类似的研究发现，牲畜粪便施加可能通过增加碳的有效性和减少 O_2 含量等增强厌氧环境，从而增强反硝化微生物活性和反硝化作用速率（Saunders et al.，2012；Cui et al.，2016），但关于其对反硝化功能基因丰度的影响和反硝化作用变化规律如何的认识还存在不足。对于人工模拟氮沉降的影响效应而言，刘红梅（2019）发现，高氮添加显著降低了 *nirK* 基因丰度，且对于 AOB 主导的氨氧化过程具有促进作用，而反硝化微生物功能基因丰度的降低促进了氨氧化产物的积累，表现为增加了土壤硝酸盐含量（刘红梅，2019）。这与刘碧荣等（2015）在内蒙古弃耕草地的氮添加试验研究结果部分一致，即氮添加显著提高了土壤总硝化速率。总体而言，牲畜粪尿氮素输入对土壤硝化和反硝化具有不同程度的促进作用，且草地类型、粪尿氮素形态

及含量、土壤氮素动态及氧化还原条件、微生物群落结构及其活性等的不同被认为是导致土壤硝化和反硝化速率复杂变化的主要原因。

4.4.4　围栏封育对草地土壤养分的影响

草地生态系统约占青藏高原面积的 50%（张骞等，2019），作为高寒区分布面积最广的生态系统，在保障区域生态安全格局和响应全球气候变化等方面发挥着重要的作用（孙鸿烈等，2012；You et al.，2014）。气候变化和人类活动叠加致使高寒草地退化日趋严重，对高寒草地生态系统服务功能正常发挥造成严重威胁（张自和等，2002；赵贯锋等，2013；尚占环等，2018）。围栏封育是运用自然植被恢复力稳定性原理对退化草地植被和土壤进行修复，是青藏高原治理退化草地和重建草原生态系统的重要举措之一（杨静等，2018），在高寒区植被恢复领域取得了显著成效（Xiong et al.，2014）。

1. 围栏封育对草地土壤碳变化的影响

在退化的草地生态系统，放牧不利于草地植被生产力的维持，而围栏封育解除了放牧牲畜对草地植被的采食损伤（Su and Zhao，2010；Conant et al.，2001），减少了地上生物量的损失，从而有利于凋落物返还土壤，增加土壤有机碳积累（邹婧汝和赵新全，2015）。围栏封育促进高寒草地 0～30 cm 土壤有机碳均值提高了 0.57 g/kg。

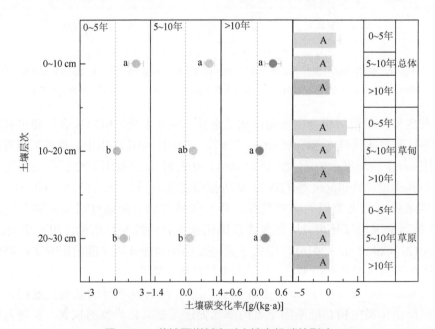

图 4-108　草地围栏封育对土壤有机碳的影响

小写字母表示相同围栏年限不同土层间的土壤有机碳变化率差异（$p<0.05$）；大写字母表示相同生态系统不同围栏年限的
土壤有机碳变化率差异（$p<0.05$）

围封年限是影响草地土壤碳库动态变化的重要因素。连续围栏可显著提高植被覆盖度、物种多样性和生物量（Cheng et al.，2011；Li et al.，2012），从而直接或间接提高土壤有机碳的积累速率（Zeng et al.，2017；Wu et al.，2014）。高寒草地的数据表明，0～5 年围栏土壤有机碳累积速率明显高于其他围栏年限，变化率为 1.26 g /（kg·a），且高寒草甸有机碳积累速度约为高寒草原的 6.97 倍（图 4-108）。半干旱草原自由放牧、5 年围栏和 9 年围栏土壤养分特征的研究表明，9 年围栏封育对土壤有机碳有显著增加作用（Wu et al.，2014；Zhang and Zhao，2015）。而赵帅等（2011）研究表明围栏封育时间与土壤有机碳累积呈正相关，其中封育 25 和 30 年的围栏封育最有利于草地土壤碳的积累，这归因于更多的植物凋落物养分返还于土壤（赵帅等，2011；Gao and Cheng，2013）。但也有研究表明，短期围栏封育对草地土壤碳有显著的积累效应，但随着围栏时间延长，土壤有机碳累积速度放缓（Medina-Roldán et al.，2012）。例如，裴世芳等（2004）研究发现围栏封育 6 年和 12 年均显著提高了荒漠草原的土壤有机碳含量，但围封 12 年的有机碳累积量低于围封 6 年的有机碳累积量。高寒草甸的研究也表明，土壤有机碳储量在围栏封育 6 年、9 年和 11 年分别显著提高了 20.4%、15.4% 和 14.2%，呈现随围封时间延长而下降的趋势（Li et al.，2018）。因此，过长时间的围栏封育不利于草地生态系统的物质和能量循环，易造成草地资源的浪费，进一步增加自由放牧草地的放牧压力（Cao et al.，2019），且对于高寒草地生态系统而言，最佳封育时间应控制为 4～6 年（苗福泓等，2012）。

围栏封育后土壤有机碳累积量随土壤深度逐渐递减。青藏高原草地数据表明，0～10 cm 土层有机碳积累速率最快，且 0～5 年围栏的土壤有机碳积累高于其他围栏年限（图 4-108）。中国草地的 Meta 分析发现，除温带荒漠草原外，围栏封育均能有效促进草地土壤表层有机碳积累（程雨婷，2020）。围栏封育后，高寒草原土壤表层 0～50 cm 有机碳储量显著增加了 28%（Xiong et al.，2014），高寒草甸 0～40 cm 层土壤有机碳储量显著提高了 30.2%～35.1%（Ren et al.，2008）。典型草原为期 6 年的围栏封育显著提高了 0～40 cm 土层有机碳储量，但对深层土壤（40 cm 以下）有机碳影响不显著（Xu et al.，2018）。荒漠草原封育 3 年 5～10 cm 土层碳储量显著低于封育 5 年、7 年、10 年及未封育草地，10～40 cm 土层土壤碳储量虽然随封育年限的增加呈波动趋势，但其总体变化趋势并不明显（李侠等，2013）。

影响围栏封育对草地土壤碳累积速率的因素较多，如气候（温度和降水）（Ghaleb et al.，2009）、草地类型（董乙强等，2018）、围栏封育前草地的放牧强度（Martinsen et al.，2011）、放牧持续时间（Kumbasli et al.，2010）以及围栏封育年限（苗福泓等，2012）等。不同生态系统、围封年限和土壤层次所表现出的土壤碳储量变化差异可能受以下因素影响。第一，围栏封育改变了植物养分分配策略。围栏封育改变了植物生物量的分配模式，阻止能量和营养从生态系统向初级消费者转移来降低土壤有机碳的流失（Su et al.，2005），进一步促进地上向地下部分转移。并且，围栏封育后由于植被盖度的提高降低了土壤呼吸和矿化作用，从而减少了土壤有机碳的流失（Giese et al.，2012）。第二，不同草地类型植被养分返还速率具有较大差异。凋落物类型是影响围栏封育后土壤碳储量变化的因素。植物群落结构和功能性状很大程度上影响着土壤碳循环过程（Wu et al.，2016；Cornwell et al.，2010；Cornelissen et al.，2010）。例如，与禾本类植物相比，杂草类植物氮吸收量更少，且其根系向土壤输入的有机质也更少，限制了土壤有机质的积累（Zhang et al.，2019；Li et al.，2014；吴彦等，1997）。第三，放牧扰动加速了养分的周转。放牧家畜通过践踏和啃食加速了根系生长和死亡过程，促进凋落物的物理破碎，提高了根系生命周转速率，从而提高土壤中的有机碳含量（Frank et al.，2002）。因此，也有研究发现围栏封育降低了由植物根系和凋落物进入土壤中的有机碳含量，从而导致了围栏封育后土壤有机碳储量降低。

2. 围栏封育对草地土壤氮变化的影响

土壤氮含量是土壤营养的重要标志之一，土壤氮直接影响草地的产草量，间接影响着草地的载畜能力（吴建国等，2007）。地下部分作为土壤氮的主要储存场所，其变化受到草地管理方式的显著影响（张淑艳等，1998）。围栏封育促进高寒草地 0 ～ 30 cm 土壤全氮均值提高了 0.03 g/kg。

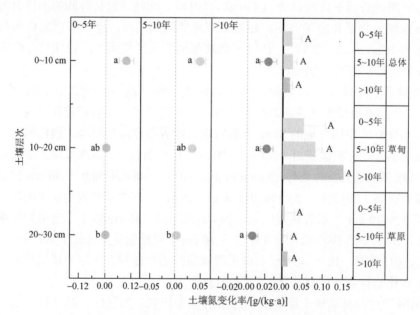

图 4-109　围栏封育对不同年份及土壤层次全氮变化影响

小写字母表示相同围栏年限不同土层间的土壤氮变化率差异（$p<0.05$）；大写字母表示相同生态系统不同围栏年限的土壤氮变化率差异（$p<0.05$）

短期围封可显著增加高寒草原土壤氮含量。0 ～ 10 年围栏封育有助于提升土壤氮含量，且草甸对围栏封育的响应更为显著。围栏年限过长（大于 10 年）降低了土壤氮累积速率。其中，0 ～ 5 年围栏中 0 ～ 10 cm 土壤氮相比自由放牧增加 0.10 g/(kg·a)，相比大于 10 年围封高出 0.08 g/(kg·a)，但随土壤深度加深差异逐渐缩小（图 4-109）。

封育 5 年和 8 年土壤全氮亦有明显增加（张伟华等，2000）。但也有研究发现，围栏封育对土壤全氮含量没有显著影响甚至会降低土壤全氮（Bauer and Cole，1987；李学斌等，2015）。李香真和张淑敏（2002）研究发现，围栏封育后土壤氮贮量损失了 21%。主要原因可能是由于封育草地地上凋落物过多而碳流不畅，考虑到碳氮的协同性，根系太少不利于土壤氮的积累。而且随着围封时间的增加，凋落物在地表的积累也影响土壤温度和土壤水分，进而影响植物残体和凋落物的分解速率，因此影响植物氮返还土壤（Heath et al.，2002）。

高寒草原围栏封育后土壤氮存在表层聚集现象。土壤氮累积速率随土壤深度加深而下降，其中 0～5 年围栏中 0～10 cm 土壤氮相比自由放牧增加 0.10 g/(kg·a)，相比 10～20 cm 和 20～30 cm 高出 0.095 g/(kg·a) 和 0.098 g/(kg·a)。但随围栏年限的延长，差距逐渐缩小，大于 10 年围栏 0～10 cm 土壤氮累积速率相比 20～30 cm 仅高出 0.01 g/(kg·a)（图 4-109）。其他研究表明围栏封育显著提升了草地土壤全氮含量（李永进，2016；王惠等，2013；安韶山等，2008），且主要集中在土壤表层（樊华等，2007）。土壤氮储量在垂直分布格局上表现出与碳相同的变化趋势（Frank et al.，1995；Stevens et al.，2004），最大值出现在 0～10 cm 土层，"聚表"现象显著，且随土层深度的增加而逐渐减小（杨树晶等，2014）。围栏封育后 0～30 cm 土层中土壤全氮含量大于自由放牧，土壤全氮呈上升趋势（Abbasi and Adams，2000）。放牧使得荒漠草原 0～100 cm 土壤氮减少了 24.7%（Li et al.，2016）。这是由于放牧减少了凋落物进入土壤的氮，同时刺激了植物生长，增加了对氮的消耗（许岳飞等，2012）。

围栏封育主要通过影响无机氮的供应和返还对土壤氮储量产生影响。第一：围栏封育降低了动物对植物地上组织的采食（Schnbach et al.，2011），促进了光合产物向植物地上部的生长（Bai et al.，2015）。围封在阻碍动物采食的同时，加速了易分解植物的生长（Sarah and Hobbie，1992），提高了矿化速率。因此，持续放牧会降低土壤中有机质的数量和质量，最终导致矿化的下降。在围封土壤中，总氮矿化率显著提升主要归因于有机碳含量的上升。氮矿化速率和土壤有机碳含量之间的显著正相关进一步证明了土壤有机碳在土壤矿化过程中的关键作用（Accoe et al.，2004）。第二，围封降低了土壤容重提升了土壤氮矿化速率。围封显著降低了土壤容重，总氮矿化率和容重之间存在显著的负相关。土壤容重的降低有利于提升氮转化速率（Breland and Hansen，1996），并显著提升总氮矿化率（Holst et al.，2007）。第三，土壤容重的降低提升了微生物固定 NH_4^+-N 的能力。微生物以有机氮的形式固定 NH_4^+-N 是一个重要的氮储存过程，有助于维持土壤的长期生态系统生产力（Rütting et al.，2010）。微生物 NH_4^+-N 固定率与土壤容重呈负相关，表明围封会提升土壤质量（Cheng et al.，2016），从而促进微生物 NH_4^+-N 固定。此外，动物采食行为的隔绝提升了地下初级生产力，从而提高土壤中的有机物质输入，考虑到碳氮协同性，地下部分碳分配的增加将促进微生物的生长并提升氮的固定能力（Holland et al.，1992）。因此，围封后土壤中 NH_4^+-N 固定率的提升将导致硝化作用可用的 NH_4^+-N 量下降，通过淋溶或反硝化作用造成的氮损失也随之减少（Huygens et al.，2008；Müller et al.，2004）。第四，围封显著提升了自养硝化速率，影响土壤氮转化过程。与放牧相比，围封后土壤的自养硝化速率明显提升（Innerebner et al.，2006）。围封通过降低土壤容重显著促进了硝化作用（Holst et al.，2007），且自养硝化速率的提升将有不利于异养硝化 NO_3^--N 的产生（Xie et al.，2018）。高有机碳含量也可以解释土壤中 NO_3^--N 固定率提升的原因，因为 NO_3^--N 的同化需要更多的有效碳（Jones and Richards，1977）。NO_3^--N 和有机碳含量之间的显著正相关进一步证明了有效碳在土壤中固定 NO_3^--N 的重要性（Recous et al.，1992）。造成封育对土壤氮影响不明朗的原因可能牲畜排泄物增加了围栏外土壤养分输入，加速了表层凋落物矿化，从而提高了植物对营养元素的吸收（Jiang et al.，2016）。

3. 围栏封育对草地土壤磷变化的影响

磷是限制陆地生态系统生产力的重要因子（Vitousek et al.，2010；Elser et al.，2007；Harpole et al.，2011），土壤磷匮乏是草地生态系统广泛存在的问题，我国土壤磷含量为 0.17～1.1 g / kg，全国有 2/3 的地区处于不同程度的磷缺乏状态（鲁如坤，1989）。围栏封育作为草地生态系统最主要的管理方式之一，将在一定程度上影响土壤磷库的变化（Bai et al.，2012；Neff et al.，2005）。围栏封育促进高寒草地 0～30 cm 土壤全磷均值提高了 0.02 g/kg。

牲畜采食消耗、排泄物返还以及凋落物分解量和速率，很大程度上影响着草地磷循环。高寒草地数据表明，0～5 年围封对土壤磷的累积具有积极作用，变化率为 0.03 g/(kg·a)（图 4-110）。草原生态系统大于 10 年围封的土壤磷变化速率显著高于 5～10 年，这

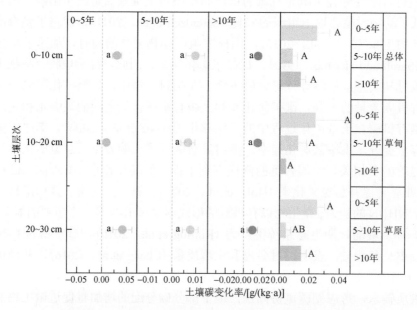

图 4-110　围栏封育对不同年份及土壤层次土壤磷变化影响

小写字母表示相同围栏年限不同土层间的土壤磷变化率差异（$p<0.05$）；大写字母表示相同生态系统不同围栏年限的土壤磷变化率差异（$p<0.05$）

归因于建群种类型和植株高度改变了侵蚀过程所致。李香真（2001）研究显示，连续放牧 19 年的草地土壤 0～10 cm 磷储量提升了 14.9%，而封育草地 0～60 cm 磷储量损失了 24.9%。而在内蒙古草原研究表明，围栏封育后土壤全磷含量升高了 16%(Pei et al.，2008)，此外，也有研究表明，围栏封育对土壤磷储量影响不显著甚至降低。在温带草原放牧 19 年的研究发现，围栏封育对土壤全磷和速效磷影响均不大（李香真和陈佐忠，1998），而放牧 40 年的草原，土壤全磷显著降低，这是由于放牧使草原地上、地下生物量和牲畜排泄物归还量降低（Johnston and Addiscott，1971）。

高寒草地数据显示，相比于土壤有机碳和土壤氮而言，土壤磷的变化幅度相对较小（图 4-110）。从不同土壤深度来看，0～10 cm 土壤磷变化率相对较高，但短期围封下 20～30 cm 土壤磷变化大于 0～10 cm 土壤，约为 0.04 g /(kg·a)。这可能是短期土壤淋溶增大使得土壤磷发生垂向迁移导致。放牧使 0～100 cm 的土壤 P 储量下降 21%，并随土层深度增加而降低（Semmartin et al.，2008）。不同土层下全磷含量表现出围栏显著大于放牧，10～30 cm 土层中磷含量显著大于 30～60 cm 土层磷含量（裴海昆，2004）。

围栏封育从多方面对土壤磷库产生影响。首先，植被高度和盖度变化改变沉降、风蚀和水蚀过程（Yan et al.，2011；Breshears et al.，2010；López-Hernández et al.，1994）。围栏封育或轻度放牧草地中具有较高的植被高度和地表盖度，在发生沙暴或水蚀过程中可以固定更多的土壤颗粒，因此表现为净沉降效应；而在重度放牧后会导致植被盖度较低、作为保护层的凋落物质量较少，导致地表裸露和风速增加，这些都会造成严重的风蚀和水蚀，因此表现为侵蚀效应（Steffens et al.，2008）。由风引起的土壤转移的过程具有更强的三维性，因此受到地表盖度影响较弱，但是由水引起的土壤转移是发生在土壤表层的，植被盖度是影响水蚀的一个重要因素。此外，动物的践踏会增加土壤的紧实度，同时破坏土壤团聚体结构，减少地上、地下有机物的输入，最后造成土壤严重退化（Steffens et al.，2010）。其次，放牧通过影响植物养分分配进一步影响土壤磷库。放牧通过改变地下生物量的分配促进了磷循环（Chaneton et al.，1996）。植物和丛枝菌根真菌（arbuscular mycorrhizal fungi，AMF）共生会活化无机磷，提高植物的吸收能力（vander Heijden，1998）；而动物的选择性采食和粪便的排泄返还等都会影响土壤磷变化（Knops et al.，2002）。

4.5　草地工程植物养分吸收策略变化

4.5.1　围封草地植物氮吸收策略变化

高寒草地是青藏高原分布面积最广的生态系统类型，其在生物多样性保护、土壤保持、固碳等功能维持方面具有重要的意义。然而，由于青藏高原草地生态系统较为脆弱，再加上人类需求增加及对草地资源的长期不合理利用，造成各类草地发生了不同程度的退化。围栏封育是高寒退化草地恢复与重建的重要方式之一。围封通过排除牲畜和野生动物采食、践踏和排泄物返还影响草地群落组成、根系形态和土壤养分，而植物可能会通过改变其养分利用策略适应外界环境变化。

草地管理方式对植物氮吸收策略的影响可能受物种差异和土壤氮形态变化的影响。高寒草原放牧环境下，牲畜选择性采食导致优势牧草的生物量显著下降，而草地围栏封育后显著提升了优势牧草的生物量，从而有利于紫花针茅 (*Stipa purpurea*) 氮吸收 (图4-111)。类似地，高寒草甸围栏封育也会提高优势牧草 [高山嵩草 (*Carex parvala*)] 的氮吸收效率，而对杂草类植物 (二裂委陵菜 *Potentilla bifurca*、多裂委陵菜 *Potentilla multifida*) 氮吸收无明显影响 (Jiang et al.，2015b)。在常年低温，氮矿化受到强烈限制的地区 (北极苔原和高山地区)，植物氮吸收偏好具有多元性 (Andersen and Turner，2013；Mckane et al.，2002；Miller and Bowman，2003)，体现了氮吸收类型的生态位分

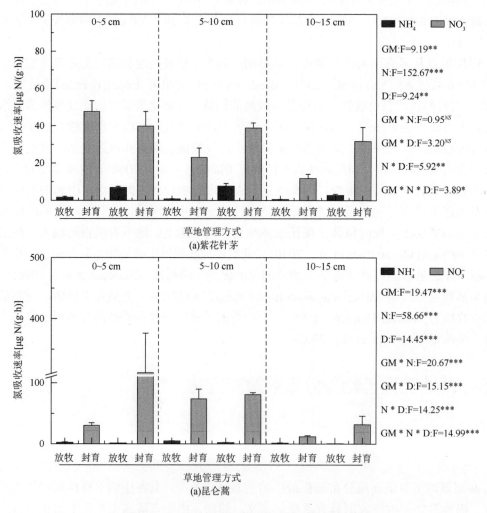

图 4-111　围封对高寒草原植物 N 吸收偏好的影响
GM 为草地管理方式，N 为不同形态氮，D 为标记深度，NS 为不显著

化，对维持贫瘠养分环境下植物群落物种多样性和稳定性具有重要意义（Mckane et al.，2002）。例如：研究发现北极苔原箭叶薹草（*Carex ensifolia*）偏好吸收 NO_3^-，白毛羊胡子草（*Eriophorum vaginatum*）偏好吸收甘氨酸，而杜香（*Ledum palustre*）和矮桦（*Betula potaninii*）偏好吸收 NH_4^+（Mckane et al.，2002）。高寒草原围栏封育和自由放牧草地植物总体表现为较高的 NO_3^- 吸收效率（图 4-111）。主要有以下 3 点原因：①物种在长期进化和群落建构过程中，形成了对某一种特定氮类型的偏好，即在 NO_3^- 或 NH_4^+ 占优势的氮营养环境中，植物表现出明显的喜硝性或喜铵性。高寒草原土壤中 NO_3^- 含量要高于 NH_4^+，因此植物偏好吸收土壤中含量较高的氮形态（Lu et al.，2012）。② NO_3^- 扩散性较 NH_4^+ 高，易被植物根系捕获吸收（Lambers et al.，1998）。③过度吸收 NH_4^+ 会导致植物铵盐自毒（Lambers et al.，1998；Kahmen et al.，2006）。

　　不同物种在围栏封育和自由放牧条件下氮吸收模式随季节会发生变化，从而有利于群落中物种的共存。高寒草甸的研究发现，生长季初期放牧会提高土壤 NO_3^- 浓度，从而有利于二裂委陵菜对 NO_3^- 的吸收，而生长旺季围栏封育草地土壤 NH_4^+ 浓度的提升会提高二裂委陵菜对 NH_4^+ 吸收速率（Jiang et al.，2015b）。自由放牧显著降低了多裂委陵菜的生物量及其对甘氨酸吸收，而对 NO_3^- 和 NH_4^+ 吸收没有显著性影响（Jiang et al.，2015b）。放牧会降低高山嵩草对甘氨酸的吸收，表明该物种依赖于对低分子量有机氮化合物的吸收（Xu et al.，2004）。生长季初期，二裂委陵菜和多裂委陵菜对 NH_4^+ 和甘氨酸具有较高的吸收速率，以减少与优势物种高山嵩草的养分竞争（Dorji et al.，2013）。当放牧竞争压力缓解时，二裂委陵菜和多裂委陵菜倾向于吸收更有利的 NO_3^-。围封高寒草原植物氮吸收偏好也会随土壤主导氮形态发生季节变化，早春和晚秋由于气温极低，土壤硝化作用受到抑制，土壤主导氮形态为 NH_4^+，紫花针茅和昆仑蒿（*Artemisia nanschanica*）偏好吸收 NH_4^+（Hong et al.，2019）。与之相反，夏季气温和水分适宜，土壤硝化作用增强导致土壤 NO_3^- 浓度提高，植物吸收偏好会转变为 NO_3^-。

　　植物氮吸收速率随 ^{15}N 标记深度具有差异性。^{15}N 标记表层土壤，紫花针茅氮吸收速率最高，而 ^{15}N 标记下层土壤，植物根系氮吸收速率较低（图 4-111）。原因是紫花针茅根系主要分布于表层土壤，并随土壤深度逐渐降低。类似地，在高寒沼泽湿地的研究表明，木里薹草（*Carex muliensis*）和毛薹草（*Carex lasiocarpa*）具有不同的空间氮吸收模式，其中 $0 \sim 5$ cm 处土壤 NO_3^- 和甘氨酸含量以及根系氮吸收速率均高于深层土壤（Gao et al.，2014）。^{15}N 标记土壤深度为 $0 \sim 5$ cm 时，紫花针茅氮吸收速率在围栏封育和自由放牧草地间无显著性差异，可能原因是放牧导致了根系分布存在表层化趋势（表层根系占比高），从而造成表层根系生物量在两种草地管理方式下无显著差异。但对轴根型的昆仑蒿而言，自由放牧草地较高的土壤紧实度限制了其根系延伸至更深层土壤，导致次表层 $5 \sim 10$ cm（其细根主要分布层次）具备较高的氮吸收速率。也有研究发现，鹅绒委陵菜（*Potentilla anserina*）氮吸收量在土壤深度上无明显的空间分化（Gao et al.，2014），可能原因是鹅绒委陵菜采用游击型资源捕获策略，能够通过横向空间扩展吸收养分（Lovett-Doust，1981）。由此可见，高寒植物氮吸收策略在土壤剖面上呈现出物种特异性，主要受不同物种根系分布格局、构型特征及其养分获取方式等影响。

4.5.2　围封草地植物根系特征对氮吸收速率的影响

氮是高寒生态系统中重要的限制元素之一，而根系特征在植物氮吸收过程中发挥着关键作用。通常认为在低海拔的农业生态系统中，玉米和小麦更高的根系生物量、体积、表面积和长度与土壤有着更大接触面积，而有利于植物根系捕获养分。高寒地区草本植物与低海拔区域植物根系特征有显著差异，存在大量的轴根型植物，包括昆仑蒿、冰川棘豆（*Oxytropis proboscidea*）、小叶棘豆（*Oxytropis microphylla*）、丛生黄芪（*Astragalus confertus*）、密生波罗花（*Incarvillea compacta*）和苔藓状蚤缀（*Arenaria musciformis*）等。Körner（1999）认为高山地区存在大量轴根型植物主要有以下三点原因：①高寒地区冻融作用强烈，轴根（粗根）有利于提高植物抗冻融损伤的能力。②高寒地区多数属于干旱－半干旱－半湿润地区，轴根（高生物量）有利于提高植物储水能力以抵御周期性干旱事件。③轴根型植物高的根系生物量有利于物种抵御野生动物啃食。此前有研究报道根系分布层次、根胞外酶等对植物氮素吸收速率的影响（Mckane et al.，2002；Ashton et al.，2008；Kielland，1994），但其他根系特征（例如，表面积、长度、比根长和比表面积等）对养分吸收速率影响的研究还不足。

围封高寒草原植物根系系统大小（root system size），如根生物量、根面积、根体积、根平均直径等指标与 NH_4^+、NO_3^- 和甘氨酸呈负相关关系。而根系形态特征（root morphological traits），如比根长、比表面积与氮素吸收效率呈正相关关系。植物为保持高效的氮吸收效率，会在粗放型策略（如提高根系生物量）或集约型策略（如调整/优化形态特征）中进行抉择（Lõhmus et al.，2006）。在围封高寒草原，土壤养分贫瘠、环境恶劣，植物往往采用更为经济、实惠、高效的集约型策略来提高其养分吸收效率（Ostonen et al.，2006）。高的比根长和比表面积指示着单位质量内根系长度和根系表面积越高，有利于根系在土壤中的延伸以及增加与土壤的接触面积，进而促进养分吸收。此外，高的根系直径（粗根）有利于提高植物抗冻融的能力，但也会显著降低其氮吸收能力（Cleavitt et al.，2008；Templer，2012；Kreyling et al.，2012）。因此，高寒草原植物氮吸收效率与根系抗冻融能力之间存在权衡，根系生物量不是决定 NH_4^+、NO_3^- 和甘氨酸吸收速率的关键因子，围封高寒草原植物具备以比根长与比表面积为主的集约型根系构型适应机制（Hong et al.，2018）。

4.5.3　围封草地种间关系对植物氮吸收偏好的影响

生态位互补（niche complementarity）理论被广泛应用于解释生态学中很多争议性问题，其中包括群落中物种共生、物种多样性提高、外来物种入侵阻力等方面。生态位互补理论认为物种对限制性资源存在激烈的竞争，但由于种间资源利用效率存在差异性，它们可以在高度异质的环境中得以共存。生态位理论中分化是驱动和维持植物群落多样性的理论解释之一，但是种间竞争/互惠会导致目标物种的现实生态位的变化

（扩大或缩小）。Ashton 等（2010）归纳了 3 种情景：①优势物种和非优势物种具有相似的氮吸收类型偏好［基础生态位（fundamental niche）］，发生种间竞争之后［现实生态位（realized niche）］，非优势物种表现出更大的吸收偏好弹性，转而吸收土壤中较少被植物利用的氮类型。②优势物种和非优势物种具有相似的氮吸收偏好（基础生态位），发生种间竞争之后（现实生态位），优势物种根据竞争环境转变资源的利用，表现出更大的吸收弹性。③优势物种和非优势物种具有不同的氮吸收偏好（基础生态位），发生种间竞争之后（现实生态位），对氮吸收偏好均不发生改变。

围封高寒草原的研究结果表明在氮限制的群落中不同形态氮施入直接影响物种氮吸收能力。这与高寒草甸和极地地区植物氮吸收偏好具有差异性的研究结果相一致（Mckane et al.，2002；Wang et al.，2012）。也有研究认为在同一个群落中植物氮吸收偏好存在高度的生态位重叠（Kahmen et al.，2006；Mahdi and Willis，1989；Schamp et al.，2008），但这种理论没有考虑种间关系对植物营养元素吸收的影响。围封高寒草地的研究发现邻近物种的存在会改变植物对不同形态氮的吸收策略，这种改变不仅表现在氮类型偏好上，还表现在氮吸收量上（Hong et al.，2017）。这一灵活资源利用策略的假设是建立在种间竞争基础之上，植物对资源的灵活利用策略可能是高寒草原物种共生的重要生态位互补机制之一。

种间搭配对封育草地植物氮素吸收量的影响存在一定差异性。例如，紫花针茅和青藏苔草在实际生态位情况下会提高彼此氮吸收量。而矮火绒草与对紫花针茅和青藏苔草共生时，会降低矮火绒草氮吸收量，说明优势物种对非优势种的资源利用具有一定的抑制作用（图 4-112）。西藏封育高寒草地植物对稀缺资源存在激烈的竞争关系（如紫花针茅和青藏苔草对矮火绒草的氮素吸收的抑制作用），但同时也存在种间养分利用的相互促进关系（例如，紫花针茅和青藏苔草的相互促进作用），这与动物生态学领域的研究结果一致（Peacor，2002），可能原因是不同物种间根际作用刺激了植物根系对营养元素的吸收（Kroon and Mommer，2006）。

植物会通过增强形态学或者生理学的可塑性来降低物种对资源利用的竞争（Dudley and Schmitt，1995，1996；Kleunen and Fischer，2001），从而提高物种共生于同一个群落的可能性（Callaway Pennings，2003）。短期竞争可能对植物氮吸收的影响相对有限（Miller et al.，2007），但有学者指出植物对氮吸收模式依赖于种间关系以及氮添加的形态（Ashton et al.，2010；Miller et al.，2007）。资源利用的弹性利用策略可以有效缓冲邻近物种存在对氮利用的影响并且有利于其吸收土壤中的营养元素。在北美高山草甸的研究发现薹草属（Carex）在面对邻近物种竞争时候，具有很强的稳定性，既不改变其氮素吸收偏好，也不改变吸收量（Miller et al.，2007）。类似地，封育高寒草原紫花针茅在面对邻近物种存在时，其对氮类型的吸收偏好也维持相对稳定的特征（Hong et al.，2017）。青藏苔草和矮火绒草物种可以根据邻近物种的存在，改变其氮吸收策略以维持群落结构和功能（Ashton et al.，2010），但这种氮吸收偏好改变究竟是取决于土壤氮素形态的差异还是取决于种间偏好的差异尚不明确（Nordin et al.，2004）。

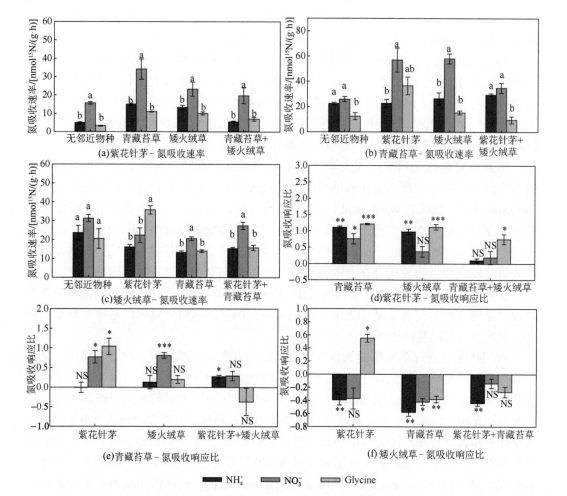

图 4-112　围封草原邻近物种存在对植物 N 素吸收速率的影响（Hong et al.，2017）

不同字母表示为 N 吸收类型具有显著性差异；* 表示 $p<0.05$，** 表示 $p<0.01$，*** 表示 $p<0.001$，NS 无显著性差异

　　基于短期的同位素实验可能并不能表征植物氮长期的吸收模式。个别物种短期内对氮不具竞争优势，但在长时间尺度上可能具有很强的竞争力（Miller et al.，2007）。植物－土壤微生物之间的关系也会改变植物氮吸收模式，如较低的植物 ^{15}N 回收率，可能就证明了微生物和植物之间对氮竞争比较激烈。在北极地区的研究证实了这一结论，短实验周期内植物在与土壤微生物的竞争中处于弱势地位，但长期而言可能居于优势地位（Nordin et al.，2004）。

　　由于化石燃料大量燃烧和工农业对氮需求的增大，氮沉降速率在过去几十年呈现急剧增加的趋势（Galloway et al.，2004，2008）。同时，由于 $NH_x : NO_y$ 的比值也逐渐在改变，均会对植物生长和物种分布造成一定的影响（Stevens et al.，2011）。西藏多地区氮沉降类型以 NH_4^+ 形式为主，主要是由于西藏工业发展相对落后，特别是在农业分布集中区（日喀则、山南、拉萨和林芝）肥料的使用会提高 NH_4^+ 沉降，但那曲市比如县以 NO_3^- 为主（燃煤取暖需要）（Liu et al.，2013；贾钧彦，2008）。未来气候变化可能有利于对 NO_3^- 有吸收优势的物种生长，相反对不善于 NO_3^- 吸收的物种可能会产生不利影响。资源利用弹性和异质性特征可能促使物种可以在一个群落中共存并且在应对未来氮沉降背景下呈现出不同的响应特征。

第5章

高原重大生态工程优化技术

本章总结了近 40 年来西藏高原森林、草原和湿地的典型生态工程技术。通过人工林建设的面积、范围和主要造林树种,剖析了其存在的问题,揭示了青藏高原主要树种对高寒环境的适应特征与环境效应,提出了青藏人工林造林树种筛选和生态功能优化提升方案;系统剖析了退化草地(退化、沙化、鼠害、虫害)的单项修复技术措施,重点提出了"草地直线型阻拦网陷阱系统(grassland linear trap barried system,G-LTBS)+禁牧围栏""快速诊断及靶向恢复",沙化草地治理技术,以及"自压式喷灌""补播豆科牧草""改良草地刈割利用"等退化草地治理集成技术及案例;阐明了泥炭湿地保护、水文修复、植被恢复技术在湿地修复中的应用情况,为青藏高原典型退化草地和湿地的修复提供科技支撑。

5.1 基于树种筛选和功能提升的人工林建设优化技术

5.1.1 人工林分布格局

1. 人工林建设实施概况

西藏人工造林从 20 世纪 90 年代初就已经开始,但由于西藏地区气候条件较差,且容易受到自然灾害影响,故对于人工造林树种的选择,需要综合考虑西藏各地区自身的地理位置、自然气候以及自然环境等多个因素。因此,因地制宜地选择造林树种对于改善西藏生态环境至关重要。目前,西藏人工造林选择的乔木种类主要有杨树、柳树、高山松、乔松、云杉、冷杉等,选择的果木种类主要有苹果、核桃等树种,选择的灌木种类主要有水柏、高山柳等(干旦曲珍,2017)。

西藏自治区作为我国重要的生态屏障,人工造林成为扩大其森林面积、改善其生态环境的重要途径。实施退耕还林工程、拉萨及周边造林绿化工程、重点区域造林绿化工程等,为建设国家生态安全屏障作出了积极的贡献。拉萨及周边造林绿化工程是西藏全区人工造林工程中的重要部分,涉及拉萨、山南、日喀则 3 地(市)28 个县(市、区),工程建设期限为 2001~2010 年,其主要是通过封山(沙)育林育草、人工直播、植苗造林等方式,加快沙化土地治理速度,遏制沙化扩展,改变区域生态环境,在有效管护现有森林植被的基础上,恢复和扩大林草植被。10 年间,西藏通过实施 3 个环城绿化带建设、3 个风沙重点治理区工程建设、3 个庭院林卡示范林建设、薪炭林基地县建设、高标准农田林网县建设等子项目,在 3 地(市)共完成周边造林 35.68 万亩。造林绿化工程的实施,使局部地区生态环境得到了明显改善。此外,根据 2022 年西藏自治区发布的《拉萨南北山绿化工程总体规划(2021-2030 年)》,预计到 2030 年,拉萨南北山绿化工程将完成营造林 206.7 万亩,其中人工造林 120.6 万亩,封山育林育草(含飞播造林)83.9 万亩,森林提质增效 2.2 万亩。该工程以拉萨河为主线,以山体两侧第一重山脊可视范围为重点,涉及拉萨市城关区、柳梧新区、堆龙德庆区、达孜区、曲水县、墨竹工卡县、林周县和山南市浪卡子县、贡嘎县共 9 县（区）35 个乡镇。西藏重点区域造林绿化工程项目涉及西藏 6 地（市）53 个县（市、区）的重要城镇、主要公路沿线、机场、风景名胜区、边境口岸等重点区域。这些造林工程的实施对于构建西藏生态屏障具有重要作用。

到 2010 年底，西藏全区累计完成造林面积 848831.25 亩，城镇内绿化面积共计 13594.5 亩。造林绿化项目实施后，使西藏新增森林面积 715099.5 亩，全区森林覆盖率增加 0.04 个百分点（尼玛普赤，2019）。2010 年以后，西藏人工造林更是得到了迅速地开展，主要分布在"两江四河"（包括雅鲁藏布江、怒江、拉萨河、年楚河、雅砻河、狮泉河）流域，其面积在 2019 年已经达到了 2352715 亩（尼玛普赤，2019），工程建设范围涉及全区 7 市（地）48 个县（区）、389 个乡（镇）、3162 个行政村。此外，"两江四河"流域造林绿化工程以"两江四河"为骨架，同时实施森林水系、绿色通道等重点造林工程，来提升流域范围内的水土保持、防风固沙以及水源涵养的能力，从而改善区域生态状况。

2. 近 30 年不同时段人工林的分布格局变化

西藏自治区人工林分布在近 30 年来随时间的变化而逐渐扩大，其面积不断增长，人工林之间的连通度与聚集程度增大，人工林斑块依然较为集中，这与野外调查和遥感解译的结果基本一致；此外，人工林景观形状也趋向复杂化。这些结果证实，尽管由不连续种植导致总体景观的复杂性增加，但人工林的分布面积以大约 9.86% 的速度显著增加，反映出西藏人工造林工程在过去 30 年中取得了明显的成效。如图 5-1 所示，我们选取了部分区域人工造林区域来展示人工林的分布变化。

因此，经过 30 年的"人工造林"，现已初见成效，但同时也存在着很多挑战。例如，一些地区并未严格按照指示或规划完成造林任务，导致资金和人员的浪费，从而对造林效果产生影响；虽然对人工造林投入了大量的资金和人力，但由于西藏地理位置特殊，树种不易存活。因此，造林后的管理和保护依然需要资金支持，而这方面的财政支持目前还不完善；西藏人工造林树种相对单一，多为杨树、柳树等，从而使人工林生态系统自我调节能力下降，导致造林失败等。人工造林工作是提升和改善西藏生态环境的重要举措，对于存在的问题或挑战需要采取积极的措施去解决。

1）1990 ～ 2000 年人工林分布格局变化

西藏 1990 年与 2000 年的人工林不同景观指数表明（表 5-1），在人工造林工程的实施下，西藏人工林斑块类型面积（class area，CA）在逐渐增加，由 1990 年的 9989.92hm^2 扩大到 2000 年的 24906.24hm^2；人工林景观百分比（percent of landscape，PLAND）也由 1990 年的 0.01% 增加到 2000 年的 0.02%。虽然此阶段西藏人工林面积在西藏景观中的占比非常小，但人工林面积在西藏景观中的占比呈逐渐增加的趋势；斑块数量（numbers of plaques，NP）和斑块密度（patch density，PD）分别由 5045 个增长到 8371 个和 0.0042 个 /km^2 增长到 0.0069 个 /km^2，而斑块内聚度指数（patch cohesion index，COHESION）和聚集度指数（aggregation index，AI）也分别增大了 26.86%

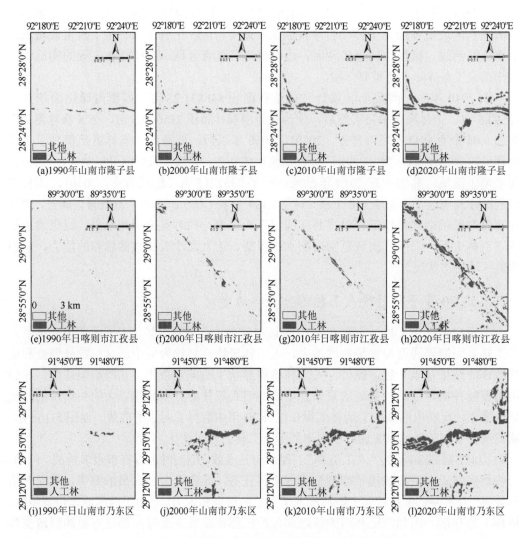

图 5-1　不同时期西藏自治区部分地区人工林变化图

和 14.81%，说明人工林面积在近 10 年来不断扩大的过程中，斑块间的连通度与聚集度增大，斑块结构趋于集中，但由于面积的增加使斑块数量增多，破碎化指标值表现出增大的趋势；最大斑块指数（largest patch index，LPI）也有所增大，人工林景观优势度有所增大；边缘密度（edge density，ED）也由 1990 年的 0.02m/hm² 增加到 2000 年的 0.05m/hm²，说明人工林斑块与其相邻异质斑块间的接触增多；景观形状指数（landscape shape index，LSI）也由 1990 年的 73.31 增加到 2000 年的 96.77，表明人工林景观形状呈现复杂化趋势；散布与并列指数（interspersion and juxtaposition index，IJI）也由 1990 年的 74.48% 增加到 2000 年的 76.39%，表示与人工林相邻的其他景观类型增多。

表 5-1　1990～2000 年人工林不同景观指数变化对比

时期	CA/hm²	PLAND/%	NP/ 个	PD/(个 /km²)	LPI/%	ED/(m/hm²)	LSI	IJI/%	COHESION/%	AI/%
1990 年	9989.92	0.01	5045	0.0042	0.0001	0.02	73.31	74.48	25.22	11.54
2000 年	24906.24	0.02	8371	0.0069	0.0002	0.05	96.77	76.39	52.08	26.35
1990～2000 年变化	14916.32	0.01	3326	0.0027	0.0001	0.03	23.46	1.91	26.86	14.81

1990～2000 年，西藏人工林面积不断增加，但由面积的增加导致斑块数量的增多使破碎化指标值表现出增大的趋势，人工林斑块类型之间的连通度和聚集程度均增大，斑块结构趋于集中，人工林景观形状趋向复杂化，且与人工林相邻的其他景观类型增多。

2）2000～2010 年人工林分布格局变化

西藏 2000 年与 2010 年的人工林不同景观指数表明（表 5-2），CA 依然在逐步增加，由 2000 年的 24906.24hm² 扩大到 2010 年的 58741.92hm²；PLAND 也由 2000 年的 0.02%增加到 2010 年的 0.05%，说明人工林面积在西藏景观中占比逐渐加大；NP 和 PD 在此阶段分别由 8371 个增长到 23895 个和 0.01 个 /km² 增长到 0.02 个 /km²，而 COHESION 和 AI 也分别减小了 9.02%和 6.61%，说明人工林面积在近 10 年来不断扩大的过程中，斑块间的连通度与聚集度增大，斑块结构趋于分散，同样由面积的增加导致斑块数量的增多使破碎化指标值表现出减小趋势；LPI 由 2000 年的 0.0002%增加到 2010 年的 0.0003%，表示人工林景观优势度依然有所增大；ED 也由 2000 年的 0.05m/hm² 增加到 2010 年的 0.13m/hm²，说明人工林斑块与其相邻异质斑块间的接触增多；LSI 由 2000 年的 96.77 增加到 2010 年的 162.28，表明人工林景观形状呈现复杂化的趋势；IJI 也由 2000 年的 76.39%增加到 2010 年的 77.11%，表示与人工林相邻的其他景观类型增多。

表 5-2　2000～2010 年人工林不同景观指数变化对比

时期	CA/hm²	PLAND/%	NP/ 个	PD/(个 /km²)	LPI/%	ED/(m/hm²)	LSI	IJI/%	COHESION/%	AI/%
2000 年	24906.24	0.02	8371	0.01	0.0002	0.05	96.77	76.39	52.08	26.35
2010 年	58741.92	0.05	23895	0.02	0.0003	0.13	162.28	77.11	43.06	19.74
2000～2010 年变化	33835.68	0.03	15524	0.01	0.0001	0.08	65.51	0.72	−9.02	−6.61

2000～2010 年，西藏人工林面积依然在不断增加，同样由面积的增加导致斑块数量的增多使破碎化指标值表现出增大趋势，斑块间的连通度和聚集程度减小，斑块结构趋于分散，但人工林景观形状趋向复杂化。

3）2010～2020 年人工林分布格局变化

西藏 2010 年与 2020 年的人工林不同景观指数表明（表 5-3），CA 依然在逐渐增加，由 2010 年的 58741.92hm² 扩大到 2020 年的 165879.36hm²，增速相较于 1990～2010 年有所加快；PLAND 也由 2010 年的 0.05%增加到 2020 年的 0.14%，说明人工林面积在西藏景观中占比增大；NP 和 PD 在此阶段分别由 23895 个增长到 37307 个和 0.02 个 /km² 增长到 0.03 个 /km²，而 COHESION 和 AI 也分别增大了 26.76% 和 17.83%，说明人工林面积在近 10 年来不断扩大的过程中，斑块间的连通度与聚集度增大，斑块结构趋于集中，同样由面积的增加导致斑块数量的增多使破碎化指标值表现出增大的趋势；LPI 由 2010 年的 0.0003% 增加到 2020 年的 0.0011%，表示人工林景观优势度继续增大；ED 也由 2010 年的 0.13m/hm² 增加到 2020 年的 0.29m/hm²，说明人工林斑块与其相邻异质斑块间的接触增多；LSI 由 2010 年的 162.28 增加到 2020 年的 212.19，表明人工林景观形状更加复杂化；IJI 也由 2010 年的 77.11% 增加到 2020 年的 78.55%，表示与人工林相邻的其他景观类型增多。

表 5-3　2010～2020 年人工林不同景观指数变化对比

时期	CA/hm²	PLAND/%	NP/个	PD/ （个 /km²）	LPI/%	ED/ (m/hm²)	LSI	IJI/%	COHESION/%	AI/%
2010 年	58741.92	0.05	23895	0.02	0.0003	0.13	162.28	77.11	43.06	19.74
2020 年	165879.36	0.14	37307	0.03	0.0011	0.29	212.19	78.55	69.82	37.57
2010～2020 年变化	107137.44	0.09	13412	0.01	0.0008	0.16	49.91	1.44	26.76	17.83

2010～2020 年，西藏人工林面积继续增加，增幅相比于前 20 年较大，同样由面积的增加导致斑块数量的增多使破碎化指标值也表现出增大的趋势，且斑块类型间的连通度和聚集程度也增大，斑块结构趋于集中，人工林景观形状更加复杂化。

4) 近 30 年来人工林分布格局总体变化

西藏近 30 年的人工林不同景观指数表明（表 5-4），在人工造林工程的实施下，西藏人工林在近 30 年来面积不断扩大，由 1990 年的 9889.92hm² 扩大到 2020 年的 165879.36hm²，其中以 2010～2020 年人工林面积增长最为迅速。PLAND 也由 1990 年的 0.01% 增加到 2020 年的 0.14%；NP 和 PD 在此阶段分别由 5045 个增长到 37307 个和 0.0042 个 /km² 增长到 0.0300 个 /km²，而 COHESION 和 AI 也分别增大了 44.60% 和 26.03%，说明人工林面积在近 30 年来不断扩大的过程中，斑块间的连通度与聚集度增大，斑块结构趋于集中，但近 30 年来面积的增加导致斑块数量的增多使破碎化指标值表现出增大的趋势。LPI 由 1990 年的 0.0001% 增加到 2020 年的 0.0011%，说明人工林最大斑块面积增大，人工林景观优势度有所增大；ED 也由 1990 年的 0.02m/hm² 增加到 2020 年的 0.29m/hm²，说明人工林斑块与其相邻异质斑块间的接触增多；1990～2020 年，LSI 由 73.31 增加到 212.19，表明人工林景观形状呈现复杂化趋势；IJI 也由 1990 年的 74.48% 增加到 2020 年的 78.55%，表明与人工林相邻的其他景观类型增多；香农多样性指数（Shannon's diversity index，SHDI）与香农均匀性指数（Shannon's evenness index，SHEI）在 30 年来总体上呈现增大的趋势，表明西藏各景观类型总体上向着均衡分布且多样性升高的趋势发展。

表 5-4　1990 ～ 2020 年人工林不同景观指数变化对比

时期	CA/hm²	PLAND/%	NP/ 个	PD/ (个 /km²)	LPI/%	ED/ (m/hm²)	LSI	IJI/%	COHESION/%	AI/%	SHDI	SHEI
1990 年	9889.92	0.01	5045	0.0042	0.0001	0.02	73.31	74.48	25.22	11.54	1.0811	0.5199
2000 年	24906.24	0.02	8371	0.0069	0.0002	0.05	96.77	76.39	52.08	26.35	1.0183	0.5199
2010 年	58741.92	0.05	23895	0.0200	0.0003	0.13	162.28	77.11	43.06	19.74	1.0894	0.5239
2020 年	165879.36	0.14	37307	0.0300	0.0011	0.29	212.19	78.55	69.82	37.57	1.1959	0.5751
1990 ～ 2020 年变化	155989.44	0.13	32262	0.0258	0.0010	0.27	138.88	4.07	44.60	26.03	0.1148	0.0552

综上所述,西藏自治区人工林分布在近 30 年来随时间的变化而逐渐扩大,面积不断增加,并且由面积的增加导致斑块数量的增多使破碎化指标值表现出增大趋势,且斑块类型间的连通度和聚集程度也增大,斑块结构趋于集中,人工林景观形状更加复杂化。

3. 各地区人工造林状况

近 30 年来,西藏各地区人工林面积均有增加趋势,且拉萨市、山南市、林芝市、昌都市、日喀则市增长面积较多(图 5-2),尤其以"一江两河"流域人工林分布最为广泛,包括拉萨城区及拉萨河流域附近、山南城区附近及雅鲁藏布江两岸、日喀则雅鲁藏布江两岸及年楚河两岸;此外,林芝城区附近及尼洋曲与雅鲁藏布江交会处等,昌都城区附近、贡觉县、丁青县等地,那曲索县等地,阿里城区附近及普兰县等地区也均有分布,而那曲、阿里人工林面积相对较少。

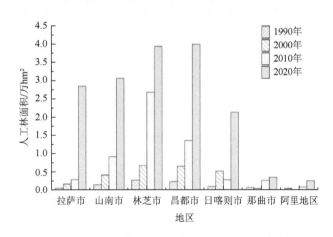

图 5-2　近 30 年来西藏不同地区人工林面积变化图

总体而言,通过"两江四河"流域造林和拉萨南北山绿化等国土绿化工程,西藏人工林面积在近 30 年不断增加,年均增长率高达 52.6%,截至 2020 年,人工林面积已经达到 15.68 万 hm²,造林树种以杨柳树为主;多分布于拉萨市、山南市、日喀则市、林芝市和昌都市,多分布在海拔 4000m 以下水源良好的河谷地段,而那曲市、阿里地区人工林分布相对较少,其中林芝市、昌都市人工林的面积增幅较大。虽然在人工造林存活率、树种选择、适地适树等方面取得了显著研究进展，但存在造林斑块连通性差、破碎化程度高，自我维持和调节能力低下，树种单一纯林化、病虫害严重、防治难度大，土壤 N、P 利用效率差等突出问题。

5.1.2　主要树种的适应特征与环境效应

目前西藏自治区人工造林树种类型有 48 种，隶属 17 科 21 属（杜志等，2020），这些造林树种中，造林面积最大的成林是杨柳科植物。全区人工造林主要集中于中西部地区，大多数造林作业区在风沙堆积裸露沙地，土壤保肥水能力差，人工造林树种结构简单，成熟林较少，林层结构简单，乔灌混交复层林少；单位面积蓄积量小，为全国人工乔木林平均水平的 1/10，人工林质量水平不高，易受到有害生物侵袭。

受高原特殊环境条件的制约，造林难度大，在提高造林质量和成效的诸多因素中，树种选择尤为关键。与我国其他地区相比，西藏地区造林地大多位于海拔 2000～4000m，其海拔高、太阳紫外线 B 波段（UV-B）辐射强、水肥匮缺。选择合适的树种，首先要探明树种的生物学特性和环境适应性机理。杨柳科植物在人工林建设中占有非常大的比例，同时它们也是林木研究的模式植物。杨柳科植物是雌雄异株植物，雌雄植株在进化上表现出不同的方向，有必要解析杨柳树性别、树种是否对环境胁迫有不同的响应。理解杨柳科植物对干旱、温度和低营养胁迫的生理特征，对于指导人工林建设具有重要的意义（表 5-5）。

表 5-5　西藏高原主要造林树种（科属水平）

区域	造林树种	伴生树种
雅鲁藏布江下游和喜马拉雅山脉林区	松科（松属、雪松属、落叶松属、冷杉属、云杉属）、柏科（柏木属和圆柏属）、壳斗科（栎属）、榆科（榆属）及杨柳科（杨属和柳属）等	豆科（槐属）、小檗科（小檗属）、蔷薇科（蔷薇属）、胡颓子科（沙棘属）、杜鹃花科（杜鹃花属）和苋科（梭梭属）等
"三江流域"高山峡谷区	松科（松属、雪松属、冷杉属和云杉属）、柏科（圆柏属和侧柏属）、桦木科（桦木属）、壳斗科（栎属）、榆科（榆属）、豆科（刺槐属）及杨柳科（杨属和柳属）等	杜鹃花科（杜鹃花属）、小檗科（小檗属）和蔷薇科（蔷薇属）等
西藏中部"一江两河"地区	松科（松属和落叶松属）、柏科（圆柏属）、榆科（榆属）、豆科（刺槐属）及杨柳科（杨属和柳属）等	豆科（槐属、锦鸡儿属）、小檗科（小檗属）、蔷薇科（蔷薇属）、胡颓子科（沙棘属）、苋科（梭梭属）和杜鹃花科（杜鹃花属）等
藏西阿里地区	松科（松属）和杨柳科（杨属和柳属）等	豆科（槐属、锦鸡儿属）、柽柳科（水柏枝属）、胡颓子科（沙棘属）和蔷薇科（蔷薇属）等

1. 人工林对低营养、干旱和温度胁迫的适应特征

1）主要造林树种对低 N、P 胁迫的适应特征

在陆地生态系统中，氮和磷的可利用性一直受到限制。缺氮或缺磷通常导致树木发育不良，叶片狭小，甚至枯死，氮、磷缺乏在西藏高原造林地特别突出。对于杨树苗而言，缺氮或缺磷显著降低了株高、总生物量和根茎比。但雌性杨树对短期的氮或磷限制比雄性杨树更敏感，对株高和根冠比的抑制更强，光合速率更低。叶绿体是缺氮缺磷作用最明显的细胞器，雌性比雄性表现出更多的类囊体畸变。除了这些常见的

改变外，缺氮和缺磷还会引起不同的超微结构改变。例如，在缺氮的雌性叶绿体中有大量的淀粉粒，而在缺磷的雌性叶绿体中有较多的质粒。叶绿体中碳水化合物（如淀粉粒）的过度积累通常会降低光合作用。在叶绿体生物发生过程中，质体小球在类囊体的形成中起重要作用。雌株体内的质体球蛋白的积累可被认为是缺磷的一个较严重的负面影响。

改变叶片叶绿素含量和光合作用反应中心可以限制营养缺乏植物的光合速率。一方面，缺氮或缺磷雌性杨树幼叶叶绿素含量减少较多，可能导致光合速率降低；另一方面，叶内氮、磷浓度较低会导致叶绿素浓度和最大净同化速率降低。如图 5-3 所示，尽管在短期缺氮条件下叶面氮浓度没有显著的差异，但雄性杨树的光合氮利用效率高于雌性杨树。叶片中大量的氮和磷储存在光合蛋白中，如核酮糖 -1,5- 双磷酸羧化酶 / 加氧酶（Rubisco）。杨树的 Rubisco 羧化和核酮糖 -1,5- 双磷酸（RuBP）再生极限较低，在缺氮或缺磷条件下，其羧化效率、RuBP 羧化速率和电子传递速率均较高。因此，氮和磷缺乏会对杨树造成诸多负面影响，从而导致其较高的死亡率（Zhang et al.，2014）。

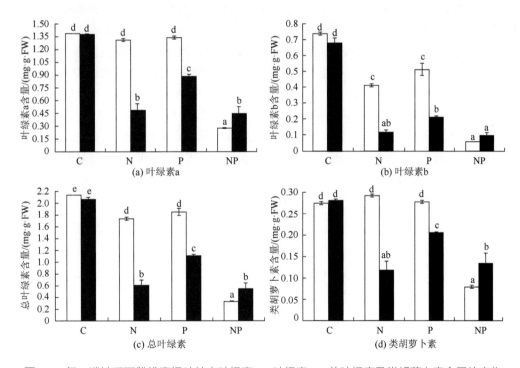

图 5-3　氮、磷缺乏下雌雄青杨叶片中叶绿素 a、叶绿素 b、总叶绿素及类胡萝卜素含量的变化

白色柱形表示雄株，黑色柱形表示雌株。C：对照；N：缺氮；P：缺磷；NP：既缺氮又缺磷；柱状图上字母不相同的数值表示在 $p<0.05$ 时差异显著

在缺氮和缺磷后，蛋白质组学数据证明存在性别特异性变化。例如，3- 磷酸甘油酸、丙酮酸磷酸双激酶（pyruvate phosphate dikinase，PPDK）、6- 磷酸葡萄糖酸脱氢酶（6-PGD）和转酮酶在氮与磷缺失的雌性杨树中减少，但在雄性杨树中没有变化。作为 RuBP 再生反应的一部分，这些蛋白质的丰度降低可能会影响卡尔文循环。6-PGD是戊糖磷酸途径（pentose phosphate pathway，PPP）中的一种重要限速酶，在能量和碳

酸盐代谢中起着至关重要的作用。PPDK 在拟南芥叶片中的积累促进了氮从衰老叶片转移到植株的其他部位，而 PPDK 在缺氮、缺磷雌株中的丰度减少可能会降低氮的循环效率。高等植物叶片中 95% 以上的氨同化依赖于叶绿体谷氨酰胺合成酶（glutamine synthetase，GS）和谷氨酸合酶（glutamate synthase，GOGAT）的结合。在缺氮的杨树雌株中，GS 丰度的下降和 GOGAT 活性的降低，进一步减少了氨基转移酶活性和碳水化合物的积累（Zhang et al.，2014；Song et al.，2018）。

　　光合作用是活性氧（reactive oxygen species，ROS）的重要来源。当光合作用中碳的固定受到限制时，Rubisco 的加氧酶活性增加，乙醇酸转移到过氧化物酶（peroxidase，POD）体，生成过氧化氢（H_2O_2）。氮和磷缺乏下青杨雌株的 H_2O_2 水平高于雄株，而抗坏血酸过氧化物酶（ascorbate peroxidase，APX）的活性或丰度在雌性中降低，在雄性中增加。丝氨酸羧肽酶（serine carboxypeptidase，SCP）家族蛋白是与植物防御相关的分泌蛋白酶，与雌性相比，氮和磷缺失的雄性这类蛋白丰度增加。如图 5-4 所示，在缺氮的雄性杨树中，参与脂多糖生物合成生成细胞膜的甘露糖 -1- 磷酸鸟苷酸转移酶的活性增强，表明在缺氮条件下，雄性比雌性维持细胞膜的稳定性的能力更强。此外，研究表明水通道蛋白（plasma membrane intrinsic proteins，PIPs）在维持植物稳态中起着至关重要的作用。在各种胁迫条件下，PIPs 的磷酸化与植物中水力传导的调控呈正相关。PIPs 中的磷酸化位点在孔隙门控中具有重要作用，缺氮条件下杨树的水通道蛋白 PIPs 的磷酸化增强，可能正向调控其渗透能力。此外，植物中变化最大的组蛋白（如 H1 和 H5），可能受磷酸化作用从而影响染色质组成过程。组蛋白基因的接头蛋白是由胁迫诱导的，在植物响应环境刺激的过程中起着重要作用。这些结果表明，在氮磷缺乏条件下，

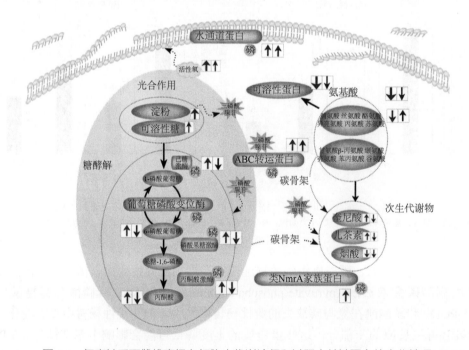

图 5-4　氮素缺乏下雌雄青杨在细胞内代谢途径和过程中关键蛋白的变化情况

雄株可能比雌株具有更好的清除 ROS 的能力，缺氮杨树中接头蛋白的磷酸化增加，可能与杨树具有更强的渗透调节能力有关（Song et al.，2020）。

缺氮引起雌性青杨和雄性青杨根系中初级和次级代谢、激素和抗性基因的表达变化。养分限制导致碳水化合物产生（源）和储存（库）之间的失衡。源组织中糖的积累会抑制光合作用和蔗糖的输出，而库组织中糖的积累会促进植物生长和碳水化合物的储存。茎源的蔗糖和葡萄糖是促进根系生长所必需的。缺氮青杨雌株比雄株在叶绿体中积累了更多淀粉，而在雌株根系中降低。缺氮雌株淀粉和可溶性糖含量的降低可能是由于叶片对糖输出的抑制更强，根系生长速度更快，以及糖酵解和次级代谢对碳水化合物的需求更高有关。因此，在缺氮条件下，青杨雌株与雄株相比其光合速率更低，但根系生物量更大，且糖酵解抑制更低。

在氮限制条件下的次生代谢中，植物更倾向于产生富含 C 的代谢物（如苯丙素），而不是含 N 的生物碱。类黄酮是一类苯丙素代谢产物，在保护植物免受环境胁迫过程中发挥关键作用，并能由氮限制诱导。类黄酮的生物合成过程始于苯丙氨酸产生的类黄酮前体。在此过程中，缺氮杨树的根系中编码查尔酮合酶（chalcone synthase，CS）、查尔酮异构酶（chalcone isomerase，CHI）、黄酮 3- 羟化酶（F3H）、二氢黄酮醇 4- 还原酶（DFR）和花青素双加氧酶（LDOX）的基因在信使核糖核酸（mRNA）或蛋白表达水平上均显著上调，这与拟南芥中苯丙氨酸氨裂合酶（phenylalanine ammonia-lyase，PAL）、CS、F3H 和 DFR 的基因表达水平在氮消耗条件下显著上调一致。MYB 和 bHLH 是在苯丙类衍生化合物的生物合成中起调节作用的转录因子，两个 MYB 枢纽基因（Potri.005G164900 和 Potri.016G099200）和一个 bHLH 基因（Potri.019G08900）在缺氮雌性根系中下调，这可能是缺氮雌性根系中类黄酮生物合成相关基因上调的原因之一（图 5-5）。类黄酮合成相关基因和蛋白表达的变化表明，雌性青杨更倾向于产生类黄酮来应对氮限制（Song et al.，2019）。

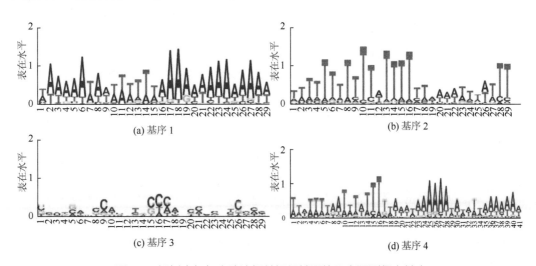

图 5-5 杨树中与氮素胁迫相关枢纽基因的四个预测保守基序

作为信号分子，激素在植物生长、发育和抗逆中起着关键作用。水杨酸（salicylic acid，SA）由初级代谢物苯丙氨酸通过氨基酸代谢生成。致病相关基因是一种与 WRKY70 呈正相关的 SA 响应标记基因，其在杨树氮缺乏下下调，WRKY 转录因子基因也下调，为缺氮条件下 SA 的下游信号传导受到抑制提供了直接证据。茉莉酸（jasmonic acid，JA）是另一种重要的防御激素，它起源于从膜脂中释放 α-亚麻酸（α-LA）。随后的一些酶的编码基因在转录水平上被下调，但相关蛋白丰度没有变化，这可能是转录后修饰的结果。一般来说，ERF（乙烯响应因子）基因在胁迫耐受性中发挥作用，并可被 JA 途径激活。两个 ERF 枢纽基因（Potri.001G092400 和 Potri.001G315300）在缺氮雄株中的表达量高于缺氮雌株，说明雄株的根系中 JA 浓度高于雌株。因此，缺氮诱导了 JA 的生成，尤其是在雄株根系中。在缺氮雌株根系中脱落酸（abscisic acid，ABA）含量显著增加，而 SA 含量显著降低。因此，缺氮抑制了杨树根系 SA 的产生，而促进了 JA 和 ABA 的生成。

杨树具有多种检测病原菌和植食性昆虫的抗性基因（R 基因）。最大类别的 R 基因是胞内核苷酸结合位点 - 富含亮氨酸的重复序列（nucleotide binding site-leucine rich repeat，NBS-LRR）基因（杨树基因组中有 399 个该基因）。其中，19 号染色体上 NBS-LRR 基因的进化可能与性别决定的进化有关。到目前为止，只有 Potri.019G046000 和 Potri.019G046300 被注释为青杨第 19 号染色体中央区域的假定 NBS-LRR 基因，无论在对照还是缺氮条件下，Potri.019G046000 在雄株中的表达量均高于雌株。有研究推测 NBS-LRR 参与了热休克蛋白（heat shock protein，HSP）与氧化应激信号之间的串扰，以响应非生物胁迫。R 基因的低水平表达足以满足植物细胞中的非自我介导性变化，从而将防御成本最小化。Toll/interleukin-1 受体 -NBS-LRR（toll/interleukin-1 receptor-NBS-LRR）和 HSP 基因的过表达可增强植物对非生物胁迫的耐受性，虽然 R 基因的确切功能还有待进一步研究，但 HSP 和 NBS-LRR 基因可能有利于杨树缺氮耐受性的提高和防御成本的降低（Song et al.，2019）。

维持磷限制的生长，植物依赖于它们维持光合速率和向根部运输碳水化合物的能力。在磷缺乏条件下，与雌性相比，雄性青杨具有较高的光合速率，但根生物量较少。同化的光合碳水化合物可能会分化为次级代谢产物，而不是用于根的生长。碳水化合物输出到根是一个能量消耗很大的过程，因为 20% ～ 40% 的叶面三磷酸腺苷（adenosine triphosphate，ATP）用于膜运输。长期缺磷已被证明会减少蛋白质合成，但会增加次生代谢产物的产生。因此，磷缺乏的蛋白质降解增加。雄性青杨可以代表一种重要的节能策略，抵消对根的能源投资（Zhang et al.，2019）（图 5-6）。

在低磷条件下，雄性青杨丛枝菌根（arbuscular mycorrhize，AM）菌丝生物量较高，其可通过菌根菌丝的互补增殖获得更多的磷。虽然在资源丰富的栖息地，青杨雌性对菌根真菌的依赖程度更高，但雄性青杨在应对压力和丛枝菌根真菌接种方面的表现要好于雌性。因此，根与菌根真菌之间的性别特异性联系取决于植物特性、AM 种类以及环境效应。在根系生长速度快且相对较细的植物中，营养分配不均的好处要大得多。一方面，雌性比雄性具有更大的根生物量，并且它们可以在营养丰富的斑块中获得更多的磷，这在很大程度上取决于它们的觅食敏感性。另一方面，在雄性根中发现了更高的

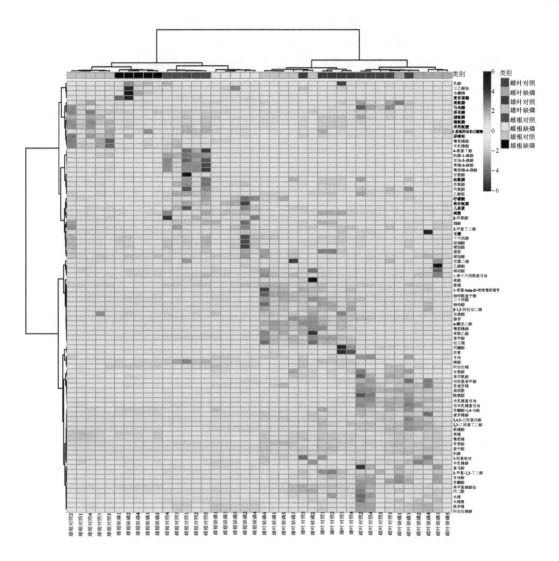

图 5-6　磷素缺乏下雌雄青杨根系中主要代谢产物的变化情况

AM 菌丝生物量，这表明 AM 菌丝增殖补偿了较低的根增殖能力。综上所述，雄性青杨可以通过改变生理根系特征和相关菌根真菌的功能来适应磷贫瘠的土壤（Xia et al.，2020b）。

雌雄异株有效地增加了种群的生存和生长机会，雌性比雄性有更高的繁殖成本，需要更多的营养来支持它们。雌性植株产生细根，碳成本相对较低。具有较多细根的植物能吸收更多的营养，对高氮或磷环境的适应能力更强，生长效益更高。然而，这种特征的根使使寿命较短，在长期的贫瘠土壤中不是一个好的适应策略。相比之下，较少细根但较高密度的雄性根系建造成本较高，特别是在有限的资源利用条件下更具优势。与雌性相比，雄性在适应低营养环境时表现出更强的生理特性。这代表了一种经济策略，因为普遍认为，在更高的代谢率上花费碳的成本低于建造更长的、更粗的根。另外，菌根真菌定殖程度高的物种可以更好地抵抗草食动物和病原菌的攻击，这可能在不肥沃的土壤中是有益的, 特别是在西藏高原更为明显, 可能是雄性受营养限制影响较小的另外一个原因。

2) 主要造林树种对强 UV-B 辐射的适应特征

与我国其他地区相比, 强 UV-B 辐射是青藏高原的又一大特征。正常情况下, 一方面, UV-B 辐射会导致生物量积累减少、光合作用过程受抑制、细胞器损坏和氧化胁迫增加, 这些变化被认为是植物对 UV-B 辐射敏感度的指标。另一方面, UV-B 辐射也被认为是调控植物形态和代谢的一种特殊调节因子。植物对 UV-B 辐射的响应可以被其他环境因素改变, 如水分有效性、大气 CO_2 浓度和养分有效性。在这些环境因素中, 养分亏缺可通过改变叶片厚度和次生代谢物 (如黄酮醇) 的含量来降低植物对 UV-B 辐射的敏感性。强 UV-B 辐射显著增加了青杨的叶片厚度, 降低了光合速率和丙二醛含量。在强 UV-B 辐射或低土壤养分条件下, 叶片的 N、P、K 含量显著降低, 这为胁迫环境下叶片生长受到抑制和气体交换速率下降提供了证据。C/N 和 N/P 分析表明, 强 UV-B 辐射和低土壤养分条件是杨树氮利用效率受限的原因。然而, 与雄性相比, 雌性受到的抑制作用更强, 这与之前在胁迫条件下发现雌性比雄性的光合能力更低相一致。与雌性相比, 强 UV-B 辐射导致雄性氮利用效率的下降幅度更大, 净光合速率更高, 表明雄性通过向防御系统分配更多氮而具有比雌性更有效的防御策略。杨树中紫外线吸收化合物的诱导存在性别特异性反应, 雄性的紫外线吸收化合物含量高于雌性。此外, 蜡质即叶表皮上保护性物质也存在性别特异性反应, 即雄性比雌性含有更多蜡质 (图 5-7)。因此, 在强 UV-B 辐射下, 雌性比雄性受到更大的负面影响, 表现出更低的防御能力 (Feng et al., 2014)。

在高强度 UV-B 辐射下, 杨树中蛋白组的变化主要涉及翻译/转录/转录后修饰、碳水化合物和能量代谢、光合作用和氧化还原反应。其中, 核糖核酸 (ribonucleic acid, RNA) 结合蛋白在 mRNA 的运输、稳定性和翻译中发挥作用。在 UV-B 辐射处理后, 几种 RNA 结合蛋白 (如富甘氨酸 RNA 结合蛋白和富甘氨酸 RNA 结合蛋白 2) 出现上调。富甘氨酸 RNA 结合蛋白参与前体 mRNA 的剪接、核质 mRNA 的转运、mRNA 的稳定性和衰变以及翻译过程, 它在调控基因表达过程中尤其是对转录后水平具有重要作用。富含甘氨酸 RNA 结合蛋白可能在 RNA 转录中起作用, 这可能是因为其在胁迫适应过程中发挥的 RNA 分子伴侣活性。许多肽基脯氨酰顺反异构酶在杨树中上调, 70kDa 热休克相关蛋白在杨树中也大量增加, 热休克蛋白通过维持新蛋白的稳定性以确保正确折叠或帮助受损蛋白重新折叠来发挥伴侣功能。肽基脯氨酰顺反异构酶和基质 70kDa 热休克相关蛋白的上调, 可能是胁迫条件下杨树为避免蛋白错误折叠以及促进新生蛋白中二硫键形成的适应机制。此外, 核糖体蛋白与 rRNA 一起构成参与细胞翻译过程的核糖体亚单位, UV-B 辐射通过将细胞质和叶绿体核糖体蛋白交联成 RNA 来损伤核糖体。核糖体损伤在 UV-B 辐射初始阶段的积累与新蛋白质产量的逐渐减少有关, 但一些核糖体蛋白的从头合成则在 UV-B 辐射后期增加。UV-B 辐射下杨树中一些细胞质和叶绿体中的核糖体蛋白 (如小亚基 40 S 和大亚基 60 S) 都表现为下调, 这可能归因于核糖体重排。因此, 这些变化可能会提高 UV-B 辐射下蛋白翻译的效率, 而核糖体重排被认为是胁迫条件下维持有效翻译的关键。此外, 参与细胞周期中蛋白质合成并促进核糖体中翻译延伸的延伸因子 (如延伸因子 1-α、延伸因子 1-β) 的下调表明, 在

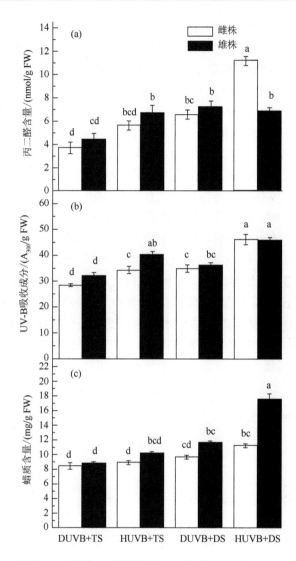

图 5-7　在高低 UV-B 辐射下，种植与不同营养类型土壤中雌雄青杨 MDA（a）、UV-B 吸收物质（b）和叶片蜡质（c）含量变化情况

高强度 UV-B 辐射下杨树的蛋白合成受到阻碍；而 LRR 受体丝氨酸/苏氨酸蛋白激酶的下调和几种蛋白酶（如巯基蛋白酶和 Do-like 8 蛋白酶）的上调表明，UV-B 辐射可改变蛋白质磷酸化水平并加速错误折叠蛋白的降解。其中，前者催化丝氨酸/苏氨酸位点处的蛋白质磷酸化，后者在蛋白水解中发挥作用，并导致胁迫条件下氮的迁移。因此，强 UV-B 辐射可能对青杨的基因表达调控有复杂的影响，并且在转录后调控和翻译后修饰中发生了多种变化（Zhang et al.，2017）。

　　光合系统和亚细胞器易受到强 UV-B 的损害，使青杨叶绿素色素含量降低、光系统被破坏、叶绿体结构扭曲，并导致净光合速率（P_n）下降。叶绿素含量的降低对叶绿素结合蛋白及蛋白复合物也有明显影响，并进一步阻碍了光的捕获与传递。许多光合蛋白，尤其是光依赖反应蛋白的含量在杨树中发生了变化。例如，在 UV-B 辐射下许多叶绿素 a/b 结合蛋白（CABs）和 PS Ⅰ 和 PS Ⅱ 反应中心蛋白的水平较低，而一些类囊体管腔蛋白以及含 PsbP 结构域的蛋白却有所增加。CABs 是一种光合作用蛋白，通常在植物中响应强紫外线辐射而出现下调。这类蛋白负责与捕光复合物中的叶绿素色素分子结合，并在光合作用中传递激发能量。在植物中，光系统的退化与捕光天线的重塑有关，如叶绿素 a/b 结合蛋白。光系统反应中心蛋白的低表达意味着 UV-B 辐射会导致 PS Ⅰ 和 PS Ⅱ 之间电子传输的不一致以及氧化还原稳态的失衡。细胞色素 b6f 复合物是一种类囊体结合蛋白，也是电子传递链的重要组分，其介导 PS Ⅰ 和 PS Ⅱ 之间的电子传递，并作为光合光反应循环电子流通路的最终电子受体。PsbP 和类囊体管腔蛋白在青杨中增加，表明强 UV-B 辐射可能导致光系统不稳定，PsbP 蛋白对于 PS Ⅱ 的调节和稳定至关重要。此外，OEE（助氧化蛋白）和卡尔文循环蛋白的表达仅在雄性青杨中增加，表明光合系统的反应存在性别差异。OEE 和卡尔文循环蛋白参与光合作用中的光依赖反应和光不依赖反应。因此，这些蛋白的增加能增强雄性青杨的光合作用能力，可以部分解释在高强度 UV-B 辐射下雄性的光合速率高于雌性的原因（Zhang et al.，2017）。

UV-B 辐射的增强不仅会影响植物生理，还会影响植物的基因调控过程，且在雄性和雌性与光合作用相关基因的表达模式不同。PSBR（光系统 Ⅱ 亚基 R）编码 10-kDa PSBR 亚基，与 PS Ⅱ 的稳定组装有关（图 5-8）。强 UV-B 辐射诱导了杨树中 PSBR 转录水平的上调，表明高强度 UV-B 辐射可能导致 PS Ⅱ 的不稳定。LHCB2（光系统 Ⅱ 捕光复合物叶绿素 a/b 结合蛋白 2）是植物在自然条件下保持光合作用最大性能的必需基

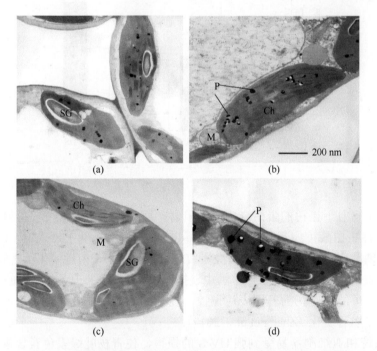

图 5-8 雌雄青杨在高低 UV-B 辐射下细胞器超微结构变化情况

(a) 雄株在低 UV-B 辐射下；(b) 雄株在高 UV-B 辐射下；(c) 雌株在低 UV-B 辐射下；(d) 雌株在高 UV-B 辐射下。

Ch：叶绿体；SG：淀粉粒；P：质体小球；M：线粒体

因。强 UV-B 辐射诱导 LHCB2 的转录水平下调，表明雌性杨树的 PS Ⅱ受到了负面影响且具有不同于雄性的调控策略。在细胞壁和脂质代谢中也有类似的结果，各类参与应急响应的基因在雄性和雌性中均表现出大范围下调，这表明 UV-B 辐射干扰了细胞壁和脂质代谢的正常进行（Jiang et al.，2015a）。

黄酮类化合物是最常见的植物次生代谢物，在高等植物应对各种环境刺激，特别是 UV-B 辐射中发挥着重要作用。查尔酮合酶（CHS）基因参与花青素生物合成的初始步骤，是负责不同光照下色素积累的必需基因。雄性的 CHS 经 UV-B 辐射诱导后上调，从而增强了其对 UV-B 的防护能力。另外一个编码酰基转移酶的基因则极显著下调（约8.6 倍），这对雄性具有极大影响。杨树在应对胁迫时，抗氧化酶活性与某些生化分子通常表现出性别相关差异。例如，在雄性和雌性杨树中分别检测到 14 个和 5 个参与生长素、乙烯和茉莉酸信号通路的基因。然而，在杨树两性中未发现有重叠基因，这再次支持了我们的假设，即雄性和雌性通过基因表达差异采取了不同的分子调控机制。

综上所述，在杨树中强 UV-B 辐射诱导了一套与性别无关的保守的功能和途径；与性别相关的转录重编程发生在一些重要的代谢过程中，如次级代谢和氨基酸代谢；在强 UV-B 辐射的响应中，性别偏好性的基因调控在雄性杨树中比在雌性杨树中更有效，这进一步增强了杨树对强 UV-B 辐射的性别相关的认识。

3）主要造林树种对干旱及其他环境因子交互作用的适应特征

在干旱和缺磷胁迫下，茎和根组织的一系列生物化学、生理和结构响应都被触发，胁迫可以诱导碳从植物转移到土壤中，加强磷获取的一个方法是增加碳水化合物的渗出。干旱条件下，当水力持续降低时，这些进化策略具有重要的意义。干旱胁迫显著影响了叶片特性，使得地上部分干物质量的积累显著减少。尽管一些研究发现施肥可以部分减轻干旱带来的负面影响，但施肥不能完全减轻干旱带来的负面影响。干旱对许多生化和细胞过程有很大的破坏，仅靠施磷无法克服。另外，植物根系只能以无机形式吸收磷，有限的土壤水分限制了外部磷到达根表，从而影响磷的同化。这一点可以被干旱条件下相对低磷浓度的存在证实。

胁迫可以诱导碳从植株从土壤中渗出，对植物生长有积极影响。在低磷胁迫下，植株通过释放可溶解 Pi 的低分子量有机酸（LOA）和磷酸酶来水解和矿化有机磷底物，以更高的效率释放游离 Pi，提高磷的有效性。在干旱或缺磷条件下柠檬酸被诱导释放，在干旱、低磷、干旱和低磷组合条件下，LOA 渗出量增加可能会增加在不利环境中获取额外磷的机会（图 5-9）。然而，与雌株相比，我们发现雄株的根际进程更有效，从而有更强的能力来增加柠檬酸的释放，以调动 Pi 提高磷营养。我们发现在干旱条件下，施磷在很大程度上提升了羟酸盐的分泌。以往的研究表明，干旱胁迫诱导松树幼苗中羟酸盐的分泌，但这也取决于干旱的强度。以往的研究和我们所观察到的都表明施磷能够减轻干旱带来的影响，提升雄株中柠檬酸的分泌。相反，雌株产生和分泌羟酸盐来抵抗非生物胁迫的能力较差。因此生理可塑性强的植物在应对营养缺乏或者不利的非生物环境时可能具有优势（Xia et al.，2020a）。

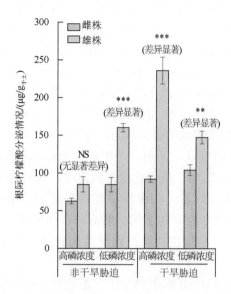

图 5-9　在不同土壤磷浓度下雌雄青杨根系柠檬酸分泌情况

　　干旱和低磷通过根际沉积的变化影响土壤碳通量。这种根源碳通量不仅在极端条件下促进土壤大量养分释放，还可以通过改变影响抗旱和抗缺磷的微生物群落而改变土壤的生物过程。雄株不仅在充足水分和低磷条件下促进了 AMF 的生长，而且在干旱和充足磷条件下也促进了 AMF 的生长。因此，雄株与 AMF 的共生可以弥补植物的缺磷并且增强植物的抗旱性。另外，在非生物胁迫下，根系分泌物的负荷往往增加，对土壤主要微生物类群产生很大影响。类似地，柠檬酸浓度和根际细菌之间呈显著正相关，但与腐生真菌没有明显正相关。由于对合成产物的高要求，细菌对 LOA 的利用更加敏感。植物和微生物都能在土壤环境中合成和释放 LOA，作为应对养分短缺和渗透差异的适应机制。

　　尽管不能区分哪一个细菌种群与雄株抗逆性有关，但主要细菌类群的丰度有所增加，特别是在干旱期间施磷时。事实上，植物促生根际菌（plant growth promoting rhizobacteria，PGPR）可能通过产生一系列植物激素或植物生长调节剂来帮助植物抵抗干旱胁迫。已提出的生理机制包括增加水和养分的吸收、渗透剂的合成、抗氧化酶的增加和植物激素的操纵。革兰氏阳性菌和放线菌在该区域也有积累。革兰氏阳性菌通常比革兰氏阴性菌表现出更高的耐受性。同样放线菌作为一种共营养类群，表现出较高的耐受性。综上所述，这些生物的积累在干旱胁迫下一定程度上为雄株提供帮助。在干旱和磷充足条件下，腐生真菌在雌株的根际积累较多。与雄株相比，雌株具有更高的比根长（specific root length，SRL）等可获得的性状。一方面，这种消费策略可能会产生巨大的成本，因为这些根通常周转快、寿命短。另一方面，在极端环境下，病原菌往往侵染具有获取性根系特征的寄主。简单地说，病原菌在根际的大量积累可能是抑制雌株生长的原因。此外，多元分析结果表明，雄株和雌株均能调节土壤微生物群落以适应不同的水和磷的交互作用。然而，在特定胁迫下，青杨仍然能够表现出依赖土壤微生物群落调节的特定性别的适应策略（Xia et al.，2020b）。

水是陆地森林最常见的限制因素之一，随着全球变暖，高寒地区的缺水程度将更加严重。干旱不仅影响个体植物的生长，还会影响种群结构的稳定性以及雌雄异株植物的性别比例。阐明性别对水分限制的生理反应对预测未来雌雄株植物的种群结构以及规模具有重要意义。由于雄株的总叶绿素浓度、净光合速率、超氧化物歧化酶的活性、POD 更高以及对细胞膜和叶绿体的负面影响较小，因此，雄株比雌株个体更能忍受干旱。然而，在自然分布区中，柳属植物雌株个体的出现频率比雄株高。在许多高山植物中，大多数情况下雌株个体通过补偿机制比雄株个体更能忍受水分限制，雌株表现出较高的光合速率或通过菌根真菌增加其对土壤养分的吸收，以补偿其较高的生殖投资，从而促进共生关系的形成。

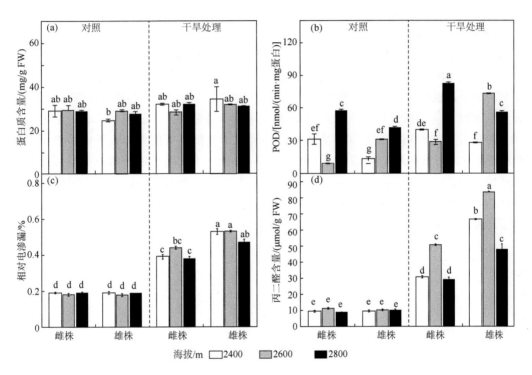

图 5-10　干旱胁迫下不同海拔的雌雄康定柳叶片中蛋白质含量（a）、过氧化物酶活性（b）、相对电渗漏（c）和丙二醛含量（d）的变化

对成年树的田间调查发现，康定柳在自然分布区特别是在高海拔地区表现出雌性偏倚。当资源有限时生殖会与植物生长和防御竞争。尽管雌株的生殖成本更高，但在严酷的生境中，柳属种群的性别比例通常以雌株为主。一种假设是雌株不仅在生殖过程中分配更多的碳水化合物，而且通常在有需求的情况下，会在防御非生物胁迫方面投入更多。例如，由于雌株的绿原酸浓度更高，柳属植物的雌株比雄株更能忍受高UV-B 辐射。如果雌株比雄株投入更多防御资源，则雌株有更强的抗旱性，这种性别相关的耐受性可能在树木的营养生长阶段就表现出来。海拔 2800m 处的康定柳雌株插条有更强的自我保护能力，因为它们与抗氧化相关酶的活性较高，与干旱胁迫下的雄性相比，脂质过氧化和细胞膜损伤较少，这体现在它们较高的 POD 活性、较低的丙二醛（malondialdehyde，MDA）含量和相对电渗漏（relative electrolyte leakage，REL）。在干

旱胁迫条件下，ROS 的积累会引起植物细胞的氧化应激和细胞结构的紊乱，而高 POD 活性可以有效消除大量的 H_2O_2，保护细胞膜和其他细胞器的完整性和功能。具有更好保护能力的植株个体具有更高的光合能力、更多的用于渗透调节的物质积累以及更有效的酶解毒循环。康定柳雌株由于有更好的自我保护能力，避免了干旱胁迫引起的负面影响 (图 5-10)。雄株在水分利用方面更具有可塑性不同的原因可能是不同物种间水分胁迫强度、发育阶段和水分利用效率的差异。柳属植物在干旱胁迫下的性别相关生理表现也可能与高遗传分化有关 (Liao et al.，2019)。

在干旱条件下，气孔关闭、蒸腾减少、水分和养分流动减少，这是由于养分在土壤中向根系表面扩散的速度降低。因此，营养失衡抑制了植物生长。康定柳雌株在营养限制条件下比雄株保持更快的生长速度。此外，对于其他雌雄异株物种来说，雌株在水分利用上表现出更保守的策略，通过比雄株更高的光合速率来达到更好的耐受性。然而，海拔 2400m 和 2600m 的康定柳插条没有表现出对干旱胁迫明显的性别差异。在干旱胁迫下，低纬度地区康定柳的 MDA 含量和 POD 活性较高，与原地区有显著差异，表明低纬度地区的康定柳比高原地区的康定柳更容易受到干旱胁迫的限制。这可以解释为海拔较高的柳树长期暴露在更恶劣的环境中（包括极低的温度、干燥和更强的紫外线辐射），对应激环境的适应能力更强（图 5-11）。不同海拔的雌雄株可能在长期不同环境的胁迫下具有不同的进化速度，从而放大或缩小两性差异以及对环境胁迫的不同性相关反应。至于不同海拔地区雌雄株抗旱性差异的原因，可能是因为无性系间的高度差异激发了对干旱胁迫的真正性别相关响应。

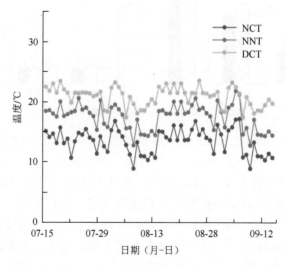

图 5-11　人工气候室培养条件下，正常外界白天温度（DCT）、正常夜间温度（NCT）及夜间增温 4℃（NNT）条件下温度变化情况

到 21 世纪末，全球气温预计将上升 1 ~ 3.7℃。全球气温数据表明，夜间增温速度比过去几十年白天增温速度更快。夜间增温显著影响了植物生长、生理、植被动力学和生态系统结构。夜间增温对植物生物量积累、叶片生长、光合作用以及暗呼吸的影响取决于水

和营养的有效性、物种以及变暖的时间等因素。夜间增温促进了青杨和康定柳雌雄株植物的生长高度，这和之前发现的夜间增温和植物高度呈正相关的研究结果相吻合。生物量分配的变化是提升植物对气候变化响应的重要机制。夜间增温条件下暗呼吸的增强已经在多种植物中有报道，如杨属、榕属、轻木属、稻属、莴苣属、茄属、大豆属、棉属。由于植物呼吸速率的提高导致生物量降低，因此在夜间增温条件下青杨和康定柳的生物量下降。

根冠分配的可塑性影响植物应对环境变化的能力，特定物种对夜间增温的响应有性别特异性。根冠比和根生物量的积累表明，康定柳雌株和青杨雄株拥有庞大的根系系统，夜间增温改变了两种植物地上、地下植物生长的相对分配。青杨雄株比雌株根系更能适应干旱胁迫，这也表明根系在干旱胁迫中表现出性别差异。夜间增温使得青杨和康定柳的根冠分配表现出明显的性别差异。庞大的根系系统能够提高植物吸收营养、水分和碳水化合物的能力。此外，康定柳雌株光合作用速率较高可能是为了更多地将吸收的营养用于补偿高生殖投资（Liao et al.，2020）。

如图 5-12 所示，夜间增温条件下碳水化合物的积累对于叶片光合作用有负面影响。然而，夜间增温胁迫下两个物种的光合作用速率受到抑制，这可能是由于气孔关闭和叶绿素浓度的降低而不是由于叶片中可溶性糖浓度的降低。基于光合作用能力的结果，可以明显看出夜间增温胁迫在碳转运中起着关键作用。并且青杨雄株和康定柳雌株可能拥有比异性更强的碳水化合物转运能力，能够将碳水化合物从叶片转移到根部，从而减轻对光合作用的抑制。除此以外，根碳水化合物的储存作为能量缓冲器，支持植物在次优条件下的生长或生理过程，这能够解释为什么康定柳雌株表现出高光合作用速率、根和总干生物量以及对于地下部分生长更多的投入（Liao et al.，2020）。

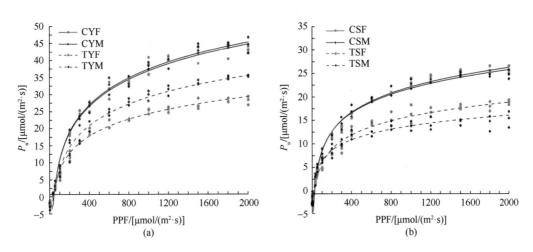

图 5-12　雌雄青杨（a）和康定柳（b）在夜间增温下光响应曲线变化图

CYF：雌株对照青杨；CYM：雄株对照青杨；TYF：雌株夜间增温青杨；TYM：雄株夜间增温青杨；CSF：雌株对照康定柳；CSM：雄株对照康定柳；TSF：雌株夜间增温康定柳；TSM：雄株夜间增温康定柳；PPF：光合光通量

2. 人工林建设对土壤营养物质的改善

土壤是植物生长繁育的基础，探索青藏高原人工造林的土壤固碳及养分变化对于正确评估西藏造林活动的生态贡献具有重要意义。通过调查西藏拉萨河流域北京杨、银白杨和藏川杨人工林植物部分和根际土壤总碳、总氮、总磷、全钾、硫、土壤含水率和土壤酸碱度等指标，评价拉萨河流域人工林种植区植物和根际土壤养分状况。同时，利用高通量测序手段初步分析它们的根际土壤微生物差异。总体而言，西藏造林可以显著改善土壤碳、氮、磷、钾、有机质等养分状况，并改变根际土壤的微生物群落成分（Liu et al.，2023a）。

1）杨树人工林对土壤碳和养分的改善因"种"而异

（1）北京杨、银白杨和藏川杨根际土壤理化性质对比

如图 5-13 所示，相比对照样地，北京杨、银白杨和藏川杨均极显著地（$P<0.01$）提升了土壤总碳、总氮、总磷含量和土壤含水率。其中，北京杨的改善效果最佳。银白杨土壤全钾含量极显著地（$P<0.01$）低于对照样地，而藏川杨造林地的土壤硫含量无明显变化。此外，造林前后土壤酸碱度均为中性。

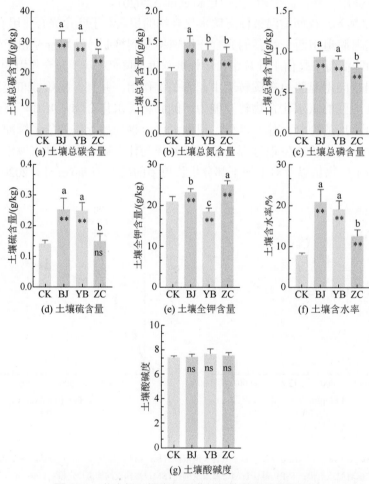

图 5-13 北京杨、银白杨和藏川杨土壤养分指标对比

CK：对照样地；BJ：北京杨；YB：银白杨；ZC：藏川杨。不同字母和 ns 分别表示不同树种间存在显著（$P<0.05$）和无显著水平差异，检验方法为 Tukey 检验

（2）不同林龄的北京杨、银白杨和藏川杨植物部分养分对比

北京杨的根部总氮、根部总磷、枝条总碳、枝条总氮、枝条总磷、叶片总碳和叶片总氮含量显著（$P<0.05$）高于银白杨和藏川杨（图 5-14）。这说明北京杨的养分吸收状况好于银白杨和藏川杨，其适应能力较好。杨树人工林对土壤养分的改善因"种"而异，在拉萨河流域，最适合的杨树人工林树种为北京杨，建议将北京杨选为种植在西藏拉萨河流域杨树人工林的先锋树种。

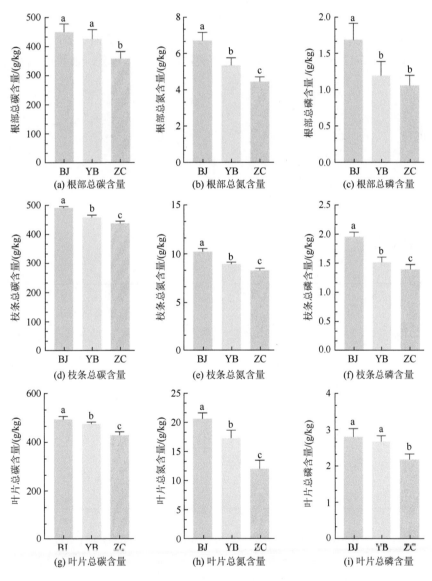

图 5-14　北京杨、银白杨和藏川杨根部、枝条和叶片养分指标对比

BJ：北京杨；YB：银白杨；ZC：藏川杨。不同字母表示不同树种间存在显著水平（$P<0.05$）差异，检验方法为 Tukey 检验

2）杨树人工林根际土壤微生物分析

如图 5-15 所示，造林极显著地（$P<0.01$）提升了细菌 α 多样性。北京杨 α 多样性（$P<0.05$）高于银白杨和藏川杨。但是，造林前后真菌 α 多样性没有明显变化。非度量多维标度分析（NMDS）分析表明，北京杨、银白杨和藏川杨的土壤细菌和真菌 β 多样性均存在显著差异（图 5-16），说明它们的微生物结构多样性存在明显差异。因此，微生物多样性的差异可能是人工林和对照样地碳和养分存在差异的原因之一。

造林丰富了细菌类群［图 5-17(c)～图 5-17(e)］。对于细菌优势门而言，未识别细菌门、绿弯菌门和粘细菌门在造林组中富集，酸杆菌门在北京杨中富集，疣微菌门在银白杨中富集，而拟杆菌门在对照组富集［图 5-17(a)］。对于真菌优势门而言，毛霉门在北京杨中富集［图 5-17(b)］。这些细菌和真菌类群可能在土壤碳、氮和磷循环中起到了

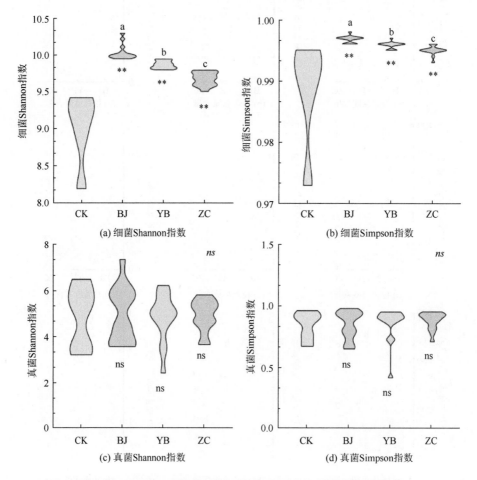

图 5-15　北京杨、银白杨和藏川杨土壤细菌和真菌 α 多样性比较

CK：对照样地；BJ：北京杨；YB：银白杨；ZC：藏川杨。不同字母和 ns 分别表示不同树种间存在显著（$P<0.05$）和无显著水平差异，检验方法为 Tukey 检验。✳✳ 和 ns 分别表示造林样地与对照样地之间存在极显著（$P<0.01$）和无显著水平差异

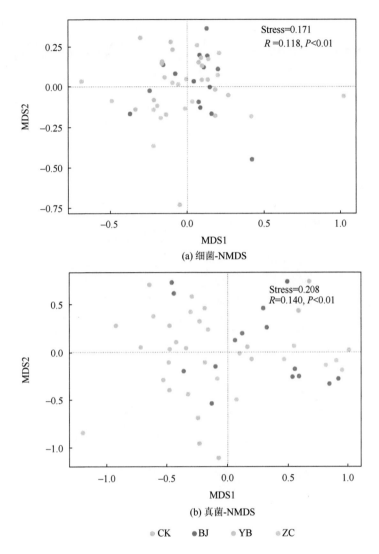

图 5-16　北京杨、银白杨和藏川杨土壤细菌和真菌 NMDS 分析

CK：对照样地；BJ：北京杨；YB：银白杨；ZC：藏川杨。

图中的每个点表示一个样本，同一个组的样本使用同一种颜色表示

关键作用。例如，未识别细菌门下的 α- 变形菌纲未定属与固氮有关；酸杆菌门下的苔藓杆菌属可参与有机质的分解；疣微菌门下的 *Candidatus_Udaeobacter* 与碳源的利用有关。这可能是人工林和对照样地碳和养分存在差异的另外一个原因（Liu et al.，2023b）。

综上所述，拉萨河流域杨树人工林对土壤碳和养分的改善因"种"而异。在拉萨河流域，最适杨树人工林树种为北京杨，建议将北京杨选为种植在西藏拉萨河流域杨树人工林的先锋树种。树种的差异造成了土壤细菌和真菌结构多样性的差异以及具有功能特性的菌群的相对丰度差异，这可能是土壤碳和养分差异的原因。

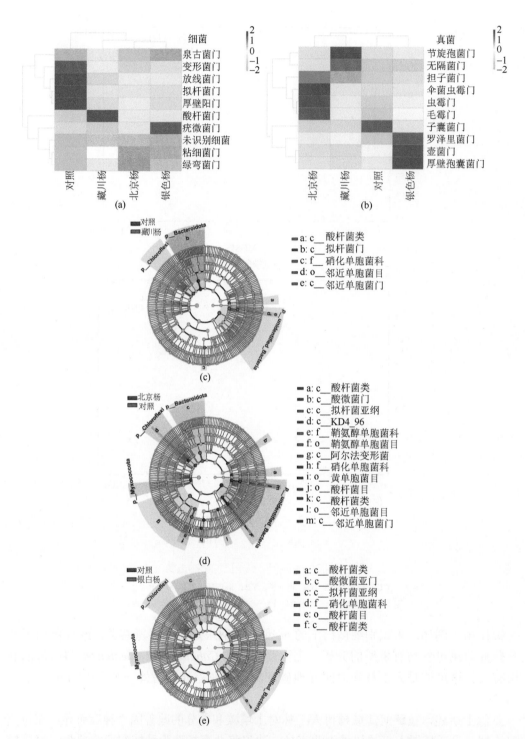

图 5-17　北京杨、银白杨和藏川杨优势细菌和真菌门相对丰度差异分析

图 (a) 和图 (b)：相对丰度前 10 名的细菌和真菌聚类热图；图 (c)、图 (d) 和图 (e)：利用线性判别分析效应大小 (linear discriminant analysis effect size，LEfSe) 法分析人工林和对照样地的差异细菌 (LDA>3.5)

5.1.3　人工林适生树种筛选和生态功能优化提升

1. 外源物质提高林木抗逆性

1) 外源乙酸提高林木的抗旱性

乙酸是一种易于获得的简单化合物，参与多种重要的细胞活动和调控过程，对调节细胞生命活动和响应环境胁迫具有重要的作用。植物吸收的外源乙酸在乙酰辅酶合成酶（ACS）的催化下很容易转化为乙酰辅酶 A，作为碳源为植物供能的同时，也提高了茉莉酸信号途径相关组蛋白的乙酰化水平，来增强植物的抗旱性。乙酸作为调节植物生存能力的初始因子，将植物的基本代谢、表观遗传调控和激素信号传导联系起来，最终增强植物抗逆能力。在实际应用中，外施乙酸将是一种有效缓解干旱胁迫症状的技术措施，特别是在立地条件较差的干旱区造林具有较好的应用潜力。土壤微生物在土壤养分循环中发挥着重要的作用，且易受到外界环境的影响。

在长期的进化历程中，土壤微生物与植物建立了密切的相互作用。一些根际促生菌，如丛枝菌根真菌具有促进植物生长和提高植物抗逆性的功能。并且，植物也可以通过自身的生理活动募集有益微生物，以适应外界环境的变化。外源乙酸显著提高了 γ- 变形菌纲的相对丰度。在干旱条件下，γ- 变形菌纲的相对丰度在雌株中显著上升了 37.48%，在雄株中上升了 26.77%。在低温条件下，γ- 变形菌纲的相对丰度在雌株中显著上升了 38.24%，在雄株中显著上升了 37.30%。与变形菌门的变化趋势相似，γ- 变形菌纲在雌株的土壤细菌群落中，上升程度更为显著。在干旱条件下，变形菌门的相对丰度在雌株中显著上升了 19.59%，在雄株中上升了 16.08%。在高温条件下，变形菌门的相对丰度在雌株中上升了 14.12%，在雄株中显著上升了 19.55%。在低温条件下，变形菌门的相对丰度在雌株中显著上升了 21.22%，在雄株中上升了 14.70%。可以看出，在干旱和低温条件下，雌株的土壤细菌群落中，变形菌门的上升程度更显著。

如图 5-18 所示，在坡柳雌雄株的细菌群落中，施加乙酸时，优势运算分类单元（operational taxonomic unit，OTU），如变形菌门、γ- 变形菌纲、固氮菌属均为稳定的指示物种。坡柳雌雄株的真菌群落，与细菌群落的变化趋势类似，施加乙酸时，优势 OTU 如镰刀菌属、毕赤酵母菌属也是稳定的指示物种。这表明，这些优势 OTU 的相对丰度在外源乙酸的影响下显著上升，且它们最终达到的数量规模远远高于没有乙酸时的数量规模，也因此跃居为整个细菌群落的指示物种。此外，这些优势 OTU 在雌雄株的细菌群落中，均为稳定的指示物种。因此，外源乙酸使坡柳雌雄株的微生物群落中的优势 OTU，包括变形菌门、γ- 变形菌纲、固氮菌属、假单胞菌属、镰刀菌属、毕赤酵母菌属的相对丰度显著上升。特别地，细菌群落中有益菌属固氮菌属，假单胞菌属是常见的植物促生菌，可能与坡柳的抗逆性密切相关（Kong et al.，2022）。

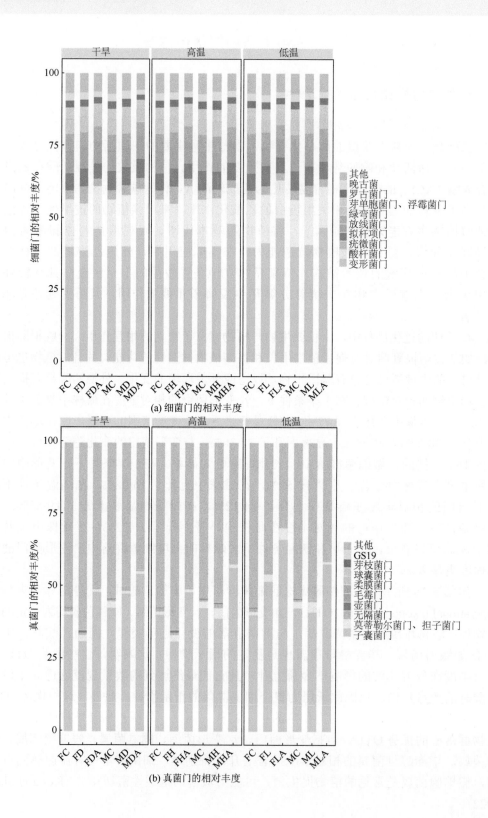

(a) 细菌门的相对丰度

(b) 真菌门的相对丰度

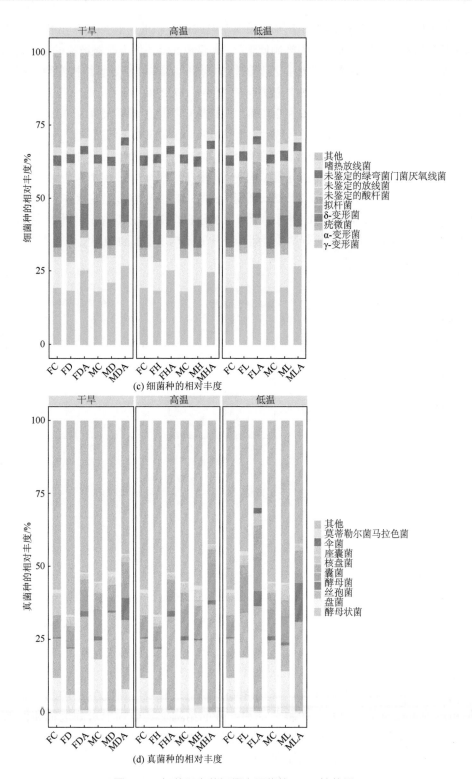

图 5-18 细菌和真菌门纲水平优势 OTU 柱状图

　　乙酸的施加显著改善坡柳由干旱和极端温度胁迫导致的生长抑制，与胁迫条件下的植株生长情况相比，胁迫前乙酸的施加使干旱、高温和低温条件下雌雄坡柳的生长速率（株高生长速率和基径生长速率）增加。乙酸的施加则使得雄株坡柳导管结构变得不利于运输水；高温条件下，乙酸的施加使雌株坡柳导管变小了 17.95%，每平方毫米茎部木质部中导管面积和数目分别增加了 27.25% 和 2.12%，而雄株坡柳则使导管变小了 13.08%，每平方毫米茎部木质部中导管面积和数目分别增加了 36.12% 和 7.39%；低温条件下，乙酸导致雄株坡柳导管减少了 31.27%，每平方毫米茎部木质部中导管面积和数目分别增加了 40.37% 和 23.19%，而乙酸的施加则使得雌株导管结构变得不利于运输水。综上所述，乙酸分别改善了干旱条件下雌株坡柳、高温条件下雌雄株、低温条件下雄株茎部水分运输能力。干旱和高温胁迫下，雄株叶片的结构与雌株相比更有助于防止水分的散失。另外，在干旱和高温胁迫下的雌雄坡柳中，乙酸的施加能够更好地改善雌株叶片的结构以增加胁迫耐受性（图 5-19）。

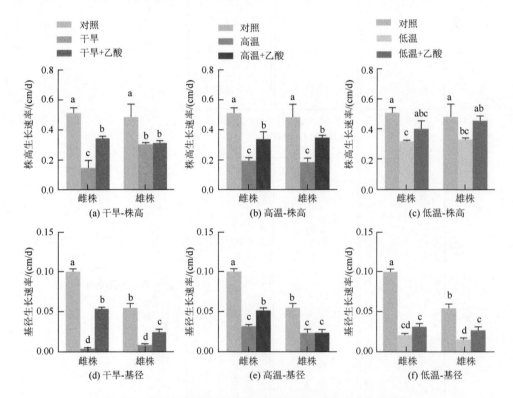

图 5-19　乙酸改善干旱、高温和低温胁迫下康定柳的生长表型、
株高生长速率和基径生长速率

　　因此，乙酸预处理缓解干旱、高温和低温胁迫对雌雄坡柳的生长抑制，促进株高生长和基径生长速率，同时，改善茎部和叶片的结构使其更利于水分运输和保水。乙酸预处理提高干旱、高温和低温胁迫下雌雄株的渗透调节物质含量（果糖、蔗糖、可溶性蛋白和脯氨酸）和过氧化氢酶（CAT）活性，降低 ROS 含量、MDA 含量和 REL 水平。乙酸预处理增加干旱、高温和低温胁迫下雌雄坡柳的胁迫耐受相关激素含量（JA 和 SA），降低 ABA 含量，改变吲哚乙酸（IAA）含量。在干旱、高温和低温胁迫中，

乙酸对干旱和高温胁迫的缓解作用强于低温胁迫。

2）施肥提高林木的抗逆能力和竞争能力

施磷能够改善干旱对青杨雄株茎干重和叶片磷浓度的负面影响，而对青杨雌株影响较小。在干旱和缺磷胁迫下，青杨雄株根际的柠檬酸浓度比水资源充足条件下更高，增长幅度比雌株大。青杨雄株根际的微生物群更加丰富，包括细菌、放线菌、AMF、革兰氏阳性菌、革兰氏阴性菌，形成了抗性更强的微环境。相反，在胁迫环境下青杨雌株根际的细菌和丛枝菌根真菌减少，腐生真菌显著增加。在相似的严重干旱胁迫下，施磷更能够提高青杨雄株抗旱性，而对雌株抗旱性的提升较少。与青杨雌株相比，施磷所提高的雄株抗旱性可能与其根际过程更好的可塑性有关。

碳-氮-磷（C-N-P）生态化学计量在调控生态系统结构与功能方面起着关键作用，在评估养分受限制程度时 C/N 和 N/P 是重要的参考因子，它们有助于理解养分受到限制的条件下的资源分配策略。氮肥添加明显影响川滇柳与冬瓜杨对氮的吸收能力，而反过来又会影响 C-N-P 生态化学计量关系。施氮能显著提高植物根茎叶的氮含量，而低的氮利用效率会明显限制植物的生长状况以及优势植物的竞争能力，尤其是植物在光合氮利用效率方面。种间竞争的冬瓜杨与种内竞争相比具有更低的光合氮利用效率（photosynthetic nitrogen use efficiency，PNUE），然而川滇柳在与种内竞争相比种间竞争中具有更高的 PNUE。在种间竞争和氮限制条件下，川滇柳的 PNUE 值增加而冬瓜杨的则变小。施加氮肥后，冬瓜杨与川滇柳相比具有显著高的叶片氮含量，这表明冬瓜杨比川滇柳具有更高的吸收养分（氮）的能力，而这也将会增强冬瓜杨在种间竞争过程中的竞争能力。养分利用效率已被证明会影响植物的竞争能力，以及物种组成也显示在氮吸收与氮利用效率上具有种间差异性。施氮能够明显调控川滇柳与冬瓜杨之间的竞争优势关系。在对照处理下（未施氮处理），川滇柳与冬瓜杨种间竞争过程中，川滇柳在生物量积累、光合能力及养分吸收等方面均占据竞争优势地位，然而施氮处理后，冬瓜杨占据竞争优势地位，同时抑制了川滇柳的生长（Song et al.，2017）（图 5-20）。

氮素添加显著影响北京杨和青杨的光合速率、氮代谢相关酶活性及养分、生物量的积累。从气体交换速率、光合色素及氮代谢相关酶活性等的变化来看，在低氮条件下，青杨具有较强的光合速率、色素含量及氮素同化能力，能够适应养分缺乏的环境，在与北京杨的种间竞争中占据优势。然而，在氮素营养丰富的条件下，北京杨光合速率、叶面积、地上生物量等增加幅度要比青杨大，容易获得地上部分的竞争优势。因此，土壤氮素含量改变了种间竞争关系（图 5-21）。

另外，氮素添加也会改变同种不同性别间的竞争关系。以川滇柳为例，在高氮素水平上添加氮素，会增加雌雄植株间的竞争强度，特别是对雄株的竞争能力更强。过量的氮会刺激雌株产生大量的氨基酸和含碳的次生代谢产物以满足 C/N 平衡，而雄株会用于生长以竞争光源和占有更大的地盘。过量的氮会引起植株生长加速和营养的非平衡，以进一步加强对邻近植株的竞争强度。雄株中较好的碳分配和储藏能力使得其在性别间的竞争中占优势，而雌株会遭受雄株对营养元素和空间的强烈竞争，而使得雄株数量增加（Song et al.，2020）。

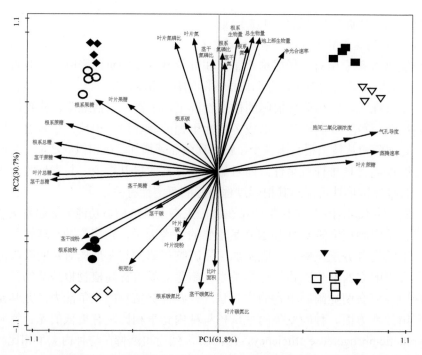

图 5-20 不同施氮水平与竞争模式处理下川滇柳与冬瓜杨生理生态指标的主成分分析

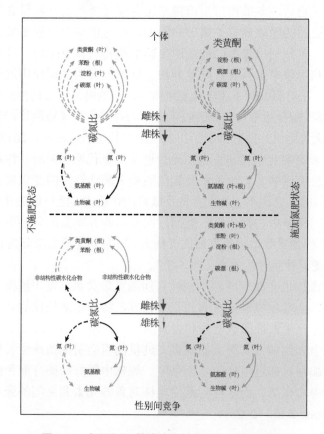

图 5-21 氮添加下雌雄康定柳主要物质变化情况

2. 不同经营措施对生态功能的提升

嫁接是一个复杂的生化和结构性过程，从被嫁接植物的黏附开始，接着是愈伤组织的形成和功能维管系统的建立，最终形成一个功能单一的植物，嫁接接穗性状的改善是砧木影响的结果。以前的研究发现干旱胁迫对于植物生长、生物量分配和产量有巨大的影响。在青杨（P）和川滇柳（S）之间的属间嫁接中，将柳树接穗嫁接到杨树砧木上的组合（S/P），在两种灌溉条件下的生长能力和生物量积累均不如其他三个嫁接组合（图 5-22）。植物通过加大对地下部分的投入来增强它们的抗逆性，干旱胁迫下，川滇柳作为砧木的嫁接组合的抗旱性比以青杨作为砧木的嫁接组合的抗旱性更强。如果砧木的抗逆性强，那么嫁接植株也会有更强的抗逆性。川滇柳的抗旱性比青杨强，这也支持了我们的假设（韩清泉等，2017）。

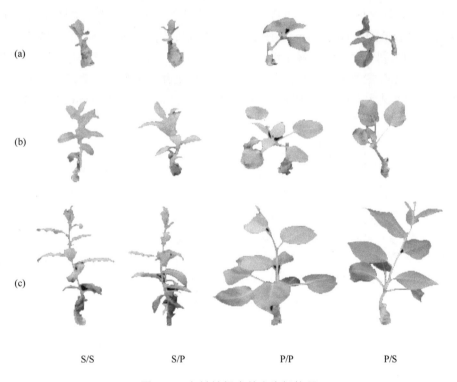

图 5-22　各嫁接组合苗木生长状况

S：川滇柳；P：青杨；S/S：川滇柳自身嫁接；S/P：川滇柳为接穗，青杨为砧木的嫁接；P/P：青杨自身嫁接；P/S：青杨为接穗，川滇柳为砧木的嫁接

另外，嫁接也显著提高了杨柳植物对氮缺乏的忍耐性，青杨做接穗的嫁接组合（P/P 和 P/S）的株高、基径、生物量积累、净光合速率均大于川滇柳做接穗的嫁接组合（S/S 和 S/P）；缺氮显著减少了所有嫁接组合的生长、生物量及净光合速率。川滇柳做砧木的嫁接组合（S/S 和 P/S）的根冠比显著高于青杨做砧木的嫁接组合（S/P 和 P/P），表明川滇柳可将更多的光合产物分配到地下部分，而青杨则将更多的光合产物投入地上部分。

非结构性碳水化合物（nonstructural carbchydrate，NSC）对于植物生长和发育来说是一个主要的能量来源，它们在植物对环境胁迫的响应中也扮演着重要的角色。非结构性碳水化合物在植物中是重要的渗透调节物质，它们可以用于降低细胞的渗透势，维持细胞的正常充盈来减少对植物的伤害。因此，在干旱胁迫下，P/S 嫁接组合中的非结构性碳水化合物含量越高，渗透调节能力越好。另外，S/P 嫁接组合中非结构性碳水化合物含量越低，对干旱胁迫越敏感。已有研究表明，非结构性碳水化合物对植物在胁迫和干扰下的生长及生存至关重要。除此以外，也有研究发现，在干旱胁迫下，非结构性碳水化合物对于植物抗逆性和生存有积极影响。

青杨雌雄交互嫁接植株可以提高其对干旱的忍耐能力。在水分亏缺条件下，雄根组合（F/M 和 M/M）比雌根组合（F/F 和 M/F）有更高的干物质积累（dry matter accumulation，DMA）、根茎比（R/S）、净光合作用速率（P_n）、黎明前叶水势（ψpd）以及长期水分利用效率（water use efficiency，WUE），并且其细胞超微结构损伤较轻。但是在水分充足条件下，雌接穗组合（F/F 和 F/M）比雄接穗组合（M/M 和 M/F）有较高的 DMA、R/S 和 P_n，以及较低的 WUE 和 ψpd（图 5-23）。青杨雌雄植株对水分亏缺的敏感性主要由定位于根部的机制驱动，而依赖于地上部分的基因型。相反，水分充足条件下，青杨雌雄植株的生长差异主要由地上部分驱动，很大程度上并不依赖于根系。此外，将雌性接穗嫁接到雄性砧木上可以有效提高青杨雌株的水分亏缺容忍性（Han et al.，2019）。

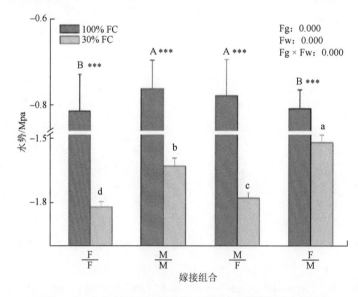

图 5-23　水分充足和亏缺条件下四个嫁接组合的水势分析

FC：田间持水量；根据 Tukey 检验，条形图内的不同大写字母表示在水分充足条件下差异具有统计学意义，条形图内的不同小写字母表示在水分不足条件下差异具有统计学意义（$p < 0.05$）；Fg：嫁接类型效应；Fw：水分处理效应；Fg × Fw：水分处理与嫁接类型的交互效应

　　根和地上部分内在的相互作用使得很难确定某一个性状（如对干旱的响应）是由根部表达的基因所控制，还是由地上部分表达的基因所控制，抑或由整个植株表达的基因所控制，而通过嫁接交换地上部分和地下部分的基因型可以获得这样的信息。通过雌雄之间

的交互嫁接，确定了在水分充足和水分亏缺条件下，雌雄地上部分和地下部分的相对重要性。青杨雄株的根能明显改善雌株的干旱胁迫抗性，具体表现为：在水分亏缺条件下，相比于雌根组合，雄根组合的生长抑制和光合作用速率下降更少、水势和用水效率更高以及细胞器受到的损伤更小。因此，根在干旱胁迫响应中的作用可能是长期自然选择的结果，雌雄间不同的生殖成本对根的生长和活性产生了不同的影响（Yang et al.，2022）。

3. 不同林龄和种植密度的杨柳树对碳储量及生物量的影响

杨树林就面积比例而言，87.1% 的面积集中在幼龄林、中龄林和近熟林，分别占 35.9%、34.3% 和 16.8%；过熟林仅占 3.3%。碳储量集中分布于中龄林、近熟林和成熟林中，一方面归因于中龄林、近熟林占了较大的面积比重，另一方面则是由于随龄组增加碳密度相应增加。中龄林、近熟林和成熟林的面积占总面积的 60.7%，碳储量占总碳储量的 81.5%；碳储量占比最少的幼龄林仅为 35549t，占 6.7%。过熟林碳密度最大，达到了 47.87t/hm²；幼龄林碳密度最小，仅为 2.51t/hm²（表 5-6）（刘金山等，2021）。

表 5-6　杨树不同龄组面积、碳储量和碳密度（刘金山等，2021）

龄组	面积 /hm²	碳储量 /t	碳密度 /(t/hm²)
幼龄林	14158	35549	251
中龄林	13522	150543	11.13
近熟林	6620	149891	2264
成熟林	3788	133503	3524
过熟林	1312	62796	4787
合计	39400	532282	1351

西藏人工林区域划分：①雅鲁藏布江中游地区，包括加查县、曲松县、桑日县、墨竹工卡县、琼结县、乃东区、扎囊县、达孜区、林周县、堆龙德庆区、曲水县、贡嘎县、尼木县、仁布县、浪卡子县、江孜县、白朗县、南木林县、桑珠孜区、萨迦县、谢通门县、拉孜县、昂仁县等县（区）的部分区域。②林芝地区，包括巴宜区、工布江达县、米林市、墨脱县、波密县、察隅县、朗县。③三江流域澜沧江以东地区，包括江达县、贡觉县、芒康县、卡若区、察雅县、类乌齐县。④三江流域澜沧江以西地区，包括丁青县、八宿县、左贡县、洛隆县、边坝县、比如县、索县、巴青县（表 5-7）。

表 5-7　不同区域杨树分布与碳密度（刘金山等，2021）

地区	面积 / hm²	平均年龄 / 年	碳密度 /(t/hm²)
雅鲁藏布江中游地区	31453	11.45	17.33
林芝地区	2765	7.48	7.56
三江流域澜沧江以东地区	1191	8.38	8.57
三江流域澜沧江以西地区	909	5.97	3.05

杨树类碳累积速率从大到小排序为雅鲁藏布江中游地区 > 林芝地区 > 三江流域澜

沧江以东地区＞三江流域澜沧江以西地区。就杨树的主要分布区雅鲁藏布江中游地区来看，碳累积速率从大到小排序银白杨＞新疆杨＞北京杨＞藏川杨，银白杨、新疆杨碳累积速度快。4个杨树品种碳汇均随经度的增加而增加，可能与自西向东降水增加和海拔降低导致的温度升高有关。经度对银白杨的影响程度最大，经度每增加1°，碳汇增加0.40t/(hm²·a)；经度对新疆杨的影响程度最小，经度每增加1°，碳汇增加0.19 t/(hm²·a)。纬度影响银白杨、新疆杨、北京杨的碳密度，其中银白杨受影响程度最大。藏川杨碳汇与距水域的距离、太阳总辐射呈负相关，北京杨碳汇与海拔呈负相关（图5-24）。

图5-24　不同种植密度的杨树、不同年龄的柳树及相关树高和胸径

柳树在西藏被广泛种植，旱柳碳密度与林龄之间存在极显著的线性关系，林龄每增加1年，碳密度增加1.42t/hm²。旱柳随着经度的增加，碳汇由0.5t/(hm²·a)逐渐增加到1.5t/(hm²·a)；经度每增加1°，碳汇量增加0.21t/(hm²·a)。其中，旱柳种植的集中区，位于拉萨河与雅鲁藏布江交会区域，该区域分布了雅鲁藏布江中游地区87.40%的旱柳，碳汇也高于其他区域。随着纬度的增加，碳汇由1.9t/(hm²·a)逐渐减少到1.0t/(hm²·a)；纬度每增加0.1°，碳汇量减少0.08t/(hm²·a)。随海拔的升高，碳汇由2.3t/(hm²·a)逐渐减少到0.5t/(hm²·a)；海拔每升高100m，碳汇量减少0.12t/(hm²·a)。其中，91.20%的旱柳分布在海拔3400～3900m区域（陈怡和张蓓，2020）。

柳树碳累积速率从大到小排序为林芝地区＞雅鲁藏布江中游地区＞三江流域澜沧江以东地区＞三江流域澜沧江以西地区。就柳树的主要分布区雅鲁藏布江中游地区来看，碳累积速率从大到小排序为左旋柳＞垂柳＞旱柳＞乌柳（细叶红柳）＞竹柳。受经度影响的树种包括旱柳、竹柳、垂柳。经度对垂柳碳累积速率的影响程度最大，经度每增加1°，碳汇增加0.62t/(hm²·a)；经度对竹柳碳累积速率的影响程度最小，经度每增加1°，碳汇增加0.07t/(hm²·a)。

由于西藏特殊的地理环境，海拔高、干旱少雨、蒸发量大。为了保证其成活，栽植人工杨树时，一般都采用高密度种植。然而，由于其管理水平落后，成林后没有及时疏伐，因此造成大面积的高密度人工林。高密度导致种间资源竞争，易生病虫害，影响林分健康。以北京杨人工林为例，在高密度（1.5m×1.5m）相同林龄的林分中，单木高生长和胸径都显著地低于低密度林分（2.0m×3.0m）。而林龄也对高生长有显著的影响，以旱柳为例，幼龄（10 年以内）、中龄（10～30 年）和老龄（30 年以上）的林分，其高生长随林龄的增加而增加，但程度没有胸径明显，也就是说林木单株蓄积量随着林龄的增长而增加更为显著。

　　以旱柳人工林为例，相比对照样地，造林显著地（$p<0.05$）增加了土壤养分，包括总氮、总碳、总磷、有机质、有效磷（图 5-25），且随着造林时间的增长，对土壤养分的改善效果越来越明显。老龄林的总碳、总氮、总磷、有机质、氨态氮、硝态氮、有效磷均高于中龄林和幼龄林。中龄林的总碳、总氮、总磷、有机质、氨态氮、硝态氮均高于幼龄林。而造林后土壤中的铵态氮和硝态氮要低于对照样地。相比对照样地，造林显著（$p<0.05$）改变了土壤微生物生物量和土壤酶活性（图 5-26），随着造林年限的不同，作用效果也不一样。土壤微生物量碳、氮均表现出中龄林显著（$p<0.05$）高于幼龄林和老龄林。土壤 GC（β-1, 4- 葡萄糖苷酶）、LAP（亮氨酸氨基肽酶）、NAG（β-1, 4-N- 乙酰葡萄糖胺酶）均表现出中龄林显著（$p<0.05$）也高于幼龄林和老龄林，说明在三种林龄的林分中，中龄林的微生物活动最旺盛，养分循环最活跃。

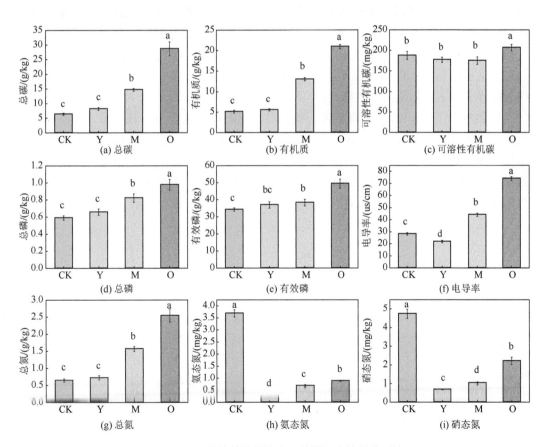

图 5-25　不同林龄的旱柳人工林根际土壤养分对比

CK：对照样地；Y：幼龄林；M：中龄林；O：老龄林。不同字母表示不同树种间存在显著水平（$P<0.05$）差异

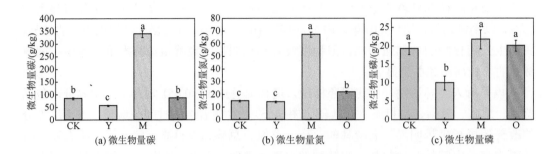

图 5-26 不同林龄的柳树人工林根际土壤微生物量

CK：对照样地；Y：幼龄林；M：中龄林；O：老龄林。不同字母表示不同树种间存在显著水平（$P<0.05$）差异

4. 不同物种搭配种植对生态效益的提升

在干旱胁迫下和雌雄合栽模式下，青杨雌雄植株的株高和基径均显著下降，雌株的株高和基径的下降幅度显著大于雄株。由于植物根系可以向土壤分泌小分子的有机物，如氨基酸、多糖以及无机氮等，这些根系分泌物可能会被邻近的植株吸收，使得植株间发生氮素转移，雄株的根系分泌物促进了邻株雌株的生长发育。干旱胁迫下，青杨雌雄合栽模式中，雄株采取了更节水的策略，改善了雌株的水分条件，使两者在形态和生理指标方面的差异缩小，合栽模式中青杨雌雄植株叶片的水势显著下降，雌株的叶片水势下降幅度高于雄株。

如图 5-27 所示，青杨雌雄植株的根质量、形态以及氮含量与栽培模式关系密切，而且还受到 AMF 的影响。例如，异性合栽模式下雌株的根干质量、比表面积、比根长、总根长和氮含量均显著大于雄株，反映了雌株在异性合栽模式下生长更好。其原因可能在于：一是植株的根系在生长过程中具有自我识别和性别识别能力，它们能通过调节自身根系的生长发育去适应周围其他植株的根系，青杨植株在同性组合时会改变根系

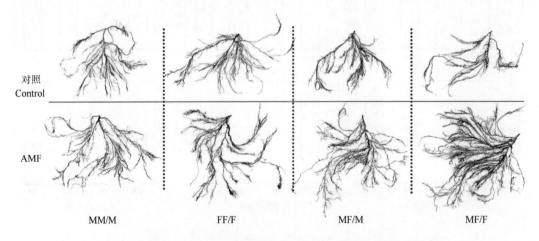

图 5-27 接种 AMF 对不同栽培模式下青杨雌雄植株根系构型的影响

MM/M：性别内组合下的雄株；FF/F：性别内组合下的雌株；MF/M：性别间组合下的雄株；MF/F：性别间组合下的雌株

的生长，但在异性组合时却无此现象；二是根系分泌物与植株的根系发育密切相关，异性植株根系分泌物对雌株的株高、基径、叶面积和根、茎、叶生物量等具有显著的促进作用；三是不同性别的植株因对资源的需求不同而可能存在互助作用。AMF 寄主特异性很低，根外菌丝可以成为植株间物质交换的桥梁，在雄－雌合栽模式下的雄株极有可能将自身的氮素通过菌丝转移给资源需求更高的雌株，使得雌株和雄株合栽后更有利于雌株根系的发育，以维持种群的延续。因此，接种 AMF 后，雄－雌合栽最有利于青杨雌株根系的生长发育（高文童等，2019）。

　　工程年限为 10 年的乔灌（杨树＋砂生槐）有利于提高林下植物多样性，且杨树＋砂生槐样地的林下植被地上生物量、枯落物量、地下生物量、土壤有机质、全氮与全磷含量显著提高。杨树＋砂生槐样地林下优势种在 10 年内主要为砂生槐灌木，随着年限延长杨树郁闭度显著增加，林下群落结构由灌木为主到一年生与多年生草本为主导的多元结构，因而，杨树＋砂生槐样地的林下灌木群落演替为草本群落，导致 30 年样地生物多样性明显增加。杨树＋砂生槐样地表层 0～20cm 根系生物量最大，与其林下草本伴生有重要关联。发达的根系能提供较多分泌物以及凋亡的死根，成为土壤团聚体的胶结剂，加之以穿插缠绕等形式固结沙粒，促进沙地成土作用，杨树＋砂生槐样地更有利于沙地抗侵蚀能力的提高（图 5-28）。不同配置模式中，杨树＋砂生槐乔灌型样地随工程年限延长，对促进河谷沙地植被演替、提高植被生产力、提升沙地肥力等作用越强。因此，建议该区防沙治沙工程中推广杨树＋砂生槐乔灌型模式为主（唐永发等，2021a）。

图 5-28　砂生槐与杨树混栽模式

　　综上，基于人工林建设工程提出如下 4 条优化建议。

（1）开展宜林地评价研究，对造林地立地条件进行综合分析、分类评价，按照适地适树原则，宜林则林、宜灌则灌、宜草则草，不可盲目造林。根据造林目的不同，选择合适的树种，如藏北牧区以生态林、薪炭林为主，藏中和藏南以防护林和用材林为主，可以建立实验示范区，而阿里和那曲则以灌木为主。

（2）加强良种培育和快速繁育技术研究。采用组培技术、根茎扦插技术、苗木嫁接技术等加速以柏木为主的耐旱乡土树种培育，提高优良苗木产量和成活率，降低造林成本。

（3）对现有造林地实行土壤改良，施加外源物质以提高林木抗逆性，如喷施乙酸、施磷和添加氮素等，以改善土壤，提高质量；优化经营措施以提升林木生态功能，如适地适树、选种优良品系、前期注重幼林抚育等。

（4）通过搭配不同物种及性别以提升林木生态效益，主要包括杨树+砂生槐合栽模式提高氮素固定能力、雌雄杨树合栽模式以提高种群稳定性等。特别是利用植物间协同互作、不同生态位及原生植被的固氮能力，提升人工林生态功能。

5.2　典型退化草地修复技术优化提升

5.2.1　退化草地生态环境特征重要因素及治理进展

1. 草地退化

高寒草地作为青藏高原主要的植被类型，对青藏高原的气候调节、水源涵养、土壤形成与保护等生态系统服务功能有着重要影响，在保障区域生态安全、响应全球气候变化和维系农牧民生计等方面发挥着重要作用。受气候变化和人为活动的共同影响，青藏高原高寒草地生态系统的平衡受到了一定程度的干扰，制约了高寒草地畜牧业的可持续发展。近年来，党中央、国务院高度重视生态保护和修复工作，特别是党的十八大以来，以习近平同志为核心的党中央将生态文明建设纳入了"五位一体"总体布局、新时代坚持和发展中国特色社会主义的基本方略、新发展理念和三大攻坚战中，开展了一系列根本性、开创性、长远性工作，推动生态环境保护发生了历史性、转折性、全局性变化。通过实施退牧还草、退耕还草、草原生态保护和修复等工程，以及草原生态保护补助奖励等政策，草原生态系统质量有所提高，草原生态功能逐步恢复。2011～2018年，全国草原植被综合盖度从51%提高到55.7%，重点天然草原牲畜超载率从28%下降到10.2%。

草地退化是一个复杂的生态过程，直接表现为植被退化与土壤退化（图5-29）。在草地退化演替过程中，植被的生物量、植被盖度、群落结构和物种多样性都会发生变化，土壤养分含量、土壤物理性质、土壤微生物、土壤酶也会随之发生改变（闫玉春和唐海萍，2008）。从植被退化角度来看，多数研究表明，高寒草甸的多样性指数、丰富度指数和均匀度指数总体上随退化程度的加剧呈减小的趋势（杨元武等，2016）。这是由于未退化草甸为较完整的草地生态系统，整体较为稳定，而在中度、重度退化阶段，优良牧草减少，盖度下降，群落草本层中可利用空间增大，导致一些杂类草种入侵，使物种增多和均匀度增大。物种多样性随草甸退化程度的加剧总体呈现减小的趋势，但在退化前期多样性指数会有所增大。这是由于在草甸退化前期，一些耐瘠薄、耐干旱物种入侵，占据生态位，导致物种多样性略有提高（刘淑丽等，2016）；在退化后期及末期，草甸土壤退化越加严重，呈现粗粒化、贫瘠化，导致植被盖度减小，再加上超载放牧对植被的采食和践踏及鼠虫害等灾害的影响，最终造成植被单一化，群落物种多样性明显降低（陈宁等，2018）。青藏高原高寒草甸演替过程中，未退化阶段高寒草甸生态系统植株低矮、密实，其他物种难以入侵，具有较高的稳定性。但随着草地退化，以禾本科和适应湿润生境、浅根系的莎草科植物为优势种的原生草甸，逐渐被以中旱生、深根系的杂草所替代。随着高寒草甸退化演替，植物群落物种组成和优势种会发生明显变化，未退化草甸的优势种被毒杂草逐渐替代，侵蚀斑块出现，植被盖度、群落高度以及生物量显著下降，生态系统遭到严重破坏，最终形成大裸地"黑土滩"，甚至出现荒漠化现象（孙海群等，2013）。随着高寒草甸退化，优质牧草的地上生物量和重要值下降，毒杂草逐步演变成群落的优势种，且毒草的地上生物量随草甸退化进一步加剧而显著减少，高寒草甸总地上生物量也达到最低值。地下生物量对高寒草甸退化程度的响应比地上生物量更敏感（孙海群等，2013；徐翠等，2013；刘淑丽等，2016）；高寒草甸地下生物量随草甸退化总体呈下降趋势（伍星等，2013；孙海群等，2013）。

图 5-29　典型退化草地

从土壤生境退化角度来看，土壤退化表现为土壤粗粒化趋势，土壤容重增加，孔隙度降低，土壤的持水能力减弱，影响了土壤养分的积累，土壤表层失去了植被的保护，加剧了风蚀、水蚀和土壤冻融过程，进一步加快了退化演替进程（图 5-30）。由于不同区域的气候、植物群落、土壤养分、人类活动及其他外在因素存在差异，土壤微生物的变化可能不尽相同。但据现有研究综合来看，随草甸退化演替，植被覆盖度下降，物种多样性降低，供土壤微生物繁殖和活动的能源物质减少，从而导致微生物数量下降。土壤酶活性在不同退化程度下的变化较为复杂，综合来说，随着土层深度和退化程度的加剧，土壤酶活性总体呈减小趋势。在草甸退化过程中，土壤有机质和土壤养分含量均呈减少趋势。例如，在甘肃省玛曲县的研究发现，土壤有机质含量随高寒草甸的退化加剧呈显著下降趋势，到重度退化阶段，有机碳含量下降了81.0%（罗亚勇等，2014）。而在三江源的研究表明，土壤有机质含量随草甸退化程度加剧呈先增大后减小的趋势，在中度退化阶段达到最大，比未退化草甸增加了15.4%。其原因主要是从未退化草甸过渡到中度退化草甸的过程中出现腐质层的保存和积累，在重度退化时，腐质层遭到破坏，导致有机质含量降低（李以康等，2008）。另外，全氮、全磷和全钾含量随退化演替过程均呈显著下降的趋势（魏强等，2010；魏卫东和李希来，2012；杨元武等，2016），速效氮、速效磷和速效钾含量总体呈降低的趋势（王长庭等，2010），且速效养分的变化程度明显小于全效养分（罗亚勇等，2014）。

(a) 中度退化   (b) 重度退化

(c) 草地沙化   (d) 鼠荒地

图 5-30 不同程度退化草地

目前，众多学者针对青藏高原草地退化问题进行了大尺度的遥感监测研究，但结果不尽相同。总体来看，青藏高原草地退化存在空间差异，局部有恶化趋势，尤其是高寒荒漠退化状况较为严重。1992～2002年，梁四海等（2007）发现青藏高原中部和西北地区呈现出大面积草地退化现象，强烈退化的地区集中在长江、黄河、澜沧江和怒江的源头阿里等地区。边多等（2008）的研究表明，西藏草地退化、沙化面积已经达到草地面积的 40%，且仍在扩张中，部分地区的草地退化率高达 80%。但研究表明，近几年来青藏高原草地退化趋势有所缓解，并且存在明显的空间差异，呈现整体好转、局部退化的趋势。曹旭娟等（2019）根据国家标准《天然草地退化、沙化、盐渍化的分级指标》（GB19377—2003），将 20 世纪 80 年代初期相同监测区域相同草地类型的草地植被特征作为未退化草地的基准。利用 NDVI3g 数据反演青藏高原 1986～2013 年高寒草地植被盖度，并计算草地退化指数。研究结果表明，2011～2013 年青藏高原草地退化指数为 1.76，属轻度退化等级，退化面积达到 41%，与历史平均水平（1986～2010 年）相比无显著变化，但中等以上退化面积有所增加；从不同省区域来看，2011～2013 年青藏高原新疆维吾尔自治区范围内草地退化程度最为严重，退化草地面积达到 71%；青海省和西藏自治区草地退化比例也较大，分别达到 42% 和 41%；甘肃省、四川省和云南省草地退化比例较小，分别为 25%、10% 和 12%（曹旭娟等，2019）。

西藏"一江两河"地区存在的主要生态问题有：土壤以钙积层为主，地势低洼排水不畅的地方有草甸土和沼泽土，受其天然环境的影响，植物生产力低，土壤中的有机质分解慢，腐殖化作用弱（周才平等，2008）。"一江两河"地区退化草地多集中在河谷地区，该区草场退化主要表现为优质牧草减少、毒草丛生、鼠害现象严重、土壤沙化（张华国，2017）。藏北和那曲地区的主要生态问题是天然草地退化、沙化现象近年来趋于严重。戴睿等（2013）分析了那曲草地退化的时空变化特征，发现 2002～2010 年，那曲地区草地呈轻度退化趋势，其中 2002～2005 年是草地退化的主要阶段。王金枝等（2020）以植被覆盖度为评价指标分析了 1990～2015 年那曲高寒草地退化和恢复程度，认为这个时期那曲高寒草地退化状况总体好转，该地区退化草地面积占总面积的 35.83%，恢复面积占 64.17%。

川西和甘南地区存在的主要生态问题是地表裸露，土壤中的养分和有机质含量持续下降，植被的产量和质量持续下降，有毒有害草比重增加（成平等，2009），鼠虫害日益加剧，部分地区出现黑土滩。唐希颖等（2022）依据草地退化等遥感数据，结合光能利用率模型 C-FIX，分析了 2015～2019 年甘南地区草地退化状况。整体上，甘南地区草地呈现为重度退化的面积占 3.57%，中度退化的面积占 9.81%，轻度退化的面积占 5.85%。

2. 草地沙化

受全球气候变化和人类活动影响，草地沙化已经成为一个世界性的问题。草地沙化过程中，不仅使草地植被衰退，生产力下降，还会直接导致地表土壤侵蚀加剧，营养元素流失，土质沙化，最终草地呈现出以风沙活动为主要特征的类似荒漠景观的景象（国家林业局，2005）。第五次全国荒漠化和沙化监测结果显示，截至 2014 年底，全国荒漠化土地面积为 261.16 万 km²，占国土面积的 27.20%，沙化土地面积 172.12 万 km²，占国土面积的 17.93%（屠志方等，2016）。我国土地沙化呈现整体遏制、功能增强的良好态势，由极重度向轻度转变。青藏高原地理环境特殊，气候条件恶劣，地质发育年轻，是沙漠化发生发展的重点区域，沙化造成高寒草地持续退化和生产力不断下降，严重威胁着青藏高原的生态安全（Li et al.，2013）。自 2000 年以来，青藏高原生态保护与恢复政策取得明显成效，生态系统质量和功能得到显著提升。统计数据表明，西藏 66.50% 面积的地表植被覆盖度增加，重度以上沙化土地面积从 35.00 万 km² 减少到 27.69 万 km²（傅伯杰等，2021）。尽管如此，青藏高原依然是我国土地沙漠化较严重的地区之一（图 5-31，图 5-32）。2022 年统计数据表明，青藏高原中度以上沙化土地面积达 46.90 万 km²，主要分布在青藏高原西北干旱地区，特别是羌塘高原和柴达木盆地周边地区（欧阳志云和郑华，2022）。

图 5-31　西藏那曲市沙化草地

图 5-32　四川若尔盖县沙化草地

草地沙化过程复杂，对植被和土壤影响深远。沙化草地植物群落的动态变化与土壤环境变化有密切联系，沙化草地的土壤和植被退化相互作用，具有负反馈效应（赵改红等，2012）。植被盖度与土壤持水量间无显著相关，但与土壤有机质含量、容重和孔隙度均有显著相关关系。植被盖度可以通过影响土壤理化性质间接影响土壤持水量，草甸植被盖度的下降可以导致土壤含水量下降。根系具有显著的固沙蓄水功能，根系生物量以及分布特征引起土壤容重、有机质等发生变化，同样会引起土壤持水性产生差异（易湘生等，2012），随着沙化程度加重，土壤有机质含量降低；随着土层深度的增加，有机质含量亦降低。土壤有机质含量的高低直接影响到土壤一系列物理、化学及生物特性，是土壤肥力及环境质量状况的重要表征，也是制约土壤理化性质的关键因素。随着沙漠化的发展，草地的植被盖度、高度、地上地下生物量和凋落物量急剧下降，物种丰富度、多样性指数、均匀度指数和植物密度呈波动式下降。多年生优良牧草在群落中的作用减弱，一年生杂类草在群落中的作用增强。草地由多年生禾本科植物占优势的群落向一年生禾本科、藜科杂类草为优势种的群落演替（赵哈林等，2011）。土壤有机质和养分含量降低，生境异质性增大，群落结构趋于简单化。在气候、土壤一定的小尺度条件下，地形要素（坡度、坡向、坡位）通过对光照、积温、土壤水分、养分的再分配间接影响植物生长动态及物种分布（方楷等，2012）。草原区微地貌变化对生境异质性的控制作用明显。沙丘形态造成其不同部位风沙活动及土壤水分、pH 和全盐含量的差异是抛物线形沙丘和白刺灌丛沙丘上植物群落相异的重要影响因素。沙丘固定导致丘间低地植物种间关系更加紧密。沙质地表基质的流动性和风沙活动通过重塑微地貌形态进而影响沙地植被的演替。与此同时，青藏高原草地（其中也包括沙化草地）大多都被农牧民承包，沙化草地治理一直以来都侧重技术，没有重视农牧民在沙化草地治理过程中的作用，只有技术和管理制度有机融合，沙化草地治理才能成效显著（图 5-33，图 5-34）。

图 5-33　沙化草地治理前

图 5-34 沙化草地治理后

20世纪30年代,"受损生态系统恢复"国际会议的召开,提出了"生态恢复"的概念,极大地推动了沙化草地生态恢复的研究工作(彭红春等,2003)。20世纪50～60年代后,世界各国均已开展了沙化草地生态环境恢复工作。研究主要集中在草地沙化成因、沙化发生发展机制及演变趋势、沙化土地综合治理技术、沙化草地的恢复和重建技术、沙化地防风固沙及地力提升技术等方面。1959年,中国科学院治沙队正式开展沙漠治理研究。1979年,中国科学院植物研究所依托其在内蒙古自治区锡林郭勒盟和青海省海北藏族自治州设立的草原生态定位研究站,最早开展了青藏高原生态保护与草地植被恢复的相关试验研究工作(陈佐忠,1999)。通过长期的不懈努力,我国在沙漠化治理方面取得了突出的成就,积累了丰富的经验。其中,包兰铁路沙坡头沙漠治理示范区最具代表性,在高大密集的流动沙丘群和年降雨不足200mm的恶劣条件下,采用"以固为主、固阻结合"和"生物固沙、机械固沙结合"的防沙体系模式,有效地阻挡了流沙的危害,取得了显著的生态效益、经济效益和社会效益。进入20世纪90年代,随着国家对草地荒漠化问题的重视程度不断增加,科研条件日趋改善,科研水平大幅提升。目前已经初步形成沙漠科学研究的基础理论体系,沙化草地恢复研究趋于系统化和具体化,为防沙、治沙技术的形成和创新提供了有力的基础条件。

青藏高原沙化草地治理工作起步较晚,国内众多学者从不同角度对沙化草地退化机理、沙化地植被恢复机理、固沙综合技术以及沙化地植被建植模式等方面做了大量深入细致的工作。研究了西藏"一江两河"中部流域河谷沙化草原的恢复途径,划分了"一江两河"中部流域河谷沙化草原的类型,并分析探讨了沙化草原植被恢复的主要措施(陈怀顺,1997);研究了高寒沙区植被人工修复与植物物种多样性的变化,表明人工治理初期沙地植物群落的物种多样性指数不断上升,设置人工沙障后促进植物物种顺利定居并启动植被的恢复重建（杨洪晓等，2004）；生态恢复工程加快了川西北沙化草地植被的恢复速度与群落正向演替的速度，但恢复演替需要较长的时间。随着防沙治沙试验不断创新和推广应用，在实践中总结出了一系列防沙治沙技术，取得了较好的治理效果。总的来看，针对沙化草地引起的诸多生态问题，国内外学者均认为从政策制定与治理技术共同推进是解决草地沙化的根本途径。

3. 草地鼠害

近几十年来，我国草地生态环境质量虽然持续好转，出现稳中向好趋势，但成效并不稳固，退化草地的恢复任务依然艰巨（图 5-35）。草地退化进一步提高了草地啮齿动物的生境适合度，使其繁殖率与存活率同步提升，造成其种群密度增大，当种群密度超过一定阈值后，将导致草地鼠害的发生（周华坤等，2003）。所以，人类为了利用草地，需要将草地啮齿类动物的种群密度控制在一定范围内，使草原生态系统更加健康。局部地区产生草地鼠害时，需要对草地鼠害进行精准防控，但不是大范围、无差别地杀灭草地啮齿动物。

(a) 四川省石渠县害鼠危害的退化草地　　　　　　(b) 西藏自治区申扎县害鼠危害的退化草地

图 5-35　典型害鼠危害的退化草地

1）青藏高原草地害鼠的种类及危害现状

我国目前的啮齿动物有 12 科 235 种（魏辅文等，2021），其中草地啮齿动物约 100 种。常见的草地啮齿动物主要是高原鼠兔（*Ochotona curzoniae*）、高原鼢鼠（*Eospalax baileyi*）、大沙鼠（*Rhombomys opimus*）、青海田鼠（*Microtus fuscus*）和喜马拉雅旱獭（*Marmota himalayana*）等 20 余种。啮齿动物如高原鼠兔对高原草地生态系统的功能、健康和稳定至关重要，是维持青藏高原草地生物多样性的重要组成部分。它们的洞穴可以为当地独特的物种提供必要的繁殖栖息地，是青藏高原多种捕食者的重要食物来源。高原鼠兔的洞穴增加了水分的渗透率，减少了夏季暴雨后的土壤侵蚀（Zhao et al.，2020）。然而，鼠害发生，尤其是局部暴发，短期内同样会严重破坏草原植被，导致水土流失，威胁草地生态安全（花立民和柴守权，2022）。

目前青藏高原区域草地啮齿动物的主要优势种有高原鼠兔（图 5-36）、高原鼢鼠和青海田鼠等（郭永旺等，2009）。其中，以高原鼠兔和高原鼢鼠分布最广、数量最多、危害也最为严重。据《2017 年全国草原监测报告》，2017 年全国草地鼠害危害面积为 2844.7 万 hm²，约占全国草地总面积的 7.2 %，危害面积较上年增加 1.3 %。青藏高原区域的青海、新疆、甘肃、西藏、四川 5 个省（自治区）危害面积合计 2243.6 万 hm²，占全国草地鼠害面积的 78.9%（表 5-8）。其中，高原鼠兔危害面积最大，达到 1152 万 hm²，占全国草地鼠害危害面积的 40.5%。

图 5-36　青藏高原草地的高原鼠兔

表 5-8　2017 年部分省（自治区）的草地鼠害危害情况

省（自治区）	危害面积 / 万 hm²	占本省（自治区）草地面积比例 /%	占全国危害面积比例 /%
四川	271.6	12.0	9.6
西藏	300.0	3.7	10.5
青海	822.6	22.6	28.9
甘肃	344.1	19.2	12.1
新疆	505.3	8.8	17.8
合计	2243.6	66.3	78.9

草地害鼠不仅通过采食牧草导致草地生产力降低，而且还通过挖掘洞道和掘土造丘导致土壤有机质、母质被推到草地地表上，经风蚀或水蚀后逐渐形成次生裸地（如黑土滩、鼠荒地等），降低了草地生态系统的抵抗力和恢复力，最终又加剧了草地退化（花立民和柴守权，2022），导致的主要后果如下。

（1）降低草产量。

草地害鼠主要从两个方面造成草地草产量的降低。第一是草地害鼠的采食对草产量的影响。绝大部分草地啮齿动物都是植食性动物，其营养生态位与家畜呈竞争关系。以我国草地鼠害面积最大、分布最广的高原鼠兔为例，高原鼠兔自然种群每只每日平均采食鲜草 77.3 g（刘荣堂和武晓东，2011），77～90 只高原鼠兔日消耗牧草相当于 1

个羊单位日采食量。在高原鼠兔重度危害区，每公顷草地平均有高原鼠兔 77.43 只（巩爱岐等，2003）。第二是草地害鼠通过挖掘洞道推土或新造土丘，覆盖草地，形成裸地秃斑而导致草地产草量降低。通过在青藏高原东缘的甘肃省玛曲县、四川省若尔盖县调查高原鼠兔的栖息样地，发现每个样地的平均洞口秃斑比为 8.33 %，其中 33.78 % 样地的洞口秃斑比例超过 10 %，造成当年产草量至少损失 10 %（花立民和柴守权，2022）。另外，高原鼢鼠推出的新土丘覆盖草地，也可造成牧草等植物的黄化死亡，最终导致草地产草量的下降（马素洁，2017）。

然而，高原鼠兔、高原鼢鼠是青藏高原草地生态系统的关键种（Wilson and Smith，2015；Niu et al.，2020），从食物网维系、植物群落演替、土壤养分循环等角度来看，它们对草地生态系统也具有一定的积极作用。但是，从啮齿动物的种群密度影响草地的产草量角度来看，局部地区的严重草地鼠害对草地的生产和生态功能的影响也不容忽视。

(2) 改变草地植物群落结构。

草地害鼠对草地生态系统的影响主要表现在对草地植物、土壤、大气和食物链等方面的影响。由于草地害鼠具有采食、刈割和储草等行为，对植物群落的组成和结构产生差异化影响。高原鼠兔喜食嵩草科、禾本科植物（康宇坤等，2019），刈割高大植物（Zhang W et al.，2020）。高原鼠兔危害的加剧，将导致阔叶类杂草丛生，最终植物群落发生逆向演替。另外，草地害鼠的掘洞造丘也是其独特行为之一。高原鼠兔和高原鼢鼠堆出的土丘表层土壤紧实度低，在风蚀、水蚀的作用下，将导致严重的水土流失（马素洁等，2019）。总体来说，草地鼠害的发生将降低草地的生态功能。

(3) 威胁牧区人民健康。

草地害鼠是鼠疫、棘球蚴病（包虫病）等传染病的自然疫源疫病宿主，对人类健康具有严重威胁。鼠疫的宿主动物大多分布于我国草地牧区，其中旱獭类、沙鼠类等具有极高的传染风险，其分布和影响的面积最大（沈希和高子厚，2018）。通过调查全国 413 个县棘球蚴病的发生情况发现，368 个县被确定为棘球蚴病的流行县，主要分布于内蒙古、四川、西藏和甘肃等 9 个省区（伍卫平等，2018）。据不完全统计，在 2000 ～ 2010 年，青海省共发生 13 起鼠疫，其中在 2004 年青海省囊谦县暴发的肺鼠疫导致 6 人死亡，在 2009 年的兴海县子科滩镇暴发的肺鼠疫导致 3 人死亡。

2）草地鼠害的防控技术现状

我国草地鼠害的防控历史悠久，自 20 世纪 50 年代至今，已有 60 余年的防控历史，从最初的化学药物防控为主，到现在的药物防控、物理器械防控和天敌防控等防控措施并存的局面。其中，药物防控由于见效快和成本低等特点，依然是目前草地鼠害防控的主要措施，但也出现了鼠害"越防越严重"的现象。在草地害鼠的药物防控中，目前使用的药物主要包括不孕不育剂（如雷公藤甲素、α- 氯代醇、莪术醇等）和灭杀剂（如 C 型肉毒梭菌毒素、D 型肉毒梭菌毒素、地芬·硫酸钡等）两大类。

物理器械防控主要包括利用地箭、弓形夹防治鼢鼠类等地下害鼠；在水源区或不宜使用药物防治的区域，也用板夹防治高原鼠兔等地面害鼠。天敌防控是基于生态系统的食物链关系，利用啮齿动物的天敌直接捕食或形成捕食风险（Sheriff et al.，2009），从而可以调控草地害鼠的种群密度。国内草地鼠害的天敌防控主要有招鹰控鼠和野化狐狸控鼠两大类。其中，招鹰控鼠已有30余年的历史，在宁夏、新疆等省区的实施效果不错（李明立和任万明，2008）。而利用野化银黑狐控鼠试验已在甘肃等省区实施（马崇勇等，2017），但是由于试验时间较短，未对本土狐狸、鸟类等生物多样性开展安全性评估。

（1）物理防控技术。

物理防控技术主要是通过使用鼠类捕鼠器械进行草地害鼠捕杀，其优点是适用范围广，对人畜较安全，对环境也无残留毒害，捕获的害鼠易于清理，防鼠效果较为明显，而且可在不同季节、不同环境下对草地害鼠进行防控（马崇勇等，2017）。

鼠夹捕鼠。鼠夹捕鼠是利用捕鼠器械进行鼠害防治的一种物理方法，是控制中、低密度害鼠种群而经常使用的有效措施。直接将高原鼠兔夹放置在害鼠出没的有效洞口处，在鼠类进出洞口时捕杀。高原鼠兔夹由以往传统鼠夹的被动诱杀转变为主动捕杀。其作为物理器械捕捉的一种方法，既可直接降低害鼠的种群数量，又受人为因素的控制，可以延缓种群数量的恢复速度，达到有鼠无害的目的。其不仅具有选择性强、对非靶生物较安全，且成本低、使用简便、易于操作，可反复利用，还具有捕获速率快、捕杀率高、控制效果显著等特点（吕昌河和于伯华，2011）。青海省草原总站在青海省海南藏族自治州兴海县采用高原鼠兔夹（阿旺尖措等，2006）、全自动捕鼠器（刘福昌和刘忠安，1998）捕捉高原鼠兔。结果表明，其平均校正防治效果分别为92.72%和75.59%，显示了较好的捕鼠效果。

弓箭捕鼠。弓箭捕鼠是捕捉高原鼢鼠时普遍使用的一种方法。这种捕鼠工具制作简单，材料来源广泛，成本低，携带方便，在高原鼢鼠活动的季节都可使用，且命中率较高，是一种比较实用、高效的机械捕鼠工具。针对甘肃省甘南藏族自治州（简称甘南州）草地的高原鼢鼠危害，王兰英等（2009）在甘肃省玛曲县采用自制的弓箭捕杀高原鼢鼠，防治效果达到94.7%。花立民等（2014）利用高原鼢鼠独有的堵洞习惯，发明了一种专门针对高原鼢鼠的无伤活体捕捉器，这种新型的装置对高原鼢鼠的捕获率为70%，且无一损伤。

以上两种物理防控方法都是利用了新技术结合老方法，将陷阱、捕鼠笼和鼠夹等技术进行改进，改进后的捕鼠装置效率有了明显提高。然而，它们并不能从根本上解决草地鼠害的治理问题，缺乏大规模推广应用的可能性，并且也不能持续防治草地鼠害。众所周知，在高寒草甸这种严酷的生态环境下，越是精密的仪器，其维护成本和返修率越高，很难在青藏高原这种严苛的环境中进行大规模推广。

（2）药物防控技术。

采用药物或毒饵防治草地害鼠是目前国内外草地害鼠防治最为广泛应用的方法。其优点是防效高、见效快、方法简单等。然而，其缺点是污染环境，易引起人或牲畜中毒（马崇勇等，2017），并且易发生"越防越严重"的现象。

化学药物防鼠。常用的化学防鼠药物品种主要有抗凝血慢性杀鼠剂和急性杀鼠剂两大类。抗凝血药物有两代，第一代抗凝血慢性杀鼠剂品种主要有敌鼠钠盐、杀鼠灵等；第二代抗凝血慢性杀鼠剂主要有溴敌隆、大隆等。这类药剂虽然对人、畜比较安全，但也应避免牧民的家畜误食。

韩兵兵等（2016）在新疆奇台农场使用了 0.005 % 溴敌隆防治草地大沙鼠和小家鼠。试验结果表明，在 1/4 hm² 试验区投毒饵 250 g 在第七天的平均防效达到 88.75 %。Elmeros 等（2019）在使用抗凝血剂毒饵溴敌隆喂养小型哺乳动物两周后发现，在使用毒饵溴敌隆不到 20m 的范围内，48.6% 的小型哺乳动物肝脏中含有溴敌隆。Regnery 等（2019）发现，抗凝血剂对于水生生物的威胁比人们之前的认知要严重得多。他们在污水处理口、河口沉积物、悬浮颗粒物和淡水鱼的肝脏组织中发现了微克 / 千克级别的抗凝血剂杀鼠剂。

植物源灭鼠剂防鼠。植物源灭鼠剂来源于自然界，取材广泛，对人、畜安全，在环境中残留较低，不易引起抗药性，在自然环境中易于降解。何耀宏等（2006）应用以蓖麻毒素为主体成分的植物源灭鼠剂分别在四川省甘孜州石渠县和阿坝州若尔盖县草地进行了防治高原鼠兔的应用试验。结果表明，在海拔 4200m 的石渠县试验区，该灭鼠剂在 1% 浓度下对高原鼠兔的防效为 77.7%，2% 浓度下的防效可达到 81.6%；在海拔 3500m 的若尔盖县试验区，该灭鼠剂在 1% 浓度下对高原鼠兔的防效达 91.1%，2% 浓度下的防效可达 93.8%，而且该植物源灭鼠剂具有较好的适口性。在千亩级对高原鼠兔的控制试验中，灭鼠剂为 1% 浓度时，对高原鼠兔的防治效果达 84.0% ～ 93.3%。

生物毒素防鼠。生物毒素防鼠主要使用的是肉毒梭菌在生长繁殖过程中产生的细菌外毒素，是一种高分子蛋白的生物制剂，灭鼠效果好，包括 C 型和 D 型两种。然而，生物毒素受化学、湿度等多种因素的影响后，毒力会下降，残效期极短（郭永旺和施大钊，2012）。张雁平等（2020）以优质燕麦为基饵，拌制添加 D 型肉毒梭菌毒素灭鼠剂，将药剂浓度为 1.5% 毒饵投放到 0.133 万 hm² 的退化草地，结果表明，使用 1.5% 浓度的D 型肉毒毒素灭鼠剂的防效在 90% 以上，平均灭洞率为 90.97%；后期观察发现，该试验区域内高原鼠兔数量明显减少。李生庆等（2019）探讨了 D 型肉毒梭菌毒素作为控制高原鼢鼠的可行性，研究发现 D 型肉毒梭菌毒素对高原鼢鼠的灌胃半数致死量为 5840 MLD/kg 体重，可信限为 3430 ～ 9950 MLD（小白鼠）/kg 体重，表明 D 型肉毒梭菌毒素灭鼠剂对高原鼢鼠敏感，具备潜在的防治高原鼢鼠的能力。

然而，近年来关于 C 型肉毒梭菌毒素、D 型肉毒梭菌毒素发生的禽类中毒事件屡见不鲜。2017 年，Souillard 等对 5020 只母鸡的肠道进行 C 型肉毒梭菌毒素、D 型肉毒梭菌毒素的 PCR（聚合酶链式反应）检测发现，母鸡已出现肉毒毒素中毒的现象。随后的持续调查发现，在疫情暴发 5 个多月以后仍可以发现肉毒梭菌（Souillard et al.，2017）。2019 年，Martrenchar 等对患有典型肉毒梭菌中毒症状的男子进行调查发现，该男子食用了受 C 型肉毒梭菌污染的禽类，导致中毒。

可以看出，以上三种药物防治方法都是利用了药物对草地害鼠的毒杀作用，对草地害鼠都具有较好的防效，但也不能从根本上解决草地鼠害的治理问题，缺乏对草地害鼠的持续性防治，而且任何药物都不可避免地存在潜在的环境及其他安全风险。鼠类是特殊的有害生物类群，对鼠类过度灭杀将直接威胁生态系统安全，从生物多样性保护等其他生态角度来看，将逐渐导致比鼠类暴发更加不可逆的生态恶果。单纯考虑经济阈值的灭鼠已经无法满足当前鼠害的可持续防控，尤其是在草原区域鼠害防控策略及标准的制定时，要同时考虑粮食安全、生物安全、生态安全和生物多样性保护。

（3）生态防控技术。

生态防控技术主要是利用生态学原理，恶化害鼠生存环境、持续控制害鼠种类和数量。利用鼠类的天敌，如食肉目的黄鼬、狐等，鸟类猛禽鹰等，根据天敌的领域范围每 $26.67hm^2$ 竖立一个鹰架，在上面固定鹰巢，可以捕食草地害鼠。2007 年，郭向昭等对人工招鹰架的灭鼠效果进行了评价。研究表明，招鹰架设置之后，鹰的数量增长了 300%，招鹰架设置区域内，草地害鼠的有效洞口数显著下降，平均每公顷下降了 25%。

何子拉等（2007）通过采用保护与利用鼠类天敌（天敌利用、天敌保护）、植被恢复（禁牧、休牧）等措施在四川省凉山彝族自治州（简称凉山州）盐源县、木里藏族自治县（简称木里县）进行生态控鼠技术持续控制草地鼠害。结果表明，在 10 hm^2 的持续控制区内，每天有 3～5 只鹰活动，是非控制区的 2.1 倍；害鼠数量保持在 509 只以下，比非控制区降低 91.6%。加曼草（2021）报道了甘南州鼠类天敌银黑狐控鼠效果。2019 年 10 月，分别向甘肃省碌曲县、夏河县、卓尼县、玛曲县和临潭县等地共计放归野化银黑狐 60 只。1 年后调查发现，投放区域平均植被盖度由 14.6% 增加到 16.1%；地上生物量由 66.5 g/m^2 增加到 73.6 g/m^2。银黑狐投放地碌曲县的尕海镇加仓村、夏河县的桑科镇和玛曲县的河曲马场，高原鼠兔的平均洞口密度下降 41%。

然而，在采用天敌控制鼠害治理退化草地的初期，由于草地的生态结构和功能尚未完善，加之种群密度大而天敌数量较少，天敌对草地鼠害的作用不大；只有当害鼠数量大为减少，天敌和害鼠数量达到平衡状态时，才能达到依靠天敌灭鼠，长期控制害鼠种群增长的目的。所以，天敌控制害鼠短期内控鼠效果不明显（吕昌河和于伯华，2011）。

（4）草地直线型阻拦网陷阱系统控鼠技术。

针对目前青藏高原草地鼠害药物防治面临的难以在草原上大面积全域推广应用、害鼠不能持续控制等问题。四川大学"青藏高原生物灾害防控与生态修复工程研究团队"结合青藏高原草地的特殊地理环境，利用草地害鼠的行为学规律，于 2016 年设计提出了一种"草地直线型阻拦网陷阱系统"（G-LTBS）控鼠技术，它是由一条直线型阻拦网和若干陷阱组成的控鼠装置（图 5-37）。在西藏拉萨市林周县海拔 3870m 的白朗村，通过利用该技术在人工草地的应用试验，连续 3 个月共捕获草地害鼠 299 只（表 5-9）。目前该技术已获得中国发明专利（侯太平等，2018）。

(a) 安装在草地上的G-LTBS装置

(b) 捕获害鼠的G-LTBS陷阱

(c) 陷阱中的高原鼠兔

图 5-37　在人工草地上的 G-LTBS 装置

表 5-9　G-LTBS 在 3 个月内的捕鼠效果

试验区域	G-LTBS 数量 / 个	白尾松田鼠 / 只	长尾仓鼠 / 只	高原鼠兔 / 只	锡金小鼠 / 只
A 区	4	15	2	23	1
B 区	8	85	23	13	6
C 区	12	111	15	2	3
合计	24	211	40	38	10

　　G-LTBS 控鼠技术参数优化。基于 G-LTBS 控鼠技术在青藏高原草地上首次成功捕获害鼠，试验团队在四川省甘孜州色达县色柯镇（东经 100.35°，北纬 32.32°，海拔 3900m）对该技术的关键技术参数（如陷阱深度、陷阱密度）进行了优化。通过对 3 种规格的 G-LTBS 装置的陷阱深度进行优化发现，只有当 G-LTBS 的陷阱深度 ≥ 0.50 m 时，陷阱才能捕获高原鼠兔，G-LTBS 才能发挥捕鼠能力（表 5-10）。同时，研究了不同陷阱密度（即单位长度阻拦网的陷阱数量）的捕鼠能力。结果表明，当 G-LTBS 的陷阱密度是原来的 2 倍时，其捕鼠数量（110 只）是原来（49 只）的 2.24 倍。G-LTBS 在阻拦网长度相同的条件下，陷阱密度越大，陷阱数量越多，其捕鼠数量成倍增长。另外，在陷阱密度相同的条件下，阻拦网越长，陷阱数量越多，其捕鼠数量也几乎成比例地

增长，进一步验证了 G-LTBS 捕鼠的有效性。

表 5-10　不同陷阱深度的 G-LTBS 的捕鼠效果

编号	阻拦网长度 /m	陷阱深度 /m	害鼠数量 / 个
1	10	0.30	0
2	10	0.40	0
3	10	0.50	35

G-LTBS 控鼠技术的防控效果。试验团队在四川省甘孜州色达县色柯镇幸福二村开展 G-LTBS 的持续防控试验。采用隔离网将试验地隔离成样方Ⅰ、样方Ⅱ、样方Ⅲ和样方Ⅳ，其中样方Ⅲ为空白样方，不安装 G-LTBS。样方Ⅰ、样方Ⅱ和样方Ⅳ分别安装 1 条、2 条和 5 条 G-LTBS 装置。结果表明，3 个封闭样方内的 8 条 G-LTBS 在 46 天内共捕获 235 只高原鼠兔（表 5-11）。其中，样方Ⅳ内的 5 条 G-LTBS 捕获的高原鼠兔（127 只）明显多于样方Ⅱ内的 2 条 G-LTBS 和样方Ⅰ内的 1 条 G-LTBS 的数量（分别为 70 只和 38 只）。可以看出，在小范围封闭样方中，相同规格的 G-LTBS 装置的数量越多，陷阱数量越多，则总的捕鼠数量越多。

表 5-11　不同试验区的 G-LTBS 在 46 天内的捕鼠数量

样方编号	G-LTBS 数量 / 条	捕鼠数量 / 只
Ⅰ	1	38
Ⅱ	2	70
Ⅳ	5	127
总计	8	235

注：每条 G-LTBS 的技术参数是阻拦网长度为 20m、陷阱数量为 2 个，陷阱密度为 0.1 个 /m。

同时，分别在安装 G-LTBS 前和安装 G-LTBS 后的第 15 天、第 30 天、第 45 天和第 90 天调查了封闭样方中草地害鼠的有效洞口数，并计算 G-LTBS 的校正防效。结果表明，在相同的防控时间（如第 15 天），G-LTBS 的数量越多，陷阱数量越多，其对草地害鼠的校正防效越高（图 5-38）；另外，随着 G-LTBS 持续发挥捕鼠效果和实施时间的增加，G-LTBS 对草地害鼠的校正防效也逐渐增加，并能维持在 60% 左右（样方Ⅳ中 G-LTBS 在第 90 天的校正防效达到 61%），可以实现对草地害鼠的持续防控效果。G-LTBS 并非将草地害鼠"斩尽杀绝"，而是将草地害鼠的种群密度控制在一定范围内。

可以看出，与青藏高原草地目前使用的药物防控技术相比较，G-LTBS 控鼠技术是完全使用物理方法灭鼠，对生态环境无污染；该技术将传统的鼠害防治改为持续控制，在灭鼠观念上实现了创新和突破，有利于草地害鼠的持续控制，一次建成的灭鼠装置可以长期发挥作用，促进了草地生态环境的持续改善和生产的可持续发展，在草地鼠害防治技术上实现了提升。

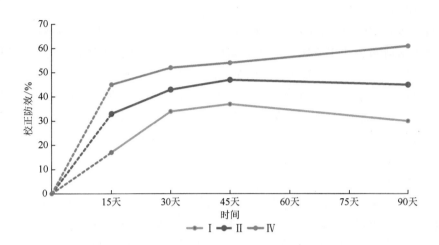

图 5-38　G-LTBS 在不同时间的持续防控效果

4. 草地虫害

青藏高原主要的草原害虫为西藏飞蝗（*Locusta migratoria tibetensis*）、青海草原毛虫、金黄草原毛虫、白边痂蝗、苜蓿夜蛾、黄地老虎、金龟子等，其中西藏飞蝗与草原毛虫并列为两大青藏高原的草原害虫（王文峰等，2016）。近十多年来，西藏局部地区草地虫害连续暴发，草原蝗虫、草原毛虫带来的危害日益加剧，对草地生态环境造成严重破坏（杨定等，2013）。

1）草地虫害的分布

（1）草原蝗虫。草原蝗虫是对草原危害蝗虫的统称。飞蝗是青藏高原的优势种害虫，在西藏、青海、四川危害十分严重，已知有 1 个种 10 个亚种，其中西藏飞蝗为青藏高原独有种，且为分布海拔最高的亚种，主要分布在西藏、四川及青海等省区，以青稞、牧草及杂草为食（陈淋等，2021）。

作为青藏高原的本地物种，进化使西藏飞蝗适应了青藏高原的气候、地形和植被等。由于青藏高原气温较低、紫外线强、缺氧，西藏飞蝗通过体内抗寒系统、抗氧化酶、呼吸模式、热休克蛋白等生理生化变化来适应高原环境。西藏大部分地区和川西北地区山谷纵横，河流众多。河谷地带小气候条件好，受雪水滋养，土壤湿度较高，生长着大量禾本科牧草，为西藏飞蝗适生区。西藏飞蝗多次在青藏高原泛滥成灾，蝗虫造成如此巨大的威胁，与其生物学特性密切相关，成灾蝗虫食性杂且食量大、繁殖力强以及能远距离迁飞，其中远距离迁飞是蝗虫猖獗为害、暴发成灾的重要因素（陈永林，2019）。

20 世纪 90 年代以来，四川和西藏等地飞蝗大面积暴发（王茹琳等，2017）。1999年，西藏拉萨、日喀则等地发生了高密度蝗灾，分布区域包括林芝市察隅县下察隅镇、昌都市江达县、林芝市雅鲁藏布江流域尼洋河支流及工布江达县灌木丛和农田，雅鲁藏布江流域中游山南市桑日县、扎达县，拉萨河支流流域等山地草原，阿里狮泉河和象泉河等山地荒漠草地等区域（王文峰等，2016）。

2003～2006 年，西藏飞蝗的分布范围逐渐扩大，严重发生区域从雅鲁藏布江流域转移到噶尔河和金沙江流域，主要沿高原河谷分布（苏红田等，2007）。西藏飞蝗在四川甘孜州和阿坝州，西藏普兰、昌都、阿里及青海玉树等地曾大面积暴发，其中 2003～2006 年极为严重，在雅鲁藏布江、雅砻江以及金沙江等横断山脉河谷地带，蝗灾暴发对当地农牧业正常生产造成极大破坏，导致难以估量的经济损失（王翠玲等，2008）。2006 年，西藏飞蝗在四川省的发生面积为 25.3 万 hm^2（虫口密度达到或超过 0.25 头 /hm^2），危害面积达到 9.9 万 hm^2（虫口密度达到或超过 0.5 头 /hm^2），涉及 22 个县。其特点是分布范围明显扩大，从金沙江沿岸东扩到大渡河沿岸，经度向东扩展了 3°（苏红田等，2007）。这 4 年间西藏飞蝗的危害逐渐加重，其中 2006 年在西藏和四川的发生面积超过 25 万 hm^2（即虫口密度达到或超过 0.5 头 /m^2）。

2006～2016 年，西藏飞蝗在西藏、四川等蝗区中发生。2007 年，西藏飞蝗发生的草地危害面积达 240 万亩左右，比 2006 年增加了 10 万亩，草地受害率在 7%～35%。危害区域涉及全西藏的 14 个县、26 个乡镇（四川省草原工作总站，2017）。2012 年，四川石渠最高蝗虫密度达 710 头 /m^2，发生面积 0.32 万 hm^2（黄冲和刘万才，2016）。2013 年，四川省西藏飞蝗发生面积为 7.8 万 hm^2，其中严重危害面积为 3.3 万 hm^2，涉及雅砻江流域、无量河流域以及金沙江沿岸和大渡河沿岸的 18 个县（张绪校等，2015）。2019 年，甘孜州、阿坝州等地西藏飞蝗平均密度为 4.5 头 /m^2，最高密度 28 头 /m^2，高密度群体发生面积较上年有所减少，呈零星发生（周俗等，2020）。

近年来，西藏飞蝗主要发生在金沙江、雅砻江、雅鲁藏布江等四川和西藏的河谷地区，包括西藏自治区东南部的昌都市、林芝市、日喀则市、拉萨市等地，以及青海省玉树州、四川省阿坝州和甘孜州等地，其中草原蝗虫在四川宜生区主要分布在石渠、德格、甘孜、色达、理塘、炉霍、道孚、雅江、稻城、若尔盖、红原、壤塘、金川、宁南、美姑等县，面积约 300 万 hm^2（周俗等，2020）。2021 年，蝗虫发生接近常年，西藏飞蝗总体暴发频率较低、程度相对较轻。研究发现，青藏高原属于气候变暖的敏感地区，近年来呈现加速增暖的趋势，西藏飞蝗的存在概率随着主导环境变量的变化而改变。海拔和等温性是影响该虫分布最为重要的环境变量，表明西藏飞蝗在扩散和繁殖过程中，一方面受当地海拔的制约，另一方面也受当地等温性的影响（王茹琳等，2017）。总之，全球变暖将会导致西藏飞蝗加快生长发育并提高其越冬存活率，且适生区面积将继续扩大，向更广阔的区域扩散。

（2）草原毛虫。草原毛虫是对草原危害毛虫的统称。青藏高原牧区的草地类型主要有山地草甸、高寒草甸、灌丛草地等，植被由高山蒿草、矮生蒿草、可食杂草组成，土壤一般为弱碱性的栗钙土，种种因素都为草原毛虫提供了生长发育的必要条件（洪军等，2014）。草原毛虫在青海、西藏、四川地区海拔 3000～5000m 高寒草甸草地上均有分布。其中，以青海草原毛虫和门源草原毛虫的分布范围最广。草原毛虫在中国的发生种均为青藏高原的特有种，其他国家和地区没有分布。

草地毛虫在西藏主要分布在那曲、拉萨、日喀则、阿里、山南和昌都等地，其中以藏北那曲地区危害较重，且呈逐年蔓延发生趋势，截至2009年发生面积约118.6万亩，造成危害面积59.3万亩，严重危害面积29.4万亩。草原毛虫主要危害高原嵩草和西藏嵩草等营养丰富的牧草，特别喜食植物幼嫩生长部分，严重抑制牧草生长，加剧草原退化，危害牲畜，阻碍畜牧产业的发展。暴发时虫口密度高达600头/m²，草原毛虫在西藏的发生和分布比较广泛且呈逐年蔓延发生趋势，截至2009年发生面积约118.6万亩，造成危害面积59.3万亩，严重危害面积29.4万亩（马少军，2010）。

青海草原也发生了大面积严重的毛虫危害，由于受温度、降水的影响较大，青海省在2007～2009年时草原毛虫危害面积达100万hm²。但经过连续防治，特别是三江源二期工程大面积防治草原毛虫，危害程度有所下降，少有突发性、重度灾害性虫害的发生（白重庆和侯秀敏，2017）。

川西北草原也是草原毛虫的主发区，刘世贵等（1984）报道，川西北草原受害的草场面积已达106.67万hm²。草原毛虫危害时间长，通常每年4月越冬幼虫开始活动出现危害，至9月化蛹，危害期长达半年之久，整个放牧期间持续危害。草原毛虫在四川省的宜生区主要分布在石渠县、德格县、色达县、甘孜县、理塘县、炉霍县、道孚县、雅江县、若尔盖县、阿坝县、红原县、壤塘县、松潘县等，面积约200万hm²（周俗等，2020）。近年来，草原毛虫主要分布在川西北草原北部，石渠县、色达县、德格县、甘孜县、若尔盖县、阿坝县、红原县、木里县等30个县有分布，危害面积32.94万hm²，严重危害面积9.44万hm²。

2）草地主要虫害防治技术

草原虫害防治就是合理运用农业的、化学的、生物的、物理的方法及其他生态学手段，将草原害虫控制在不足以造成经济损失的种群数量水平，从而达到保护草地资源，维系草地生态平衡，保证牧草及饲料作物优质高产，促进草原畜牧业发展的目的。

我国大规模草原虫害防治始于20世纪70年代末期，示范推广始于80年代中后期，分为三个阶段。第一个阶段是20世纪80年代中后期到21世纪初，防治药剂以有机磷、氟化物为主。第二个阶段是2002年以来，强调"要采取生物、物理、化学等综合防治措施，减轻草原鼠虫危害。要突出运用生物防治技术，防止草原环境污染，维护生态平衡"。第三个阶段是可持续控制阶段，基于公共植保和绿色植保两个重要理念，选用低毒高效农药，应用先进施药机械和科学施药技术，减轻残留、污染，避免人畜中毒和作物药害，根据草原地区实际情况，提出草原虫害生物防控综合配套技术路线，运用生态系统平衡原理，对虫害生物防控进行技术设计，在虫害常发区和重发区，建立健全监测预警体系；采用生物制剂、植物源农药、天敌防控等生物技术防控虫害，实现草原生态系统平衡（洪军等，2014）。

加大高效、低毒、低残留生物药剂的推广使用力度，加大防控集成技术模式的推广应用，实现绿色防控标准体系的长效机制，有效地发挥各类因子的综合控害功能，提高放牧草地生态经济效益，是高原草地虫害有效治理和草地生态保护以及草地畜牧业可持续发展的有效途径和发展趋势。

（1）草地蝗虫防治技术。

面对长期以来给我国农牧业生产造成严重危害的蝗灾（图5-39），其防治措施主要

403

有化学防治技术和生物防治技术，其中化学防治的农药主要有马拉硫磷、氟虫腈、高效氯氰菊酯等（涂雄兵等，2020）。化学防治一般是控制蝗灾突发、暴发的首选技术手段，也是蝗虫防治中应用最广泛的方法。该方法具有见效快、防效高和价格低廉等优点，但长期大量使用化学农药造成诸多弊端，高效、环保、低毒是新型农药的发展方向。

图 5-39　西藏飞蝗对草地危害

生物防治具有对生态环境友好、对靶标不易产生抗性、经济成本低和防效时间长等特点而越来越受到重视。目前已经有多种蝗虫绿色防治技术被应用于蝗虫的防治中，包括生物治蝗技术、天敌保护利用技术、生态治蝗技术等。然而，天敌保护利用技术和生态治蝗技术由于面临地域性强、成本较高、技术难度大等问题，难以大面积推广应用。其中，应用较多的主要是生物治蝗技术，通过利用蝗虫病原微生物（原生动物、真菌、细菌等）以及植物源农药［印楝素、苦参碱、瑞香狼毒（*Stellera chamaejasme* L.）等］防治蝗虫。

原生动物治蝗技术。原生动物防治蝗虫主要是应用蝗虫微孢子虫（*Nosema locustae*）进行防治。蝗虫微孢子虫是一种单细胞原生动物，为直翅目昆虫的专性寄生物，最早从室内饲养的非洲飞蝗上分离得到（Canning，1953）。其通过侵染蝗虫脂肪体，破坏蝗虫脑神经，影响生长发育和代谢，降低蝗群虫口密度，从而实现防控草原蝗灾的目标（秦丽萍等，2021）。

我国蝗虫微孢子虫治蝗研究应用领先，经过几十年的研究应用，已经开发出完善的微孢子虫防治蝗虫的技术体系，在我国近 20 个省市区中示范应用，获得了良好的生态效益、社会效益和经济效益。曹国兵和于红妍（2018）在青海省环青海湖地区通过采用蝗虫微孢子虫悬浮剂对草地蝗虫防治试验表明，在蝗虫微孢子虫施药 30 天后，其防治效果达到 70% 以上，而且在施药当年，草地蝗虫的虫口密度中等或偏低时，蝗虫微孢子虫控制草地蝗虫效果较显著，可达到可持续控制草地蝗虫种群密度的目的。姚建民等（2019）在甘孜州理塘县高寒草甸使用 0.4 亿孢子 /mL 蝗虫微孢子虫进行蝗虫防治试验，有一定的防治效果并且蝗虫微孢子虫持效性好于绿僵菌和球孢白僵菌，在施药 30 天后的防治效果达到 72.32%，而且残存蝗虫的感病率在施药 30 天后达到 70.01%，显著高于绿僵菌和球孢白僵菌对蝗虫的感病率，且具有良好的安全性。

现在蝗虫微孢子虫治蝗技术主要作为长效防控手段，充分发挥其能长期流行于蝗虫种群中，可持续调控蝗虫种群数量的优势。

真菌治蝗技术。目前蝗虫寄生性病原真菌主要有接合菌亚纲和半知菌亚纲，包括白僵菌属（*Beauvaria*）、绿僵菌属（*Metarhizium*）等，也有从蝗虫体内分离筛选获得高毒力菌株制成的灭蝗生物制剂。国内外研究较多、登记的生物农药产品近百个，主要集中在绿僵菌类产品。

绿僵菌制剂作为一种靶标性较强的重要杀虫剂，对其他昆虫和植物没有危害，且对生态环境较为安全，是近十多年来国内外生物技术防治蝗虫研究与开发的热点之一。田间试验表明，将绿僵菌分生孢子制成油悬浮剂时采用超低容量喷雾能有效地防治多种草地蝗虫。在青藏高原地区采用绿僵菌 2 种剂型在不同地形处防治草原蝗虫，施药当年效果较好，虫口减退率达到 65% 以上（曹国兵和于红妍，2018）。在青海省祁连县采用绿僵菌油悬浮剂防治草原土蝗，结果表明绿僵菌孢子含量为 100 亿孢子 /g 时，施药 7 天后的平均防效为 95.9%。施药后牧草生长良好，具有一定的推广价值（王薇娟等，2012）。特别是在高温和低湿条件下，绿僵菌作用效果更明显。

白僵菌的特点是能够在自然条件通过体壁接触感染杀死害虫，其可寄生 15 个目 149 个科的 700 余种昆虫，对人畜和环境比较安全，害虫一般不易产生抗药性。白僵菌高孢粉无毒无味，无环境污染，对害虫具有持续感染力。害虫一经感染可连续浸染传播，因此在草原蝗虫防治领域得到了较好的推广研究。在甘孜州理塘县高寒草甸使用 400 亿孢子 /g 球孢白僵菌 WP 对草原蝗虫进行防治试验，施药 10 天的防效为 84.12%，速效性好于蝗虫微孢子虫，也显著高于蝗虫微孢子虫的防虫效果（姚建民等，2019）。

真菌治蝗技术具有对脊椎动物无毒无害、与环境友好兼容、对寄主不易产生抗药性、许多种类可工厂化培养等优点，使之成为最有前景的草原蝗虫防治生物杀虫剂。真菌防蝗更适于在蝗蝻期施用，以干预种群发展、避免暴发成灾。同时，为了实施蝗蝻早期人工干预的策略，通过大数据如高空遥感监测结合气象与生物学信息等进行监测，结合真菌治蝗剂的进一步完善，将更加高效地提升草原治蝗水平。

细菌治蝗技术。细菌防治蝗虫主要是应用微生物细菌进行蝗虫的防治。目前蝗虫寄生性病原细菌主要有苏云金芽孢杆菌（*Bacillus thuringiensis*）、类产碱假单胞菌（*Pseudomonas pseudoalcaligenes*）和球形芽孢杆菌（*Bacillus sphaericu*）等。

苏云金杆菌具有无污染、安全，生产和使用方便，无抗药性产生，防治费用低等优点，故对其的研究非常多。四川大学刘世贵教授的团队等从 32 株苏云金杆菌亚种中筛选到一株对青海、四川草地优势种蝗虫具有较强致死作用的菌株 B.t.7（即一种苏云金杆菌），对 3 龄草地蝗虫的 LD50 值为 6.036×10^6 活孢子 /mL，防治效果达 70％左右（朱文等，1995）。苏云金杆菌的复合使用也是研究重点，其中苏云金杆菌和阿维菌素复合的粉剂能提高防效。

自然死亡蝗虫体内分离高毒力菌株应用也是一种细菌防蝗的新路径。1991 年，四川大学刘世贵教授的团队从黄脊竹蝗（*Ceracris kiangsu* Tsai）自然罹病死亡的虫尸中分离到一株致病菌，经鉴定确证该病原物为类产碱假单胞菌。室内感染草地蝗虫的试验结果表明，该菌株对草地优势种蝗虫具较强的感染致死力，感染 48h 后开始死亡，96h 进入死亡高峰，7 天后的校正死亡率为 82.7%。在青海草地田间小区应用该菌剂防治草地蝗虫的试验结果表明，防治效果良好（刘世贵等，1995）。用该菌剂分别感染东亚飞蝗、宽须蚁蝗、狭翅雏蝗、小翅雏蝗、皱膝蝗、白边痂蝗、鼓翅皱膝蝗、中华雏蝗、红翅皱膝蝗等的结果表明：感染致死率在 60％～ 90%（杨志荣等，1996）。阐述的杀虫活性物质为胞外杀虫蛋白，分子量 25100 天，等电点 5.16，该毒蛋白进入蝗虫体后蝗虫的前胃、中肠、后肠均有吸收，并对前胃、中肠、后肠、马氏管、脂肪体等组织产生毒害，使这些组织在 24～48h 发生明显的病变。从亚细胞水平来看，各种组织细胞内的细胞核、线粒体、内质网、核糖体等细胞器产生异常，其中线粒体病变最严重。作用于中肠细胞后，其线粒体呼吸耗氧量不断降低，磷酸化反应减弱，故线粒体的氧化磷酸化作用逐渐被抑制有氧呼吸的电子传递链某处被阻断，蝗虫体内能量代谢被抑制，导致蝗虫死亡。类产碱假单胞菌灭蝗剂作为一种无污染、无残留、无生态毒性的微生物杀虫剂，获得了四川省科技进步奖一等奖。

细菌防蝗主要集中在毒蛋白等天然有毒组分的研究与应用上，结合分子生物学技术可规模化生产，具有一定的应用前景。

植物源农药治蝗技术。植物源农药防治蝗虫速度较化学农药见效慢，但其不杀伤天敌，有利于保持草原的自然控制作用，符合环保和蝗区生物多样性的要求。研究较多的灭蝗植物主要有印楝、苦参、苦皮藤、大叶醉鱼草以及瑞香狼毒等。

印楝素是目前世界上公认的活性最强的拒食剂，对大多数昆虫和其他节肢动物的生长发育具有良好的抑制作用，对脊椎动物安全，被认为是最优秀的生物农药之一，也是目前商品化开发最成功的植物源杀虫剂，1997 年印楝素以新化合物结构作为新农药在我国登记，实现了商业化应用，2014 年成为农业农村部推荐使用的低毒低残留农药主要品种，获得了显著的经济效益和生态效益。

其中，四川省草原科学研究院通过高效率回收的超临界 CO_2 流体萃取印楝素技术创制了不含芳香烃的印楝素乳油等 3 种产品防治西藏飞蝗（黄耿等，2015），针对高原民族地区特点，研制了直升机农药喷洒设备和高原作业配套技术，为缺氧缺水高原虫害防控提供了药械保障，解决了传统川西地区西藏飞蝗的防治手段不适用于在高原作业的难题（唐川江等，2013）。

苦参碱是从豆科植物苦参中分离得到的一种广谱杀虫生物碱，作用于脊椎动物，具有抗心律失常、抗炎、抗纤维化、抗肿瘤等多方面的药理活性。深入研究发现苦参碱对蝗虫等害虫有较好的杀灭作用，杀虫机理是使害虫神经中枢麻痹，虫体蛋白质凝固、气孔堵塞，窒息，近年来逐渐应用于蝗虫防治。

苦参碱对草原蝗虫的防治效果、安全性近年来获得公认。在甘肃东山草地等利用 1% 苦参碱可溶性剂防治蝗虫的效果最高可达 98.35%（王俊梅等，2008）。在甘孜州高寒牧区，1.5% 苦参碱可溶性剂应用直升机防治草原蝗虫防效可达到 92. 38%，使用的直升机超低容量喷雾具有防治区域精确、喷雾均匀、效率高、防效好的特点，有利于改善高寒牧区草原虫害防治效率偏低的现状（姚建民等，2018）。

瑞香狼毒为瑞香科狼毒属植物，多生长于草原、山地、丘陵、沙地等，喜生石质坡地或沙质草地上。以四川省甘孜州、阿坝州全域、凉山州的西北部，以及青海省、甘肃省青藏高原草地最为常见（图 5-40），是代表性的引起草场退化的有毒植物。瑞香狼毒全株有毒，根部毒性最大，可用于驱虫杀虫。高效开发利用瑞香狼毒，即可达到保护草原、"化害为利"的目的，取得经济效益和社会效益双赢。

图 5-40　川西草原上的瑞香狼毒

文献报道，对于包括常见的蚜虫、菜青虫、蝗虫、松毛虫、螨虫、仓储害虫等在内的 8 个目 16 种农业、卫生害虫，瑞香狼毒提取物均有不错的防治效果，杀虫谱较广。

四川大学侯太平教授的团队重点对瑞香狼毒进行了杀虫抑菌活性成分研究，首次从该植物中分离获得了 11 个未见报道的高活性化合物。部分活性化合物与杀线虫剂瑞香醇酮、查尔酮、二氢查尔酮、黄烷酮等的结构很相似，这些化合物均具有 C6-Cn-C6 的结构（侯太平等，2002；肖波等，2005）。活性结果显示，对同翅目蚜虫、鳞翅目菜青虫、稻螟、鞘翅目米象等均显示出一定的生物活性，瑞香狼毒活性成分对东亚飞蝗具有拒食、触杀、胃毒活性及生长发育抑制作用。其中，拒食活性最为显著，在施药 24h、48h 的拒食中浓度（AFC50）分别为 317.63mg/L、113.20 mg/L。瑞香狼毒乙醇提取物：Bt（苏云金芽孢杆菌）为 1：4 时增效效果最为明显，72h 共毒系数为 206.489。建议对适宜配比 1：4 左右范围的混配制剂进行进一步的草原应用试验，以评价其应用效果。

在青藏高原东南缘的理塘县高寒草甸进行瑞·苏生防剂蝗虫防控试验表明，1.2%瑞·苏生防剂在72h的防效和2%阿维·苏云菌可湿性粉剂、1%苦参碱可溶性剂相当，达到83%，持续控制效果最好，并且相比其余两种制剂，1.2%瑞·苏生防剂主要成分瑞香素可从在草原上分布广泛的瑞香狼毒中获取，成本较低，适合大面积使用。

新疆哈密松树塘草原的蝗虫防治试验，使用6HW-50型高射程喷雾机进行1.2%瑞·苏生防剂地面大型机械超低量喷雾（图5-41），对蝗虫的防治效果为瑞香狼毒·Bt复配较好，瑞香狼毒·Bt复配防治蝗虫速效性快，持续时间长，防治效果好。在施药14天后15g/亩、25g/亩、35g/亩的灭蝗效果分别达到92.03%、96.42%、96.62%，杀虫效果随着用量的增加而递增（表5-12）。根据试验观察，各种药物对草原植被均无药害，同时也对蝗虫有较好的防治效果。建议施药时掌握在蝗虫幼虫的3龄以前，施药时要求均匀喷雾（高嫚潞，2013）。

图5-41　6HW-501高射程喷雾机进行1.2%瑞·苏生防剂地面大型机械超低量喷雾

表5-12　瑞·苏生防剂草原灭蝗药效试验

处理药剂	制剂用药量/(g/亩)	虫口基数/头	药后3天			药后7天			药后14天		
			残存虫数/头	虫口减退率/%	校正防效/%	残存虫数/头	虫口减退率/%	校正防效/%	残存虫数/头	虫口减退率/%	校正防效/%
瑞·苏生防剂	15	479	45	90.61	90.45	41	91.44	91.47	38	92.07	92.03
	25	477	20	95.81	95.74	18	96.23	96.24	17	96.43	96.42
	35	476	18	96.22	96.16	17	96.43	96.44	16	96.64	96.62
高效氯氰菊酯	15	475	49	89.68	89.51	67	85.89	85.95	108	77.26	77.17
	25	469	47	89.98	89.81	62	86.78	86.83	95	79.74	79.66
	35	484	39	91.94	91.81	60	87.60	87.65	89	81.61	81.54
清水对照		487	479	1.64		489	−0.41		485	0.41	

植物源农药以其低毒、环境友好等优势，越来越受到重视。同时，传统中药的记载也将为新型植物源农药治蝗带来更多的启发。从防治手段和防治效果来看，单一的防治手段均难以达到生态防控和综合防控的要求。早期防治、综合防控是未来草原治

蝗的发展趋势，加强草原蝗虫高效预警和信息化动态监测，实现全覆盖。充分发挥各种防治手段的优势，实现各种手段的优势互补、环境友好、高效长效，逐步构建以应用微生物农药、天敌等生物防治措施为主，结合生态治理和低毒植物源农药及化学农药应急化学防治为辅的高原蝗虫综合治理体系，实现高原草原经济与生态双赢。

(2) 草地毛虫防治技术。

草原毛虫作为青藏高原区系中特有的昆虫种类，是对草地危害最严重的有害昆虫之一。草原毛虫主要危害高原嵩草和西藏嵩草等营养丰富的牧草，特别喜食植物幼嫩生长部分，严重抑制牧草生长，加剧草原退化，危害牲畜，阻碍当地畜牧产业的发展（图 5-42）。

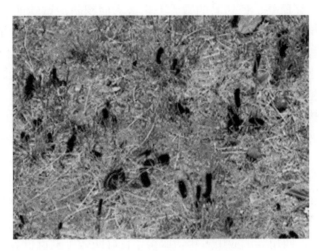

图 5-42　草原毛虫的严重危害

草原毛虫防治主要有化学防治和生物防治。过去较长的时间内主要依靠化学防治（如高效氯氰菊酯），虽然使草原毛虫能够得到及时有效的防治，同时也杀伤了大量的自然天敌、污染环境、破坏生态平衡，且频繁使用易导致害虫产生抗药性，致使害虫猖獗。例如，王俊彪等（2002）在西藏那曲市聂荣县草地进行防治毛虫试验，结果表明 5% 高效顺反氯氰菊酯对草原毛虫具有较强的杀伤力，效果迅速，用药后 30 ~ 50min 就有大量死亡。浓度在 0.14%、0.2%、0.4% 时对草原毛虫的灭除效果最佳。药液浓度大于 0.4% 时，就会对牧草产生危害，牧草略有发黄干枯。

鉴于化学防治带来的负面效应日益严重，生物防治环境友好、不易产生耐药性的优点越来越被推崇。其中，尤其以微生物病毒防治毛虫和植物源农药防治毛虫研究应用最多。

(3) 微生物病毒治毛虫技术。

四川大学等单位根据在草原上使用化学农药防治草原毛虫出现的问题以及潜在危险，开展了微生物病毒治毛虫的系列科学研究。

在青海省刚察县应用 2% 甲氨基阿维菌素苯甲酸盐和 0.4% 苏云金杆菌混合剂对草原毛虫进行了防治试验。结果表明，在草原毛虫 3 龄期，选用该药剂防控草原毛虫，平均防治效果达 90% 以上，对优良牧草安全（于红妍，2020）。

在青海省刚察县山地草原使用 10000PIB/mg 松毛虫质型多角体病毒·16000IU/mg 苏云金杆菌可湿性粉剂，在浓度为 450 mL/hm^2 时，对草原毛虫的平均防治效果为 93%，在试验剂量范围内，牧草无药害现象，显示了该生物药剂比化学药剂在控制害虫种群数量和环境保护方面具有更大的优越性（于红妍等，2019）。

四川大学刘世贵教授的团队等在川西北草原从自然罹病死亡的草原毛虫尸体中经分离和筛选获得一种草原毛虫核型多角体病毒（GrNPV），对草原毛虫具有较强的感染能力，$1×10^7 ～ 1×10^8$ 多角体 /mL 病毒液感染毛虫，在第 10 天时毛虫的死亡率可达 75.7% ～ 90%，在第 12 天时则为 84.3% ～ 93.3%（刘世贵等，1984）。1984 ～ 1987 年，通过在若尔盖县、红原县、色达县的数十万亩级大面积防治试验证明，草原毛虫病毒杀虫剂的灭虫效果达 80% ～ 85%。防效高于 500 倍的敌百虫（90% 晶体），也高于每亩 0.2kg 苏云杆菌，而且还显示了长效性的特点。草原毛虫核型多角体病毒对草原毛虫具有较强的感染能力，这是世界上首次在高海拔地区发现的一种昆虫病毒，也是世界上首次发现和报道的昆虫病毒（刘世贵等，1993）。

草原地区海拔高、氧分压和气温低、紫外线照射强，这些恶劣的自然条件对任何单一生物因子防治草原毛虫的防效不佳，因此更多的研究工作致力于复合杀虫剂的研制，因此研制出一种适于草原地区防治草原毛虫的复合生物杀虫剂，是解决草原毛虫防治的关键。其中，以草原毛虫核型多角体病毒和 B13 芽孢杆菌为主体成分，辅以光保护剂，迫发剂和黏附剂配伍组装，施用后 10 天的虫口减退率为 84% ～ 91%，校正率 80% ～ 88%，平均为 85%，该研究应用既发挥病毒治虫的优点，又克服其短处，目前该技术已在青海、四川等地应用多年，取得了良好防效（刘世贵等，1988）。

微生物病毒防治草原毛虫为我国首创，具有自主知识产权，取得了良好的防治效果，深入研究转化，将成为青藏高原毛虫防治的重要手段。

（4）植物源农药治毛虫技术。

植物源农药在草原毛虫防治方面具备广谱、环境友好的杀虫特性，研究集中在烟碱、苦参碱、瑞香素以及联合用药上。拉毛才让等（2008）在青海省海北藏族自治州刚察县山地草原进行的草原毛虫防治试验表明，1.2% 烟碱和苦参碱在浓度为 20mL/ 亩时对草原毛虫的防治效果好于 4.5% 高效氯氰菊酯，达到 98.64%，显示出该植物源杀虫剂具有较高的推广应用价值。

由四川大学青藏高原生物灾害防控与生态修复工程研究团队开发的生物农药 1.2% 瑞·苏生防剂（有效成分为瑞香素和苏云金杆菌）具有较好的蝗虫防控作用。在青海省海晏县天然草地进行的毛虫防治试验表明，在制剂用量为 300 ～ 675mL/hm^2 时，有效成分用量 3.6 ～ 8.1g/hm^2，喷雾量达到 37800mL/hm^2，施药 14 天后的防治效果达到 88% 以上，表现出较好的草原毛虫的防治效果（来有鹏和白小宁，2014）；该药剂的防治适期为毛虫 2 ～ 3 龄期，速效性较好，持效期长；同时在祁连县草原毛虫的防治试验也显示，在喷施剂量分别为 300 mL/hm^2 和 375 mL/hm^2 时，1.2% 瑞·苏生防剂对 3 龄期青海草原毛虫在施药 5 天后的防治效果均达 90% 以上，并且差异不显著，药剂处理区牧草无不良反应且较对照区牧草长势好，对牧草无不良影响，性能稳定，对草原毛虫具有良好的防治效果，适宜在青海省大面积防治草原毛虫中推广应用（李林霞，2013）。此外，在青海省、甘肃省、四川省的草原毛虫发生地完成了对 1.2% 瑞·苏生防剂的田间药效试验。所选对照药剂分别为：2% 瑞香狼毒素微乳剂、8000IU/μL 苏云金杆菌悬浮剂和 4.5% 高效氯氰菊酯乳油等。本产品试验剂量为 300g/hm^2、450 g/hm^2 和 675 g/hm^2，对应有效成分量为 3.6 g/hm^2、5.4 g/hm^2 和 8.1 g/hm^2，采用喷雾施药。试验结果表明，1.2% 瑞·苏生防剂对草原毛虫具有良好的防效（表 5-13）。同时，调查发现该药剂对草原牧草安全、其他非靶标生物无不良影响，可在生产中大面积推广使用。

表 5-13　1.2% 瑞·苏生防剂对草原毛虫的药效试验

作物	试验地点及完成单位	施药方法	制剂用量 /(g/hm^2)	防治效果及增产情况 /%
牧草	青海海晏县	喷雾	300	88.17
			450	92.21
			600	98.48
牧草	甘肃玛曲县河曲马场	喷雾	450	78.13
			675	90.15
牧草	四川若尔盖县热尔乡 *	喷雾	300	75.81
			450	85.09
			675	91.05
牧草	青海海晏县	喷雾	300	88.12
			450	90.57
			675	97.47
牧草	甘肃玛曲县河曲马场	喷雾	300	76.77
			450	80.67
			675	88.18
牧草	四川若尔盖县热尔乡	喷雾	300	76.33
			450	85.34
			675	90.68

* 热尔乡已于 2019 年 12 月撤销。

对于草原毛虫防控，适合草原的新型农药装备研究应用日益丰富。农药无人机的使用近年来日益增多。无人机将草原毛虫防治从人工地面防治变为空中防治，可以提高草原虫害防控的安全性，对草原毛虫的绿色防控、高效防控具有深远的意义。青海省草原总站在黄南藏族自治州泽库县的天然草原上进行了为期 12 天的无人机低容施药防控草原毛虫的试验研究，2% 苦参碱水剂施药后防控草原毛虫的效果在 90% 以上，较人喷洒防控效果有较大的提高，同时有效地解决了劳动力成本过高和喷洒不均匀的问题，有望大面积推广（连欢欢等，2021）。

植物源农药防治草原毛虫以其低毒、环境友好等优势，越来越受到重视。同时，植物源农药与微生物农药等联用研究成为重要的方向，将有效发挥二者的优势、提高草原毛虫防治的水平。从防治手段和防治效果来看，微生物病毒防治草原毛虫作为我国自主知识产权的防治手段，与现有的植物源农药的联合应用以及新型农药装备的运用，必将有效地解决青藏高原草原毛虫的难题，实现青藏高原经济发展和生态效益双赢。

5.2.2　退化草地生态修复工程技术

1. 退化草地生态修复技术

为了恢复已退化的草地和保护未退化的草地，加速植被演替过程，可以人为配置多样的植被生态系统，从而提高退化生态系统的稳定性，进而增加草地的生态效益和经济效益（Alrowaily et al.，2015）。通过人工措施进行植被恢复与重建被认为是草地恢复最经济有效且最稳定持久的生态恢复治理措施（Myoung et al.，2012）。已有实践证明，对退化草地采取一定的人为恢复措施可导致植被的正向演替进程加快，而不科学的人为干扰可使得植被的正向演替进程停止，甚至可能造成逆向演替（魏振荣等，2010；赵伟等，2010）。长期以来，全球范围内发展了多种生物和工程措施，其目的是保护和恢复沙化草地和潜在沙化草地，其中生物措施主要是指利用适宜的植物恢复受损生态系统的植被，从而建立新的植物群落，恢复已退化的生态环境（赵伟等，2010）。针对青藏高原草原生态环境持续恶化的严峻现实，从维护国家生态安全、食物安全和经济社会可持续发展出发，国务院批准实施退牧还草工程、生态奖补、退耕还草等草原生态工程保护修复项目。其中，退牧还草工程是近年来国家在草地建设史上投入规模最大、涉及面最广、受益群众最多、对草地生态环境影响最为长远的项目。退牧还草工程以改善草原牧区生态环境、提高草地畜牧业生产综合能力、增加牧民收入为核心，坚持保护为先，建设和合理利用相结合，实行以草定畜，严格控制载畜量；实行草场围栏封育，开展禁牧、休牧和划区轮牧措施；适当建设人工草地和饲草基地。该工程的实施旨在遏制天然草地的持续恶化，优化草畜产业结构，恢复草原植被，提高草地生产力和载畜能力，促进与恢复草原生态平衡，实现畜牧业可持续发展。通过多年的实施，围栏封育、补播草种、施肥等成为使用最为广泛的草地恢复技术措施。通过持续的生态修复工程治理，青藏高原草地退化趋势已得到初步遏制，草地生态系统保持平稳，生态系统宏观结构稳定，净初级生产力显著上升，草地植被呈现恢复转好态势，生态系统总体质量有所提高，生态环境向良性演变。

1）围栏封育

围栏封育是退化草地生态系统重建的主要管理措施之一，是利用生态系统自我恢复原理恢复植被的一种措施（图 5-43）。它具有实施简单、成本低、见效快和可扩展性好的特点。围栏封育在全球范围内得到广泛应用（Borer et al.，2014）。封育可调整草地生态系统的资源利用模式，为草地提供休养生息的机会，利用生态系统的自我修复能力，实现恢复退化草地的目的（刘小丹，2015）。在众多研究中发现短期围栏封育增加了盖度、密度及物种多样性，优化了物种组成，改善了群落结构（Mekuria et al.，2009），进而恢复退化草地及生存环境（Gao et al.，2009；Shang et al.，2008）。封育使得草地逐渐积累足够多的营养物质，为退化草地植物提供繁殖发育的必要条件，促进植物群落的自然更新（张文海和杨韬，2011）。但长期封育并不利于植被的恢复稳定，甚至可能引起植被的再退化（Deng et al.，2014；Wu et al.，2010）。

图 5-43　围栏封育

围栏封育可以在较短时间内对植物群落特征产生积极影响，地表植被高度、盖度、生物量、生物多样性显著提高且在围栏封育期间表现稳定，但随着围栏封育年限的增加，群落结构出现恶化趋势，禾本科和莎草科优良牧草生物量占比下降，毒害草生物量占比增加。因此，围栏封育并非时间越久越好，应该根据实际情况选择是否继续进行围栏封育，并且围栏封育过程中可以在不大幅增加成本的前提下考虑进行轮牧。而围栏封育对土壤性质的影响，则是随着围栏封育年限的增加缓慢改善土壤性质，提高土壤肥力。

2）补播技术

免耕补播是退化草原植被修复关键技术，是在不破坏或少破坏草原植被的条件下，通过补播适宜的优良草种，提高退化草原生产力和物种多样性（图 5-44）。在不扰动或少扰动原生植被的前提下，成功补播修复草原是难点，其关键技术主要包括补播物种的选择、补播技术和补播后草原管理。补播改良是退化草原修复的重要措施，是在退化草地土壤中播种一些适应性强、营养价值高的优良植物物种，提高草原植被覆盖度、物种多样性，从而提升草原生产力和草场质量。由于补播牧草品种选择不当，补播草种在免耕环境下易受到原生植被的竞争排除，加上补播技术和补播改良后草地后续管理不到位等诸多原因，免耕补播物种成活率低、补播草地利用年限短、草地群落稳定性差、补播改良成本高、比较效益低（阎子盟等，2014）。研究发现，退化草原补播乡土植物更容易获得建植成功，尤其是在气候严酷、自然环境恶劣的青藏高原草原牧区，更应重视乡土草种在退化草地治理中的作用。补播不仅缩短了草原自然恢复进程，在提高草原生产力的同时，也促进植物群落结构改善，可快速恢复草原生态系统的多功能性和稳定性（宋彩荣等，2005），但乡土植物种子难以收获，选育出的乡土牧草品种单一，因此在大面积补播时受到限制。因免耕补播修复技术采取对土壤少扰动措施，因此退化草原补播时需要考虑到植物－土壤反馈作用。根据植物－土壤反馈作用的原理，补播草地植物在生长过程中通过根系或凋落物输入，改变土壤的生物或非生物环境，最终影响后续或补播植物的生长。补播植物的凋落物降解在退化草地土壤中形成"主场优势"，即凋落物的分解速率在其作为优势种群落中高于非优势种群落，从而促进养分循环与释放以及对土壤微生物群落的"塑造"，最终对补播植物生长产生正反馈（张英俊等，2020）。草原退化导致植被稀疏和高空斑率，不同的放牧利用强度会形成大小不一的空斑，中轻度放牧利用下的草地多形成直径 3 ～ 10 cm 的小空斑，而在重度利用下的草地中直径 ≥ 10 cm 的大空斑分布居多（Bullock et al.，1995）。

图 5-44　补播草种

恢复措施在生物多样性保护和生态系统功能维持等方面变得越来越关键。土壤种子库中缺乏有活力的种子和目标物种的扩散受限是影响草地物种多样性恢复的主要障碍，因此物种的主动添加作为一种补充措施非常必要。禾草种子的添加是解决禾草种质资源不足，促进植被恢复的有效措施（张永超等，2012）。因此，对高寒草甸进行补播改良是保证高寒草甸可持续利用的重要措施。研究表明，在天然草地播种以沙打旺为主的优良牧草中，草地产草量比对照提高 4 ～ 5 倍（郑华平等，2009），同时补播豆科牧草沙打旺和禾本科牧草垂穗披碱草，能显著提高产草量，增加优质牧草比例，草层高度和密度显著提高（张永超等，2012）。郑华平等（2009）指出补播对高寒沙化草地物种丰富度影响不明显，但草群密度和地上生物量比对照显著增加。高寒草甸补播禾本科牧草可有效增加草地生产力，提高植物全氮含量，同时可促进高寒草甸土壤全氮、全磷、全钾及速效氮、速率钾的积累。补播后植物群落物种数显著提高，群落中物种数是影响群落稳定性的主要因素，并且群落中物种越丰富其结构就越稳定（张永超等，2012）。根据研究发现，天然草地免耕补播是简单易行、投资少、见效快的草地改良措施，在增加草层的植被种类成分、物种多样性、草地的覆盖度以及提高草地的生物量和品质等方面效果明显（张英俊等，2020）。通过补播来调整群落结构，可以加强优良牧草的竞争优势，抑制不良草类植物生长，增加理想牧草的比重，从而提高草地的生物量和品质（孙伟等，2021）。补播的方式主要包括人工补播、机播、飞播等形式，其中人工补播因其耗时、费力、成本高的缺点，不适于大面积实施；机播主要采用机器辅助进行，可进行大面积野外操作。退化草地补播草种后群落原有的空间格局发生变化，形成了新的生态位，进而提高了群落的生物多样性。

选择适宜的播种期。补播牧草的及时萌发和生长是保证补播成功的重要条件。与草地中原有的植物具有相同或相似的竞争机会和条件，是确定补播时期必须考虑的问题（孙伟等，2021）。充分考虑草地的水分和温度条件，保证补播种子的萌发和冬季来临之前的充分生长，确定适宜的播种期。

多种草种相结合。补播单一草种未必能达到理想的效果，而补播禾草类混合草种是治理退化草地的理想措施。选用草种搭配时要综合考虑各草种的时间、空间、营养生态位差异等，进行合理配比。

补播后的管理。出苗阶段对于补播恢复成功是比较重要的阶段，刚补播的幼苗嫩弱，经不起牲畜的践踏，要加强围封管理，当年必须禁牧，等 2 年后才可进行秋季割草或冬季放牧，要给牧草 2 ～ 3 个季节的连续生长时期。

3）施肥技术

草地退化的原因十分复杂，但从生态系统学理论的观点来看，其本质上是由草地生态系统中能量流动和物质循环失衡、入不敷出造成的。人类在利用草地时（如放牧及刈割干草等），土壤养分随着草产品及畜产品的输出被过量地带出草地，在没有得到有效补充的情况下，草地土壤肥力逐渐下降，甚至瘠薄，严重影响牧草的生长，使草地生态系统受到危害（纪亚君和陆家芬，2019）。土壤贫瘠是退化高寒草地的主要表征之一。恢复退化草地时，施肥往往被视为行之有效的方法，能快速地增加草地的生产力。无机肥可以被植物迅速吸收，达到速效肥的效果（陈晓娟等，2021）；单纯施氮肥可能会造成草地养分失衡，而氮磷混施对退化草地恢复效果良好（王娟等，2017）。但是研究表明，过量施加氮肥会导致草地生物多样性下降，针对不同草地类型的施肥种类以及施肥量仍需开展大量研究（姜哲浩等，2018）。有机肥分解慢、作用时间长，可以提供足够的碳、氮源，供土壤微生物代谢为植物提供养分，达到缓释肥的效果（郭红玉等，2014）。施入有机肥还可以提高碳氮比，在短期内控制杂草生长（王娟等，2017）。

青藏高原退化草地的生物多样性降低和生产力下降，在很大程度上与草地的土壤养分不足或失衡有关。青藏高原高寒草甸退化草地土壤动态研究表明，表层土壤（4 ～ 20cm）有机碳和全氮含量随草地退化程度增加而下降，三江源区高寒草地不同退化程度的土壤养分变化研究则表明，土壤速效磷含量不受草地退化程度的影响（郭红玉等，2014）。土壤养分制约着青藏高原退化草地的恢复过程，但是不同退化草地类型之间存在着较大的差异。青藏高原退化草地通常具有丰富的土壤有机质和种子库，通过外援补充的手段，可以激发土壤有机质分解、提升养分有效性和种子着床率，加速退化草地的植被恢复，这样的土壤养分调控技术能够提高物种多样性，同时降低成本（图 5-45）。

图 5-45　肥料撒施

不同草地退化类型中，土壤养分的分布和含量具有明显的时空异质性，分类型研究退化草地退化过程中的限制性养分元素是养分调控的关键。通过对土壤生态化学计量学的研究能够突破这一难题。通过土壤氮磷比可以判断养分限制状况及哪种养分限制了有机质的分解，在找出限制性元素的基础上，针对性地通过人为干预措施（如施肥）改变元素的计量关系使之平衡。然而，由于土壤的结构复杂，养分添加措施虽然能够在理论上平衡土壤元素之间的计量关系，但并不意味着土壤中的有效养分能够满足植物生长，这种状况在黑土滩尤为典型（郭剑波等，2020）。

青藏高原退化草地恢复过程受土壤养分制约，恢复过程中普遍采用外源养分添加或替代物的恢复手段，并没有考虑到不同退化草地类型间土壤养分的差异性，造成退化草地土壤养分无法正常循环，植物生长所需的养分可能无法满足或过量（葛庆征等，2012）。通过外源补充和内源激发相结合的方式，促进退化草地土壤养分恢复与维持，可以更加有效地实现青藏高原退化草地恢复的土壤养分调控。针对青藏高原草地土层浅薄、养分失衡和养分有效性受限的特点，依据草地土壤养分特征和化学计量关系，采用外源养分添加和内源养分活化的措施，研发不同退化阶段草地恢复的土壤养分调控技术、典型小嵩草退化草地恢复的土壤养分调控技术、沙化草地（黑土滩和沙质草地为代表）恢复的养分调控技术，以及可以实现青藏高原不同类型退化草地恢复的土壤养分调控措施。

草原施肥存在诸多问题。目前，我国草地单位面积的产量不高，生产上的不施肥或盲目施肥可能是一个主要原因。大量研究结果表明，我国氮肥利用率仅为 30%～35%，而发达国家已达到 70%～80%。盲目施肥导致资源浪费，引起环境污染和破坏土壤营养元素的平衡。牧草的生长必须补充足够的肥料，并且养分比例的平衡是保证牧草正常生长的关键。但实际牧草种植中，经常忽略中微量元素肥料的补充，导致某种营养元素的过剩或缺乏。研究表明，铁、硼和钼能够促进牧草分蘖，提高叶面积指数及其与杂草的竞争力，有利于牧草的光合作用。在青海省环湖地区，牧草和土壤中存在低锰、低铜、低锌的状况。目前青海省草地施肥的研究多停留在大量元素氮、磷的使用上，对微肥及稀土元素肥料的研究尚属空白。在不同施肥模式长期定位试验平台，对不同模式下土壤中微量元素的含量变化进行系统研究，表明施肥对土壤全量微量元素含量没有显著影响，但施肥显著增加了土壤有效态微量元素含量。

传统依靠经验施肥，导致肥料效率低下，很难适应当代世界所倡导的精准农业的新形势，传统施肥将面临前所未有的考验。精准施肥技术是依据土壤养分状况，提高草地养分循环速率，最低限度地减少养分损失，最大限度地增加系统养分循环，确保充足的施肥量以补充损失量的关键技术措施。草地精准施肥的关键技术包括以下三点：一是基于施肥区域的土壤养分空间变异规律，实现土壤养分测试和作物营养诊断的精准；二是确定适宜的施肥模型，实现施肥决策的合理；三是采用合理的施肥方式，实现肥料施用的精准化。根据不同地区土壤类型的精准施肥能在很大程度上对牧草的丰产增收起决定性作用。同时，运用先进技术，如地理信息系统、差分全球定位系统、遥感等，在充分了解草地具体情况的条件下，精细准确地调整施肥措施和施肥种类与数量，使施肥草地更高产优质。

在一般情况下，氮肥施入土壤以后，仅有 30%～50% 能被作物吸收。氮肥损失的主要原因是冲洗、淋失、硝化作用与反硝化作用。由于硝化作用，亚硝酸盐在土壤中积累，使牧草中的含量增高，影响了牲畜安全。缓效氮肥是解决这一问题的有效途径，目前正逐渐受到重视，不少国家已为研制缓效肥料做了大量工作。缓释肥料就是通过养分的化学复合或物理作用，使其对作物的有效态养分随着时间而缓慢释放的化学肥料。控释肥料是那些养分释放率与作物需肥规律完全匹配的肥料，可以根据外界环境变化而改变释放规律的智能型肥料，也就是说，控释肥料是缓释肥料的高级形式。

4）灌溉技术

青藏高原水源丰富，但降水不均，东南缘较多，藏北草原较少。西藏草原牧区相对青藏高原其他区域降水量整体偏低，降水量分布季节与牧草生长关键期极不匹配，严重影响牧草生长，特别是在藏北降水量很低，有些区域降水量甚至不足 80mm。降水量严重不足，加之现有水资源利用技术欠缺，农田水利设施建设严重滞后，可灌溉的天然草原面积仅占全区可利用草原面积的 1% 左右，全区人工饲草地中一半为旱作地。水分亏缺是影响牧草生长的主要因子，干旱对牧草造成的损失仅次于病虫害造成的损失，缺水是高寒草地退化的关键因素之一，也是未来青藏高原生态保护与草牧业高质量发展首先要解决的重要因素之一。精准合理利用青藏高原水资源,开展近自然式草原灌溉保护修复工程势在必行。

灌溉能提高草地生产能力,灌溉后因水分充足,能促进牧草生长,故可提高草地牧草产量。不仅如此,灌溉还有更为特殊的意义,部分地区 3 月气温已开始回升,地温回升更快,完全可以满足牧草生长的温度需要,而雨季尚未开始,水热条件时差长达两个月左右,如果此时灌溉(即春灌),可使牧草提前返青,延长牧草的生长期,进而促使草地生产能力提高。据测定,开展春灌,当年可提高草地牧草产量 2 ~ 3 倍(兰伟,2000)。

灌溉能够促进草地植物群落演替,灌溉草地土壤中的水汽增加,土壤中的养分分解和吸收加快,草地土壤的水肥状况改善,有利于中生植物(如禾草)生长,草地植物群落逐步改变,优良牧草如豆科、禾本科牧草增加而逐渐成为优势种,草层高度增加,毒杂草等旱生植物逐渐减少而成为群落中的稀有种。

草地发生正向演替,其生境不利于鼠虫活动,鼠虫危害得到控制。例如,在冬季开展整溉,鼠洞因结冰而封闭,致使害鼠觅食不便甚至窒息死亡,其带来的危害进一步减弱。此外,草地土壤水分状况改善,植物抗逆能力增加,生长旺盛,植被盖度增加,草地裸露面积逐渐减少,"三化"逐步缓解。

5)刈割管理

刈割是草地的主要利用方式之一(图 5-46),但是不合理的刈割制度常常使草地优势植物种繁殖分配改变、繁殖能力减弱,从而导致植物群落特征改变、草地生产力下降,导致改良草地再次退化。如果草地不利用或利用程度过轻,残存的大量凋落物使牧草的生长受到一定的抑制;反之,如果利用过重,牧草生长发育受到影响,进而造成草地生产力下降,甚至草地退化。

图 5-46 牧草刈割

草地刈割时期过早，一般只能获得较低的牧草产量；刈割过晚，往往会影响牧草抗寒物质的积累，降低其越冬率，影响牧草来年的产量（范鹏程等，2008）。对老芒麦为优势种的改良天然草地进行研究发现，在盛花期重度刈割，不仅使老芒麦的产量最高，而且其他植物种的总产量也最高（刘琳等，2017）。这可能是因为，在物种组成复杂的植物群落中，相同的刈割强度对不同生物学特性的植物种造成的影响是不一致的，刈割改变了群落中植物种间作用的强度和方向（巴雷等，2005）。

2. 沙化草地生态修复工程技术

沙化草地治理是指运用生态学原理，借助一系列的生态技术与工程，保护草地生态系统中现有植被，修复或者重建被破坏的植被，继而恢复其生物多样性。沙障固沙和人工植被恢复措施是当前沙化草地恢复治理的主要手段。

沙障是用秸秆、树枝、板条、柴草、卵石等物料在沙面上做成的障蔽物，以此控制风沙流动方向、速度与结构，削弱风力的侵蚀能，进而改变蚀积状况，达到防风阻沙固沙的目的，是沙化草地最常用的沙化防治措施（王强强等，2017）。根据沙障防沙原理和设置方式方法的不同，分为直立式沙障和平铺式沙障两大类（图5-47，图5-48）。常用沙障材料包括高山柳、稻草秸秆、PE阻沙网、稻草帘等，常用沙障类型有草方格沙障、柳枝沙障、土方格沙障等（苏洲，2005）。近年来，尼龙网、涤纶包心丝网、塑料精编网格状沙障材料的试验成功进一步丰富了沙障材料，研发可装配化防沙材料将是我国风沙防治工程的发展趋势。

图 5-47 草方格沙障

图 5-48　高山柳沙障

1）草方格固沙技术

草方格沙障是利用稻草秸秆材料，将其直接埋入沙层内，在流动沙丘上扎设成方格状的沙障。沙障材料埋入沙中的深度为 15 ～ 20cm，地面上露高度为 20 ～ 30cm，厚度 5cm 左右。流动沙丘上设置草方格沙障后，增加了地表的粗糙度，增大了对风的阻力。胡孟春等（2002）通过数值模拟并结合野外实地观测发现，草方格沙障草头出露高度设置为 10 ～ 20cm，规格设置为 1m×1m 最为合理，不仅可以获得良好的固沙效果，同时用料成本较低且易于施工。流动沙丘上设置沙障后，地面粗糙度比原来大幅增加，地面风速大大降低，从而有效地控制了流沙移动。风向比较单一的地区，可将方格沙障改成与主风向垂直的带状沙障，行距视沙丘坡度与风力大小而定，一般为 1 ～ 2m。据观测，其防护效能几乎与格状沙障相同，但能大大地节省材料和劳动力。

2）柳条沙障固沙技术

柳条沙障主要用于阻拦前移的流沙，达到切断沙源、抑制沙丘前移和防止沙埋危害的目的。将柳条作为沙障原材料，分别修剪成柳桩和柳条，采用柳桩固定，在桩与桩之间用柳条交叉编织成柳笆，按 2 m×4 m、3 m×3 m、4 m×4m 等不同规格形成方格状的柳条沙障，起到有效固定流沙的效果。沙障的设置方向与主风向垂直，配置形式可用"一"字形、"品"字形、行列式等。一般在平缓的沙地上，间距为障高的 10 ～ 15 倍。研究结果表明，沙障在高度一定的情况下，沙障的形状和大小直接影响沙障的防护效果。张瑞麟等（2006）对浑善达克沙地中黄柳沙障防风作用的研究表明，在流沙上设置沙障可以明显降低风速，减弱风的作用力，而且黄柳网格沙障降低风速的能力较带状沙障强。高永等对流动沙地中不同规格的沙柳沙障进行研究表明，相同高度的沙障，随着沙障规格的增大，其防护效果在逐渐减小（图 5-49，图 5-50）。

图 5-49　高山柳沙障成效

图 5-50　高沙障成效

3) 人工植被恢复技术

人工植被恢复技术指人工种植适生草种植物，通过改善植物－土壤的根际环境条件，使沙化草地土壤功能恢复和改善的一种方法（图 5-51，图 5-52）。选择适宜的植物材料是种植成功的关键因素，在沙化地种植适生植物一方面可以提高地表植被覆盖度，增加地表粗糙度，降低近地面风速，有利于草原生物的生长繁殖（蒲琴等，2016）；另一方面，植被恢复措施还能够加大地表物质的胶结性，促进植被正向演替，改善局地气候，有利于土壤发育，改善土壤环境（田美荣等，2017）。因此，该方法能够比较长久地实现防风固沙和植被恢复的良好效果。

图 5-51　草种补播

图 5-52　草种补播成效

4）施肥技术

施肥是恢复沙化草地植物群落多样性，提高草地生产力的主要途径之一，已广泛应用于高寒退化草地（图 5-53）。施肥能够提供植物所需养分，并保持和提高土壤肥力，从而显著促进植物生长发育，对高寒草地生产力影响显著（蒲琴等，2016）。草地退化后，土壤中的有效性氮养分减少并表现为缺乏状态（颜淑云等，2010），施用氮肥和磷肥对高寒草地生物量的增加明显。肥料的施用对草地恢复、提高草地生态系统稳定性具有积极作用（王鹤龄等，2008），施肥应依据土壤肥力水平、气候环境以及肥料特点，选择合适的肥料，估算所需要肥料用量，并确定施肥时间和施肥方式。依据施肥时间的不同，可分为基肥和追肥；依据施肥模式的不同，可分为撒施、穴施、条施。撒施有利于养分的扩散，施用方便，但养分损失大，利用率较低；穴施和条施养分损失少，利用率高，但作业效率较低。

图 5-53　施有机肥

　　总体上说，上述几种恢复技术的特点及其作用各有不同，应根据沙化草地的具体特点和情况，选择单一或多项技术进行综合治理（刘建等，2011）。

　　国内外开展沙化草地恢复治理研究已有 90 余年的历史，先后经历了沙化草地植被恢复的理论探索、实践应用、技术示范及推广等几个阶段，如今在沙化草地防沙治沙、人工植被恢复、沙化地土壤功能改善等方面取得显著成效。但总的说来，受各方面研究条件的限制，该领域的研究仍存在不少问题并有待进一步探索解决。

　　沙化草地恢复治理的基础性理论研究相对偏少。目前，沙化草地植被恢复的实践应用、示范和推广工作开展较多，而人工植被恢复的机理性研究相对较少，如人工植被对沙化草地根际土壤结构和功能的影响，目前还不十分清楚，尤其是关于沙化地适生植物恢复对根际土壤微生物多样性及群落结构特征等方面的影响研究仍处于起步阶段。例如，在沙化地植被恢复过程中，根际土壤微形态和微结构特征如何变化？沙化地适生植物根系分泌物对根际土壤微环境有多大程度的影响？适生植物与根际土壤的相互作用机制如何等。此外，大量研究显示，人工植被可以加速沙化草地植被的恢复进程，但这些植物系统是如何促进已退化的群落发生演替，这一作用机制还很不清晰，仍需要做大量工作。

　　适生植物对沙化草地的适应机理研究十分薄弱。人工植被恢复措施的关键在于如何因地制宜地选择适生草种。换言之，对于不同退化特征的沙化草地，适生恢复植物的选育工作尤为重要。这需要加强对优良沙生植物生物学特性的深入研究，特别是从沙化地适生植物的形态特征、光合生理生态等方面的变化特征入手，深入探讨恢复植物的相关特征对不同地域、不同类型沙化草地生态环境的适应机理。这对沙化地适生植物的选育工作非常重要。

沙化地土壤生物学特性对植被恢复的响应机理研究缺乏。研究表明，沙化草地植物群落的动态变化与土壤环境变化有密切联系（刘任涛和朱凡，2015）。但以往研究主要关注沙化地植被恢复过程对土壤理化特性的影响，对土壤生物学特性，特别是微生物学特性对植被恢复过程的响应机理研究十分缺乏。研究表明，许多土壤微生物特性（如微生物量碳或氮、土壤酶活性等）是土壤质量敏感性程度高的指示指标，其在沙化草地退化土壤恢复中也起着重要作用（付标等，2015）。因此，今后应加强沙化草地土壤微生物学特性的研究，特别是根际土壤微生物活性、微生物群落多样性及群落结构特征等方面的研究，这有助于从微观层面解释沙化草地植被恢复的生物学机理。

兼顾生态效益和经济效益的植被恢复模式研究尚待深入。沙化草地的恢复往往是多种不同治理措施综合应用的成果。不同地区草地的退化成因及类型不同，需要根据其退化特征和生境特点，因地制宜地采取不同的植被恢复模式。更重要的是，我国草地退化区域大多处于生态环境较脆弱的地区，草地恢复对当地的经济社会发展有重要影响。因此，草地恢复治理过程中，还要从促进经济发展的角度出发，在实现生态效益的同时提升经济效益。可见，未来的研究方向应更加关注兼顾生态效益和经济效益的植被恢复模式，积极研发新的沙地植被恢复技术，并基于多学科交叉的综合集成技术，探索适应区域特色的植被恢复模式，综合各种模式提高生态效益和经济效益（图5-54）。

图 5-54　施肥成效

严格利用防治区域原生境耐受植物，是解决沙化土地防治的关键。对于固沙植物群落这一特定的群落来说，由于生境极端恶劣，植物的引入受到严格限制，因而种类不多。引入种类的功能和特性与建群种必须基本相似，但对大气干旱的适应程度和抵抗能力有所差异。因此，选择存活、生长等相对较为稳定的多年生植物是关键；沙丘地表环境条件严酷，不稳定性因素增多。栽培草地建植治理中，应遵循先"立"后"建"原则，尽可能选用适宜于当地的大粒优良草种，通过栽培草地实现沙丘快速固定，在自然演替中形成适应于当地气候环境的草地植被群落；根据草地生态系统的可持续性原理，草地围封不应是无限期的。封育期过长不但不利于牧草的正常生长和发育，反而枯草会抑制植物的再生和幼苗的形成，而不利于草地的繁殖更新（程积民等，1995）；因此，草地围封一段时间后进行适当利用，可使草地生态系统的能量流动和物质循环保持良性状态，进而保持草地生态系统平衡。封育时间的长短，应根据草地退化程度和草地恢复状况而定（程积民和邹厚远，1998）。

5.2.3　退化草地生态修复工程技术集成

1. 鼠荒地治理技术集成

1）"G-LTBS+ 禁牧围栏"的草地治理技术集成应用

作为禁牧的围栏对维持当地高寒草地生态系统健康、稳定区域生态安全具有重要作用。四川大学青藏高原生物灾害防控与生态修复工程研究团队结合 G-LTBS 控鼠技术的优化和持续防控效果，在四川省甘孜州石渠县天然草地将 G-LTBS 与草地禁牧围栏结合，建立草地恢复"G-LTBS+ 禁牧围栏"技术集成，既可以通过围栏进行草地封育，又可以持续防控草地害鼠，进一步恢复草地植被。试验团队于 2020 年 11 月在石渠县德荣马乡的天然草地（海拔 4200m），紧贴草地禁牧围栏安装 9000m 长的 G-LTBS控鼠装置，建立"G-LTBS+ 禁牧围栏"的大规模技术集成（图 5-55）。结果表明，随着G-LTBS 实施时间的延长，其对草地害鼠的防控效果持续增强。第 180 天时的校正防效达到 51.4%，并在逐渐增加（图 5-56），显示出 G-LTBS 对草地害鼠的防控具有长期、持续和大规模推广应用的可能。

(a) G-LTBS与禁牧围栏结合　　　　　　　　　　　(b) G-LTBS的陷阱

图 5-55　"G-LTBS+ 禁牧围栏"的技术集成应用

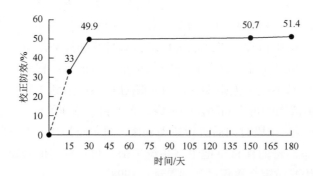

图 5-56　"G-LTBS+ 禁牧围栏"对草地害鼠的防控效果

2）川西北鼠荒地快速诊断及靶向恢复技术集成

（1）鼠荒地快速诊断与分级。

四川省草原科学研究院在结合鼠荒植被特征的基础上，利用 GIS 软件对鼠洞和秃斑进行解译（图 5-57），建立属性表，获取每个鼠洞和秃斑的面积，并采用 merge 功能合并统计其数量及面积；利用公式鼠洞密度 = 鼠洞数量 / 单位面积、秃斑比例 = 秃斑面积 / 单位面积，计算鼠洞密度和秃斑比例；以鼠洞密度和秃斑比例为关键指标，将鼠荒地分为 1 级、2 级和 3 级 3 个危害等级（表 5-14）。

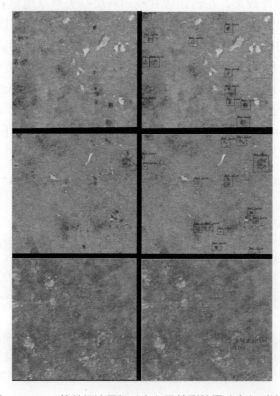

图 5-57　GIS 软件标注目标（左）及检测结果（右）对比图

表 5-14　鼠荒地等级划分依据

项目	1 级（轻度）	2 级（中度）	3 级（重度）
面积 / 亩	55	125	103
鼠洞数量 /（个 / 亩）	185	520	901
鼠丘数量 /（个 / 亩）	44	157	157
秃斑比例 /%	13.95	24.51	48.57
盖度 /%	86.24	68.43	55.17
高度 /cm	38.83	34.63	33.68
地上生物量（鲜重）/（kg/亩）	723.11	512.44	288.70

（2）鼠荒地靶向恢复技术模式的植物数量特征。

根据不同等级鼠荒地，集成围栏封育、施肥、草种补播和除杂技术措施，制定了鼠荒地植被恢复模式，分别为 1 级（轻度）："围栏封育 + 施肥（总氧分 ≥ 47% 的氮磷钾肥 10.0 kg/ 亩）"；2 级（中度）："围栏封育 + 施肥（总氧分 ≥ 47% 的氮磷钾肥 10.0 kg/ 亩 + 尿素 7.5 kg/ 亩）+ 草种补播（燕麦 3 kg/ 亩 + 老芒麦 1.5 kg/ 亩 + 草地早熟禾 0.5 kg/ 亩 + 中华羊茅 0.5 kg/ 亩）"；3 级（重度）："围栏封育 + 除杂（选择性除草剂 2,4-D 丁酯 50 g/ 亩）+ 施肥（总氧分 ≥ 47% 的氮磷钾肥 10.0 kg/ 亩 + 尿素 5.0 kg/ 亩）+ 草种补播（燕麦 5.0 kg/ 亩 + 老芒麦 1.5 kg/ 亩 + 草地早熟禾 0.5 kg/ 亩 + 中华羊茅 0.5 kg/ 亩）"。研究结果表明，治理后均较治理前有明显提升。其中，1 级鼠荒地的植被盖度、高度、地上鲜草产量由 86.24%、38.83cm、723.11kg/ 亩提高至 97.4%、104.6cm、2265kg/ 亩，实施后分别增加了 12.94%、1.69 倍和 2.13 倍；2 级鼠荒地的植被盖度、高度、地上鲜草产量由 68.43%、34.63cm、512.44kg/ 亩提高至 96.2%、96.2 cm、2126kg/ 亩，实施后分别增加了 40.58%、1.78 倍和 3.15 倍；3 级鼠荒地的植被盖度、高度、地上鲜草产量由 55.17%、33.68 cm、288.7kg/ 亩提高至 95.4%、98.4 cm、1995kg/ 亩，实施后分别增加了 72.92%、1.92 倍和 5.91 倍。各模式对鼠荒地植被恢复均有较好效果（图5-58，图5-59）。

(a) 实施前　　　　　　　　　　　　　　　(b) 实施后

图 5-58　鼠荒地实施前后植被恢复效果对比

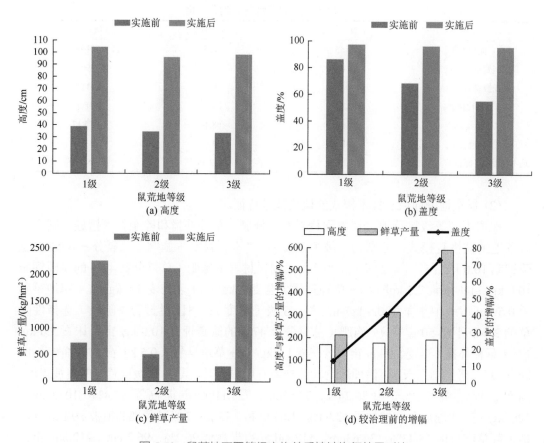

图 5-59　鼠荒地不同等级实施前后植被恢复效果对比

3）川西北高寒草原鼠荒地不同植被恢复技术的效果对比研究

（1）鼠荒地不同植被恢复模式植物数量特征对比。

杨思维等（2022）采用 FG：肥料添加（总养分≥ 47% 的氮磷钾肥 150 kg/ hm² + 尿素 75 kg/ hm²）和 FAGSR：肥料添加（总养分≥ 47% 的氮磷钾肥 150 kg/ hm² + 尿素 75 kg/ hm²）+ 牧草组合补播（一年生牧草燕麦 75 kg/hm² + 多年生牧草老芒麦 22.5 kg/ hm² + 草地早熟禾 7.5 kg/ hm² + 中华羊茅 7.5 kg/ hm²）2 种模式对鼠荒地进行植被恢复。研究表明，相较于对照（CK），FAGSR 植被高度、盖度、地上生物量分别显著提高 1.62 倍、34.26%、3.15 倍，且 FG 分别显著提高 1.26 倍、32.71%、1.4 倍，同时，FADSR 植被高度和地上生物量较 FG 分别显著提高 15.90% 和 71.06%（图 5-60）。

（2）鼠荒地不同植被恢复模式土壤物理性状对比。

本研究表明，两种植被恢复模式较对照组，土壤容重无显著差异（图 5-61），这可能与植被恢复的时间有关，短时间植被恢复未能使土壤的机械组成发生较大变化，因而植被恢复未能明显改变鼠荒地的土壤容重。但较对照区，鼠荒地草地通过肥料添加 + 补播模式显著增加了土壤表层含水量，增加量和增幅分别为 11.22% 和 48.11%（图 5-61），可能与该模式增加了植被盖度、减少了裸露地表面积、降低了蒸发量有关。

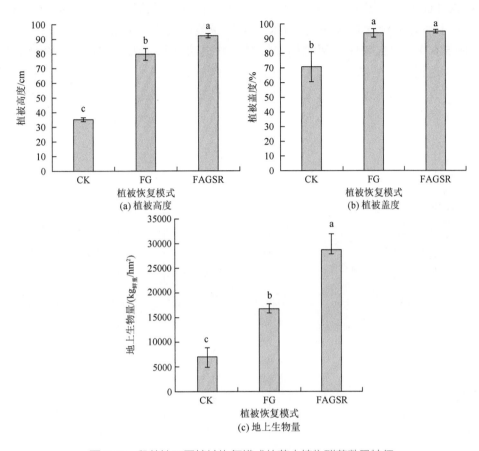

图 5-60 鼠荒地不同植被恢复模式的草本植物群落数量特征

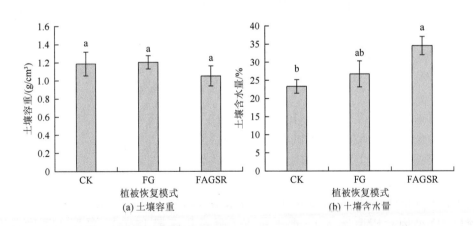

图 5-61 鼠荒地不同植被恢复模式对土壤容重和土壤含水量的影响

（3）鼠荒地不同植被恢复模式土壤化学性状对比。

表层（0～10cm）土壤有机质、土壤速效磷和土壤速效钾含量的变化规律一致

（FAGSR>FG>CK），其中 FAGSR 与 FG 土壤有机质、全氮含量均显著高于 CK，FAGSR 土壤速效钾含量显著高于 CK，土壤速效磷表现为 FAGSR 显著高于 CK 和 FG（图 5-62）。研究表明，两种模式较对照均显著增加了土壤有机质、全氮、速效磷含量。这说明在外源肥料添加和牧草补播的情况下，土壤养分均得到肥料和植物有机物的投入，使地表植被覆盖度增加，地上生物量提高，凋落物积累加大，有利于土壤养分的形成。

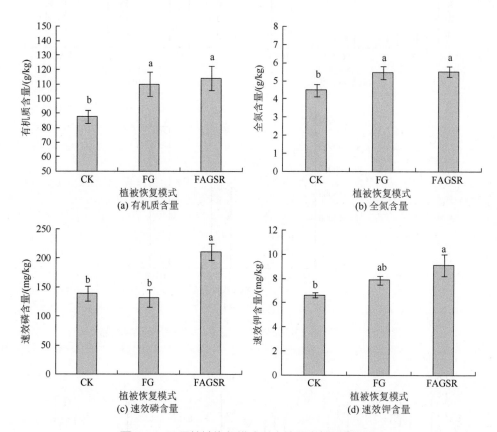

图 5-62　不同植被恢复模式对土壤化学性质的影响

肥料添加＋牧草组合补播有利于高寒草地鼠荒地植被恢复，可为今后高寒草地的生态恢复治理模式选择及优化提供理论依据和科技支撑。

4）草原鼠荒地人工种草植被修复技术集成与示范

（1）控鼠效果。

王钰等（2021）采用人工种草为主的技术治理若尔盖县草原鼠荒地，形成了"生物控鼠（D 型肉毒梭菌毒素）＋耙平草皮（翻耕和深耙 15cm）＋施肥（生物有机肥 4500～6000 kg/hm²）＋围栏封育＋草种补播（燕麦∶老芒麦∶草地早熟禾∶中华羊茅 =3∶1∶1∶1）＋合理利用（牧草生长季禁牧＋枯黄期轻度放牧）"的鼠荒地治理技术模式。

经过对鼠荒地采取综合治理措施，鼠密度明显降低，并逐年下降，持续控制效果显著。2018 年，高原鼠兔有效洞口数由治理前的 775 个 /hm² 下降到 65 个 /hm²，控制率达 89.7 %，2019 年治理后则降低至 45 个 /hm²，综合控制率达 95.2 %，说明前期生物控鼠有效抑制了害鼠种群数量，减少了害鼠对草地的危害，为鼠荒地植被恢复措施中补播草种创造了基础条件（表 5-15）。

表 5-15　麦溪乡鼠荒地试验区鼠害情况调查

调查年度	调查样区数 / 个	平均有效洞口数 /（个 /hm²）	防控效果 /%
2017	3	775±183.6	
2018	3	65±12.4	89.7
2019	3	45±7.6	95.2

（2）草地植被指标变化情况。

研究表明，综合治理 2 年后，示范区植被高度、盖度、生物量显著增加。示范区植被平均高度由 7.55cm 增加到 20.34cm，提高了 169.4%；植被盖度达 76.0%，增加了 61.0%；地上生物量鲜重平均达 840.8g/m²，提高了 4.7 倍，禾本科、莎草科、杂类草、豆科和毒害草的生物量构成占比为 18.4∶9.9∶6.2∶1.1∶1。植物群落结构发生明显变化，禾本科增幅最大，其次是莎草科、杂类草、豆科牧草，毒害草有所下降，可食牧草大幅度增加（表 5-16，表 5-17）。

表 5-16　鼠荒地植被变化情况调查

调查年度	植被高度 /cm					
	平均值（A）	禾本科	莎草科	豆科	杂类草	毒害草
2017	7.55±2.84	13.35±4.21	6.24±2.12	5.33±4.22	6.45±4.38	7.55±3.46
2018	17.63±7.51	38.35±10.45	13.53±5.13	11.15±5.26	12.32±4.52	6.67±2.44
2019	20.34±8.23	43.22±14.32	16.34±2.00	13.56±4.42	13.75±3.21	6.45±1.73

调查年度	植被盖度 /%					
	总盖度	禾本科	莎草科	豆科	杂类草	毒害草
2017	15.0±1.5	2.3±0.4	2.6±1.2	2.0±0.6	7.0±1.5	3.1±1.2
2018	68.0±5.0	35.5±5.0	11.3±3.4	5.6±2.0	9.5±3.2	7.5±2.4
2019	76.0±6.0	38.2±3.5	15.0±4.0	6.7±1.8	11.5±2.5	7.4±2.0

调查年度	地上生物量鲜重 /(g/m²)					
	合计	禾本科	莎草科	豆科	杂类草	毒害草
2017	146.8±12.3	39.3±9.4	27.6±7.2	9.5±3.5	43.4±6.8	30.5±4.3
2018	524.3±55.7	221.0±52.2	167.8±20.6	23.5±9.7	136.4±20.1	20.3±10.2
2019	840.8±68.2	424.2±61.5	228.3±22.7	25.4±10.4	142.5±20.5	23.1±11.2

表 5-17　植物群落结构

调查年度	植物群落结构 /%				
	禾本科	莎草科	豆科	杂类草	毒害草
2017	27.88±2.13	28.94±3.43	3.24±1.60	31.84±2.13	7.25±3.43
2018	38.25±5.23	32.34±3.15	3.13±1.10	23.45±2.35	5.35±1.6
2019	41.36±1.61	34.42±0.46	3.35±1.65	18.36±1.61	4.42±0.46

研究结果表明，形成的鼠荒地治理技术模式对示范区植被恢复效果显著。经过灭治害鼠，有效降低了害鼠对草地造成的危害程度，减少灾害损失；通过围栏封育，使得草地植物得到休养生息的机会，促进植物的繁殖；通过耙平草皮和施肥改变土壤的通透性，增加土壤养分，促进植物根系对养分的吸收和植物地面部分生长，使得植物高度增加；通过草种补播，快速增加植被盖度、生物产量，减少裸地面积，有利于植被恢复、减少水土流失、提高水源涵养能力，为鼠荒地大规模治理提供了可借鉴的技术和经验。

2. 沙化草地治理技术集成

沙化治理是一项综合性的系统工程，既涉及生态、经济、社会等诸多方面，也涉及土壤改良、流沙固定、灌草种植、围栏封禁等多个技术环节，是极其复杂的生态治理工程。沙化土地治理的核心是恢复植被和恢复生态功能，因此，沙化治理必须坚持以提高林草植被盖度为中心，突出生物措施与工程措施相结合，遵循"预防为主，固沙先行，灌草结合"治理基本理念，注重技术措施优化，注重治理与保护结合，通过改良土壤、固定流沙、种植灌草、封禁管护等主要治理措施，提高沙化土地林草植被盖度、恢复近自然的地带性植被群落、提升沙化土地的生态功能、逐步构建稳定的灌草复合沙地植被生态系统。

1) 固沙种质资源收集、保存与整理

广泛调查、收集川西北高原、周边地区及国内外类似区域的优良固沙植物种质资源，按照登记采集地、生境→照相→标本采集→室内分类、编号→物种鉴定→清理入库的程序进行。已累计收集 13 个属，809 份材料，详见表 5-18。其中，重点调查、掌握了川西北高原披碱草属、仲彬草属植物的分布范围和生境条件，这些资源为本地优异种质资源的保护、利用与新品种选育提供了宝贵的物质基础（表 5-18）。

表 5-18　收集保存的种质资源

属	份数	来源
仲彬草属	615	川西北高原、西藏、青海、甘肃、内蒙古、新疆等省区及北美国家和地区
披碱草属	127	川西北高原、西藏、青海、甘肃、内蒙古、新疆等省区及北美国家和地区
冰草属	16	中国内蒙古自治区及美国、加拿大等北美国家和地区
鹅观草属	5	川西北高原、西藏、青海、甘肃等省区
早熟禾属	27	川西北高原、西藏
聚合草属	2	川西北高原

续表

属	份数	来源
岩黄芪属	5	川西北高原、西藏、青海
蒿属	2	川西北高原
棘豆属	1	川西北高原、西藏、青海
薹草属	2	川西北高原
酸模属	1	川西北高原
柳属	4	川西北高原
沙棘属	2	川西北高原

　　对采集的核心种质资源来源、植物学特征、农艺性状及抗逆性等指标进行了全面描述和图像信息采集，以此为基础，构建了四川省特色草种质资源库，保存 1000 余条数据信息，为育种基础研究、资源评价和新品种选育提供优良种质基础材料。

　　2）沙化草地治理材料抗旱性比较研究

　　第一，叶片解剖结构与抗旱性关系研究。

　　针对沙化草地治理中常用的‘阿坝’硬秆仲彬草、‘川草 2 号’老芒麦、‘阿坝’垂穗披碱草、‘阿坝’燕麦、‘川草引 3 号’藨草等品种，以盛花期的叶片为材料，采用石蜡切片，在光学显微镜下观察叶片的旱生结构。结果表明，5 种牧草叶片的横切面（图 5-63 ～图 5-67）结构基本相似，明显分化出表皮、叶肉和叶脉三部分，上表皮每两个维管束之间都由 4 ～ 7 个泡状细胞及异状细胞组成。其中‘阿坝’硬秆仲彬草、‘阿坝’垂穗披碱草气孔器剧烈下凹。解剖结构表明‘阿坝’硬秆仲彬草旱生结构明显，抗旱性较强。

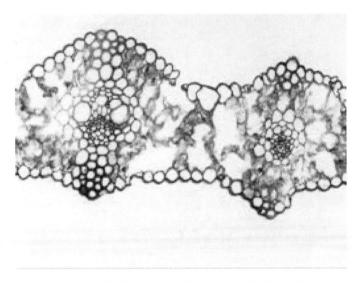

图 5-63　‘阿坝’燕麦叶片解剖结构（放大 200 倍）

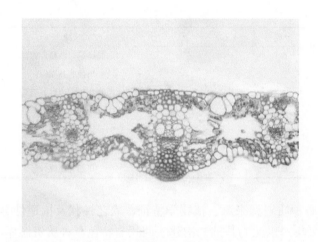

图 5-64　'川草引 3 号'䔌草叶片解剖结构（放大 200 倍）

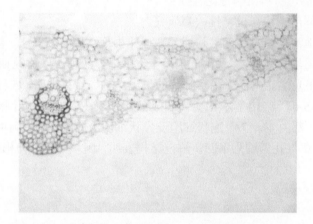

图 5-65　'川草 2 号'老芒麦叶片解剖结构（放大 200 倍）

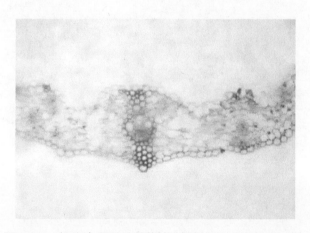

图 5-66　'阿坝'垂穗披碱草叶片解剖结构（放大 200 倍）

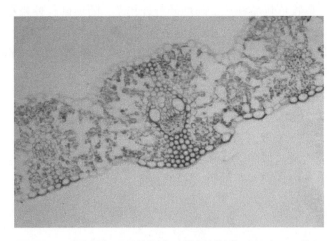

图 5-67　'阿坝'硬秆仲彬草叶片解剖结构（放大 200 倍）

选择牧草开花期解剖结构与抗旱性相关的角质层厚度、后生导管直径及主脉厚度 3 项指标进行抗旱性综合评价。通过 D 值比较，确定 5 种牧草抗旱性强弱的排序是：'阿坝'硬秆仲彬草＞'阿坝'垂穗披碱草＞'阿坝'燕麦＞'川草 2 号'老芒麦＞'川草引 3 号'藨草（表 5-19）。

表 5-19　盛花期各指标的隶属函数值及综合评价值（D 值）

品种	隶属函数值 $u(X_j)$			D 值
	角质层	木质部导管直径	主脉厚度	
'阿坝'燕麦	0.3759	0.4683	0.1183	0.3466
'川草引 3 号'藨草	0.0934	0.1909	0.4990	0.1935
'川草 2 号'老芒麦	0.2787	0.2190	0.2399	0.2421
'阿坝'垂穗披碱草	0.4593	0.3889	0.4984	0.4429
'阿坝'硬秆仲彬草	0.5426	0.4917	0.7712	0.5659

注：X_j 为第 j 个综合指标。

第二，人工模拟干旱试验研究。

分别采用聚乙二醇模拟干旱胁迫和盆栽自然干旱进行人工模拟干旱试验，研究了川西北高原常见的'阿坝'硬秆仲彬草、'阿坝'垂穗披碱草、'川草 2 号'老芒麦、'川草引 3 号'藨草、'阿坝'燕麦 5 个牧草品种苗期在模拟干旱胁迫下相关抗旱性生理生化指标的动态变化。结果表明，在干旱条件下，叶绿素含量和相对含水量下降，下降幅度随着胁迫时间延长而增加；MDA 含量、相对电导率、保护酶［过氧化物酶（POD）、超氧化物歧化酶（SOD）］活性、渗透调节物质［脯氨酸（Pro）、可溶性糖（SS）］含量都增加，增加的幅度与胁迫时间呈正相关。采用隶属函数评价对 5 种牧草的抗旱性进行了评价，结果为'阿坝'硬秆仲彬草＞'阿坝'燕麦＞'川草 2 号'老芒麦＞'阿坝'垂穗披碱草＞'川草引 3 号'藨草，确定'阿坝'硬秆仲彬草为川西北高原沙化草地治理的优选牧草品种。

以种质资源综合评价为基础，采用改良混合选择育种法首次育成具有完全自主知识产权的国审生态型牧草新品种——阿坝硬秆仲彬草。阿坝硬秆仲彬草（品种登记号：365）具有抗风蚀、耐沙埋，抗寒、抗旱能力强等突出特点，主要用于沙化草地植被恢复与治理，是四川省高寒牧区第一个生态型沙化治理牧草新品种，该品种的育成填补了川西北高寒牧区沙化治理牧草品种培育的空白。

3）不同退化梯度的沙化草地治理模式

根据青藏高原气候环境特点，结合沙化治理工程实践，确定流动沙地、半固定沙地等重度以上沙化土地应采取"以灌为主、灌草结合"的林草植被恢复模式，固定沙地等中度沙化土地应采取"以草为主、草灌结合"的恢复模式，露沙地等轻度沙化土地应采取"补草为主，自然修复"的恢复模式进行沙化草地治理（图5-68，图5-69）。

图 5-68　沙化草地补播草种

图 5-69　高山柳沙障建植效果

（1）露沙草地治理技术。

露沙地是轻度沙化土地，沙化分布规模最大、可变性最大的沙化类型。其主要采取生物措施进行治理，在有效降低畜牧承载实现草畜平衡的情况下对露沙地进行增施有机肥、补撒草种等生物治理措施，以地表植被自然恢复为主，逐步恢复原有的草地植被群落，形成稳定的草地生态系统。

（2）固定沙化草地治理技术。

固定沙地是影响和危害较重的沙化类型。其主要采取生物措施和工程措施相结合进行综合治理，以固定沙地地块为基本单元，对固定沙地进行围栏封禁后，增施有机肥，栽植灌木，撒播草种，防治鼠害，并在其外围营建防风林带，使其形成比较稳定的自然生态系统。

（3）流动沙化草地治理技术。

流动沙地是影响和危害最重的沙化类型。研究表明，在机械沙障和生物沙障相结合时，流动沙地植被恢复演替速度会加快。流动沙地主要采取生物措施和工程措施相互结合进行综合治理。首先利用当地的高山柳柳条编织柳笆和无纺布生态袋建立沙障以固定流沙，进而进行植灌和补播硬秆仲彬草、老芒麦、披碱草等本土优良牧草，最终达到全面治理的目的。针对重度沙地肥力差、保水能力弱和当地丰富的牛羊粪资源可供使用的特点，栽植灌木时用腐熟的牛羊粪等有机肥作底肥，播草种前用腐熟的牛羊粪等均匀撒在地块上，以提高土壤肥力，保持林草生态系统养分平衡，促进林草旺盛生长。逐步将流动沙地恢复为"以灌为主、灌草结合"的稀疏人工植被，遏制流动沙地的扩张蔓延。

3. 退化草地治理技术集成

鉴于青藏高原特殊的自然气候条件和在全国及全球独特的生态地位，青藏高原草原牧区不宜大面积地开垦建植人工草地。退化草地生态恢复的目标集中于两种功能，即生态功能和生产功能，恢复目标的类别主要以生物多样性、植被覆盖度和密度、土壤碳库为主，其余的恢复目标包括生产力、昆虫群落、植物群落结构、草地载畜量、目标物种等（赵晓军，2020）。在很多研究过程中，恢复目标的选择和确定主要受到研究对象的生物学特点以及研究人员的专业领域的影响（刘明等，2020）。但其中植被覆盖度是稳定不变的恢复目标，几乎在所有相关领域的研究中都有涉及（兰玉蓉，2004）。目前，改良天然草地，增加饲草供给以保障草地畜牧业持续稳定发展，成为青藏高原草地管理利用的主要措施。近 10 年来，国家实施了退牧还草、草原生态奖补等项目，对退化草地大规模进行改良，一定程度减缓了草地退化的进程。但是，改良后的草地如何合理利用和管理，才能既满足当地畜牧业生产需要，又尽可能减小对高寒脆弱生态系统的干扰，成为目前亟须解决的问题（刘琳等，2017）。

1）高寒退化草地自压式喷灌治理技术

针对青藏高原高寒草原区域，围栏＋喷灌治理的退化草地群落盖度相比围栏草地和未围栏草地群落的盖度显著增加，且围栏＋喷灌样地群落盖度比未围栏增加

152.69%，比围栏样地增加 35.96%。围栏＋喷灌样地群落中植物平均高度比未围栏和围栏样地也显著增加，比未围栏样地增加 155.77%，比仅围栏样地增加 76.71%。灌溉样地的植被盖度、株高明显高于对照样地，表明灌溉对于高寒干旱区草地植被恢复的作用十分明显，灌溉可以补充天然降水的不足，改善草地生态环境进而促进牧草生长，尤其是在西藏的高寒干旱地区，灌溉对于植物生长的水分补充显得尤为重要。

围栏＋喷灌样地群落植物鲜重和干重均比围栏草地和未围栏草地群落的生物量显著增加。围栏＋喷灌样地群落植物鲜重比未围栏样地增加 192.88%，比仅围栏样地增加 34.82%。围栏＋喷灌样地群落中植物干重比未围栏和围栏样地也显著增加，比未围栏样地植物干重增加 110.00%，比仅围栏样地增加 24.10%。

围栏＋喷灌样地 pH、有机质、全钾、速效氮含量均低于围栏和未围栏样地，但全氮含量高于围栏和未围栏样地。全磷含量表现为对照＞围栏＋喷灌＞围栏样地。一方面，灌溉使得土壤水分增加，一些钾、钠、钙、镁、铁等盐的盐基发生淋溶现象或者随水流失；另一方面，灌溉使得植物生长所需的水分得到相应补充，土壤溶液反应发生改变，牧草生长环境得到改善，良好的生长需要吸收土壤中大量的养分，因此土壤中 pH、有机质、全钾、速效氮含量降低。

综上所述，自压喷灌技术在西藏高寒干旱地区显著提高草地群落的盖度和高度，使草地生产力显著增加（多吉顿珠等，2016）。适当发展自压灌溉治理退化草地，可大幅度增加单位面积产草量，提高草地生产力，减轻草地放牧压力，促进退化草地自然恢复（图 5-70，图 5-71）。

图 5-70　天然草地自压喷灌灌溉＋围封初期

图 5-71　天然草地自压喷灌灌溉 + 围封后

2）高寒退化草地补播豆科牧草技术

补播草种的选择首先考虑生态适应性，根据不同草原类型的地理分布及自然条件（水热条件及土壤环境）进行选择，其次应选择对退化草原土壤的反馈作用呈中性或正反馈的营养价值高的优质豆科或禾本科植物，通常以该植被演替的顶级或亚顶级群落的优势植物和次优势植物或其相似种为最佳草种（图 5-72）。我国各类型草原在生态适应性满足的情况下，都可以选择免耕补播豆科植物，一般应在补播前

图 5-72　天然草地免耕补播豆科牧草

对豆科植物进行根瘤菌接种（张英俊等，2020）。补播草原一般当年不利用，补播第二年可放牧或者割草。如果割草，一般在补播植物的初花期进行，留茬高度为5～10cm。每次利用后应进行追肥，追肥的种类和数量根据土壤分析和植物生长发育情况具体确定。

放牧和割草利用可减轻植被对光照的竞争，阻止一个或少数种在群落中的竞争优势，从而影响物种多样性（Borer et al.，2014）；同时，放牧利用还可通过稳定均匀性来维持草原植物多样性（Mortensen et al.，2018），这符合中度干扰假说，即中度放牧不仅因植物补偿或超补偿生长而获得高生产力，而且能够实现物种多样性的最大化（Kondoh and Williams，2001）。

补播豆科和禾本科的研究结果表明，草地豆科和禾本科牧草的地上生物量显著增加，补播后的豆科植物能够在天然草地建植成功是因为苜蓿具有发达的根系，在天然草地中能够与当地原生物种竞争生长所需的资源，或根系与有益微生物形成共生体来汲取土壤中的养分（Zhou et al.，2019）。黄花苜蓿和紫花苜蓿在不同地区的生长存在差异，在四川若尔盖与青海祁连地区黄花苜蓿长势较好，而在甘肃夏河地区紫花苜蓿长势较好。补播豆科和禾本科植物能够提高牧草的营养品质，主要得益于豆科牧草含有丰富的蛋白以及较少的纤维。补播紫花苜蓿处理的土壤磷浓度最低，说明豆科植物消耗更多的磷，同时 AMF 可以与豆科植物形成互利共生体，根外菌丝扩大植物吸收养分的面积，进一步促进磷等养分的获取。即豆科植物从土壤中吸收无机磷元素运输到植物地上部，进而增加地上部磷的含量（Zhou et al.，2019）。补播草地混合草样中磷含量有所增加，有益于植物对磷等元素的吸收。

3）施用有机肥治理退化草地技术

采用微生物菌肥、发酵牛羊粪肥及氮肥处理对草地修复效果有较大差异。施用微生物菌肥且浓度达 1L/ 亩及 1.5L/ 亩时，能够显著增加植被盖度、地上生物量及土壤速效钾含量，且微生物菌肥浓度为 1.5L/ 亩时显著增加了牧草生物量；施用发酵粪肥处理，植被高度在施肥量达 500g/m² 时，达显著水平，较对照组显著增加77%；植被盖度在施肥量达 300g/m²、400g/m²、500g/m² 时，分别显著增长 13%、13%、21%；当施肥量达 400g/m²、500g/m² 时，地上生物量分别显著增加 91% 和67%；土壤有机碳、速效磷、速效钾随施加量增加而逐渐增加，在 500g/m² 时较对照分别增加 43%、179%、66%，而碱解氮在 400g/m² 时到达峰值；但土壤 pH 呈现下降趋势。单施氮肥能够显著提高植被高度、盖度、地上生物量及土壤速效钾含量。总体来说，微生物菌肥主要增加地上生物量，促进了植物的生长；而发酵粪肥随着施用量的增加，植被高度、盖度、地上生物量、土壤有机碳及速效养分含量均逐渐上升，其对植被和土壤的修复均能发挥作用。通过主成分分析综合评价各种施肥措施对植被、土壤及害鼠种群数量的影响，其中以施加 500g/m² 发酵牛羊粪肥时修复效果最佳（图 5-73，图 5-74）。

图 5-73　有机肥撒施作业

图 5-74　无机肥撒施作业

4）高寒退化改良草地刈割利用技术

（1）不同刈割时期和强度对改良天然草地老芒麦产量及其他植物种总产量的影响。

刈割时期和刈割强度均对老芒麦产量产生显著影响（$P<0.05$），且交互作用显著。在各个刈割时期，老芒麦产量均随刈割强度的增加而升高。其中，盛花期重度刈割，老芒麦产量显著高于轻度刈割和中度刈割。重度刈割下，在盛花期和乳熟期刈割，老芒麦产量均显著高于抽穗期和蜡熟期；中度刈割下，各个时期收获老芒麦产量的差异不显著；而轻度刈割下，乳熟期刈割的老芒麦产量显著高于其他时期。刈割时期和刈割强度均显著影响群落内其他植物总产量（$P<0.05$），且交互作用显著。与老芒麦产量规律一致的是，在各个刈割时期，其他植物种总产量均随刈割强度的增加而升高，且

在盛花期，重度刈割收获的其他植物种总产量也显著高于轻度刈割和中度刈割。虽然重度刈割下，乳熟期刈割老芒麦产量也较高，但同时收获的其他植物种总产量显著低于其他时期，说明在乳熟期群落内其他植物种的生物量占群落总产量的比例较小，此时老芒麦在群落中处于优势地位。因此，乳熟期重度刈割可能会更多地影响老芒麦的生物量积累，潜在削弱老芒麦在群落中的地位。

(2) 不同刈割时期和强度对老芒麦牧草品质的影响。

随着刈割强度增加，木质素含量显著升高，而粗蛋白、粗脂肪、纤维素含量无显著变化，说明轻度刈割下收获的老芒麦营养品质更好。除抽穗期外，盛花期和乳熟期刈割收获的老芒麦营养价值较高，粗蛋白和粗脂肪含量均显著高于蜡熟期，而纤维素和木质素含量均显著低于蜡熟期（刘琳等，2017）。

(3) 不同刈割时期和强度对老芒麦再生植株完成生殖物候比例的影响。

刈割强度越大，老芒麦再生植株完成生殖物候的比例越低，但重度刈割和中度刈割差异不显著，说明与中度刈割相比，重度刈割强度并没有进一步显著降低再生老芒麦完成生殖物候的比例。与此同时，刈割时期对老芒麦再生植株完成生殖物候的比例无显著影响，这可能是因为，刈割后经过足够长时间的补偿生长或超补偿生长，抵消了刈割对老芒麦地上部分带来的负面影响，因此在生长季内，再生老芒麦植株完成生殖物候并没有受到影响。在川西北补播老芒麦的改良天然高寒草地中，每年在老芒麦盛花期重度（收获群落地上生物量的 75%）刈割 1 次是较优的刈割制度。这样的刈割制度可以在收获高产优质牧草的同时，延长补播草地的使用年限，促进草地的自动更新，最好地保证老芒麦改良草地的可持续利用（刘琳等，2017）。

5.2.4 退化湿地生态修复技术

湿地是介于水体和陆地之间的生态交错区，是功能独特、不可替代的自然综合体，与森林和海洋并称为地球三大生态系统，共同维系着地球表层生物多样性和生态平衡。《关于特别是作为水禽栖息地的国际重要湿地公约》（简称湿地公约）的定义被各个缔约国较为普遍地接受。"湿地是指天然的或人工的、永久的或暂时的沼泽地、泥炭地、水域地带，带有静止或流动的、淡水、半咸水及咸水水体，包括低潮时水深不超过 6m 的海域。沼泽、泥炭地、湿草甸、湖泊、河流、滞蓄洪区、河口三角洲、滩涂、水库、池塘、水稻田以及低潮时水深浅于 6m 的海域地带等均属于湿地范畴。"

1. 湿地生态退化及驱动力

青藏高原拥有世界上独特的高原湿地，面积超过 1×10^5 km²，约占全国湿地面积的 30%（邢宇等，2009；赵志龙等，2014），主要分布在三江源区、羌塘高原东部和南部、甘南高原及若尔盖高原，具有生态蓄水、水源补给、气候调节等重要的生态功能。青藏高原湿地主要包括沼泽湿地、湖泊湿地、河流湿地 3 类。根据已发表资料统计，湖泊湿地面积约 44000 km²，占青藏高原湿地总面积的 33%（张鑫等，2014）；沼泽湿地面积约为 21600 km^2（刘志伟等，2019），占青藏高原湿地总面积的 17%；河流湿地大多分布于西藏，面积约为 14000 km^2，占青藏高原湿地总面积的 11%（吴建普等，2015）。青藏高原湿地面临的主要问题是区域生态环境十分脆弱，在日益加剧的气候变化和人类活动下，青藏高原面临自然灾害增加、冰川退缩、生物多样性受到威胁、草场退化、荒漠化严重，湿地面积萎缩，湿地生态环境退化、功能减退等严峻的生态与环境问题，严重威胁青藏高原江河源区的水源涵养功能和生态屏障功能。湿地保护尤其是江河源区湿地的保护涉及长江、黄河和澜沧江中下游地区甚至全国的生态安全。

在全球气候变暖的背景下，近几十年来，青藏高原气候变化表现出"暖湿化"趋势，即温度升高，降水量增多（陈德亮等，2015），而典型高寒湿地总体上呈现退化趋势（赵志龙等，2014；刘志伟等，2019）。1970～2006 年，青藏高原湿地以每年0.23% 的速率退化，湿地总面积减少了 2970 km^2（Zhao Z et al.，2015）。地区间差异明显：1986～2000 年，长江源区湿地萎缩了将近 18%，黄河源区湿地面积减少了将近10%，若尔盖地区在 1989～2004 年湿地面积减少了 13%（王根绪等，2007）。这些地区的湿地萎缩以沼泽湿地退化为主，如长江源区湿地萎缩面积的 93%、黄河源区湿地萎缩面积的 54% 以及若尔盖地区减少的 97% 均为高寒沼泽湿地的退化。不同类型湿地的变化趋势存在显著差异（张宪洲等，2015），其中湖泊湿地面积呈现增加趋势，河流湿地、沼泽湿地、泥炭湿地面积先减少后增加。

高寒湿地动态变化的一个显著特点是呈现"东—西"差异。在青藏高原西北部，由于气候变暖背景下降水量增加，气候呈现"暖湿化"，使湖泊湿地水位上升、沼泽湿地储水量增加，湖泊水位和水量总体呈升高趋势（万玮等，2014；张淑萍等，2012；李均力和盛永伟，2013）；有些区域如青藏高原中南部，虽降水量呈现下降趋势，但受冰川积雪融水补给的影响，水量仍呈现增加趋势（张鑫等，2014）。而在青藏高原东部，若尔盖高原近 30 年来呈现出"暖干化"趋势，沼泽湿地蒸散量增大、水位下降，因而沼泽湿地的储水量明显减少。1991～2016 年，川西北和甘南地区沼泽湿地面积共减少了 1090 km^2，沼泽湿地主要演变为高寒草地，破碎程度增大。青藏高原湿地变化态势总体上受气候变化控制，自然驱动力（如全球气候变暖）是青藏高原湿地变化的主导因素，但是高强度的人类活动（如人工排水、放牧、泥炭开采等）是局部地区湿地严重退化的重要因素。例如，影响若尔盖沼泽湿地面积变化的首要原因是人为因素（如畜牧业生产总值和人口数量），其次是气候因素（温度和蒸发量）的影响（侯蒙京等，2020）。若尔盖地区是世界上最大的高寒湿地，为了满足放牧需求，该地区 20 世纪 60～90 年代曾大规模人工排水、扩大牧场，仅 70 年代就挖掘了约 1000 km 的沟渠，排水影响湿地近 700 km^2，占该地区整个湿地萎缩面积的 27%。

考察若尔盖湿地区域降水、蒸散发变化及区域内径流量变化（杨志荣等，2013），黑河主要流经若尔盖县，白河主要流经红原县，若尔盖县开沟排水的数量和规模比红原县大，湿地水量通过地表径流流入黑河的水量减少，使湿地严重干化，湿地生态环境退化的状况也比红原县严重，进而影响到局地小气候的变化（图 5-75）。

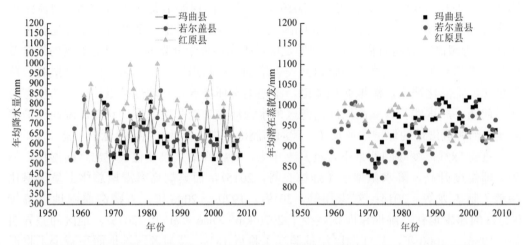

图 5-75　若尔盖湿地区域玛曲县、若尔盖县和红原县年均降水量、年均潜在蒸散发变化

白河唐克水文站的径流量在每年 6 月、7 月达到最大，并且白河在 5 ~ 10 月的流量远大于黑河同期流量，进一步证实了若尔盖县湿地干化趋势更为严重，湿地水量减少，导致黑河水量减少。开沟排水是若尔盖湿地水量减少的重要原因（图 5-76）。

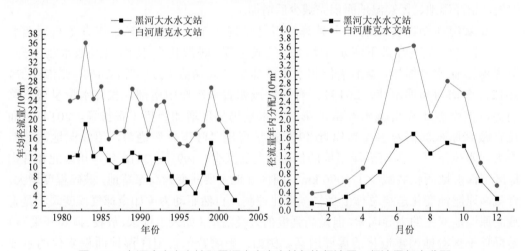

图 5-76　白河唐克水文站和黑河大水水文站年均径流量、径流量年内分配

2. 湿地保护现状

湿地科学是研究湿地形成、发育、演化，湿地生态系统结构、功能、生态过程的湿地开发与保护的科学。湿地的保护与恢复主要包括以下方面：湿地恢复、湿地监测与评价、湿地管理策略等。

湿地恢复是指通过生态技术或生态工程对退化或消失的湿地进行修复或重建，再现干扰前的结构和功能，以及相关的物理、化学和生物学特性。恢复生态学的发展促进了"湿地恢复"研究与实践。1975 ~ 1985 年，美国国家环境保护局资助了 313 个湿地恢复研究项目。1990～1991 年，美国联邦政府环境保护局等 4 个部门提出了重要的湿地恢复计划。欧洲国家在湿地恢复研究方面也取得了重大进展，西班牙、奥地利、比利时、法国、德国、匈牙利、荷兰、瑞士、英国等都有大量的湿地恢复项目，这些项目主要集中在泛滥平原。根据湿地的结构和生态系统特征，湿地的生态恢复可概括为湿地生境恢复、湿地生物恢复和湿地生态系统结构与功能恢复 3 个部分。目前，国内外湿地的生态恢复技术也可以划分为三大类。

（1）湿地生境恢复技术。湿地生境恢复的目标是通过采取各类技术措施，提高生境的异质性和稳定性。湿地生境恢复包括湿地基底恢复、湿地水状况恢复和湿地土壤恢复等。湿地的基底恢复是通过采取工程措施，维护基底的稳定性，稳定湿地面积，并对湿地的地形、地貌进行改造。基底恢复技术包括湿地基底改造技术、湿地及上游水土流失控制技术、清淤技术等。湿地水状况恢复包括湿地水文条件的恢复和湿地水环境质量的改善。水文条件的恢复通常是通过筑坝（抬高水位）、修建引水渠等水利工程措施来实现；湿地水环境质量改善技术包括污水处理技术、水体富营养化控制技术等。

（2）湿地生物恢复技术。湿地生物恢复技术主要包括重要物种选育和培植技术、濒危物种保护技术、种群动态调控技术、群落结构优化配置与组建技术、退化群落恢复技术等。澳大利亚的卡佩尔（Capel）地区通过种植水生植物恢复了一个用于沉积稀有金属矿砂的湖泊群，效果显著（Dixon et al.，2006）。针对湿地退化现状，众多研究者从生物角度探讨湿地恢复的技术和方法手段，并取得了一定的效果（王克林，1998；叶春，1999；邱东茹和吴振斌，1997；张建春和彭补拙，2003；阳承胜等，2001）。而植被恢复等生物措施是湿地恢复合理性的直观反映。

（3）生态系统结构与功能恢复技术。20 世纪 90 年以来，湿地生态系统整体恢复和调控思想开始得到国际关注，主要体现在强调通过大尺度生态过程调控来进行湿地恢复，特别是流域尺度上的水文调控与设计（Zedler，2000）。例如，欧洲最大规模的湿地生态恢复项目"莱茵河行动计划"（1987～2000 年）就是荷兰、法国、德国在流域尺度上的合作，通过生态水文过程恢复、水环境修复来进行整体湿地生态恢复与生物多样性保育的成功范例（White，2005）。大量的实践表明了湿地恢复的复杂性，如美国佛罗里达州滨海湿地恢复的成功率为 45%，而内陆淡水湿地恢复成功率仅为 12%（Kenthla，2000）。

1）湿地公约履约及国际重要湿地

1971 年在拉姆萨签订的湿地公约成为各国湿地保护和管理的纲领性文件，截至 2023 年 10 月，共有 172 个缔约方。自 1992 年加入湿地公约以来，我国采取了一系列措施保护湿地。

截至 2022 年，我国湿地保护管理体系初步建立，指定了 64 处国际重要湿地，建立了 602 处湿地自然保护区、1600 余处湿地公园和为数众多的湿地保护小区，湿地保护率达 52.65%。我国湿地保护工程规划体系日益完善。2007 年，国务院批准发布了《全国湿地保护工程规划（2004—2030 年）》，陆续实施了三个五年期规划，中央政府累计投入 198 亿元，实施 4100 多个工程项目，带动地方共同开展湿地生态保护修复。我国湿地调查监测体系初步形成。中国是全球首个完成 3 次全国湿地资源调查的国家。

关于"湿地生态修复"研究仅有 30 多年的发展历程，中国科学院、高等院校和林草、环保科研单位开展了较为深入的研究工作；国务院 2007 年批准的《全国湿地保护工程规划》（2004 年—2030 年）（以下简称《规划》），规划安排了湿地保护、湿地恢复、可持续利用示范、社区建设和能力建设 5 个方面的重点建设内容。

《规划》提出，青藏高原区域保护建设重点为加强保护区建设及植被恢复等措施，保护世界独一无二的青藏高原湿地，尤其是江河源头地区的重要湿地，发挥该地区湿地的重要储水功能，并使高原特有的珍稀野生动植物得以栖息繁衍，保护好高海拔湿地。重点在三江源头、青海湖和若尔盖沼泽地区进行湿地保护和生态示范建设。

《规划》提出到 2030 年，使全国湿地保护区达到 713 个，国际重要湿地达到 80 个，使 90% 以上天然湿地得到有效保护。完成湿地恢复工程 140.4 万 hm^2，在全国范围内建成 53 个国家湿地保护与合理利用示范区。

《规划》将自然保护区和国际重要湿地建设列为湿地保护优先工程。截至 2020 年底，在我国 64 处国际重要湿地名录中位于青藏高原的有 16 处（含甘肃张掖黑河湿地国家级自然保护区）（表 5-20）。

表 5-20　青藏高原国际重要湿地名录

编号	名称	列入年份	面积 /hm^2	海拔 /m	地理位置
1	青海湖国家级自然保护区	1992	495200	3185 ～ 3250	36º32'N ～ 37º25'N 99º36'E ～ 100º46'E
2	云南碧塔海湿地	2004	2000	3568	27º46'N ～ 27º57'N 99º54'E ～ 100º08'E
3	云南纳帕海湿地	2004	3434	3260	27º47'N ～ 27º55'N 99º35'E ～ 99º40'E
4	云南拉市海国际重要湿地	2004	1443	2440 ～ 3100	26º53'N 100º08'E
5	青海鄂陵湖湿地	2004	65907	4268.7	34º46'N ～ 35º5'N 97º30'E ～ 97º53'E
6	青海扎陵湖湿地	2004	52610	4273	34º54'N 97º16'E
7	西藏麦地卡湿地	2004	43496	4800 ～ 5000	34º48'N ～ 35º01'N 97º02'E ～ 97º30'E
8	西藏玛旁雍错湿地	2004	73782	4500 ～ 6500	30º33'N ～ 30º48'N 81º21'E ～ 81º37'E
9	四川若尔盖湿地国家级自然保护区	2008	166570	3422 ～ 3704	33º25'N ～ 34º00'N, 102º29'E ～ 102º59'E
10	甘肃省尕海 - 则岔国家级自然保护区	2011	247431	2900 ～ 4400	33º58'N ～ 34º32'N, 102º09'E ～ 102º46'E
11	甘肃张掖黑河湿地国家级自然保护区	2015	41000	1200 ～ 1500	38º57'54"N ～ 39º52'30"N, 99º19'21"E ～ 100º34'48"E
12	四川长沙贡玛湿地	2017	669758.9	4389 ～ 5249.4	33º18'00"N ～ 34º12'36"N, 97º22'12"E ～ 98º39'36"E
13	西藏色林错湿地	2017	1893636	4530	30º10'N ～ 32º10'N, 87º46'E ～ 91º48'E
14	甘肃盐池湾湿地	2017	1360000	3000m 以上	38º26'N ～ 39º52'N, 95º21'E ～ 97º10'E
15	西藏扎日南木错湿地	2020	102300	湖面海拔 4613m	30º44'N ～ 31º05'N, 85º19'E ～ 85º54'E
16	甘肃黄河首曲湿地	2020	203401	3300m 以上	33º20'01"N ～ 33º56'31"N, 101º54'12"E ～ 102º28'45"E

2）泥炭湿地保护技术及水文修复

针对沼泽湿地退化现状，提出工程措施、生物措施、管理措施结合治理策略（杨志荣等，2013）。以水文修复为主的工程措施：自 2000 年以来，基于抬升退化区水位的目标，若尔盖高原地区陆续实施了以填、堵排水沟壑为主要措施的水文修复工程（陈克林，2010；张明等，2010；Zhang et al.，2012）。除了对部分沟壑进行完全填埋外，主要是通过在沟渠上构筑水坝等设施来拦蓄和调控水位。根据就近及环境优化原则，选择使用土石袋筑坝、土石坝、混凝土重力坝和木板坝等差异化形式，设置的间距为 100～150 m，如日干乔沼泽平缓湿地区的梯形木板坝，红原泥炭开采区的混凝土坝，若尔盖阶地沼泽的砂石坝，玛曲、尕海的梯形泥炭坝（陈克林，2010；张明等，2010）。修复工程以完全填埋的修复效果最好，在短期内取得了一定成效，但后期由于流水冲刷、牲畜踩踏及缺少维护等原因，存在水坝毁坏、坍塌等问题（张明等，2010；Zhang et al.，2012）（图 5-77）。

图 5-77　若尔盖湿地装袋筑坝技术

基于自然河流下切、溯源侵蚀增加的趋势，有学者提出通过在自然河曲上构筑堤坝抬升水位以及流域调水等方案（赵魁义和何池全，2000；闵泓翔和王洪军，2012；李志威等，2014），但这些方案涉及深层的生态问题，更多地停留在理论层面。在自然河曲上河道中构建混凝土、石笼等拦水坝，扩大集水区单元上河曲的过水面积，目前仅在较小的空间尺度上进行探索性试验。例如，在黑河支流达水曲上修建堤坝，出水口地表水位抬升约 30 cm，花湖湿地的水面面积明显增加，植被类型发生变化，但尚未有生态监测数据发表；在三江源湿地退化区实施引水灌溉和人工增雨措施，增加土壤蓄水，短期内取得一定效果（颜亮东等，2009；周万福等，2009）（图 5-78）。

图 5-78　若尔盖湿地黑河支流筑坝花湖湿地恢复对比图

3）植被恢复技术

建立高效保水功能的高寒湿地植被恢复与利用技术体系（杨志荣等，2013；杜国祯等，2015）。通过筛选并补播低耗高效利用水分的植物，结合调整放牧时间、扩大放牧单元、局部施肥等技术措施，快速促进湿地生态系统修复，在提高生产力的同时，增加水分利用效率，有效提升湿地与草地水源补给及涵养功能。若尔盖高原湿地植被恢复采用自然恢复为主、人工恢复为辅的办法。根据不同植被、土壤等退化程度和生态系统组分的构成，通过放牧、土壤类型与植被的关联分析，提出采取围栏封育、合理轮牧等措施来消除退化因素，发挥种子库的作用，满足植被自然更新的需要（Zhang et al.，2012）。基于生态修复的效果提出通过减小放牧强度来恢复植被，减少泥炭地土壤侵蚀。将生态工程和牲畜种群控制共同作为生态修复和生物多样性保护的重要措施（Xiang et al.，2009）。在若尔盖高原开展禁牧、轮牧、季节性放牧以及人工草场建设等生态修复工程，主要目标是通过调整或减轻过度放牧对草地系统的压力，促进植被的自然更新和演替。综合评估青藏高原围栏工程效应的基础上提出，在严重退化的草地上应采用短期围栏（4～8年）的建议（Sun et al.，2020），但具体的工程需要结合退化程度评估和配套政策实施。

在四川红原日干乔退化湿地，基于地表积水减少、土壤性质改变的问题，采用筑坝拦蓄雪山融积水，扩大过水面积，施用吸水固肥修复材料、修复土壤功能、提高土壤肥力，补播适生的人工栽培牧草草种，并通过围栏封育，短期内实现植被高覆盖效果（蒋伟等，2011）。围绕尕海－则岔湿地区土壤盐渍化、植被覆盖度降低的问题，开展围栏育草、以水洗碱、补播牧草、鼠害防治等修复措施，取得较好的效果（当知才让等，2014）。西藏玛旁雍错湿地国家级自然保护区普兰县利用披碱草试种进行草地生态修复（何旭升等，2019）。

4）湿地修复评价

相对国外研究，国内生态修复效果研究起步较晚，侧重于对环境质量改善程度的评价。研究对象重点关注土壤、水质和湿地等，具体包括修复技术与措施，涵盖生物修复、植物修复、水生植物、沉水植物、人工湿地、原位修复、水土保持等内容（李淑娟等，2021）。青藏高原的相关研究更为匮乏。

基于 1990～2010 年间湿地景观格局分析，应用 AHP 方法构建玛曲高寒湿地修复适宜性评价模型，对玛曲高寒湿地修复的空间适宜性和优先性进行了分析（褚琳，2012），指出在资金、人力以及时间等条件的限制下，采日玛和曼日玛处的湿地应进行优先修复。基于 5 年截面健康数据的青海西宁湟水国家湿地公园湿地恢复评价（张志法等，2019），通过健康综合指数（comprehensive health index，CHI）对湿地健康状况进行分级评价，服务功能指标的改善幅度最大（0.17），生态环境指标恢复程度最小（0.07）。基于生物－环境－服务功能模型的三江源高寒草甸湿地不同恢复措施效果评价（苏晓虾等，2020），补播草种有助于短时、高效地恢复湿地植被，而实现土壤和功能的全面恢复还需要结合封育等更多的措施和更长的周期。

由于生态修复效果的评估没有固定的参照标准，已有研究多基于具体修复的生态和环境资源受损现状，根据生态系统类型及修复目标选择评价指标及方法，缺乏对同类生态系统修复效果的经验总结，影响修复工程的效益和效率的提升（李淑娟等，2021）。

增加对青藏高原同类生态系统修复效果评价的系统分析，探寻相似环境、文化、社会经济体系中生态修复效果的差异和规律，有助于节约成本，为修复工程的设计和管理提供经验，促进修复工程的优化和改良。

3. 退化湿地适应措施与选择

全球气候变化可造成湿地生态系统温度升高、洪水等极端降水事件增多、干旱频率和强度增加、冰川融化、海平面上升、滨海泛洪、沿海风暴频率和强度增加等一系列问题。而湿地作为一种独特的生态系统，在调节气温和水循环、转变碳源与碳汇以及提供多种生态系统服务等适应气候变化方面起着特殊的作用。

针对湿地与气候变化的研究主要集中在系统间的相互影响和响应上，但是很少有研究利用日益增长的气候变化风险来探讨如何保持和提高湿地的气候变化适应性（雷茵茹等，2016）。

1）高原湿地监测与评价

湿地的监测评价主要包括定性评价与定量评价两个方面。美国在 20 世纪初为建立野生动物保护区就开展了湿地监测评价工作，50 年代进行了以湿地物种为主要对象的湿地编目和湿地评价研究，提出了第一个帮助政府颁发湿地开发补偿许可证的湿地快速评价模型，并在湿地水文地貌分类体系的基础上提出了"五步"湿地功能评价的方法。欧洲通过建立湿地系统共有的关键过程以及它们与功能之间的联系，测定湿地系统受外界干扰后的反应，利用动力学模型和定期观测确定湿地结构和功能耐受干扰的临界阈值，利用实验数据指标体系进行评价。湿地评价主要包括湿地生态状况评价、湿地生态健康评价、湿地生态功能评价、湿地生态价值评价、湿地环境影响评价、湿地生态风险评价等。湿地评价指标体系和模型成为研究的热点问题。

（1）湿地生态健康评价。

该方法是生态系统健康评价在湿地领域的应用实践，指示物种法和指标体系法是当前开展湿地生态健康评价的主要方法，我国的研究应用主要集中在指标体系法。基于压力-状态-响应（pressure-state-response，PSR）框架模型进行指标体系构建是目前应用最为广泛的方法。采用 AHP 法确定指标权重，分析生态系统健康指数对甘南尕海湿地生态系统健康的评价（徐国荣等，2019），压力子系统属于健康状态，状态和响应子系统二者都属于亚健康状态。采用因子分析法（郝文渊等，2013）对西藏拉萨河谷拉鲁湿地生态系统健康进行评价，1995～2004 年拉鲁湿地生态系统健康程度处于快速下降状态，2005～2010 年拉鲁湿地生态系统健康程度呈波动趋势，生态系统处于临界健康状态。

湿地信息的正确识别与提取是湿地变化分析和动态监测的基础。通过获取 1999～2002 年的 597 幅遥感解译与统计数据，在景观尺度、局地或区域尺度，对青海省三江源地区湿地生态系统健康进行评价（贾慧聪等，2011），其健康等级的整体分布呈现由东南向西北降低的趋势。结合遥感影像、野外实测和社会经济等多源数据，利用 AHP 法进行数据处理和分析，对拉萨河流域甲玛湿地健康进行评价（马宏彬，2012），其整体生态健康状况基本良好，为亚健康状态。若尔盖高原地区湿地生态系统（王利花，2007；周文英，2014）从 1994 年自然保护区建立后，个别小流域生态健康有好转趋势。黄晓宇（2017）对三江源国家生态保护综合试验区生态健康进行评价并提出生态补偿标准，该区域生态系统整体维持初步健康水平。

DPSIR 模型是由 PSR 模型和 DSR 模型综合发展而来，其从驱动（driving）-压力（pressure）-状态（state）-影响（impact）-响应（response）五个系统层次构建模型的因果组织关系链，增加了驱动因子和影响因子。基于 DPSIR 模型构建甘南及川西北高寒湿地生态系统健康评价指标体系（方宇，2020），定量评估 1990～2015 年甘南及川西北高寒湿地生态系统健康状况、时空分布规律及景观格局变化，发现区域高寒湿地生态系统健康水平下降严重，东北部的生态系统健康状况最差。

根据综合评判的原理，使用熵权法和 AHP 法确定指标权重，计算生态系统健康指数，对青海湖北部湿地进行生态健康评估（苏茂新等，2010），1999～2008 年生态健康指数处于上升状态。

指示物种法方面：以生境监测和物种监测为重点，利用 AHP 法进行分析，构建若尔盖湿地健康监测和评价体系（白史且和李达旭，2013）。以隆宝高寒沼泽湿地为例，分析三江源区沼泽湿地退化过程中植被变化特征（石明明等，2020），利用主成分分析法以多个植被指标构建了湿地退化的植被评价指数。

利用从湿地整体性及生态状况指标、气象常规与土壤温度梯度指标、土壤理化指标、水文指标及群落学特征指标中筛选出的近 80 个若尔盖湿地健康评价指标，建立若尔盖湿地生态系统健康诊断指标体系。以生境监测和物种监测为重点，利用 AHP 法进行分析，构建若尔盖湿地健康监测和评价体系（白史且和李达旭，2013）。

在评价湿地健康时，植物物种组成是最基本的指标，其影响一个区域生态系统功能的执行及提供产品和服务的能力。植物群落在其所处的环境中逐渐演替，并随着环境因素的变化而缓慢发生变化。通常而言，植物群落在短时间内不会发生重大变化，除非在重大干扰因素的作用下，如持续的过度放牧、高强度的交通建设、持续干旱或外来物种入侵。干扰造成的植物物种变化是可以预测的。例如，湿生物种对土壤湿度要求较高，对干扰也最为敏感，随着湿地草甸化的加剧，这类物种也会出现衰退；在过度放牧条件下，由于有机会与其他物种进行成功的竞争，湿地内那些抗干扰压力的物种丰富度就会增加。

这些抗干扰的杂草物种包括委陵菜属植物、菊科橐吾属、蒲公英属植物以及其他一些有害杂草。在干扰的影响减弱或者消除之后，现有的植物群落可能会发生各种反应：保持稳态或向天然群落（包括潜在的自然植物群落）方向发展。

若尔盖高原湿地植被随生境的变化表现出一定的分布规律。其水平分布规律表现为从水域—沼泽—沼泽化草甸—草甸的不同生境中，植物群落一般呈对列式分布（常见于排水沟或小溪两岸）与同心圆式分布（多见于各种洼地）；其垂直分布规律表现为从谷底湖边至丘顶依次分为沼泽、沼泽草甸、亚高山草甸和亚高山灌丛 4 种类型。总之，随着湿地水分的增加，湿地植被向沼生（或水生）植被方向演替。而水分减少时，湿地植被又向陆生草甸方向演替（表 5-21）。

表 5-21　若尔盖湿地不同生境下湿地植物群落分布

植物群落	生境	主要种类
眼子菜 - 藻类	常年深积水（50～120 cm）	小眼子菜（*Potamogeton pusillus*），微齿眼子菜（*Potamogeton maackianus*），篦齿眼子菜（*Stuckenia pectinata*），狐尾藻（*Myriophyllum verticillatum*），杉叶藻（*Hippuris vulgaris*），异枝狸藻（*Utricularia intermedia*），少花狸藻（*Utricularia gibba*），芦苇（*Phragmites australis*）等
毛果薹草 - 睡菜	平坦低洼，常年浅积水（20～40cm）	毛果薹草（*Carex miyabei* var. *maopengensis*），沿沟草（*Catabrosa aquatica*），毒芹（*Cicuta virosa*），睡菜（*Menyanthes trifoliata*）等
毛果薹草 - 异枝狸藻	平坦低洼，常年浅积水（10～30cm）	毛果薹草，海韭菜（*Triglochin maritimum*），异枝狸藻，两栖蓼（*Polygonum amphibium*），水木贼（*Equisetum heleocharis*）等
蔺草	平坦低洼，常年浅积水（10～30cm）	两栖蓼，异枝狸藻，毛果薹草等
水木贼	平坦低洼，常年浅积水（10～30cm）	水木贼，水菖蒲，水毛茛，两栖蓼，华扁穗草（*Blysmus sinocompressus*）等
乌拉草	团块状小丘，丘间常年浅积水（10～20cm）	乌拉草（*Carex meyeriana*），木里薹草，西藏嵩草（*Carex tibetikobresia*），薄网藓（*Leptodictyum riparium*），矮地榆（*Sanguisorba filiformis*），两栖蓼，花莛驴蹄草（*Caltha scaposa*），华扁穗草，条叶银莲花（*Anemone coelestina* var. *linearis*）等
木里薹草	平坦低洼，常年浅积水（5～20cm）	木里薹草，花莛驴蹄草，矮地榆，两栖蓼，华扁穗草，矮泽芹，水木贼，剪股颖等
木里薹草 - 西藏嵩草	隐格状、垄网状和田埂丘，丘间常年或季节性积水（5～10cm）	木里薹草，海韭菜，华扁穗草，西藏嵩草，矮泽芹，长花马先蒿（*Pedicularis longiflora*），矮地榆，花莛驴蹄草，藨草，三裂碱毛茛，狐尾藻，鹅绒委陵菜（*Potentilla anserina*），黄帚橐吾，垂头菊等

植物群落	生境	主要种类
木里薹草－花莛驴蹄草	垄网状、田埂状和沟穴状草丘，丘间季节积水（3～10cm）	木里薹草，花莛驴蹄草，葱状灯心草（*Juncus concinnus*），矮泽芹（*Chamaesium paradoxum*），西藏嵩草，四川嵩草（*Carex setschwanensis*），线叶嵩草（*Carex capillifolia*），无脉薹草（*Carex enervis*），草地早熟禾（*Poa pratensis*），发草（*Deschampsia caespitosa*），羊茅（*Festuca ovina*），毛莨状金莲花（*Trollius ranunculoides*）等
西藏嵩草－花莛驴蹄草	无草丘，地面临时性积水	西藏嵩草，花莛驴蹄草，毛莨状金莲花，木里薹草，湿生扁蕾（*Gentianopsis paludosa*），白花刺续断（*Acanthocalyx alba*），矮泽芹等
西藏嵩草－鹅绒委陵菜	微弱斑点状草丘，地面潮湿	西藏嵩草，鹅绒委陵菜、线叶嵩草，无脉薹草，华扁穗草，矮生嵩草（*Carex alatauensis*），发草，甘肃嵩草（*Carex pseuduncinoides*），四川嵩草，小薹草（*Carex parva*），黑褐穗薹草（*Carex atrofusca*），珠芽蓼（*Bistorta vivipara*），车前（*Plantago asiatica* L.）等
西藏嵩草	无草丘，地面潮湿	西藏嵩草，木里薹草，华扁穗草，矮泽芹，花莛驴蹄草，高山紫菀（*Aster alpinus* L.），云生毛莨（*Ranunculus nephelogenes*），三脉梅花草（*Parnassia trinervis* Drude），条叶银莲花，龙胆，车前状垂头菊，矮地榆，异穗苔草，鹅绒委陵菜等
鹅绒委陵菜	地面平坦、潮湿	线叶嵩草，鹅绒委陵菜，西藏嵩草，发草，治草（*Koeleria macrantha*），龙胆，珠芽蓼，蒲公英，矮泽芹，花莛驴蹄草，华扁穗草，车前状垂头菊，毛莨状金莲花，木里薹草，高山紫菀，长花马先蒿等
高山嵩草－杂类草	地面平坦或有起伏，干湿中等	高山嵩草，垂穗披碱草（*Elymus mutans* Griseb.），垂穗鹅观草（*Roegneria nutans*），草玉梅（*Anemone rivularis*），长穗三毛草（*Trisetum clarkei*），粉绿早熟禾（*Poa pratensis* subsp. *pruinosa*），发草，鹅绒委陵菜，二裂委陵菜（*Potentilla bifurca* L.），火绒草（*Leontopodium leontopodioides*），乳白香青（*Anaphalislactea*），黄花棘豆（*Oxytropis ochrocephala*），高原毛莨（*Ranunculus tanguticus*），高山豆（*Tibetia himalaica*），黄花黄芪（*Astragalus luteolus*），蓝白龙胆（*Gentiana leucomelaena*），甘青老鹳草（*Geranium pylzowianum*），川甘蒲公英（*Taraxacum lugubre*），石竹（*Dianthus chinensis*），麻花艽（*Gentiana straminea*），针茅，唐松草，狼毒，香青等

（2）湿地生态风险评价。

运用模糊综合评价方法，借助遥感与 GIS 技术，对 1989 年、2000 年和 2007 年若尔盖湿地生态安全状况进行了评价（邹长新等，2012），若尔盖湿地生态安全水平呈现明显下降趋势。以 2000 年、2005 年、2010 年、2014 年遥感影像和社会经济统计资料为数据源，采用支持向量机分类法对若尔盖区域遥感影像进行分类，对若尔盖高原沼泽湿地退化生态风险评估及其演变进行分析（王翠翠，2015）。2000～2014 年，若尔盖高原沼泽湿地退化风险指数由 0.296 增加到 0.375，风险值增加 26.69%，由低风险区演化为中等风险区。

利用 1975 年、1990 年、2000 年、2010 年和 2017 年 Landsat 遥感影像，对近 42 年跨度的色林错流域湿地特征和生态脆弱性进行了动态监测与预警分析（朱美媛，2019），色林错流域湿地退缩比例为 8.71%。自 1990 年以来，由Ⅰ级、Ⅱ级脆弱为主体逐渐向Ⅱ级、Ⅲ级脆弱为主体转化，其中草本沼泽和季节性或间歇性湖泊的脆弱性上升程度最大。

使用 PSR 模式对纳帕海湿地生态系统退化程度进行多因子综合评价（李宁云，

2006)，纳帕海湿地生态系统所承受的人类活动压力已超出其理论承载压力限度的 2.24 倍。

（3）湿地生态价值评价。

运用 GIS 和遥感技术分析，以及中国陆地生态系统服务价值当量表，采用专家打分法修正不同覆盖度草地的价值系数，评估若尔盖高原土地利用变化对生态系统服务价值的影响（李晋昌等，2011）。该区域在 1990～2005 年，高覆盖度草地、湿地和林地面积呈持续减少趋势，建设用地、荒漠、中覆盖度草地和耕地面积及土地利用综合程度呈持续增加趋势；年生态系统服务价值从 603.10 亿元减少到 586.07 亿元，共损失 17.03 亿元，且损失量和损失幅度呈快速增加趋势。若尔盖高原 1990 年和 2005 年的人均生态系统服务价值分别为 38.93 万元和 27.03 万元，表明若尔盖高原由于人口增长和土地退化，环境压力呈明显增大趋势。湿地和草地退化是导致该区域生态系统服务价值减少的主要原因，尤其是湿地退化。

结合青藏高原粮食产量与平均收购价格，分析了 1976～2007 年纳木错流域生态系统服务价值动态变化率（王原等，2014），探讨了高原湖泊流域生态系统服务价值对土地利用与土地覆盖变化（land use and land cover change，LUCC）的响应，纳木错流域土地利用与土地覆盖类型变化显著。其中，草地面积减少，水体、湿地、荒漠面积增加。研究时段内，流域生态系统服务总价值略有增加，1976 年为 10.8445 亿元，2007 年增加到 11.1346 亿元。

采用市场价值法、替代费用法和影子工程法等对西藏拉萨拉鲁湿地（张天华等，2005）、玛曲高寒湿地（王娟等，2010）的生态系统服务功能进行价值估算。拉鲁湿地生态系统服务总价值达到 5481 万元 / 年；玛曲高寒湿地生态系统服务总价值达 159.42 亿元 / 年，是该地区生产总值的 36.65 倍。以专家知识的价值评价方法为基础，构建了三江源区生态系统服务使用价值单价表，对三江源区生态系统服务价值评价进行研究（李磊娟，2015）。该报告提出三江源区生态系统服务的使用价值为 10924.1 亿元 / 年，三江源区作为中国最大的天然沼泽分布区，其蕴含的生态系统服务使用价值为 3565.3 亿元 / 年，使用价值贡献率为 32.64%；三江源区生态系统服务总价值为 25.97 万亿元，其中使用价值现值为 22.94 万亿元。

（4）湿地生态状况评价。

根据马克明等（2001），提出综合指示物种和指标体系法的生态系统综合评价方法，国家林业和草原局华东调查规划设计院对我国湿地生态状况进行评价研究（钱逸凡等，2019），分别在 2005～2008 年及 2009～2012 年，进行了两次国际重要湿地生态状况评价。青藏高原国际重要湿地除 1 处生态状况为“中”外，其余均为“优”，生态状况总体较好，两次评价客观反映了我国国际重要湿地生态状况和动态特征，为我国国际湿地公约履约和国际重要湿地管理提供了重要的数据支撑。

2）湿地管理策略

（1）湿地适应性管理。

全球温度变化（如温度的极值、范围和季节性的变化频率）会影响到物种的繁殖率、物候现象和栖息地偏好等生物、生理学特征。湿地与气候变化相互影响及适应（雷茵茹等，2016），温度升高影响物种的繁殖率、物候现象和栖息地偏好。湿地发挥"碳汇"的作用；调节小气候，保持周围环境的温度和湿润程度。李晖（2018）和冯春慧等（2019）研究纳帕海湿地广布生长的植物水葱（*Schoenoplectus tabernaemontani*）和菰（*Zizania latifolia*），探讨随海拔梯度下降所引起的区域气候条件差异对两种植物形态特征、生物量及光合作用的影响。

气候变化引起的冰川融化，导致洪水的发生频率增加，湿地储存多余的降水，在旱季释放一定量的淡水。李宏林（2016）以水分处理为主线，通过对演替序列上季节性湿地、沼泽化草甸两种草地群落的 52 个常见植物种幼苗生长和种子萌发特性对水分变化的响应。水分变化显著地影响着这些物种的幼苗根长、叶片大小、比叶面积及根冠比等不同层次的功能性状，进而影响到其最终的生长和生物量生产。刘泰龙等（2021）基于转录组测序探讨西藏麦地卡湿地 5 种植物对高海拔光照的适应机制。肖玥等（2017）对若尔盖湿地骨顶鸡的繁殖生态及适应性进行探讨，若尔盖地区骨顶鸡在繁殖生态特征上呈现出对安全因子高度偏好的特点，这可能是其对高原多变气候环境和较高捕食压力的一种适应和选择策略。

生态系统的科学管理是生态系统可持续发展的关键，传统管理方法的局限性已经无法解决管理过程中遇到的复杂问题，适应性管理应运而生。1978 年，Holling 将适应性管理（adaptive management）作为术语真正确定下来。适应性管理的基础理论包括最初由 Holling 提出的生态系统弹性理论，以及相继提出的可持续理论、动态原理。

由于适应性管理应对不确定性的优势，众多学者将适应性管理的理念引入生态系统的管理当中，以此来应对生态系统管理中存在的诸多不确定性，从而更好地进行生态系统的管理。该方法陆续受到学者的广泛关注。

生态系统适应性管理以森林、草原、水域生态系统的研究为主（冯漪等，2021）。在草地生态系统中，青藏高原高寒草地适应性管理研究居多，该区域的可持续发展对保障生态安全和改善当地民生具有重要意义，采取适应性管理改善高寒地区的草地管理成效，促进该区域的可持续发展。湿地适应性管理的工作地点局限于辽宁双台河口湿地及鄱阳湖湿地，青藏高原湿地的系统研究尚缺乏。

气候变化背景下高寒湿地的适应能力较弱、适应状况较差，气候变化对一些区域的不利影响还将持续，目前湿地保护形势依然严峻，适应性有待提高。学者们建议从 5 个方面增强湿地对气候变化的适应性：①提高适应温度；②确保生态需水量；③保护生物多样性；④强化生态系统服务；⑤增加灾害抵御能力（雷茵茹等，2016）。

结合湿地管理适应性研究及青藏高原草地适应性管理研究，气候变化背景下青藏高原湿地的适应性管理对策如下。

第一，通过持续的科学考察研究，加强对青藏高原环境、生态和人类活动与气候变化间的机理研究，提出青藏高原资源环境承载力、灾害风险、绿色发展途径等方面的技术模式和对策措施（陈发虎等，2021）。探究气候变化下高寒湿地生态系统边界的迁移方向和速率，阐明气候变化对高寒湿地生态系统格局和功能变化的调控机制（孙建等，2021）。

第二，加强青藏高寒湿地保护，降低干扰，增强湿地恢复、优先适应。基于生态系统多功能指标量化青藏高原高寒湿地退化等级，并根据高寒湿地健康等级状况，提出适应性的湿地生态保护分级管理措施。

自适应性较强的区域，应采取优先适应的策略，加强科研监测，掌握湿地资源消长变化的动态规律，为适应管理提供反馈与调整意见（孟焕，2016）。而对处于脆弱性较强的湿地区域除加强湿地资源保护、宣传教育外，必要时还要采取一定的基础设施建设对湿地进行修复与恢复，增强其适应不利变化的能力，确保湿地可持续发展。

第三，定期开展适应性管理的效应评估，判断是否需要改进管理体系，进而提出最佳的适应气候变化的管理策略。

（2）生态补偿。

生态补偿是以保护生态系统功能、促进人与自然和谐发展和资源可持续利用为目的，依据生态系统服务价值及其保护恢复成本和发展机会成本，运用财政、税收、补贴以及其他市场手段，稳定和改善生态系统的功能，调节生态保护者、受益者和受损者利益关系的公共制度。生态补偿具有自动机制的优点，能够更为有效地协调自然资源利用和生态环境保护的利益关系，促进人与自然和谐发展，把生态补偿机制引入湿地保护领域，是一种非常有效的保护措施。2008 年，国家启动湿地生态补助试点工作（陈克林等，2014），2018 年《青藏高原生态文明建设状况》白皮书指出，国家在青藏高原启动生态补偿机制包括重点生态功能区转移支付、森林生态效益补偿、草原生态保护补助奖励、湿地生态效益补偿等，这些生态补偿措施的实施在稳定和提高农牧民生活水平、保护青藏高原生态安全和促进区域发展等方面取得了明显成效。2008 ～ 2017 年，中央财政分别下达青海、西藏两省区重点生态功能区转移支付资金 162.89 亿元和 83.49 亿元，补助范围涉及两省区 77 个重点生态县域和所有国家级禁止开发区。2015 年以来，在若尔盖保护区内投入湿地生态效益补偿资金近 1 亿元，用于禁牧还湿、退牧还湿、湿地保护修复和湿地管护等。高原生态补偿机制的实践中，存在补偿资金来源比较单一、利益相关方不太明确、补偿标准以及生态补偿理论方面的问题，需要深入研究。

林永生等（2017）研究了若尔盖高原湿地的甘肃尕海－则岔国家级自然保护区、甘肃黄河首曲国家级自然保护区和四川若尔盖湿地国家级自然保护区的生态补偿基线。若尔盖高原湿地生态系统服务价值为 274.29 亿元，湿地生态补偿标准应以每亩 110 元为下限，1.25 万元为上限，实施过程中综合考虑牧民年均收入、其他保护相关成本等因素。宗鑫（2016）运用牲畜机会成本法，研究了草畜平衡补偿与区域受偿差异性问题，对玛曲县、若尔盖县、红原县、阿坝县生态建设补偿区域的优先级进行判别研究。梁潇丹（2018）基于环境重置成本法对甘肃尕海湿地进行湿地生态补偿价值计量研究，计算得出该地区应得到的生态补偿金额为 23.5497 亿元。

张馨（2016）与黄晓宇（2017）分别运用 PSR 模型与 CASA 模型，对青海湖流域、三江源国家生态保护综合试验区生态健康进行评价，对于青海湖流域景观价值，高寒草甸为 43.63 亿元，湖滨沼泽为 0.89 亿元。三江源国家生态保护综合试验区的补偿标准为 341.97 亿元。湿地生态补偿工作涉及的利益关系复杂，形成系统的补偿机制还需要不断的探索和努力，随着很多专家和学者不断尝试提出湿地补偿机制，推进了湿地生态补偿机制的建立。

（3）社区共管。

所谓社区共管是指让社区参与保护方案的决策、实施和评估，并与保护区共同管理自然资源的管理模式。许多国家通过社区共管来提高公众湿地保护意识和公共参与水平。英国采取以社区为基础的自然资源管理政策已有近 200 年的历史（赵峰等，2009）。

社区共管包含：一是自然保护区同周边社区共同制定社区自然资源管理计划，共同促进社区自然资源的管理；二是当地社区参与协助保护进行有关生物多样性保护和管理工作，使周边社区的自然资源管理成为保护区综合管理的一个重要组成部分；三是对其他社会经济活动进行管理（姜玲艳，2008）。

我国在湿地自然保护区进行的社区参与湿地自然资源保护实践的核心应是尊重社区群众在资源利用和保护中的主体地位，尊重他们在长期的生产生活实践中形成的乡土知识、管理模式和传统文化。而政策制定者和执行者应当为社区群众的有效参与提供良好的政策环境和其他支持。这是国际生物多样性保护工作和自然资源综合管理工作最重要的实践探索和理论研究焦点之一。

保善悦（2015）对青海湖国家级自然保护区社区资源共管模式进行研究及评价，共管参与包括项目扶持带动、雇佣协管员、定点帮扶贫困户、科普宣教、协管员定期培训，将社区共管绩效评价指标设计为 3 级。三江源国家公园社区参与主体，主要是各利益相关群体，包括国家公园管理机构、非营利的公益组织、本土环保组织、原住牧民、寺庙等（李惠梅等，2022）。黑河湿地国家级自然保护区社区共管涉及的甘州、临泽、高台 3 县区内共确定了社区共管点 23 个（段占梓，2018），制订了"保护公约"和有关生产、生活方面的重要事务以及采砂、水资源利用、湿地生态旅游、水产养殖等涉及湿地资源管理开发的相关工作，并组织开展了保护区社区共管巡护人员培训。

以多元化的路径为基础，通过生态产品市场化和品牌经营等市场路径形成替代生计，以降低社区对自然资源的依赖程度；构筑全社会参与体系，推动社会组织和个人参与湿地生态保护，使各个利益主体协调参与到自然资源管理中，形成"地方政府 – 社区共管委员会 – 社区居民"协同治理模式。毋庸置疑，来自实践的经验正在逐步为管理者和决策者所重视，但是要将社区参与湿地保护的理念化为具体的法律规定和政策措施，还需要进行系统的理论研究，并全面提升全社会的认识。

第 6 章

生态工程的绩效评价及优化管理

　　紧扣青藏高原生态安全屏障保护和建设需求，探究重大生态工程在决策、实施过程中的实践经验，保证工程实施的可持续性，全方位科学考察生态工程的绩效水平，在目标－过程－结果分析框架的基础上构建了集合工程决策、过程、结果和潜力的综合评价体系，开展青藏高原生态工程绩效评价。本次科考重点调研了西藏高原、川西藏族聚居区、三江源和祁连山地区的人文和经济地理要素、重大生态工程的实施、问题及机制；构建基于目标－过程－结果的生态工程绩效评价体系，分析重点生态工程的绩效及其内部结构，评价其执行度、有效性和合理性，提出相应的制度保障机制；通过田野调查和参与式农村评估，重点分析生态工程实施区社会经济、产业结构、资源管理和传统文化对生态工程的响应及生态工程影响下农牧民收入、适应与生计转型问题，摸清农牧民对生态工程及其补偿的满意度和改进意见，明晰生态工程实施的困境与矛盾；综合考虑政策与民生，统筹自然生态保护体系、退化生态修复体系与区域经济社会发展支撑体系，建立青藏高原生态安全屏障重大生态工程优化方案。

6.1 基于公共价值的多元利益主体生态工程绩效评价

6.1.1 生态工程绩效评价体系

1. 国内外生态工程绩效评价

1）绩效的概念界定与价值取向

　　绩效理念源于管理学，一般指活动相对于其预期目标的实现程度和有效性，即效益和效率。该概念重点应用于企业监管、政府部门职能效益评价及工程项目绩效管理等方面。通过量化分析主体一定时期内的行为过程和结果，可以清晰地评估相关措施、工程在实施中各方主体的接受程度，产生的社会效益、经济效益及潜在影响，目标实现度等。生态工程项目的绩效评价及管理是当前的研究热点之一（张卉，2009）。主要通过对项目前期策划、实施过程、结果、作用和影响等方面进行系统评价，即工程实施是否改善了生态环境状况，相关主体对项目的接受和支持程度，项目实施的经济效益（政府所付出的成本是否与既定目标相匹配），项目产生的社会效益等（马丽梅，2009）。

　　绩效评价是绩效管理的重要组成部分，是指运用科学合理的评价体系与方法，从量和质两方面对评价对象在一定时期内的行为过程和行为结果进行定量和定性分析（张卉，2009）。绩效评价在欧美国家和地区中得到了广泛应用，已成为欧美国家和地区评价企业及政府部门职能效益的有效工具。由于大部分欧美国家和地区具备较完善的法律体系，对宏观的政府部门及政策和微观的专项及计划进行评价时，绩效评价方法系统且全面。尽管绩效理论较晚传入我国，但相关学者亦对其进行了广泛的研究应用，其中包括绩效评价体系的构建、评价技术的实际运用等。在社会经济快速发展的大背景下，如何通过科学地评价各类工程项目的绩效来提升工作效率及效益逐渐受到广泛重视，针对生态工程项目的绩效评价及管理逐渐成为研究热点（林金兰等，2015）。

价值作为公共行政的灵魂，是政府公共服务和政策工程绩效评价的总体目标和判断标准。公平与效率是政府公共服务绩效评价的两大基本价值，经历了从传统公共行政学的"效率型"价值取向到新公共行政学"公平型"价值取向的转变，且存在两种取向融合协调的趋势（官永彬，2020）。曼昆（2006）认为效率是社会能从稀缺资源中得到的最大利益，是可以与民主道德、个人责任相竞争的价值观。Farell（1957）将效率分为投入 – 产出层面的生产者技术效率和供给 – 需求层面的消费者配置效率两方面。其中，技术效率可通过核心主体对政策工程的规划、实施、质量评价及内容的了解程度来反映其投入 – 产出间的关系。保罗·萨缪尔森和威廉·诺德豪斯（2012）认为公共服务的供给效率是公共物品（服务）与每一种私人物品（服务）边际转换率等于所有家庭边际替代率之和，其本质上属于帕累托效率。为克服政府公共服务需求结构的信息掌握不准确的缺点，Shah 等（1998）提出了"回应性"（responsiveness）配置效率标准，Strumpf 等（2002）在此基础上构建了宏观层面公共服务或政策的供需匹配指数，但该指数却无法反映公共服务使用者即居民（微观个体）的主观感受和福利状况。高琳（2012）认为配置效率亦可通过辖区居民对政府公共服务的满意度来衡量组织供给目标的实现程度、产出与目标间的匹配性和均衡性。当前关于公平的代表性理论有诺齐克的权利平等说、罗尔斯的社会"基本善"平等说以及德沃金的资源平等说等。公平性作为公共服务的内在属性、公共行政的首要价值取向与判断标准，其衡量标尺涵盖起点公平（机会）、过程公平（分配）和结果公平（享有数量相当、质量相同和结果一致的服务或权力）3 个维度。基于何种视域、谁与谁之间、哪些评价要素是讨论公平问题需考虑和待诠释的重要方面。为了回应新公共管理实践和现代社会危机，国际上在 20 世纪 90 年代流行起公共价值理论（施生旭和游忠湖，2020）。该理论认为公共管理不仅仅强调结果和效率，还强调多元主体的广泛参与和平等地位。与此对应的是，公共政策程序正义成为政策不可或缺的一个维度，包括公民参与并决策、程序过程中的公民地位平等、决策过程的价值中立性、决策程序的自治 4 个方面（李建华，2009）。根据 Dunn（1980）的公共政策评价标准，公共服务及政策工程绩效评价更应体现其效果性、效率性、充足性、公平性、回应性和适宜性。综上，不同的价值取向会影响人们对绩效评价框架的设计、评价指标的选择以及评价结果的运用。如何在提升公共服务绩效、改善民生福祉的基础上去实现效率和公平的价值统一及公共价值的现实输出成为当前绩效评价新的关注点。

2）绩效评价的主体、方法及指标

20 世纪末以来，我国实施大规模的生态工程，具有投入大、见效慢、项目种类丰富、参与主体多元、持续时间长久、受益范围广阔的特点，其实施绩效评价影响着政府相关决策的及时调整。生态工程的绩效评价主要通过项目实施方案的制定、实施过程、结果、作用和影响等方面进行全方位的系统评价，来衡量项目实施情况的数量特性或结构变化，及对社会经济系统在运行中产生的间接影响和作用效果。通过绩效评价可以研判生态工程项目是否改善了生态环境状况、农牧民生活水平以及改善的程度；观察项目实施中多元主体对于项目的接受和支持程度；考察项目实施的经济效益，如政府所付出的成本是否与既定的目标相匹配；评价项目产生的社会效益等（马丽梅，2009）。

杨伶等（2016）认为生态工程效益评估必须基于"三重底线"，即经济财富、社会福祉与生态平衡的协同发展，须回答"由谁来评、评价什么、怎么评价"3个问题，其中"由谁来评"是影响绩效评价质量和水平的关键要素。目前国内的工程绩效评估主体主要包含上级领导机构评估和学者的第三方评估，这两类评估主体都没有直接深入工程建设一线，依靠部分外部指标进行绩效评估，往往容易忽视工程内部的问题。在政府的生态工程项目管理中，工程建设涉及多个利益相关者，如基层工作人员、承包和监理单位、农牧户、社会公众等，其利益诉求存在着很大差异。实施生态工程的目的是维护国家整体生态安全，为民众提供安全优质的生存生活空间。其绩效具有多重维度，产生于项目的各个环节。

当前，绩效评价的方法主要有关键绩效指标（key performance indicator，KPI）考核法、关键事件考核法、360度反馈评价法、沃尔评分法、平衡计分卡、标杆管理法、图形等级量表法、行为锚定等级评价法、目标管理法等（表6-1），在生态工程的绩效评价方面也涌现出以结果为导向的"本量效"（生态 - 经济 - 社会效益）评价方法、以制度结构为导向的交易成本计量方法、以目标为导向的平衡计分卡绩效评价工具。生态服务价值作为主流的评价方法，是结果导向绩效法的基础。目前官方评估一直沿用自上而下的KPI，侧重于成本、进度、质量、短期成果等易量化、易监测的指标，对工程的其他价值考虑较少。上述方法多关注于结果而忽视了实施过程，或只关注政府和企业内部，忽视其他利益相关者的反应，多采用上级俯瞰和学者第三方评估的方式，缺乏对公共价值的反思。在生态工程项目绩效管理中，政府出台了一系列有关工程效益评估的文件，如《退耕还林工程建设效益监测评价》（GB/T 23233—2009）、《林业生态工程生态效益评价技术规程》（DB11/T 1099—2014）、《防护林体系生态效益评价规程》（LY/T 2093—2013）、《草原建设经济生态效益评价技术规程》（NY/T 3461—2019）等，但其多侧重于生态效益的评估，多选取成本、进度、质量、短期成果等易量化、易监测的指标，对社会经济效益的评价标准较少涉及或考虑不足。

表 6-1 绩效评价方法总结

方法	年份	提出者	核心内容	优点	缺点
KPI 考核法	—	—	设置、取样、计算、分析组织内部某一流程输入端、输出端的关键参数来衡量流程绩效，是一种目标式量化管理指标	形成了基于企业战略的驱动系统	体系建立初期工作量较大，需投入较多人力、物力；若指标设计不合理便会造成整个考核的失败
关键事件考核法	1954	福莱·诺格和伯恩斯	认定并记录员工与职务有关的行为，选择其中最重要、最关键的部分来评定绩效	为考核提供明确的事实依据；保存动态的关键事件记录；反馈及时，便于员工快速提高工作绩效；测评成本较低，易操作	耗费时间长；难以对员工工作绩效的所有层级水平进行评价；会造成员工的不安全感；不能作为单独的考核工具

续表

方法	年份	提出者	核心内容	优点	缺点
360 度反馈评价法	1996	爱德华兹和埃文	通过员工自身、上司、同事、下属和顾客等不同主体来了解被考核人的工作绩效	打破了由上级考核下级的传统考核制度；较为全面的反馈信息有助于被考核者诸多能力方面的提升；防止被考核者急功近利的行为	考核成本高；成为某些人发泄私愤的途径；考核培训工作难度大
沃尔评分法	1928	亚历山大·沃尔	把若干个财务比率用线性关系结合起来，以此来评价企业的信用水平	便于使用，易于理解	指标选取的科学性及其权重合理性存疑；当某一个指标严重异常时，会对综合指数产生不合逻辑的重大影响
平衡计分卡	1992	罗伯特·卡普兰大卫·诺顿	从客户角度、内部业务角度、创新学习角度、财务角度来观察企业绩效	使员工的行为与企业的发展战略目标相一致；避免传统的以财务指标为重的考核方法；注重员工的个人学习与成长	在实际运用的过程中需要大量的数据来支持，较难使用
标杆管理法	1979	施乐公司	企业将自己的产品、服务、生产流程、管理模式等与业内外的领袖型企业相比较，借鉴与学习他人先进经验，改善自身不足，提高竞争力，追赶或超越标杆企业	具有较强的可操作性；能够帮助组织形成一种持续追求改进的文化	是一种片段式的、渐进的管理工具，通常要与其他管理工具一起配合使用
图形等级量表法	1922	帕特森	给出不同等级的定义和描述，然后考核者针对每一个绩效指标、管理要项按照给定的等级进行评估，然后再给出总的评估	使用起来较为方便；能为每一位雇员提供一种定量化的绩效评价结果	只能给出考评的结果而无法提供解决问题的方法；不能提供一个良好的机制以提供具体的、非威胁性的反馈；未给出明确的评分标准，常常凭主观来考评
行为锚定等级评价法	1963	史密斯和德尔	把同一职务工作中可能出现的典型行为进行度量评分，设置一个锚定级别评分表，以此来对员工工作的实际业绩进行测评分级	每项指标进行等级界定；考核评价的连贯性和信度都较好	设计复杂，需要多次测试和修改；不易于评价工作行为和效果相关度不明显的工作
目标管理法	1954	彼得·德鲁克	组织成员亲自参加工作目标的制定，实现"自我控制"，激励其完成工作目标，并以该明确目标作为考核标准来评价工作成果	评价更客观合理；员工参与到考核指标的制定过程，大大激发员工的积极性	对目标管理的原理及方法宣讲不足；目标是短期的、难以确定且调整不灵活

　　绩效评价指标体系的构建是政府进行生态工程绩效评价的依据，工程方案制定与实施的复杂性决定了绩效评价指标体系的层次性、综合性和系统性。学者们根据多个数据来源筛选指标、建立不同的指标体系来评价生态工程绩效。从国内学者的指标选取来看，总体可分为经济效益、社会效益、生态效益、工程评估四大类别。本研究选取了国内 30 篇有关生态工程绩效评价的文献，并对其中运用的指标进行了梳理，如表6-2 所示。在经济效益方面，主要关注农户家庭收入指标、农林牧业产值指标和消费指标等。这些指标多以 GDP、工资收入、贫困线、产值等为基础要素，进行复合指标设计。在社会效益方面，主要从人口、医疗、教育、就业、基础设施、农户政策感知与生活满意度感知等方面挑选指标，所用的指标多来自于地方统计资料以及学者自己构建的复合指标。在生态效益方面，主要从生态系统中的多个要素着手，选择可以监测或测量的相关指标，涉及水资源利用、土壤理化性质、大气质量和沙尘天气以及植被、

生态系统服务等。除了以结果为导向的生态－经济－社会效益框架下的指标，在利用平衡计分法或逻辑框架法建立的绩效评估体系中，学者们从工程投入和工程实施中选取代表性指标，如资金管理、项目进展、项目监督、机构设置等。总体来看，这些指标大多是第三方监测指标，其中比较通用的指标有人均GDP、水资源总量、植被覆盖率等，某些相对小众的指标主要针对评价对象的特点进行选择。

表6-2 国内生态工程评价指标统计

目标层	准则层	指标层
经济效益	收入指标	人均GDP、农村居民人均GDP、GDP增长率、财政收入、农牧户家庭收入（人均收入、收入变化率、各类收入）、城镇职工工资、城乡居民收入对比、补助资金占总收入比例、补偿对农户生活改善程度、收入来源、旅游经营收入、生活水平提高、贫困发生率、脱贫、脱贫人口、负债水平
	产业指标	农产品产值、农业产值、粮食产量、播种面积、粮食单位面积产量、单位土地产值、牲畜存栏数、畜产品品质、畜牧业产值、畜牧业占地区生产总值比重、规模化养殖水平、林产品产值、单位面积林产品产值、薪炭值、经果林面积、林副产品产出、水果产值、非农产品产值比重、二三产业比重、第三产业产值（人均）、农业结构变化、农林牧渔结构产值变化、区生产总值比重、企业（合作社）数量
	消费指标	恩格尔系数、消费水平、消费变化指数、环境保护支出占比、人均农业机械总动力
社会效益	人口指标	人口增长率、人口密度、非农业人口占比
	教育医疗	每万人适龄人口在校数、学龄儿童在校率、职业教育、教育质量、普通小学招生数、每万人拥有公共图书馆面积、每千人执业医师数、医疗改善度、就医变化指标、公立医院数量、药店诊所数、医保覆盖率、参保人数、县市比例、养老保险覆盖率
	基础设施	安全用电保障、用电改善度、百户拥有电视台数、享受安全饮用水人数、通信改善度、交通满意度、道路受益人口、道路密度、住房满意度、人均居住面积、楼房面积、住房质量、搬迁安置入住率、搬迁数量、社会治安、社区管理、环境卫生、环境改善、绿化水平
	就业	提供就业机会、失业率、就业率、外出务工人数（比率）、外出打工意愿、农牧业从业人数、劳动力转移率、二三产业从业人员占比、生态岗位覆盖、旅游就业、培训情况、农牧民中技术人才比重、生计打算
	政策感知	政策意识提高度、环保意识、政策认同度、生态伦理提高度、政策知晓率（宣传程度）、满意度（补偿标准、发放方式、时限、核定载畜量）、生态环境关注度、职工满意度
	其他	文化发展、休闲娱乐、身心健康、农村居民幸福指数、生活便利程度
生态效益	水	饮用水安全、饮用水保障、生活用水达标率、自来水普及率、水域面积、涵养水源、径流系数、水资源总量、人均水资源量、水资源利用率、水体污染程度、水体质量指数、污水处理率、废水排放量、节水灌溉面积比例、水资源利用率、万元GDP用水量、灌溉亩均用水量、万元工业用水量、农田水分平衡率、城镇居民水费
	土	水土流失（减少率、变化指数、治理率）、土壤侵蚀模数（面积、比例）、林地蓄水容量、减少泥沙淤积量、土壤有机质含量（平衡比率、养分循环）、土壤质量、土壤容重、土壤孔隙率、土壤污染程度、土壤沙化率、沙化土地面积、耕地面积（比率、人均）、保护区面积（比重）、生态工程实施面积、生态林比率、还林还草面积、农作物总面积、建设用地比率
	气	固碳释氧、净化大气环境、改善小气候、二氧化硫排放量（吸收量）、空气质量、大气污染程度、废气排放、风速、风速改变率、风沙天气日数、沙尘暴天数、阻滞尘埃量、沙尘危害变化指数、空气干燥度、湿度、温度、噪声情况
	生	植被覆盖率（变化率）、生物多样性、景观多样性、生态系统多样性、动植物种群数量、丰富度、草群平均高度、可食牧草产量、牲畜密度、单位草场载畜量、林木蓄积量、草地生产力增量、建群种增量、地上生物量、植被恢复率（生长状态、退化率）、树木成活率、森林面积（人均、天然林、比例）、造林面积、草原面积（人工饲草与天然草地比例）、生态服务价值增量、游憩价值、人均生态赤字、生态事故发生率（灾害损失、自然灾害发生变化指数）
	其他	光能转化率、农产品残毒（上升率）、环境改善率、能量转化率、柴禾占能源消耗比重、化肥有效利用系数、秸秆综合利用率、耕地复种指数、农户沼气使用率（百户拥有沼气池率）、固废利用率、宅基地复垦

续表

目标层	准则层	指标层
工程评估	投入	工程初步设计、施工面积、机构设置、业务培训、组织协调及配合度（职责明确）、工程施工准备、施工方能力水平、管理制度（管护员责任与补偿措施、树林看护指数）、档案管理、人员配备情况、劳动力投入、招投标制度、财务公开、资金管理制度（监管、按时发放、补偿对象准确性）、建设费用、安置费用
	实施	资金到位情况、落实资金、补偿金额、资金使用情况（综合利用率、投资完成情况）、资金亏损程度、资本保值增值率、成本费用利润率、全员劳动生产率、环境治理费用、基础设施配套费用（完善率）、施工质量监督、计划进度监督、政策实施情况、合同签订率、合同完备性、项目开工情况、项目进展情况、项目完成情况（计划完成率）、施工面积保存率
	可持续性	政策目的明确性、政策需求性、政策影响性、政策合理性、政策必要性、政策法规制定、政策短期及长远目标、政策实施影响度、分配公平程度、补偿公平性、与当地发展规划一致性、配套政策支持（政策协调及配合性）、财政支持、科技支持（示范工程、科技发展、科技转化率）、社区支持（认识指数、积极性、参与程度规划参与、生产参与、管理和维护参与、违纪发生率）、违规次数、自然条件变化、社会变革

2. 公共价值理论概述与应用

1）公共行政学范式变迁及公共价值理论内涵

近百年来，公共行政学主要经历了"传统公共行政—新公共管理—新公共治理—新公共价值管理"的范式变迁，每种范式都有其鲜明特征及特定的价值基础。与此同时，绩效评价的内涵也随着范式变迁不断拓展，在概念与结构上呈现出由单维到多维的变化趋势。1887 年，Wilson 在《行政学之研究》中提出政治与行政二分论，标志着传统公共行政的产生。该理论主要回答两大问题：一是政府能够在给定的资源条件下适当且成功地承担何种任务，二是政府如何才能以高效率低成本来完成这些任务，从而实现行政价值。由此可见，追求经济、效率与效益是传统公共行政的基本价值取向。此阶段确定的绩效产生主体仅为官僚机构，绩效指标也往往表现为"工具主义"导向和效率至上。20 世纪 80 年代，政府规模扩张及机构膨胀使得大多数发达国家出现了一系列社会经济问题，"新公共管理运动"油然而生，其本质是大规模的政府再造运动，目的是对以官僚体制为基础的传统行政管理体系进行市场化改造，提高政府的行政效率及公共服务水平。不同于传统公共行政，新公共管理在提高效率和兼顾社会公平的同时，更加突出绩效管理，强调从资源或战略视角去测量可量化的产出。20 世纪 90 年代后，西方学界主流理论逐渐由"管理"转向"治理"，新公共治理范式产生。该范式强调治理过程的重要性，主张公民是公共事务的积极参与者，通过明晰多主体的合作、协商、伙伴关系，确立共同目标等途径来实现对公共事务的有效管理，因此也被称为网格化治理。在此阶段，由于多方互动、共同参与，公共服务的绩效评价也逐渐由个体视野向系统视野转化，合作、信任、对话、承诺被视为绩效评价中不可或缺的考量因素，这是新公共治理范式不同于上述两个范式的重要之处。21 世纪以来，面对全球化、信息化的新发展形势，政府管理从新公共管理进入公共治理时代，相继出现新公共服务理论、网络（化）治理理论、数字治理理论等新公共治理理论，而公共价值理论正是其中的主要理论流派之一。在此背景下，作为学科范式的公共价值管理也呼之欲出，其扭转了新公共管理以来公共价值严重受损的颓势，成为公共利益复兴和公共行政平衡健全的标志。相较于前三种范式而言，该范式弱化了"效率至上"的准则标准，融合了民主价值和管理主义，更加突出过程和结果维度公共价值的构成、创造与传递，能够兼顾多元主体、多元价值、过程绩效与结果绩效，绩效评价的深度和广度也得到进一步拓展。该范式被广泛运用于全球问题和国家社会问题等公共领域，特别是公共事务治理、社区和贫困治理、政府行政与公共服务、土地管理、网络治理、生态工程等公共领域的政策绩效评价。

随着时代的发展，公共价值的理论内涵不断明晰和丰富。Moore（1995）提出公共价值的概念，他认为公共价值是公民对政府期望的集合，创造公共价值是政府管理的最终目标。公共价值的概念内涵没有统一的定义，不同学者从不同视角给出了不同的解释。Kelly 等（2002）认为公共价值是政府通过服务、法律、规制等行为所创造的价值，反映了公众认知和偏好。Horner 和 Hazel（2005）将公共价值与私人价值进行对比，指出公共价值是由公民决定的价值。Bozeman（2007）认为公共价值观是治理原则，并将公共价值定义为关于公民应享有的权利、公民应尽的义务、政府和政策应基于的原则等共识，构建了公共价值失灵模型。国内学者胡敏中（2008）指出，公共价值具有社会层面性、大规模性、公众参与性和非市场性，既包括客观存在的公共产品和公共服务，又包括主观存在的公共价值观，公共价值以公共领域为依托，响应公众的需求。何艳玲（2009）同样认为公共价值不仅是事实，更是一种主观意识，她强调公共价值是相对公民的主观满足感而言的，相比公共产品有更广阔的范畴。此外，该学者指出新公共管理时代，公共价值管理作为一种新的范式，以集体偏好为关注点，重视政治的作用，推行网络治理，重新定位了民主与效率的关系，全面应对了效率、责任与公平问题。王学军和张弘（2013）认为公共价值是解释政府合法性、资源配置和评估的最重要框架，通过词义分析将公共价值分为结果主导和共识主导两类，其中结果主导反映的是政府通过服务、法律、规制等创造的价值，而共识主导则是公众在权利、义务和规范方面达成的共识。与私人价值相比，公共价值具有公共性、社会性，它是由政府通过提供公共服务创造的、体现公众需求和公众参与的价值；与公共服务相比，它的范围更广，还包括公共价值观这种意识观念。经过上述学者对公共价值的应用及演化，公共价值多元且模糊的概念内涵逐渐明晰，成为聚焦于公平、效率、民主与可持续的一种集体偏好与期望反映，在国内主要应用在政府绩效评估、政策评价和资源配置等领域。

从公共价值理论应用的研究来看，Kelly 等（2002）指出，公共价值作为一个粗略的标准，为评估政府绩效和指导政策决策提供了更广泛的途径，有助于更好地进行资源分配，创造更多的公共价值，实现公共价值最大化。包国宪和王学军（2012）则从政府绩效的价值建构、组织管理和协同领导等方面提出了以公共价值理论为基础的政府绩效治理模型，并指出构建基于公共价值理论的政府绩效管理学科体系，应充分吸收公众的价值诉求与参与理性，平衡多元主体价值需求，实现公共部门、私人部门及社会组织的合作，进而实现政府绩效和公共价值的协同增长。政府绩效改进是绩效评估和管理的核心目的（Behn，2003）。王学军（2017）指出"效率至上"不是政府绩效改进的唯一准则，公共价值的创造更为重要。在实际应用中，樊胜岳等（2014）提出生态建设项目绩效评价应从结果导向转向过程与终端的综合评价，并指出基于公共价值的绩效评价是政府绩效治理的一个新思路。焦克源和吴俞权（2014）将公共价值理论应用于农村专项扶贫政策的绩效评估，从效率、合作性、公平性和可持续四个维度构建了评估体系。孙斐（2017）指出了传统绩效评价方法存在的不足，构建了基于公共价值理论的网络治理绩效评价框架，从生产、运行、关系绩效 3 个维度进行评价，涵盖了网络治理的有形结果和无形结果。徐雯和赵微（2020）兼顾工具理性与价值理性，基于公共价值理论设计农地整治绩效体系，从结果、过程、关系 3 个维度进行了综合绩效评价。张丽和陈宇（2021）指出单一价值已无法适应社会新变化，公共治理越发注重对多元价值的整合，在这样的背景下应构建数字政府绩效评估体系。

2）基于公共价值的生态工程绩效评估

最初，生态工程的绩效评价方法大致分为 3 种：基于结果导向的"生态‐经济‐社会"效益评价方法，基于制度结构的交易成本计量方法以及基于目标导向的平衡计分卡绩效评价方法。结果导向型绩效方法从生态效益、经济效益和社会效益 3 个方面建立反映项目成果的指标体系。该方法可对生态工程是否实现了最终目标进行明确的结果判断，但没有考虑参与生态建设的利益相关者（如政府和农民）的行为和满意度的过程要素，因此很难解释生态工程绩效的合理性和公平性。基于新制度经济学的交易成本理论侧重于对工程政策本身内的交易成本进行分解和量化，揭示项目的内部机制和博弈过程。交易成本计量法的缺点是评价结果只能反映政府层面工程政策的制定和实施过程的执行情况，而不能表达其他相关主体（如农民）的响应和参与，甚至忽视了项目的公共价值。该方法难以将工程政策的实施过程与生态结果和民生影响结合起来，导致评价结果具有一定的片面性。平衡计分卡主要服务于企业发展战略的目标导向型评价工具。该方法将公司及其内部部门的任务和决策转换为不同的目标，然后将目标分解为财务状况、客户服务、内部业务流程、学习和成长等多个维度。虽然国内学者将该方法改进为财务、公共、内部流程和学习成长 4 个层面，并将其应用于生态工程的绩效评价中，但该范式不足以解释生态工程的有效性，特别是项目是否达到了预期的生态效果。樊胜岳等（2013）认为生态工程绩效评价应更多地关注回答有效性（是否达到了预期的生态效果）、合理性（实施是否到位、是否高效、政策是否公平、农民的参与和满意度）与工程的可持续性。项目绩效评价的重点应从静态的结果评价转向项目管理的全过程，涵盖项目管理的过程和结果两个维度。由此可以看出，传统的生态工程绩效评价方法具有一定的局限性和工具主义特征，忽视了生态工程参与主体的多元性，无法囊括生态工程中的多元公共价值取向，无法兼顾效率、公平、民主与公众满意度等项目实施过程中的过程绩效。

公共价值理论为生态政策评价和生态政策体系建设提供了新的视角。公共价值涵盖了整个工程过程和结果，包括政府确定的公众偏好目标和公众的主观满意度以及实施过程公平性，即可以体现公共管理的"效率"、工程政策的"公平性"、对合作生产主体的尊重以及政策效果的"可持续性"。生态工程作为一项以恢复和重建生态系统为目的造福民生的工程，具有较强的正外部性，涉及众多利益相关者。生态工程公共价值的构成与传递，主要体现在政府生产和提供生态服务的过程中，公众（项目参与者、当地居民等潜在和边缘利益相关者）所追求的公平、效率、经济、生态工程成果部分的价值传递和效果检验。

现阶段，公共价值理论与生态工程绩效评价得到了有机结合，在构建评价体系中得到了广泛的应用。生态工程公共价值绩效评价关注工程实施的过程和结果，使得实施过程透明化，并有机结合了生态治理政策与政府绩效，使生态工程变成政府绩效的有机组成部分（张丽和陈宇，2021）。通常来说，基于公共价值的核心内涵并结合生态项目建设的特点，可从项目实施过程、项目建设结果两阶段对项目的公共价值进行绩效体系的构建与分析。例如，基于公共价值理论，樊胜岳等（2013）从公平性、参与性、效率性、可持续性、效果性 5 个方面构建生态政策绩效评价指标体系，检验宁夏盐池县退耕还林、小流域治理、全面禁牧等生态项目的有效性及合理性，并呼吁在政策绩效评估中应关注公众自身的主观满足感和执行过程中的公平性。聂莹和刘倩（2018）从公平、民主、效率、可持续性、经济性、生态效果利益等方面对青海乌兰县退化草地治理项目、防护林工程、小流域治理、退牧还草等进行绩效评价，研究结果表明，在现有的政策实践中，普遍存在对效果的关注远超过程的现象。基于公共价值对生态工程绩效评价可开拓生态工程评价的视野，完善现有生态工程评价方法，生态工程只有在公共价值限定的轨道上运行，并对生态改善起到显著作用，才是一个好政策、好项目。

基于国内的公共价值视域下生态/环境工程绩效评价文献，可以看出生态工程具有较强的正外部性，涉及众多利益相关者，其公共价值的构成与传递不仅体现在政府生产和提供生态、社会服务的过程中，还体现在公众（项目参与者、当地居民等潜在和边缘利益相关者）的满意度与支持度上。实际上，公共价值隐藏在政策设计、项目立项、实施过程与工程结项等环节。工程目标作为其效果评估的唯一标准，是对结果维的回应，可从结果的目标实现程度、一致性与侧面影响角度进行判定。工程的经济性（如经济性产出值占总成本的比例、政府是否减少不合理费用）和可持续性更适合在结项后进行总体的公共价值评估，不应在过程维纠结其行为表象。当前的绩效评价研究多从生态工程的利益相关者视角（如地方政府、农牧户）出发，是一个"项目过程"＋"项目结果"的绩效评价体系，准则层由公平性、效率性、民主性（参与性）、可持续性、经济性、效果性等价值维度构成，每个价值维度又由若干指标构成，见表 6-3。

表 6-3 国内生态工程的公共价值绩效评价指标体系

目标层	准则层	指标层
生态项目过程绩效	公平性	收益与损失的比率、直接受益资金足额率
	效率性	直接受益资金按时到位率、按计划完成率
	民主性（参与性）	规划参与、建设参与、管理维护参与
	可持续性	遵纪发生率、管理组织制度建设、政府管护维护投入率、农户对直接受益资金的满意度、农户对维护生态治理成果责任的认识、农户对生态建设必要性的认识、农户对生态建设对自身影响的认识、生态环境改善效果
	经济性	经济性产出值占总成本的比例、政府是否减少不合理费用、经济性产出值在政策执行过程中是否在增加、不合理费用在政策执行过程中是否在降低
生态项目结果绩效	效果性（生态工程）	项目达标率、项目保存率、植被生长状态、植被覆盖度变化、空间均一性、水土保持率
	效果性（污水治理、绿色种植湿地建设）	总氮去除率、总磷去除率、化学需氧量去除率、悬浮物去除率
		项目效果实现程度、项目运行率
	效果性（垃圾转运）	垃圾收集率、垃圾处理率
		项目效果实现程度、项目运行率

3）基于公共价值理论的生态工程绩效评估框架构建

我国的生态建设工程一直以项目形式进行管理，遵循项目管理的一般思路。项目一般指在特定时间内完成特定任务并达成目标的一系列活动（张三力，2006），项目管理是指运用知识、技术、工具等对一个被分配资源以完成某项任务的临时性组织的管理，是对各个利益相关方诉求和权益的平衡（丁荣贵等，2013）。国内外的项目管理实践表明，多目标、高风险、高技术含量、周期长、参与者众多的大型工程项目必须实施全系统、全流程管理，提高项目运行效率的同时，尽可能规避项目各阶段的风险（张亚莉等，2004；曾晖和成虎，2014）。全流程的项目管理是指按照项目生命周期，以逻辑框架为方法论，对项目时间、成本、范围、质量、绩效、风险、人力资源、沟通等进行管理控制的过程（丁锐，2009）。项目的生命周期因项目的性质不同而有所区别，不同学者概括的项目流程也有所差异。例如，张三力（2006）认为一般的项目周期分为规划、立项、评估、融资、实施、后评价6个阶段；李丽等（2016）将政府和社会资本合作（public private partnership，PPP）项目的生命周期概括为决策、融资、建设、特许经营4个阶段；Turner 等（2006）提出项目生命周期的5个阶段包括概念、可行性分析阶段、设计、实施、结束。除单项项目外，项目群生命周期包括辨识、计划、执行、终止（丁锐，2009）。总的来说，项目的全生命周期始于立项，终于验收，不同项目的中间阶段可能有所不同。

绩效评价是绩效管理的关键一环，评价体系应与项目管理体系紧密联系在一起。不同于以往仅针对项目产出和效果的后评价，对项目前期计划、实施过程及完成结果的综合考评更能实现对项目的实时监控，及时发现并纠正问题，改进项目管理（李赛和王中，2016）。在实践中，国际金融组织如世界银行、亚洲开发银行等根据项目"全过程管理"理念，逐渐提炼出项目绩效评价应遵循的"相关性、效率、效果、可持续性"4项基本准则及13个评价问题。这4项准则以结果为导向，面向过程，兼顾目标，是充分结合项目生命周期,把握项目各阶段特点的有效评价原则,目前已成为国际项目绩效评价通用准则(宋玲玲等,2014;耿大立,2016)。20 世纪 80 年代起,我国在利用国际金融组织贷款开展一系列能源、交通、环保、农业、教育医疗等建设项目的同时,也引进了国际机构先进的项目管理经验和绩效评价理念。2010 年出版的《国际金融组织贷款项目绩效评价操作指南》,同样采用了以"相关性、效率、效果、可持续性"为评价准则、13 个关键问题为基本评价内容的评价框架体系(彭润中和赵敏,2011)。关于我国政府投资项目的绩效评价,早在 2004 年,我国就出台了《关于开展中央政府投资项目预算绩效评价工作的指导意见》,提出对政府投资项目建立后评价制度,进行全过程监管的要求。2013 年,财政部出台了《预算绩效评价共性指标体系框架》,指出要从投入(项目立项和资金落实)、过程(业务管理和财务管理)、产出、效果 4 个维度进行评价。2020 年,财政部发布的《项目支出绩效评价管理办法》中,也强调将绩效理念和方法深度融入预算编制、执行、监督全过程。

由此可见,基于项目全流程的绩效评价体系得到了广泛认可,符合现实发展需要,评价结果具有较强的现实指导意义。立足于项目生命周期,可以将项目周期概括为实施前、实施中、实施后 3 个阶段,在此基础上综合考虑了 Moore 的公共价值理论,借鉴聂莹和刘倩(2018)的"过程-结果"评价体系,结合生态的工程目标、政策属性、承载实体特质,构建分析框架(图 6-1)。基于核心利益相关者的视角(Z 轴),选择过程维的公平、民主、支持度、满意度、有效性及可持续性指标来反映公共价值的构成与产生(属于工程的侧面影响反馈,属于隐性价值),随着工程的进一步实施,过程维的隐性价值可逐渐转化为结果维的显性产出,突出表现在生态、社会、经济 3 个方面。最后依据工程"过程-结果"两个维度的显隐性结果来衡量工程绩效,以回答生态移民工程是否达到了预期目标。

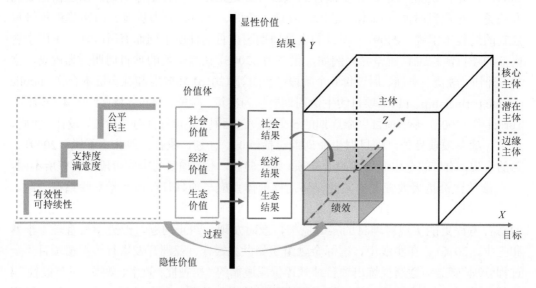

图 6-1　生态工程绩效评估框架

在该框架中，目标维关注为什么实施项目、能否实施、准备怎么实施、预计达成的目标等内容，包括对前期调研、可行性论证、实施方案制定、目标设定等工作的评价；过程维关注项目在实施过程中的情况，包括财务管理、业务管理、利益相关方沟通等；结果维关注项目最终实现了什么，包括产出、成果、直接或间接效益、长远影响、可持续性等（表 6-4）。该框架对项目周期进行系统性概括，简练精准地完成了对项目的全过程监控，具有较强的适用性。根据不同项目的特性开展二三级指标的延展，可以帮助监督项目每个阶段的实施情况，弥补项目后评价只关注产出和效益的缺陷，提高资金利用和项目运行效率，全方位优化工程管理。

表 6-4　基于项目全流程的目标－过程－结果绩效评价框架

项目周期	评价维度	评价内容	评价标准
实施前	目标	前期调研、可行性论证、实施方案制定、预期目标制定	目标相关性、决策规范性、项目可行性、指标合理性等
实施中	过程	财务管理、业务管理、利益相关方沟通	资金到位率、落实率、分配合理性、制度有效性、机构健全性、分工明确性、招投标合规性、施工规范性、进度可控性等
实施后	结果	产出、成果、效益、影响、可持续性	工程完工率、质量达标率、投资收益率、生态－社会－经济效益、利益相关者满意度等

在框架的应用中，基于不同研究区的具体情况，研究过程中依据项目实施差异，研究对象差异进行了相应的缩减或扩展，以便提升研究的精确性、全面性。从参与项目建设的工作人员和当地农牧户视角出发，构建了涵盖生态工程实施过程和实施结果两个维度的祁连山、西藏高原生态工程绩效评价指标体系。其中，祁连山生态工程绩效评价视角是以护林员、搬迁移民为主，西藏高原绩效评价则是以农牧民视角探究了生态工程实施现状、问题和症结。从政府工作人员（管理者）和农牧民（参与者）的综合视角考虑，在三江源地区和川西藏族聚居区分别构建了基于项目全流程的目标－过程－结果生态工程绩效评价指标体系。其中，在川西藏族聚居区生态工程绩效评价过程中，基于系统性与层次性相统一、科学性与可操作性相结合的原则，为进一步探究生态工程在决策、实施过程中的实践经验，保证工程实施的可持续性，全方位考察生态工程的绩效水平，在目标－过程－结果分析框架的基础上进行了扩展延伸，构建了包含工程决策、过程、结果和潜力的综合评价体系。

6.1.2　典型生态工程绩效评价

1. 祁连山典型生态工程绩效评价

1）祁连山北麓天然林资源保护工程绩效评价

护林员作为管理和保护森林资源的主要力量，是林业基层一线的巡护人和宣传者，对政策实施过程、问题、森林生态变化方面的感知较为清晰、客观和全面。为全面了解祁连山自然保护工程的现状和效果，科学评价天然林资源保护工程的实施绩效，2019 年 6 月项目组实地调研了张掖肃南裕固族自治县西水林场、寺大隆林场、康乐林场、隆畅河林场，永昌县东大河自然保护站，武威天祝藏族自治县（简称天祝县）哈溪林场、华隆林场的天然林更新恢复、公益林建设及封山育林情况，随机在每个站抽取 3～4 名护林员（不包括当地贫困农民生态护林员）进行结构化访谈和问卷调查，共收回有效问卷 40 份。问卷内容包括护林员的社会属性信息、保护区的组织管理、管护工作描述及工资满意度、管护区的社会 - 生态变化感知、周边农民对自然保护区计划的行为和态度、天然林资源保护工程评价及问题建议。这些护林员平均年龄 39 岁，保护站管理负责人占到 52.5%。

结合公共价值的内涵和生态政策的特点，从支持度、稳定性、可持续性、满意度和公平性 5 个方面选取指标进行过程评价（表 6-5）。利益相关主体的支持与合作是成功发展国家森林资源计划的基础，本研究从护林员（最重要的从业者）的角度评估天然林资源保护工程的实施绩效。护林员居住地的气候条件、工作环境和辞职意愿共同决定着护林员工作的稳定性，工作条件差，员工辞职意愿强，导致保护站护林员向外流动，进而带来人均管理面积过大、管护不足的风险。在祁连山生态恢复背景下，护林员对森林面积发展前景的感知和祁连山生态恢复对天然林保护工程的需求程度可以反映自然保护区的潜力和可持续性。工程满意度可以分解为工程满意度和工作满意度。对于护林员来说，森林保护计划的公平性主要体现在森林经营补贴方面，可用补贴满意度指标来表征。结果维度可通过护林员对生态环境、交通状况和经济发展的直观感知来反映该项目的生态结果、社会结果和经济结果。

表 6-5　天然林资源保护工程绩效评价指标体系

维度	要素	指标	赋值	权重	平均值（标准差）
过程价值	支持度	A1：你对天然林资源保护工程持什么态度？	1= 反对，2= 中立，3= 支持	0.0487	2.85 (0.65)
		A2：当地农民对天然林资源保护工程的态度如何？		0.1902	2.38 (1.13)
	稳定性	B1：工作环境怎么样？	1= 非常差 到 5= 非常好	0.0901	4.15 (0.91)
		B2：你居住的林区气候怎么样？		0.0889	3.83 (0.86)
		B3：你愿意离开林区去外面工作吗？	1= 愿意，2= 从没想过，3= 不愿意	0.0849	3.68 (1.08)
	可持续性	C1：林区的发展前景如何？	1= 非常差 到 5= 非常好	0.0880	3.33 (1.19)
		C2：祁连山生态恢复可持续对天然林资源保护工程的需求如何？	1= 非常不必要 到 5= 非常必要	0.0068	3.88 (1.25)
	满意度	D1：你对当前的天然林资源保护工程实施满意吗？	1= 非常不满意 到 5= 非常满意	0.0349	3.03 (1.19)
		D2：你目前对护林员的工作满意吗？		0.0257	3.45 (1.18)
	公平性	E1：你对天然林资源保护工程的补助满意吗？		0.0533	3.70 (1.25)
结果价值	经济结果	F1：林区目前的经济发展如何？	1= 非常差 到 5= 非常好	0.0956	2.30 (0.81)
	生态结果	F2：目前的生态环境如何？		0.0847	3.90 (1.30)
	社会结果	F3：目前的交通状况如何？		0.1082	4.10 (0.49)

本研究在 TOPSIS 的基础上引入了谭学瑞和邓聚龙（1995）提出的灰色关联分析模型对其进行改进。灰色关联的实质是通过数据序列曲线几何形状的相似性来确定不同序列之间联系的密切程度。它能反映比较序列与参考序列的紧密度，更好地解释对象内部因素的模糊性关联和变化趋势。将灰色关联与 TOPSIS 相结合，可以实现正、负理想距离和灰色关联度的标准化，最终达到校正相对接近度的目的。因此，本研究基于天然资源林资源保护

工程管理与实践者——护林员,利用灰色 TOPSIS 和障碍因子诊断模型从支持度、稳定性、可持续性、满意度、公平性,以及工程的生态结果、经济结果、社会结果 8 个方面对天然林资源保护工程进行"过程 - 结果"维度的绩效评价和障碍追踪,以期为祁连山国家公园建设总体优化方案的设计和生态工程的进一步调整提供思路和案例支撑。

灰色 TOPSIS 分析结果显示,祁连山自然保护区的护林员对天然林资源保护工程的支持度和可持续性评价为优,约 87.88% 的护林员认为当地农牧民对天然林资源保护工程持支持态度,而 10.26% 的护林员认为保护区周边农牧民替代生计发展滞后,偷牧现象屡禁不止。国家公园建设背景下,37.84% 的护林员认为国家公园是天然林资源保护工程的升华,国家应加大资金投入力度,继续对天然林进行管护。护林员对天然林资源保护工程的满意度和稳定性评价为良,其中 53.85% 的护林员认为天然林资源保护工程实施后林木林地双向增长,林区生态环境得到改善,对当前天然林保护的实施效果比较满意。在稳定性方面,50% 的护林员因家在林区及多年林业工作习惯不愿意离开林区到外地工作,仅 7.90% 的护林员因林区条件艰苦,顾不上照料家里的老人和小孩而考虑更换工作。天然林资源保护工程的公平性可用护林员对森林资源管护补助标准满意度来反映,其中 57.5% 的护林员表示满意,但 7.5% 的护林员认为保护区在天然林资源保护工程的实施过程中用于自然资源保护方面的天然林保护经费偏低,当前国家虽提高了森林管护、封育、造林的补助标准,但祁连山区自然条件恶劣,造林成活率低,封山育林期限长,封育、造林成本高,国家现行的标准难以支持(人工造林成本约 12000 元 /hm², 封山育林成本为 4500 元 /hm², 封山育草成本为 3000 元 /hm²)。因此,77.5% 的护林员期望提高补助金额,62.5% 和 55% 的护林员期望国家延长补助期限并培育稳定的社会保障体系。在天然林资源保护工程结果维度,生态结果评价高于经济结果和社会结果,59.46% 的护林员觉得管护区交通条件一般,约 10.81% 护林员认为管护区部分路段边坡和山体裸露,路面坑洼、道路难行,道路维护成本高。综上,护林员视角下天然林资源保护工程过程维度绩效评价的平均相对灰色贴近度 C 为 0.663,高于结果值(0.621),总体绩效表现良好。其中,72.5% 的护林员对过程维度的绩效评价值在 0.6 ~ 0.8,只有 5% 大于 0.8;而 57.5% 的护林员对结果维度的绩效评价值在 0.6 ~ 0.8,只有 10% 大于 0.8(图 6-2)。

为进一步识别影响天然林资源保护工程绩效评价的障碍因素,采用障碍因子诊断模型对绩效评价体系中 13 个二级指标进行障碍度诊断。结果显示(表 6-6),农牧户对天然林资源保护工程的支持度是影响该工程绩效的关键障碍因子。过去祁连山水源涵养区内及周边居民生计高度依赖林草资源,对生态资源承载力的认识不清和缺乏引导,区域民生与生态承载力间矛盾突出,林区放牧现象屡禁不止。2009 年,该区实际载畜量(708.3 万个羊单位)超过理论载畜量的 31.1%。另外,天然林资源保护工程区的经济发展前景和交通等社会基础建设也是影响工程绩效的重要因素。积极思考生态保护、民生福祉与经济发展间的权衡取舍及协调路径,探寻生态保护与增进民生福祉发展的制衡点是有效解决地方政治经济发展与生态环境保护之间的利益冲突以及当地民生问题的关键所在。

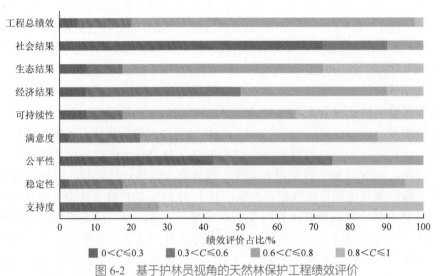

图 6-2　基于护林员视角的天然林保护工程绩效评价

分级标准按 (0.8, 1]、(0.6, 0.8]、(0.3, 0.6]、(0, 0.3] 划分为绩效优、良、中、差四个等级

表 6-6　天然林资源保护工程绩效评价障碍因素统计特征

指标	均值	最大值	最小值	偏度	峰度
护林员工程支持度	4.89	4.93	4.82	−1.19	3.80
农牧户工程支持度	18.96	19.42	18.59	1.37	1.63
天然林资源保护工程实施满意度	3.49	3.52	3.43	−1.63	4.86
对护林员工作的满意度	2.59	2.63	2.54	−0.59	0.67
对森林管护费补助的满意度	5.39	5.53	5.27	0.05	1.11
林区工作环境评价	8.98	9.10	8.91	0.48	−0.06
林区气候适宜性评价	8.88	8.99	8.78	0.18	0.65
护林员离职意愿	8.48	8.70	8.31	0.33	0.22
林区发展前景评价	8.78	8.89	8.68	−0.18	−0.33
天然林资源保护工程可持续性评价	0.70	0.70	0.69	−1.45	2.41
天然林资源保护工程经济结果评价	9.58	9.70	9.49	0.67	0.44
天然林资源保护工程生态结果评价	8.48	8.59	8.43	0.57	1.37
天然林资源保护工程社会结果评价	10.78	10.97	10.65	0.33	0.80

　　天然林资源保护工程通过"禁伐、管护、封育、造林"等措施实现了森林资源消耗和木材产量零目标和森林面积、蓄积的恢复性增长。但该工程在实施过程中，忽视了对中幼林的抚育间伐和灾害木清理，人工造林初植密度过大，导致林分质量下降、人工林深层土壤旱化（60cm 和 80cm 处的土壤体积含水量仅为天然林的 49.7% 和 52.1%）、森林水源涵养功能下降等问题。天然林作为"人类家园的生命线"，是典型的准公共品，需要政府建立起一套与林业生态建设相适应的公共财政调控管理体系。当前，天然林资源保护工程的财政体系在管护、造林及后续产业发展方面存在资金分配不均、缺乏相关配套政策支持的问题。天然林资源保护工程的现实困境主要表现在：

第一，森林管护任务与管护经费不匹配，护林员管护工作繁重，相应的管护经费支撑不足。第二，在财政机制分担和资金配比方面存在森林防火、森林病虫害防治经费投入偏少，缺少道路、房屋、电力等林区基础设施建设和维修专项资金，林区与非林区基本公共产品非均等化等问题。第三，天然林资源保护工程资金分配与后续产业培育、生态产业链重构不匹配。天然林资源保护工程规划中并未设置培育工程区接续产业的专项资金，且在现有的森林管护资金和公益林建设资金中也未提供林下资源开发的资金渠道。第四，天然林资源保护工程资金需求与供给不足的矛盾日趋尖锐，生态资金补偿缺口日益突出。目前国家对于社会资本多元化投入的引导尚处一种书面化的文本状态，缺少相应的法律依据和明确的支撑机制，社会资本投入生态保护和建设的体制机制亟须健全和完善。

森林生态系统恢复与发展是天然林资源保护工程的实施愿景。未来，天然林资源保护工程实践中应充分考量群落演替、物种共生及密度效应、景观异质性、生态适宜性等生态学原理，明晰植被恢复和重建的生态水文机理，明确森林系统生态效益最大化的技术标准，结合林地斑块布局与地形的关系、林龄组成结构与林木空间分异的时间变化规律，构建青海云杉等人工造林的合理布局模式和抚育管理的理论阈值，并对封育时间达 30 年以上的人工林进行适度间伐、择伐，还可以考虑现有林改培、低效林改造等其他措施提质增效。加快推进祁连山区社区共管机制及多元治理体系构建，建立领导干部自然资源资产离任审计和追责制度，完善政府、企业、科研单位等多中心治理体系的管理体制和支撑机制，整合统一祁连山国家公园区域内的执法与监管权限，鼓励和引入社会资本投入，建立信息公开机制，有效破解"治理监督、信息数据、功能、规划及立法"的碎片化困境。

2）祁连山北麓生态移民工程绩效评价

为科学评价生态移民工程各个环节的实施情况及其绩效，全面总结实践过程中存在的问题与矛盾，思考祁连山国家公园建设背景下移民工程后续的搬迁规模、安置方式与优化调控，2019～2020 年项目组对甘肃省武威市的搬迁移民进行了三阶段抽样调查。第一阶段：选取天祝县和古浪县典型迁出区与安置村进行乡村干部及搬迁移民问卷调查，重点了解生态移民和非移民的意图、生计、工程影响与评价。第二阶段：在天祝县和凉州区随机抽选 55 名移民进行生态移民非经济激励问卷预调查。第三阶段：完善问卷、培训 12 名调查员，选取凉州区邓马营湖、天祝县南阳山片、古浪县黄花滩移民安置地的 18 个村进行入户调查。调查问卷由四部分（农户基本情况、生态移民工程评价与政府非经济激励行为、移民文化类型及生态补偿支付意愿）39 个问题构成。采用非概率随机抽样法抽选武威市移民进行问卷调查，凉州区、天祝县和古浪县的样本比例分别为 20.61%、33.59% 和 45.80%。

在工程绩效评价的过程维度，通过"是否存在房屋土地分配不公平的问题"来反映工程实施的公平性；通过移民对政府意见听取与采纳行为的认可度来反映移民在政府主导型移民工程实施过程中参与的广度与深度（表 6-7）。参与者的支持与合作是生态移民工程成功发展的基础，可用其搬迁意愿和妥协行为选择来反映。冲突作为抵触心理的一种现实表现，亦是对支持度的一种反面解读。工程满意度可分解为对政府补偿金额的满意度、政府工作认可度及实际赞扬行为。通过移民对工程内容的了解程度和政府动员搬迁中是否存在重速度轻质量的现象来反映工程的执行效率。结果维度可通过移民对工程生态效益、经济效益、社会效益的感知来反映。生态效益可由移民工程对迁出区和迁入区生态恢复的作用和实际效果角度反映。经济效益可用搬迁后移民家庭的年开支结余、收入满意度、是否存在返贫风险与配套产业发展滞后问题来表征。社会效益主要由移民对安置地综合性生活感知来反映，包括移民生态保护意愿、社会融入、未来预期和乐园符合度4个指标。

表 6-7　生态移民项目绩效评价指标体系

维度	要素	指标	赋值	模糊权重	平均值	标准差
过程价值	公平性	A1：您认为当地生态移民搬迁在实施过程中是否存在房屋土地分配不公平的问题？	1=否，0=是	(0.3,0.855,1)	0.916	0.278
	民主性	B1：您同意"当地政府非常重视与我们的合作关系，能听取我们反馈一些意见和建议"这种说法吗？	1=强烈反对 到 5=强烈同意	(0.3, 0.7, 1)	3.366	1.024
	支持度	C1：您是否愿意参加生态移民工程搬迁至新村？	1=非常不愿意 到 5=非常愿意	(0.3,0.768,1)	3.763	1.318
		C2：您同意"在处理搬迁相关的事务中，我们与当地政府经常发生冲突"这种说法吗？	1=强烈同意 到 5=强烈反对	(0.3,0.797,1)	4.160	1.176
		C3：您同意"我们会站在当地政府的立场上考虑问题，为了适应政府的要求而做出一些妥协"这种说法吗？	1=强烈同意 到 5=强烈反对	(0, 0.619, 1)	3.885	0.823
	满意度	D1：您对政府的补偿金额是否满意？	满意=1，不满意=0	(0.3,0.826,1)	0.847	0.361
		D2：您同意"我们会向其他人（如媒体、亲朋好友）赞扬当地政府的工作"这种说法吗？	1=强烈反对 到 5=强烈同意	(0, 0.558, 1)	3.168	0.962
		D3：在搬迁过程中是否会向其他人（如媒体、亲朋好友）赞扬当地政府的工作？	1=强烈反对 到 5=强烈同意	(0, 0.684, 1)	3.282	1.145
	效率性	E1：你对当地生态移民项目的相关内容了解多少？	1=一点也不知道 到 5=非常清楚	(0, 0.732, 1)	2.534	0.995
		E2：您同意"当地政府工程推进过程中操之过急、重速度轻质量现象非常普遍"这种说法吗？	1=强烈同意 到 5=强烈反对	(0, 0.768, 1)	2.923	1.165
结果价值	经济结果	F1：搬迁后，您家每年的开支节余情况？	1=节余较多 到 5=支出太多	(0, 0.713, 1)	3.588	1.007
		F2：您对您家搬迁后的收入状况是否满意？	1=非常不满意 到 5=非常满意	(0.3,0.835,1)	2.695	0.999
		F3：您认为是否存在返贫的风险？	1=否，0=是	(0, 0.797, 1)	0.710	0.456
		F4：是否存在迁入区配套产业发展滞后的问题？	1=否，0=是	(0, 0.781, 1)	0.840	0.368
	生态结果	G1：您觉得生态移民搬迁项目是否有利于祁连山生态环境治理恢复？	1=非常有利于 到 5=非常不利于	(0.3,0.726,1)	3.939	0.983
		G2：您觉得生态移民搬迁项目是否有助于腾格里沙漠的治理？	1=非常有利于 到 5=非常不利于	(0, 0.777, 1)	3.953	1.004
		G3：您觉得政府对祁连山生态环境治理的结果是否达到您的预期效果？	1=非常有利于 到 5=非常不利于	(0, 0.706, 1)	0.617	0.488
	社会结果	H1：您同意"移民新村是我们心目中的美好乐园"这种说法吗？	1=强烈反对 到 5=强烈同意	(0.3,0.765,1)	3.725	1.157
		H2：您是否愿意接受支付一定费用用于治理沙漠化、保护祁连山生态？	1=是，0.5=说不上，0=否	(0, 0.742, 1)	0.535	0.501
		H3：您对未来五年的生活前景预期（生活水平、质量）持何种态度？	1=一定会降低 到 5=一定会提高	(0.3,0.690,1)	3.435	1.197
		H4：您同意"移民后，很难适应并融入现在的生活及文化氛围中"这种说法吗？	1=强烈反对 到 5=强烈同意	(0, 0.813, 1)	2.847	1.292

　　由于搬迁移民对生态工程效率、公平、可持续性等问题的评价往往受外部环境、群体意愿及心理活动等多种因素的干扰，其评价对象和体系的复杂性、利益主体思维的模糊性及语言变量表达难以定量化，导致评估者不能准确判定生态工程公共价值属性评价的犹豫度与不确信程度。然而，语言变量在不确定信息的表达及多属性决策的模糊性上更为直观和精确，如何将其转化为可计算的数学语言是一个难点。1975 年，Zadeh 利用语言变量概念来处理自然信息，并提出其基本运算法则和排序原则。1986 年，Atanassov 基于 Zadeh 的 Fuzzy Logic 提出了直觉模糊集来表达人类自然语言中经常使用的形容词及生活中遇到的各种模糊或不确定问题的隶属度、非隶属度与犹豫度程度，以解决不确定环境下语言变量的属性值转化与标准化问题，全面、客观地反映评价者支持、犹豫、反对的情感倾向和事物属性。Chen 和 Hwang（1992）将模糊集理论与 TOPSIS 结合，提出了模糊 TOPSIS 法。该方法通过三角模糊数来描述各个评价指标的语义值，以期解决评价者语言表达不精确和主观性信息难以度量的问题。模糊 TOPSIS 融合了三角模糊数决策矩阵的规范化公式和 TOPSIS 的距离、理想解、接近度，以期求得各方案/样本与理想解的贴近度，为最终的绩效评价与有序管理、方案排序与优选提供支撑。因此，本研究利用变换标度将评估者的语言变量转换为三角模糊数，运用三角模糊 TOPSIS 系统分析生态移民工程的有效性、实施绩效及稳定性，明晰工程绩效的群体差异性与空间分布特征、限制因素和阻力类型，回答乡村振兴背景下后续移民搬迁的优化调控与长效机制。

　　三角模糊 TOPSIS 的结果显示，在移民视角下，武威市生态移民工程的整体绩效评价良好（平均贴近度 C 为 0.682），70.23% 的移民绩效评价值介于（0.6，0.8），其中 61.07% 的过程维和 59.54% 的结果维绩效值在此区间内（图 6-3）。另外，过程维的平均贴近度高于结果维，古浪县的平均贴近度高于天祝县和凉州区。移民对该工程的公平性评价最高，其次是支持度、经济结果和满意度，效率性评价最低。公平性作为公共服务的内在属性、公共行政的首要价值取向与判断标准，其衡量标尺涵盖起点公平（机会）、过程公平（分配）和结果公平（享有数量相当、质量相同和结果一致的服务或权力）3 个维度。虽然该地移民在公共服务公平分配的起点上存在阶段性和层次性的差异（"十二五"房屋的分配实行群众自筹、国家统一补助 4.5 万元（古浪县）及数额不等的长期低息贷款优惠；"十三五"则实行人均建房面积不超过 25m^2，建档立卡户自筹 1 万元，其余由政府补助的政策），但其房屋和土地的分配过程和结果是公平的，切实保障了移民最为基本的生存权利和发展权利。相较于山区广种薄收、靠天吃饭、吃水难、行路难、上学难、就医难、就业难、增收难的窘境，67.94% 的移民对搬迁持支持态度，"非常愿意"的选择率达 37.4%。在支持的行为结果表现上，71.76% 的移民认为有时他们也会站在当地政府的立场上去考虑问题，为了适应当地政府的要求而做出一些妥协；80.15% 的移民认为在处理搬迁相关的事务中，移民与当地政府多是基于一种合作关系，并没有发生过实质性的冲突。

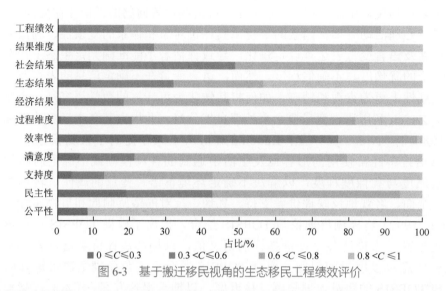

图 6-3 基于搬迁移民视角的生态移民工程绩效评价

在效率层面，14.8% 的移民对移民工程的相关内容较为了解，42.5% 的移民并不清楚，其技术效率评价较低。然而，在为解决绝对贫困问题的空间转移过程（搬迁）与为缓解相对贫困矛盾的空间重构过程（建设）的衔接与过渡中，27.7% 的移民认为当地政府在推进移民工程的过程中并不存在操之过急、重速度轻质量现象，44.9% 的天祝县移民认为当地土地没有同步配备好就着手搬迁，导致搬过去后，移民生活成本骤升、收入来源受限，存在明显的返贫风险。在配置效率即移民的满意度方面，20.61% 的生态移民满意度评价高于 0.8，介于 (0.6, 0.8) 的占 58.02%，低于 0.3 的占 6.11%。其中，84.73% 的生态移民对政府给予的补偿金额表示满意，15.73% 的人持相反意见，其中天祝县移民的反对意见最为明显。作为预期效用与实际感受的差距体现，移民的满意度亦体现在他们对政府工作和具体行为的认可上。据调研，约 41.6% 的生态移民认为当地政府为移民搬迁后的长期发展做了很多工作，"同意"或"强烈同意"的比例分别为 28% 和 13.6%。在具体行为方面，34.4% 的生态移民愿意向媒体、亲朋好友赞扬当地政府的工作。

在结果维度中，社会效益的评价得分聚集于 (0.3, 0.8]，绩效得分较低。这是因为该地移民多是由山区搬迁至川区，传统乡土性生存空间快速向城镇特性生计空间转变，导致移民生计方式转型（由传统畜牧业转变为种植业、由传统雨养农业转变为精细化灌溉农业、由个体的季节性务工行为转变为常年外出打工的群体性选择）、生活成本提升，使得 20.61% 的移民认为要适应新的生产生活方式，适应成本非常高。"无地可耕"和"就业机会不足"等现实问题迫使移民进入非农产业，传统的核心或主干家庭结构因经济诉求和生计来源而转变为两对共生的主轴关系（爷孙两辈成为移民后的生活主轴，而中青年夫妇则成为人在他乡的生计主轴），加之"插花式"安置使移民原有的社会关系网络结构受到一定冲击，故而 55.73% 的移民认为很难适应并融入现在的生活及文化氛围中，生活处于焦虑、不安的艰难适应窘境；30.53% 的移民对其未来五年的生活前景预期持"可能会提高"的态度。移民新村在乡村重构、资本重聚的过程中虽存在一定的经济风险（返贫、贷款困难、生活开支大），41.41% 的移民对当前的家庭收入不满意，50.39% 的受访户基本能达到收支持平，19.69% 受访户表示支出太多生活难以为继，有返贫的趋向（29.01%），但设施农业、沙产业种植和专业合作社、产业基地建设及光伏扶贫、规模化牛羊养殖场、商铺等村集体经济发展，为移民就地就业和稳定收入提供了保障和发展空间。

为进一步识别影响武威市生态移民工程绩效评价的障碍因素，采用障碍度模型对"过程 - 结果"绩效评价体系中 21 个二级指标进行障碍度诊断。结果显示，该地生态移民工程的关键障碍主要集中于结果维度，特别是安置点生态环境的恢复与治理、返贫风险与产业发展，三县区的前五个障碍因子与移民层面的诊断一致且障碍度相差不大（表 6-8），天祝县（60.66%）移民工程的障碍度大于古浪县（60.57%）和凉州区（60.40%）。其核心在于空间资源的本底特质脆弱性及其使用过程中的制度规范缺失，使结果层面汇聚形成各种"隐性剥夺"的现象和不良影响。2018 年，中央一号文件《中共中央 国务院关于实施乡村振兴战略的意见》指出生态振兴是乡村振兴的重要支撑，生态宜居是关键。良好的生态环境为整洁干净的居住环境提供了现实基础，有助于提升居民的生活舒适度和环境认同感，对科学规划村庄布局，提高农村土地空间利用效率，促进产业集聚、乡村旅游和区域就业有一定作用。因此，移民的生态保护支付意愿（H3）及其对沙漠化治理预期的达成度（G3）、搬迁工程的生态有效性（G2）能否提高就成为践行"两山"理论、实现农村富与环境美相统一、提高工程综合绩效的重要障碍。由于新分耕地质量差，本地产业就业机会不足，乡村集体经济羸弱、移民增收渠道狭窄、产业造血功能不足，难以激发贫困人群的内生动力和形成以产业促增收的互动融合格局，移民搬迁后普遍面临着生活开支大、收入无保障等经济风险，容易诱发扶贫政策断供和执行偏差导致的返贫。故而，经济结果中的返贫风险（F3）成为移民工程的第二大障碍。

表 6-8 障碍因子的统计学特征

指标	最大值/%	最小值/%	均值/%	变异系数	偏度	峰度	指标	最大值/%	最小值/%	均值/%	变异系数	偏度	峰度
A1	3.451	2.902	3.067	0.031	1.540	3.301	F1	1.719	1.456	1.582	0.032	−0.039	−0.092
B1	2.000	1.739	1.880	0.030	0.012	−0.392	F2	2.816	2.395	2.576	0.032	0.639	0.170
C1	2.801	2.424	2.575	0.031	0.603	−0.088	F3	13.265	11.241	11.999	0.048	0.747	−0.778
C2	1.813	1.577	1.681	0.029	0.383	−0.260	F4	6.720	5.696	6.058	0.038	1.129	0.709
C3	1.165	1.008	1.087	0.030	0.077	−0.416	G1	1.490	1.297	1.383	0.025	−0.011	0.349
D1	6.389	5.407	5.757	0.033	1.119	0.891	G2	9.486	7.866	8.572	0.045	0.709	−0.113
D2	2.615	2.197	2.377	0.034	0.220	−0.070	G3	11.831	9.871	10.694	0.048	0.557	−0.732
D3	1.811	1.558	1.682	0.030	0.243	−0.218	H1	2.146	1.871	1.979	0.029	0.480	−0.127
E1	2.814	2.332	2.579	0.038	−0.063	−0.113	H2	2.570	2.221	2.377	0.030	0.387	0.316
E2	3.590	2.949	3.275	0.039	0.200	−0.602	H3	24.816	21.460	23.245	0.049	0.054	−1.800
							H4	3.869	3.215	3.578	0.045	0.313	0.947

乡村振兴背景下，后续移民搬迁与发展的优化调控，需从土地、能力、产业、观念方面提出相应的公正补偿与发展路径。第一，改良新分土地，规范土地流转程序，加强劳动人口职业技能培训，提升家庭人力资本储量及生计转型能力，降低空间资源"租值耗散"和"精英俘获"对一般移民家庭经济收入的"隐性剥夺"。第二，明晰

政府扶持资源与移民需求的对应性与承接度，积极拓宽移民增收渠道，完善农村小额信贷政策，以"两山"发展理念引领乡村产业振兴，由第一产业向"接二连三"拓展后续产业市场面和经营链，变移民"流动"的生计方式为"留居"的生活理想。借助当地海拔高、沙地病虫害少、昼夜温差大、气温高的天然优势，以特创收，发展沙产业、特色菌菇（羊肚菌、金耳）和牧草种植。第三，转变依靠政府的传统观念，发扬"八步沙"精神，提升移民生计能力与文化属性，实现抗争、奋斗精神的代际传递。基于多元融合发展理念，开展人地、业态和城乡三方面的协同与匹配，提升区域产业的品牌化、电商化和组织化程度，增强移民抵御风险的能力。

2. 西藏高原生态工程绩效评价

遵循科学性、可操作性、代表性、可比性和系统性原则，以公共价值理论、生态工程绩效评价指标体系相关研究成果以及西藏高原生态工程实施的目标、内容和特征为依据，构建了涵盖生态工程实施过程和实施结果两个维度的西藏高原生态工程绩效评价指标体系（图6-4）。过程部分主要考察西藏高原生态工程实施过程中的公平价值、民主价值、效率价值和可持续价值，主要采用问卷调查法收集数据，其中，涉及效率价值的部分数据从相关报告资料中获取。鉴于在西藏高原调研存在地势地形复杂、语言不通、数据资料保密性强等难以克服的困难，本研究通过实地调查，随机发放问卷，共完成60份具有代表性的调查问卷，回收54份有效问卷，问卷回收率90%。结果部分主要采用客观数据考察西藏高原生态工程带来的生态、经济、社会3个方面的效益，依据研究建立的指标体系，纵向比较分析各效益指标，数据主要来源于2005～2019年《西藏统计年鉴》《中国统计年鉴》《西藏自治区国民经济和社会发展统计公报》《中国环境统计年鉴》《中国林业和草原统计年鉴》。

1）过程绩效评价

本研究对问卷数据进行归一化处理，并采用层次分析法确定指标权重，然后使用线性加权模型合成单一的过程绩效指数，根据五级评价标准（数值范围0～0.20为很差，0.21～0.4为较差，0.41～0.6为一般，0.61～0.8为良好，0.81～1为优秀）对西藏生态工程的过程绩效进行评价。为避免指标间的重要性判断出现逻辑性错误，需要在采用层次分析法时对判断矩阵进行一致性检验，结果显示所有指标的一致性比例均小于0.1。生态工程实施过程中的公平性体现为于民无害、为民争利，需要弥补农牧民损失，保障农牧民收益；参与性体现在充分调动利益相关者的积极性和创造性；效率性体现为按时完成工程；可持续性体现为工程能够持续发挥作用的保障机制、措施等方面。准则层中的四个项目按权重从高到低分别为可持续价值、公平价值、民主价值、效率价值，最大值为27.64%，最小值为22.03%，各项指标的权重相当，在过程绩效目标层指标下的重要性差异较小。在公平价值指标中，生态补偿标准满意度权重最小；在民主价值中，鉴于西藏生态工程的规划由中央和地方政府主导，并且西藏高原具有少数民族聚居、发展较为落后等特点，农牧民等参与规划程度相对较低，因此参与规划这一指标权重较小；在可持续价值中，薪资作为保障工程建设人员生存生活的基本条件，薪资满意度权重最高，其他指标权重相当。

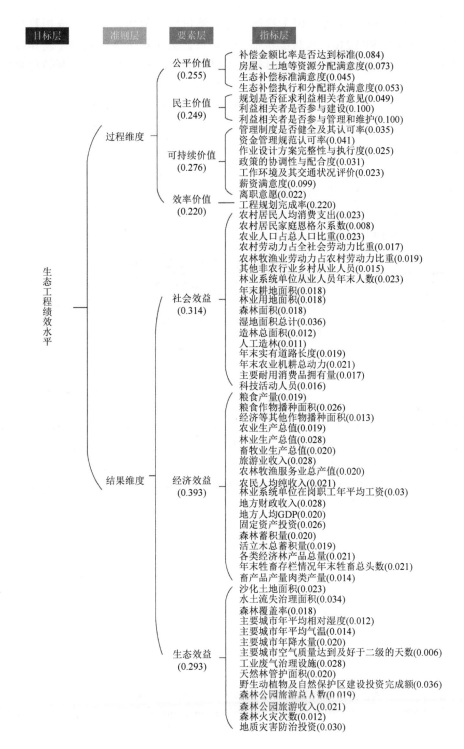

目标层　准则层　要素层　指标层

公平价值
(0.255)
　补偿金额比率是否达到标准(0.084)
　房屋、土地等资源分配满意度(0.073)
　生态补偿标准满意度(0.045)
　生态补偿执行和分配群众满意度(0.053)

民主价值
(0.249)
　规划是否征求利益相关者意见(0.049)
　利益相关者是否参与建设(0.100)
　利益相关者是否参与管理和维护(0.100)

可持续价值
(0.276)
　管理制度是否健全及其认可率(0.035)
　资金管理规范认可率(0.041)
　作业设计方案完整性与执行度(0.025)
　政策的协调性与配合度(0.031)
　工作环境及其交通状况评价(0.023)
　薪资满意度(0.099)
　离职意愿(0.022)

效率价值
(0.220)
　工程规划完成率(0.220)

社会效益
(0.314)
　农村居民人均消费支出(0.023)
　农村居民家庭恩格尔系数(0.008)
　农业人口占总人口比重(0.023)
　农村劳动力占全社会劳动力比重(0.017)
　农林牧渔业劳动力占农村劳动力比重(0.019)
　其他非农行业乡村从业人员(0.015)
　林业系统单位从业人员年末人数(0.023)
　年末耕地面积(0.018)
　林业用地面积(0.018)
　森林面积(0.018)
　湿地面积总计(0.036)
　造林总面积(0.012)
　人工造林(0.011)
　年末实有道路长度(0.019)
　年末农业机耕总动力(0.021)
　主要耐用消费品拥有量(0.017)
　科技活动人员(0.016)

经济效益
(0.393)
　粮食产量(0.019)
　粮食作物播种面积(0.026)
　经济等其他作物播种面积(0.013)
　农业生产总值(0.019)
　林业生产总值(0.028)
　畜牧业生产总值(0.020)
　旅游业收入(0.028)
　农林牧渔服务业总产值(0.020)
　农民人均纯收入(0.021)
　林业系统单位在岗职工年平均工资(0.03)
　地方财政收入(0.028)
　地方人均GDP(0.020)
　固定资产投资(0.026)
　森林蓄积量(0.020)
　活立木总蓄积量(0.019)
　各类经济林产品总量(0.021)
　年末牲畜存栏情况年末牲畜总头数(0.021)
　畜产品产量肉类产量(0.014)

生态效益
(0.293)
　沙化土地面积(0.023)
　水土流失治理面积(0.034)
　森林覆盖率(0.018)
　主要城市年平均相对湿度(0.012)
　主要城市年平均气温(0.014)
　主要城市年降水量(0.020)
　主要城市空气质量达到及好于二级的天数(0.006)
　工业废气治理设施(0.028)
　天然林管护面积(0.020)
　野生动植物及自然保护区建设投资完成额(0.036)
　森林公园旅游总人数(0.019)
　森林公园旅游收入(0.021)
　森林火灾次数(0.012)
　地质灾害防治投资(0.030)

过程维度

结果维度

生态工程绩效水平

图 6-4　西藏高原生态工程绩效评价指标体系及其相对权重
工程规划完成率指标数据为本研究根据《西藏生态安全屏障保护与建设规划（2008～2030 年）》实施中期（2008～2018 年）
自评估报告及实地调研结果合理推测所得

在过程绩效中，公平价值、民主价值、可持续价值和效率价值的合成指数分别为0.168、0.232、0.472 和 0.210，可持续价值表现最好，公平价值表现较差（表 6-9）。一方面，西藏生态工程实施过程中的生态补偿、资源分配等政策牵涉多方利益相关者，加之问卷评价的个人主观性较强，涉及利益分配的指标数据易受调查对象的主观感受和自身期望影响，导致公平价值绩效表现较差。另一方面，工程实施的可持续性主要由管理制度的规范性、政策协调性、工作环境改善和员工稳定性加以保障，容易实现且得到认可，因此该指标表现较好。民主价值和效率价值的表现居中，表现稳定良好。总体上，西藏高原生态工程的过程绩效合成指数为 0.872，位于 0.81 ～ 1，被评为优秀等级，表明西藏高原生态工程的整体过程绩效良好，西藏高原生态工程注重实施过程中的诸多因素，保障工程实施的公平性、民主性、可持续性和效率性，使得公众对西藏生态工程的认可度和接纳程度较高。

表 6-9　西藏高原生态工程过程绩效指数

准则层	合成指数	要素层	指数
过程绩效	0.872	公平价值	0.168
		民主价值	0.232
		可持续价值	0.472
		效率价值	0.210

2）结果绩效评价

采用熵值法、变异系数法对社会、经济、生态数据进行权重提取，得出组合权重后使用线性加权评价模型合成单一的客观指标绩效指数。所有数据均已经通过归一化进行无量纲处理，因而具有较好的可比性。根据相关性分析，熵值法赋权结果和变异系数法赋权结果之间的相关系数为 0.9，并且在 0.01 的置信水平上显著，表明两种方法所得结果是基本一致的。在此基础上，本研究将熵值法权重和变异系数法权重各按一半纳入组合权重计算。

基于 2005 ～ 2019 年的归一化数据及各个指标的组合权重，本研究进一步采用线性加权评价模型合成准则层的社会效益指数、经济效益指数和生态效益指数（图 6-5）。

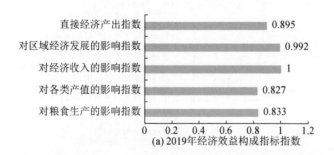

(a) 2019年经济效益构成指标指数

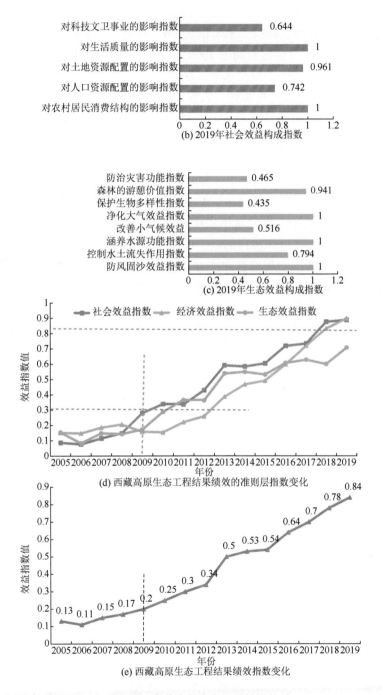

图 6-5 西藏高原生态工程结果绩效

西藏高原生态工程于 2009 年正式实施，依据本研究划分的西藏高原生态工程绩效评价的五级标准，在工程实施之前的 2005 ～ 2008 年，西藏高原生态工程的生态效益指数、经济效益指数和社会效益指数均小于 0.2，均属于很差水平。西藏高原生态工程实施后，三方面的效益指数总体上都呈现出不断改善的趋势。截至 2019 年，社会效益指数和生态效益指数已经分别上升到 0.888、0.898 和 0.706，分别属于优秀、优秀和良好水平。

在经济效益方面，工程实施初期的 2009～2010 年，由于林业发展等受到管制，经济效益指数有所下降，仍处于很差水平，自 2011 年开始，西藏高原生态工程对经济发展的影响加深，各产业发展速度加快，农牧民不断实现增收，固定资产投资等增加，经济效益指数增速平稳，实现持续增长。西藏高原生态工程对不同经济领域的影响程度差异较小，对粮食生产、林业等各类产业产值、农牧民经济收入、林产品等直接经济产出和区域经济发展都具有较大影响。

在社会效益方面，2008～2009 年，西藏高原生态工程的社会效益指数从 0.148 增长到 0.38，直接从很差水平向上跨越一个等级，此后持续增长，到 2014 年、2017 年、2019 年时分别处于一般水平、良好水平和优秀水平，呈现阶梯式增长态势，表明随着西藏高原生态工程的深入推进，工程的社会影响不断加深。图 6-5(b) 显示西藏高原生态工程对不同社会领域的影响程度存在差异，对农村居民消费结构、生活质量和土地资源配置的影响程度最深，对人口资源配置的影响次之，对科教文卫事业发展的影响程度最低。

在生态效益方面，西藏高原生态工程的生态效益指数呈现波动式增长趋势，2009～2010 年，生态效益指数与经济效益指数的变化方向相反，2010 年，生态效益指数上升为 0.287，处于较差水平，2013～2015 年，处于一般水平，2016 年之后基本位于良好水平，但尚未达到优秀水平。由图 6-5(c) 可见，西藏高原生态工程对不同生态领域的影响呈现较大差异，工程对涵养水源功能、森林游憩价值和防风固沙的影响程度最深，工程的控制水土流失作用指数位于良好水平，相较之下，工程在保护生物多样性、防治灾害和改善小气候等领域的表现受西藏特殊自然条件的限制较大，产生的影响相对较小。

总体来说，西藏高原生态工程对社会、经济和生态方面的发展均产生较大影响，相较于工程实施前，各个指数均大幅增长。社会效益指数和生态效益指数的总体增长趋势大致相同，变化幅度较为一致，经济效益指数呈现初期缓慢下降后持续上升的趋势。最终，社会效益指数和经济效益指数均大于 0.8，处于优秀水平，鉴于生态工程具有周期长、见效慢、受自然环境影响大等特点，生态效益现阶段仍处于良好水平，随着工程持续深入推进，工程在生态恢复和保护方面的作用将不断增强，经济、社会、生态多方面可持续发展的态势将更趋显著。

合成准则层指标影响指数的基础上，进一步合成西藏高原生态工程的结果绩效指数，其中，社会效益指数、经济效益指数和生态效益指数的权重占比分别为 31.29%、39.27%、29.44%，合成的结果绩效指数如图 6-5(e) 所示。依据西藏高原生态工程绩效等级划分标准，西藏高原生态工程的结果绩效指数呈不断上升趋势，工程实施之前的 2005～2008 年，结果绩效指数始终小于 0.2，2009 年工程启动后，结果绩效指数增长到 0.2，从很差水平上升到较差水平。2009～2012 年、2013～2015 年、2016～2018 年的结果绩效指数分别处于较差、一般和良好水平，呈现阶梯式上升特征，除 2013～2015 年增速较为缓慢，其他年份增长幅度较大。2019 年，西藏高原生态工程结果绩效指数为 0.84，达到优秀等级。整体而言，随着工程的逐步深入，生态工程对西藏发展的影响不断加深，各方面的效益协调增长。结合前文所述，由于生态建设和保护周期长、生态效果的呈现速度较为缓慢，工程现阶段的社会效益和经济效益更为明显，但生态效益的长期增长潜力巨大。鉴于生态工程具有周期长、见效慢、受自然环境影响大等特点，生态效益现阶段仍处于良好水平，随着工程持续深入推进，工程在生态恢复和保护方面的作用将不断增强，经济、社会、生态多方面可持续发展的态势将更趋显著。西藏高原生态工程对不同生态领域的影响呈现较大差异，工程对涵养水源功能、森林游憩价值和防风固沙的影响程度最深，工程的控制水土流失作用指数位于良好水平，相较之下，工程在保护生物多样性、防治灾害和改善小气候等领域的表现受西藏特殊自然条件的限制较大，产生的影响相对较小。

3）西藏高原生态工程绩效评价的障碍因子诊断

2005～2019 年经济效益、生态效益和社会效益的障碍度诊断结果如图 6-6 所示。2005 年，经济效益、生态效益和社会效益三大因素的障碍度基本相等，分别为 34.48%、33.53% 和 31.99%。2005～2019 年，经济效益障碍度起伏不定，但从 2016 年后开始稳定下降，到 2019 年时已经下降到 13.82%；社会效益障碍度维持着稳定缓慢的下降趋势，到 2019 年时已经下降到 20.63%；生态效益障碍度与经济效益障碍度呈现负相关关系，从 2016 年起开始稳步上升，到 2019 年时已经上升到 65.58%，这反映了不同时间节点中西藏高原生态工程绩效中的重点阻碍因素。2016 年及之前，社会效益对西藏高原生态工程绩效的阻碍程度不断减小，生态效益和经济效益共同构成了阻碍西藏高原生态工程绩效进一步改善的主要障碍；但在 2016 年后生态效益逐渐成为阻碍西藏高原生态工程绩效进一步改善的主要障碍。总体来说，三大因素障碍度的变化趋势是：经济效益障碍度和社会效益障碍度不断下降，生态效益障碍度不断上升。如前

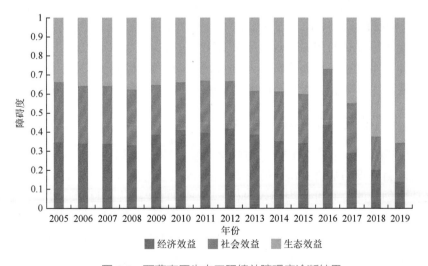

图 6-6　西藏高原生态工程绩效障碍度诊断结果

所述，这一结果并不表明西藏高原生态工程没有改善当地生态环境，只是表明了相对于经济效益和社会效益而言，生态效益逐渐成为阻碍西藏高原生态工程绩效进一步改善的主要障碍。

这是因为西藏高原生态安全工程的规划进度尚未完成、资金投入有所不足和自然条件恶劣。根据规划，西藏生态安全屏障保护与建设工程主要包括保护、建设和支撑保障三大类共 10 项工程，覆盖 3 个生态安全屏障区（藏北高原和藏西山地、藏南及喜马拉雅中段、藏东南和藏东），预计在 2030 年实现规划目标。但截至 2018 年末，西藏高原生态工程实施了 10 年，仅将近规划周期的一半，完成了计划投资的 68.92%。除此之外，西藏是世界上少有的大陆高海拔高寒环境区，生态环境极其脆弱和敏感，容易受到外部作用而发生退化。因此，高原高寒环境下形成的植被生态系统结构简单、生长期短、生产力不高、自身调节能力弱；草地退化、土地沙化等问题突出；土层极易丧失，土壤的水蚀、风蚀和冻融侵蚀总面积大，占全区面积的 85.4%，土壤侵蚀强度大，中度侵蚀以上的面积占 60.8%。总体来说，西藏高原自然条件恶劣，自然灾害类型多、分布广，生态退化与灾害发生呈现联动性。综上所述，在西藏高原生态工程实施的前半段，社会和经济方面的问题已经得到了有效的解决，但是囿于规划进度尚未完成、资金投入有所不足和自然条件恶劣从而未能很好地解决生态方面的问题。

为了西藏高原生态工程实施的后半段更好地创造生态效益，提高生态工程的总体绩效评价，应该进一步夯实以下三项举措：①加快推动工程进度。距离规划完成日期仅有 8 年，但是西藏生态安全屏障保护与建设工程的工程量巨大，共包含重点保护工程 5 项、重点建设工程 4 项、支撑保障项目 1 项，且分布在 10 个生态屏障亚区。政府应当协调各个亚区、各项工程的力量，加快推进工程进度，争取在 2030 年前完成规划目标，从而进一步增强生态效益。②有效落实工程资金。充足的资金是完成西藏高原生态工程的坚实基础，也是推进工程进度的重要保障。政府应当保障计划内工程资金得到有效落实，并在允许范围内筹集机动资金以备突发事件，从而夯实生态工程的物质基础。③鼓励创新工程技术。在西藏高原恶劣的自然环境、复杂的地质条件的情况下，实施生态安全屏障保护与建设工程会遇到许多技术难题。政府以及工程建设主体应当鼓励一线工作人员进行工程技术创新，并尝试借助科研机构的相关资源促进技术创新的效率和质量，从而筑牢生态工程的技术根基。

3. 三江源退牧还草工程绩效评估

1) 基于政府工作人员视角的三江源地区退牧还草工程绩效评估

从参与项目建设的基层工作人员视角出发，参考官方的评估体系及前人研究成果，以多方互动中创造的公共价值为绩效内核，基于项目全流程的目标 - 过程 - 结果绩效评价框架构建了覆盖项目立项、实施和完结全周期的绩效评价指标体系（表 6-10）。该指标体系由目标 - 过程 - 结果三个维度组成，考虑退牧还草工程不同阶段公共价值的表现特征，突出目标合理性、过程效率性和公平性、结果效益性和可持续性，构建了覆盖 3 个一级指标、5 个二级指标、18 个三级指标的指标体系。指标设计遵循整体性、代表性、稳定性、一致性、可行性等原则。根据指标内涵设计相应陈述，由工作人员对每项陈述按照赞同程度打分。为了体现差异性，同时设计正向指标和反向指标，指标量纲一致。

表 6-10 政府工作人员视角的退牧还草工程绩效评估指标体系

目标层	准则层	要素层	指标说明
目标	合理性	目标设计	近几年工程设定的实施目标、完成时间非常明确
		项目布局	禁牧与草畜平衡面积的设计比例科学合理
		任务安排	工程每年下达的任务量非常合适
过程	效率性	管理制度	工程制度建设和依法管理的水平很低
		组织架构	负责工程的组织架构清晰且职责非常明确
		资金利用	工程建设资金使用效率很高
		执行过程	工程实施过程中政策动态调整性非常好
	公平性	群众监督	工程的招投标工作完全对外公开
		冲突管控	工程实施过程中解决牧民反映问题的效率非常高
		政策宣传	工程并未进行大范围的政策宣传
		意见采纳	其他利益相关方充分参与且意见被采纳到工程政策的制定中
结果	效益性	完工质量	每年都能保质保量及时完成工程任务
		生态修复	草原的退化趋势得到根本遏制
		产业促进	工程并未有效促进当地牧业产业发展
		民生改善	工程并没有改善工程区牧民的生活质量
	可持续性	政策协调	工程规划和政策与本地其他社会经济政策的协调性和配合度很高
		环保意识	工程区农牧民群众生态保护意识没有得到提高
		群众支持	工程区农牧民群众并不满意工程的实施

注：指标说明采用赋分制，1～7 分别表示极不赞同、不赞同、较不赞同、中立态度、较为赞同、赞同、极为赞同。

项目组于 2020 年 8 月和 2021 年 7 月两次前往三江源国家公园，通过野外考察、召开座谈会、发放纸质和电子问卷的方式，了解政府工作人员对当地退牧还草工程的真实看法。调研对象包括黄河园区、澜沧江园区、长江园区管理委员会主要部门负责人、合作社负责人、乡镇生态保护站负责人等，其工作内容涉及草原保护、自然资源管理、生态保护与治理、综合行政执法、管护员培训、牧民技能培训、档案管理、草原防火、野生动物损害补偿、生态畜牧业合作社管理等。最终共获得 59 份问卷，会议访谈记录 4 份。采用均值取整方法对缺失值进行处理，然后进行问卷信度和效度检验，克龙巴赫 α 系数为 0.92，表明该问卷具有较好信度。KMO 值为 0.81，Bartlett 球形检验 P 值小于 0.05。选择层次分析法和熵权法结合的主客观组合赋权法计算指标权重，采用差异系数法计算主客观权重在组合权重中的系数。经计算，主观权重系数 α=0.03，客观权重系数 β=0.97。另外，采用障碍度模型诊断退牧还草工程绩效的障碍因子。

指标权重与维度得分如表 6-11 所示，主观权重差异较小，而客观权重和组合权重的差异很大，说明此次选择的权重计算方式有效克服了主观权重区分度弱的事实，凸显了退牧还草工程在不同维度上的绩效差异。在准则层，各个公共价值维度的绩效差异不大，得分在 4.96～5.16，公平性最低，可持续性最高。在目标层，得分依次为结果（5.14）、目标（5.07）、过程（4.98），说明过程阶段需做更多优化。退牧还草工程绩效总得分为 5.06，换算成百分制，最终得分为 72.29。参考青海省相关生态工程（天然林资源保护工程）财政专项资金项目绩效考评办法，将绩效分为 4 个等级，得分 90 分及以上为优秀，80～89 分为良好，60～79 分为合格，60 分以下为不合格。因此，这一分值说明基于政府工作人员视角，三江源地区退牧还草工程的综合绩效处于合格水平，整体绩效并不突出，还有较大提升空间。从障碍度来看，主要的障碍因子为目标维度的任务安排、过程维度的政策宣传及结果维度的民生改善，这将是今后的改进重点。

表 6-11　指标权重与维度得分

目标层	准则层	要素层	客观权重/%	绩效 1	主观权重/%	绩效 2	组合权重/%	绩效 3	障碍度
目标 (5.07)	合理性 (5.07)	目标设计	3.94	0.20	5.36	0.28	3.99	0.21	0.04
		项目布局	6.02	0.30	5.42	0.27	6.00	0.30	0.06
		任务安排	3.11	0.16	5.36	0.27	3.18	0.16	0.03
过程 (4.98)	效率性 (4.99)	管理制度	7.96	0.38	5.23	0.25	7.88	0.38	0.09
		组织架构	6.09	0.32	5.23	0.28	6.06	0.32	0.05
		资金利用	5.93	0.29	5.57	0.28	5.91	0.29	0.06
		执行过程	3.52	0.18	5.33	0.28	3.58	0.19	0.03
	公平性 (4.96)	群众监督	5.08	0.28	5.81	0.32	5.11	0.28	0.04
		冲突管控	3.87	0.20	5.36	0.27	3.92	0.20	0.04
		政策宣传	7.48	0.35	5.27	0.24	7.41	0.34	0.09
		意见采纳	3.58	0.17	5.81	0.27	3.64	0.17	0.04
结果 (5.14)	效益性 (5.11)	完工质量	3.35	0.18	5.72	0.31	3.42	0.18	0.03
		生态修复	3.99	0.20	5.97	0.30	4.05	0.20	0.04
		产业促进	6.61	0.33	5.11	0.26	6.56	0.33	0.07
		民生改善	8.43	0.43	5.84	0.29	8.36	0.42	0.08
	可持续性 (5.16)	政策协调	4.02	0.20	5.81	0.29	4.07	0.20	0.04
		环保意识	9.99	0.52	5.81	0.30	9.86	0.52	0.09
		群众支持	7.02	0.37	6.00	0.32	6.99	0.37	0.06

从各县均值来看，玛多县各个指标均值在 3.95～4.95，最低为政策宣传，最高为组织架构，均值均小于 5，说明该县工作人员对工程各个方面的评价总体偏低。治多县均值在 5.06～6.44，整体上得分较高，尤其在群众满意、产业促进、民生改善、政策宣传 4 个方面，表明该县退牧还草工程实施绩效得到了当地工作人员的积极认可。杂多县分值波动较大，在 4.71～6.14，在完工质量和执行过程上得分最高，但在政策宣传、产业促进和民生改善方面得分较低。曲麻莱县均值得分波动明显，在 3.62～5.85，政策宣传得分最低，环保意识得分最高。总体来看，治多县在政策宣传、产业促进、民生改善、群众满意方面的得分远大于其他三县，杂多县在执行过程、群众监督、冲突管控、完工质量上得分最高（图 6-7）。曲麻莱县在项目布局、政策宣传上存在很大不足，玛多县在各个方面都还有很大的提升空间。

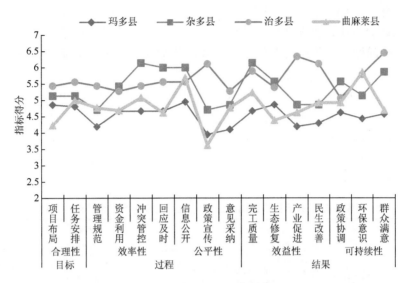

图 6-7　三江源国家公园区各县指标均值

从绩效得分来看（表 6-12），总得分从大到小依次是治多县（5.71）、杂多县（5.29）、曲麻莱县（4.88）、玛多县（4.52）。按照百分制换算后，得分分别为 81.55、75.57、69.73、64.55，说明基于政府工作人员视角，仅治多县达到良好级别，其他三县均为合格。从各个维度绩效得分来看，治多县在各个维度均好于其他三县。玛多县目标维度得分最高，但过程和结果维度均较低，尤其在公平性和效益性上。治多县和杂多县均在目标维度得分最低，曲麻莱县在过程维度得分最低，尤其是在公平性上。综合来看，从政府工作人员视角来看，治多县退牧还草工程公共价值绩效最高，玛多县最差。各县的薄弱环节存在差异，需要有针对性地改进。

表 6-12　三江源国家公园区各县退牧还草工程绩效分值

县名	总得分	目标	过程	结果	合理性	效率性	公平性	效益性	可持续性
玛多县	4.52	4.80	4.48	4.47	4.80	4.58	4.37	4.42	4.51
杂多县	5.29	5.14	5.31	5.32	5.14	5.30	5.32	5.18	5.46
治多县	5.71	5.47	5.56	5.94	5.47	5.42	5.71	6.01	5.86
曲麻莱县	4.88	4.79	4.75	5.03	4.79	4.95	4.55	4.78	5.28

2）基于牧户视角的三江源地区退牧还草工程绩效评估

2021 年 7 月 9～21 日，项目组在 2020 年开展的广泛野外调查和政府部门座谈的基础上，综合多方面因素，选择玛多县以及几个迁出的移民村作为此次退牧还草生态工程绩效评估的调研地点，共完成 266 份问卷。所调研牧户中户主与非户主的比例为 218 : 49，说明此次调研的大部分牧户对自家的情况比较了解，可以提供比较切实可靠的信息。20～40 岁的牧户占 81.86%，由于这部分对象的认知对未来家庭发展决策具有关键影响，其提供的信息对于优化工程管理具有重要的参考价值。

以往的研究表明，"谁评价、评价什么、如何评价"是科学系统评价生态工程效益的 3 个关键问题。利益相关者的行为模式、传播体系和偏好选择是生态项目公共价值创造、传递和实现的载体链。研究基于受工程最直接影响的农牧户视角，以公共价值的创造为绩效目标，构建了覆盖生态工程项目全周期的绩效评价指标体系，见表 6-13。从目标 – 过程 – 结果 3 个维度出发，考虑到不同阶段公共价值的表现特征，选择目标维的合理性，过程维的效率性、公平性和民主性，结果维的效益性和可持续性，构建了覆盖 3 个一级指标，6 个二级指标，18 个三级指标的指标体系。以三江源地区的退牧还草工程为例，针对当地的实际情况，设计了符合指标内涵的调研问题。

表 6-13 基于牧户视角的三江源地区退牧还草工程绩效评估体系

目标层	准则层	指标层	问题设计	赋值	方向
目标	合理性	工程实施	就草地保护而言，您认为实施退牧还草工程是否必要？	没有必要 =1；有没有都可以 =2；比较必要 =3；十分必要 =4	正向
		资金利用	您认为政府的投资是否投到了必要的方面？	是 =1；否 =2	负向
		补助设计	您觉得与退牧还草工程配套的补贴是否合适？	补贴太少 =1；补贴较少 =2；合适 =3；补贴有点多 =4；补贴太多 =5	正向
过程	效率性	资金到位	是否按计划建设围栏及发放补贴	是 =1；否 =2	负向
		执行过程	您感觉退牧还草工程的实施过程是否一直很顺利？	很多问题 =1；问题较少 =2；没有问题 =3	正向
	公平性	财产损失	您感觉退牧还草工程实施有没有给您家带来财产损失？	非常大的损失 =1；比较大的损失 =2；损失较少 =3；没有损失 =4；有所收获 =5	正向
		收入变化	退牧还草之后您家里的收入有什么变化？	减少很多 =1；减少一点 =2；没有变化 =3；有所增加 =4；增加很多 =5	正向
		收入来源	退牧还草工程实施之后您家庭的收入来源有什么变化？	失去收入来源 =1；收入来源减少 =2；收入来源不变 =3；收入来源更多 =4	正向
	民主性	群众意愿	您觉得工程实施过程是否充分尊重了牧民意愿？	没有征求过意见 =1；征求意见 =2；采纳了建议 =3	正向
		政策宣传	您觉得工程的宣传是否到位？	没有听到过宣传 =1；宣传次数较少 =2；宣传次数很多 =3	正向
		意见反馈	工程实施时遇到的问题和困难是否及时向政府部门反映？	及时反映 =1；看情况 =2；从不反映 =3	负向
结果	效益性	完工质量	您觉得工程完成质量如何（如围栏、人工种草等）？	质量非常好 =1；质量比较好 =2；质量一般 =3；质量较差 =4；质量非常差 =5	负向
		生态修复	您觉得与之前相比，草场植被有没有变好？	严重退化 =1；有所退化 =2；没有变化 =3；有所改善 =4；明显变好 =5	正向
		民生改善	退牧还草工程实施之后，您感觉您的生活水平有什么变化？	下降很多 =1；下降一点 =2；没有变化 =3；有所提高 =4；提高很多 =5	正向
		工程满意度	总体而言，您对退牧还草工程的满意度是？	非常满意 =1；比较满意 =2；一般 =3；不太满意 =4；很不满意 =5	负向
	可持续性	政策协调	该地区牧民加入合作社、草地流转等行为是否普遍？	十分普遍 =1；比较普遍 =2；一般 =3；比较少见 =4；几乎没有 =5	负向
		群众支持	您认为是否应该继续推行退牧还草工程？	可以放开养殖限制 =1；维持现状 =2；需要加大管理力度 =3	正向
		生态保护意愿	与工程实施之前相比，您觉得现在自己更加关注草场质量了吗？	一直不关注 =1；更少关注 =2；与以前一样关注 =3；更加关注 =4	正向

采用 CRITIC- 熵权组合法，兼顾各个指标本身的对比强度（标准差）、冲突性（相关系数）和信息量（熵值）。两种权重占比各 50%，计算客观组合权重（表 6-14）。采用障碍度模型，诊断障碍因子。按照相等间隔，设置分级标准，[0.8，1]、[0.6，0.8)、

[0.4，0.6)、[0.2，0.4)、[0，0.2) 分别表示绩效很高、较高、中等、较低、很低。经计算，基于牧户视角的退牧还草工程绩效总得分为 0.57，属于中等水平，表明牧户角度的退牧还草工程在不同方面存在不足，还有较大提升空间。从准则层看（表 6-13），从大到小排序依次是效率性（0.76）、效益性（0.73）、合理性（0.67）、民主性（0.57）、公平性（0.52）、可持续性（0.44），说明工程在设计、实施和效益方面取得了较好效果，但是民主性、公平性和可持续性有所欠缺。从目标层看，目标维度得分最高，为 0.67，过程维度和结果维度得分较低，分别为 0.60、0.56。主要的障碍因子为群众支持（0.21）、收入变化（0.09）、政策协调（0.09）。以上结果意味着相对于退牧还草工程的总体设计思路而言，工程实际执行以及优化调整方面还存在较多不足，需进一步贴近实际，考虑当地牧户现实需求，把握关键矛盾，适时调整政策，以提高牧户对工程的支持和响应程度，持续推进工程可持续建设。

表 6-14　基于牧户视角的玛多县退牧还草工程绩效核算

目标层	准则层	指标层	均值	CRITIC权重	熵值权重	组合权重	障碍度	得分
目标	合理性	工程实施	0.67	0.04	0.01	0.02	0.02	0.02
		投资去向	0.98	0.04	0.03	0.03	0.04	0.02
		补助设计	0.44	0.08	0.05	0.07	0.02	0.01
过程	效率性	资金到位	0.89	0.07	0.06	0.07	0.06	0.06
		执行过程	0.62	0.04	0.01	0.02	0.00	0.04
	公平性	财产损失	0.57	0.05	0.04	0.05	0.05	0.03
		收入变化	0.47	0.06	0.09	0.07	0.09	0.03
		收入来源	0.54	0.06	0.07	0.07	0.07	0.03
	民主性	群众意愿	0.49	0.05	0.05	0.05	0.06	0.02
		政策宣传	0.67	0.07	0.03	0.05	0.04	0.03
		意见反馈	0.54	0.06	0.05	0.06	0.06	0.03
结果	效益性	完工质量	0.74	0.04	0.02	0.03	0.02	0.02
		生态修复	0.72	0.04	0.02	0.03	0.02	0.02
		民生改善	0.50	0.06	0.08	0.07	0.08	0.03
		工程满意度	0.62	0.04	0.08	0.06	0.05	0.04
	可持续性	政策协调	0.50	0.08	0.08	0.08	0.09	0.04
		群众支持	0.36	0.07	0.21	0.14	0.21	0.05
		保护意愿	0.65	0.05	0.02	0.03	0.03	0.02

注：最后一列"得分"由组合权重与各指标标准化数值相乘后，再进行样本平均计算得到。

根据有无牲畜以及移民远近将牧民分为跨州移民、跨县移民、本地移民、放牧户 4 类，其对各项指标的评价均值几乎一致，仅在标准差上存在较小差异，说明有无牲畜和移民远近并未显著影响到牧户对退牧还草工程的评价。采用 CRITIC-熵权法计算组合权重，结合 TOPSIS 评价模型比较不同类型牧户对退牧还草工程绩效评价的差异。结果如表 6-15 所示，不同类型牧户对退牧还草工程公共价值绩效的评估值总体上差异不大，放牧户和本地移民评分略高于异地移民。不同牧户群体采取的不同工程措施并没有明显造成牧户对工程的感知差异，但留在本地可能对牧户的正向影响更大。

表 6-15　不同类型牧户对退牧还草工程绩效评价差异

牧户类型	分类	正理想值	负理想值	综合距离
无畜户	跨州移民	0.004	0.551	0.993
	跨县移民	0.002	0.550	0.996
	本地移民	0.001	0.550	0.999
有畜户	放牧户	0.001	0.550	0.999

4. 川西藏族聚居区典型生态工程绩效评价

目前，学术界在生态工程绩效评价方面，大多是针对某一类型生态工程的效益评价而展开。例如，林德荣等（2008）运用 AHP 法分析了迁西县"三北"防护林体系建设工程的社会影响。肖庆业等（2014）通过构建组合评价方法，对中国南方 10 个典型县退耕还林工程综合效益进行了评估；冯珊珊（2016）运用层次分析法（analytic hierarchy method，AHM）-关联分析模型评价了辽宁省西部 3 处水土保持生态工程的生态效益。此外，部分学者也考察了某区域多种生态工程的成效（胡云峰等，2010；刘国彬等 2017）。遵循系统性与层次性相统一、科学性与可操作性相结合的原则，并在考虑生态工程实施的具体情况和参考相关文献的基础上（周少舟，2008；马奔等，2015；李勇，2016），构建了目标层－准则层－要素层－指标层 4 个纵向层次的指标评价体系，其中准则层依据工程实施背景、过程、结果、潜力划分为工程决策评价、工程过程评价、工程结果评价和工程潜力评价 4 个维度，力求从工程实施"目标－过程－结果－潜力"全方位考察生态工程的绩效水平。评价指标体系具体由 1 个目标层、4 个准则层、13 个要素层和 33 个指标层组成（图6-8）。采用变异系数法确定各个指标的权重。

生态工程实施是一个多目标的复合系统，且具有自身的特殊性和动态性，意味着最佳的生态工程实施状态一定是在当时的社会经济发展水平和资源配置格局下，最接近当地的生态工程实施最佳状态，同时远离生态工程实施最差状态。基于多目标决策分析的 TOPSIS（technique for order preference by similarity to ideal solution）法的主要原理是通过在目标空间中定义一个测度，以此测量评价对象靠近正理想解程度来衡量目标的绩效水平。当应用 TOPSIS 法对生态工程绩效评价时，其优势是它在评估过程中将多种指标结合起来进行综合评价，因而本质上属于一种综合评价方法；此外，它对数据分布、样本含量指标多少均无严格限制，既适用于小样本资料，也适用于多评价单元、多指标的大系统资料，既可用于横向（多单位之间）对比，也可用于纵向（不同年度）分析，具有应用范围广、几何意义直观、计算量小和数据失真小等特点（鲁春阳等，2011）。为了使结果更具直观性和便于理解，将生态工程绩效指数划分为 4 个等级：低级、中级、良好、优质。其值越大，说明生态工程绩效水平越高。生态工程绩效评价分级标准见表 6-16。

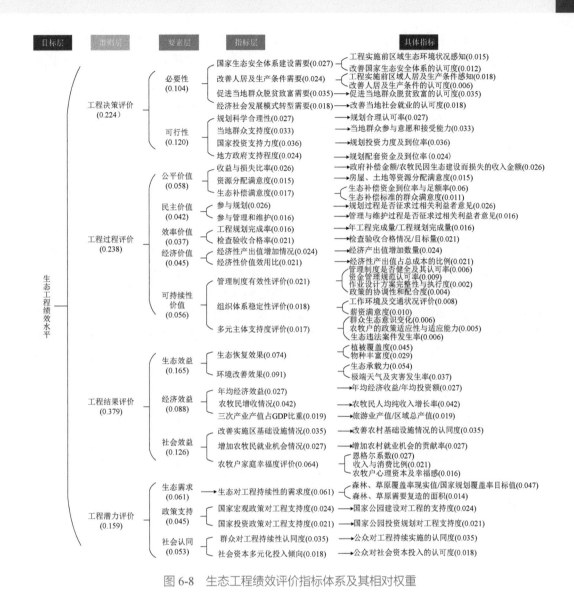

图 6-8　生态工程绩效评价指标体系及其相对权重

表 6-16　生态工程绩效评价分级标准

绩效等级	判断标准	对应生态工程特征
低级	0 ≤绩效指数 <0.3	生态工程实施状况较差，在工程实施决策、过程、结果、潜力的某一或多个环节存在突出问题，功能缺失，亟待改善
中级	0.3 ≤绩效指数 <0.6	生态工程实施能够维持基本功能，但适应能力和抗外界干扰能力较差，阶段性问题日益突出，效率存在下降倾向
良好	0.6 ≤绩效指数 <0.8	生态工程实施状况维持较好，结构和功能基本完整，每一实施环节之间存在较为合理的联系，适应和抗外界干扰能力较好
优质	0.8 ≤绩效指数 ≤1	生态工程实施合理，每一环节功能较好地推进且生态效益、社会效益和经济效益明显，系统结构完善，功能较为完整

　　总体上，不同生态工程绩效水平呈现出较大差异，所参评的 13 项生态工程中仅有 3 项生态工程综合绩效水平达到优质等级、3 项生态工程综合绩效水平达到中级等级，

并有 6 项中级和 1 项低级等级生态工程。所有生态工程综合绩效指数均值为 0.583，且各个准则层绩效水平的均值介于 0.510 ～ 0.671，距离最优水平还存有较大差距，优化生态工程绩效水平仍具有较大潜力（图 6-9）。

从各个准则层绩效水平来看，呈现出潜力绩效指数 > 结果绩效指数 > 过程绩效指数 > 决策绩效指数的现象，表明川西藏族聚居区生态工程在实施潜力维度和实施结果维度的表现要优于实施过程和实施决策维度的表现，实施过程和实施决策中的国家与政府资金支持力度、公平、民主和经济价值是未来保障和提升生态工程绩效的主要着力点。

生态工程潜力绩效指数最高（均值为 0.671），主要原因在于当地群众和政府对生态工程建设的需求度、政府政策的支持度以及群众对工程建设的认同度均取得了较好的反馈。尽管某些生态工程项目正处于实施阶段（如阿坝县天然林保护公益林建设工程和草原鼠害治理工程），工程的生态效益、经济效益和社会效益并未很好地显现，但当地群众依然对继续推进生态工程建设持积极支持态度，他们认为这是改善当地生态、居住和生产环境的关键。

在生态工程实施结果维度，平均绩效指数达到 0.592，说明生态工程建设取得了一定的成效。结合调研实际情况发现，实施结果维度的生态效益、经济效益和社会效益之间存在差异。生态效益成效最好，82% 的受访者认为生态工程建设有效改善了当地生态效益，在提升植被覆盖度、物种丰度和降低极端天气灾害发生率方面发挥了积极作用；75% 的受访者认为生态工程建设给他们带来了明显的经济收益，78% 的受访者认为生态工程建设能够促进就业。尽管如此，根据实际调研情况，某些生态工程类型（如草原生态修复、沙化治理和鼠害治理等）的实施会严格管控放牧数量，甚至实行围牧禁牧政策，这必然降低牲畜的出栏率和牧民的收入，部分农牧民认为生态工程的实施并未发挥较好的经济效益。还有一小部分农牧民认为生态工程建设提供的就业机会大多是临时性岗位（如搭建围栏、施药施肥等）且数量有限，生态工程未能发挥出较好的社会效益。所以，如何解决生态与生存的矛盾是当下生态工程建设过程中需要考虑的重要问题。虽然生态工程的核心和初衷在于其生态效益，但如何协调好它与农牧民关注的经济效益和社会效益也是确保工程可持续性的关键问题。

生态工程实施过程维度得分为 0.579，总体水平不高。当地农牧民对工程实施的公平价值评价最低，主要体现在他们对生态补偿标准的满意度上。据调查，57.57% 的农牧民对生态补偿标准持满意态度，而 42.43% 的农牧民认为当前的生态补偿标准一般或过低。例如，阿坝县鼠害防治补贴标准仍然维持在 20 世纪制定的 9 元 / 亩，没有跟随经济发展适当提高，农牧民参与的积极性很低，是阻碍当地鼠害治理工程可持续发展的重要因素；另外，阿坝县天然林保护公益林生态补助资金为禁牧 7.5 元 / 亩，轮牧 2.5 元 / 亩，过低的生态补偿与当地劳务薪酬标准存在较大差距。生态补贴金额、补贴标准以及补贴发放的及时性会影响农牧民参与生态工程建设的积极性和生态工程项目推进的顺利程度。由于退耕还林还草、草原生态修复等生态工程会压缩农牧民的耕地、放牧面积和减少牲畜数，降低农牧民的生产产量，因此，政府资金补贴成为川西藏族聚居区农牧民家庭收入的一大重要补充来源，建立合理的生态补偿标准是农牧民关心的重要问题，会影响工程的推进和可持续性。

在生态工程实施决策层面，平均绩效指数为 0.510 且处于 4 个维度中的最低水平，说明提升农牧民对工程实施的了解、参与和认可度的必要性。尽管当地农牧民对工程实施持支持态度，但也存在被动接受的情形。农牧民对工程实施背景、相关规划以及投资力度等缺乏认识，导致他们对这些方面的认可度不高，从而影响到生态工程实施决策维度的整体评价。语言沟通存在障碍、当地农牧民的受教育水平、政府相关部门宣传力度不足和居民参与度低等可能是影响他们对生态工程决策评价偏低的主要原因。生态工程是一项惠民工程，工程成果惠及群众，工程的建设也离不开群众支持，建设高质量的生态工程必须充分发挥群众的聪明才智、紧密依靠群众力量。因此，规划生态工程的起始阶段，就应当就群众意愿开展调研，动员群众支持工程建设。在群众同意建设的基础上，广泛征求群众对工程建设的意见和建议，提升工程决策的透明性与科学性。

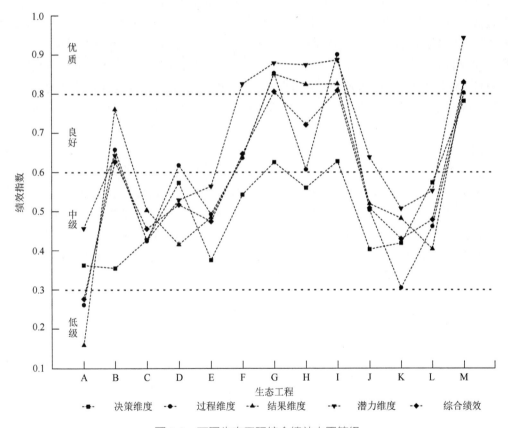

图 6-9　不同生态工程综合绩效水平等级

A：阿坝县天然林保护公益林建设工程；B：阿坝县草原鼠害治理工程；C：阿坝县天然林保护防护林建设工程；D：阿坝县草原牛态修复工程；E：阿坝县草原沙化治理项目；F：红原县川高生态脆弱区综合治理项目；G：红原县草原沙化治理项目；H：若尔盖国际重要湿地保护与恢复工程；I：若尔盖草原沙化土地治理工程；J：色达县川高生态脆弱区综合治理项目；K：色达县安康社区绿化项目；L：色达县退化草原生态修复工程；M：壤塘县川高生态脆弱区综合治理项目

障碍因子诊断结果显示（表 6-17）：①准则层 4 个指标对生态工程综合绩效指数的障碍度各不相同。整体上，对生态工程绩效障碍度从大到小依次为工程结果

（B3，38.84%）、工程过程（B2，27.69%）、工程决策（B1，19.86%）、工程潜力（B4，13.61%），可见提升生态工程绩效必须从优化生态工程实施过程和实施结果入手，同时要注重提升工程决策的合理性以及关注工程潜力的提升。②在要素层，生态工程实施结果维度的经济效益（C9，19.79%）是影响生态工程绩效的关键障碍因子。目前，川西藏族聚居区生态工程实施的效益主要体现在改善生态效益方面，当地农牧民的收入水平和生活水平依然处于较低等级。更严重的是，部分生态工程的实施不仅没有直接为农牧民增收，反而造成原有放牧模式的变化（自由放牧变为围牧、轮牧、禁牧）和耕地、牲畜数量的减少，破坏农牧民传统生计。这种情形如果不能有效解决，农牧民经济收入降低极易导致对生态工程实施的不满甚至抵制情绪，未来提升生态工程的创收机会和政府转移支付能力显得尤为必要。③障碍度排序第二的因子是公平价值（C3，14.26%），它反映了农牧民因生态工程建设损失对政府生态补偿资金和标准的评价情况。现有生态补偿标准过低、体制陈旧是川西藏族聚居区大多数农牧民对公平价值不满的共识，生态与生存的矛盾依然突出。建立合理同时又能激发农牧民参与意愿的生态补偿标准对于提升工程实施绩效非常重要，农牧民搬得出来，能稳住生活、就业才能保障生态工程的可持续发展。④可持续性价值（C7，10.09%）和可行性（C2，8.35%）因素是影响生态工程绩效的第三大、第四大障碍因子。由于当地生态工程的推进大多依赖国家和政府资金，资金短缺问题是川西藏族聚居区生态工程建设的主要问题。如果工程建设和管护期满后无相关资金支持，便会停止后期管护，治理区域极有可能遭到二次植被破坏、再度沙化等，已有建设效果就只能中途夭折。同时，工作人员对改善工作环境和交通基础设施具有较大呼声，这影响到组织体系的稳定性，进而影响生态工程可持续性。因此，优化资金投入政策、强化生态工程自身"造血"功能、健全资金监管政策、改善当地基础设施水平和就业环境是保障生态工程可持续实施的重要举措。在可行性方面，当地群众对生态工程的支持力度是主要因素，加大生态工程的宣传力度、增强群众的参与意愿并努力保障群众的利益诉求是协调生态工程建设和当地民生状况的重要着力点。

表 6-17　生态工程绩效评价准则层和要素层主要障碍因子诊断　　（单位：%）

准则层障碍因子	工程决策（B1）	工程过程（B2）	工程结果（B3）	工程潜力（B4）
障碍度	19.86	27.69	38.84	13.61
要素层障碍因子	经济效益（C9）	公平价值（C3）	可持续性价值（C7）	可行性（C2）
障碍度	19.79	14.26	10.09	8.35

注：这里仅显示诊断出的主要障碍因子。

6.2　生态工程实施对民生质量的影响

6.2.1　典型地区农牧民生计调查评估

可持续生计的思想起源于 20 世纪 80 年代 Sen、Chambers 和 Conway 等为解决贫困问题的研究。随着人们对贫困属性理解的加深，收入和消费不再是度量贫困的唯一标准，"生计"逐渐成为多维度揭示贫困本质的主要视角，生计发展的限制因素、发展能力和机会的贫困等也成为可持续生计研究的主要课题。目前被普遍接受的可持续生计的概念是由 Chambers 和 Conway（1992）所提出，"生计是由谋生所需要的能力、有形和无形资产以及相关的活动组成。如果这种生计能应对压力和冲击进而得到恢复，并且在不过度消耗其自然资源基础的同时，在当前和未来能够维持乃至提升其能力和资产，那么该生计具有可持续性"。基于对可持续生计的理解，学者们设计和发展了多种分析方法和分析框架，如美国援外合作组织（Cooperative for American Relief Everywhere，CARE）提出的农户生计安全框架、联合国开发计划署（the United Nations Development Programme，UNDP）的可持续生计途径、Scoones（1998）的可持续农村生计分析框架等。在诸多可持续分析框架里，英国国际发展部（Department for International Development，DFID）于 2000 年提出的可持续生计分析框架（sustainable livelihoods approach，SLA）运用最为广泛，其立足于一定的时空背景，聚焦微观个体的持续生计能力，涉及社会、经济、制度等多个维度。DFID 可持续生计分析框架常被用于研究农户生计（特别是贫困问题）的影响因素，由于农户是在具有一定脆弱性的生态环境中谋生，以及受政府机构、政策环境、社会规范等的约束，这些因素通过对农户所拥有的生计资本的利用和配置，最终影响到其生计活动。DFID 可持续生计分析框架涉及脆弱性背景、生计资本、变革中的组织机构和程序、生计策略、生计成果这 5 个方面（图 6-10）。在该分析框架中，生计资本是可持续生计框架里的核心要素。生计资本的性质和结构决定了农牧民生计活动的方式和策略，而生计活动的方式及策略影响着农村经济社会的发展和当地对生态资源的保护与利用。

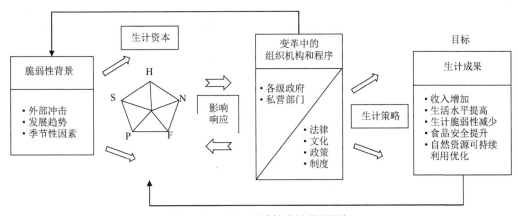

图 6-10　DFID 可持续生计分析框架

H：人力资本；N：自然资本；P：物质资本；S：社会资本；F：金融资本

1. 祁连山生态移民工程对农牧民生计的影响

1）生态移民工程对搬迁农牧户生计模式的影响

2010 年底，我国在《全国主体功能区规划》提出构建以"两屏三带"为主体的生态安全战略格局。武威市作为青藏高原生态屏障和北方防沙带，承担着南护水源、北防沙漠的双重任务。生态移民成为当地解决人口分布不合理、生态恶化问题及脱贫致富的重要途径。2011年，为保护祁连山生态，实现良性循环发展，武威市启动高海拔地区农牧民"下山入川"生态移民工程，采取远距离、集中有土安置方式，将居住在"一高"（海拔2800 m以上）"四区"（库区、矿区、塌陷区、生态核心区）的农牧户搬迁至川区或城镇，截至2016年底已搬迁8.43万名贫困农牧民。2016年，"易地扶贫搬迁工程"将祁连山区中易受地质灾害影响的居民搬迁到黄花滩、南阳山片和邓马营湖等移民安置地。2017年，国务院《祁连山国家公园体制试点方案》明确提出对重点保护区域内的居民逐步实施生态移民。作为"祁连山山水林田湖生态保护修复工程"139项建设项目之一的生态移民工程，已于2017～2019年完成古浪县和天祝县祁连山自然保护区、民勤县北部沙漠区6900户2.6754万人的搬迁任务。"十二五"以来，武威市累计搬迁移民4.42万户17.02万人，建成凉州区邓马营湖、古浪县黄花滩等93个安置区。通过安置区外围沙漠地带植树种草，迁出区房屋拆迁、退耕禁牧及生态修复，生态效果显著，不仅促进了北面风沙区沙漠化土地的逆转，还使祁连山脆弱的生态系统得以恢复。

依据甘肃省武威市凉州区黄羊镇荣昌村、天祝县松山镇德吉新村、古浪县黄花滩镇爱民新村等18个村移民户的问卷调查数据，基于移民户的市场行为和维持生计的渠道差异，结合生计方式、劳动力投向、家庭收入比重和产品配置方式等标准划分农户类型。调查结果显示，武威市自给型纯农户、市场型纯农户、纯补贴型农户分别占总样本的1.53%、8.40%和1.53%，农业型兼业户、非农型兼业户、非农户则分别占总样本的11.45%、11.45%和65.64%（表6-18），非农化倾向较为突出。天祝县、古浪县和凉州区受访户在农业和非农活动的安排及组合上相似，外出打工成为其搬迁后的主要收入来源。此外，移民普遍负债较多且贷款困难，无力为养殖、新技术、劳动技能提升等投入资金，严重影响移民的生计选择，导致当地特色养殖发展滞后。因此，在武威市生态移民中，纯农户的比重不足10%，传统的自给型纯农户基本消失，仅天祝县依托草地资源发展畜牧业使市场型纯农户占比达11.36%。总体来看，武威市移民户的生计方式及收入来源较为单一，生计多样化指数仅为1.74，其中凉州区最高（2.19），该区采取三种及以上生计方式的农户占到29.63%。LSD（least significance difference）和S-N-K（student-newman-reuls）的事后多重检验结果显示，凉州区移民在生计方式多样化程度方面与古浪县、天祝县两地存在显著差异（Levene统计量为0.068，组间方差具有齐性且$P<0.01$）。

表6-18 武威及所属县区移民户的生计模式

| 区域 | 生计多样化指数 | | | 纯农户比重/% | | 兼业户比重/% | | 非农户比重/% | | | 纯补贴型农户比重/% |
	最大值	最小值	均值	自给型纯农户	市场型纯农户	农业型兼业户	非农型兼业户	打工+工资型	打工+经营型	纯外出务工型	
天祝县	3	0	1.75	2.27	11.36	18.18	9.09	6.82	6.82	43.19	2.27
古浪县	5	1	1.53	0.00	6.67	5.00	13.33	5.00	1.67	65.00	0.00
凉州区	4	0	2.19	3.70	7.41	14.81	11.11	4.91	9.91	44.45	3.70
全样本	5	0	1.74	1.53	8.40	11.45	11.45	6.11	5.34	45.80	1.53

不同生计模式移民户在劳动力数量、配置及收入构成上差异显著。73.33% 的市场型纯农户依靠种植业为生，通过参与当地藜麦、食用菌菇等各类合作社或租用本地及永登地区的农地来保障生计，故而种植业收入在 6 类农户中最高（表 6-19）。因新分土地土质差、无法种植，自给型纯农户和纯补贴型农户则将这部分土地、棚、圈全部流转，流转收入高于其他类型移民户。

表 6-19　不同类型移民户的家庭特征

农户类型	家庭规模/人	劳动力数/人	劳动力配置 /（人/户）			收入构成 /（元/户）						
			养殖	种植	打工	养殖	种植	打工	工资	经营	补贴	流转
自给型纯农户	6	3	0	3	0	—	30000	—	—	5000	800	4000
市场型纯农户	4.64	2.55	1.64	0.82	0.09	38500	51500	—	—	—	4886	836
农业型兼业户	5.00	3.80	0.87	1.73	1.40	19346	25136	15125	—	—	7282	—
非农型兼业户	5.33	2.73	0.33	0.80	1.60	11833	10250	22071	4600	4013	5229	1625
非农户	5.52	2.19	0.18	0.21	1.82	1047	1861	36284	14753	16925	2866	2458
纯补贴型农户	1.5	0	0	0	0						5760	4200

注：一表示不存在此项构成。

2）生态移民搬迁后的生计资本测度

基于可持续生计分析框架入户调查数据，选取家庭整体劳动力、劳动力受教育水平、家庭成员健康状况来表征人力资本；选取家庭拥有的耕地总面积、草地总面积、是否租用他人耕地或草地的行为进行自然资本核算；基于家庭中交通工具数量、房屋位置、房屋及棚圈间数和面积、牲畜数量、基础设施完善度核算物质资本；依据家庭现金收入和获得贷款的可能性计算金融资本；选取亲朋好友借钱的可能性和在村里面的说话分量核算社会资本；选取生活改善期望指数、幸福感指数及韧性指数来度量心理资本。运用熵权法计算权重，极差标准化进行数据归一化，通过综合评价法加总求和得出各个维度数值。

从各项生计资本的标准化均值来看，不同地区的生计资本略有差异。天祝县和古浪县生计资本的最大项均为自然资本，凉州区资本最大项为物质资本，其次是人力资本。不同区域的自然资本表现为天祝县＞古浪县＞凉州区，而物质资本、人力资本、金融资本、社会资本和心理资本未表现出差异性，表明天祝县和古浪县的自然资本是维持其农牧户生计的基础，凉州区的生计更多的是依靠物质资本（牲畜资产、基础设施完善程度、家庭资产）和人力资本（成年劳动力受教育程度、家庭整体劳动力）。从各个维度的生计资本来看，不同生计模式、文化类型和居民类型的各项生计资本表现出相同的分布结构，最大项均为自然资本，其次按大小依次是物质资本、人力资本、心理资本、社会资本和金融资本（图 6-11），表明武威地区不同类型的农牧户生计结构较为单一，自然资本既是维持生计的主要来源，同时也一定程度上限制了当地农牧民生活质量的提高。

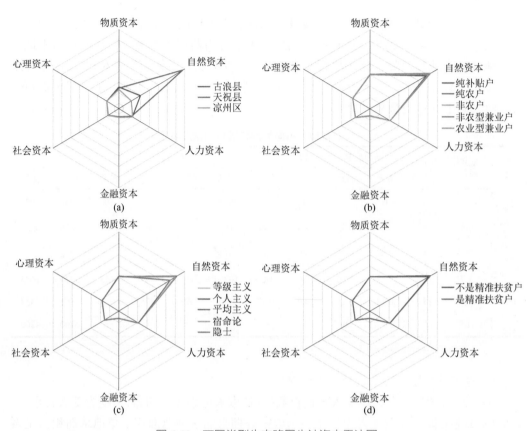

图 6-11　不同类型生态移民生计资本雷达图

3）生态移民的生计风险与适应策略

生计风险作为移民社会整合的标尺已成为学界研究生态移民生计及可持续发展问题的重要视角。基于参与式风险地图分析法和农户风险认知识别法辨识移民面临的生计风险。根据统计分析，总结出经济、安全、社会、福利和政策五大类风险，涵盖返贫、生活开支大、贷款困难 3 项经济风险要素，房屋及棚圈质量差、交通及行人安全、健康受影响 3 项安全风险要素，被边缘化、社会关系网络受损 2 项社会风险要素，丧失享有公共基础设施的权利、新分耕地质量差 2 项福利风险要素，失去原有耕地和草原、丧失草原耕地的政府补助、享受不到社会保障 3 项政策风险要素。武威市有 96.9% 的农户搬迁后面临生计风险的冲击，其中约 32.56% 的移民面临单一风险，而 67.44% 的移民面临着多重风险，风险多重性指数和影响度指数分别为 2.13 和 0.153。生态移民的生计受福利风险影响最大，其次是经济风险和政策风险。生活开支大、新分棚圈耕地质量差、返贫是主要的风险要素，"新分棚圈耕地质量差 + 生活开支大"、"新分棚圈耕地质量差 + 生活开支大 + 返贫"和"失去原有耕地和草原 + 生活开支大"是移民户面临最多的风险组合。凉州区移民面临的风险种类最多，多重性指数达 2.30，四重及以上风险的比例高达 29.63%，面临最多的风险组合为"丧失草原耕地的政府补助 + 返贫"。从单一风险来看，凉州区是武威市辖区内面积最小、人口最多的区，农业人口的自然资本储量较低，生活成本高，对各类社会保障及政府补助的需求高，因此该区丧失草原耕地的政府补助、享受不到社会保障、返贫、生活开支大的风险选择率明显高于天祝县和古浪县 [图 6-12(a)]。古浪县移民安置点地处腾格里沙漠边缘，耕地多为沙地，水利设施配套差，故而该地新分耕地质量差的选择率最高（60.34%）。作为典型的畜牧业县，天祝县移民贷款困难（11.36%）、房屋及棚圈质量差（13.64%）的风险选择率明显高于其他两地。图 6-12(a) 中，移民户对丧失享有公共基础设施的权利所带来的生计风险影响的选择率较低（三地均低于 9.1%），意见集中在无公共厕所、公共交通不畅（凉州区长瑞村）、下水道排水和院落被淹（凉州区富源村、古浪县感恩新村）、上学不方便车费高（古浪县阳光新村、天祝县华吉塘村）等方面。仅 3.88% 的移民难以适应新村炎热、风大、沙尘等气候及公共卫生设施缺失，认为对其健康造成了一定影响。历史上武威市所处地区农耕与游牧文明交流频繁，游牧民族开化程度高，更具现代社会市场机制适应基础，且该区藏族移民人数相对较少，移民方式多为整村整组搬迁、集中安置，不存在被边缘化的问题，移民的社会关系网络保存较好。移民的生计风险更多地来源于土地缺失导致的经济收入不稳定。耕地质量差和水资源短缺是制约生态移民可持续发展的关键因素。

移民后，各类型移民户面临的生计风险相近，生活开支大、返贫及新分耕地质量差是主要的风险要素，其中自给型纯农户面临的生计风险种类最少，集中于生活开支大和享受不到社会保障 [图 6-12(b)]，而非农型兼业户和非农户面临的生计风险种类最多，四重及以上风险的比例高达 26.67% 和 17.44%。农业型兼业户的风险多重性（1.8）低于市场型纯农户（1.91），非农户的风险多重性（2.17）低于非农型兼业户（2.47），这说明非农化水平的提高有助于降低移民的生计风险。从风险组合类型来看，非农户面临最多的是"失去原有耕地和草原＋生活开支大"型风险组合（18.61%）和"新分耕地质量差＋生活开支大＋返贫"型风险组合（17.44%）；市场型纯农户面临最多的则是"新分耕地质量差＋生活开支大＋丧失享有公共基础设施的权利"型风险组合（27.27%）。不同县区、不同类型移民生计风险无差异。

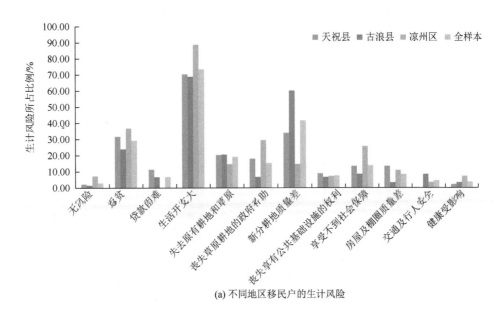

(a) 不同地区移民户的生计风险

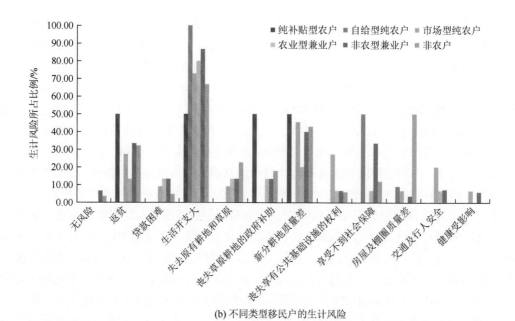

(b) 不同类型移民户的生计风险

图 6-12　不同地区及类型的移民户生计风险

武威市移民的生计风险主要来源于因土地供给及资源脆弱性导致的经济收入不稳定，向亲朋借钱、向银行贷款、外出打工及减少开支是主要的应对策略。这 4 种策略中，凉州区移民向亲朋借钱的选择率最高（48.15%），减少开支的选择率最低（25.95%）。古浪县移民人数多、范围广，移民的亲朋都面临搬迁，经济水平及开销同质性高，支持能力弱，故而 47.46% 和 40.68% 的移民更愿意向银行贷款和减少开支［图 6-13（a）］。天祝县和古浪县两地的移民对外出打工的选择率均高于 40%，而凉州区选择率仅为33.33%，这与其土地质量及农业产业化发展程度相对较高有关。后顾生计则多选择扩大养殖、长期打工和维持现状，不同县区移民的策略选择略有不同，凉州区移民倾向于选择向亲朋借钱和扩大养殖（48.15%），而古浪县则多偏好向银行贷款和外出打工，天祝县更倾向于向亲朋借钱和扩大养殖、规模化种植［图 6-13（b）］。

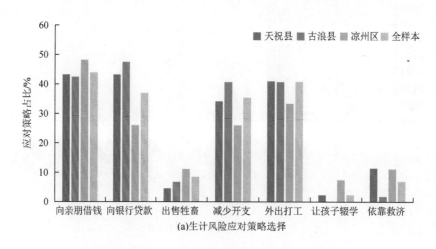

(a)生计风险应对策略选择

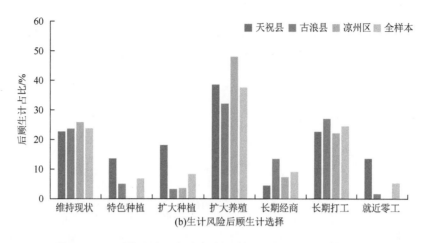

(b)生计风险后顾生计选择

图 6-13　不同地区移民户的生计风险应对策略及后顾生计选择

作为风险规避者，各类移民户的风险防范手段趋同且策略选择存在顺序性。减少开支是移民的首选策略，自给型纯农户、纯补贴型农户及非农户都较为倾向该策略。其次选择向亲朋借钱或向银行贷款［图 6-14（a）］。搬迁后，移民的社会网络结构受到冲击，原有亲友社交网络的联系性和经济支持能力下降，向银行贷款成为各类移民选择最多的策略，其中农业型兼业户（66.67%）和市场型纯农户（54.55%）的选择率最高，对非农型兼业户而言该策略的选择率（46.67%）仅次于向亲朋借钱（53.55%）。鉴于土地资源及质量的匮乏，外出打工成为非农户获得更多经济收入的首选策略（47.06%）及自给型纯农户、兼业户的备选策略。约 81.68% 的移民首选向银行贷款、向亲朋借钱、减少开支及外出打工这 4 种策略来应对风险。除纯补贴型农户外，极少数兼业户和非农户会选择孩子辍学及依靠救济。作为风险承担者，各类移民户后顾生计策略的选择亦存在趋同，以扩张型和维持现状型策略为主。受当前养殖市场价格及利润的刺激，100% 的市场型纯农户、66.67% 的农业型兼业户、40% 的非农型兼业户及 22.35% 的非农户都期望未来能参与养殖并扩大养殖规模，仅 50% 的自给型纯农户选择规模化种植或转业开展个体经营。100% 的纯补贴型农户、27.06% 的非农户、26.67% 的非农型兼业户、13.33% 的农业型兼业户选择维持现状［图 6-14（b）］。随着非农生计活动参与程度的增加，移民后顾生计策略的选择也越趋向于多元化。

生计风险对祁连山移民户应对策略的影响评估，利用 Binary Logistic 模型，采用有条件的后向逐步回归，将每一种策略设定为 0 ～ 1 型因变量 Y，即选择该策略为 1，不选择则为 0，自变量 X 为 12 项风险要素和金融资本（家庭总收入）、人力资本（家庭劳动力人数）、自然资本（是否流转土地）。生计风险对移民户应对策略的影响结果表明：①政策风险是影响移民户选择"向银行贷款"、"减少开支"、"出售牲畜"和"外出打工"策略的重要因素，其中遭受丧失原有耕地和草原风险的移民户选择"向银行贷款"的概率是未受该风险影响群组的 4.485 倍，且在 1% 的水平显著。当丧失草原

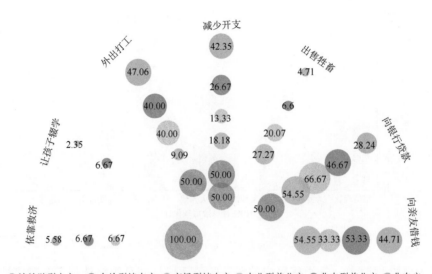

(a) 移民户的生计风险应对策略

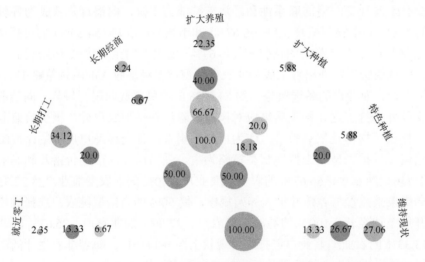

(b) 移民户的后顾生计选择

图 6-14　不同类型移民户的生计风险应对策略及后顾生计选择

图中数值的单位为%

耕地的政府补助的风险增加 1 个单位，移民户选择"外出打工"的概率将提升 3.363 倍，选择"减少开支"的概率将下降 23.6%（表 6-20）。②在安全风险方面，8.53% 的移民深受房屋及棚圈质量差的困扰，多考虑移居他地，故而遭受该风险威胁的移民选择"减少开支"的概率是未受该风险影响群组的 8.577 倍。③福利风险均在 5% 的水平显著影响移民户对"向银行贷款"、"出售牲畜"、"减少开支"和"外出打工"策略的选择。遭受丧失享有公共基础设施的权利风险的移民选择"出售牲畜"和"向银行贷款"的概率是未受该风险影响的 7.242 倍和 4.617 倍。遭受新分耕地质量差风险的移民选择"减少开支"和"外出打工"的概率是未受该风险影响的 4.712 倍和 3.404 倍。④在经济风险方面，作为群体互助网络的"减震器"型风险分摊方式，"向亲朋借钱"成为移民应对经济风险的普遍方式，而以多样化方式分散风险的横向分摊及以家庭储蓄、变卖耕畜的跨时期纵向分摊方式，因土地资本匮乏和生计资本薄弱而难以启用。故而生活开支每增加 1 单位，移民选择"减少开支""向亲朋借钱"的概率将提升 3.327 倍和 2.546 倍，选择"依靠救济"的概率会下降 1.6%。遭受返贫风险的移民倾向于"减少开支"和"依靠救济"策略。

生计风险对移民户后顾生计的影响结果表明：①政策和经济风险对移民后顾生计选择影响显著，而福利和安全风险影响不显著。政策风险在 10% 的水平影响移民对"特色种植""长期打工""就近打工"等未来生计的选择。遭受丧失草原耕地的政府补助和享受不到社会保障风险影响的移民选择"特色种植"和"就近打工"策略的概率是未受该风险影响群组的 5.054 倍和 6.235 倍，而受失去原有耕地和草原风险威胁的移民选择"长期打工"的可能性明显低于未受影响群组。在经济风险方面，受返贫风险威胁的移民未来不倾向于选择"长期经商"，而受生活消费影响大的移民更倾向于选择"扩大养殖"。②生计资本对移民后顾生计选择的影响较生计风险更显著。当土地流转行为增加 1 单位时，移民选择"扩大养殖"和"长期经商"的概率将提高 2.554 倍和 6.985 倍，选择"扩大种植"的概率将下降 16.9%。人力资本每增加 1 单位，移民选择"扩大养殖"的概率将提高 1.327 倍，选择"长期经商"的概率将下降 34.8%。金融资本会显著影响移民对"扩大种植"和"长期经商"的选择。

表 6-20　生计风险对移民户应对策略和后顾生计影响的评估结果

因变量	自变量	系数	Wald 值	Exp(B)	因变量	自变量	系数	Wald 值	Exp(B)
策略 1：向银行贷款（0.194、0.885、68.7）	常数	-1.412***	20.859	0.244	策略 6：依靠救济（0.289、0.978、96.9）	常数	1.800	0.417	0.165
	农户生计模式（类型）	**	12.468			返贫	4.547*	3.612	94.371
	农业型兼业户	1.857***	8.719	6.403		人力资本（家庭劳动力数）	-3.603**	4.562	0.027
	非农型兼业户	1.378**	4.585	3.968		生活开支大	-4.157**	2.994	0.016
	失去原有耕地和草原	1.501***	8.485	4.485		房屋及棚圈质量差	7.722*	2.757	2256.42
	丧失享有公共基础设施的权利	1.530**	5.011	4.617		贷款困难	7.615**	4.996	2027.55
策略 2：减少开支（0.286、0.869、74.8）	常数	-2.765	15.977	0.063	后顾生计 1：扩大养殖（0.333、0.559、74.0）	常数	-3.267***	20.088	0.038
	农户生计模式（类型）	*	10.062			自然资本（是否流转土地）	0.938*	3.490	2.554
	市场型纯农户	-1.981*	4.553	0.138		非农型兼业户	1.830***	6.592	6.235
	农业型兼业户	-2.800**	5.245	0.061		人力资本（家庭劳动力数）	0.283*	3.245	1.327
	丧失草原耕地的政府补助	-1.444*	3.487	0.236		失去原有耕地和草原	0.947*	3.079	2.579

因变量	自变量	系数	Wald 值	Exp(B)	因变量	自变量	系数	Wald 值	Exp(B)
策略2：减少开支（0.286、0.869、74.8）	金融资本（家庭总收入）	0*	3.471	1	后顾生计1：扩大养殖（0.333、0.559、74.0）	生活开支大	1.170*	3.587	3.222
	新分耕地质量差	1.550***	9.670	4.712	后顾生计2：长期经商（0.180、0.959、88.5）	常数	-2.172**	5.497	0.114
	返贫	1.198**	4.905	3.312		自然资本（是否流转土地）	1.944**	5.382	6.985
	房屋及棚圈质量差	2.149**	5.449	8.577		人力资本（家庭劳动力数）	-1.054**	5.214	0.348
	生活开支大	1.202**	4.188	3.327		金融资本（家庭总收入）	0*	7.008	1
策略3：出售牲畜（0.098、0868、92.4）	常数	-3.067***	48.298	0.047		返贫	-2.765**	4.716	0.063
	丧失享有公共基础设施的权利	1.980***	6.437	7.242	后顾生计3：特色种植（0.074、0973、93.1）	常数	-21.775	0	0
	房屋及棚圈质量差	1.478*	3.030	4.385		丧失草原耕地的政府补助	1.620*	3.787	5.054
策略4：外出打工（0.262、0.054、74.8）	常数	-3.351	11.587	0.035	后顾生计4：扩大种植（0.160、0.404、91.6）	常数	-1.775	2.684	0.169
	市场型纯农户	-2.811**	5.263	0.060		金融资本（家庭总收入）	0**	4.531	1
	古浪县	1.521**	4.449	4.577		自然资本（是否流转土地）	-2.187**	3.840	0.112
	自然资本（是否流转土地）	1.452**	6.542	4.273		凉州区	**	9.309	
	人力资本（家庭劳动力数）	0.372**	5.295	1.450	后顾生计5：长期打工（0.175、1、75.6）	常数	-0.446*	3.201	0.640
	金融资本（家庭总收入）	0*	2.891	1		失去原有耕地和草原	-1.286*	3.691	2.554
	丧失草原耕地的政府补助	1.213*	3.479	3.363	后顾生计6：就近打工（0.069、1、94.7）	常数	-21.936	0.000	0.000
	新分耕地质量差	1.225**	6.298	3.404		享受不到社会保障	1.769*	3.094	5.867
	生活开支大	0.919*	3.170	2.506					
策略5：向亲朋借钱（0.039、0.975、56.5）	常数	-0.956**	6.594	0.385					
	生活开支大	0.934**	4.836	2.546					

*、**、*** 分别代表10%、5%、1%的置信水平上显著；

注：括号中的数字依次代表 Cox & Snell R^2、Hosmer 和 Lemeshow 检验的显著性、总体解释度（%）。

2. 西藏高原生态工程对农牧民生计的影响

1）西藏高原农牧户生计策略

将农牧民家庭各种生计活动占家庭总收入的比重作为划分生计策略类型的判断标准，其中牧业收入占家庭总收入大于或等于60%时属于以牧业为主型生计策略；农业收入占家庭总收入大于或等于60%时属于以农业为主型生计策略；副业收入占家庭总收入大于或等于60%时属于以副业为主型生计策略；家庭收入来源比较分散的农牧民家庭属于混合型生计策略。西藏高原农牧户的生计策略以副业为主和以农业为主，在农牧户家庭生计策略中占比最大，分别为38.30%和27.73%，以牧业为主的生计策略占 17.68%，混合型在西藏高原农牧户家庭生计策略中占比最小，为 16.29%。副业和农业是西藏高原农牧民重要的生计，而生计的形成与西藏高原农牧民的生计资本息息相关。

2）西藏高原农牧户生计资本

生计资本对于农牧户选择生计策略、抵御风险、降低生计脆弱性具有重要意义。本研究基于 DFID 可持续生计分析框架进行分析，选取指标结合西藏高原 2005 ～ 2019 年共 15 年统计年鉴中农牧户的相关数据，计算西藏高原农牧户家庭人力资本、自然资本、物质资本与金融资本维度的生计指数，并最终合成综合生计指数，以此反映西藏高原农牧民的生计情况。在测量方法方面，研究基于熵值法、变异系数法和组合权重计算公式得出的权重，结合线性加权评价模型，对历年无量纲数据（少部分缺失数据使用插值法合理填补）进行加总求和得到生计指数，并依据表 6-21 划分的 [0，1] 的评价值分级标准来分析评价西藏高原生态安全工程的生计资本。

表 6-21　评价值分级标准

取值范围	等级	等级含义
0 ～ 0.2	1	很差
0.21 ～ 0.4	2	较差
0.41 ～ 0.6	3	一般
0.61 ～ 0.8	4	良好
0.81 ～ 1	5	优秀

基于西藏高原的相关统计数据和利用生计指数来衡量生计资本的方法，测算出西藏高原农牧户各个维度生计资本所对应的生计指数。①生态工程影响人口资源配置，进而影响人力资本，人力资本生计指数呈现波动式上升的趋势（图 6-15）。2009 年工程实施前，该指数一直处于很差等级，工程实施后，虽然在 2011 年、2015 年、2017 年出现下降，但总体呈波动式增长且稳定于良好等级。可见，生态工程的实施对人口资源配置乃至人力资本的影响是深远的，它改变了传统的农林牧渔业，催生了更多的工作岗位，促使农牧民中的剩余劳动力发生转移。②在工程实施初期，自然资本生计指数有所下降，但 2012 年之后该指数迅速增长，从 2012 年的 0.318 增至 2013 年的 0.803，完成了从较差到良好的等级跨越。2014 年之后，自然资本生计指数逐渐稳定，2014 ～ 2019 年，该指数一直处于优秀等级。西藏高原生态工程的实施对土地资源配置造成了较大的影响，进而影响了农牧户的自然资本生计指数。③在工程实施前，除 2005 年外，物质资本生计指数一直位于 0.2 以下，处于很差等级，工程实施后，该影响指数持续稳定增长，最终顺利达到优秀等级。这表明该生态工程对于增加西藏高原农牧民的物质资本，提高其生活质量具有显著的正向影响，生态工程的实施改善了农牧民的耕作条件、交通与居住环境，有利于提高西藏高原农牧民的收入，改善其生活质量。④在工程实施前，金融资本生计指数一直位于 0.2 以下，属于很差等级。2009 年《西藏生态安全屏障保护与建设规划（2008 ～ 2030 年）》发布后，该指数呈现波动式上升的趋势，2011 年，工程对经济收入的影响指数达到 0.31，完成了从很差到较差

的等级跨越，随后小幅度下降后又持续增长，陆续达到一般、良好、优秀等级，并于 2017 年之后稳定于优秀等级。西藏高原生态工程对经济收入的影响较大，即其对农牧民的金融资本生计指数影响较大，且这种影响随着时间的推移和工程的深入持续增强，该工程有助于提高西藏高原农牧民的收入，帮助其积累金融资本。⑤西藏高原农牧民的综合生计指数在 2009 年工程实施之前一直处于 0.2 以下，属于很差等级，在工程实施后，综合生计指数不断上升，并于 2018 年突破 0.81，完成了从很差到优秀 5 个等级的跨越，这表明生态工程的实施对于提升西藏高原农牧民的生计资本有正向促进作用，在生态工程实施后，农牧民各个维度的生计资本都得到了良好的积累。

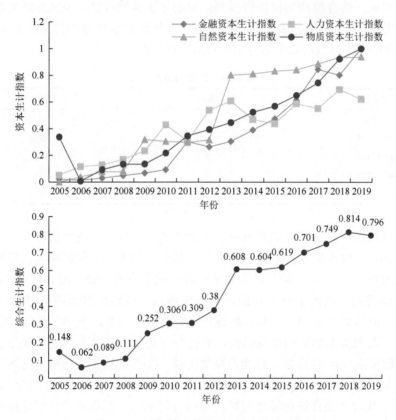

图 6-15 西藏高原农牧户生计资本生计指数

3) 西藏高原农牧户生计风险与应对策略

生计资本是决定生计策略的基础，拥有厚实生计资本的家庭往往拥有更多的选择权，更能够抵抗风险的冲击，而生计资本薄弱更有可能受到生计风险的冲击，从而难以实现可持续生计、确保生计安全。研究通过生计指数来判断西藏高原农牧民所面对的生计风险。2019 年，西藏高原农牧民的生计资本存量方面，人力资本最为薄弱，人力资本的生计指数仅为 0.625，人口资源的配置结构有待优化。从时间跨度上看，人力资本和金融资本呈现波动式上升趋势，表明西藏高原农牧民家庭的人力资本和金融资本发展易受到外部环境的影响。总体来看，生态工程的实施帮助农牧民家庭很好地积累了自然资本和物质资本，而在人力资本和金融资本方面，还存在一定的生计风险，如农牧民受教育水平和技能水平在一定程度上限制了其生计策略的选择、农牧民的收入水平易受到外部环境的影响而发生波动、农牧民家庭存在生计脆弱性。

在这样的背景下，为了确保西藏高原农牧民家庭的生计安全，应采取相应的应对策略：一是要加大政府和社会各类组织的支持，帮助农牧民建立自我管理的互助组织，拓宽其社会关系网，引入多元主体保障农牧民家庭的发展；二是要提高西藏高原的公共服务水平，通过对基础教育、基础医疗、基层文化站等科教文卫事业的投入帮助农牧民家庭积累人力资本，拓宽其生计策略的选择通道，促进社会流动；三是要助力农牧民实现金融资本的积累，提高其在金融资本方面抵御风险的能力，一方面要加强金融资本供给，如通过政策给予农牧民家庭补贴和生态补偿，改善其收入状况，另一方面要引导金融机构如银行等改善贷款环境和程序，为农牧民投资以农业为主或以副业为主等类型的生计策略提供资金支持。

3. 三江源区重大生态工程对农牧民生计的影响

1）退牧还草工程对农牧户生计的影响

退牧还草工程及其配套措施通过多种途径影响牧户生计方式，如表 6-22 所示。禁牧措施、生态移民和草原补奖措施的配合使得部分牧民完成了从传统放牧到定居城镇的生计方式的彻底转型，收入来源从传统畜牧业转变为以政府补贴为主。因国家公园建立而设立的生态管护员制度使巡护草场变成职业，实现了扶贫和生态保护的统一。草畜平衡、围栏建设、畜棚建设、人工草地建设、合作社建设等一定程度上从时间、空间、程度上改变了牧户的牲畜管理方式。退化草地治理则凸显了政府在生态保护和建设方面的主体作用，通过多种措施预防草地的进一步恶化。其他保障措施如生活困难补贴、职业培训、义务教育、居民保险等则进一步保障了牧户尤其是移民群体的生活需求，使其能平稳实现从牧户到城镇居民的身份过渡。

表 6-22　退牧还草工程对牧户的影响途径

类型	措施	影响途径
工程措施	禁牧	失去可放牧草场
	草畜平衡	牲畜数量和放牧时间受限制
	退化草地治理	退化草场由政府负责治理
	围栏建设	草场被分割
配套措施	草原奖补	补偿牧民的经济损失
	生态移民	核心区牧民迁到城镇附近聚居
	畜棚建设	牲畜可舍饲圈养
	人工草地建设	供给部分饲草
	畜牧业合作社	合作社统管牲畜和草场，入社牧民分红
其他	生态管护员	牧民以巡视草场为职业
	其他保障项目	从住房、医疗、就业等各方面提供支持

2）三江源牧户生计类型——以玛多县为例

依据调研问卷数据，将玛多县牧户的生计类型分为传统型（放牧）、市场型（打零工、个体经营、保安、幼儿园职工、文艺表演团体、工人、清洁员等）、政策型（生态管护员）和无业4类（图6-16）。其中，从事生态管护员的人数远远高于其他职业，依赖政府补贴生活的无业牧户占比（16%）相对较高。大约1/5的被调研牧户积极寻求补贴之外的工作，但是一半多的人工作不太稳定，以打零工为主。就职业的多元程度来看，62%的牧户只从事一种工作。总体来说，政府提供的生态管护员公益岗位极大地改变了地区的就业格局，当地市场就业途径有限，牧户的生计方式比较脆弱。从各个乡镇的就业形势来看，政策型占比均最大，从就业多元化程度来看，花石峡镇和玛查理镇从事多种职业的牧户较多，而无业人口中扎棱湖乡和黄河乡占比较大。扎棱湖乡和黄河乡都是退牧还草工程实施时移民的主要乡镇，而玛查理镇是玛多县政府驻地，花石峡镇距离国家公园核心保护区较远，没有完全禁牧。由此可见，经过多年发展，移民牧户在就业上的可选择性要小于留在当地的牧户，与县城的距离可能成为牧户返回本地工作的一个阻碍。

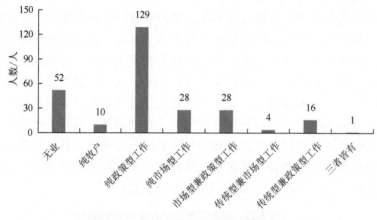

(a) 玛多县牧户生计多样性统计

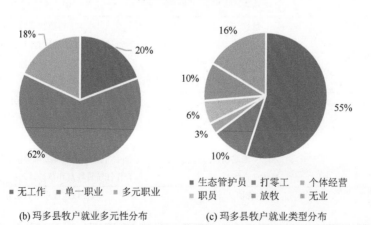

(b) 玛多县牧户就业多元性分布　　(c) 玛多县牧户就业类型分布

图6-16　玛多县牧户生计类型统计

3)三江源牧户生计资本——以玛多县为例

依据 DFID 构建的可持续生计分析框架,将牧户的生计资本划分为五大类,依次是人力资本、自然资本、物质资本、金融资本和社会资本。参考前人对生计资本的定义,结合玛多县的实际情况,在人力资本方面选取劳动力人口占比、家庭成员受教育水平、家庭成员健康状况指标;自然资本选取家庭草地面积和自然环境质量(植被、土壤);物质资本选取牲畜数量、住房条件/价值、交通工具、家居条件;金融资本选取家庭年收入、资金盈余、基础保险;社会资本选取借贷难度、社会关系、有价值信息渠道,构建了涵盖 5 个维度、15 项指标的玛多县牧户生计资本核算框架。对原始数据进行了缺失值和标准化处理,利用熵值法计算各个资本维度的权重,加权后,对玛多县牧户的生计资本情况进行分析。

从各项生计资本的标准化均值来看,玛多县牧户生计资本差异较大,在 0.04 ~ 0.81(图 6-17)。最大的 3 项是基础保险、家居条件、家庭成员健康状况,最小的 3 项是牲畜数量、交通工具、有价值信息渠道。从各个维度的生计资本来看,牧户的金融资本最高,其次是人力资本和自然资本,物质资本最低。这说明即使很多牧户放弃放牧,但地方政府的补贴和公益性岗位的提供有效地将牧户金融资本维持在较高水平。但是由于牧户间牲畜数量差距太大,且无畜户较多,当把牲畜数量作为指标之一时,拉低了玛多县牧户整体上的物质资本水平。

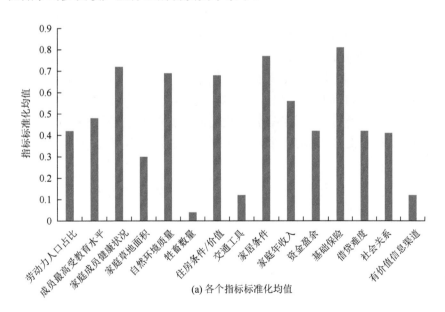

(a) 各个指标标准化均值

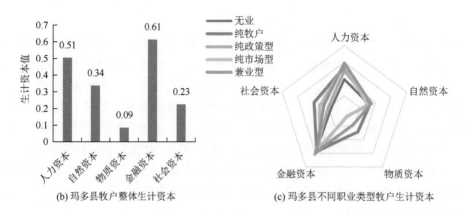

(b) 玛多县牧户整体生计资本   (c) 玛多县不同职业类型牧户生计资本

图 6-17 玛多县牧户生计资本

不同类型牧户在人力资本、物质资本和社会资本上存在较大差异，在自然资本和金融资本上的差异较小。从人力资本来看，兼业型牧户和纯市场型牧户人力资本最高，无业户人力资本最低；从物质资本来看，纯牧户的物质资本最高，而纯市场型与纯政策型、无业户都较低；从社会资本来看，最高的是纯牧户，其次是纯市场型，无业和纯政策型的牧户社会资本最低。综合来看，人力资本可能在一定程度上影响了牧户就业；除放牧为生的牧户外，大多数牧户的物质资本较低；自己谋生的牧户同时具有较高的社会资本；政府的补贴设计一定程度上缩减了牧户之间的金融资本差异，减少了当地的贫富差异。

4）三江源牧户生计风险与适应策略——以玛多县为例

牧户面临的风险前 3 名分别为家人患病（131 人）、自然灾害（118 人）、子女学费开支高（54 人）。近半数受访牧民面临家人患病这一风险，病人高昂的看病开支及失去劳动能力使得整个家庭面临较大的生计风险，自然灾害（如地震、低温冻害）使得牧民的生命和财产安全受到严重威胁。青海牧民现在越来越重视子女教育，但是近 1/5 的受访者认为子女教育支出过高，主要反映在课程辅导费、陪读租房费等方面（图 6-18）。

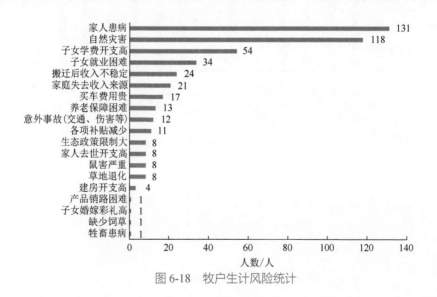

图 6-18 牧户生计风险统计

此外，子女就业困难和家庭失去收入来源也成为应该关注的重点。从每个家庭面临的风险数量来看，玛多县家庭平均面临风险项为 1.89 个。59% 的家庭面临 1～2 个风险，面临 5 个风险以上的家庭数极少，仅占 5%，还有 14% 的牧户没有提及自家的风险。44.7% 的牧户认为风险带来的压力比较大，但是绝大多数牧户对于未来的风险缺乏准备，在对未来有打算的牧户中，应对风险的措施多样性较小，主要集中在打零工和从事畜牧业两方面。

4. 川西藏族聚居区重大生态工程对农牧民生计的影响

1）生态工程对农牧户生计模式的影响

根据实地走访和问卷调研结果，川西藏族聚居区农牧户生计类型可划分为：纯农型、纯牧型、农兼牧型、务工主导型、旅游参与型 5 类。根据生态工程项目特点可分为林区和牧区进行研究。结果显示，纯牧型农牧户占总样本的 41.0%，其次是务工主导型占 30.8%，旅游参与型占 16.7%，农兼牧型占 10.3%，纯农型仅占 1.3%。调研案例地因自然环境、宗教传统、居民生活习惯等，大规模种植业受到限制，纯农型农牧户占比较低。牧区农牧户以纯牧型为主（59.6%），其家庭收入的主要来源为畜牧养殖业，有少量打工和工资性活动，并且获得政府一定的生态补贴。林区农牧户以务工主导型为主（46.2%），其次 30.8% 的家庭为旅游参与型，主要生计活动为个体经商、打工、导游、在单位供职或其余非农生产活动。林区（15.4%）和牧区（7.7%）都有部分农牧民以牧业为主兼少量农作物种植业，获取家庭消耗粮食或牲畜的饲料（图 6-19）。

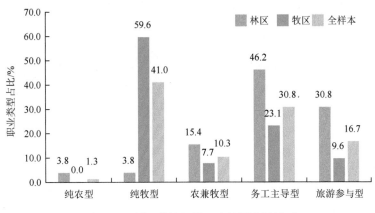

图 6-19　川西藏族聚居区农牧民生计模式

纯牧型家庭拥有大量牛、羊，生计活动主要依赖于广阔的草地资源，饲养规模的扩大会对草原环境形成过大压力，导致草场（生态）退化，反过来影响生计活动。纯农型农牧民同样对自然环境依赖程度较高，因此这两种类型农牧民的主要生计策略为资源导向策略。务工主导型农牧民基本放弃农业和畜牧业生产，主要从事非农活动，其生计策略为非农化策略。农兼牧型和旅游参与型农牧户的主要生计活动依然依托于丰富的自然资源，但收入来源更为多样化，有利于分散生计风险，可被识别为采取了多样化生计策略。

2）川西藏族聚居区农牧户生计资本

基于问卷数据和生计资本定量测度评价指标体系，开展数值标准化处理，采用两轮专家咨询法确定权重（表 6-23）。根据生计资本的指标和权重，测算得出川西藏族聚居区受访农牧户的生计资本总值和五大生计资本分值。川西藏族聚居区整体生计资本总指数为 0.492，其中，自然资本和人力资本存量较高，分别为 0.135 和 0.129；社会资本和金融资本相对较低，分别为 0.089 和 0.085；而物质资本最低，仅有 0.054（表 6-24）。生计资本总值有限且整体不均衡，尽管人力资本和自然资本相对存量较高，但农牧民若过于依赖这两种资本，其生计发展会受制于人员外流或自然灾害之类的不可控因素。作为短板的物质资本其实具有较高的提升潜力，只是传统思想观念并非一朝一夕就能改变。金融资本、社会资本和物质资本三者间具有密切的联系，货币的流动能促进三者之间的转化，进而带动生计多样性的发展。

表 6-23　川西藏族聚居区生计资本指标体系

资本类型	指标名称	指标描述	权重
人力资本	家庭人数	农牧户家中成员数量（个）	0.060
	家庭劳动力数量	农牧户家中劳动力数量（个）	0.078
	家庭成员最高受教育程度	1= 没受过教育，2= 小学，3= 初中，4= 高中或中专，5= 大专或以上	0.065
自然资本	耕地面积	农牧户家庭拥有的耕地面积（亩）	0.09
	草地面积	农牧户家庭拥有的草地面积（亩）	0.149
	饮水来源	0= 井水、江河湖水，1= 自来水、纯净水、过滤水	0.038
物质资本	住房面积	农牧户家庭实际居住面积（m²）	0.050
	住房类型	1= 混凝土房，2= 砖瓦房，3= 砖木房，4= 土木房，5= 草房，6= 其他	0.030
	家庭耐用消费品	汽车、摩托、电动车、电视、电脑、洗衣机、电饭煲、电磁炉、微波炉、电冰箱、电风扇、空调、农用车 / 拖拉机 / 货车、手机、热水器 / 太阳能、自行车、电热毯，农牧户家庭拥有上述耐用消费品数量占所列总数的百分比	0.045
	生产性工具	0= 无，1= 役畜，2= 铁木农具，3= 小型机械，4= 大型机械，5= 其他	0.020
	牲畜数量	农牧户家庭拥有的牲畜（家畜、家禽）的数量（头）	0.035
社会资本	邻里融洽程度	1= 非常差，2= 较差，3= 一般，4= 较好，5= 非常好	0.045
	与村干部关系	1= 非常差，2= 较差，3= 一般，4= 较好，5= 非常好	0.029
	能人数量	农牧户家庭里亲戚好友中村干部或公务员的数量（个）	0.037
	资金支持关系	农牧户家庭急需大笔开支时愿意借钱资助的户数（户）	0.022
	礼金支出	农牧户家庭年均人情彩礼支出（元）	0.057
金融资本	家庭年收入	1=1 万元或以下，2=1 万～ 5 万元，3=5 万～ 10 万元，4=10 万～ 50 万元，5=50 万～ 100 万元，6=100 万元以上	0.107
	信贷机会	农牧户家庭是否获得过银行或农信社的贷款？1= 是，2= 否	0.018
	亲友借钱	农牧户家庭是否向亲友借过钱？1= 是，2= 否	0.015
	无偿捐助	农牧户家庭是否获得过亲友或组织机构的无偿现金援助（捐赠 / 捐款）？1= 是，2= 否	0.010

表 6-24　川西藏族聚居区生计资本分析

生计资本	整体	林区	牧区
人力资本	0.129	0.114	0.133
自然资本	0.135	0.099	0.144
物质资本	0.054	0.05	0.055
社会资本	0.089	0.088	0.089
金融资本	0.085	0.075	0.088
合计	0.492	0.426	0.509

受脆弱性环境、经济结构、基础设施、宗教文化等因素的影响，川西藏族聚居区林区的农牧户生计资本都处于偏低的水平，其生计资本总指数为 0.426。其中，人力资本和自然资本是该区域农牧民的核心资本，指标数相对较高，分别为 0.114 和 0.099，二者在提高劳动力规模和生产力方面发挥着重要作用；社会资本和金融资本相对较低，而物质资本最为薄弱，仅有 0.05。而牧区农牧户生计资本总指数为 0.509，牧区的生计资本与研究区域整体生计资本结构较为相似，自然资本指标数最高，人力资本次之，物质资本最低。与林区相比，牧区的生计资本水平高出 19.48%。两个区域生计资本的差异集中体现在自然资本、人力资本与金融资本 3 个方面。二者的自然资本差异最大，牧区比林区的自然资本高出 45.45%（表 6-24）。

3）川西藏族聚居区农牧户的生计风险与适应策略

生计脆弱指家庭生计易受生计风险的冲击且不易从影响中恢复，或者由于交换系统的结构性特征而长期处于较低的生计水平。根据统计数据，大部分（75.47%）川西藏族聚居区农牧民的家庭收入主要来源于养殖收入，其次为打工收入（33.96%）和生态补贴（30.19%），而种植收入（3.77%）和征地收入（1.89%）并不是家庭收入的主要来源。由此可见，川西藏族聚居区农牧民的生计发展依赖于传统养殖业，具有一定的生计脆弱性。从人力资本、自然资本、物质资本、社会资本和金融资本 5 个方面来看，其在生计发展中面临着以下风险。

在人力资本方面，农牧民受教育程度偏低，限制生计多样性发展且存在人才外流风险。农牧民缺乏相关产业技术培训，技能技术水平较弱，阻碍其生计的多样性发展。基础医疗服务覆盖面小，地方病损耗劳动力。在自然资本方面，农牧民对草场资源依赖度高，抵抗风险能力较差。川西藏族聚居区水资源的时空分布不均，农牧民生活生产用水不稳定，生产生活安全性较弱。随着人口增加和农牧民改善生活质量的迫切需求，川西藏族聚居区存在着超载、无序放牧的现象，导致沙化地植物不能及时恢复，严重影响草地资源的可持续性利用。长期依靠粗放式放牧，资源可持续性被破坏。在物质资本方面，川西藏族聚居区基础设施建设滞后，物质资本仅限于维持简单的生产生活，转换为其他资本的能力较低，且畜牧业对劳动力的占用限制了其获取其他资本的能力。农牧户生产设施的机械化程度低，生产效率提升缓慢。生态旅游配套设施投入不足，旅游业参与程度较低，难以带动农牧民参与旅游发展并提高其生计的多样性。在社会资本方面,当地社会网络较为封闭,其社会资本的来源往往依托传统的生产生活方式,限于血缘、亲缘和族缘范围内,农牧户对邻里的信任和依赖程度较高,其社会资本较为单薄。农牧户对政策补助依赖较强,劳动力转移能力不足。在金融资本方面,川西藏族聚居区的经济结构过于倾向第一产业,大部分农牧民的收入主要靠养牛养羊,兼业化程度较低,抵抗风险能力较差。农牧民资本存量和流量较低,影响农牧户应对突发风险的能力,难以推动农牧户扩大自身再生产能力。

为应对以上不同方面的生计资本风险,从"农牧民对未来生活方式选择意愿"以及"对下一代的职业选择建议"两方面来分析川西藏族聚居区农牧民主要的应对策略。在对未来生活方式的选择中,农牧民应对风险的措施比较单一,仍然集中于传统生计方式。鉴于传统的生活方式影响,天然放牧(77.36%)是农牧民对未来生计方式的首要选择。但是随着城镇化的发展,农牧民也意识到当地土地资源的匮乏及质量的下降,迁入城市(11.32%)开始成为川西藏族聚居区农牧民获得更多经济收入的风险规避策略。此外,农牧民规避生计风险的策略在一定程度上也体现在其对下一代的职业期望。川西藏族聚居区农牧民对下一代的职业选择意愿呈现多元化,39.62%的农牧民希望下一代子女"子承父业"继续从事畜牧业,这体现了川西藏族聚居区农牧民对其传统生计方式的尊重与保守。而移居城市(28.30%)和打工(26.42%)也是农牧民对子女的职业选择期望,在一定程度上体现了农牧民对传统生活方式带来的生计风险规避策略。仅7.55%的农牧民建议下一代子女未来选择做生意。

6.2.2 典型地区生态工程对民生质量的影响

1. 祁连山生态移民工程对民生质量的影响

1)祁连山生态移民生活满意度综合测度及差异性分析

2013年《世界移民报告》开始关注迁移对移民福祉的影响,2018年《全球幸福报告》首次加入了"移民幸福感"评估,移民的福祉及生活满意度逐渐成为当前国际社会移民研究关注的热点。生活满意度作为评估个体生活质量和主观幸福感的一项重要指标,是个人一种心理满足程度的表征,是农牧民对生态工程评估的主观态度反映,是工程绩效评价的重要指标和政府后续工作改进的参考依据。鉴于此,本研究从生活满意度角度考察重大生态工程对农牧民民生质量的影响。从经济发展、政策福利、公共服务、社会融入、居住环境方面构建移民生活满意度评价指标体系(表6-25),基于因子分析法进行综合测度。利用SPSS 22.0软件进行因子分析,方差最大正交旋转后,提取的6个公因子(特征根值均≥1)的累积方差贡献率为64.95%。生态移民总体生活满意度大于0的比例约为55.73%,凉州区得分最高。地区之间的发展潜力满意度和公共服务满意度存在显著差异。

表 6-25　生态移民生活满意度评价指标体系

维度层	指标层	指标	赋值	均值	标准差
经济发展	收入满意度	您对您家当前的收入状况是否满意？	非常不满意 =1，不满意 =2，一般 =3，满意 =4，非常满意 =5	2.70	0.99
	开支结余情况	搬迁后，您家每年的开支节余情况？	支出太多 =1，支出较多 =2，持平 =3，略有节余 =4，节余较多 =5	2.78	1.03
	生活前景预期	您对未来五年生活前景持何种态度？	一定会降低 =1，可能会降低 =2，不会变化 =3，可能会提高 =4，一定会提高 =5	3.44	1.20
	产业发展情况	您对迁入区配套产业发展是否满意？	满意 =1，不满意 =0	0.84	0.37
	收入增长潜力	您认为是否存在移民持续性增收无保障问题？	无 =1，有 =0	0.48	0.50
政策福利	补偿金额满意度	您对政府的补偿金额是否满意？	满意 =1，不满意 =0	0.85	0.36
	土地分配满意度	您对政府土地分配的公平性和质量是否满意？	满意 =1，不满意 =0	0.55	0.50
	房屋质量满意度	您对政府分配的房屋质量是否满意？	满意 =1，不满意 =0	0.83	0.37
公共服务	基建设施满意度	您对厕所、下水网管等基础设施是否满意？	满意 =1，不满意 =0	0.89	0.32
	公共交通满意度	您对交通便利及行人安全是否满意？	满意 =1，不满意 =0	0.91	0.29
	农业设施满意度	您对棚圈质量及灌溉设施是否满意？	满意 =1，不满意 =0	0.88	0.33
	学校教育满意度	您对新村学校及教育资源是否满意？	满意 =1，不满意 =0	0.92	0.28
	就业机会满意度	您对当地提供的就业机会是否满意？	满意 =1，不满意 =0	0.45	0.50
	基层服务满意度	您是否希望上级调换当地基层干部？	非常希望 =1，比较希望 =2，一般 =3，不希望 =4，非常不希望 =5	2.89	0.95
		您会向媒体、亲朋好友赞扬当地政府的工作吗？	完全不会 =1，不会 =2，一般 =3，会 =4，一定会 =5	3.17	0.96
社会融入	社会融入感知	移民后，能否适应并融入现在的生活及文化氛围中？	很难融入 =1，较难融入 =2，一般 =3，容易融入 =4，很易融入 =5	2.80	1.29
	适应成本感知	您认为要适应搬迁后的生产生活方式，适应成本高吗？	非常高 =1，比较高 =2，一般 =3，比较低 =2，非常低 =1	2.22	1.02
居住环境	居住环境满意度	您对安置点的居住环境是否满意？	满意 =1，不满意 =0	0.89	0.32
	美好乐园认可度	移民新村是您心目中的美好乐园吗？	完全够不上 =1，称不上 =2，一般 =3，称得上 =4，确实是 =5	3.68	1.15

　　非参数检验的两两比较结果表明，天祝县和凉州区移民、古浪县和凉州区移民在产业发展满意度上存在显著差异，且古浪县和天祝县移民的公共服务满意度评价差异显著。其余两两比较未显示出显著差异。凉州区移民对产业发展满意度和生活收入满意度的评价最高。当地政府依托武威荣华公司，将生态移民就近就业和土地出让相结合，

大力发展规模化的奶业养殖、饲草种植和奶业加工。因此,生态移民的收入来源更加稳定且有增加。但搬迁后,移民传统的自给自足生计模式被打破,政府取消了草地和耕地方面的相关补贴,44.44%的受访者表示,面对急剧增长的日常消费,难以维持生活开支。由于古浪县安置村靠近腾格里沙漠,移民地自然条件较差和资金储备较少,只能选择外出打工。因此,非农户和兼业户所占比例最高,家庭非农收入高于其他两个地方。调查对象表示,44.83%的家庭处于平均收入水平,45.61%的家庭仍处于收支平衡状态。因此,古浪县移民对其生活收入满意度评价较高(0.171)。除社区建设满意度和公共服务满意度得分>0外,天祝县移民对其生活收入满意度、产业发展满意度、社会融合满意度和惠农政策满意度的评价得分均<0,其总体生活满意度得分为 −0.093。而古浪县和凉州区移民的总体生活满意度显著高于天祝县移民。

栖居乐园作为生态移民的愿景和乡村振兴的终极目标,应被视为乡村地域系统全面振兴、居业协同的直观表现。相较于生活满意度及幸福感视角,栖居乐园的评价更能揭示个体内心对空间及其构成要素的感知与反馈。武威市约46.4%的移民户认为现居安置地比较符合其内心对栖居乐园的期盼,认为比较不符合的比例为16.3%[图6-20(a)],移民现居地栖居乐园的认可度得分为0.422。受益于政府的大力扶持(如山区旧房拆迁、新房购置及特色产业补助),古浪县移民的栖居乐园认可度最高(0.547),认为比较符合其内心对栖居乐园期盼的移民占44.1%。民勤县移民生计风险多重化指数和适应成本感知在四地中最低(1.616 和 0.592),社会融入度最高[图6-20(b)],故而63.1%的民勤县移民认为现居安置地可称得上为栖居乐园,栖居乐园认可度为0.504。凉州区依托武威荣华公司及荣华现代绿洲生态移民·农业产业化基地,融合生态移民就近就业和土地流转,大力发展奶牛规模化养殖、饲草种植和乳品加工,收入来源较为稳定且有所增加,移民的收入满意度和生活前景预期在四地中最高(0.257 和 0.824),56.6%的凉州区移民认为其现居安置地可称得上是栖居乐园,栖居乐园认可度为0.427。但随着移民在城镇社区中的日常生活开支占比增大,凉州区约62.79%的受访移民正遭受着丧失草原耕地的政府补助和享受不到社会保障的风险,生计风险的多重性指数为2.264。为应对经济诉求和生活压力,移民被迫进入非农产业,家庭纵向的主轴关系因经济诉求和生计来源而断裂,家庭内部最为普通的沟通需求与情感交流成为奢侈,故21.7%的移民认为现居安置地称不上一个完美栖居乐园。天祝县移民的栖居乐园认可度在四地中最低(0.209),仅有45.9%的天祝移民认为其现居安置地可称得上是栖居乐园,17.1%的移民认为称不上。当地移民多是由山区搬迁至川区,生计方式发生转型(由传统的畜牧业转变为种植业、由传统雨养农业转变为精细化的灌溉农业),适应成本感知和生计风险多重化指数在四地中最高(0.923 和 2.628),受经济、安全与福利风险的冲击较大,突出表现在新分棚圈质量差、耕地质量差(土地盐碱化、沙化)及房屋质量差(房屋漏雨、大棚坍塌)、生活开支大、贷款困难、发展机会和支撑产业不足。系统匹配脱节造成移民自然资本存量与生产意愿间的矛盾突出(如温室大棚闲置、养殖设施欠缺),家庭及社区尺度上面临返贫和脱序的风险,移民的收入满意度在四地中最低(−0.222)。

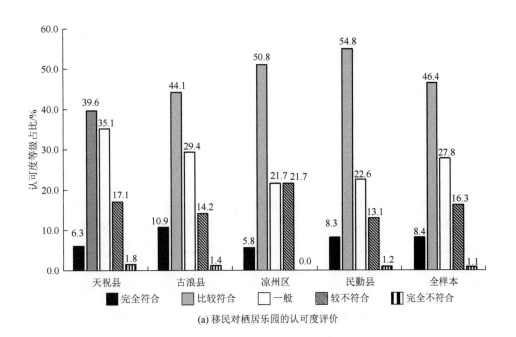

(a) 移民对栖居乐园的认可度评价

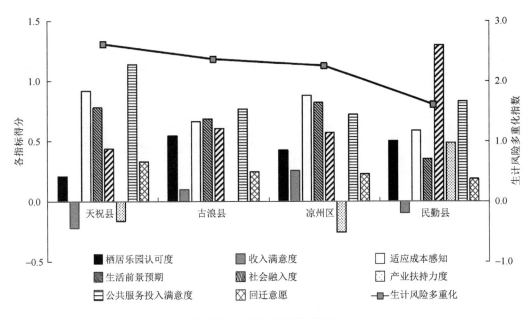

(b) 移民对栖居乐园相关分析要素的评价

图 6-20　武威各县区移民对生态移民安置地栖居乐园的评价

生计风险多重化指数，即移民搬迁户当前面临的各种生计风险，将其遭受每一种生计风险计为 1，加总求和。栖居乐园认可度、收入满意度、适应成本感知、社会融入度设置"很不/低"至"非常"5 个等级选项，生活前景预期设置"一定会降低""可能会降低""不会变化""可能会提高""一定会提高"五项，依次赋值 -2、-1、0、1、2，进行加总平均

2) 生计风险对生态移民生活满意度的影响研究

由于移民生计往往受到多重风险的冲击,那么生计风险是如何影响移民生活满意度的?本研究应用广义线性模型解析单一生计风险对满意度的主效应和多重风险的交互影响,结果表明:总年收入、性别、年龄、教育和文化类型对移民的生活满意度影响不显著,但土地流转行为、生计风险的多重性和影响度却呈现显著的负向影响。与生计风险的多重性相比,生计风险的影响度在1%的水平上显著影响移民的总体生活满意度、生活收入满意度、增收发展满意度和惠农政策满意度,经济风险、福利风险和政策风险是主要影响因素。即在调整了生计风险与其他变量的共线差异后,生计风险的影响度每增加一个单位,上述满意度显著下降了147.2%、245.6%、195.8%和207.5%。除公共服务满意度F6外,其余模型的P值均≤0.011(表6-26),表明9种生计风险对解释影响移民生活满意度变化有意义。综合来看,返贫和享受不到社会保障会显著负向影响移民的生活收入满意度、社会融入满意度、惠农政策满意度及综合满意度($P < 0.05$);被边缘化、丧失草原耕地的政府补助对移民生活收入满意度和惠农政策满意度的负向影响更为显著,但影响程度不及返贫和享受不到社会保障($P < 0.01$)。

表6-26 生计风险对生态移民生活满意度的主效应评估结果

风险类型	生计风险	生活收入满意度 F1	增收发展满意度 F2	社会融入满意度 F3	社区建设满意度 F4	惠农政策满意度 F5	公共服务满意度 F6	综合生活满意度 F7
经济风险	返贫	-2.918*** (26.092)	-0.706 (2.456)	-1.762*** (11.79)	-0.931 (1.076)	-3.393*** (10.21)	-2.531 (0.652)	-0.760*** (9.312)
	生活开支大	-0.877* (3.176)	0.005 (0.047)	0.361 (1.866)	0.230 (0.199)	-0.190 (0.462)	-0.540 (0.705)	-0.205 (2.698)
	贷款困难	-0.244** (3.176)	0.233 (0.059)	0.100 (0.693)	-1.015 (0.348)	0.038 (0.322)	0.158 (0.006)	-0.119 (1.692)
健康风险	健康风险	-1.200* (3.532)	0.788 (0.767)	-0.083** (6.063)	-1.229 (4.664)	-1.233 (0.333)	-0.196 (0.167)	-0.519*** (7.254)
社会风险	被边缘化风险	-0.833 (1.729)	0.408 (0.153)	-0.068*** (7.731)	1.554 (0.026)	-0.176** (5.060)	-0.385 (0.021)	0.040** (5.457)
福利风险	新分生产资料难利用	-0.112** (4.623)	-0.894 (0.866)	0.520 (0.607)	0.283 (2.094)	-0.445 (0.156)	-0.684 (1.789)	-0.231 (0.881)
	享受不到社会保障	-1.074*** (7.337)	-0.581* (2.999)	-0.262** (6.080)	0.680* (3.596)	-1.048*** (10.09)	0.133*** (9.045)	-0.419*** (9.151)
政策风险	失去原有耕地和草原	-0.498 (0.116)	-0.875 (0.007)	0.244 (0.239)	0.576 (0.027)	-1.185*** (7.227)	0.237** (4.961)	-0.289* (3.736)
	丧失草原耕地的政府补助	-0.725*** (8.274)	-0.849 (0.062)	1.072 (0.270)	0.480** (5.701)	-0.674*** (7.902)	0.375 (0.772)	-0.129 (1.738)
	常量	1.022*** (11.065)	0.588 (0.167)	-0.411*** (12.33)	-0.044 (0.174)	0.603*** (9.646)	0.396 (0.071)	0.409*** (19.61)
模型拟合优度	Pearson 卡方	42.974	55.416	76.532	76.450	67.406	86.247	10.970
	对数似然值	-112.874	-129.529	-150.675	-150.606	-142.359	-158.503	-23.438
似然比检验	AIC	319.748	353.059	395.351	395.211	378.718	411.007	140.876
	似然比卡方	145.010	111.699	69.407	69.547	86.040	53.751	92.725
	显著度	0.000	0.000	0.011	0.011	0.000	0.174	0.000

注:AIC 指赤池信息量准则(Akaike information criterion)。

在多种风险的交互冲击中(表6-27),返贫、贷款困难、生活开支大、新分生产资料难利用、失去原有耕地和草原、丧失草原耕地的政府补助、享受不到社会保障是风险交互作用的核心要素。返贫与贷款困难的交互项呈加强效应,即存在返贫的移民面临

表 6-27　多重生计风险交互对生态移民生活满意度的影响结果

因变量	自变量	回归系数	因变量	自变量	回归系数
生活收入满意度 F1	返贫 × 贷款困难	−2.841*** (19.867)	社会融入满意度 F4	返贫 × 贷款困难	−2.018** (5.629)
	生活开支大 × 贷款困难	1.397** (3.539)		返贫 × 享受不到社会保障	6.689*** (13.60)
	生活开支大 × 健康风险	1.677** (5.100)	惠农政策满意度 F5	返贫 × 生活开支大	2.785** (4.019)
	生活开支大 × 享受不到社会保障	1.014** (5.286)		返贫 × 贷款困难	2.066*** (6.698)
	新分生产资料难利用 × 丧失草原耕地的政府补助	−0.329** (5.639)		返贫 × 失去原有耕地和草原	1.624*** (9.561)
	享受不到社会保障 × 丧失草原耕地的政府补助	−1.518** (5.832)		生活开支大 × 享受不到社会保障	1.166** (4.909)
	返贫 × 新分生产资料难利用 × 失去原有耕地和草原	1.607* (2.942)		贷款困难 × 新分生产资料难利用	−1.696* (3.088)
	生活开支大 × 新分生产资料难利用 × 失去原有耕地和草原	−2.194** (4.757)		新分生产资料难利用 × 失去原有耕地和草原	1.116* (2.846)
增收发展满意度 F2	返贫 × 贷款困难	−1.436** (3.935)		失去原有耕地和草原 × 丧失草原耕地的政府补助	−0.820* (6.196)
	返贫 × 新分生产资料难利用	−0.814** (3.855)	公共服务满意度 F6	新分生产资料难利用 × 失去原有耕地和草原	−0.025* (2.824)
	贷款困难 × 新分生产资料难利用	1.705* (3.794)		享受不到社会保障 × 失去原有耕地和草原	−2.086** (4.204)
	新分生产资料难利用 × 享受不到社会保障	0.907*** (7.744)		返贫 × 新分生产资料难利用 × 失去原有耕地和草原	2.737** (4.254)
	享受不到社会保障 × 丧失草原耕地的政府补助	2.182*** (9.342)	综合生活满意度 F7	返贫 × 贷款困难	−0.723** (5.034)
社区建设满意度 F3	返贫 × 新分生产资料难利用	1.061** (4.034)		生活开支大 × 健康风险	0.765** (4.158)
	返贫 × 失去原有耕地和草原	−1.006* (3.586)		生活开支大 × 享受不到社会保障	0.328** (4.909)
	生活开支大 × 丧失草原耕地的政府补助	−2.099** (4.985)		新分生产资料难利用 × 失去原有耕地和草原	0.461*** (7.954)
	贷款困难 × 丧失草原耕地的政府补助	3.993** (3.986)		返贫 × 新分生产资料难利用 × 失去原有耕地和草原	0.828* (3.064)
	享受不到社会保障 × 丧失草原耕地的政府补助	1.982** (5.584)			

的贷款困难越大，其对生活收入满意度、社会融入满意度、惠农政策满意度、增收发展满意度和综合生活满意度下降。单一风险对移民增收发展和社区建设满意度的主效应不突出，但交互影响显著。在增收发展满意度模型中，返贫与贷款困难、新分生产资料难利用之间的交互作用在 5% 的水平显著负向影响，即返贫风险每增加 1 个单位，存在贷款困难、新分生产资料难利用风险的移民群体增收发展满意度会显著下降 1.436 个和 0.814 个单位；享受不到社会保障与新分生产资料难利用、丧失草原耕地的政府补助之间的交互作用在 1% 的水平显著正向影响，即享受不到社会保障的风险每增加 1 个单位，存在新分生产资料难利用、丧失草原耕地的政府补助风险的移民群体增收发展满意度会显著提升 0.907 个和 2.182 个单位。同样，在社区建设满意度模型中，生活开支大与丧失草原耕地的政府补助相交互会有效降低该类满意度，但返贫与新分生产资料难利用、贷款困难与丧失草原耕地的政府补助、享受不到社会保障与丧失草原耕地的政府补助相交互会显著降低移民对社区房屋质量及基础设施建设的关注度，从而提

高该类满意度。因此，经济风险与其他风险交互都会降低移民对增收发展和社区建设的满意度，只有福利风险与政策风险交互作用时，两项风险的负向效应才会减弱，移民的增收发展满意度、惠农政策满意度、社区建设满意度及综合生活满意度会提升。

2. 西藏高原生态工程对农牧民民生质量的影响研究

民生质量水平值的计算采用熵权 TOPSIS 法，并对西藏高原生态工程实施影响程度进行评价。由于数据中存在负向指标，为消除指标量纲，首先对原始数据进行离差标准化。其次，采用熵权法求取 7 个准则层中共计 23 个指标的权重（表 6-28）。最后，使用 TOPSIS 法结合已有的权重和标准化数据来计算每年的民生质量水平值（即相对接近度）。相对接近度越大，说明评价对象与最优解越接近。换言之，民生质量水平值越大，越接近理想化目标。采用五等分法对民生质量水平进行分级：[0，0.2] 为很差，(0.2，0.4] 为较差，(0.4，0.6] 为一般，(0.6，0.8] 为良好，(0.8，1] 为优秀。

表 6-28　民生质量指标体系及指标权重

目标层	准则层	指标层	指标方向	指标权重
生态工程实施对民生质量的影响	消费	农民居民人均消费支出（元）	+	0.0498
		农村居民家庭恩格尔系数 (%)	−	0.0135
		主要耐用消费品拥有量	+	0.0334
	人力资源	农业人口占总人口比重 (%)	−	0.0496
		农村劳动力占全社会劳动力比重 (%)	−	0.0334
		农林牧渔业劳动力占农村劳动力比重 (%)	−	0.0410
	基础设施	年末实有道路长度 (km)	+	0.0404
		年末农业机耕总动力 (kW)	+	0.0461
	经济发展	地区生产总值（亿元）	+	0.0452
		农林牧渔服务业总产值（万元）	+	0.0423
		农民人均纯收入（元）	+	0.0447
		地方人均 GDP（元）	+	0.0419
		固定资产投资（万元）	+	0.0594
	农业产出	年末耕地面积（10^3km^2）	+	0.0378
		粮食产量（万 t）	+	0.0400
		粮食作物播种面积（10^3km^2）	+	0.0585
		经济等其他作物播种面积（10^3km^2）	+	0.0246
		农业生产总值（万元）	+	0.0413
	牧业产出	年末牲畜存栏情况年末牲畜总头数（万头）	−	0.0484
		畜产品产量肉类产量（万 t）	+	0.0252
		畜牧业生产总值（万元）	+	0.0421
	土地治理	沙化土地面积（10^4km^2）	−	0.0545
		水土流失治理面积（10^3km^2）	+	0.0868

西藏高原民生质量水平呈现逐年上升趋势（图 6-21）。2009 年之前，西藏高原民

生质量水平均未超过 0.2，等级为很差。从 2009 年起，西藏高原民生质量水平快速改善，于 2010 年迈入较差等级，于 2013 年迈入一般等级，于 2016 年进入良好等级，于 2018 年进入优秀等级，并于 2019 年持续改善。西藏高原民生质量水平环比增速在 2010 年达到峰值，为 73.64%。在 2009 年之前，西藏高原民生质量水平环比增速平均值为 5.13%，改善速度较为缓慢；截至 2009 年，民生质量水平值尚未恢复到 2005 年的水平。2009 年之后，西藏高原民生质量水平环比增速平均值为 23.07%，改善速度大为提高；民生质量水平值从 2009 年的 0.129 快速上升到 2019 年的 0.889，增幅高达 589%。截至 2019 年，经济发展、基础设施、消费和人力资源 4 个准则层已经接近理想水平；农业产出、牧业产出和土地治理虽然同理想水平尚有差距，但也已进入优秀等级。

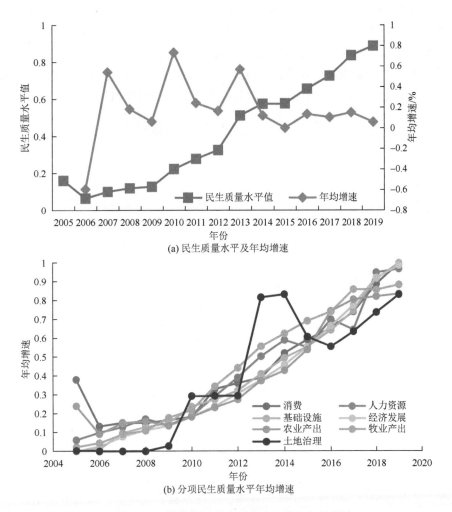

(a) 民生质量水平及年均增速

(b) 分项民生质量水平年均增速

图 6-21　西藏牧民民生质量水平值及年均增速

　　得益于西藏高原生态工程的实施，西藏高原农牧民的生活在十几年间得到了不断改善，具体表现如下：①消费水平不断提升。在总量方面，西藏高原农牧民的人均消费支出不断提高；在结构方面，恩格尔系数不断降低，表明增加的消费支出更多地花费在非食品支出上。这反映了西藏高原农牧民的民生质量在逐渐改善，生活越发富裕。②人力资源逐步优化。从事农牧业的劳动力不仅在全社会劳动力中的占比不断下降，而且在农村劳动力中的占比不断下降。这表明更多的劳动力逐渐转移到非农行业，不仅有利于提高人均可耕地面积，而且有利于提高人均收入。③基础设施不断完善。道路长度和农业机耕动力不断增加。前者有利于人员流动、商品流通和经济发展，是改善民生质量的重要交通基础设施。后者有利于提高农业劳动生产率，是农业发展的重要动力。④经济发展、产出增加。西藏高原 GDP 和人均 GDP 双双提高，农牧业生产总值也不断增加。结合劳动力不断从农业中退出的情况，可推知农业劳动力生产率不断提高、人均产出不断增长，有利于避免人多地少的矛盾和解决农牧业增收难的问题。⑤土地治理久久为功。西藏高原位于世界屋脊，大部分属于高原山地气候，生态环境脆弱，土地容易退化，存在土地沙化和水土流失的问题。这给当地道路交通、农牧业活动和群众生产生活造成了一定程度的威胁。但在生态工程治理下，土地沙化和水土流失问题得到了有效控制，对于民生质量的改善起到了积极作用。

3. 三江源退牧还草工程对农牧民民生质量的影响

1) 三江源牧户对退牧还草工程影响的主观感知

回答"您感觉生活从何时开始得到很大改善，发生了什么事？"这一问题时，有 122 位受访人提供了答案，其中 62% 的受访者认为补贴增加，关键时间节点在 2008～2009 年、2010～2015 年、2016～2019 年；27% 的受访者认为是移民后的生活得到改善，关键时间节点是 2004～2007 年（退牧还草生态移民）和 2016～2019 年（易地扶贫搬迁）。此外，职业变迁也可能是生活得到改善的原因。由此可见，退牧还草工程中补贴增加改善了牧民生活，两次易地搬迁也极大地改变了一部分牧民的生活面貌。牧民对退牧还草工程的了解度不高。83.72% 的受访者认为生态环境趋于好转，超过 60% 的受访者认为可以继续维持现状。总体来说，自退牧还草工程实施以来，大部分牧民习惯了工程的实施，认可了工程在生态方面的成效，并对现状总体上持积极态度。

2) 三江源区牧户的主观生活满意度及影响因素

以上分析表明，退牧还草工程对牧民生活的多方面产生影响。虽然牧民对退牧还草工程本身的了解有限，但牧民对日常生活各个方面的感知可以在一定程度上反映工程的直接或间接影响。因此，本研究以牧民的综合感知为切入点，选择满意度视角，从生态影响、经济影响和社会影响 3 个方面考察退牧还草工程对牧民的综合影响。生态影响包括居住区自然条件、植被变化情况，经济影响包括牧民对收入、补贴和消费的满意度，社会影响包括牧民对工作、住房、医疗、教育、社区、休闲方面的满意度。除此之外，以整体生活满意度作为退牧还草工程综合影响的替代变量。从图 6-22 可以看出，45.11% 牧民对目前整体生活现状感觉比较满意，认为一般的占 40.60%，感觉不太满意和很不满意的占比较低，说明总体上玛多县牧民对当前的生活感到满意。在生态条件方面，大多数牧民认为当地自然条件比较好，植被恢复状况良好。在生活方面，绝大多数牧民对收入、消费、工作、住房、医疗、教育、社区、休闲等多个方面的评价比较满意，少部分牧民对住房和消费方面不太满意。对于补贴标准，认为补贴合适的牧民占比接近 70%。以上结果说明玛多县牧民对目前生活各个方面的感知趋向积极，工程建设过程中采取的一系列措施对当地民生保障具有积极意义。从均值来看，牧民对生活各个方面的满意度以及总体满意度均较高，平均值均大于 3。其中，邻里关系、休闲、工作 3 个方面的满意度最高，而总体生活满意度均值小于各单一领域的均值。由于生活满意度是对个人状态的全面评估，对某个领域的高满意度可能被某领域的低满意度抵消，因此，牧民总体生活满意度偏低说明可能存在部分低满意度的领域未被关注。

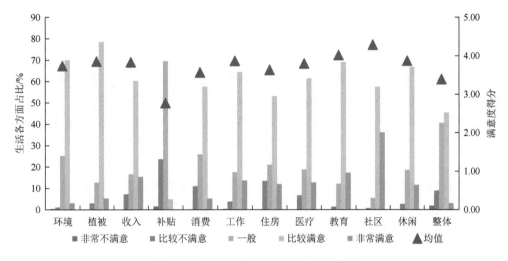

图 6-22　牧民对生活各方面的主观感知

　　为了探索退牧还草工程背景下牧民生活满意度的影响因素，根据玛多县牧民的实际情况和以往的研究，选取了 3 个维度的影响因素。第一个维度是牧民的人口特征及其家庭的社会经济特征，主要涉及受访者的性别、年龄、教育、职业、收入等。第二个维度关注自然和社会环境对牧民生活满意度的影响。在自然环境方面，选择牧民对自然环境质量的评价作为自然环境对其生活产生影响的代表性指标。在社会环境方面，重点考虑牧民自身能力、社会关系和政府救助这 3 个为牧户生计提供支撑的方面，并选择相对生活水平、借贷难度、市场便利性和政府服务满意度作为代表性指标。借贷困难反映了牧民在经济困难时获得外部援助的可能性，而市场便利度反映了牧民在牲畜交易、工作和自我经营方面的困难。第三个维度主要关注退牧还草工程对牧民的直接影响是否会影响牧民的生活满意度，主要涉及移民、收入、补贴和草地恢复 4 个方面，具体指标为移民属性、牧民对收入影响、补贴水平和植被恢复效果的感知。利用 χ^2 检验判断每个自变量与生活满意度是否独立。由于部分理论频数小于 1，参考 Fisher 精确检验结果。除了职业、健康状况、是否放牧、家庭年收入之外，其他变量均在 5% 或 1% 的水平上显著，说明这些变量与生态满意度彼此相关。但仅根据 χ^2 检验结果，尚不能判别多个自变量对生活满意度的联合影响及各自变量的梯度效应,还需进一步做多变量的回归分析(表6-29)。

表 6-29 χ^2 检验结果

变量类型	变量名称	Fisher 检验	P 值	变量类型	变量名称	Fisher 检验	P 值
个人特征	性别	9.850	0.038	环境感知	相对生活水平	48.559	0.000
	学历	29.857	0.007		借贷难度	28.903	0.009
	职业	12.215	0.104		市场便利	41.379	0.000
	变革意愿	28.163	0.012		政府帮扶	21.288	0.000
家庭特征	健康状况	20.858	0.093	工程影响	收入变化	46.797	0.000
	是否放牧	6.759	0.110		补贴水平	51.379	0.000
	家庭年收入	11.628	0.401		工程质量	26.559	0.003
环境感知	自然条件	44.518	0.000		移民属性	23.271	0.001

本研究分别进行不同维度自变量对生活满意度的最优尺度回归(表6-30),在每个模型中,都对自变量进行了原始值转换。结果表明,四个模型的 P 值均小于 0.01,表明所有模型均具有统计学意义。所有自变量的容忍度均大于 0.1,表明自变量之间不存在多重共线性。牧民对外部环境的感知对生活满意度的影响最大。为了提高牧民的生活满意度,工程应注重优化牧民生活的外部支撑环境。在个人特征和家庭特征变量中,职业对生活满意度的影响最为显著,放牧户生活满意度更高;在环境感知维度,自然条件并未对牧民生活满意度产生显著影响;在工程影响维度,只有移民属性显著。值得注意的是,不同移民群体的生活满意度从大到小依次为跨市移民、当地居民和跨县移民。据调查,跨市移民村——果洛新村距离附近城镇较远,周边未配套放牧草地,移民初期建造的畜棚大多数被废弃。与其他地方相比,该村牧民的生计发展应该相对不利。模型显示果洛新村的牧民生活满意度更高,可能是因为"5·22"地震后政府及时对果洛新村的大部分居民实行回迁安置,促使当时的牧民对生活满意度做出更高评价。与其他变量相比,工程对收入的影响和补贴水平这两个变量的影响不显著,但两者的重要性占比均超过 10%,说明相对其他变量,补贴水平和收入变化虽不显著,但仍是重要的影响变量。过多的补贴可能不会对提高牧民的生活满意度产生积极影响。退牧还草工程对牧民生活满意度的直接影响可能不明显,但可通过一系列措施间接影响牧民的生活满意度,如提升政府服务质量、控制收入差距、优化帮扶渠道等。

表 6-30 最优尺度回归模型结果

变量名称	模型 1		模型 2		模型 3		模型 4	
	系数	重要性	系数	重要性	系数	重要性	系数	重要性
性别	0.079	0.044			0.002	0	0.033	0
年龄	0.009	0.001			0.024	0.003	0.059	0.005
学历	0.202***	0.335			0.083	0.006	0.078	0.006
职业	0.140**	0.104			0.107**	0.033	0.092*	0.012

续表

变量名称	模型 1		模型 2		模型 3		模型 4	
	系数	重要性	系数	重要性	系数	重要性	系数	重要性
变革意愿	−0.214**	0.367			−0.150	0.064	−0.144	0.048
健康状况	0.026	0.005			−0.018	−0.001	−0.023	−0.004
是否放牧	0.046	0.021			0.098*	0.038	0.079*	−0.023
家庭年收入	0.120	0.123			0.099	0.040	0.067	0.022
自然条件			0.139	0.076	0.121	0.083	0.147	0.074
相对生活水平			0.240**	0.175	0.187***	0.158	0.146**	0.084
借贷难度			0.139***	0.077	0.145**	0.086	0.148***	0.060
市场便利			−0.226***	0.126	−0.289***	0.181	−0.279***	0.143
政府服务			0.266**	0.200	0.346***	0.310	0.284***	0.183
移民属性			0.103**	0.035			0.134*	0.045
收入变化			0.223	0.130			0.224	0.124
补贴水平			−0.291	0.154			−0.273	0.159
草地恢复			0.069	0.027			0.047	0.016
F 检验	2.191		7.995		5.175		5.646	
P 值	0.005		0		0		0	
R^2	0.133		0.432		0.363		0.465	
调整后 R^2	0.072		0.378		0.293		0.383	

4. 川西藏族聚居区生态工程对农牧民民生质量的影响

1）生态工程实施背景下农牧民民生质量的主要关注维度

本次调研共收集到 11 份访谈资料，采访对象包括地方官员、农牧民、管理人员等。利用 Nvivo 11.0 质性文本分析软件对 11 份访谈资料进行高频词分析（图 6-23），生态工程实施背景下农牧民民生质量的关注重点主要集中在以下 3 个方面：①农牧民生活质量与改善水平。藏族聚居区农牧民的生活质量是国家和当地政府在生态工程实施过程中关注的重点。老百姓的生活质量是否得到提升是评估生态工程有效性的重要标准之一。因此，"老百姓""工作""收入""生活""条件""改善""提高""牧民""放牧"等高频词是农牧民生活质量、生产生活方式的重要体现，构成了农牧民民生质量的一部分。在生态工程项目的建设与实施过程中，藏族聚居区老百姓既是生态工程的参与者，也是生态工程最直接的被影响者，生态工程的实施区域和项目开展情况与藏族聚居区农牧民的生产生活息息相关。因此，农牧民对自身生活水平质量的感知、工作类型、收入来源及变化情况、生活条件改善程度对生态工程的绩效评价具有重要的参考价值。②生态工程项目与建设。生态工程项目是生态工程评估的主体与核心，其实施的目的是促进生态环境的保护以及人与环境的可持续发展。因此，"生态""工程""项目""保护""环境"是反映川藏地区生态工程的核心高频词。另外，项目的实施进度、实施方式、实施主体以及是否促进了当地生态环境的保护是当地老百姓评估生态工程的主要维度，从而"乡政府""实施""发展""封山育林""合作社"等高频词反映了生态工程的具体实施方式、实施主体和措施。可以看到，乡政府是生态工程的实施主体，封山育林和合作社是生态工程项目具体的实施措施和模式。川西藏族聚居区很多市县在实施封山育林项目过程中，都采取了"造林专业合作社"的方式，该模式因合作社参建人员多、施工进度快、能够在短时间内组织较大规模的劳动力等诸多优势而得到广泛推广。③地方政府补贴与资金补贴标准。地方政府就生态工程项目给藏族聚居区农牧民发放的补贴金额、补贴标准以及补贴发放的及时性会影响农牧民参与生态工程建设的积极性和地方各级干部推进生态工程项目的顺利程度。由于退耕还林、生态移民、还林还草等生态工程会压缩藏族聚居区牧民的耕地面积和减少牲畜数，降低农牧民的农业生产产量，因此，政府资金补贴成为藏族聚居区农牧民家庭收入的一大主要来源与补充。资金补贴标准是影响农牧民民生质量的主要因素，也是农牧民关心的重要问题，因此，"国家""政府""补贴""地方""政策""资金""标准"是反映生态工程项目资金补贴的第三类高频词。根据实地调研和访谈资料，很多牧民和村干部反映，现在退耕还林、封山育林的补贴标准还是20年前的标准，考虑到当下的生活成本，希望政府部门能对现有的资金补贴标准进行修改和调整。补贴金额增加，农牧民参与生态工程项目的积极性和主动性才会提升，基层村干部的工作才更容易推进。

图 6-23　高频词云分布图

利用 Nvivo 11.0 质性文本分析软件对访谈资料进行人工编码分析，提取出包含"生态""环境""工程""保护""工作""项目"等在内的 22 个主题（图6-24）。主题词分析将结合调研和访谈的实际情况，按照 22 个主题词出现的频数大小从高到低依次分类进行阐述分析。

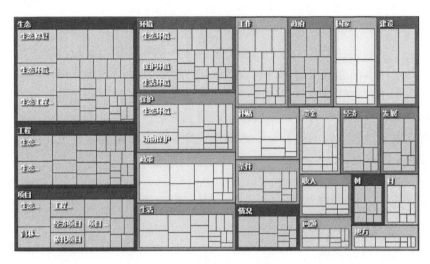

图 6-24　主题词分布图

主题 1：生态工程与环境保护。"生态""环境""工程""保护"是访谈文本中出现频数最多的四大主题词，出现的频数分别为 47、33、32、28，所占比重分别为 12.30%、8.64%、8.38%、7.33%。主题 2：农牧民生产生活条件与职业选择。"工作""项目""生活""条件""情况"5 个主题词反映了生态工程项目开展前后农牧民的生产生活条件与职业选择的变化情况，5 个主题词出现的频数分别为 24、20、20、14、12，所占比重分别为 6.28%、5.24%、5.24%、3.67%、3.14%。主题 3：政府资金补贴与农牧民收入。"政府""政策""资金""补贴""国家""问题""收入"7 个主题词集中反映了政府资金补贴和农牧民收入，所占比重分别为 4.71%、3.93%、3.14%、3.14%、3.14%、2.88%、2.88%。在"问题"和"收入"两大主题中，"收入问题""经济问题"是出现频数较高的子主题，说明政府资金补贴与农民的收入关联较大。在调研中，课题组发现，上到林草局干部，下到农牧民、管理员、林业护林员，均反映现有生态补偿标准太低。由于补贴标准不符合当下老百姓最低生活报酬，老百姓植树造林工作劳动强度大，但获得的劳动补贴太低，同时项目缺少造价清单，造成植树造林任务无法按时完成和验收。因此，未来需要提高整体资金补贴标准。另外，在收入来源方面，参与调研的农牧民中，"养殖收入""打工收入""生态补贴""种植收入"的占比分别为 47.36%、29.47%、17.89%、3.16%，说明农民的收入来源变得多元化，养殖收入比重有所下降，打工收入和生态补偿收入的比重有所增加。主题 4：工程建设与地方经济发展。"建设""村""树""地方""经济""发展"6 个主题词反映了生态工程建设与地方经济发展的关系。主题词"建设"主要包含了"生态工程建设""国家工业建设""基础设施建设"3 个子主题，说明生态工程的建设伴随着区域基础设的建设，而子主题"种草种树"属于生态工程建设的一部分，因此，整体来看，生态工程建设有利于川西藏族聚居区基础设施的改善和农民收入的增加，促进乡村振兴和当地旅游业的发展，从而带动川西藏族聚居区一线经济的发展。

2）生活满意度视角下农牧民民生质量感知与改善维度

生活质量改善是农牧民民生质量的重要关注点。农牧民作为川西藏族聚居区生态工程实施的主要利益相关者，其生活满意度的主观感知是生态工程改善民生质量的重要表征。基于生活满意度视角下分析农牧民民生质量感知与改善维度，有助于进一步深入探析生态工程实施后农牧民民生质量的改善情况。研究团队通过实地调研，将问卷材料和访谈材料进行综合解析，发现川西藏族聚居区农牧民生活满意度的主观感知主要体现在就业改善、收入提升、资源环境优化、基础设施完善和家庭主观幸福感提升5个方面（图6-25）。

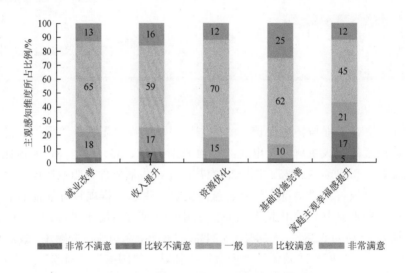

图6-25　农牧民生活满意度的主观感知维度

总体上，川西藏族聚居区生态修复工程明显提升了农牧民的生活满意度感知。

第一，当问到农牧民是什么原因让他们感到生活更满意、更幸福时，有78%的农牧民提到就业改善（图6-25），相比补贴，农牧民自己更愿意靠双手来创造幸福生活。就业能增加幸福感，失业则会给人们带来很大的福利损失（肖立新，2012；鲁元平和王韬，2010），长期以来，川西藏族聚居区的农牧民就业选择范围受限，收入来源单一，而该地区的生态修复工程提供了一定数量的就业岗位，引导农牧民向生态工人转变，带动当地民众参与生态保护和绿色经济，促进了农牧民的多样化就业，增强了农牧民自我发展能力。在生态工程实施后，他们对生活感到满意，对未来充满期望。例如，在川西高原生态脆弱区综合治理项目的带动下，壤塘县农牧民可以加入造林专业合作社，巡山护林、植树造林；阿坝、色达两县的草原生态修复工程同样创造了大量就业机会，农牧民可以参与人工种草生态保护、天然草地改良工程建设等，促进就业，增加收入。

第二，收入水平影响个人的主观生活满意度评判（肖立新，2012），在调查中，

75%的农牧民表示是收入的增加让他们对生活现状感到满意。此前，川西藏族聚居区的经济结构过于倾向第一产业，大部分农牧民的收入主要依靠畜牧业，兼业化程度较低，在生态工程实施后，虽然一定程度上限制约束了农牧民利用自然资源获取收入，但是农牧民就业渠道增加、当地旅游产业的发展，加之国家和地方政府大力支持川西藏族聚居区生态修复工程，对农牧民因生态建设而损失的收入金额进行补偿，这些都极大地改善了当地农牧民的收入与分配状况，提升了他们的生活满意度。例如，2017～2020年，壤塘县实施的川西高原生态脆弱区综合治理项目共计投资16267万元，最后使农牧民实现增收6341.02万元。

第三，资源环境的显著改善对生活满意度有显著的正向影响（王伟伟等，2021；胡卫卫和黄晓妹，2018），川西藏族聚居区作为典型的生态环境脆弱区，在自然和人为因素的双重作用下，出现了草场退化、草原鼠害、自然灾害等生态问题。在实施生态工程建设后，一系列退牧还草、轮牧禁牧的措施，明显改善了当地资源和生态环境，只有保护好生态资源，才能论及资源优化配置，才能大力发展旅游产业，达到生态和经济的可持续发展（杨开忠等，2001）。在调查中，82%的人表示，资源和生活环境的改善对他们生活质量的提升具有重要意义。在此次调研地中，若尔盖草原沙化土地治理工程为综合绩效指数优质的生态工程，当地沙化土地治理工程开始时间较早，2010～2020年，若尔盖草原沙化土地治理项目治理各类沙化土地54.91万亩，项目治理区域沙化土地植被平均盖度达到55%以上，该区域通过"植灌＋种草＋施肥"的治理模式，栽培当地适生的高山柳灌木树种，有效遏制了土地沙化面积增大的态势，让不少农牧民切实地感受到生态工程建设对生活幸福感的提升。

第四，基础设施越发达，农牧民从中得到的效用越大（彭代彦和赖谦进，2008），在本次调查中，大部分农牧民反映基础设施的完善极大地改变了他们的生活面貌，让他们对生活感到更满意。生态工程建设在一定程度上推动了川西藏族聚居区的基础设施建设。根据阿坝州、甘孜州生态修复工程实施方案，已建的林牧区公路及林道、步道与防火线已经形成森林防火网络，各林区水、电工程线路保留完整，都能正常运行并满足工程森林防火及林场职工生活和工作的需求。

第五，在家庭主观幸福感方面，57%的农牧民感到非常满意或比较满意，认为一般的占21%，说明总体上川西藏族聚居区的农牧户感知的生活满意度较高。有的农牧户表示感受到国家和政府的关心，对生活充满信心。综上，从具体方面来看，大部分农牧户的主观幸福感评价较高，他们提及了多个方面的原因，包括就业、收入、资源环境和基础设施等；其中，相对较多农牧户提到了基础设施的完善。的确，基础设施建设一方面是经济发展中不可或缺的硬件支撑，另一方面，基础设施是否安全便利也直接关系到农牧民的生活幸福感，只有补齐基础设施短板，才能不断改善生产生活条件，让更多农牧户走上致富幸福路。

3）生活满意度视角下民生质量的影响因素及作用路径分析

信任作为社会交换理论内在的关系结构，是双方彼此维持和扩展交换的基础。根据政治信任文化理论，政府信任是居民对政策或行为是否符合其心理期许所持有的一种信念。信任在社会交换中处于中心地位（Cropanzano and Mitchell，2005），对社会生态的良好治理具有重要意义（Beritelli，2011）。已有研究表明，居民对当地政府的信任程度会直接影响他们的预期认知和行为，也影响着他们的预期支持意愿（Dogan et al.，2017）。生态工程的开展会给当地居民的生活带来各种经济、社会文化和环境的变化（Lee et al.，2013）。生态工程实施带来经济、文化、环境的改善，有助于提高当地居民的生活质量。经济条件的改善会使当地居民有更高的生活满意度（Nichols and Stitt，2002），同时生态工程促使当地居民更加尊重当地的文化，增强社会文化感知，提高对幸福生活的满意度（王咏和陆林，2014；Karadakis and Kaplanidou，2012）。另外，生态工程改善了当地的地貌景观，如增加了独特的动植物等，提高了局面的资源环境意识，促进对生态环境的保护（Lee et al.，2013；罗艳菊等，2009），进而提高了居民的生活质量和增加了居民福祉（Gurung and Seeland，2008）。因此，设置假设如下。

H1：政府信任对经济感知具有显著的正向作用；

H2：政府信任对社会文化感知具有显著的正向作用；

H3：政府信任对资源环境影响感知具有显著的正向作用；

H4：经济感知对生活满意度具有显著的正向作用；

H5：社会文化感知对生活满意度具有显著的正向作用；

H6：资源环境影响感知对生活满意度具有显著的正向作用。

借鉴已经有成熟量表的指标体系，结合川西藏族聚居区的区域特征来具体制定量表。具体涵盖政府信任（government trust，GT）、经济感知（economic perception，EP）、社会文化感知（socio-cultural perception，SCP）、资源环境感知（resource environmental perception，REP）和生活满意度（life satisfaction，LS）5 个维度的 22 个题项（表 6-31）。信效度检验结果显示，在测量的 5 个变量中，克隆巴赫系数最小为 0.793（社会文化感知），最大值达到 0.884（生活满意度），所有变量的值均在 0.7 以上，在克隆巴赫系数上呈现较好。组合信度（composite reliability，CR）的最小值为 0.865（社会文化感知），最大值为 0.910（生活满意度），所有的值也均远远高于 0.7 的判别标准，可见量表存在较高的内部一致性。农牧民生活满意度调研的收敛效度结果显示，在观测的 5 个变量中，平均抽取变异量全部在 0.590～0.754，最小值 0.590 高于 0.5 的阈值，其余维度的平均抽取变异量远高于 0.5 的阈值，说明该模型具有较好的收敛效度。变量的平均提取方差的平方根值均大于其相关系数值，具有良好的区别效度。

表 6-31　潜在变量量表

潜在变量代码	测量题目
政府信任（GT）	GT1 相信政府所作决定
	GT2 相信政府对社区利益的保障
	GT3 相信政府官员
经济感知（EP）	EP1 生活水平
	EP2 就业机会
	EP3 基础设施
	EP4 经济收入

潜在变量代码	测量题目
社会文化感知（SCP）	SCP1 可用娱乐设施
	SCP2 文化 / 娱乐活动
	SCP3 遇见不同文化背景的人的机会
	SCP4 社区精神
资源环境感知（REP）	REP1 人群拥挤
	REP2 交通拥堵
	REP3 噪声
	REP4 环境污染
生活满意度（LS）	LS1 健康满意度
	LS2 家庭满意度
	LS3 邻里满意度
	LS4 房屋满意度
	LS5 生活水平
	LS6 生活太棒了
	LS7 整体生活满意度

生活满意度（0.497）、社会文化感知（0.333）和经济感知（0.414）的 R^2 值均超过了 0.33 的阈值，表明本研究的结构方程模型具有较好的模型拟合度。6 个路径假设中，有 5 个假设达到了显著性标准，能够支持假设；1 个路径假设未能通过显著性检验，不能支持假设中的路径关系，具体情况如下。

政府信任对经济感知（路径系数 β=0.643，T>1.96，P<0.05）会产生显著的正向影响，达到显著性水平的标准，表明假设 H1 成立（表 6-32）。政府信任作为居民对政府的一种信念，对人们的感知认识非常重要（贾衍菊等，2021；Nunkoo and Ramkissoon，2012）。川西藏族聚居区的农牧民对政府的信任会影响他们的经济感知，包括对就业机会、基础设施和经济收入等方面。由于政府在实施重大生态工程时得到了当地农牧民的信任，当地农牧民愿意提供资源和帮助，使川西藏族聚居区生态工程能够保质保量地运作，实现超出预期的结果。同时，农牧民亲身体验到生态工程的成功实施带来经济方面的变化，增强了他们在经济方面的感知认识。政府信任可以对社会文化感知（路径系数 β=0.577，T>1.96，P<0.05）产生显著的正向影响，表明假设 H2 成立（表 6-32）。人们对政府的信任植根于长期的社会文化规范和价值观。已有研究表明，地方居民对政府的信任程度会影响他们对预期影响的认识（Dogan et al.，2017）。王起静（2010）认为政府信任会显著影响居民对社区举办大型活动的影响感知和支持度。具体到川西藏族聚居区实施的重大生态工程，生态工程实施加强了对当地自然和文化的保护，带来的社会文化方面的变化，也提升了当地农牧民的文化感知。政府信任可以对资源环境影响感知（路径系数 β=0.493，T>1.96，P<0.05）产生显著的正向影响，表明假设 H3 成立（表 6-32）。川西藏族聚居区重大生态工程的实施带来了各种经济、社会文化和环境

的变化。当地农牧民相信政府能够给当地生态带来好的改变。感知是对事物的一种情感反映，当地农牧民在参与的过程中就客观上增加了对资源环境影响的感知。

表 6-32　拟合度和假设检验

变量	R^2	假设	路径	路径系数 β	t 值	P 值
生活满意度	0.497	H1	政府信任→经济感知	0.643	10.876	0.000
社会文化感知	0.333	H2	政府信任→社会文化感知	0.577	10.899	0.000
经济感知	0.414	H3	政府信任→资源环境影响感知	0.493	11.825	0.000
资源环境影响感知	0.243	H4	经济感知→生活满意度	0.107	1.457	0.145
		H5	社会文化感知→生活满意度	0.218	3.385	0.001
		H6	资源环境影响感知→生活满意度	0.292	5.543	0.000

社会文化感知对生活满意度（路径系数 β=0.218，T>1.96，P<0.05）会产生显著的正向影响，表明假设 H5 成立（表 6-32）。川西藏族聚居区重大生态工程的实施提高了当地农牧民的社会文化感知，包括对娱乐设施、娱乐活动和社区精神等方面的感知。Karadakis 和 Kaplanidou（2012）的研究也发现当地居民重视冬奥会的社会文化遗产，并将这些遗产视为提高生活满意度的指标。本实证研究的结果也与前人的研究成果遥相呼应。当地农牧民社会文化感知的提升也促进了他们对自己的生活满意程度。

资源环境影响感知对生活满意度（路径系数 β=0.292，T>1.96，P<0.05）产生显著的正向影响，表明假设 H6 成立（表 6-32）。居民对生态工程的感知包括对资源环境影响的感知。当一个地区缺乏环境管理时，生产生活的发展会影响居民的传统生计（Lepp，2007），进而影响当地居民对生活的满意度。在资源环境影响感知方面，由于政府组织开展了生态工程项目，对川西藏族聚居区的生态环境进行了改造和保护，并且培训居民如何保护当地的自然环境和资源（Rodríguez-Martínez，2008）。生态环境的改善与当地农牧民之前遭遇的日益恶化的环境形成鲜明的对比，当地农牧民的资源环境认识提高，也提高了居民的生活质量和增加了居民福祉（Gurung and Seeland，2008）。

经济感知对生活满意度（路径系数 β=0.107，T<1.96，P>0.05）不会产生显著的正向影响，表明假设 H4 不成立（表 6-32）。在川西藏族聚居区的实证调研发现，当地农牧民的经济感知对生活满意度的正向影响不显著。可能出现的原因是对生活的满意度不仅仅靠对经济方面的感知，还包含社会文化、精神需求和资源环境等多方面的感知维度（Müller，1994；Uysal et al.，2016）。随着我国整体经济水平的发展，人们的经济生活水平有所提高，社会矛盾也发生了根本性的改变，人们对生活满意度的评价也更加倾向于精神方面的满意而非经济物质上的满足。而且，本研究的主要目标是研究资源环境影响和社会文化对当地居民幸福生活的影响，资源环境影响和社会文化对人们的生活满意度产生了显著的正向影响正说明了川西藏族聚居区生态工程的效用。此外，经济感知路径不显著也与在访谈中许多居民提及的"希望政府提升生态工程的补贴金额"相吻合。

综合来看，生态工程实施对民生质量整体改善的效用明显。在国家财政投资及生态补偿政策的支持下，各地生态环保和生态修复工程受到各级政府的高度重视，生态保护区农牧民生活得到很大改善，生活满意度显著提升，但当地农牧民的经济感知获益相对较弱。近些年来，阿坝州、甘孜州一直在大力发展林下经济，带领农牧民提高收入，避免因为生态修复工程而出现返贫现象。而因中央财政投入比例低、林下产业落后、缺乏龙头企业等，农牧民目前获得林牧业方面的收入还较低。从调研情况来看，虽然川西藏族聚居区的大部分地区都有生态补偿款发放给农民，但是补偿金额较少，对农户的生活影响很小，不少农户表示该部分补偿款直接作为孩子的零花钱或者日常用品开支；另外，农牧户收入较低，很多农民的生活状况并没有得到很大的提高，收入在改善民生方面起到的作用较小。此外，川西藏族聚居区生态修复工程为农牧民提供了一定的就业岗位，农牧民大多住进了新房，在基础设施完善方面的满意度有所提升。资源环境影响和社会文化感知改善明显。生态修复工程已实施多年，森林覆盖率和林地利用率都有了很大程度的提高，生态修复工程的实施也使阿坝州和甘孜州的森林质量提高了很多，通过多年生态修复工程的实施，阿坝州、甘孜州生态环境得到了有效改善，环境容量提高，对改善川西藏族聚居区民生质量起到了很大的作用。此外，在家庭主观幸福感上，生态工程实施显著提升了川西藏族聚居区农牧民的家庭幸福感，通过访谈材料分析对问卷结果进行补充发现，感知政府关心和政府信任对当地农牧民的幸福感提升相关度较高。

6.3　基于多元利益主体的生态工程调控对策

在生态工程的项目管理中，生态工程建设涉及多个利益相关者团体。由于不同团体的利益诉求和追求目标不同，多元利益主体间的博弈权衡将直接影响生态工程的推进效率和预期目标完成度，各主体利益相关性和行为选择可能会阻碍生态工程的顺利实施。生态工程作为宏观的、系统的、涉及公共利益的工程，在工程决策者、策划者、参与者之间具有明显的"空间层级"，各层级如何协调、配合、管理是确保生态工程可持续的关键因素。因此，为通过实施生态工程以达到维护国家整体生态安全、为民众提供安全优质的生存空间的综合目的，需针对生态工程所涉及的政府、专家、农户等多利益主体，从不同维度提出生态工程调控对策及优化建议。

6.3.1　祁连山生态工程调控对策及优化建议

1.政府层面的调控对策及优化方案

第一，加大政策宣传，提高民主参与度。一是要加大生态移民相关政策的宣传力度，重点对如生态环境保护、补助标准、帮扶政策、迁入地情况等进行宣传，让群众对相关政策充分了解，消除顾虑放心搬迁。二是要进一步提升工程实施的透明度，全面推进工程决策、实施、督察、效果全过程公开，听取广大群众的意见与建议，加强其对工程的支持力度。

第二，提高补偿标准，重视贫富差距。移民普遍反映补偿标准不合理，且存在"一刀切"的问题。目前生态补偿金主要来自国家财政拨款，渠道较为单一，这使得地方政府承受巨大财政压力与限制资金发放，因此地方政府应盘活资金渠道，如募集社会基金、开征生态税等，加大对移民的补贴力度。同时，补偿资金发放要着眼于不同时期、地区、主体的差异特性，进行多元化补偿，提高政策的灵活度和科学性，减小产生社会不公和贫富差距问题的可能性。

第三，强化后续产业扶持，加强技能培训。工程实施不仅要重视生态环境效应，更要注重减贫脱贫效应。移民中很大一部分在搬迁后失去收入来源或只能外出打工获取薄弱收入，生计风险突出，因此有关部门应制定并完善移民后续产业的扶持政策，并开展有针对性的职业及劳动技能培训，使其掌握新的知识和技能，拓宽收入来源。同时可以设立移民创业基金，鼓励移民通过自主创业实现脱贫致富。

第四，加强基础设施建设，重视移民心理健康。移民普遍反映迁入地公共基础设施建设不足，没有太强的归属感。有关部门应严格遵循国家生态移民相关政策要求，夯实移民安置区内的水、电、路、气、通信等基础设施，改善移民社区的医疗条件、教育水平及人居环境，保障移民生产生活的持续稳定。同时需要注意移民社区的整合，对移民做好教育与卫生服务工作，尤其要重视其文化适应和心理健康，让移民真正有获得感、幸福感、归属感。

2. 专家层面的调控对策及可行模式

通过阅览文献，总结了关于祁连山区天然林资源保护工程和生态移民工程的改进建议。

第一，加大财政投入，合理分配使用资金。随着工程的深入推进，资金上也逐渐显现出缺口，护林员的工资、移民的补偿金均未能达到令人满意的水平，与此同时，各项基础设施的建设也因资金短缺而无法完善。因此，在加大中央政府财政投入的同时，地方上也应该拓宽融资思路，创新融资模式，建立健全工程建设资金"借、用、还"筹集与管理机制。同时，由于资金在各个环节分配不合理现象突出，资金投入不合理难以保证工程顺畅实施，因此还应该加强对工程资金的管理工作，对工程实施各环节进行严格的成本控制。资金分配也应经过反复论证并受到监督，以此提高资金利用效率，实现财政资金最优化配置。

第二，加强公共基础设施建设。祁连山区位置较为偏僻，交通不畅，同时由于资金问题，各类基础设施尚未完善。工程的后续推进中，应加大林区基础设施和移民区基础设施的建设，重点对建筑、道路、水电、通信等进行新建与修缮。与此同时，还应该改善天然林资源保护工程区和移民安置区周围的生产生活环境，加大群众医疗保障力度，使群众"安其居"。

第三，做好产业规划。目前，祁连山林区和移民安置区的产业布局尚未明晰，产业结构也并未得到优化。后续产业发展不仅需要当地政府深思熟虑后进行谋划，还应该依赖市场力量推动。对于林区，应充分利用当地独特的气候和林下资源优势，秉持"生态建设产业化，产业发展生态化"原则，大力发展如森林旅游、野生食用菌、森林药材、林下养殖、饲草业等林业产业；而对于移民安置区，需紧抓区域发展与移民创业致富机遇，积极引入社会资本，发展村集体产业、手工业、特色农业和劳务输出等产业，同时加强移民的技能培训工作，提高其自主发展能力，实现自主脱贫。

3. 农户层面的政策需求与实施期望

在 2020 年 10 月对武威市搬迁移民的调研中，移民向村委会反映最多的问题集中在房屋、缺水、补贴、土地等方面，个别移民新村基础设施建设滞后，特别是无公共厕所、公共交通不畅、下水道排水和院落被淹、上学不方便车费高等方面。仅 3.88% 的移民难以适应新村炎热、风大、沙尘等气候及公共卫生设施缺失，认为对其健康造成了一定影响（图 6-26）。虽然在基础设施上存在一些不足，但调查发现持续性增收无保障是最主要的问题，移民更期望的是收入方面的帮扶与保障，所以他们期盼未来政府能加大产业发展、扶贫救助、增加就业方面的投入。

(a) 存在问题词云图

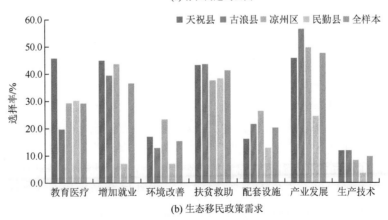

(b) 生态移民政策需求

图 6-26　生态移民的问题反映与政策需求

　　风险是影响移民社会生活重构和资本重聚的障碍，合理的应对策略和优化的后顾生计选择是降低移民风险的重要保障。依据现有生计资本储量、结合潜在风险与发展空间的预估结果，发现完善种养殖设施、土地流转给企业或大户、移民劳务输出和发展特色农牧产品加工有助于增强移民发展能力，并有效降低搬迁给移民带来的风险（图 6-27）。

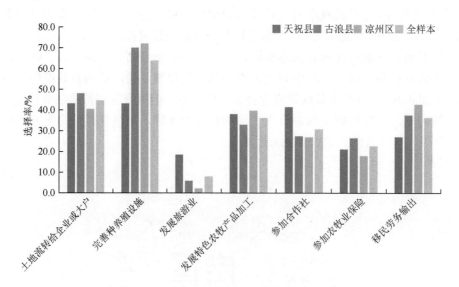

图 6-27　生态移民降低风险的未来生计选择

6.3.2　三江源地区退牧还草工程调控对策及优化建议

1. 政府层面的调控对策及优化方案

　　三江源退牧还草工程问题审视：①虽然草场面积、地方补贴标准、主要生计方式、交通等导致不同地区间牧户的贫富差异，但牧民生活满意度均较高。大多数相对贫困的受访者认为不存在比较大的贫富差距，收入多少对受访人的生活满意程度的影响有限。②合作社普遍存在发展参差不齐的问题。合作社社员群体以贫困户居多，发展模式仍为传统的单一牲畜出栏方式，大部分合作社缺乏后续的加工销售渠道，对畜牧大户的吸引力不足。③核心区的牧民是否有必要搬迁存在争议。与国家要求核心区全部迁出不同，三江源地区的管理方式仍然是尊重牧民自身意愿，以自愿迁移为主，不强制要求搬迁。④移民尤其是贫困户对政府依赖度高，产业发展不足导致转产困难。⑤在何时何地采用何种围栏方式争议较多。一方面，野生动物数量增多逐渐成为破坏草场（尤其是人工修复的草场）的主要原因，相对较矮的围栏常被野生动物破坏；另一方面，草原上的围栏越来越多，对迁徙的野生动物造成的干扰和伤害越来越大，因此后续有必要针对性地进行围栏建设。

地方政府的核心需求：①各地都反映管护员工资水平需要提高，因为现在的工资标准与管护员实际贡献不符，随着生活成本的提升，管护员工作难以维持生计。②国家公园核心区的范围和管理规定需要适当调整。一方面，由于生态工程项目区常常在国家公园核心区内，不能建基础设施的规定增加了施工难度；另一方面，某些禁牧区与生活区（村庄、政府机构、道路）距离太近，非常影响生产生活。③妥善应对野生动物对人身财产安全带来的威胁。在大型野生动物数量持续增加的背景下，牧户遭受的损失也在增加。地方上有两种建议：一是野生动物伤害保险的设计、报销环节需要更加符合当地实际，二是部分野生动物如棕熊的防护等级需要调整。

根据当地基层工作人员的观点，目前退牧还草工程存在的问题包括当前的政策没有充分考虑当地的实际情况、牧户的收入下降和缺乏有效的评估标准与体系等。未来，充分考虑当地的实际情况、加强中央的补贴、提高牧户补偿标准被认为是改进退牧还草工程的有效措施（图 6-28，图 6-29）。结合实地考察情况，提出以下几点政府层面的改进建议。

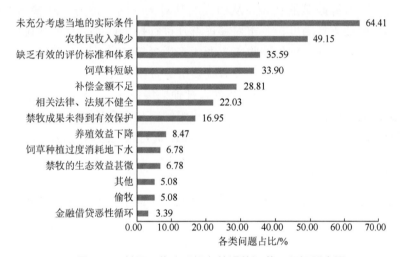

图 6-28　基层工作人员视角的退牧还草工程问题审视

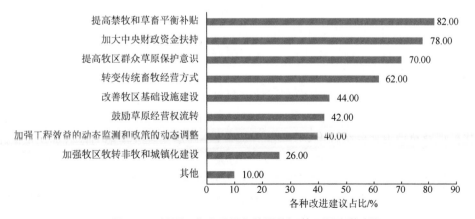

图 6-29　基层工作人员视角的退牧还草工程改进建议

第一，因地施策，科学研判，制定和完善工程建设的后续政策。多年来，治理区的社会经济环境相较以前发生了较大的改变，最初制定的、未经改变的生态政策，并不适用于此时的实际情况。建议及时并充分地对现行的生态政策进行回顾和总结，在后续政策设计与调整中，充分考虑各方的难处与利益诉求，优化已有政策，尤其是在工程后续管理维护及补贴发放方面。同时，需要统筹中央和地方资金，拓宽融资渠道，为生态工程的长久实施提供财政方面的坚实保障。

第二，加大宣传引导力度，充分调动干部群众参与工程的积极性、主动性。各级政府宣传部门要提高政治站位，自觉贯彻执行生态工程建设的方针政策，并且要广泛深入宣传习近平生态文明思想和全国生态环境保护大会精神，使社会各界充分认识到生态工程是功在当代、利在千秋的伟大事业，是生态文明建设不可或缺的一部分。有关部门要精心谋划，充分发挥报刊、广播电视和网络等媒体的作用，大力宣传环境保护知识及生态工程对环境改善的重大意义，做好国家关于各类生态工程项目优惠政策和补助办法的宣传，帮助农牧民厘清生态账和效益账，解除其后顾之忧，增强其对国家方针政策的认识，从而提高其对工程的支持力度和参与的积极性。

第三，加大财政支持力度，侧重对移民群众进行技术培训。目前移民中很大一部分除了国家补偿款外，没有额外的收入来源，产生"等、靠、要"消极思想，生活捉襟见肘。扶贫先扶志、扶贫必扶智，政府既要引导贫困移民树立脱贫信心，发扬自力更生、艰苦奋斗精神，又要增强其致富本领，使他们懂技术、会经营、能致富。因此，后续应在移民技能培训教育体系等方面给予政策倾斜和资金扶持，建立覆盖广泛、形式丰富、管理运作规范、保障措施健全的培训体系，促进牧民融入与适应新的社会环境。

2. 专家层面的调控对策及可行模式

通过文献综述，对学术界关于三江源地区退牧还草工程的改进建议进行了总结，结果如下。

第一，优化牲畜管理，在严格保护野生动物的前提下，需要通过减畜或人工补饲等手段维持草畜平衡。后续应通过各种宏观或微观监测手段，做好气象指标监测和预报工作，及时跟进不同物候期牧草的营养动态，为牧户提供科学有效的放牧指导；科学测度牛羊生长周期，优化调整存栏和出栏量，依靠改进后的饲草人工种植和青贮技术，保障饲草供应，提高舍饲喂养比例，力求在缓解家畜和野生动物食物冲突、减轻草地压力的同时，提高经济效益。

第二，加强草地管理。专家们在草地恢复技术上做了大量研究，积累了丰富的成果。例如，赵新全等（2017）总结了近20多年来的研究成果，提出了高寒草地生态系统退化机理及草地退化分级标准、牧草品种选育、不同退化等级草地的针对性恢复措施、恢复功效的稳定以及区域间草牧业协调发展的综合配套理论。尚占环等（2018）针对目前日益严峻的黑土滩问题，总结了近10年的研究成果，包括黑土滩分类分级标准、发育机理及恢复技术等。黄梅和尚占环（2019）总结了不同退化程度的毒草型草地的恢复技术等。由此可见，目前针对不同类型的退化草地恢复已经形成了相对完备的技术措施体系,只是在具体实施环节,还需当地管理部门积极学习相关经验,根据自身情况,考虑区域气候、人员、实施范围、施工成本等差异,因地制宜,制定最适合当地的操作方案。

第三,做好移民民生保障工作。首先,要提高移民资金补助标准,扩大资金使用范围。调研中有很大一部分农户反映家庭支出大于收入,收入来源仅能依靠政府提供的岗位补贴,在生活生产方面存在较多困难。建议有关部门积极协调,设立多级政府财政资金支持的生态工程补偿专项款,建立健全政府资金引导、社会资本参与、市场化运作的多元化筹资渠道。其次,要全方面对住房、医疗、养老、就业等民生领域相关政策的实施情况及后续影响进行跟踪调查,将政策帮扶落到实处,切实巩固牧民生计。然后,政府需积极协调财政、扶贫、民政、交通、住建、卫生和教育等部门机构,将生态工程与易地扶贫搬迁项目有机结合,强化资源整合,加大投入力度,重点解决义务教育、基本医疗、住房和饮水安全、育幼养老等方面难题,解决好部分群众上学难、看病贵、住危房等急迫的现实问题,加强水、电、路、通信等基础设施建设,努力改善和提高安置区人居环境,优化移民群众的生存发展空间,为脱贫致富提供物质保障。最后,移民区后续产业薄弱,扶持好后续产业开发是提高生态工程绩效的关键举措,建议政府充分利用当地优势,开展生态产业建设,鼓励有条件的牧户创业就业。

3. 农户层面的政策需求与实施期望

2021年7月对玛多县牧户的调研中,统计了牧户对退牧还草工程的改进建议,如图6-30所示,前3名依次为改善住房、饮用水、电网等基础设施,增加生态管护员岗位和工资、提高禁牧和草畜平衡补贴。可以看出,牧民对物质条件和经济条件方面的改善最为关切。除此之外,牧民希望政府能够更加负责任、加大政策宣传和技能培训力度,从而提高自身对工程的参与度和知晓度,拓宽谋生途径。牧户对生态环境的恶化也较为关切,要求加强鼠害治理和加强黑土滩治理。由于不同牧民群体的需求存在差异,在未来的退牧还草工程优化中,需要配合协调好其他民生和发展政策,全面改善和提升地区生态质量和经济发展水平,具体如下。

第一,针对移民实际需求分类施策,完善移民政策内容。政府应遵循事前摸底、事中征求意见和事后反馈等机制,收集移民户的难处与利益诉求,根据其需求意愿、家庭情况等制定针对性的政策,并保持密切联系与沟通;要改变以户为单位的简单补偿方式,以户为基础,将人口、生计风险、资产等特征量化纳入考量,构建科学合理的差异化补偿体系;将符合条件的贫困户纳入社会救助体系,享受相关的医疗救助和再就业扶持等待遇,政府开发的公益性岗位应优先安排符合要求的就业困难的农牧民,降低其生计风险、提高生计韧性。

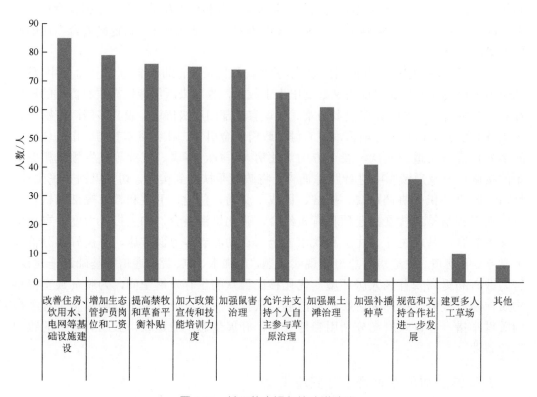

图 6-30　基于牧户视角的改进建议

第二，提高透明度，积极引导移民全程参与工程实施。尊重和保障移民农牧户的知情权、参与权、表达权和决策权，积极引导其参与生态工程实施过程的监督和管理。政策制定阶段需以问卷调查、座谈会、政策宣讲会等形式了解农牧户的移民意愿、困难之处及利益诉求；搬迁阶段坚持因地制宜、有利生产、方便生活、保护生态的原则，广泛听取移民群众的意见，合理规划确定移民安置点，鼓励其参与房屋建造、基础设施建设、工程质量监督和资金管理等工作；生产生活恢复阶段尊重移民生计策略的选择并予以政策支持，鼓励其参与技术培训方案的确立和优化，此外还需及时向移民反馈工程的实施状况、取得的成效和存在的问题。

6.3.3　川西藏族聚居区生态工程的优化调控及经验启示

1. 政府层面的调控对策及优化方案

第一，强化生态工程质量观念，完善生态工程质量管理制度。要坚持把质量作为核心内容来贯穿生态工程建设的始终，需要建立完善的项目管理队伍，制定严格的项目管理制度，以及设立专职的质量管理人员。首先，成立项目建设领导小组，建立组织协商机制，加强统一领导，保证步调一致，协调解决规划实施中的有关问题。按照职能分工、各司其职、各负其责的原则，建立相应的协调机制，统筹研究项目推进过程中的重大问题和相应的政策措施，指导项目实施方案的编制及实施；及时上报项目的实施进度、建设成效、典型经验和存在问题。其次，生态工程建设中需要引入和健全项目法人制、工程招投标制、合同管理制和工程监理制等制度，防范工程质量事故。对于可能出现的工程质量问题，要提前制定好预备应急方案，从源头上保障工程建设质量。最后，实行技术和质量负责制，质量管理人员参与项目计划的制定、实施和验收工作。质量管理人员必须掌握项目进展中的实际质量情况，随时对工程中的质量问题进行反映和处理。做好工程质量检测工作，确保检测措施落实到位、检测数据真实准确，坚持实行定期不定期督导、阶段性核查和检查验收工作，做到县级自查、州级核查及检查验收覆盖川西藏族聚居区所有的生态重点工程领域。

第二，健全生态工程资金来源与使用保障机制。生态工程是一项长久工程，有力的资金保障是确保工程建设可持续的关键。大部分生态工程实施地区经济形势严峻，面临着资金短缺的困扰。一方面，政府应完善相关资金的使用制度，确保地方财政对工程建设的投入机制和确保管护经费。生态工程建设要以国家财政为主要投入形式，同时地方政府也应在配套资金的投入上广开财源，加强宣传和制定相关政策，鼓励社会各界积极参与工程的建设，开辟民间集资渠道，逐步建立以政府投入为主、国内捐助、国际有关组织捐赠相结合的多渠道资金筹集方式。另一方面，资金的全面有效落实是保证生态工程实施的关键，必须要加强对资金使用的监督管理，让工程资金在每一个环节都落到实处。加强生态工程资金的使用监管，首先要从制度和机制建设方面下功夫，从资金管理的规章制度、体制机制、政策措施和日常管理等方面入手。通过制定、完善和实施一系列相关的资金管理和监督制度，进一步加强对资金预算管理，从源头上杜绝资金使用和管理上可能出现的任何问题。此外，因地制宜的生态补偿制度，对于失去主导经济的生态工程实施区，资金的直接补偿能够有效缓解生态工程实施区发展的现存矛盾和燃眉之急，从而减少工程的阻碍。

第三，建立健全人才保障和岗位激励机制。生态工程建设需要强化人力资本投资。一线专业技术人员是工程项目的直接实施者，他们的综合素质对生态工程质量和工程效率起着关键性的作用。川西藏族聚居区各级政府应尽可能地为现有的科技人才和优秀的保护区管理人才提供工作及生活上的便利。对于高中级人才的待遇、住房、职称、家属就业、子女上学和家属迁居落户等困难，地方各级政府在政策允许的情况下，尽力帮助其解决，免除他们的后顾之忧，充分调动他们的工作积极性和发挥聪明才智。同时，根据工作人员的工作业绩、科研成果、劳动态度、出勤天数、责任事故的大小进行年终考评，工作成绩突出的应给予一定的物质奖励和精神奖励，工作成绩优秀、有科研成果和创造发明的，应在相应的生态工程资金中抽出部分作为奖励，提高管护员和科研人员的工作积极性，激励先进、鞭策后进。

第四，建立生态工程信息来源保障和科学决策保障机制。生态工程信息管理是指将现代科技成果通过计算机进行管理的过程，是通过计划、组织、指挥、协调、控制等措施，有效地配置人力、物力、财力等基本要素，以实现生态工程总体目标的活动。

所以，生态工程必须有效配置人力、物力、财力等基本要素，广泛收集国内外关于生态工程管理信息，并建立信息管理网络和数据库，以供各部门使用。另外，政府部门应广泛收集区内生态环境、自然湿地资源、野生动植物资源的变化情况和变化规律，其中包括植被、土壤、水体质量、野生动物、水文、气象、资源景观、旅游资源、社会经济情况及受威胁程度等，并以数字化方式输入计算机检索通过后建立管理数据库，以便经常性的信息积累、储存、检索、管理和更新，及时为生态工程管理部门提供保护管理资料。除了建立数据库外，还应充分利用 GPS、GIS 技术建立信息库，为生态工程保护管理工作服务。

2. 专家层面的调控对策及可行模式

第一，专家作为各方利益主体的沟通桥梁，有助于构建包含多方利益相关者的共同体，提升工程的多元主体支持度。一方面，专家团队在参与生态工程关键问题研究时，应深入基层，与工程工作人员、农牧户、其他投资者和各种社会组织接触，充分收集多元利益主体的意见和建议，了解工程给不同利益相关者带来的影响。另一方面，专家团队应加强与相关政府部门的联系，及时沟通科研成果，并听取政府部门反馈，双向沟通，及时发现工程症结，探讨解决方案，提升工程效率和效益。此外，以项目为媒介组建生态工程建设研究团队。根据农业、林业、牧业的科技发展规划和产业发展重点，在科技创新项目中，有意识地整合科技资源和创新人才资源，培养和造就一批优秀的科技创新研究团体，通过项目开发与产业化推进，提升青藏高原地区生态工程建设水平。

第二，加速培养和引进专业人才，努力打造一支生态工程建设的高水平科技人才队伍。首先，加强创新型领军人才的培养。将林业、农牧业科技创新与专家培养紧密结合起来，完善首席科学家、首席专家和特聘专家制度，重点加强优秀学术和技术带头人的培养；依托各种人才培养计划，结合林业重大科技项目、重点学科和科研基地建设，培养造就一批高层次的林业科技帅才和将才。其次，鼓励专业技术人员到基层工作。组织实施科技下乡、科技普及、科技示范行动，派遣林业、农业、牧业科技特派员，鼓励林业科技人员深入林业生产第一线，通过加强智力服务，实现引智入门与送智下乡，缓解西部地区、基层单位和边远艰苦地区人才短缺的矛盾。围绕藏族聚居区生态工程建设，培养造就一大批农、林、牧业建设的急需人才和科技推广人才。最后，加强农、林、牧业科技后备人才培养。配合科技人才规划的实施，每年遴选一批优秀拔尖的科技人才予以重点支持。加强基层实用人才和高技能人才队伍建设，以及科技管理人员的培养。建立健全有利于优秀人才脱颖而出的良好环境和激励机制，抓住青藏高原生态工程建设大发展的历史性机遇，以重大科技任务培养和凝聚高层次人才，用大课题带动学科大发展，并促进人才的成长。完善林业科技人才使用、引进和奖励政策，对做出突出贡献的优秀人才予以奖励，并筹集社会资金，设立民间科技大奖，激发创新精神和促进人才成长。

第三，建立健全以专家团队为支撑的农林牧教育培训体系。首先，有效整合各类资源，逐步建立和完善以部门属和县属林业培训中心为龙头，高、中等林业院校、科研院所、林业技术推广机构和科技社团为骨干，县推广中心和乡林业站为基础，企业与民间科技服务组织为补充的林农教育培训体系，同时选择专业性强、技术复杂、涉及面广的岗位，按职业资格认证制度或证书制度规范要求开展林业职业教育，并逐步建立和完善远程林农教育培训网络，扩大林农培训覆盖面。其次，加大对致富带头人、科技带头人、经营带头人等优秀农村林业实用人才的培养力度，特别要加强对林业专业大户、林业专业技术协会和产业化龙头企业负责人的培养，通过学习培训、参观考察、经验交流等方式，提高他们的科技意识、市场意识和经营能力，支持他们成为生态工程管理专家。

3. 农户层面的政策需求与实施期望

川西藏族聚居区特殊的生态环境和独特的生物资源是当地大多数农户赖以生存的基础，因此，在生态工程实施背景下，提高经济收入、改善家庭生活条件是当地农户最关心的问题。从川西藏族聚居区生态工程综合绩效评价和民生质量调查的结果来看，生态工程在提供就业岗位、扩展农户收入来源、提高环境承载力等方面发挥了重要作用。但是，仍然有不少农牧民反映存在生态效益补偿款低、林牧业经营周期长且效益不明显、植树造林工作劳动强度大、就业岗位有限等问题。生态工程建设中，需要关注民生问题，在提升川西藏族聚居区生态质量的同时，也要提升其经济发展水平。

第一，拓宽农牧民就业渠道，促进其生态产业就业。川西藏族聚居区生态工程实施区周边的农牧民对自然资源的依赖很强，收入低下。而传统的放牧、采药、采伐木材、薪柴等资源利用方式，对自然资源消耗较大。生态保护政策在一定程度上限制约束了农牧民的自然资源利用活动，边远山区的居民失去了部分经济来源。因此，帮助农牧民转变自然资源依赖导向的传统发展模式，减轻社区对自然资源的依赖度，拓宽农牧民就业渠道，促进其生态产业就业，有利于实现生态保护与农牧民增收的协调发展。

第二，健全生态保护补偿体系，提高生态建设参与积极性。政府生态保护过程中对农牧民生计造成损害，这无形中使群众承担不应由他们承担的损失，引发周边社区与保护区的矛盾不断加剧，打消其生态建设参与积极性。调研中不少农户反映生态效益补偿款低，因此，政府需要不断完善生态补偿政策，弥补农牧民保护成本，且应特别注意建立健全生态工程政策补偿机制，确保补偿资金能及时发放到位。

第三，加强宣传教育，增强农牧民的认知与参与。生态工程政策的实施可以实现自然资源的永续利用，建立起与林业、畜牧业可持续发展相适应的自然生态系统，同时也能增加农牧民的经济收入，提高人们的生活水平，因此需要政府的大力推行和农牧民的积极参与。在政策实施过程中，政府应尊重农牧民意愿，与农牧民沟通和协商，消除农牧民疑虑，以保证人们能大胆并全身心地投入政策实施中去；由于政策的实施具有多重目标，目标之间也难免会出现冲突，所以在目标的平衡与协调中，应注意工作的方式与方法，加强与利益各方的协调沟通，以保证多数人利益不受损。

第四，完善相关政策制度，使农牧民成为生态保护的主体。川西藏族聚居区生态工程实施区农户基本具有自然资源的保护意识，愿意参与生态环境保护，但是大多数农户对相关环保方式与方法的认知程度依然偏低。政府应正确有效地对农户进行引导，使其以合理的方式利用、开发自然资源，使其成为生态保护的行为主体，助力农户长远发展。

6.3.4 西藏高原生态工程调控对策及优化建议

1. 政府层面的调控对策及优化方案

第一，调整工程内容，适应形势变化。西藏地区生态工程的规划于 2009 年正式发布，距今已过去 10 多年，现阶段，中央人民政府及西藏自治区人民政府应当根据十九大报告中关于加快生态文明体制改革的有关精神、十九届五中全会通过的《中共中央关于制定国民经济和社会发展第十四个五年规划和二〇三五年远景目标的建议》中生态文明建设实现新进步的目标、西藏地区生态工程实施过程中反映出的新情况和新问题，进一步充实西藏地区生态工程规划的内容。其一，将第三极国家公园建设作为西藏地区生态工程建设的重要抓手，加快建立以国家公园为主的自然保护地体系，做好国家公园相关试点工作。其二，统筹生态工程系统治理，进一步扩大生态工程覆盖范围，构建西藏地区生态工程建设共同体。其三，继续构建完善西藏地区生态工程建设的长效机制，建立健全生态保护红线监测、监管和评价体系，优化和有效保护西藏国土生态空间，优化工程布局，完善西藏生态安全格局。其四，充分考虑全面脱贫攻坚任务完成和全面建成小康社会的背景，将西藏地区生态工程建设与乡村振兴战略有效结合，推动生态工程建设与乡村振兴双向、融合、持续发展。

第二，完善投资机制，保障资金支持。资金投入是保障西藏地区生态工程持续建设的重要因素，应当进一步扩大政府资金投入规模，阶段性地调整资金投入，建设政府主导、社会参与的多元投融资格局，确保工程建设得到充足的资金支持。其一，明确中央、自治区地方政府的投资职责，进一步加大政府资金支持力度，将主体工程之外的相关工程纳入专项资金范围，协同推进整个系统工程。其二，根据工程阶段性评估结果调整资金投入力度和方向，针对各类工程的实际完成情况、原材料物价上涨等情况，补足因成本上涨而缺位的差额资金，确保工程建设进度。其三，完善政府主导、社会参与的投融资格局，扩大社会参与，多渠道拓宽工程建设的资金来源。其四，明确资金拨付机制和使用范围，在调研过程中，项目组发现生态工程部分项目前期生态、水保补偿及措施费不明晰，政府应充分重视此类问题，建立健全资金拨付机制，确保各项资金到位。

第三，健全长效生态补偿机制，巩固工程成效。从西藏地区生态工程过程绩效评价的结果来看，在工程实施过程中，存在补偿标准相对偏低、补偿资金来源单一等问题，不利于巩固已有工程成效，据此，政府应健全长效生态补偿机制。首先，政府应根据西藏地区发展实际，适当提高生态补偿标准。受西藏地区高寒缺氧、交通不便、生产方式较为单一等因素的影响，农牧户的生产生活受工程影响较大，劳动力和原材料价格较高，工程前期制定的生态补偿标准已经不符合发展实际，应根据西藏发展实际，提高生态补偿标准，保护农牧户利益，保障生态工程建设和保护的长期成效。其次，针对影响工程进度的部分活动，适当征收生态补偿费用。在调研过程中，项目组发现存在建设学校、划定水库淹没区等影响工程建设的活动，类似活动未能受到管制，政府应适当征收此类影响生态建设活动的水保补偿费等费用。最后，建立健全资源分配机制。在对过程绩效进行评价时，公平价值绩效得分偏低，调查对象对因工程实施带来的房屋、土地等资源分配情况的满意度仍有待改善，政府应进一步调研农牧户等利益相关者因工程导致的损失，建立健全房屋、土地等资源分配机制，保障工程实施过程的公平性，保障工程效益的持续增强。

第四，加强管理制度和组织体系建设，保障工程可持续性。西藏地区生态工程是一个复杂巨系统，需要加强工程系统的统筹与协调。从绩效评价结果来看，西藏地区生态工程实施过程中的管理制度有效性和组织体系稳定性仍具有一定的提升空间。一方面，依据法律法规和相关政策，健全相关管理制度，推进制度创新：其一，健全工程实施全过程记录跟踪管理制度，确保工程实施的各个环节顺利完成，提升工程实施效率；其二，制定并完善资金管理规范，确保资金用对、用实；其三，增强各个工程实施方案、各项政策之间的协调性和配合度，做到政策安排统一有序，确保工程实施过程井然有序；其四，西藏地区生态工程各个项目的落实需要一系列计划方案支撑，政府应注重各个项目作业设计方案的完整性评估，促使各项作业设计方案得到有效执行。另一方面，加强组织领导，健全西藏高原生态工程建设过程中的组织体系，强化组织管理：其一，落实项目责任制度，进一步加强领导、细化工作、相互协调，把各项工程落实到具体责任人，确保工程顺利实施；其二，改善工程实施过程中的工作环境，适当提高工程作业人员的薪酬待遇，减少人员流失，提升工程建设过程中的留人率，保持组织稳定性，确保工程始终得到足够人才的参与、管理和维护。

第五，强化科技支撑布局，提升工程效益。首先，落实生态安全屏障监测体系，加快重点监测站建设，提升西藏地区生态工程成效监测与评估能力。持续推进西藏自治区生态监测中心建设，加强培训和引进一批高层次人才，加快构建天地空一体化监测体系，全面开展生态安全屏障大数据整合工作。制定监测站网监测指标与规范，确保数据收集的可比性和科学性，为客观评估国家生态安全屏障工程实施成效提供科学依据。其次，强化科技支撑布局，针对工程建设过程中存在的重点和难点，在生态环境仍然恶化的区域开展重点科技攻坚，多角度开展科技攻关项目。最后，加强工程实施效果较好区域的示范和经验推广，进一步提升工程效益。

2. 专家层面的调控对策及可行模式

第一，围绕生态工程开展更为广泛的科学研究。在多元利益主体视角下，专家是西藏地区生态工程顺利实施的重要助推力，应该在推动西藏地区生态工程的建设与保护中持续发挥作用。西藏地区生态工程涉及种类多，涵盖多个学科领域，在关键技术研发、调控机制探索、修复技术集成、自然灾害预警、安全屏障监测评估、高原植物种植技术等各方面都需要大量科技成果支撑，不同学科的专家团队应基于专业领域知识积累，结合西藏地区地理人文等多方面特征，围绕西藏地区生态工程开展更为广泛的科学研究。当然，广泛的科学研究不代表杂乱无章，专家在开展研究时既要深入观察西藏地区生态工程牵涉的方方面面问题，系统地观察问题，形成较为完整严密的研究体系，又要针对性地"啃硬骨头"，着眼于西藏地区生态工程以及西藏发展的关键领域攻坚克难，帮助解决工程实施过程中面临的一系列重点、难点，真正做到科研赋能西藏地区生态工程建设和经济社会发展。

第二，不同专家团队加强沟通协作，形成科研合力。一方面，西藏地区生态工程建设涉及动植物学、气候学、灾害管理学、公共管理等多个自然科学和社会科学领域，需要不同学科的专家联合组队，建成协作互助的交叉学科专家团队，统筹不同学科专业人员力量，形成科研合力。不同学科领域的专家团队实现优势互补，共同针对西藏地区发展和生态工程特征加强研究：其一，加强对西藏地区生态环境的研究，了解西藏地区的地理、生态特征，探索西藏地区未知的科学领域，解决西藏各类生态工程建设过程中的技术难题，实现工程实施过程中的多项科技突破；其二，探析西藏地区特殊的社会环境、人文特征，加强西藏地区生态工程实施过程中的管理制度、组织体系、法律法规等方面的建设与优化，为工程的顺利实施提供坚强的软科学支撑。另一方面，不同地区和机构的专家应该加强沟通联系，尽量避免重复性研究给当地基层工作人员和农牧民带来的负担。西藏地区生态工程的建设引起诸多学者关注，由于缺少信息沟通渠道，不同学者在具体的调研过程中，时常出现针对同一问题重复获取资料的冲突。据此，可以尝试组建针对西藏生态工程建设的共研平台，促进不同区域、机构、学科领域专家的联系沟通，实现科研资源有序共享，既提升科研效率，又尽量避免因沟通不足导致的重复调研等问题，最大限度地实现西藏地区生态工程相关研究成果的增量提质。

第三，作为其他利益相关者的沟通桥梁，专家们发挥信息传递作用。专家不同于西藏地区生态工程牵涉的其他利益相关者，其可以作为各方利益主体的沟通桥梁，有助于构建包含多方利益相关者的共同体，提升工程的多元主体支持度。首先，专家团队在参与西藏地区生态工程的过程中，与工程工作人员、农牧户、其他投资者和各种社会组织接触多，能够充分收集多元利益主体的意见和建议，了解工程给不同利益相关者，尤其是农牧民带来的影响，专家团队可以充当智囊库和信息传递网，既可以针对工程中的问题和影响出谋划策，形成一定的解决方案，提交给相关政府部门以供决策，又能够向相关政府部门或者企业等组织反映群众的需求和困难，促使相关组织重视和解决工程实施带来的民生问题。其次，专家团队与相关政府部门合作较多，专家团队的科研很大程度上得到政府资助和支持，专家可以与政府部门及时沟通科研成果，向政府部门反馈各利益相关者意见，汇报工程实施情况，这样有利于工程及时得到调整，提升工程效率和效益。除此之外，专家可以作为政府部门的委托方或第三方利益相关者，向参与工程实施的基层工作人员和农牧民宣传与解释政府政策，帮助他们充分领会工程的重要性、工程中的制度建设和资金补偿等各种措施，促使工程实施过程中的各利益主体理解和支持工程的持续性建设。

第四，注重科研成果转化与宣传推广。科研"资源池"的建设、成果的转化利用和宣传推广是专家团队切实发挥作用的重要方面。首先，应该注重科研"资源池"的建设。西藏地区生态工程自规划至今，专家团队都充分参与其中，也积累了大量数据资料，这些数据是开展深入研究的基础，是实现更加精准决策的重要参考。然而，由于不同团队本身具有异质性，加之研究过程中缺乏充分沟通协调，导致针对西藏地区生态工程的数据样本收集较为分散、数据的标准和尺度不一致等问题凸显，因此，专家团队应该通力合作，加强数据提炼整合，建设优质的数据集成平台，打造优质的科研"资源池"，这既是科研成果的重要组成部分，也是深入探索科研规律的基石。其次，依托专家团队所在的机构和平台，大力促进科研成果转化。西藏地区生态环境脆弱，人文地理特殊，生态工程的深入实施和成果维护需要坚实的科技支撑。专家团队可通过自主孵化或与企业加强合作，加快与工程建设相关的科技成果转化，培育和推广适合西藏自然、经济、社会环境特点的先进技术和模式，为西藏地区生态工程的进一步实施和工程成效的维护提供重要的技术支撑。最后，重视西藏地区生态工程的科研成果推广。一方面，要注重西藏地区生态工程建设规律的总结，能够通过发表科研论文、举办科研讲座等多种方式，增进学术界对西藏地区生态工程建设体现的科研规律的认识，促使不同领域的专业人士关注和参与西藏地区生态工程及西藏发展建设的讨论，为工程下一阶段的实施积累智力养料。另一方面，专家可以通过拍摄科普视频、撰写科普文章等宣传方式，向社会公众介绍西藏、宣传西藏地区生态工程的成效，增强社会大众对工程的理解度、认可度和支持度，为工程的建设争取更多的人、财、物资源。

3. 农户层面的政策需求与实施期望

第一，提升生态补偿与资源分配效率。西藏独特的生态环境和丰富的草地资源是广大农牧民赖以生存和提高生活水平的基础，生态工程的实施必须与农牧民增收致富相结合。从西藏地区生态工程综合绩效评价的结果来看，西藏地区生态工程在改善农户生产生活条件、提升农户生活质量、增加农户收入方面的作用明显。综合实地调研结果可以发现，农户对西藏地区生态工程的实施仍然存在尚待满足的政策需求与实施期望。其中，农牧户的生态补偿和资源分配需求有待进一步满足：一方面，西藏地区生态工程要保障生态恢复和保护功能，对土地资源配置、林业发展等具有一定影响，在一定程度上损害了农牧户的利益；另一方面，现阶段，工程实施初期制定的生态补偿标准偏低，难以弥补农牧户因工程带来的损失，且房屋、土地等资源分配存在不合理现象。生态补偿和资源分配的效率及公平是影响农牧户态度的首要因素，必须合时宜地调整生态补偿标准，满足农牧户在土地、房屋等资源分配方面的公平性要求，落实农牧民的损失计算和补偿措施，避免农牧民利益受损。

第二，鼓励农牧民参与工程建设的成果维护。西藏地区生态工程关系到广大农牧户的切身利益，得到农牧户的广泛关注和支持，农牧户有自主参与生态工程并使其建设成果受到保护的需求。因此，农牧户的生态保护和建设行为需要得到支持和鼓励，以此保证农牧户参与生态工程的积极性。然而，项目组在调研时发现，群众核实栽育树木数量已经 5 年未调查，农牧户的生态建设成果未能得到有效奖励，不利于提高其参与工程的积极性。因此，应该进一步完善农牧户参与工程建设、管理和维护的体制机制，保障参与者的福利待遇，尊重并核实农牧民在参与生态工程建设、管理、维护过程中做出的贡献和劳动成果，促使农牧户利益与工程建设紧密融合，进一步调动农牧民持续参与工程的主动性和积极性，依靠广大农牧户的参与，实现生态工程的长期可持续建设，保障工程效益的持续性。

第三，改善生计资本和提高风险抵御能力。结合数据分析的结果，西藏地区农牧民家庭在人力资本与金融资本等生计资本方面存在一定的生计风险，农牧户有积累生计资本、提高风险抵御能力的需求。为了满足农牧户的需求，确保农牧民家庭的生计安全，首先，在人力资本方面，要通过加大对科教文卫事业、社会保障事业等公共服务的投入提高农牧民的受教育水平、健康水平、技能水平，满足其人力资本的积累需求，提高其生计策略的选择能力，拓宽其选择范围；其次，在金融资本方面，既要通过生态补偿等方式保障农牧民家庭的收入，又要引导金融机构改善贷款环境，优化贷款程序，为农牧民的信贷提供便利。总体而言，应该坚持维护工程的生态服务功能与推动农牧户实现共同富裕相结合，在工程实施过程中持续改善农牧户的生产生活条件，推动工程建设与乡村振兴战略相结合，促使农牧户利用工程实现增收致富。

6.3.5 青藏高原重大生态工程实施的经验总结与启示

1. 重大生态工程实施的成效总结

第一，区域环境质量和管理能力不断提升。生态工程的建设也在一定程度上促进了生态脆弱地区环境质量和管理能力的提升。在各地建设重大生态工程的几年中，区域内各项环境质量数据不断向好、环境监测能力不断提升。植被得到恢复，土地沙漠化、水土流失等状况得到明显好转，生态环境涵养水源功能、森林游憩价值和防风固沙能力大大增强。各区县环境监测能力持续提高，为生态脆弱区的生态环境精准化管理提供了基础。

第二，农牧民收入稳步增加、生活水平提升，贫困户自主脱贫意识增强。首先，生态脆弱区生态补偿的实施增加了贫困农牧民的收入。农牧民通过参与生态补偿政策可以增加转移性收入，通过参与生态公益性岗位可以获得工资性收入，通过参与生态工程建设可以获取劳务报酬，通过发展特色生态产业可以增加经营性收入，在一定程度上改善了当地人民的生活水平。通过调查重大生态项目对民生质量的影响，发现大部分居民对总体生活现状感到比较满意，对工作、收入、住房、医疗、教育、休闲、政府服务等多个方面的评价也较好。这使缩小区域差距、促进社会公平性和维护生态保护区居民的发展权得到了有效保障。其次，农牧民参与生态公益性岗位和参与生态保护工程建设，体现了"以工代赈"的思想，他们通过劳动换取福利，可以获得社会的认同,增强幸福感、获得感。如此避免了贫困户的"救助依赖"和边缘贫困户的"心理失衡",有效激发贫困户脱贫的内生动力。通过实地调研发现,贫困农民非常看重生态护林员这个岗位,认为这是一份很有意义的工作,能够担任这份工作感到很自豪也很珍惜,并且用实际行动积极投入林业生态管护工作中。

第三,当地居民生产生活方式转好,生态保护意识逐步提升。典型生态工程建设也在一定程度上促进了保护区内居民靠山吃山的原始生产生活方式的转变,扭转了乱砍滥伐、毁林开垦、烧山狩猎等不良习俗。例如,通过草原生态修复工程,完善草原家庭承包责任制,实行草场围栏封育,禁牧、休牧、划区轮牧,建立了可持续发展的放牧模式,同时适当建设人工草地和饲草料基地,降低了天然草场的负担,提升了牧草质量。另外,当地政府向当地居民提供的生态管护员岗位有助于改变当地的就业格局。通过深化绿色发展理念,当地农牧民保护生态环境的意识不断增强,实现了从"以开发为主"向"以保护为主"的转变。当地积极开展"保护生态,建设美好家园"的教育实践活动,让"绿水青山就是金山银山"的观念深入人心,并充分体现在当地居民的生产生活中。

2. 重大生态工程实施的经验总结

随着我国40多年的经济快速发展和生态环境问题的日益严峻,生态建设受到了越来越多的重视,尤其是党的十八大以来,生态建设的战略地位大大提升。我国生态环境虽然经过了几十年的治理,但是生态环境质量仍然有较大的改善空间,我国仍处于重大生态工程的密集实施期。在重大生态工程建设过程中,国家及地方政府采取了一系列的政策措施,激励农牧民"在保护中发展,在发展中保护",将区域生态优势转变为经济优势,积累了丰富的经验。总结过去生态建设的发展历程和历史经验,可为我国未来生态工程的实施和效益提升提供一些启示和借鉴,促进我国生态文明的建设。

第一,坚持生态工程建设与提高生态系统服务供给水平相结合。贫困地区与国家重点生态功能区高度重叠,国家重点生态功能区承担水源涵养、水土保持、防风固沙和生物多样性维护等重要生态功能,关系到全国或较大范围区域的生态安全,需在国土空间开发中限制大规模高强度工业化、城镇化开发,以保持并提高生态产品供给能力。因此,贫困地区推动生态扶贫,需要不断提高区域生态系统服务供给水平。在已有的生态工程扶贫措施中,不论是通过实施生态补偿政策激励农牧民采取环境友好型的生产生活方式,还是通过政府购买服务的方式设立生态公益性岗位安排农牧民参与生态管护,抑或通过组建生态扶贫合作社广泛吸收当地农牧民参与重大生态工程建设,都是在提高区域生态系统服务供给水平,以更好地实现国家重点生态功能区的主体功能定位。

第二,坚持生态工程建设与促进生态产品价值实现相结合。生态产品是典型的公共物品,具有受益的非排他性,只有让生态产品的价值充分实现,才能激励提供生态产品的区域和当地农牧民更好地保护生态环境。2018年,习近平总书记在深入推动长江经济带发展座谈会上强调,要探索政府主导、企业和社会各界参与市场化运作、可持续的生态产品价值实现路径。生态工程建设过程中，坚持推动生态扶贫，积极探索生态产品价值实现的途径和方式。

第三，坚持生态工程建设与促进自然资源保值增值相结合。在贫困地区农村集体资产构成中，资源性资产相对规模大，经营性资产不多，贫困农民依赖自然资源发展农业的局面将会长期存在。当前各地贫困地区存在一定数量的闲置的集体林地、草地、水域，以及四荒地和撂荒土地，这些自然资源长期闲置，难以体现其应有的价值。因此，贫困地区推动生态扶贫，需要有效盘活利用闲置的资源资产，促进自然资源保值增值。

第四，坚持生态工程建设与促进农民就业增收相结合。乡村振兴，生活富裕是根本，生活富裕要为农民开拓第三就业空间，让农村在耕地之外为农民创造更多的就业机会。政府高度重视贫困地区生态保护和修复，并在工程措施中努力创造生态就业机会，这恰好能够契合贫困地区贫困家庭中半劳动力、弱劳动力以及家庭"捆绑"劳动力的特征。在生态建设工程中创新开发生态就业模式带动贫困户脱贫，设置生态公益岗位，聘请贫困户参与生态管护，组建生态建设扶贫合作社吸纳贫困户参与生态工程建设，体现了"以工代赈"的思想，通过劳动换取福利，以更加积极的形式实施福利供给，并帮助弱势群体获得社会认同。

第五，坚持生态工程建设与促进乡村治理有效相结合。乡村振兴，治理有效是基础，乡村善治是国家治理体系和治理能力现代化的重要组成部分。鉴于贫困地区与国家重点生态功能区高度重叠，生态保护将是贫困地区乡村治理的核心内容之一，应努力推动生态扶贫，围绕生态保护目标，从治理内容、治理方式上不断丰富完善乡村治理体系。

3. 重大生态工程实施的启示

贫困地区和生态环境脆弱区域高度重叠，在保护中发展，在发展中脱贫致富，使绿水青山持续发挥生态效益和经济社会效益，将是相对贫困地区实现可持续发展的必然选择。四大典型区重大生态工程的实施为未来生态工程建设提供了以下启示。

第一，将生态工程与扶贫振兴有机融合。在生态文明和乡村振兴战略框架下，巩固拓展脱贫攻坚成果同乡村振兴有效衔接。生态扶贫是指在绿色发展理念的指导下，将精准扶贫与生态保护有机结合起来，统筹经济效益、社会效益、生态效益，以实现贫困地区可持续发展为导向的一种绿色扶贫理念和方式。随着经济社会的发展变迁，贫困地区拥有的健康绿色食品、美丽自然风光、传统农耕文明变得越来越稀缺，这些将是贫困地区推动生态振兴的重要基础。过去，这些资源未能得到有效开发，贫困地区的群众难以在保护生态环境中获得应有的收益，在发展理念、基础条件、治理能力、制度支撑等层面都面临诸多阻碍。加快推进新时代中国特色社会主义生态文明建设，相对贫困地区推动生态振兴需要紧紧围绕"生态保护"和"乡村振兴"两大战略目标，强化顶层设计，优化政策措施，进而实现生态工程的"价值最大化"。

第二，将因地制宜的理念融入生态工程建设中。生态建设要突出关键地区和因地制宜。生态工程的建设发展中，必须实行劳动、资金、能源、技术密集相交叉的集约经营模式，达到既有高的产出，又能促进系统内各组成成分的互补、互利协调发展。

需因地制宜地做到的不仅是顺应天地之道，也要做到"无违自然""人与天协调"，要求人类个体的社会行为要与自然的阴阳时序保持协调发展。要善于挖掘和利用本地优势资源，加强地方优质品种保护，推进产学研有机结合，统筹做好产业、科技、文化这篇大文章。当前，我国正在推动构建新发展格局、乡村振兴等一系列重大战略部署，在生态工程建设中融入因地制宜的理念是必然要求，对于发挥地区资源优势和提升工程建设绩效具有重要作用。

第三，将科技运用到生态安全屏障功能变化监测系统建设中。以科技赋能，强化自然生态系统保护和修复监测监管，构建国家－地方互联互通的重要生态系统保护和修复重大工程监测监管平台，提高工程实施、动态监管、绩效评估的信息化管理能力和水平。继续开发新的评估指标以更加全面地监测环境变化，并利用新的指标体系衡量环境变化及其影响。维护和发展指标体系并将其应用于环境监测，是一项长期工作，也是未来评估的基础。今后的研究重点是关注如何构建生态工程的动态管理机制，及时发现和解决工程实施过程中的问题，如研发基于卫星－无人机－地面立体监测的生态工程任务实施效果遥感精细辨识和制图技术，开展宏观生态结构遥感信息提取和生态参数遥感反演，并生成生态系统宏观结构和生态参数时空数据集。

第 7 章

青藏高原重大生态工程成效

7.1 高原重大生态工程成效

青藏高原重大生态工程投资超千亿元，保护面积约占高原总面积的 1/3，成为我国乃至世界单个自然地域单元实施规模最大的生态工程之一。青藏高原生态工程主要包括两大类型：一类是针对特定生态问题治理的专题性生态工程，另一类是针对典型区域综合治理的区域性生态工程。专题性生态工程主要有草地生态工程、森林生态工程、土地沙化治理工程和水土流失治理工程等，区域性生态工程包括西藏生态安全屏障保护与建设和三江源地区、横断山地、祁连山地区生态保护与建设等。生态工程成效体现在两个方面：一是是否按照规划目标、实施规模和时间进度有序推进，且到达阶段性治理要求；二是生态工程的生态效益、社会效益和经济效益发挥情况。

7.1.1 生态工程有序推进，生态安全屏障骨干体系基本成形

草地生态工程实施范围广、力度大。草地生态保护与建设工程主要采用退牧还草和鼠虫害治理两大类工程措施。截至 2018 年，青藏高原退牧还草工程累计实施面积达到 25 万 km² 以上，鼠虫害治理工程实施面积达到 20.1 万 km²，共涉及青藏高原一半以上的县区市，是实施面积最大的生态工程。天然草地得到有效保护，中度和重度退化草地得到有效治理。

森林生态工程建设周期长、成效好。森林生态保护与建设主要采用天然林保护和人工造林等工程措施。横断山区南部、藏东南地区及祁连山的部分县区是林地保护与建设工程的主要实施区域。截止到 2018 年，人工造林工程实施总面积达到 1.85 万 km²，天然林保护工程实施总面积达到 1.13 万 km²。天然林以及国家和地方重点公益林得到有效保护，人工林造林效益显著，森林面积和蓄积量实现"双增"。

水土流失治理工程有序实施、综合性强。青藏高原水土流失治理采取分区施策、重点治理的方针，基本形成预防保护、综合治理和监测监管工程体系。面向水土流失重点区域，以大流域为依托，以县为单位，以小流域为单元，通过封禁修复、营造水土保持林草，因地制宜地开展了综合治理和连续治理。1989 年在横断山区开始实施的长江上中游水土保持重点防治工程，拉开了青藏高原水土流失综合治理的序幕。近 30 年来，在横断山区的高山峡谷、西藏"一江两河"及三江源东南部重点治理区先后开展小流域水土流失综合治理工程，实施总面积达到 0.74 万 km²。国家级和省（自治区）重点预防区得到全面预防、重点保护，以水土流失动态监测和生产建设项目水土保持监管为重点的监测监管体系基本形成。

沙化土地治理工程稳步推进，绿进沙退。在西藏"一江两河"河源和中游河谷地带及三江源区的西南部，实施了封沙育草、草方格沙障和机械固沙等措施，治理急需可治理沙化土地。截至 2018 年，青藏高原沙化土地治理工程实施总面积达到 0.64 万 km²。其中，西藏治理面积达到 0.31 万 km²，三江源区治理面积达到 0.27 万 km²，横断山区治理面积达到 0.06 万 km²，重点治理区的土地沙化得到基本遏制。

西藏生态安全屏障保护与建设完成中期目标。2009 年 2 月，国务院批准发布的《西藏生态安全屏障保护与建设规划（2008 ～ 2030 年）》，实施生态保护、生态建设和支撑保障三大类 10 项生态工程，包括天然草地保护工程、森林防火及有害生物防治工程、野生动植物保护及保护区建设工程、重要湿地保护工程、农牧区传统能源替代工程 5 项生态保护工程，防护林体系建设工程、人工种草与天然草地改良工程、防沙治沙工程、水土流失治理工程 4 项生态建设工程，并且建设和开展生态环境监测控制体系、草地生态监测体系、林业生态监测体系和水土保持监测体系等支撑保障项目。建设以藏北高原和藏西山地草甸—草原—荒漠生态系统为主体的屏障区、藏南及喜马拉雅中段以灌丛和草原生态系统为主体的屏障区，以及藏东南和藏东以森林生态系统为主体的屏障区为主体。截至 2018 年底，各项生态工程共计完成投资 106.83 亿元。中期评估表明，各有关部门职责明确、齐抓共管、合力推进，工程总体进展顺利，完成中期阶段任务。

三江源生态保护与建设一期、二期工程顺利实施。2005 年 1 月 26 日，国务院批准颁布的《青海三江源自然保护区生态保护和建设总体规划》，建设内容包括三大类 22 个子项目。生态保护与建设项目包括退牧还草、已垦草原还草、退耕还林、生态恶化土地治理、森林草原防火、草地鼠害治理、水土保持和保护管理设施与能力建设 8 项建设内容。农牧民生产生活基础设施建设项目包括生态搬迁工程、小城镇建设、草地保护配套工程和人畜饮水工程 4 项建设内容。支撑项目主要包括人工增雨工程、生态监测与科技支撑等建设内容。2014 年，三江源生态保护和建设二期工程启动，包括草原、森林、荒漠、湿地、冰川与河湖等生态系统保护和建设工程，生物多样性保护和建设工程，以及生态畜牧业、农村能源建设和生态监测等支撑配套工程。截止到 2019 年，三江源生态保护和建设一期（2005 ～ 2013 年）、二期（2014 ～ 2019 年）工程共完成投资 172.11 亿元。三江源一期工程顺利完成，2022 年二期工程国家进行终期评估验收。

横断山地区生态工程扎实开展。横断山地区主要实施了生态保护与建设工程和支撑工程两大类。生态保护与建设工程主要包括林业生态工程、水土流失综合治理工程和沙化土地治理工程 3 类，支撑项目包括生态保护支撑和科技支撑 2 类。林业生态工程主要包括"天然林保护工程"、"退耕还林工程"和"长江中上游防护林体系建设工程"。"天然林保护工程"自 2000 年开始试点以来，已经实施两期，实施范围包括四川省、云南省和西藏自治区的 94 个县（市、区）；"退耕还林工程"自 1999 年起在横断山地区（四川省）开始试点，并于 2003 年在全国全面启动；"长江中上游防护林体系建设工程"分三期进行，一期工程 1988 ～ 2000 年，二期工程 2001 ～ 2010 年，三期工程 2011 ～ 2020 年。横断山区的水土流失综合治理工程主要有"长江上中游水土流失综合治理工程"，工程分布范围主要涉及云南、四川两省，建设内容包括坡耕地整治、小型水利水保工程、植物防护、保土耕作和封禁治理。横断山区的沙化土地治理工程主要有"川西北地区防沙治沙试点示范工程""川西北藏区生态保护与建设工程"等，集中在沙化严重、面积大的若尔盖、红原、理塘、石渠、阿坝等地。总体上，横断山地区生态工程按照国家分类、分期要求扎实推进。

祁连山地区重点生态工程深入实施。2000 年后，陆续在该地区实施了天然林保护工程、生物多样性保护工程、退耕还林工程、退牧还草工程、生态公益林管护工程、保护区基本建设工程等一系列重点生态工程项目。2001 年，先后启动了《石羊河流域重点治理规划》、《黑河流域近期治理规划》、青海湖流域生态环境保护与综合治理项目、《祁连山冰川和生态环境综合治理规划》、《祁连山国家公园总体规划》等综合治理项目。2012 年，国家发展和改革委员会启动《祁连山生态保护与建设综合治理规划（2012-2020 年）》，实施林地、草地、湿地、水土保持、冰川环境保护、生态保护及科技支撑 7 项工程，工程范围包含祁连山南坡（青海）和北坡（甘肃），行政区域涉及两省 23 个县市区，总投资规模为 34 亿元。按照各专项规划要求，各类生态工程建设内容与规模有序开展。

7.1.2 生态工程综合效益凸显，生态环境稳定向好

围绕青藏高原生态安全屏障建设的战略目标，各项生态工程总体推进顺利，重点治理区生态退化得到初步遏制，生态保护与建设综合效益逐步显现。高寒生态系统结构稳定，原真性、典型性和系统性得以维持。生态功能稳中有升，高原生态屏障作用稳定向好。高原生态环境脆弱，筑牢生态安全屏障建设仍是一项系统复杂的工程，具有长期性和艰巨性。

1.高原生态格局稳定且功能提升

青藏高原生态系统类型丰富，主要包括草地、森林和湿地等类型。草地面积为155.53 万 km²，占总面积 60.16%，是我国草地的主要分布区，是欧亚大陆草地的重要组成部分，是世界上独特的高寒生态类型。森林（包括林地和灌木）面积约 31.74 万 km²，占总面积 12.28%，集中分布在高原东南部。湿地（包括水体和沼泽湿地）面积约 13.09万 km²，占总面积 5.06%，主要分布在三江源区、羌塘高原东部和南部、甘南高原及若尔盖高原等区域。

生态格局整体保持稳定。1990 ～ 2020 年，青藏高原生态格局整体保持稳定，总体变化率仅为 0.60%。高寒草地面积略有减小，变化率为 –0.07%，约 30% 为湖泊扩张淹没。1990 ～ 2000 年生态工程实施之前，森林面积表现为整体缩减，2000 ～ 2020 年生态工程实施之后，森林面积减小幅度降低，变化率为 –0.03%，青藏高原各类生态系统的景观格局变化不大，有朝着景观完整性增强，斑块破碎化程度减弱的趋势发展。

生态系统功能稳中有升。近 30 年来，青藏高原生态系统水源涵养量为 1408.52 亿 m³，单位面积水源涵养量为 545.12 m³/hm²，年变化率为 1.96 m³/(hm²·a)，呈现波动中上升的趋势，且 2010 ～ 2020 年年上升速率加快。土壤保持功能保持稳定，单位面积土壤保持量整体呈现波动上升趋势，年变化率为 0.0795 t/(hm²·a)。防风固沙功能略有提升，防风固沙量整体呈现波动增加趋势，年变化率为 0.1254t/(hm²·a)，局部地区沙化扩大趋势得到遏制。自然保护区的建立和保护，使得青藏高原旗舰物种实现恢复性增长，

藏羚羊野外种群数量由 1995 年约 6 万只上升到目前 30 万只左右，栖息地生境保持良好，生境指数以 0.0002/a 的变化率波动增加。青藏高原是重要的潜在碳汇区，高寒生态系统的固碳以 0.6531 g C/(m²·a) 的平均速率呈显著增加趋势。生态恢复工程具有显著的 CO_2 汇成效，退牧还草等生态工程净 CO_2 汇提升幅度总体在 35% 以上。禁牧能够提升高寒草甸和草原 CH_4 吸收量的 20% 左右，削减 CH_4 排放高达 50% 以上。在气候暖湿化、大气 CO_2 提升和生态工程的综合影响下，净碳汇持续增强。

2. 工程区生态恢复效果显著

草地工程显著提升优质牧草产量和比例。禁牧工程实施以后，折合每公顷增加干草产量约 85.2kg，植被覆盖度显著增加，工程区内植被覆盖度比工程区外平均提高 16.9%，退牧还草工程区草地平均比围栏外放牧草地增加地上生物量 2.67 ～ 13.3 g/m²，平均提高 24.25%，地上生物量和优质牧草占比提升。围栏工程排除了家畜践踏和采食干扰，引起种间和种内关系改变，提高优质牧草的竞争力，提升群落丰富度指数、多样性指数、均匀度指数以及优势功能群（禾草和莎草）的重要值，促进生物量累积。

林地工程显著提高森林面积和森林蓄积量。近 30 年来，青藏高原大力实施天然林保护和人工林建设工程，截至 2020 年，西藏森林覆盖率达 12.14%，森林蓄积量 22.83 亿 m³，青海森林覆盖率达到 7.5%，森林蓄积量 0.50 亿 m³；青藏高原天然林保护工程区域总碳储量增加 0.273 亿 t/a，禁止砍伐森林后森林资源总消耗量由过去的 150.5 万 m³，降低到目前的 69.4 万 m³，减少消耗量 53.9%。西藏人工林面积近 30 年的年均增长率高达 52.60%，达到 14.59 万 hm²。2011 ～ 2016 年，西藏人工林碳汇由 133.33 万 t 增加到 203 万 t，5 年间增加率为 52.25%，实现了森林面积和蓄积量"双增"。

土地沙化扩展趋势得到逆转，工程区水土流失面积减少。西藏防沙治沙工程成效显著，全区土地沙化扩展趋势得到逆转，雅鲁藏布江中上游、拉萨河、狮泉河等河谷风沙危害有效减缓。2008 ～ 2014 年 6 年中，西藏沙化土地面积减少 10.71 万 hm²，极重度沙化土地向重度沙化或中度沙化转化。雅鲁藏布江河谷（曲水—桑日段）典型观测区灾害性沙尘天气由 2000 年的 85 天下降至 2014 年的 32 天。中度和重度水土流失治理区得到有效治理，水土流失面积减少，土壤侵蚀强度向轻度和微度转化，拦泥减沙率达到 50% 左右。雅鲁藏布江河谷典型治理区内外对照，土壤质量改善，主要植物种类由 29 种增加至 49 种，植被总盖度由 5% 提高到 20% 以上，植物干重提高了 58.6%。

3. 生态工程促进技术发展与示范引领

在天然草地保护工程中，发展刈割型、放牧型和生态型技术模式，创建兼顾生态保护和生产发展的管理新范式。在修复退化草地生态系统中，筛选出疏花剪股颖、垂穗披碱草、发草等高水分利用效率品种，提出将高寒草地过牧及毒杂草和高耗水植物耗水量阈值作为预警指标，并补播和局部施肥快速改变群落结构，减少植被蒸腾和地表蒸发，有效提高水分利用效率。针对沼泽湿地退化现状，提出工程措施、生物措施、管理措施结合治理策略。通过填、堵排水沟壑和在沟渠上构筑水坝等设施来拦蓄和调控水位为主要措施的水文修复工程，并加以围栏封育等手段，恢复湿地生态功能。生态灭鼠技术替代传统药剂，草地直线型阻拦网陷阱系统控鼠绿色治理技术得到有效发展，形成了黑土滩治理、鼠荒地治理等特色治理技术模式与示范。

7.1.3 生态工程绩效提升，生态为民富民取得实效

基于公共价值理论，定量评估了西藏高原、四川藏族聚居区、三江源和祁连山典型区域重点生态工程的绩效。祁连山北麓天然林保护工程和生态移民工程总体绩效良好。西藏高原生态工程的综合绩效优秀，过程维绩效略高于结果维绩效，生态工程的公平价值较低。三江源退牧还草工程总体绩效合格，治多县绩效最高，玛多县绩效最低；川西藏族聚居区 13 项生态工程综合绩效良好，优质工程 3 个，良好 3 个，中级 3 个，低级 1 个。通过田野调查和农户参与式评估，进一步分析了生态工程影响下农牧民的生计转型及民生质量问题。祁连山北麓移民生计模式的非农化倾向较为突出，其生计受福利风险影响最大，经济和政策风险对其后续生计选择影响显著，生活开支大、新分棚圈耕地质量差、返贫是主要的风险要素，耕地质量差和水资源短缺是制约生态移民可持续发展的关键因素。川西藏族聚居区农牧民的生计发展依赖于传统养殖业，兼业化程度较低。三江源区则以政策型生计（生态管护员）为主，家人患病、自然灾害及子女学费开支高是其主要的风险来源。总体来看，生态工程的实施改善了农牧民的生计来源、转型策略及资本储量，民生质量水平呈逐年上升趋势。

重点生态功能区转移支付、国有公益林和草原生态补偿等持续惠及农牧民，生态公益岗位数量得到巩固。草原生态保护补助奖励政策增加了农牧民的收入，促进了高原牧业的可持续发展。中央财政森林生态效益补偿基金，使西藏全区 210 多万农牧民群众直接或间接从中受益，人均每年增收现金 350 元。生态安全屏障建设项目吸纳农牧民直接参与，促进农牧民就地就近务工和多渠道增收，仅防沙治沙工程累计实现农牧民增收 2 亿余元。据统计，2012 ~ 2020 年，西藏农村居民人均可支配收入由 5698 元增加至 14598 元，年均增长 12.5%，高于全国 3.1 个百分点。总体来看，高原生态保护与建设工程切实增强了农牧民的生态获得感，生态为民富民取得实效。

7.1.4 暖湿化为主的气候进程总体利于生态工程发挥成效

过去几十年间，青藏高原气候变暖速率是全球陆地平均值的 2 ~ 3 倍，降水呈总体增加趋势，以暖湿化为主的气候进程总体利于生态工程成效的凸显。过去 20 年间，大量学者采用遥感手段对高寒植被物候、生产力和植物结构等的动态变化及其驱动因素进行了系统研究，总体认为暖湿化气候和大气 CO_2 浓度提升促进了植被物候变化和生产力的提高。青藏高原人类活动强度总体低于全国水平，但过去几十年间人类活动强度增强。人类通过建设工程、放牧、旅游等对高寒生态系统产生负面影响，又通

过恢复和修复等生态工程进行正面调节。受气候暖湿化、大气 CO_2 提升和人类活动正负双向调节等多因素影响，高寒生态系统碳汇性质、强度和发展方向存在不确定性。青藏高原过去几十年间经历了人类活动干扰增加（2004 年之前）到调控降低（2004 至今）的过程，部分地区人地关系仍然紧张。气候暖湿化主导着青藏高原高寒植被的变化，人类活动改变了局地植被动态。人类活动和气候变化相对贡献厘定在青藏高原仍存在极大的不确定性，大量学者采用机理模型和遥感模型二者的残差来区分气候变化和人类活动的贡献。气候对高寒植被年际变化的主导作用毋庸置疑，其贡献率在 60% ~ 80%。

然而，过去 30 余年间，气候因子对高寒植被生产的年际动态解释力变弱，而高寒植被对人类活动的响应增强，这一趋势在 2000 年之后尤为显著，这与青藏高原启动的大规模退牧还草和围栏等重大生态工程息息相关。生态工程对下垫面的恢复性改变，通过调节植被对温度的依赖性、地表反照率、蒸散发和碳氮温室气体等过程产生气候效应，重点工程区的生态效益局地效应已经开始发挥。研究结果显示，气候变化仍是影响"一江两河"区域风沙、水沙过程演变与水土流失状况的主导因素，但生态工程贡献率逐渐增加。生态工程实施对雅鲁藏布江中游区域风蚀量减少与防风固沙量增加的贡献率，分别由 1990 年的 3% 和 16% 增加至 2020 年的 18% 和 74%。

7.2　高原重大生态工程实施存在的问题

7.2.1　缺乏一体化保护与系统化治理的整体方案

青藏高原涵盖地域广袤且涉及多个省（区），区域生态保护与修复总体规划、实施方案和政策措施的实施主要按照行政单元分省（区）进行，缺乏对地理单元连续性和生态系统完整性的统筹兼顾。在具体实施过程中，行业部门各自为战，条块分割、职能交叉、多头管理现象仍不同程度存在。由于系统化的统筹统管不足，一些跨省区、跨部门和跨领域的重大事项协调不够，相关资源不能有效统筹、整合和共享。青藏高原生态保护与修复通常以单要素为核心，以典型生态问题为切入点，各项治理举措的关联性和耦合性较弱，缺乏山水林田湖草沙冰等各种生态要素的系统修复和协同治理。以功能修复和可持续性保护为目标的技术集成明显不足，缺乏绿色安全技术和综合性技术的研发。青藏高原生态问题解决路径较重视自然过程，对人类调节作用或正向反馈下的多圈层过程与多系统耦合研究相对有限。重大生态工程建设重生态效益、轻社会效益和经济效益，缺乏融合生态保护补偿、生态产品价值实现和生态富民途径的系统性生态保护与修复的整体方案，以及与生态文明高地建设有关的统筹规划。

7.2.2 生态工程规模时序效应显现，技术亟待优化

1. 围栏禁牧生态恢复效应存在时效性

退化草地保护工程——围封禁牧工程是青藏高原退化草地主要的修复方式，但是存在围封面积大、围封时间长的特点。从围栏封育年限来看，短期围栏封育后（4～8年）生物量和盖度增幅最高，而长期禁牧导致枯落物和植物密度增大，受植物光合作用抑制以及养分竞争强度加剧的共同影响，退化草地的恢复成效逐步削弱。长期的围栏封育势必造成草地资源浪费，饲草供给的短缺严重影响牧民生计。同时，围栏限制了野生动物的活动范围，增加了非围栏地区的放牧压力，且牧民的满意度并不高，而地方政府和国家财政投入巨大。根据生态恢复演替理论和中度干扰－生物多样性理论，在青藏高原大面积的围封对生态过程和生物多样性的影响考虑不足，需要及时根据生态问题的变化对生态工程布局和时序进行动态调整。

2. 人工林的树种单一，生态系统自我调节能力不足

青藏高原天然林保护工程导致天然林一直处于保护状态，以及成熟林和过熟林状态，树木更新变慢，影响生物多样性和固碳能力。多年来建设的人工林普遍存在林分结构简单、树种组成单一、林木密度大、株间竞争激烈等问题，生物多样性贫乏导致森林恢复力降低，影响固碳能力，部分地区人工防护林退化严重、低质低效林面积较大，生态系统稳定性亟待提升。西藏造林树种绝大部分选择杨树，尤其以北京杨、银白杨等速生树种为主，而随着河谷地水分条件良好面积的不断缩小，选择抗旱能力强、适应能力强的本地树种尤其重要。由于树种选择不当，树林不易成活、人工林生态系统自我调节能力低下等问题严重。注重造林而疏于管理、造林后期管理差、病虫鼠害严重、对幼龄林的抚育措施缺乏等问题仍然存在。

3. 沙化治理模式创新不足，受海拔和水分条件限制严重

青藏高原蒸发量大，沙质土壤保水保肥能力差，水肥流失严重。新型保水保肥的技术措施应用缺乏，治理模式创新不足，治理区域选择受海拔和水源限制严重，同一措施在不同区域的治理效果有非常大的差异，其中是否具有灌溉条件是影响治理效果的重要因素。治沙植物一直是高山柳、老芒麦、黑麦草、披碱草、燕麦等，新品种选育和应用不足，缺乏土地整理、灌溉等关键措施，导致部分地区沙化治理处于瓶颈期。由于沙地生境条件限制，单一群落类型的生态工程实施后植被恢复过程极为缓慢，工程区内植被郁闭度低，仍存在大量裸露沙地，在稀疏植被条件下可能还会产生"漏斗效应"，反而增强近地表风蚀过程。沙化治理工程的管护期相对较短，生态工程建设多为分阶段实施，管护期普遍在5年左右，之后受以放牧为主的人类活动干扰极大。

7.2.3　成效监测评估与科技支撑能力不足

青藏高原生态系统类型复杂多样、区域环境差异大，现有监测体系对重要生态类型区、关键功能区和前沿科学问题涵盖面不足，其空间布局的前瞻性和针对性不强。重大生态工程成效监测平台分散于各个行业部门或工程实施主体单位，生态保护与修复监测体系缺乏统一规划和技术标准，各个台站间观测项目设置科学性、观察方法规范性、设备参数一致性等需要统一协调，数据共享难题依然突出。长期跟踪式监测和对照监测体系未形成，已有的监测台站运行保障难以维持，监测数据连续性和人工观测项目缺失问题突出。强烈的气候变暖和脆弱的生态系统是青藏高原最大的特点，高寒生态系统对气候变化的敏感响应和多尺度反馈是生态保护与修复关注的重点，量化辨识气候变暖和人类活动对生态系统的影响是生态安全屏障建设布局的难点，亟待科学与工程学交叉、整体论与还原论相结合的系统性高寒区生态理论体系支撑。目前已取得的科技成果与决策者有机结合不够紧密，科技管理部门、政府决策部门和科学界缺乏有效及时衔接，科技成果服务科学决策尚存在差距。

7.2.4　"重治理轻管护"，工程配套政策助力不足

青藏高原地区生态环境极其脆弱和敏感，易受外部作用影响而出现灾害与生态退化。尽管短期内完成了生态治理项目的相关考核指标，但防风林网络脆弱、鼠害隐患不断、植被质量下降等问题难以根除，需要长期持续地治理与管护。由于青藏高原地区经济发展相对滞后，沙化治理和天然林保护工程均存在"重治理、轻管护"、后期管护投入不足等问题，川西藏族聚居区、祁连山北麓尤为严重，林地管护任务与管护经费不匹配，护林员管护工作繁重，技术手段落后。在财政机制分担和资金配比方面存在森林防火、森林病虫害防治经费投入偏少，缺少道路、房屋、电力等林区基础设施建设和维修专项资金，林区与非林区基本公共产品非均等化等问题。工程资金需求与国家财政供给不足的矛盾日趋尖锐，资金投入不足，缺乏长期、稳定、多元化的投入渠道，直接导致治理项目投资单价偏低，造成治理措施实施不彻底，治理成效不显著。以阿坝州红原县防沙治沙项目为例，沙化土地治理年均投入不足 500 万元，平均每亩投入 828 元（含成果巩固）。

7.2.5　生态补偿机制"一刀切"，适应性不足

生态横向补偿制度未建立，湿地保护和沙化治理未纳入生态补偿范围，未形成完整、系统的补偿机制。在湿地生态建设中，农牧民草场使用与生态建设存在矛盾，会影响当地农牧民参与、支持湿地生态建设的积极性。生态补偿标准没有与当地经济社会发展相适应，与当地劳务薪酬标准存在明显差距，管护员工作难以维持生计。生态工程的造血能力有限，后续产业发展滞后，贫困农牧户及搬迁移民对政策的适应性差，

生计转型困难，对政府补贴依赖度高。此外，移民工程规划参与程度低，政策福利差距未能较好控制，"十二五"规划与"十三五"规划阶段内，建档立卡贫困户与非贫困户之间存在过大的政策补偿差异，农业生产条件和水利设施配套差，移民消费高、收入难保障，生计问题突出。在多元化的融资渠道上，目前国家对于社会资本多元化投入的引导尚处于一种书面化的文本状态，缺少相应的法律依据和明确的支撑机制，社会资本投入生态保护和建设的体制机制亟须健全和完善。

7.3 高原重大生态工程优化建议

7.3.1 生态文明高地建设理论和区域高质量发展衔接

加强与《西藏自治区国家生态文明高地建设规划（2021—2035 年）》的建设目标相衔接，以建设国家生态安全屏障战略地、人与自然和谐共生示范地、绿色发展试验地、自然保护样板地、生态富民先行地为总体目标，对青藏高原重大生态保护与修复工程进行优化，努力把青藏高原打造成为全国乃至国际生态文明高地。加强与《全国重要生态系统保护和修复重大工程总体规划（2021—2035 年）》和《青藏高原生态屏障区生态保护和修复重大工程建设规划（2021—2035 年）》中的建设任务相衔接，全面落实新时代推进西部大开发形成新格局的指导意见，推动供给侧结构性改革，转变发展方式，提升发展质量，将良好的生态环境和丰富的自然资源转化为经济效益，进一步提升青藏高原地区高质量发展水平。

7.3.2 专题性和区域性生态工程的协同配合

积极做好专题性和区域性生态工程的协同配合，统筹各项保护体系与治理工程的建设目标、内容与实施年限，科学配置自然保护和人工修复措施，推动上下游、左右岸协同治理，全面加强生态修复、资源保护、监测评估等领域重点工程项目建设对青藏高原生态保护和修复的基础支撑作用，形成重大生态工程建设合力，完善青藏高原重大生态工程建设体系。基于植被恢复与群落演替时序、中度干扰理论、种 - 面积关系和生态适应与进化等生态恢复原理，加强生态工程规模 - 时序 - 格局、生态 - 生产功能和投入 - 产出的相互关系研究，优化草地围栏开放、乡土种抗逆基因资源发掘、种源 - 养分 - 配置低质低效林改造等关键技术，加强颠覆性绿色修复技术的研发与示范推广，促进技术成果转化。积极探索生态产品价值实现途径，深化研究生态工程实施对社会福祉、民生质量的影响，综合考虑技术 - 政策 - 民生三个层次，统筹自然生态保护体系、退化生态修复体系与区域经济社会发展支撑体系，提出青藏高原重大生态工程优化方案。

7.3.3　多渠道投入生态补偿格局

加大重点生态功能区转移支付力度，研究提高生态补偿标准。强化单项补偿政策支持，完善森林、草原、湿地生态保护补偿机制，建立国有公益林、草原生态保护补偿标准动态化调整机制，符合政策的新增公益林按规定调整区划界定。建立水流生态保护补偿制度，推动重要江河跨流域区域生态保护补偿。建立健全区际利益补偿机制和纵向生态补偿机制，对重点生态功能区、农产区主产区提供有效转移支付。建立完善政府引导、市场推进、社会公众广泛参与的生态保护补偿投融资机制，形成多渠道投入生态补偿格局，加大对基本公共服务保障能力投入力度。健全生态保护补偿绩效考核评价机制，开展生态补偿过程管理和绩效评估，加强对生态保护补偿资金使用的监督管理。实施生态岗位精准管理，建立严格、规范、透明的生态岗位动态管理制度，充分发挥生态岗位职责作用。健全激励约束机制，推动生态保护成效与资金分配挂钩。

7.3.4　分阶段加强监测评估和科技支撑

进一步完善生态环境监测网络，科学布局建设生态监测站（点），完善生态监测技术规范，构建生态保护与建设的信息共享平台，逐步建成风险评估和预警相结合的监测评价体系。实现青藏高原重大生态工程区、重要生态功能区、自然保护地等大范围、全天候监测，为生态环境保护提供强有力的技术支撑。借鉴国内外高寒生态保护与修复的先进理念和技术，加强生态工程技术体系与成效评估、高原绿色发展途径与对策、生态资产与生态补偿等方面的研究。从调控机制探索、关键技术研发、修复技术集成、生态补偿机制、成效监测评估等角度，加强青藏高原生态保护与修复关键技术综合集成与示范推广。整合区域内外高寒生态研究力量，积极培养一批高寒生态保护与修复领域的高层次创新人才，形成系统的、多学科交叉的研究队伍，有效支撑青藏高原生态保护与修复。建立多元化科技投入机制，充分发挥区内外高等院校、科研院所及企业的科技资源优势，积极吸纳社会力量参与，构建青藏高原生态保护与修复科技支撑平台。

7.3.5　加大生态工程建设规模和投资力度

高寒生态环境的脆弱性造就了生态工程实施的长期性和艰巨性，区域生态工程的实施，在一定程度上维持和提升了局部生态安全屏障的功能，生态效益明显，但对大尺度区域的贡献作用相当有限，应进一步加大生态工程建设规模，同时优化工程布局，以"山水林田湖草为一体"的理念，结合高海拔生态搬迁、易地扶贫搬迁、"两江四河"流域治理、草畜产业结构调整等各项发展要求，修编前期重大生态工程类规划，综合布局各类生态工程，以提高实施的整体效果。针对青藏高原生态地位的重要性、保护生态的迫切性，但地方财力不足、建设成本高的实际情况，针对投资标准明显偏低的工程，加大投资力度，并提高资金对接项目精准度，资金的计划安排应有明确的专门渠道，确保专项资金及时到位，保障拟定的保护与建设工程得以顺利实施。开展工程建设阶段评估，解决因物价上涨等因素造成建设成本上涨的部分差额资金，以确保工程建设规模和质量。

7.3.6 加强生态工程管理的制度建设

积极推动青藏高原生态保护立法，贯彻执行《西藏自治区国家生态文明高地建设条例》及《青海省生态文明建设促进条例》，建立健全生态保护与修复的地方性法规规章体系，推动生态环境治理体系和治理能力现代化。健全完善生态保护、修复、治理系统推进体制，以统筹山水林田湖草沙冰一体化保护和修复为主线，科学布局和组织实施重要生态系统保护和修复重大工程。加快制定或修订有关重大生态工程专项管理办法，进一步明确和细化项目前期工作、投资计划管理、建设规划、监督检查、规划评估等方面的规定，明确各部门在项目组织、建设管理、事中事后监管等方面的具体职责。积极推进生态工程项目精细化管理，加强生态保护修复重大工程监测监管。结合重大生态工程建设实际，积极开展有关工程标准的研究工作，加快制定建立完善青藏高原生态保护和修复重大工程建设的标准规范。建立生态保护与修复多元化投入机制，探索市场化建设、运营、管理的有效模式，鼓励支持社会资本参与生态环境保护与修复。建立完善农牧民积极参与生态保护和修复利益联结机制，推动生态工程全民共建，生态产品全民共享。

参 考 文 献

阿旺尖措，久多，明吉，等．2006.高原鼠兔夹：CN2822215.

安韶山，张扬，郑粉莉．2008.黄土丘陵区土壤团聚体分形特征及其对植被恢复的响应．中国水土保持科学，6(2)：66-70, 82.

巴雷，王德利，曹勇宏．2005.刈割对羊草和全叶马兰生长与种间关系的影响．草地学报，13(4)：278-281, 312.

白史且，李达旭．2013.科技报告：湿地生态系统监控与周边生物灾害防治技术开发．450723732-2007BAC18B04/04.

白重庆，侯秀敏．2017.浅议"十一五"以来青海省草地鼠虫害及防控．青海草业，26(3)：47-48, 51.

包国宪，王学军．2012.以公共价值为基础的政府绩效治理：源起、架构与研究问题．公共管理学报，9(2)：89-97, 126-127.

包国宪，文宏，王学军．2012.基于公共价值的政府绩效管理学科体系构建．中国行政管理，(5)：98-104.

保罗·萨缪尔森，威廉·诺德豪斯．2012.经济学．19版．萧琛译．北京：商务印书馆．

保善悦．2015.青海湖国家级自然保护区社区资源共管模式的探索与研究．兰州：兰州大学．

边多，李春，杨秀海，等．2008.藏西北高寒牧区草地退化现状与机理分析．自然资源学报，23(2)：254-262.

布朗L R．1984.建设一个持续发展的社会．祝支三译．北京：科学技术文献出版社．

蔡崇法，丁树文，史志华，等．2000.应用USLE模型与地理信息系统IDRISI预测小流域土壤侵蚀量的研究．水土保持学报，14(2)：19-24.

蔡延江，丁维新，项剑．2012.土壤N_2O和NO产生机制研究进展．土壤，44(5)：712-718.

曹国兵，于红妍．2018.2种不同剂型蝗虫微孢子虫防治草地蝗虫的药效研究．畜牧与饲料科学，39(8)：53-55.

曹旭娟，干珠扎布，胡国铮，等．2019.基于NDVI3g数据反演的青藏高原草地退化特征．中国农业气象，40(2)：86-95.

陈德亮，徐柏青，姚檀栋，等．2015.青藏高原环境变化科学评估：过去、现在与未来．科学通报，60(32)：3025-3035.

陈发虎，汪亚峰，甄晓林，等．2021.全球变化下的青藏高原环境影响及应对策略研究．中国藏学，4：21-28.

陈国阶．2002.对建设长江上游生态屏障的探讨．山地学报，(5)：536-541.

陈怀顺．1997.西藏"一江两河"中部流域河谷沙化草原及其恢复途径探讨．草业科学，14(3)：1-4.

陈克林，杨秀芝，陈晶．2014.若尔盖高原湿地生态补偿政策研究．湿地科学，4(2)：419-423.

陈克林．2010.若尔盖湿地恢复指南．北京：中国水利水电出版社．

陈淋，王廷萱，李婵，等．2021.西藏飞蝗研究进展．植物保护学报，48(1)：46-53.

陈宁，张扬建，朱军涛，等．2018.高寒草甸退化过程中群落生产力和物种多样性的非线性响应机制研究．植物生态学报，42(1)：50-65.

陈文波，肖笃宁，李秀珍．2002.景观空间分析的特征和主要内容．生态学报，22(7)：1135-1142.

陈晓娟，杨建，根呷羊批，等．2021.不同施肥处理对高寒草地的影响．西南民族大学学报（自然科学版），7(4)：342-347.

陈心盟，王晓峰，冯晓明，等．2021.青藏高原生态系统服务权衡与协同关系．地理研究，40(1)：18-34.

陈怡, 张蓓. 2020. 西藏柳树人工林碳密度影响因素分析. 林业调查规划, 45(3): 1-5.

陈永林. 2019. 中国蝗虫研究. 武汉: 湖北科学技术出版社.

陈卓奇, 邵全琴, 刘纪远, 等. 2012. 基于 MODIS 的青藏高原植被净初级生产力研究. 中国科学: 地球科学, 42(3): 402-410.

陈子琦, 董凯凯, 张艳红, 等. 2022. 全国重要生态功能区生物多样性保护成效区域对比评估. 生态学报, (13): 5264-5274.

陈佐忠. 1999. 草原生态系统 20 年定位研究进展与展望. 中国草地, 21(3): 1-10, 27.

成平, 干友民, 张文秀, 等. 2009. 川西北草地退化现状、驱动力及对策分析. 湖北农业科学, 48(2): 499-503.

程积民, 邹厚远. 1998. 封育刈割放牧对草地植被的影响. 水土保持研究, (1): 36-54.

程积民, 邹厚远, 本江昭夫. 1995. 黄土高原草地合理利用与草地植被演替过程的试验研究. 草业学报, (4): 17-22.

程雨婷. 2020. 围栏封育后我国草地植被与土壤恢复的 Meta 分析研究. 上海: 华东师范大学.

褚力其, 张志涛, 姜志德. 2022. 草场细碎化如何影响牧户实现草畜平衡: 以内蒙古与青海典型牧区为例. 农业技术经济, (8): 83-96.

褚琳. 2012. 黄河源玛曲高寒湿地生态退化与修复适宜性评价研究. 武汉: 华中农业大学.

崔鹏, 贾洋, 苏凤环, 等. 2017. 青藏高原自然灾害发育现状与未来关注的科学问题. 中国科学院院刊, 32(9): 985-992.

崔胜辉, 洪华生, 黄云凤, 等. 2005. 生态安全研究进展. 生态学报, (4): 861-868.

戴睿, 刘志红, 娄梦筠, 等. 2013. 藏北那曲地区草地退化时空特征分析. 草地学报, 21(1): 37-41, 99.

当知才让, 李俊臻, 薛慧. 2014. 尕尔娘退化沼泽化草甸湿地恢复技术. 甘肃林业科技, 39(4): 58-60.

邓文洪. 2009. 栖息地破碎化与鸟类生存. 生态学报, 29(6): 3181-3187.

丁佳, 刘星雨, 郭玉超, 等. 2021. 1980—2015 年青藏高原植被变化研究. 生态环境学报, 30(2): 288-296.

丁荣贵, 高航, 张宁. 2013. 项目治理相关概念辨析. 山东大学学报 (哲学社会科学版), (2): 132-142.

丁锐. 2009. 项目管理理论综述. 合作经济与科技, (7): 50-51.

董安祥, 瞿章, 尹宪志, 等. 2001. 青藏高原东部雪灾的奇异谱分析. 高原气象, 20(2): 214-219.

董蕊, 任小丽, 盖艾鸿, 等. 2020. 基于中国生态系统研究网络的典型森林生态系统土壤保持功能分析. 生态学报, 40(7): 2310-2320.

董乙强, 孙宗玖, 安沙舟. 2018. 放牧和禁牧影响草地物种多样性和有机碳库的途径. 中国草地学报, 40(1): 105-114.

杜国祯, 卜海燕, 李耀辉, 等. 2015. 黄河重要水源补给区 (玛曲) 生态修复及保护技术集成研究与示范. 中国科技成果, (10): 39-40.

杜睿, 陈冠雄, 吕达仁, 等. 1997. 内蒙古草原生态系统 大气间 N_2O 和 CH_4 排放通量研究的初步结果. 气候与环境研究, (3): 67-75.

杜志, 胡觉, 肖前辉, 等. 2020. 中国人工林特点及发展对策探析. 中南林业调查规划, 39(1): 5-10.

杜子银, 蔡延江, 王小丹, 等. 2014. 牦牛和藏绵羊粪便降解过程中的养分动态变化. 山地学报, 32(4): 423-430.

段占梓.2018.黑河湿地自然保护区社区共管体系构建研究.兰州:兰州大学.

多吉顿珠,巴桑赤烈,刘玉.2016.自压喷灌技术在高寒干旱区草地植被恢复的应用浅析.水土保持研究,4(2):55-59.

樊华,杨志国,丛志军,等.2007.防护林带和封育对沙化草场土壤理化性质的影响.中国水土保持科学,(6):46-49,67.

樊江文,邵全琴,王军邦,等.2011.三江源草地载畜压力时空动态分析.中国草地学报,33(3):64-72.

樊胜岳,陈玉玲,徐均.2013.基于公共价值的生态建设政策绩效评价及比较.公共管理学报,10(2):110-116,142-143.

樊胜岳,陈玉玲,杨建东.2014.生态建设项目的公共价值绩效及其内部结构:以河北省赤城县为例.电子科技大学学报(社会科学版),16(6):1-7,21.

范可心,郭生祥,袁弘.2015.甘肃祁连山自然保护区草地资源调查与保护研究.甘肃林业科技,40(3):42-45.

范鹏程,田静,黄静美,等.2008.花生壳中纤维素和木质素含量的测定方法.重庆科技学院学报(自然科学版),10(5):64-65,67.

方楷,宋乃平,魏乐,等.2012.不同放牧制度对荒漠草原地上生物量及种间关系的影响.草业学报,21(5):12-22.

方小敏,韩永翔,马金辉,等.2004.青藏高原沙尘特征与高原黄土堆积:以2003-03-04拉萨沙尘天气过程为例.科学通报,49(11):1084-1090.

方宇.2020.甘南及川西北高寒湿地生态系统健康评价.长春:吉林大学.

冯春慧,何照棚,田昆,等.2019.不同海拔生长的水葱功能适应性对比研究.西南林业大学学报,39(1):166-171.

冯珊珊.2016.基于AHM-关联分析模型的区域水土保持生态工程效益评价研究.水利规划与设计,(8):84-87.

冯舒,孙然好,陈利顶,等.2018.基于土地利用格局变化的北京市生境质量时空演变研究.生态学报,38(12):4167-4179.

冯晓龙,刘明月,仇焕广.2019.草原生态补奖政策能抑制牧户超载过牧行为吗?——基于社会资本调节效应的分析.中国人口·资源与环境,29(7):157-165.

冯漪,曹银贵,耿冰瑾,等.2021.生态系统适应性管理:理论内涵与管理应用.农业资源与环境学报,38(4):545-557.

冯源,田宇,朱建华,等.2020.森林固碳释氧服务价值与异养呼吸损失量评估.生态学报,40(14):5044-5054.

符素华,刘宝元.2002.土壤侵蚀量预报模型研究进展.地球科学进展,17(1):78-84.

付标,齐雁冰,常庆瑞.2015.不同植被重建管理方式对沙质草地土壤及植被性质的影响.草地学报,23(1):47-54.

傅伯杰,欧阳志云,施鹏,等.2021.青藏高原生态安全屏障状况与保护对策.中国科学院院刊,36(11):1298-1306.

甘沛奇.2007.关于横断山脉的地理描述.中国西部,(z2):1-4.

干旦曲珍 . 2017. 浅谈西藏人工造林主要树种选择 . 南方农业 , 11(20): 49-50.

高琳 . 2012. 分权与民生、财政自主权影响公共服务满意度的经验研究 . 经济研究 , 47(7): 86-98.

高嫚潞 . 2013. 瑞香狼毒 (*Stellera chamaejasme* L.) 对东亚飞蝗的生物活性、作用机理及应用试验研究 . 成都 : 四川大学 .

高懋芳 , 邱建军 . 2011. 青藏高原主要自然灾害特点及分布规律研究 . 干旱区资源与环境 , 25(8): 101-106.

高文童 , 张春艳 , 董廷发 , 等 . 2019. 丛枝菌根真菌对不同性别组合模式下青杨雌雄植株根系生长的影响 . 植物生态学报 , 43(1): 37-45.

高永恒 . 2007. 不同放牧强度下高山草甸生态系统碳氮分布格局和循环过程研究 . 成都 : 中国科学院研究生院 (成都生物研究所).

葛庆征 , 魏斌 , 张灵菲 , 等 . 2012. 草地恢复措施对高寒草甸植物群落的影响 . 草业科学 , 29(10): 1517-1520.

耿大立 . 2016. 国际金融组织贷款项目绩效后评价模式和经验对中国农业项目绩效评价的启示 . 世界农业 , (3): 62-66.

巩爱岐 , 张生合 , 李青云 . 2003. 论青海高寒草甸草地啮齿动物的种群类型及危害损失 . 青海草业 , 12(4): 19-23.

巩杰 , 马学成 , 张玲玲 , 等 . 2018. 基于 InVEST 模型的甘肃白龙江流域生境质量时空分异 . 水土保持研究 , 25(3): 191-196.

古丽努尔·沙布尔哈孜 , 尹林克 , 热合木都拉·阿地拉 . 2004. 塔里木河中下游退耕还林还草综合生态效益评价研究 . 水土保持学报 , (5): 80-83.

关士琪 . 2020. 草原生态补奖政策的牧户满意度和减畜意愿的研究 . 兰州 : 兰州大学 .

官永彬 . 2020. 民生导向的政府公共服务绩效评价与改善研究 . 成都 : 西南财经大学出版社 .

郭红玉 , 德科加 , 芦光新 , 等 . 2014. 不同肥料和施肥量对三江源区高寒草甸天然草地的影响 . 青海畜牧兽医杂志 , 44(6): 8-10.

郭剑波 , 赵国强 , 贾书刚 , 等 . 2020. 施肥对高寒草原草地质量指数及土壤性质影响的综合评价 . 草业学报 , 29(9): 85-93.

郭向昭 , 张长龙 , 尤海亮 , 等 . 2007. 陕北干草原边缘地带人工招鹰架灭鼠效果评价 . 陕西农业科学 , (5): 59-60, 163.

郭燕红 , 张寅生 , 马颖钊 , 等 . 2014. 藏北羌塘高原双湖地表热源强度及地表水热平衡 . 地理学报 , 69(7): 983-992.

郭永旺 , 施大钊 , 王登 . 2009. 青藏高原的鼠害问题及其控制对策 . 中国媒介生物学及控制 , 20(3): 268-270.

郭永旺 , 施大钊 . 2012. 中国农业鼠害防控技术培训指南 . 北京 : 中国农业出版社 .

郭中伟 . 2001. 建设国家生态安全预警系统与维护体系: 面对严重的生态危机的对策 . 科技导报 , 19(1): 54-56.

国家林业局 . 2005-06-15. 中国荒漠化和沙化状况公报 . 中国绿色时报 , (3).

国家林业局 . 2011. 中国荒漠化和沙化状况公报 . 北京 : 国家林业局 .

国家林业局 . 2016. 2015: 退耕还林工程生态效益监测国家报告 . 北京 : 中国林业出版社 .

韩兵兵，杨钦环，马春强，等 . 2016. 草原灭鼠新药剂防效试验 . 新疆畜牧业，(10)：46-47，13.

韩清泉，宋海凤，唐铎腾，等 . 2017. 川滇柳与青杨属间嫁接幼苗对氮素缺乏的生理响应 . 应用生态学报，28(12)：3833-3840.

郝文渊，李文博，王忠斌，等 . 2013. 西藏拉萨河谷拉鲁湿地生态系统健康评价 . 干旱区资源与环境，5：95-99.

何旭升，徐志高，刘敏杰 . 2019. 西藏玛旁雍错国家级湿地自然保护区草地生态修复的探讨：以普兰县披碱草试种为例 . 中南林业调查规划，38(4)：42-45.

何艳玲 . 2009. "公共价值管理"：一个新的公共行政学范式 . 政治学研究，(6)：62-68.

何耀宏，高杉，周俗，等 . 2006. 植物灭鼠剂在青藏高原防治高原鼠兔应用试验 . 四川动物，25(4)：743-746.

何奕忻，孙庚，罗鹏，等 . 2009. 牲畜粪便对草地生态系统影响的研究进展 . 生态学杂志，28(2)：322-328.

何子拉，刘勇，张正荣，等 . 2007. 应用生态控鼠技术持续控制草原鼠害 . 草业与畜牧，(8)：34-35.

洪军，杜桂林，负旭疆，等 . 2014. 近 10 年来我国草原虫害生物防控综合配套技术的研究与推广进展 . 草业学报，23(4)：303-311.

侯蒙京，高金龙，葛静，等 . 2020. 青藏高原东部高寒沼泽湿地动态变化及其驱动因素研究 . 草业学报，29(1)：13-27.

侯太平，崔球，陈淑华，等 . 2002. 瑞香狼毒中灭蚜活性物质的结构鉴定 . 有机化学，22(1)：67-70.

侯太平，高续恒，金洪，等 . 2018. 一种草地害鼠的持续性控制方法：CN108377827.

胡道龙 . 2008. 畜禽粪便及污泥氮素矿化研究 . 北京：中国科学院 .

胡孟春，赵爱国，李农 . 2002. 沙坡头铁路防护体系阻沙效益风洞实验研究 . 中国沙漠，22(6)：598-601.

胡敏中 . 2008. 论公共价值 . 北京师范大学学报（社会科学版），(1)：99-104.

胡卫卫，黄晓妹 . 2018. 环境质量评价对农村居民生活满意度的影响研究：基于江苏省 8 地市 759 份调研数据的实证分析 . 西北人口，39(3)：69-75.

胡媛媛，仲雷，马耀明，等 . 2018. 青藏高原典型下垫面地表能量通量的模型估算与验证 . 高原气象，37(6)：1499-1510.

花立民，柴守权 . 2022. 中国草原鼠害防治现状、问题及对策 . 植物保护学报，49(1)：415-423.

花立民，纪维红，左松涛，等 . 2014. 一种新型鼢鼠活捕器设计与试验 // 第三届中国西部动物学学术研讨会论文摘要集 .

黄冲，刘万才 . 2016. 近 10 年我国飞蝗发生特点分析与监控建议 . 中国植保导刊，36(12)：49-54.

黄耿，丁城峰，刘艳，等 . 2015. 一种超临界 CO_2 萃取印楝生产印楝原药的方法：ZL201310480938.3.

黄麟，曹巍，吴丹，等 . 2016. 西藏高原生态系统服务时空格局及其变化特征 . 自然资源学报，31(4)：543-555.

黄麟，曹巍，徐新良，等 . 2018. 西藏生态安全屏障保护与建设工程的宏观生态效应 . 自然资源学报，33(3)：398-411.

黄麟，刘纪远，邵全琴 . 2009. 近 30 年来长江源头高寒草地生态系统退化的遥感分析：以青海省治多县为例 . 资源科学，31(5)：884-895.

黄麟，祝萍，肖桐，等 . 2018. 近 35 年三北防护林体系建设工程的防风固沙效应 . 地理科学，38(4)：600-609.

黄梅，尚占环 . 2019. 青藏高原毒草型退化草地治理技术研究进展 . 草地学报，27(5)：1107-1116.

黄晓宇. 2017. 三江源国家生态保护综合试验区生态健康评价与生态补偿标准研究. 西宁: 青海师范大学.

姬亚芹, 单春艳, 王宝庆. 2015. 土壤风蚀原理和研究方法及控制技术. 北京: 科学出版社.

纪亚君, 陆家芬. 2019. 高寒地区氮磷钾肥配施对燕麦产量的影响. 青海畜牧兽医杂志, 49(5): 6-9.

冀钦, 杨建平, 陈虹举, 等. 2020. 基于综合视角的近55 a青藏高原气温变化分析. 兰州大学学报（自然科学版）, 56(6): 755-764.

加曼草. 2021. 甘南鼠类天敌银黑狐控鼠效果调查报告. 甘肃畜牧兽医, 51(2): 70-72.

贾慧聪, 曹春香, 马广仁, 等. 2011. 青海省三江源地区湿地生态系统健康评价. 湿地科学, 9(3): 209-217.

贾钧彦. 2008. 西藏高原大气氮湿沉降研究. 拉萨: 西藏大学.

贾衍菊, 李昂, 刘瑞, 等. 2021. 乡村旅游地居民政府信任对旅游发展支持度的影响: 地方依恋的调节效应. 中国人口·资源与环境, 31(3): 171-183.

姜辰蓉. 2006. 青藏高原水土流失严重, 水环境急剧恶化. http://tech.qq.com/a/20060602/000241.html.

姜玲艳. 2008. 浅谈湿地保护中的社区共管模式. 法制与社会, 20(121): 181.

姜哲浩, 康文娟, 柳小妮, 等. 2018. 施肥和补播对高寒草甸草原载畜能力的影响. 草原与草坪, 38(6): 68-78.

蒋伟, 白海, 梁玉祥, 等. 2011. 若尔盖退化湿地植被恢复关键技术与示范. 草业与畜牧, 39(4): 58-60.

蒋志刚, 江建平, 王跃招, 等. 2016. 中国脊椎动物红色名录. 生物多样性, 24(5): 501-551, 615.

蒋志刚. 2019. 中国重点保护物种名录、标准与管理. 生物多样性, 27(6): 698-703.

焦克源, 吴俞权. 2014. 农村专项扶贫政策绩效评估体系构建与运行: 以公共价值为基础的实证研究. 农村经济, (9): 16-20.

景海超, 刘颖慧, 贺佩, 等. 2022. 青藏高原典型区生态系统服务空间异质性及其影响因素: 以那曲市为例. 生态学报, 42(7): 2657-2673.

康宇坤, 张德罡, 缑晶毅, 等. 2019. 甘南草原高原鼠兔食性及其季节性变化. 甘肃农业大学学报, 54(2): 132-138.

拉毛才让, 王朝华, 史小为. 2008. 阿维菌素与4.5%高效氯氰菊酯防治草原毛虫药效试验报告. 养殖与饲料, (5): 45-47.

来有鹏, 白小宁. 2014. 几种农药对草原毛虫的防效试验. 农药科学与管理, 35(3): 61-63.

兰伟. 2000. 浅谈甘孜州草地灌溉及其发展对策. 四川草原, (3): 27-30.

兰玉蓉. 2004. 青藏高原高寒草甸草地退化现状及治理对策. 青海草业, 13(1): 27-30.

郎芹, 牛振国, 洪孝琪, 等. 2019. 青藏高原湿地遥感监测与变化分析. 武汉大学学报（信息科学版）, 46(2): 230-237.

雷茵茹, 崔丽娟, 李伟. 2016. 湿地气候变化适应性策略概述. 世界林业研究, 29(1): 36-40.

李代明. 2001. 西藏水土流失分布成因、危害及治理难度初步分析. 西藏科技, 94(1): 21-24.

李宏林. 2016. 青藏高原东部高寒湿地逆向演替序列上植物物种对土壤水分变化响应的研究. 兰州: 兰州大学.

李晖. 2018. 区域气候条件变化对高原湿地优势植物光合作用的影响. 昆明: 西南林业大学.

李惠梅, 王诗涵, 李荣杰, 等. 2022. 国家公园建设的社区参与现状: 以三江源国家公园为例. 热带生物学报, 13(2): 185-194.

李建华.2009.公共政策程序正义及其价值.中国社会科学,(1):64-69, 205.

李金珂,杨玉婷,张会茹,等.2019.秦巴山区近15年植被NPP时空演变特征及自然与人为因子解析.生态学报,39(22):8504-8515.

李晋昌,王文丽,胡光印,等.2011.若尔盖高原土地利用变化对生态系统服务价值的影响.生态学报,31(12):3451-3459.

李军豪,杨国靖,王少平.2020.青藏高原区退化高寒草甸植被和土壤特征.应用生态学报,31(6):2109-2118.

李均力,盛永伟.2013.1976-2009年青藏高原内陆湖泊变化的时空格局与过程.干旱区研究,30(4):571-581.

李磊娟.2015.三江源区生态系统服务价值评价研究.西宁:青海大学.

李丽,丰景春,钟云,等.2016.全生命周期视角下的PPP项目风险识别.工程管理学报,30(1):54-59.

李林,边巴次仁,赵炜,等.2019.西藏喜马拉雅山脉中段冰湖变化与溃决特征:以桑旺错和什磨错为例.冰川冻土,41(5):1036-1043.

李林霞.2013.1.2%瑞·苏微乳剂对青海草原毛虫的防治效果.安徽农业科学,41(9):3866-3867.

李明立,任万明.2008.植物保护与农产品质量安全.北京:中国农业科学技术出版社.

李明森.2000.青藏高原环境保护对策.资源科学,22(4):78-82.

李宁云.2006.纳帕海湿地生态系统退化评价指标体系研究.昆明:西南林学院.

李赛,王中.2016.政府投资建设项目绩效评价共性指标体系研究.中国工程咨询,(3):60-62.

李森,董光荣,董玉祥,等.1994.西藏"一江两河"中部流域地区土地沙漠化防治目标、对策与治沙工程布局.中国沙漠,14(2):55-63.

李生庆,张西云,刘怀新,等.2019.D型肉毒毒素蛋白仿生矿化颗粒灭鼠剂的研制及特性分析.农药,58(7):495-500.

李世东.2007.世界重点生态工程研究.北京:科学出版社.

李寿.2010.青藏高原草地退化与草地有毒有害植物.草业与畜牧,177(8):30-31, 34.

李淑娟,郑鑫,隋玉正.2021.国内外生态修复效果评价研究进展.生态学报,41(10):4240-4249.

李天宏,郑丽娜.2012.基于RUSLE模型的延河流域2001-2010年土壤侵蚀动态变化.自然资源学报,27(7):1164-1175.

李锡文,李捷.1993.横断山脉地区种子植物区系的初步研究.云南植物研究,15(3):217-231.

李侠,李潮,蒋进平,等.2013.盐池县不同沙化草地土壤特性.草业科学,30(11):1704-1709.

李香真,陈佐忠.1998.不同放牧率对草原植物与土壤C, N, P含量的影响.草地学报,6(2):90-98.

李香真,张淑敏.2002.内蒙古草原暗栗钙土中氮的形态及放牧的影响.草业学报,11(2):15-21.

李香真.2001.放牧对暗栗钙土磷的贮量和形态的影响.草业学报,10(2):28-32.

李小雁.2011.干旱地区土壤-植被-水文耦合、响应与适应机制.中国科学:地球科学,41(12):1721-1730.

李新,勾晓华,王宁练,等.2019.祁连山绿色发展:从生态治理到生态恢复.科学通报,64(27):2928-2937.

李新荣,张元明,赵允格.2009.生物土壤结皮研究:进展、前沿与展望.地球科学进展,24(1):11-24.

李学斌，陈林，樊瑞霞，等 . 2015. 围封条件下荒漠草原 4 种典型植物群落枯落物输入对土壤理化性质的影响 . 浙江大学学报（农业与生命科学版），41(1)：101-110.

李以康，韩发，冉飞，等 . 2008. 三江源区高寒草甸退化对土壤养分和土壤酶活性影响的研究 . 中国草地学报，30(4)：51-58.

李永进，代微然，杨春勐，等 . 2016. 封育和添加牛粪对退化亚高山草甸土壤恢复的影响 . 草业科学，33(8)：1486-1491.

李勇 . 2016. 我国重大生态工程综合绩效评价指标体系探索：以天然林资源保护工程为例 . 农业科技与信息，(1)：49-51，53.

李元寿，王根绪，王一博，等 . 2006. 长江黄河源区覆被变化下降水的产流产沙效应研究 . 水科学进展，(5)：616-623.

李志威，王兆印，张晨笛，等 . 2014. 若尔盖沼泽湿地的萎缩机制 . 水科学进展，25(2)：172-180.

李重阳，樊文涛，李国梅，等 . 2019. 基于 NDVI 的 2000-2016 年青藏高原牧户草场覆盖度变化驱动力分析 . 草业学报，28(10)：25-32.

李子君，许燕琳，王海军，等 . 2021. 基于 WaTEM/SEDEM 模型的沂河流域土壤侵蚀产沙模拟 . 地理研究，40(8)：2380-2396.

栗忠飞，刘海江 . 2021. 2011 和 2019 年生物多样性维护型国家重点生态功能区状态及变化评估 . 生态学报，41(15)：5909-5918.

连欢欢，侯秀敏，于红妍，等 . 2021. 高寒牧区无人机防控草原毛虫药效试验 . 草学，(2)：66-69.

梁顺林，张杰，陈利军 . 2017. 全球变化遥感产品的生产与应用 . 北京：科学出版社 .

梁四海，陈江，金晓媚，等 . 2007. 近 21 年青藏高原植被覆盖变化规律 . 地球科学进展，22(1)：33-40.

梁潇丹 . 2018. 基于环境重置成本法的湿地生态补偿价值计量研究 . 兰州：兰州财经大学 .

梁艳 . 2016. 模拟氮沉降对藏北高寒草甸温室气体排放的影响 . 北京：中国农业科学院 .

林德荣，支玲，高德华，等 . 2008. 基于层次分析法的迁西县"三北"防护林工程社会影响评价 . 北京林业大学学报（社会科学版），7(1)：42-46.

林金兰，刘昕明，陈圆，等 . 2015. 广西北仑河口自然保护区生态恢复工程绩效评价 . 海洋开发与管理，32(10)：84-89.

林永生，郑姚闽，宗雪 . 2017. 中国若尔盖高原湿地的生态补偿基线研究 . 北京师范大学学报（自然科学版），53(1)：105-110.

刘碧荣，王常慧，张丽华，等 . 2015. 氮素添加和刈割对内蒙古弃耕草地土壤氮矿化的影响 . 生态学报，35(19)：6335-6343.

刘春芳，王川，刘立程 . 2018. 三大自然区过渡带生境质量时空差异及形成机制：以榆中县为例 . 地理研究，37(2)：419-432.

刘福昌，刘忠实 . 1998. 一种捕鼠器 .CN2285559.

刘国彬，上官周平，姚文艺，等 . 2017. 黄土高原生态工程的生态成效 . 中国科学院院刊，32(1)：11-19.

刘红梅 . 2019. 氮沉降对贝加尔针茅草原土壤碳氮转化及微生物学特性的影响 . 北京：中国农业科学院 .

刘纪远，邵全琴，樊江文 . 2009. 三江源区草地生态系统综合评估指标体系 . 地理研究，28(2)：273-283.

刘纪远，岳天祥，鞠洪波 . 2006. 中国西部生态系统综合评估 . 北京：气象出版社 .

刘建，张克斌，程中秋，等．2011.围栏封育对沙化草地植被及土壤特性的影响．水土保持通报，(4)：180-184.

刘金山，张蓓，刘寅学．2021.西藏杨树人工林分布及碳密度模型研建．中南林业调查规划，40(1)：45-48.

刘琳，张宝军，熊东红，等．2021.雅江河谷防沙治沙工程近地表特性：林下植被特性，生物结皮及土壤养分变化特征．中国环境科学，41(9)：4310-4319.

刘琳，钟红银，杨春华，等．2017.不同刈割时期和强度对改良草地老芒麦产量、品质及再生植株生殖特征的影响．草地学报，25(5)：1131-1137.

刘璐璐，邵全琴，曹巍，等．2018.基于生态服务价值的三江源生态工程成本效益分析．草地学报，26(1)：30-39.

刘明，张莉，王军邦，等．2020.草地退化及恢复治理的文献计量学分析．中国草地学报，42(6)：91-100.

刘任涛，朱凡．2015.人工与自然恢复方式对流动沙地土壤与植被特征的影响．水土保持通报，35(6)：1-7.

刘荣堂，武晓东．2011.草地保护学（第一分册）：草地啮齿动物学．3版.北京：中国农业出版社．

刘时银，姚晓军，郭万钦，等．2015.基于第二次冰川编目的中国冰川现状．地理学报，70(1)：3-16.

刘世贵，任大胜，刘德明，等．1984.草原毛虫核型多角体病毒的首次发现．四川草原，(2)：50-52.

刘世贵，任大胜，杨志荣，等．1988.草原毛虫核型多角体病毒杀虫剂配伍组分筛选．四川草原，(4)：37-42, 25.

刘世贵，杨志荣，伍铁桥，等．1993.草原毛虫病毒杀虫剂的研制及其大面积应用．草业学报，2(4)：47-50.

刘世贵，朱文，杨志荣，等．1995.一株蝗虫病原菌的分离和鉴定．微生物学报，35(2)：86-90.

刘淑丽，林丽，张法伟，等．2016.放牧季节及退化程度对高寒草甸土壤有机碳的影响．草业科学，33(1)：11-18.

刘泰龙，姬亚丽，刘怡萱，等．2021.基于转录组测序探讨西藏麦地卡湿地5种植物对高海拔光照的适应机制．植物科学学报，39(6)：632-642.

刘小丹．2015.封育对退化草场植被恢复的影响研究．北京：北京林业大学．

刘阳．2018.青藏高原高寒草甸放牧系统温室气体排放．兰州：兰州大学．

刘业轩，石晓丽，史文娇．2021.福建省森林生态系统水源涵养服务评估：InVEST模型与meta分析对比．生态学报，41(4)：1349-1361.

刘月，赵文武，贾立志．2019.土壤保持服务：概念、评估与展望．生态学报，39(2)：432-440.

刘志伟，李胜男，韦玮，等．2019.近三十年青藏高原湿地变化及其驱动力研究进展．生态学杂志，38(3)：856-862.

刘忠宽，汪诗平，韩建国，等．2004.放牧家畜排泄物N转化研究进展．生态学报，24(4)：775-783.

刘宗香，苏珍，姚檀栋，等．2000.青藏高原冰川资源及其分布特征．资源科学，22(5)：49-52.

鲁春阳，文枫，杨庆媛，等．2011.基于改进TOPSIS法的城市土地利用绩效评价及障碍因子诊断：以重庆市为例．资源科学，33(3)：535-541.

鲁如坤．1989.我国土壤氮、磷、钾的基本状况．土壤学报，26(3)：280-286.

鲁元平, 王韬. 2010. 主观幸福感影响因素研究评述. 经济学动态, (5): 125-130.

罗亚勇, 孟庆涛, 张静辉, 等. 2014. 青藏高原东缘高寒草甸退化过程中植物群落物种多样性、生产力与土壤特性的关系. 冰川冻土, 36(5): 1298-1305.

罗艳菊, 吴楚材, 邓金阳, 等. 2009. 基于环境态度的游客游憩冲击感知差异分析. 旅游学刊, 24(10): 45-51.

吕昌河, 于伯华. 2011. 青藏高原土地退化整治技术与模式. 北京: 科学出版社.

马奔, 施展艺, 侯一蕾, 等. 2015. 农户视角下林业生态工程实施可持续性评价: 基于甘肃、广西、宁夏与云南四省的调查数据. 干旱区资源与环境, 29(11): 79-85.

马崇勇, 张卓然, 单艳敏, 等. 2017. 内蒙古草原鼠害及其绿色防控技术应用现状. 中国草地学报, 39(5): 108-115.

马宏彬. 2012. 拉萨河流域甲玛湿地健康评价. 长春: 东北师范大学.

马克明, 孔红梅, 关文彬, 等. 2001. 生态系统健康评价: 方法与方向. 生态学报, 21(12): 2106-2116.

马丽梅. 2009. 退耕还林的生态补偿政策绩效评价与生态补偿制度创新: 以甘南藏族自治州为例. 北京: 中央民族大学.

马凌龙, 田立德, 蒲健辰, 等. 2010. 喜马拉雅山中段抗物热冰川的面积和冰储量变化. 科学通报, 55(18): 1766-1774.

马少军. 2010. 西藏那曲地区草原毛虫的发生及其对畜牧业生产影响的调查和防治研究. 扬州: 扬州大学.

马生林. 2004. 青藏高原生物多样性保护研究. 青海民族学院学报, 30(4): 76-78.

马世骏, 王如松. 1984. 社会-经济-自然复合生态系统. 生态学报, (1): 1-9.

马世骏. 1986. 从经济生态学观点看环境保护科学的动向: 为《环境科学》创刊十周年而作. 环境科学, (5): 2-3, 13-97.

马素洁, 周建伟, 王福成, 等. 2019. 高寒草甸区高原鼢鼠新生土丘水土流失特征. 水土保持学报, 33(5): 58-63, 71.

马素洁. 2017. 基于无人机技术的高原鼢鼠鼠害及水土流失监测研究. 兰州: 甘肃农业大学.

马耀明, 塚本修, 吴晓鸣, 等. 2000. 藏北高原草甸下垫面近地层能量输送及微气象特征. 大气科学, 24(5): 715-722.

曼昆. 2006. 经济学原理: 微观经济学分册. 梁小民译. 北京: 北京大学出版社.

孟焕. 2016. 气候变化对三江平原沼泽湿地分布的影响及其风险评估研究. 北京: 中国科学院大学.

苗福泓, 郭雅婧, 缪鹏飞, 等. 2012. 青藏高原东北边缘地区高寒草甸群落特征对封育的响应. 草业学报, 21(3): 11-16.

闵泓翔, 王洪军. 2012. 浅议若尔盖县退化草场及湿地生态修复. 四川林勘设计, (4): 47-48.

闵泓翔. 2012. 若尔盖高原湿地退化现状、成因及恢复对策研究. 成都: 四川农业大学.

尼玛普尔. 2019. 西藏自治区人工造林绿化的现状、问题及对策. 花卉, (18): 241.

聂莹, 刘倩. 2018. 公共价值视阈下生态建设政策的绩效评价: 以青海乌兰县为例. 河南社会科学, 26(2): 40-44.

聂勇, 张镱锂, 刘林山, 等. 2010. 近30年珠穆朗玛峰国家自然保护区冰川变化的遥感监测. 地理学报, 65(1): 13-28.

宁瑞迪，宋月青，王岭．2019.家畜排泄物驱动的草地氧化亚氮释放及其影响因素．草业科学，36(11)：2775-2785.

欧阳志云，郑华．2022.让青藏高原成为更好的生态安全屏障．光明日报，5.

潘开文，吴宁，潘开忠，等．2004.关于建设长江上游生态屏障的若干问题的讨论．生态学报，(3):617-629.

裴海昆．2004.不同放牧强度对土壤养分及质地的影响．青海大学学报，24(4):29-31.

裴世芳，傅华，陈亚明，等．2004.放牧和围封下霸王灌丛对土壤肥力的影响．中国沙漠，24(6)：763-767.

彭代彦，赖谦进．2008.农村基础设施建设的福利影响．管理世界，(3):175-176.

彭红春，李海英，沈振西．2003.国内生态恢复研究进展．四川草原，(3):1-4.

彭润中，赵敏．2011.国际金融组织贷款项目绩效评价若干问题的研究．财政研究，(6):37-40.

蒲琴，胡玉福，何剑锋，等．2016.植被恢复模式对川西北沙化草地土壤微生物量及酶活性研究．水土保持学报，30(4)：323-328.

蒲琴，胡玉福，蒋双龙，等．2016.不同生态治理措施下高寒沙化草地土壤氮素变化特征．草业学报，25(7)：24-33.

齐玉春，董云社，杨小红，等．2005.放牧对温带典型草原含碳温室气体CO_2，CH_4通量特征的影响．资源科学，27(2):103-109.

钱逸凡，刘道平，楼毅，等．2019.我国湿地生态状况评价研究进展．生态学报，39(9)：3372-3382.

钦佩，安树青，颜京松，等．2019.生态工程学．4版．南京：南京大学出版社．

秦丽萍，白文丽，姜有威，等．2021.微孢子虫对草原蝗虫的防治效果试验．畜牧兽医杂志，40(3)：16-18.

青藏高原冰川冻土变化对区域生态环境影响评估与对策咨询项目组．2010.青藏高原冰川冻土变化对生态环境的影响及应对措施．自然杂志，32(1):1-3.

邱东茹，吴振斌．1997.富营养化浅水湖泊沉水水生植被的衰退与恢复．湖泊科学，9(1):82-88.

曲格平．2002.关注生态安全之一：生态环境问题已经成为国家安全的热门话题．环境保护，(5):3-5.

尚占环，董全民，施建军，等．2018.青藏高原"黑土滩"退化草地及其生态恢复近10年研究进展：兼论三江源生态恢复问题．草地学报，26(1):1-21.

邵全琴，樊江文，刘纪远，等．2016.三江源生态保护和建设一期工程生态成效评估．地理学报，71(1)：3-20.

邵全琴，樊江文，刘纪远，等．2017.基于目标的三江源生态保护和建设一期工程生态成效评估及政策建议．中国科学院院刊，32(1):35-44.

邵全琴，樊江文，刘纪远，等．2017.重大生态工程生态效益监测与评估研究．地球科学进展，32(11)：1174-1182.

邵伟，蔡晓布．2008.西藏高原草地退化及其成因分析．中国水土保持科学，6(1)：112-116.

申陆，田美荣，高吉喜，等．2016.浑善达克沙漠化防治生态功能区防风固沙功能的时空变化及驱动力．应用生态学报，27(1):73-82.

沈大军，陈传友．1996.青藏高原水资源及其开发利用．自然资源学报，11(1):8-14.

沈希，高子厚．2018．啮齿类动物种群生态学与鼠疫关系的研究进展．中国人兽共患病学报，34(12)：
　　1151-1154．

施生旭，游忠湖．2020．国内公共价值研究的特征述评与趋势：基于CSSCI（2000—2019年）的文献计量．
　　学习论坛，(7)：75-81．

施雅风，刘时银．2000．中国冰川对21世纪全球变暖响应的预估．科学通报，45(4)：434-438．

石明明，周秉荣，多杰卓么，等．2020．三江源区沼泽湿地退化过程中植被变化特征及评价指标体系．
　　西北植物学报，40(10)：1751-1758．

史建全，祁洪芳，杨建新，等．2000．青海湖裸鲤资源评析．淡水渔业，30(11)：38-40．

世界环境与发展委员会．1997．我们共同的未来．王之佳等译．长春：吉林人民出版社．

世界资源研究所．2005．生态系统与人类福祉 生物多样性综合报告：千年生态系统评估．北京：中国环
　　境科学出版社．

四川省草原工作总站．2017．四川省草原监测报告（2007—2016年）．四川：四川大学出版社．

四川省林学会办公室．2002．四川省林学会建设长江上游生态屏障学术研讨会纪要．四川林业科技，
　　23(1)：41-43．

宋彩荣，王宁，彭文栋，等．2005．补播对草地植被影响效果的研究进展．畜牧与饲料科学，26(6)：32-
　　34．

宋玲玲，程亮，孙宁．2014．亚洲开发银行贷款项目绩效管理经验与启示．中国工程咨询，(10)：54-56．

宋伟宏，王莉娜，张金龙．2019．甘肃祁连山自然保护区草地时空变化及其对气候的响应．草业科学，
　　(9)：2233-2249．

苏红田，白松，姚勇．2007．近几年西藏飞蝗的发生与分布．草业科学，24(1)：78-80．

苏茂新，陈克龙，李双成，等．2010．青海湖北部湿地生态健康评估．河南师范大学学报（自然科学版），
　　38(2)：144-147．

苏晓虾，毛旭锋，魏晓燕，等．2020．基于生物－环境－服务功能模型的三江源高寒草甸湿地不同恢复
　　措施效果评价．地理科学，40(8)：1377-1384．

苏洲．2005．呼伦贝尔风蚀沙化草场植被恢复技术途径研究．北京：中国农业大学．

孙斐．2017．基于公共价值创造的网络治理绩效评价框架构建．武汉大学学报（哲学社会科学版），
　　70(6)：132-144．

孙海群，林冠军，李希来，等．2013．三江源地区高寒草甸不同退化草地植被群落结构及生产力分析．
　　黑龙江畜牧兽医，19(18)：1-3．

孙鸿烈，郑度，姚檀栋，等．2012．青藏高原国家生态安全屏障保护与建设．地理学报，67(1)：3-12．

孙建，周天财，张锦涛．2021．青藏高原高寒草地的气候变化适应性管理探讨．环境与可持续发展，
　　46(5)：55-60．

孙美平，刘时银，姚晓军，等．2015．近50年来祁连山冰川变化：基于中国第一、二次冰川编目数据．
　　地理学报，70(9)：1402-1414．

孙伟，刘玉玲，王德平，等．2021．补播羊草和黄花苜蓿对退化草甸植物群落特征的影响．草地学报，
　　29(8)：1809-1817．

孙文义，邵全琴，刘纪远．2014．黄土高原不同生态系统水土保持服务功能评价．自然资源学报，29(3)：

365-376.

覃照素, 黄远林, 李祥妹. 2016. 基于牧户行为的草地管理模式: 以西藏自治区为例. 草业科学, 33(2): 313-321.

谭学瑞, 邓聚龙. 1995. 灰色关联分析: 多因素统计分析新方法. 统计研究, 12(3): 46-48

唐川江, 周万强, 周俗, 等. 2013. 基于直升飞机的高原灭蝗农药喷洒雾化设备: ZL200920079295.0.

唐希颖, 武红, 董金玮, 等. 2022. 沙化和退化状态对甘南草地生态系统固碳的影响. 生态学杂志, 41(2): 278-286.

唐尧, 祝炜平, 张慧, 等. 2015. InVEST 模型原理及其应用研究进展. 生态科学, 34(3): 204-208.

唐永发, 熊东红, 张宝军, 等. 2021a. 雅江河谷中段典型防沙治沙生态工程对沙地持水性能的改良效应. 山地学报, 39(4): 461-472.

唐永发, 张宝军, 熊东红, 等. 2021b. 雅江河谷防沙治沙生态工程实施年限对沙地持水性能的影响. 水土保持学报, 35(4): 55-63.

田美荣, 刘志强, 高吉喜, 等. 2017. 基于种子库激活的沙化草地生态修复技术应用. 生态与农村环境学报, 33(1): 32-37.

涂雄兵, 李霜, 潘凡, 等. 2020. 蝗虫化学防控研究进展. 现代农药, 19(2): 1-5, 33.

万华伟, 张志如, 夏霖, 等. 2021. 1980—2015 年西北地区脊椎动物种群数量及生境变化分析. 干旱区地理, 44(6): 1740-1749.

万玮, 肖鹏峰, 冯学智, 等. 2014. 卫星遥感监测近 30 年来青藏高原湖泊变化. 科学通报, 59(8): 701-714.

汪有奎, 王零, 王善举, 等. 2020. 甘肃祁连山国家级自然保护区乔木林面积、蓄积动态变化调查分析. 林业科技通讯, (8): 66-69.

王常慧, 邢雪荣, 韩兴国. 2004. 温度和湿度对我国内蒙古羊草草原土壤净氮矿化的影响. 生态学报, 24(11): 2472-2476.

王崇瑞, 张辉, 杜浩, 等. 2011. 采用 BioSonics DT-X 超声波回声仪评估青海湖裸鲤资源量及其空间分布. 淡水渔业, 41(3): 15-21.

王翠翠. 2015. 若尔盖高原沼泽湿地退化风险评估及其演变分析. 北京: 中国地质大学.

王翠红. 2004. 中国陆地生物多样性分布格局的研究. 太原: 山西大学.

王翠玲, 姚小波, 覃荣, 等. 2008. 西藏飞蝗的发生规律与综合防治技术探讨. 西藏农业科技, 30(4): 34-40.

王芳, 汪左, 张运. 2018. 2000—2015 年安徽省植被净初级生产力时空分布特征及其驱动因素. 生态学报, 38(8): 2754-2767.

王飞, 李锐, 杨勤科, 等. 2003. 区域尺度土壤侵蚀研究方法. 西北林学院学报, 18(4): 74-78, 83.

王根绪, 李元寿, 王一博, 等. 2007. 近 40 年来青藏高原典型高寒湿地系统的动态变化. 地理学报, 62(5): 481-491.

王贵珍, 马素洁, 杨思维, 等. 2017. 基于 RUE 的不同草地类生态评价研究: 以河西走廊为例. 自然资源学报, 32(4): 582-594.

王鹤龄, 牛俊义, 郑华平, 等. 2008. 玛曲高寒沙化草地生态位特征及其施肥改良研究. 草业学报,

17(6): 18-24.

王蕙, 王辉, 黄蓉, 等. 2013. 不同封育管理措施对沙质草地土壤轻组及全土碳氮储量的影响. 水土保持学报, 27(1): 252-257.

王建宏. 2011. 甘肃甘南黄河重要水源补给生态功能区生态保护与建设规划研究. 兰州: 甘肃省生态环境监测监督管理局.

王金枝, 颜亮, 吴海东, 等. 2020. 基于层次分析法研究藏北高寒草地退化的影响因素. 应用与环境生物学报, 26(1): 17-24.

王敬, 程谊, 蔡祖聪, 等. 2016. 长期施肥对农田土壤氮素关键转化过程的影响. 土壤学报, 53(2): 292-304.

王娟, 焦婷, 聂中南, 等. 2017. 不同施肥处理对高寒草地地上生物量及植物群落特征的影响. 草原与草坪, 37(3): 91-96.

王娟, 马文俊, 陈文业. 2010. 黄河首曲-玛曲高寒湿地生态系统服务功能价值估算. 草业科学, 27(1): 25-30.

王俊彪, 汪志智, 央德扎西, 等. 2002. 西藏聂荣县草原毛虫分布危害综合调查研究. 西藏科技, (4): 29-35.

王俊梅, 豆卫, 杨自芳, 等. 2008. 苦参碱对草地蝗虫种群密度的控制效果. 草原与草坪, 28(6): 66-68.

王克林. 1998. 洞庭湖湿地景观结构与生态工程模式. 生态学杂志, 17(6): 28-32.

王兰英, 唐忠民, 梁海红, 等. 2009. 甘南高寒草地高原鼢鼠防治技术研究. 草业与畜牧, (10): 28-31.

王利花. 2007. 基于遥感技术的若尔盖高原地区湿地生态系统健康评价. 长春: 吉林大学.

王起静. 2010. 居民对大型活动支持度的影响因素分析: 以2008年北京奥运会为例. 旅游科学, 24(3): 63-74.

王强强, 唐进年, 杨自辉. 2017. 埋嵌式塑料网带状沙障的固沙效应及其应用前景. 中国水土保持, (4): 35-38.

王茹琳, 李庆, 封传红, 等. 2017. 基于MaxEnt的西藏飞蝗在中国的适生区预测. 生态学报, 37(24): 8556-8566.

王涛, 高峰, 王宝, 等. 2017. 祁连山生态保护与修复的现状问题与建议. 冰川冻土, 39(2): 229-234.

王薇娟, 马彦武, 冶旦木, 等. 2012. 绿僵菌油悬浮剂防治草地蝗虫田间试验. 青海草业, 21: 2-4, 14.

王伟, 李俊生. 2021. 中国生物多样性就地保护成效与展望. 生物多样性, 29(2): 133-149.

王伟伟, 周立华, 孙燕, 等. 2021. 禁牧政策背景下宁夏盐池县农民生活满意度影响因素. 生态学报, 41(23): 9282-9291.

王玮璐, 贺康宁, 张潭, 等. 2020. 青海高寒区水源涵养林土壤机械组成和理化性质对其饱和导水率和持水能力的影响. 植物资源与环境学报, 29(2): 69-77.

王文峰, 王保海, 姚小波, 等. 2016. 西藏草地主要优势害虫种类分布. 西藏科技, (5): 73-74.

王小丹, 程根伟, 赵涛, 等. 2017. 西藏生态安全屏障保护与建设成效评估. 中国科学院院刊, 32(1): 29-34.

王新建, 林琼, 戴晟懋. 2007. 四川西北部土地沙化情况考察. 林业资源管理, 28(6): 16-20.

王学军, 张弘. 2013. 公共价值的研究路径与前沿问题. 公共管理学报, 10(2): 126-136, 144.

王学军. 2017. 政府绩效损失及其测度: 公共价值管理范式下的理论框架. 行政论坛, 24(4): 88-93.

王咏, 陆林. 2014. 基于社会交换理论的社区旅游支持度模型及应用: 以黄山风景区门户社区为例. 地理学报, 69(10): 1557-1574.

王有盛, 张晶. 2022. 加强林业生态保护实现林业可持续发展: 以祁连山国家级自然保护区为例. 乡村科技, (3): 82-84.

王玉宽, 孙雪峰, 邓玉林, 等. 2005. 对生态屏障概念内涵与价值的认识. 山地学报, (4): 4431-4436.

王钰, 周俗, 赖秀兰, 等. 2021. 草原鼠荒地人工种草植被修复技术示范. 草学, (3): 32-37.

王原, 陆林, 赵丽侠. 2014. 1976-2007年纳木错流域生态系统服务价值动态变化. 中国人口·资源与环境, 24: 154-159.

王长庭, 龙瑞军, 王根绪, 等. 2010. 高寒草甸群落地表植被特征与土壤理化性状、土壤微生物之间的相关性研究. 草业学报, 19(6): 25-34.

王钊, 李登科. 2018. 2000—2015年陕西植被净初级生产力时空分布特征及其驱动因素. 应用生态学报, 29(6): 1876-1884.

魏辅文, 杨奇森, 吴毅, 等. 2021. 中国兽类名录(2021版). 兽类学报, 41(5): 487-501.

魏强, 王芳, 陈文业, 等. 2010. 黄河上游玛曲不同退化程度高寒草地土壤物理特性研究. 水土保持通报, 30(5): 16-21.

魏卫东, 李希来. 2012. 三江源区不同退化程度高寒草地土壤特征分析. 湖北农业科学, 51(6): 1102-1106.

魏振荣, 肖云丽, 李锐. 2010. 巴山地退耕植被自然恢复过程及物种多样性变化. 中国水土保持科学, 8(2): 99-104.

温宥越, 孙强, 燕玉超, 等. 2020. 粤港澳大湾区陆地生态系统演变对固碳释氧服务的影响. 生态学报, 40(23): 8482-8493.

吴柏秋. 2019. 三江源地区草地载畜功能与水土保持功能权衡与协同关系研究. 南昌: 江西师范大学.

吴建波, 王小丹. 2017. 围封年限对藏北退化高寒草原植物群落特征和生物量的影响. 草地学报, 25(2): 261-266.

吴建国, 韩梅, 苌伟, 等. 2007. 祁连山中部高寒草甸土壤氮矿化及其影响因素研究. 草业学报, 16(6): 39-46.

吴建普, 罗红, 朱雪林, 等. 2015. 西藏湿地分布特点分析. 湿地科学, 13(5): 559-562.

吴雪. 2020. 近30年来青海草地牲畜时空变化特征分析. 西宁: 青海师范大学.

吴彦, 刘世全, 王金锡. 1997. 植物根系对土壤抗侵蚀能力的影响. 应用与环境生物学报, (2): 119-124.

伍海兵, 方海兰. 2015. 绿地土壤入渗及其对城市生态安全的重要性. 生态学杂志, 34(3): 894-900.

伍卫平, 王虎, 王谦, 等. 2018. 2012-2016年中国棘球蚴病抽样调查分析. 中国寄生虫学与寄生虫病杂志, 36(1): 1-14.

伍星, 李辉霞, 傅伯杰, 等. 2013. 三江源地区高寒草地不同退化程度土壤特征研究. 中国草地学报, 35(3): 77-84.

伍星, 沈珍瑶. 2010. 冻融作用对土壤温室气体产生与排放的影响. 生态学杂志, 29(7): 1432-1439.

武建双, 李晓佳, 沈振西, 等. 2012. 藏北高寒草地样带物种多样性沿降水梯度的分布格局. 草业学报, 21(3): 17-25.

武正军, 李义明. 2003. 生境破碎化对动物种群存活的影响. 生态学报, 23 (11): 2424-2435.

西藏自治区环境保护局. 2004. 西藏自治区生态环境现状调查报告.

西藏自治区人民政府. 2021. "十三五"西藏完成各类防沙治沙工程 13.93 万公顷. http://www.xizang. gov.cn/xwzx_406/shfz/202106/t20210616_247154.html.

夏龙, 宋小宁, 蔡硕豪, 等. 2021. 地表水热要素在青藏高原草地退化中的作用. 生态学报, 41 (11): 4618-4631.

肖波, 周俗, 张可君, 等. 2005. 瑞香狼毒中杀灭菜青虫活性成分的提取与分离. 四川大学学报 (自然科学版), 42 (3): 605-609.

肖笃宁, 冷疏影. 2001. 国家自然科学基金与中国的景观生态学. 中国科学基金, 15 (6): 346-349.

肖寒, 欧阳志云, 赵景柱, 等. 2000. 森林生态系统服务功能及其生态经济价值评估初探: 以海南岛尖峰岭热带森林为例. 应用生态学报, 11 (4): 481-484.

肖立新. 2012. 影响人的主观幸福感的经济因素. 城市问题, (7): 69-72.

肖庆业, 陈建成, 张贞. 2014. 退耕还林工程综合效益评价: 以我国 10 个典型县为例. 江西社会科学, 34 (2): 220-224.

肖玥, 赵晨皓, 刘伟, 等. 2017. 若尔盖湿地骨顶鸡的繁殖生态及适应性探讨. 四川动物, 36 (2): 217-222.

谢高地, 鲁春霞, 冷允法, 等. 2003. 青藏高原生态资产的价值评估. 自然资源学报, 18 (2): 189-196.

邢宇, 姜琦刚, 李文庆, 等. 2009. 青藏高原湿地景观空间格局的变化. 生态环境学报, 18 (3): 1010-1015.

徐翠, 张林波, 杜加强, 等. 2013. 三江源区高寒草甸退化对土壤水源涵养功能的影响. 生态学报, 33 (8): 2388-2399.

徐国荣, 马维伟, 李广, 等. 2019. 基于 PSR 模型的甘南尕海湿地生态系统健康评价. 水土保持通报, 6: 275-280.

徐洁, 肖玉, 谢高地, 等. 2019. 防风固沙型重点生态功能区防风固沙服务的评估与受益区识别. 生态学报, 39 (16): 5857-5873.

徐雯, 赵微. 2020. 基于公共价值的农地整治绩效评价: 以湖北省, 湖南省和河北省的调查为例. 地域研究与开发, 39 (5): 163-168.

许茜, 李奇, 陈懂懂, 等. 2017. 三江源土地利用变化特征及因素分析. 生态环境学报, 26 (11): 1836-1843.

许岳飞, 益西措姆, 付娟娟, 等. 2012. 青藏高原高山嵩草草甸植物多样性和土壤养分对放牧的响应机制. 草地学报, 20 (6): 1026-1032.

闫玉春, 唐海萍. 2008. 草地退化相关概念辨析. 草业学报, 17 (1): 93-99.

严晓强, 胡泽勇, 孙根厚, 等. 2019. 那曲高寒草地长时间地面热源特征及其气候影响因子分析. 高原气象, 38 (2): 253-263.

阎子盟, 张玉娟, 潘利. 2014. 天然草地补播豆科牧草的研究进展. 中国农学通报, 29: 1-7.

颜京松. 1986. 污水资源化生态工程原理及类型. 农村生态环境, 2 (4): 19-23, 14.

颜亮东, 李凤霞, 周秉荣, 等. 2009. 青海三江源区引水灌溉修复高寒湿地的生态效益 // 第十届中国西部科技进步与经济社会发展专家论坛集.北京:第十届中国西部科技进步与经济社会发展专家论坛:401-410.

颜淑云,周志宇,秦彧,等.2010.玛曲高寒草地不同利用方式下土壤氮素含量特征.草业学报,19(2):153-159.

阳承胜,蓝崇钰,束文圣,等.2001.凡口宽叶香蒲湿地植物群落恢复的研究.植物生态学报,26(1):101-108.

杨定,张泽华,张晓.2013.中国草原害虫图鉴.北京:中国农业科学技术出版社.

杨洪晓,卢琦,吴波.2004.高寒沙区植被人工修复与种子植物物种多样性的变化.林业科学,40(5):45-49.

杨建波,王利.2003.退耕还林生态效益评价方法.中国土地科学,17(5):54-58.

杨静,孙宗玖,巴德木其其格,等.2018.封育对草地植被功能群多样性及土壤养分特征的影响.中国草地学报,40(4):102-110.

杨开忠,许峰,权晓红.2001.生态旅游概念内涵、原则与演进.人文地理,(4):6-10.

杨伶,王金龙,王馗.2016.效益立方体:一种林业生态工程效益评估模型的建立与验证——基于京冀合作造林工程的案例分析.农业技术经济,(5):92-101.

杨萍,魏兴琥,董玉祥,等.2020.西藏沙漠化研究进展与未来防沙治沙思路.中国科学院院刊,35(6):699-708.

杨树晶,李涛,干友民,等.2014.阿坝高寒草甸土壤有机碳储量对不同利用方式与程度的响应.中国草地学报,36(6):12-17.

杨思维,周俗,王钰,等.2022.川西北高寒草原鼠荒地不同植被恢复模式的效果对比研究.草学,(1):41-47.

杨威,姚檀栋,徐柏青,等.2010.近期藏东南帕隆藏布流域冰川的变化特征.科学通报,55(18):1775-1780.

杨小红,董云社,齐玉春,等.2004.草地生态系统土壤氮转化过程研究进展.中国草地,(2):55-63.

杨元武,李希来,周旭辉,等.2016.高寒草甸植物群落退化与土壤环境特征的关系研究.草地学报,24(6):1211-1217.

杨振安.2017.青藏高原高寒草甸植被土壤系统对放牧和氮添加的响应研究.咸阳:西北农林科技大学.

杨志荣,张杰,李达旭,等.2013.若尔盖退化湿地区植被恢复关键技术与示范最终报告.https://www.nstrs.cn/kjbg/detail?id=DDE16722-F893-4166-8069-D89F3FD00258.

杨志荣,朱文,葛绍荣,等.1996.类产碱假单胞菌防治草地蝗虫的研究.中国生物防治,12(2):55-57.

姚建民,谢红旗,杨廷勇,等.2018.高寒牧区应用直升机防治草原蝗虫试验.草学,(5):65-67.

姚建民,杨廷勇,谢红旗,等.2019.几种病源微生物农药对高寒牧区草原蝗虫的防治效果试验.草学,(6):58-61.

姚檀栋,冯仁国,陈德亮,等.2015.西藏高原环境变化科学评估报告.北京.

姚檀栋,刘时银,蒲健辰,等.2004.高亚洲冰川的近期退缩及其对西北水资源的影响.中国科学:D辑,34(6):535-543.

姚檀栋,邬光剑,徐柏青,等.2019."亚洲水塔"变化与影响.中国科学院院刊,34(11):1203-1209.

叶春.1999.洱海湖滨带生态恢复工程模式研究.北京：中国环境科学研究院.

怡凯,王诗阳,王雪,等.2015.基于RUSLE模型的土壤侵蚀时空分异特征分析：以辽宁省朝阳市为例.
  地理科学,35(3)：365-372.

易湘生,李国胜,尹衍雨,等.2012.黄河源区草地退化对土壤持水性影响的初步研究.自然资源学报,
  27(10)：1708-1719.

于伯华,吕昌河.2011.青藏高原高寒区生态脆弱性评价.地理研究,30(12)：2289-2295.

于海彬,张镱锂,刘林山,等.2018.青藏高原特有种子植物区系特征及多样性分布格局.生物多样性,
  26(2)：130-137.

于红妍,侯秀敏,白重庆.2019.高寒牧区微生物药剂防控草原毛虫药效试验.青海草业,28(4)：8-11.

于红妍.2020.2%甲氨基阿维菌素苯甲酸盐·0.4%苏云金杆菌混合剂防治青藏高原草原毛虫药效试验.
  青海草业,29(1)：14-16,26.

余有德,刘伦辉,张建华.1989.横断山区植被分区.山地研究,7(1)：47-55.

曾晖,成虎.2014.重大工程项目全流程管理体系的构建.管理世界,(3)：184-185.

曾慧卿,刘琪璟,殷剑敏,等.2008.近40年气候变化对江西自然植被净第一性生产力的影响.长江流
  域资源与环境,17(2)：227-231.

张彪,李文华,谢高地,等.2009.森林生态系统的水源涵养功能及其计量方法.生态学杂志,28(3)：
  529-534.

张光辉.2020.土壤分离过程对植被恢复的响应与机理.北京：科学出版社.

张光茹,李文清,张法伟,等.2020.退化高寒草甸关键生态属性对多途径恢复措施的响应特征.生态
  学报,40(18)：6293-6303.

张华国.2017.试论新时期西藏"一江两河"农业生态流域资源开发和经济发展的生态环境问题及对策.
  西藏农业科技,39(2)：40-44.

张卉.2009.中国西部地区退耕还林政策绩效评价与制度创新.北京：中央民族大学.

张继平,刘春兰,郝海广,等.2015.基于MODIS GPP/NPP数据的三江源地区草地生态系统碳储量及
  碳汇量时空变化研究.生态环境学报,24(1)：8-13.

张骞,马丽,张中华,等.2019.青藏高寒区退化草地生态恢复：退化现状、恢复措施、效应与展望.生
  态学报,39(20)：7441-7451.

张建春,彭补拙.2003.河岸带研究及其退化生态系统的恢复与重建.生态学报,23(1)：55-63.

张丽,陈宇.2021.基于公共价值的数字政府绩效评估：理论综述与概念框架.电子政务,(7)：57-71.

张明,扎科,王乾,等.2010.若尔盖高寒湿地排水沟壑填埋工程定性评价.四川林勘设计,(4)：15-19.

张瑞麟,刘果厚,崔秀萍.2006.浑善达克沙地黄柳活沙障防风固沙效益的研究.中国沙漠,26(5)：717-721.

张三力.2006.投资项目绩效管理与评价（二）第二讲 项目周期管理.中国工程咨询,(4)：51-53.

张淑萍,张虎才,陈光杰,等.2012.1973-2010年青藏高原西部昂拉仁错流域气候、冰川变化与湖泊响
  应.冰川冻土,34(2)：267-276.

张淑艳,张永亮,刘淑贤.1998.放牧对短花针茅草原生态系统土壤贮氮季节动态的影响.内蒙古民族
  大学学报,4(1)：54-58.

张天华,陈利顶,普布丹巴,等.2005.西藏拉萨拉鲁湿地生态系统服务功能价值估算.生态学报,

25（12）：3176-3180.

张威，李亚鹏，柴乐，等 . 2021. 1990—2020 年间念青唐古拉山中段北坡边坝地区冰川变化及气候响应 . 地理科学进展，40（12）：2073-2085.

张伟华，关世英，李跃进，等 . 2000. 不同恢复措施对退化草地土壤水分和养分的影响 . 内蒙古农业大学学报（自然科学版），21（4）：31-35.

张文海，杨韬 . 2011. 草地退化的因素和退化草地的恢复及其改良 . 北方环境，23（8）：40-44.

张宪洲，杨永平，朴世龙，等 . 2015. 青藏高原生态变化 . 科学通报，60（32）：3048-3056.

张馨 . 2016. 基于生态健康的青海湖流域植被生态补偿标准研究 . 西宁：青海师范大学 .

张鑫，吴艳红，张鑫 . 2014. 1972-2012 年青藏高原中南部内陆湖泊的水位变化 . 地理学报，69（7）：993-1001.

张绪校，赵磊，严东海，等 . 2015. C 型肉毒素杀鼠剂防治草地鼠害关键技术研究与应用 . 成都：四川省草原工作站 .

张亚莉，杨乃定，杨朝君 . 2004. 项目的全寿命周期风险管理的研究 . 科学管理研究，22（2）：27-30.

张雁平，王前，郭卫星，等 . 2020. 玉树市藏霸喇种畜场应用 D 型肉毒灭鼠剂大面积鼠害防治效果调查 . 青海畜牧兽医杂志，50（1）：31-32，35.

张镱锂，李炳元，郑度 . 2002. 论青藏高原范围与面积 . 地理研究，21（1）：1-10.

张镱锂，刘林山，王兆锋，等 . 2019. 青藏高原土地利用与覆被变化的时空特征 . 科学通报，64（27）：2865-2875.

张英俊，周冀琼，杨高文，等 . 2020. 退化草原植被免耕补播修复理论与实践 . 科学通报，65（16）：1546-1555.

张永超，牛得草，韩潼，等 . 2012. 补播对高寒草甸生产力和植物多样性的影响 . 草业学报，21（2）：305-309.

张志法，刘小君，毛旭锋，等 . 2019. 基于 5 年截面健康数据的青海湟水国家湿地公园湿地恢复评价 . 林业资源管理，2：30-38，53.

张自和，郭正刚，吴素琴 . 2002. 西部高寒地区草业面临的问题与可持续发展 . 草业学报，11（3）：29-33.

章文波，谢云，刘宝元 . 2002. 利用日雨量计算降雨侵蚀力的方法研究 . 地理科学，22（6）：705-711.

赵峰，鞠洪波，张怀清，等 . 2009. 国内外湿地保护与管理对策 . 世界林业研究，22（2）：22-27.

赵改红，旦增塔庆，魏学红 . 2012. 青藏高原高寒草地沙化特征的研究进展 . 草原与草坪，32（5）：83-89.

赵贯锋，余成群，武俊喜，等 . 2013. 青藏高原退化高寒草地的恢复与治理研究进展 . 贵州农业科学，41（5）：125-129.

赵哈林，赵学勇，张铜会，等 . 2011. 我国西北干旱区的荒漠化过程及其空间分异规律 . 中国沙漠，31（1）：1-8.

赵魁义，何池全 . 2000. 人类活动对若尔盖高原沼泽的影响与对策 . 地理科学，20（5）：444-449.

赵宁，夏少霞，于秀波，等 . 2020. 基于 MaxEnt 模型的渤海湾沿岸鸻鹬类栖息地适宜性评价 . 生态学杂志，39（1）：194-205.

赵士洞，张永民，赖鹏飞 . 2007. 千年生态系统评估报告集 . 北京：中国环境科学出版社 .

赵士洞，张永民 . 2006. 生态系统与人类福祉：千年生态系统评估的成就、贡献和展望 . 地球科学进展，

（9）：895-902.

赵帅，张静妮，赖欣，等 . 2011. 放牧与围封对呼伦贝尔针茅草原土壤酶活性及理化性质的影响 . 中国草地学报，33（1）：71-76.

赵伟，金慧，李江楠，等 . 2010. 长白山北坡天然次生杨桦林群落演替状态 . 东北林业大学报，38（12）：1-3.

赵晓军 . 2020. 退化草地治理方式及改良效果研究进展 . 今日畜牧兽医，36（4）：66.

赵筱青，石小倩，李驭豪，等 . 2022. 滇东南喀斯特山区生态系统服务时空格局及功能分区 . 地理学报，77（3）：736-756.

赵新全，周青平，马玉寿，等 . 2017. 三江源区草地生态恢复及可持续管理技术创新和应用 . 青海科技，24（1）：13-19，2.

赵志刚，史小明 . 2020. 青藏高原高寒湿地生态系统演变、修复与保护 . 科技导报，38（17）：33-41.

赵志龙，张镱锂，刘林山，等 . 2014. 青藏高原湿地研究进展 . 地理科学进展，33（9）：1218-1230.

赵志平，王军邦，吴晓莆，等 . 2014. 1990-2005 年内蒙古兴安盟地区土壤水力侵蚀变化研究 . 干旱区资源与环境，28（6）：124-129.

郑度 . 1996. 青藏高原自然地域系统研究 . 中国科学：D 辑，26（4）：336-341.

郑华平，陈子萱，牛俊义，等 . 2009. 补播禾草对玛曲高寒沙化草地植物多样性和生产力的影响 . 草业学报，18（3）：28-33.

中国科学院成都山地灾害与环境研究所，中国科学院兰州冰川与冻土研究所，西藏自治区交通科学研究所 . 1995. 川藏公路南线（西藏境内）山地灾害及其防治 . 北京：科学出版社 .

中华人民共和国国家统计局 . 2012. 中国统计年鉴 2012. 北京：中国统计出版社 .

中华人民共和国国家统计局 . 2013. 中国统计年鉴 2013. 北京：中国统计出版社 .

中华人民共和国国家统计局 . 2014. 中国统计年鉴 2014. 北京：中国统计出版社 .

中华人民共和国国家统计局 . 2015. 中国统计年鉴 2015. 北京：中国统计出版社 .

中华人民共和国国家统计局 . 2016. 中国统计年鉴 2016. 北京：中国统计出版社 .

中华人民共和国国家统计局 . 2017. 中国统计年鉴 2017. 北京：中国统计出版社 .

国家统计局 . 2018. 中国统计年鉴 2018. 北京：中国统计出版社 .

国家统计局 . 2019. 中国统计年鉴 2019. 北京：中国统计出版社 .

国家统计局 . 2020. 中国统计年鉴 2020. 北京：中国统计出版社 .

中华人民共和国国务院新闻办公室 . 2016. 第二次草原普查数据显示西藏草原面积超 13 亿亩 . http://www.scio.gov.cn/zhzc/8/1/Document/1514393/1514393.html .

中华人民共和国国务院新闻办公室 . 2018. 青藏高原生态文明建设状况 . 北京：人民出版社 .

钟祥浩，刘淑珍，王小丹，等 . 2006. 西藏高原国家生态安全屏障保护与建设 . 山地学报，（2）：129-136.

钟祥浩，刘淑珍，王小丹，等 . 2010. 西藏高原生态安全研究 . 山地学报，28（1）：1-10.

钟祥浩 . 2008. 中国山地生态安全屏障保护与建设 . 山地学报，（1）：2-11.

周博，高佳佳，周建斌 . 2012. 不同种类有机肥碳、氮矿化特性研究 . 植物营养与肥料学报，18（2）：366-373.

周才平，欧阳华，曹宇，等 . 2008. "一江两河"中部流域植被净初级生产力估算 . 应用生态学报，

19（5）：1071-1076.

周华坤，周立，赵新全，等．2003.江河源区"黑土滩"型退化草场的形成过程与综合治理.生态学杂志，22（5）：51-55.

周陆生，李海红，汪青春．2000.青藏高原东部牧区大—暴雪过程及雪灾分布的基本特征.高原气象，19（4）：450-458.

周少舟．2008.天然林资源保护工程效益评价.北京：中国林业科学研究院．

周寿荣．1979.放牧绵羊日采食量的研究.中国畜牧杂志，（4）：8-11.

周俗，张绪校，刘刚，等．2020.沙漠蝗灾害背景下四川草原虫害发生形势分析与防控对策.草学，253（2）：65-68，74.

周万福，李凤霞，周秉荣，等．2009.人工增雨补水型湿地修复技术研究.草业科学，26（12）：92-97.

周伟．2018.生态环境保护与修复的多元主体协同治理：以祁连山为例.甘肃社会科学，（2）：250-255.

周文英．2014.基于遥感技术的草原湿地生态环境评价方法研究.成都：电子科技大学．

朱教君，郑晓，闫巧玲，等．2016.三北防护林工程生态环境效应遥感监测与评估研究：三北防护林体系工程建设30年（1978—2008）.北京：科学出版社．

朱美媛．2019.近42a西藏色林错流域湿地变化与生态脆弱性评价.北京：中国地质大学．

朱文，杨志荣，葛绍荣，等．1995.苏云金杆菌防治草地蝗虫的研究.西南农业学报，8（2）：61-64.

宗鑫．2016.青藏高原东部草原生态建设补偿区域的优先级判别研究.兰州：兰州大学．

邹婧汝，赵新全．2015.围栏禁牧与放牧对草地生态系统固碳能力的影响.草业科学，32（11）：1748-1756.

邹宓君，邵长坤，阳坤．2020.1979—2018年西藏自治区气候与冰川冻土变化及其对可再生能源的潜在影响.大气科学学报，43（6）：980-991.

邹亚丽．2015.氮沉降对典型草原土壤氮组分及氮矿化过程的影响及机制.兰州：兰州大学．

邹长新，陈金林，李海东．2012.基于模糊综合评价的若尔盖湿地生态安全评价.南京林业大学学报（自然科学版），36（3）：53-58.

Turner R，杨伟，杨玉武．2006.项目管理理论及其架构.项目管理技术，4（10）：16-22.

Abbasi M K, Adams W A. 2000. Estimation of simultaneous nitrification and denitrification in grassland soil associated with urea-N using ^{15}N and nitrification inhibitor. Biology and Fertility of Soils, 31（1）：38-44.

Accoe F, Boeckx P, Busschaert J, et al. 2004. Gross N transformation rates and net N mineralisation rates related to the C and N contents of soil organic matter fractions in grassland soils of different age. Soil Biology and Biochemistry, 36（12）：2075-2087.

Alef K, Beck T H, Zelles L, et al. 1988. A comparison of methods to estimate microbial biomass and N-mineralization in agricultural and grassland soils. Soil Biology and Biochemistry, 20（4）：561-565.

Allard V, Soussana J F, Falcimagne R, et al. 2007. The role of grazing management for the net biome productivity and greenhouse gas budget（CO_2, N_2O and CH_4）of semi-natural grassland. Agriculture Ecosystems and Environment, 121: 47-58.

Allen A G, Jarvis S C, Headon D M, et al. 1996. Nitrous oxide emissions from soils due to inputs of nitrogen from excreta return by livestock on grazed grassland in the UK. Soil Biology and Biochemistry, 28（4-5）：

597-607.

Alrowaily S L, Elbana M I, Albakre D A, et al. 2015. Effects of open grazing and livestock exclusion on floristic composition and diversity in natural ecosystem of Western Saudi Arabia Saudi. Journal of Biological Science, 22(4): 427-430.

Ambus P, Petersen S O, Soussana J F, et al. 2007. Short-term carbon and nitrogen cycling in urine patches assessed by combined carbon-13 and nitrogen-15 labelling. Agriculture Ecosystems and Environment, 121(1-2): 84-92.

Andersen K M, Turner B L. 2013. Preferences or plasticity in nitrogen acquisition by understorey palms in a tropical montane forest? Journal of Ecology, 101(3): 819-825.

Anthonisen A C, Loehr R C, Prakasam T B S, et al. 1976. Inhibition of nitrification by ammonia and nitrous acid. Journal Water Pollution Control Federation, 48(5): 835-852.

Antil R S, Lovell R D, Hatch D J, et al. 2001. Mineralization of nitrogen in permanent pastures amended with fertilizer or dung. Biology and Fertility of Soils, 33(2): 132-138.

Apaydin H, Sonmez F K, Yildirim Y E. 2004. Spatial interpolation techniques for climate data in the GAP region in Turkey. Climate Research, 28(1): 31-40.

Ashton I W, Miller A E, Bowman W D, et al. 2008. Nitrogen preferences and plant-soil feedbacks as influenced by neighbors in the alpine tundra. Oecologia, 156(3): 625-636.

Ashton I W, Miller A E, Bowman W D, et al. 2010. Niche complementarity due to plasticity in resource use: Plant partitioning of chemical N forms. Ecology, 91(11): 3252-3260.

Atanassov K T. 1986. Intuitionistic fuzzy sets. Fuzzy Sets and Systems, 20: 87-96.

Bagchi S, Ritchie M E J E l. 2010. Introduced grazers can restrict potential soil carbon sequestration through impacts on plant community composition. Ecology Letters, 13(8): 959-968.

Bai W, Fang Y, Zhou M, et al. 2015. Heavily intensified grazing reduces root production in an Inner Mongolia temperate steppe. Agriculture, Ecosystems and Environment, 200:143-150.

Bai Y F, Wu J G, Clark C M, et al. 2012. Grazing alters ecosystem functioning and C ： N ： P stoichiometry of grasslands along a regional precipitation gradient. Journal of Applied Ecology, 49(6): 1204-1215.

Ball R, Keeney D, Thoebald P, et al. 1979. Nitrogen balance in urine-affected areas of a New Zealand pasture Agronomy Journal, 71(2): 309-314.

Bariyanga J D, Wronski T, Plath M, et al. 2016. Effectiveness of electro-fencing for restricting the ranging behaviour of wildlife: A case study in the Degazetted Parts of Akagera National Park. African Zoology, 51: 183-191.

Barrett J E, Burke I C. 2000. Potential nitrogen immobilization in grassland soils across a soil organic matter gradient. Soil Biology and Biochemistry, 32(11-12): 1707-1716.

Bathurst N, Mitchell K. 1982. The effect of urine and dung on the nitrogen mineralization on pastures. New Zealand Journal of Agricultural Research, 23: 540-552.

Batista P V G, Fiener P, Scheper S, et al. 2022. A conceptual-model-based sediment connectivity assessment for patchy agricultural catchments. Hydrology and Earth System Sciences, 26(14): 3753-3770.

Bauer A, Cole C V. 1987. Soil property comparisons in virgin grasslands between grazed and nongrazed management-systems. Soil Science Society of America Journal, 51(1): 176-182.

Behn R D. 2003. Why measure performance? Different purposes require different measures. Public Administration Review, 63(5): 586-606.

Bengtsson G, Bengtson P. 2003. Gross nitrogen mineralization-, immobilization-, and nitrification rates as a function of soil C/N ratio and microbial activity. Soil Biology and Biochemistry, 35(1): 143-154.

Beritelli P. 2011. Cooperation among prominent actors in a tourist destination. Annals of Tourism Research, 38(2): 607-629.

Borer E T, Seabloom E W, Gruner D S. 2014. Herbivores and nutrients control grassland plant diversity via light limitation. Nature, 508: 517-520.

Borner J, Baylis K, Corbera E, et al. 2016. Emerging evidence on the effectiveness of tropical forest conservation. PLoS One, 11(11): e0159152.

Bouwman A F, Boumans L J M, Batjes N H, et al. 2002. Emissions of N_2O and NO from fertilized fields: Summary of available measurement data. Global Biogeochemical Cycles, 16(4): 6-1-6-13.

Boyd J, Banzhaf S. 2007. What are ecosystem services? The need for standardized environmental accounting units. Ecological Economics, 63(2-3): 616-626.

Bozeman B. 2007. Public Values and Public Interest: Counterbalancing Economic Individualism. Washington D. C. : Georgetown University Press.

Breland T A, Hansen S. 1996. Nitrogen mineralization and microbial biomass as affected by soil compaction. Soil Biology and Biochemistry, 28(4-5): 655-663.

Breshears D D, Whicker J J, Johansen M P, et al. 2010. Wind and water erosion and transport in semi-arid shrubland, grassland and forest ecosystems: Quantifying dominance of horizontal wind-driven transport. Earth Surface Processes and Landforms, 28(11): 1189-1209.

Brouwer J, Powell J M. 1998. Increasing nutrient use efficiency in West-African agriculture: The impact of micro-topography on nutrient leaching from cattle and sheep manure. Agriculture Ecosystems and Environment, 71(1-3): 229-239.

Brunke R, Alvo P, Schuepp P, et al. 1988. Effect of meteorological parameters on ammonia loss from manure in the field. Journal of Environmental Quality, 17(3): 431-436.

Bullock J M, Hill B C, Silvertown J. 1995. Gap colonization as a source of grassland community change: Effects of gap size and grazing on the rate and mode of colonization by different species. Oikos, 72: 273-282.

Cai H, Yang X, Xu X. 2015. Human-induced grassland degradation/restoration in the central Tibetan Plateau: The effects of ecological protection and restoration projects. Ecological Engineering, 83: 112-119.

Cai Y J, Wang X D, Ding W X, et al. 2013. Potential short-term effects of yak and Tibetan sheep dung on greenhouse gas emissions in two alpine grassland soils under laboratory conditions. Biology and Fertility of Soils, 49(8): 1215-1226.

Cai Y, Akiyama H. 2016. Nitrogen loss factors of nitrogen trace gas emissions and leaching from excreta patches in grassland ecosystems: A summary of available data. Science of the Total Environment, 572:

185-195.

Cai Y, Chang S X, Cheng Y, et al. 2017. Greenhouse gas emissions from excreta patches of grazing animals and their mitigation strategies. Earth-Science Reviews, 171: 44-57.

Cai Y J, Wang Y D, Tian L L, et al. 2014. The impact of excretal returns from yak and Tibetan sheep dung on nitrous oxide emissions in an alpine steppe on the Qinghai-Tibetan Plateau. Soil Biology and Biochemistry, 76:90-99.

Cairns J. 1997. Protecting the delivery of ecosystem services. Ecosystem Health, 3(3): 185-194.

Callaway R M, Pennings S C. 2003. Phenotypic plasticity and interactions among plants. Ecology, 84(5): 1115-1128.

Canning E U. 1953. A new microsporidian, Nosema locustae n.sp., from the fat body of the African migratory locust, locusta migratoria migratorioides R. & F. Parasitology, 43(3-4): 287-290.

Cao J, Li G, Adamowski J F, et al. 2019. Suitable exclosure duration for the restoration of degraded alpine grasslands on the Qinghai-Tibetan Plateau. Land Use Policy, 86: 261-267.

Cao Y, Wu J, Zhang X, et al. 2019. Dynamic forage-livestock balance analysis in alpine grasslands on the Northern Tibetan Plateau. Journal of Environmental Management, 238: 352-359.

Carran R, Ball P R, Theobald P, et al. 1982. Soil nitrogen balances in urine-affected areas under two moisture regimes in Southland. New Zealand Journal of Experimental Agriculture, 10(4): 377-381.

Carter M S. 2007. Contribution of nitrification and denitrification to N_2O emissions from urine patches. Soil Biology and Biochemistry, 39(8): 2091-2102.

Chambers R, Conway G. 1992. Sustainable Rural Livelihoods: Practical Concepts for the 21st Century. Brighton: IDS .

Chaneton E J, Lemcoff J H, Lavado R S, et al. 1996. Nitrogen and phosphorus cycling in grazed and ungrazed plots in a temperate subhumid grassland in Argentina. Journal of Applied Ecology, 33: 291-302.

Charles G, Porensky L, Riginos C, et al. 2016. Herbivore effects on productivity vary by guild: Cattle increase mean productivity while wildlife reduce variability. Ecological Applications, 72: 143-155.

Chen B X, Zhang X Z, Tao J, et al. 2014. The impact of climate change and anthropogenic activities on alpine grassland over the Qinghai-Tibet Plateau. Agricultural and Forest Meteorology, 189: 11-18.

Chen C, Li T, Sivakumar B, et al. 2020. Attribution of growing season vegetation activity to climate change and human activities in the Three-River Headwaters Region, China. Journal of Hydroinformatics, 22(1): 186-204.

Chen J, Liu Q, Yu L, et al. 2021. Elevated temperature and CO_2 interactively modulate sexual competition and ecophysiological responses of dioecious Populus cathayana. Forest Ecology and Management, 481: 118747.

Chen S J, Hwang C L. 1992. Fuzzy multiple attribute decision making methods//Muley A A, Bajaj V. Fuzzy Multiple Attribute Decision Making. Berlin: Springer: 289-486.

Chen X, Zhang T, Guo R, et al. 2021. Fencing enclosure alters nitrogen distribution patterns and tradeoff strategies in an alpine meadow on the Qinghai-Tibetan Plateau. Catena, 197: 104948.

Chen W N, Dong Z B, Li Z S, et al. 1996. Wind tunnel test of the influence of moisture on the erodibility of loessial sandy loam soils by wind. Journal of Arid Environments, 34: 391-402.

Cheng J, Wu G L, Zhao L P, et al. 2011. Cumulative effects of 20-year exclusion of livestock grazing on above- and belowground biomass of typical steppe communities in arid areas of the Loess Plateau, China. Plant Soil and Environment, 57(1): 40-44.

Cheng J, Jing G, Wei L, et al. 2016. Long-term grazing exclusion effects on vegetation characteristics, soil properties and bacterial communities in the semi-arid grasslands of China. Ecological Engineering: The Journal of Ecotechnology, 97: 170-178.

Cleavitt N L C L, Fahey T J F J, Groffman P M G M, et al. 2008. Effects of soil freezing on fine roots in a northern hardwood forest. Canadian Journal of Forest Research, 38(1): 82-91.

Coen G M, Tatarko J, Martin T C, et al. 2004. A method for using WEPS to map wind erosion risk of Alberta soils. Environmental Modelling and Software, 19(2): 185-189.

Conant R T, Elliott E T, Paustian K. 2001. Grassland management and conversion into grassland: Effects on soil carbon. Ecological Applications, 11(2): 343-355.

Cong N, Shen M, Yang W, et al. 2017. Varying responses of vegetation activity to climate changes on the Tibetan Plateau grassland. International Journal of Biometeorology, 61(8): 1433-1444.

Cornelissen J, Bodegom P, Elliott E T, et al. 2010. Global negative vegetation feedback to climate warming responses of leaf litter decomposition rates in cold biomes. Ecology Letters, 10(7): 619-627.

Cornwell W K, Cornelissen J, Amatangelo K, et al. 2010. Plant species traits are the predominant control on litter decomposition rates within biomes worldwide. Ecology Letters, 11(10): 1065-1071.

Costanza R, Arge R D, Groot R D, et al. 1997. The value of the world's ecosystem services and natural capital. Nature, 387(15): 253-260.

Courtois D R, Perryman B L, Hussein H S, et al. 2004. Vegetation change after 65 years of grazing and grazing exclusion. Journal of Range Management, 57(6): 574-582.

Cropanzano R, Mitchell M S. 2005. Social exchange theory: An interdisciplinary review. Journal of Management, 31: 874-900.

Cui P, Fan F, Yin C, et al. 2016. Long-term organic and inorganic fertilization alters temperature sensitivity of potential N_2O emissions and associated microbes. Soil Biology and Biochemistry, 93: 131-141.

Daily G C. 1997. Nature's Services: Societal Dependence on Natural Ecosystems. Washington D. C. : Island Press.

de Roo A P J, Wesseling C G, Ritsema C J. 1996. LISEM: A single-event physically based hydrological and soil erosion model for drainage basins. Hydrological Processes, 10(8): 1107-1118.

Deng L, Zhang Z, Shangguan Z. 2014. Long-term fencing effects on plant diversity and soil properties in China . Soil and Tillage Research, 137:7-15.

Di H J, Cameron K C, Shen J P, et al. 2010. Ammonia-oxidizing bacteria and archaea grow under contrasting soil nitrogen conditions. Fems Microbiology Ecology, 72(3): 386-394.

Di H J, Cameron K C, Shen J P, et al. 2009. Nitrification driven by bacteria and not archaea in nitrogen-rich grassland soils. Nature Geoscience, 2(9): 621-624.

Ding J, Li F, Yang G, et al. 2016. The permafrost carbon inventory on the Tibetan Plateau: A new evaluation using deep sediment cores. Global Change Biology, 22(8): 2688-2701.

Ding M J, Zhang Y L, Sun X, et al. 2013. Spatiotemporal variation in alpine grassland phenology in the Qinghai-Tibetan Plateau from 1999 to 2009. Chinese Science Bulletin, 58(3): 396-405.

Dixon C D, Day R W, Huchette S M H, et al. 2006. Successful seeding of hatchery-produced juvenile greenlip abalone to restore wild stocks. Fisheries Research, 78(2-3): 179-185.

Dixon E R , Laughlin R J, Watson C J, et al. 2010. Evidence for the production of NO and N_2O in two contrasting subsoils following the addition of synthetic cattle urine. Rapid Communications in Mass Spectrometry: Rcm, 24(5): 519-528.

Dlamini P, Chivenge P, Chaplot V, et al. 2016. Overgrazing decreases soil organic carbon stocks the most under dry climates and low soil pH: A meta-analysis shows. Agriculture, Ecosystems and Environment, 221: 258-269.

Dogan G, Medet Y, Manuel A R, et al. 2017. Impact of trust on local residents' mega-event perceptions and their support. Journal of Travel Research, 56(3): 393-406.

Dorji T, Totland O, Moe S R, et al. 2013. Plant functional traits mediate reproductive phenology and success in response to experimental warming and snow addition in Tibet. Global Change Biology, 19: 459-472.

Du C, Zhou G, Gao Y, et al. 2022. Grazing exclusion alters carbon flux of alpine meadow in the Tibetan Plateau. Agricultural and Forest Meteorology, 314: 108774.

Du J, Wang G, Li Y. 2015. Rate and causes of degradation of alpine grassland in the source regions of the Yangtze and Yellow Rivers during the last 45 years. Acta Prataculturae Sinica, 24(6): 5-15.

Dudley S A, Schmitt J. 1995. Genetic differentiation in morphological responses to simulated foliage shade between populations of impatiens capensis from open and woodland sites. Functional Ecology, 9(4): 655-666.

Dudley S, Schmitt J. 1996. Testing the adaptive plasticity hypothesis: Density-dependent selection on manipulated stem length in impatiens capensis. American Naturalist, 147(3): 445-465.

Dunn W N. 1980. Public Policy Analysis: An Introduction. Englewood Cliffs: Prentice Hall.

Duriancik L F, Bucks D, Dobrowolski J P, et al. 2008. The first five years of the conservation effects assessment project. Journal of Soil and Water Conservation, 63(6): 185-197.

Edwards G, Crawley M. 1999. Herbivores, seed banks and seedling recruitment in mesic grassland. Journal of Ecology, 87(3): 423-435.

Elmeros M, Bossi R, Christensen T K, et al. 2019. Exposure of non-target small mammals to anticoagulant rodenticide during chemical rodent control operations. Environmental Science and Pollution Research, 26(6): 6133-6140.

Elser J J, Bracken M E, Chaplot E E, et al. 2007. Global analysis of nitrogen and phosphorus limitation of primary producers in freshwater, marine and terrestrial ecosystems. Ecology Letters, 10(12): 1135-1142.

Esse P C, Buerkert A, Hiernaux P, et al. 2001. Decomposition of and nutrient release from ruminant manure on acid sandy soils in the Sahelian zone of Niger, West Africa. Agriculture Ecosystems and Environment, 83(1-2): 55-63.

Euliss N H, Smith L M, Liu S, et al. 2011. Integrating estimates of ecosystem services from conservation programs and practices into models for decision makers. Ecological Applications, 21(3): S128-S134.

Fang H Y. 2020. Impact of land use changes on catchment soil erosion and sediment yield in the Northeastern China: A panel data model application. International Journal of Sediment Research, 35(5): 540-549.

Farell P. 1957. DEA in production center: An input-output mode. Journal of Econometrics, 3: 23-49.

Feng L H, Jiang H, Zhang Y B, et al. 2014. Sexual differences in defensive and protective mechanisms of Populus cathayana exposed to high UV-B radiation and low soil nutrient status. Physiologia Plantarum, 151(4): 434-445.

Feng X, Fu B, Piao S, et al. 2016. Revegetation in China's Loess Plateau is approaching sustainable water resource limits. Nature Climate Change, 6(11): 1019-1022.

Feng Y, Wu J, Zhang J, et al. 2017. Identifying the relative contributions of climate and grazing to both direction and magnitude of alpine grassland productivity dynamics from 1993 to 2011 on the Northern Tibetan Plateau. Remote Sensing, 9(2): 136.

Feng Y, Yang Q, Tong X, et al. 2018. Evaluating land ecological security and examining its relationships with driving factors using GIS and generalized additive model. Science of the Total Environment, 633: 1469-1479.

Fenn L B, Malstrom H L, Wu E, et al. 1987. Ammonia losses from surface-applied urea as related to urea application rates, plant residue and calcium chloride addition. Fertilizer Research, 12(3): 219-227.

Fick S E, Barger N, Tatarko J, et al. 2020. Induced biological soil crust controls on wind erodibility and dust (PM_{10}) emissions. Earth Surface Processes and Landforms, 45: 224-236.

Floate M. 1970. Decomposition of organic materials from hill soils and pastures: III. The effect of temperature on the mineralization of carbon, nitrogen and phosphorus from plant materials and sheep faeces. Soil Biology and Biochemistry, 2(3): 187-196.

Foster G R, Lane L J. 1987. User requirements: USDA, water erosion prediction project (WEPP) Draft 6.3. NSERL Report(USA).

Frank A B, Tanaka D L, Follett L H F, et al. 1995. Soil carbon and nitrogen of Northern Great Plains grasslands as influenced by long-term grazing. Journal of Range Management, 48(5): 470-474.

Frank D A, Kuns M M, Guido D R, et al. 2002. Consumer control of grassland plant production. Ecology, 83(3): 602-606.

Frankenberger W T, Abdelmagid H M. 1985. Kinetic parameters of nitrogen mineralization rates of leguminous crops incorporated into soil. Plant and Soil, 87(2): 257-271.

Fryear D W, Bilbro J D, Saleh A, et al. 2000. RWEQ: Improved wind erosion technology. Journal of Soil Water Conservation, 55(2): 183-189.

Fukumoto Y, Osada T, Hanajima D, et al. 2003. Patterns and quantities of NH_3, N_2O and CH_4 emissions during swine manure composting without forced aeration-effect of compost pile scale. Bioresource Technology,

89(2): 109-114.

Galloway J N, Dentener F J, Boyer E W, et al. 2004. Nitrogen cycles: Past, present, and future. Biogeochemistry, 70(2): 153-226.

Galloway J, Townsend A, Erisman J, et al. 2008. Transformation of the nitrogen Cycle: recent trends, questions, and potential solutions. Science, 320(5878): 889.

Ganjurjav H, Hu G Z, Wan Y F, et al. 2018. Different responses of ecosystem carbon exchange to warming in three types of alpine grassland on the central Qinghai-Tibetan Plateau. Ecology and Evolution, 8(3): 1507-1520.

Gao J Q, Mo Y, Xu X L, et al. 2014. Spatiotemporal variations affect uptake of inorganic and organic nitrogen by dominant plant species in an alpine wetland. Plant and Soil, 381(1-2): 271-278.

Gao Q Z, Li Y, Wan Y F, et al. 2009. Significant achievements in protection and restoration of alpine grassland ecosystem in Northern Tibet, China. Restoration Ecology, 17(3): 320-323.

Gao Y H, Zhou X, Wang Q, et al. 2013. Vegetation net primary productivity and its response to climate change during 2001-2008 in the Tibetan Plateau. Science of the Total Environment, 444: 356-362.

Gao Y, Cheng J M. 2013. Spatial and temporal variations of grassland soil organic carbon and total nitrogen following grazing exclusion in semiarid Loess Plateau, Northwest China. Acta Agriculturae Scandinavica Section B-Soil and Plant Science, 63(8): 704-711.

Geoffrey E. 1995. Ornamental traits as indicators of environmental health. BioScience, 45(1): 25-31.

Ghaleb A, Alseekh S, Amro Y A, et al. 2009. Effect of grazing on soil properties at southern part of west bank rangeland. Hebron University Research Journal, 4(1): 35-53.

Giese M, Gao Y Z, Brueck H, et al. 2012. N dynamics of Inner Mongolia typical steppe as affected by grazing. EGU General Assembly Conference.

Gitelson A A, Viña A, Verma S B, et al. 2006. Relationship between gross primary production and chlorophyll content in crops: Implications for the synoptic monitoring of vegetation productivity. Journal of Geophysical Research: Atmospheres, 111(D8): D08S11.

Glover J D, Reganold J P, Bell L W, et al. 2010. Increased food and ecosystem security via perennial grains. Science, 328(5986): 1638-1639.

Gomez-Casanovas N, DeLucia N, Bernacchi C, et al. 2017. Grazing alters net ecosystem C fluxes and the global warming potential of a subtropical pasture. Ecological Applications, 28: 557-572.

Gregory J M, Wilson G R, Singh U B, et al. 2004. TEAM: Integrated, process-based wind-erosion model. Environmental Modelling and Software, 19(2): 205-215.

Griffis T, Rouse W, Waddington J, et al. 2000. Interannual variability of net ecosystem CO_2 exchange at a subarctic fen. Global Biogeochemical Cycles, 14: 1109-1122.

Guo W, Liu S, Xu L, et al. 2015. The second Chinese glacier inventory: Data, methods and results. Journal of Glaciology, 61(226): 357-372.

Guo X, Dai L, Li Y, et al. 2019. Major greenhouse gas fluxes in different degradation levels of alpine meadow on the Qinghai-Tibetan Plateau. Research of Soil and Water Conservation, 26(5): 188-194, 209.

Guo Z L, Chang C P, Wang R D, et al. 2017. Modeling regional wind erosion using different model//19th EGU General Assembly, EGU. Vienna: EGU.

Gurung D B, Seeland K. 2008. Ecotourism in Bhutan: Extending its benefits to rural communities. Annals of Tourism Research, 35(2): 489-508.

Hafner S, Unteregelsbacher S, Seeber E, et al. 2012. Effect of grazing on carbon stocks and assimilate partitioning in a Tibetan montane pasture revealed by $^{13}CO_2$ pulse labeling. Global Change Biology, 18(2): 528-538.

Han J, Chen J, Han G, et al. 2014. Legacy effects from historical grazing enhanced carbon sequestration in a desert steppe. Journal of Arid Environments, 107: 1-9.

Han Q Q, Guo Q X, Korpelainen H, et al. 2019. Rootstock determines the drought resistance of poplar grafting combinations. Tree Physiology, 39(11): 1855-1866.

Harazono Y, Mano M, Miyata A, et al. 2003. Inter-annual carbon dioxide uptake of a wet sedge tundra ecosystem in the Arctic. Tellus Series B: Chemical and Physical Meteorology, 55: 215-231.

Harpole W S, Ngai J T, Cleland E E, et al. 2011. Nutrient co-limitation of primary producer communities. Ecology Letters, 14(9): 852-862.

Harris R B. 2010. Rangeland degradation on the Qinghai-Tibetan plateau: A review of the evidence of its magnitude and causes. Journal of Arid Environments, 74(1): 1-12.

Hartmann A A, Barnard R L, Marhan S, et al. 2013. Effects of drought and N-fertilization on N cycling in two grassland soils. Oecologia, 171(3): 705-717.

Hassink J. 1992. Effect of grassland management on N mineralization potential, microbial biomass and N yield in the following year. Netherlands Journal of Agricultural Science, 40(2): 173-185.

Hatch D J, Jarvis S C, Dollard G J, et al. 1990. Measurements of ammonia emission from grazed grassland. Environmental Pollution, 65(4): 333-346.

Hatch D J, Lovell R D, Antil R S, et al. 2000. Nitrogen mineralization and microbial activity in permanent pastures amended with nitrogen fertilizer or dung. Biology and Fertility of Soils, 30(4): 288-293.

Haynes R J, Williams P H. 1993. Nutrient cycling and soil fertility in the grazed pasture ecosystem//Donald L S Advances in Agronomy. Academic Press: 119-199.

Haynes R J. 1986. Chapter 2 - The decomposition process: Mineralization, immobilization, humus formation, and degradation//Mineral Nitrogen in the Plant-Soil System Academic Press: 52-126.

Haynes R, Williams P. 1992. Changes in soil solution composition and pH in urine-affected areas of pasture. Journal of Soil Science, 43(2): 323-334.

Heath L S, Kimble J M, Birdsey R A, et al. 2002. The potential of US grazing lands to sequester carbon and mitigate the greenhouse effect. Geoderma, 107: 148-149.

Herman W A, McGill W B, Dormaar J F, et al. 1977. Effects of initial chemical composition on decomposition of roots of three grass species. Canadian Journal of Soil Science, 57(2): 205-215.

Hirota M, Tang Y H, Hu Q W, et al. 2005. The potential importance of grazing to the fluxes of carbon dioxide and methane in an alpine wetland on the Qinghai-Tibetan Plateau. Atmospheric Environment, 39(29):

5255-5259.

Holland E A, Parton W J, Detling J K, et al. 1992. Physiological responses of plant populations to herbivory and their consequences for ecosystem nutrient flow. The American Naturalist, 140(4): 685-706.

Holst J, Liu C, Brüggemann N, et al. 2007. Microbial N turnover and N-oxide (N$_2$O/NO/NO$_2$) fluxes in semi-arid grassland of Inner Mongolia. Ecosystems, 10(4): 623-634.

Holt R F. 2001. Strategic Ecological Restoration Assessment (SERA) of the Kamloops Forest Region. British Columbia: Pandion Ecological Research Ltd.

Hong J, Ma X, Yan Y, et al. 2018. Which root traits determine nitrogen uptake by alpine plant species on the Tibetan Plateau? Plant and Soil, 424(1-2): 63-72.

Hong J, Ma X, Zhang X, et al. 2017. Nitrogen uptake pattern of herbaceous plants: Coping strategies in altered neighbor species. Biology and Fertility of Soils, 53: 729-735.

Hong J, Qin X, Ma X, et al. 2019. Seasonal shifting in the absorption pattern of alpine species for NO$_3^-$ and NH$_4^+$ on the Tibetan Plateau. Biology and Fertility of Soils, 55(8): 801-811.

Hopping K A, Knapp A K, Dorji T, et al. 2018. Warming and land use change concurrently erode ecosystem services in Tibet. Global Change Biology, 24(11): 5534-5548.

Horner L, Hazel. 2005. Adding Public Value. London: The Work Foundation.

Hou G, Delang C O, Lu X, et al. 2020. A meta-analysis of changes in soil organic carbon stocks after afforestation with deciduous broadleaved, sempervirent broadleaved, andconifer tree species. Annals of Forest Science, 77(4):1-13.

Hua T, Zhao W W, Chenrubin F, et al. 2021. Sensitivity and future exposure of ecosystem services to climate change on the Tibetan Plateau of China. Landscape Ecology, 36(12): 3451-3471.

Huang J, Yu H, Han D, et al. 2020. Declines in global ecological security under climate change. Ecological Indicators, 117: 106651.

Huang K, Zhang Y, Zhu J, et al. 2016. The influences of climate change and human activities on vegetation dynamics in the Qinghai-Tibet Plateau. Remote Sensing, 8(10): 876.

Hutchinson M F. 1995. Interpolating mean rainfall using thin plate smoothing splines. International Journal of Geographical Information Systems, 9(4): 385-403.

Huygens D, Boeckx P, Templer P, et al. 2008. Mechanisms for retention of bioavailable nitrogen in volcanic rainforest soils. Nature Geoscience, 1(8): 543-548.

Innerebner G, Knapp B, Vasara T, et al. 2006. Traceability of ammonia-oxidizing bacteria in compost-treated soils. Soil Biology and Biochemistry, 38(5): 1092-1100.

Jiang H, Zhang S, Feng L H, et al. 2015a. Transcriptional profiling in dioecious plant Populus cathayana reveals potential and sex-related molecular adaptations to solar UV-B radiation. Physiologia Plantarum, 153(1): 105-118.

Jiang L, Wang S, Pang Z, et al. 2015b. Grazing modifies inorganic and organic nitrogen uptake by coexisting plant species in alpine grassland. Biology and Fertility of Soils, 52(2): 211-221.

Jiang P, Chen D, Xiao J, et al. 2021. Climate and anthropogenic influences on the spatiotemporal change in degraded grassland in China. Environmental Engineering Science, 38(11): 1065-1077.

Jiang L, Wang S, Pang Z, et al. 2016. Grazing modifies inorganic and organic nitrogen uptake by coexisting plant species in alpine grassland. Biology and Fertility of Soils, 52: 211-221.

Johnston A, Addiscott T M. 1971. Potassium in soils under different cropping systems:1. Behaviour of K remaining in soils from classical and rotation experiments at Rothamsted and Woburn and evaluation of methods of measuring soil potassium. Journal of Agricultural Science, 76(3): 539-552.

Jones J M, Richards B N. 1977. Effect of reforestation on turnover of ^{15}N-labelled nitrate and ammonium in relation to changes in soil microflora. Soil Biology and Biochemistry, 9(6): 383-392.

Jones P, Jakes A, Telander A, et al. 2019. Fences reduce habitat for a partially migratory ungulate in the Northern Sagebrush Steppe. Ecosphere, 10.

Kääb A, Leinss S, Gilbert A, et al. 2018. Massive collapse of two glaciers in Western Tibet in 2016 after surge-like instability. Nature Geoscience, 11(2): 114-120.

Kahmen A, Renker C, Unsicker S B, et al. 2006. Niche complementarity for nitrogen: An explanation for the biodiversity and ecosystem functioning relationship? Ecology, 87(5): 1244-1255.

Kaiser E A, Heinemeyer O. 1996. Temporal changes in N_2O-losses from two arable soils. Plant and Soil, 181(1): 57-63.

Karabi P, Yadvinder M, Sileshi G W, et al. 2018. Net ecosystem productivity and carbon dynamics of the traditionally man- aged imperata grasslands of North East India. Science of the Total Environment, 635: 1124-1131.

Karadakis K, Kaplanidou K. 2012. Legacy perceptions among host and non-host Olympic games residents: A longitudinal study of the 2010 Vancouver Olympic games. European Sport Management Quarterly, 12(3): 243-264.

Kato T, Tang Y, Gu S, et al. 2006. Temperature and biomass influences on interannual changes in CO_2 exchange in an alpine meadow on the Qinghai-Tibetan Plateau. Global Change Biology, 12: 1285-1298.

Kelly G, Mulgan G, Muers S. 2002. Creating public value: An analytical framework for public service reform. the Cabinet Office Strategy Unit, United Kingdom.

Kenthla M E. 2000. Perspectives on setting success criteria for wetland restoration. Ecological Engineering, 15: 199-209.

Kielland K. 1994. Amino acid absorption by arctic plants: Implications for plant nutrition and nitrogen cycling. Ecology, 75(8): 2373-2383.

Klein J A, Harte J, Zhao X Q, et al. 2007. Experimental warming, not grazing, decreases rangeland quality on the Tibetan Plateau. Ecological Applications, 17(2): 541-557.

Kleunen M V, Fischer M. 2001. Adaptive evolution of plastic foraging responses in a clonal plant. Ecology, 82: 3309-3319.

Knops J M H, Bradley K L, Wedin D A, et al. 2002. Mechanisms of plant species impacts on ecosystem nitrogen cycling. Ecology Letters, 5(3): 454-466.

Knowles R. 1982. Denitrification. Microbiological Reviews, 46(1): 43-70.

Kondoh M, Williams I S. 2001. Compensation behaviour by insect herbivores and natural enemies: Its influence on community structure. Oikos, 93: 161-167.

Kong X G, Guo Z A, Yao Y, et al. 2022. Acetic acid alters rhizosphere microbes and metabolic composition to improve willows drought resistance. Science of the Total Environment, 844: 157132.

Körner C. 1999. Alpine Plant Life: Functional Plant Ecology of High Mountain Ecosystems. Berlin: Springer.

Kowalchuk G. 2001. Ammonia-oxidizing bacteria: A model for molecular microbial ecology. Annual Review of Microbiology, 55(1): 485-529.

Kreyling J, Peršoh D, Werner S, et al. 2012. Short-term impacts of soil freeze-thaw cycles on roots and root-associated fungi of Holcus lanatus and Calluna vulgaris. Plant and Soil, 353(1-2): 19-31.

Kroon H D, Mommer L. 2006. Root foraging theory put to the test. Trends in Ecology and Evolution, 21(3): 113-116.

Kuang X X, Jiao J J. 2016. Review on climate change on the Tibetan Plateau during the last half century. Journal of Geophysical Research: Atmospheres, 121(8): 3979-4007.

Kumbasli M, Makineci E, Cakir M, et al. 2010. Long-term effects of red deer (*Cervus elaphus*) grazing on soil in a breeding area. Journal of Environmental Biology, 31(1-2): 185.

Lambers H, Iii F S C, Pons T L, et al. 1998. Plant physiological ecology; Chinese edition. Plant Physiological Ecology, 125(2): 5-17.

Law B, Falge E, Gu L, et al. 2002. Environmental control over carbon dioxide and water vapor exchange of terrestrial vegetation. Agricultural and Forest Meteorology. 113: 97-120.

Lee T H, Jan F H, Yang C C. 2013. Conceptualizing and measuring environmentally responsible behaviors from the perspective of community-based tourists. Tourism Management, 36: 454-468.

Leenders J K, Boxel J H V, Sterk G, et al. 2007. The effect of single vegetation elements on wind speed and sediment transport in the Sahelian zone of Burkina Faso. Earth Surface Processes and Landforms, 32(10): 1454-1474.

Lehnert L W, Wesche K, Trachte K, et al. 2016. Climate variability rather than overstocking causes recent large scale cover changes of Tibetan pastures. Scientific Reports, 6(1): 1-8.

Lepp A. 2007. Residents' attitudes towards tourism in Bigodi village, Uganda. Tourism Management, 28: 876-885.

Li C Y, Peng F, Xue X, et al. 2018. Productivity and quality of alpine grassland vary with soil water availability under experimental warming. Frontiers in Plant Science, 9: 1790.

Li H, Zhang F, Mao S, et al. 2016. Effects of grazing exclusion on soil properties in Maqin Alpine Meadow, Tibetan Plateau, China. Polish Journal of Environmental Studies, 25(4): 1583-1587.

Li J, Chai H, Ding S, et al. 2021. Herbivore species-specific grazing of grassland type specific can assist with promoting shallow layer of soil carbon sequestration. Environmental Research Letters, 16.

Li J, Zhou Z X. 2016. Natural and human impacts on ecosystem services in Guanzhong-Tianshui economic region of China. Environmental Science and Pollution Research, 23(7): 6803-6815.

Li L H, Zhang Y L, Liu L S, et al. 2018. Current challenges in distinguishing climatic and anthropogenic contributions to alpine grassland variation on the Tibetan Plateau. Ecology and Evolution, 8(11): 5949-5963.

Li L, Zhang Y, Liu L, et al. 2018. Spatiotemporal patterns of vegetation greenness change and associated climatic and anthropogenic drivers on the Tibetan Plateau during 2000-2015. Remote Sensing, 10(10): 1525.

Li M, Babel W, Chen X, et al. 2015. A 3-year dataset of sensible and latent heat fluxes from the Tibetan Plateau, derived using eddy covariance measurements. Theoretical and Applied Climatology, 122: 457-469.

Li M, He Y, Fu G, et al. 2016. Livestock-forage balance in the three river headwater region based on the terrestrial ecosystem model. Ecology and Environmental Sciences, 25(12): 1915-1921.

Li M, Wu J, Feng Y, et al. 2021. Climate variability rather Than livestock grazing dominates changes in alpine grassland productivity across Tibet. Frontiers in Ecology and Evolution, 9: 631024.

Li Q, Zhang C, Shen Y, et al. 2016. Quantitative assessment of the relative roles of climate change and human activities in desertification processes on the Qinghai-Tibet Plateau based on net primary productivity. Catena, 147: 789-796.

Li W, Liu Y, Wang J, et al. 2018. Six years of grazing exclusion is the optimum duration in the alpine meadow-steppe of the North-Eastern Qinghai-Tibetan Plateau. Scientific Reports, 8(1).

Li X L, Gao J, Brierley G, et al. 2013. Rangeland degradation on the Qinghai·Tibet Plateau: Implications for rehabilitation.Land Degradation and Development, 24(1): 72-80.

Li Y, Qin X, Li W, et al. 2007. Impacts of no grazing in summer on greenhouse gas emissions from Kobresia humilis alpine meadow. Transactions of the Chinese Society of Agricultural Engineering, 23(4): 206-211.

Li Y Q, Zhou X H, Brandle J R, et al. 2012. Temporal progress in improving carbon and nitrogen storage by grazing exclosure practice in a degraded land area of China's Horqin Sandy Grassland. Agriculture Ecosystems and Environment, 159: 55-61.

Li Y Y, Dong S K, Wen L, et al. 2014. Soil carbon and nitrogen pools and their relationship to plant and soil dynamics of degraded and artificially restored grasslands of the Qinghai-Tibetan Plateau. Geoderma, 213: 178-184.

Liao J, Cai Z Y, Song H F, et al. 2020. Poplar males and willow females exhibit superior adaptation to nocturnal warming than the opposite sex. The Science of the Total Environment, 717: 137179.

Liao J, Song H F, Tang D T, et al. 2019. Sexually differential tolerance to water deficiency of Salix paraplesia—A female-biased alpine willow. Ecology and Evolution, 9(15): 8450-8464.

Lieskovský J, Kenderessy P. 2014. Modelling the effect of vegetation cover and different tillage practices on soil erosion in vineyards: A case study in VRÁBLE (Slovakia)using WaTEM/SEDEM. Land Degradation and Development, 25(3): 288-296.

Liu C Y, Holst J, Bruggemann N, et al. 2007. Winter-grazing reduces methane uptake by soils of a typical semi-arid steppe in Inner Mongolia, China. Atmospheric Environment, 41(28): 5948-5958.

Liu E, Xiao X, Shao H, et al. 2021. Climate change and livestock management drove extensive vegetation recovery in the Qinghai-Tibet Plateau. Remote Sensing, 13(23): 4808.

Liu R X, Yao Y, Li Q, et al. 2023a. Rhizosphere soil microbes benefit carbon and nitrogen sinks under long-term afforestation on the Tibetan Plateau. Catena, 220: 106705.

Liu R X, Yao Y, Zhang S. 2023b. The influence of plantation on soil carbon and nutrients: Focusing on Tibetan artificial forests. Journal of Resources and Ecology, 14(1): 57-66.

Liu S, Zamanian K, Schleuss P, et al. 2018. Degradation of Tibetan grasslands: Consequences for carbon and nutrient cycles. Agriculture Ecosystems and Environment, 252: 93-104.

Liu X, Zhang Y, Wenxuan H, et al. 2013. Enhanced nitrogen deposition over China. Nature, 494(7438): 459-462.

Liu Y, Ren H, Zheng C, et al. 2021. Untangling the effects of management measures, climate and land use cover change on grassland dynamics in the Qinghai-Tibet Plateau, China. Land Degradation and Development, 32(17): 4974-4987.

Liu Y, Tenzintarchen X, Geng X, et al. 2020. Grazing exclusion enhanced net ecosystem carbon uptake but decreased plant nutrient content in an alpine steppe. Catena, 195: 104799.

Liu Z, Shao Q, Wang S. 2015. Variation of alpine grasslands and its response to climate warming in the Tibetan Plateau since the 21st Century. Arid Land Geography, 38(2): 275-282.

Lõhmus K, Truu J, Truu M, et al. 2006. Black alder as a promising deciduous species for the reclaiming of oil shale mining areas. //Brownfields Ⅲ. Prevention, assessment, rehabilitation and development of Brownfield sites. Southampton: WIT Press: 87-97.

López-Hernández D, Garcia M, Nio M, et al. 1994. Input and output of nutrients in a diked flooded savanna. Journal of Applied Ecology, 31: 303-312.

Lovell R D, Jarvis S C. 1996. Effect of cattle dung on soil microbial biomass C and N in a permanent pasture soil. Soil Biology and Biochemistry, 28(3): 291-299.

Lovett-Doust L. 1981. Population dynamics and local specialization in a clonal perennial (*Ranunculus repens*): Ⅰ. The dynamics of ramets in contrasting habitats. Journal of Ecology, 69: 743-755.

Lu X Y, Yan Y, Sun J, et al. 2015. Carbon, nitrogen, and phosphorus storage in alpine grassland ecosystems of Tibet: Effects of grazing exclusion. Ecology and Evolution, 5(19): 4492-4504.

Lu X, Kelsey K C, Yan Y, et al. 2017. Effects of grazing on ecosystem structure and function of alpine grasslands in Qinghai-Tibetan Plateau: A synthesis. Ecosphere, 8(1): e01656.

Lu X, Yan Y, Fan J, et al. 2012. Gross nitrification and denitrification in alpine grassland ecosystems on the Tibetan Plateau. Arctic Antarctic and Alpine Research, 44(2): 188-196.

Luo L, Duan Q, Wang L, et al. 2020. Increased human pressures on the alpine ecosystem along the Qinghai-Tibet Railway. Regional Environmental Change, 20(1): 1-13.

Luo L, Ma W, Zhuang Y, et al. 2018. The impacts of climate change and human activities on alpine vegetation and permafrost in the Qinghai-Tibet Engineering Corridor. Ecological Indicators, 93: 24-35.

Luo Z, Wu W, Yu X, et al. 2018. Variation of net primary production and its correlation with climate change and anthropogenic activities over the Tibetan Plateau. Remote Sensing, 10(9): 1352.

Lupwayi N Z, Haque I. 1999. Leucaena hedgerow intercropping and cattle manure application in the Ethiopian highlands- Ⅰ. Decomposition and nutrient release. Biology and Fertility of Soils, 28(2): 182-195.

Mahdi A, Willis A J. 1989. Large niche overlaps among coexisting plant species in a limestone grassland community. Journal of Ecology, 77(2): 386-400.

Malin F M. 2002. Human livelihood security versus ecological security-An ecohydrological perspective.

Marín A I, Abdul Malak D, Bastrup-Birk A, et al. 2021. Mapping forest condition in Europe: Methodological developments in support to forest biodiversity assessments. Ecological Indicators, 128(3): 107839.

Martinsen V, Mulder J, Austrheim G, et al. 2011. Carbon storage in low-alpine grassland soils: Effects of different grazing intensities of sheep. European Journal of Soil Science, 62(6): 822-833.

Martrenchar A, Djossou F, Stagnetto C, et al. 2019. Is botulism type C transmissible to human by consumption of contaminated poultry meat? Analysis of a suspect outbreak in French Guyana. Anaerobe, 56: 49-50.

McCarty G, Bremner J. 1991. Production of urease by microbial activity in soils under aerobic and anaerobic conditions. Biology and Fertility of Soils, 11(3): 228-230.

Mckane R B, Johnson L C, Shaver G R, et al. 2002. Resource-based niches provide a basis for plant species diversity and dominance in Arctic tundra. Nature, 415(6867): 68-71.

McSherry M, Ritchie M. 2013. Effects of grazing on grassland soil carbon: A global review. Global Change Biology, 19(5): 1347-1357.

Medina-Roldán E, Paz-Ferreiro J, Bardgett R D, et al. 2012. Grazing exclusion affects soil and plant communities, but has no impact on soil carbon storage in an upland grassland. Agriculture Ecosystems and Environment, 149: 118-123.

Mekuria W, Veldkamp E, Haile M, et al. 2009. Effectiveness of exclosures to control soil erosion and local community perception on soil erosion in Tigray, Ethiopia. African Journal of Agricultural Research, 4: 365-377.

Miehe G, Miehe S, Böhner J, et al. 2014. How old is the human footprint in the world's largest alpine ecosystem? A review of multiproxy records from the Tibetan Plateau from the ecologists' viewpoint. Quaternary Science Reviews, 86: 190-209.

Miehe G, Schleuss P M, Seeber E, et al. 2019. The Kobresia pygmaea ecosystem of the Tibetan highlands-origin, functioning and degradation of the world's largest pastoral alpine ecosystem Kobresia pastures of Tibet. Science of the Total Environment, 648: 754-771.

Milchunas D G, Lauenroth W K J E M. 1993. Quantitative effects of grazing on vegetation and soils over a global range of environments. Ecological Monographs, 63(4): 327-366.

Millennium Ecosystem Assessment. 2005. Ecosystems and Human Wellbeing. Washington D. C. : Island Press.

Miller A E, Bowman W D, Katharine N S, et al. 2007. Plant uptake of inorganic and organic nitrogen: Neighbor identity matters. Ecology, 88(7): 1832-1840.

Miller A E, Bowman W D. 2003. Alpine plants show species-level differences in the uptake of organic and inorganic nitrogen. Plant and Soil, 250(2): 283-292.

Mitsch W J, Jorgensen S E. 1989. Ecological Engineering: An Introduction to Ecotechnology.

Moe S R, Wegge P. 2008. Effects of deposition of deer dung on nutrient redistribution and on soil and plant nutrients on intensively grazed grasslands in lowland Nepal. Ecological Research, 23(1): 227-234.

Monaghan R M, Barraclough D B. 1992. Some chemical and physical factors affecting the rate and dunamics of nitrification in urine-affected soil. Plant and Soil, 143(1): 11-18.

Moore M H. 1995. Creating Public Value: Strategic Management in Government. Cambridge: Harvard University Press.

Mortensen B, Danielson B, Harpole W S. 2018. Herbivores safeguard plant diversity by reducing variability in dominance. Journal of Ecology, 106: 101-112.

Mosier A, Schimel D, Valentine D, et al. 1991. Methane and nitrous oxide fluxes in native, fertilized and cultivated grasslands. Nature, 350: 330-332.

Müller C, Stevens R J, Laughlin R J, et al. 2004. A ^{15}N tracing model to analyse N transformations in old grassland soil. Soil Biology and Biochemistry, 36(4): 619-632.

Müller H. 1994. The thorny path to sustainable tourism development. Journal of Sustainable Tourism, 2(3): 131-136.

Myers N. 2000. Biodiversity hotspots for conservation priorities. Nature, 403: 853-858.

Myoung B, Choi Y S, Choi S J, et al. 2012. Impact of vegetation on land-atmosphere coupling strength and its implication for desertification mitigation over East Asia. Journal of Geophysical Research: Atmospheres, 117: 1-12.

Neff J C, Reynolds R L, Belnap J, et al. 2005. Multi-decadal impacts of grazing on soil physical and biogeochemical properties in Southeast Utah. Ecological Applications, 15(1): 87-95.

Newbold T, Hudson L N, Hill S L L, et al. 2015. Global effects of land use on local terrestrial biodiversity. Nature, 520(7545): 45-50.

Nichols M, Stitt B G. 2002. Community assessment of the effects of casinos on quality of life. Social Indicators Research, 57(3): 229-262.

Nieberding F, Wille C, Ma Y, et al. 2021. Winter daytime warming and shift in summer monsoon increase plant cover and net CO_2 uptake in a central Tibetan alpine steppe ecosystem. Journal of Geophysical Research: Biogeosciences, 126(10): e2021JG006441.

Niu B, He Y, Zhang X, et al. 2017. CO_2 exchange in an alpine swamp meadow on the Central Tibetan Plateau. Wetlands, 37(3): 525-543.

Niu Y, Squires V, Hua L, et al. 2018. Climatic change on grassland regions on its impact on grassland-based livelihoods in China.

Niu Y, Zhu H, Yang S, et al. 2019. Overgrazing leads to soil cracking that later triggers the severe degradation of alpine meadows on the Tibetan Plateau. Land Degradation and Development, 30(10): 1243-1257.

Niu Y J, Yang S W, Zhu H M, et al. 2020. Cyclic formation of zokor mounds promotes plant diversity and renews plant communities in alpine meadows on the Tibetan Plateau. Plant and Soil, 446: 65-79.

Nordin A, Schmidt I K, Shaver G R, et al. 2004. Nitrogen uptake by arctic soil microbes and plants in relation to soil nitrogen supply. Ecology, 85(4): 955-962.

Nunkoo R, Ramkissoon H. 2012. Power, trust, social exchange and community support. Annals of Tourism

Research, 39(2):997-1023.

Ostonen I, Lohmus K, Alama S, et al. 2006. Morphological adaptations of fine roots in Scots pine (*Pinus sylvestris* L.), silver birch (*Betula pendula* Roth.) and black alder (*Alnus glutinosa* (L.) Gaertn.) stands in recultivated areas of oil shale mining and semicoke hills. Oil Shale, 23(2): 187-202.

Otoole P, McGarry S J, Morgan M A, et al. 1985. Ammonia volatilization from urea-treated pasture and tillage soils: Effects of soil properties. Journal of Soil Science, 36(4): 613-620.

Pan T, Wu S, Liu Y. 2015. Relative contributions of land use and climate change to water supply variations over Yellow River Source Area in Tibetan Plateau during the past three decades. PLoS One, 10(4): e0123793.

Pan T, Zou X, Liu Y, et al. 2017. Contributions of climatic and non-climatic drivers to grassland variations on the Tibetan Plateau. Ecological Engineering, 108: 307-317.

Peacor S D. 2002. Positive effect of predators on prey growth rate through induced modifications of prey behaviour. Ecology Letters, 5(1): 77-85.

Pei S, Hua F, Wan C, et al. 2008. Changes in soil properties and vegetation following exclosure and grazing in degraded Alxa desert steppe of Inner Mongolia, China. Agriculture Ecosystems and Environment, 124(1): 33-39.

Petersen S O, Sommer S G, Aaes O, et al. 1998. Ammonia losses from urine and dung of grazing cattle: Effect of N intake. Atmospheric Environment, 32(3): 295-300.

Philippot L, Čuhel J, Saby N P A, et al. 2009. Mapping field-scale spatial patterns of size and activity of the denitrifier community. Environmental Microbiology, 11(6): 1518-1526.

Piao S L, Fang J Y, Chen A P. 2003. Seasonal dynamics of terrestrial net primary production in response to climate changes in China. Acta Botanica Sinica, 45(3): 269-275.

Piao S L, Tan K, Nan H J, et al. 2012. Impacts of climate and CO_2 changes on the vegetation growth and carbon balance of Qinghai-Tibetan grasslands over the past five decades. Global and Planetary Change, 98: 73-80.

Pond R C, Smith D A, Vitek V. 1998. The European soil erosion model (EUROSEM): A dynamic approach for predicting sediment transport from fields and small catchment. Earth Surface Processes and Landforms, 23(6): 527-544.

Poor E E, Jakes A, Loucks C, et al. 2014. Modeling fence location and density at a regional scale for use in wildlife management. PLoS One, 9(1): e83912.

Porto P, Walling D. E, Capra A. 2014. Using Cs-137 and Pb-120(ex) measurements and conventional surveys to investigate the relative contributions of interrill/rill and gully erosion to soil loss from a small cultivated catchment in Sicily. Soil and Tillage Research, 135: 18-27.

Porto P, Walling D E, Cogliandro V, et al. 2016. Exploring the potential for using Pb-210(ex) measurements within a re-sampling approach to document recent changes in soil redistribution rates within a small catchment in Southern Italy. Journal of Environmental Radioactivity, 164: 158-168.

Prinn R, Cunnold D, Rasmussen R, et al. 1990. Atmospheric emissions and trends of nitrous oxide deduced from 10 years of ALE-GAGE data. Journal of Geophysical Research: Atmospheres, 95(D11): 18369-18385.

Qi Y, Wei D, Zhao H, et al. 2021. Carbon sink of a very high marshland on the Tibetan Plateau. Journal of Geophysical Research: Biogeosciences, 126(4).

Rachhpal-Singh, Nye P H. 2010. A model of ammonia volatilization from applied urea. III. Sensitivity analysis, mechanisms, and applications. European Journal of Soil Science, 37(1): 31-40.

Rashid I, Majeed U, Najar N A, et al. 2021. Retreat of Machoi glacier, Kashmir Himalaya between 1972 and 2019 using remote sensing methods and field observations. Science of the Total Environment, 785(147376): 1-15.

Recous S, Machet J M, Mary B, et al. 1992. The partitioning of fertilizer-N between soil and crop: Comparison of ammonium and nitrate applications. Plant and Soil, 144(1): 101-111.

Regnery J, Friesen A, Geduhn A, et al. 2019. Rating the risks of anticoagulant rodenticides in the aquatic environment: A review. Environmental Chemistry Letters, 17:215-240.

Ren Q J, Cui X L, Zhao B B, et al. 2008. Effects of grazing impact on community structure and productivity in an alpine meadow. Acta Prataculturae Sinica, 17(6): 134-140.

Renard K G, Foser G R, Weesies G A, et al. 1997. Predicting soil erosion by water: A guide to conservation planning with the revised universal soil loss equation (RUSLE). Washington D. C.: United States Department of Agriculture, Agricultural Research Service.

Rhode D, Madsen D B, Jeffrey Brantingham P, et al. 2007. Yaks, yak dung, and prehistoric human habitation of the Tibetan Plateau. Developments in Quaternary Sciences, 9: 205-224.

Rodríguez-Martínez R E. 2008. Community involvement in marine protected areas: The case of Puerto Morelos reef, México. Journal of Environmental Management, 88(4): 1151-1160.

Roels B, Donders S, Werger M J A, et al. 2001. Relation of wind-induced sand displacement to plant biomass and plant sand-binding capacity. Acta Botanica Sinica, 43(9): 979-982.

Rojo L, Bautista S, Orr B J, et al. 2012. Prevention and restoration actions to combat desertification an integrated assessment: The practice project. Sécheresse, 23(3): 219-226.

Ross C A, Jarvis S C. 2001. Measurement of emission and deposition patterns of ammonia from urine in grass swards. Atmospheric Environment, 35(5): 867-875.

Roy D P, Kovalskyy V, Zhang H K, et al. 2016. Characterization of Landsat-7 to Landsat-8 reflective wavelength and normalized difference vegetation index continuity. Remote Sensing of Environment, 185: 57-70.

Rütting T, Clough T J, Müller C, et al. 2010. Ten years of elevated atmospheric carbon dioxide alters soil nitrogen transformations in a sheep-grazed pasture. Global Change Biology, 16(9): 2530-2542.

Rybchak O, Du Toit J, Delorme P, et al. 2020. Multi-year CO_2 budgets in South African semi-arid Karoo ecosystems under different grazing intensities.

Ryden J C, Ball P R, Garwood E A, et al. 1984. Nitrate leaching from grassland. Nature, 311(5981): 50-53.

Saito M, Kato T, Tang Y, et al. 2009. Temperature controls ecosystem CO_2 exchange of an alpine meadow on the Northeastern Tibetan Plateau. Global Change Biology, 15: 221-228.

Samani Z A, Pessarakli M. 1986. Estimating potential crop evapotranspiration with minimum data in Arizona[J]. American Society of Agricultural Engineers, 29(2): 522-524.

Saleh A. 1993. Soil roughness measurement: chain method[J]. Journal of Soil and Water Conservation, 48(6): 527-529.

Sarah E, Hobbie. 1992. Effects of plant species on nutrient cycling. Trends in Ecology and Evolution, 7(10): 336-339.

Saunders O E, Fortuna A M, Harrison J H, et al. 2012. Gaseous nitrogen and bacterial responses to raw and digested dairy manure applications in incubated soil. Environmental Science and Technology, 46: 11684.

Schamp B, Chau J, Aarssen L, et al. 2008. Dispersion of traits related to competitive ability in an old-field plant community. Journal of Ecology, 96(1): 204-212.

Schimel J P, Chapin F S. 1996. Tundra plant uptake of amino acid and NH_4^+ nitrogen in situ: Plants complete well for amino acid N. Ecology, 77(7): 2142-2147.

Schnbach P, Wan H, Gierus M, et al. 2011. Grassland responses to grazing: Effects of grazing intensity and management system in an Inner Mongolian steppe ecosystem. Plant and Soil, 340: 103-115.

Schönbach P, Wolf B, Dickhoefer U, et al. 2012. Grazing effects on the greenhouse gas balance of a temperate steppe ecosystem. Nutrient Cycling in Agroecosystems, 93: 357-371.

Scoones I. 1998. Sustainable Rural Livelihoods: A Framework for Analysis. Brighton: IDS.

Scurlock J M, Johnson K, Olson R J. 2002. Estimating net primary productivity from grassland biomass measurements. Global Change Biology, 8: 736-753.

Semmartin M, Garibaldi L A, Chaneton E J, et al. 2008. Grazing history effects on above- and below-ground litter decomposition and nutrient cycling in two co-occurring grasses. Plant and Soil, 303(1-2): 177-189.

Seward B, Jones P F, Hurley A T, et al. 2012. Where are all the fences: Mapping fences from satellite imagery. Proceeding of the Pronghorn Workshop, 25: 92-98.

Shah J, Higgins E T, Friedman R S. 1998. Performance incentives and means: How regulatory focus influences goal attainment. Journal of Personality and Social Psychology, 74(2): 285.

Shahabinejad N, Mahmoodabadi M, Jalalian A, et al. 2019. The fractionation of soil aggregates associated with primary particles influencing wind erosion rates in arid to semiarid environments. Geoderma, 356: 113936.

Shand C, Williams B, Dawson L, et al. 2002. Sheep urine affects soil solution nutrient composition and roots: Differences between field and sward box soils and the effects of synthetic and natural sheep urine. Soil Biology and Biochemistry, 34(2): 163-171.

Shang Z H, Ma Y S, Long R J, et al.2008. Effect of fencing, artificial seeding and abandonment on vegetation composition and dynamics of 'black soil land' in the headwaters of the Yangtze and the Yellow Rivers of the Qinghai-Tibetan Plateau . Land Degradation and Development, 19: 554-563.

Shang Z, Gibb M, Leiber F, et al. 2014. The sustainable development of grassland-livestock systems on the Tibetan plateau: Problems, strategies and prospects. Rangeland Journal, 36(3): 267-296.

Shen M G, Piao S L, Chen X Q, et al. 2016. Strong impacts of daily minimum temperature on the green-up date and summer greenness of the Tibetan Plateau. Global Change Biology, 22(9): 3057-3066.

Shen M G, Piao S L, Jeong S J, et al. 2015. Evaporative cooling over the Tibetan Plateau induced by vegetation growth. Proceedings of the National Academy of Sciences of the United States of America, 112(30): 9299-9304.

Sheriff M J, Krebs C J, Boonstra R. 2009. The sensitive hare: Sublethal effects of predator stress on reproduction in snowshoe hares. Journal of Animal Ecology, 78(6): 1249-1258.

Sherlock R R, Goh K M. 1985. Dynamics of ammonia volatilization from simulated urine patches and aqueous urea applied to pasture. III. Field verification of a simplified model. Fertilizer Research, 6(1): 23-36.

Shi Y, Wang Y, Ma Y, et al. 2014. Field-based observations of regional-scale, temporal variation in net primary production in Tibetan alpine grasslands. Biogeosciences, 11(7): 2003-2016.

Shrestha B M, Bork E W, Chang S X, et al. 2020. Adaptive multi-paddock grazing lowers soil greenhouse gas emission potential by altering extracellular enzyme activity. Agronomy-Basel, 10(11): 1781.

Skiba U, Jones S, Drewer J, et al. 2013. Comparison of soil greenhouse gas fluxes from extensive and intensive grazing in a temperate maritime climate. Biogeosciences, 10(2): 1231-1241.

Smith K A. 1990. Greenhouse gas fluxes between land surfaces and the atmosphere. Progress in Physical Geography, 14(3): 349-372.

Sommer S G, Sherlock R R. 1996. pH and buffer component dynamics in the surface layers of animal slurries. Journal of Agricultural Science, 127: 109-116.

Song H F, Cai Z Y, Liao J, et al. 2019. Sexually differential gene expressions in poplar roots in response to nitrogen deficiency. Tree Physiology, 39(9): 1614-1629.

Song H F, Cai Z Y, Liao J, et al. 2020. Phosphoproteomic and metabolomic analyses reveal sexually differential regulatory mechanisms in poplar to nitrogen deficiency. Journal of Proteome Research, 19(3): 1073-1084.

Song H F, Lei Y B, Zhang S. 2018. Differences in resistance to nitrogen and phosphorus deficiencies explain male-biased populations of poplar in nutrient-deficient habitats. Journal of Proteomics, 178: 123-127.

Song M Y, Yu L, Jiang Y L, et al. 2017. Nitrogen-controlled intra- and interspecific competition between *Populus purdomii* and *Salix rehderiana* drive primary succession in the Gongga Mountain glacier retreat area. Tree Physiology, 37(6): 1-16.

Sordi A, Dieckow J, Bayer C, et al. 2014. Nitrous oxide emission factors for urine and dung patches in a subtropical Brazilian pastureland. Agriculture Ecosystems and Environment, 190: 94-103.

Sorensen P. 2001. Short-term nitrogen transformations in soil amended with animal manure. Soil Biology and Biochemistry, 33(9): 1211-1216.

Souillard R, Le Maréchal C, Ballan V, et al. 2017. Investigation of a type C/D botulism outbreak in free-range laying hens in France. Avian Pathology, 46(2): 195-201.

Stanford G, Epstein E. 1974. Nitrogen mineralization-water relations in soils. Soil Science Society of America

Journal, 38(1): 103-107.

Steffens M, Kölbl A, Giese M, et al. 2010. Spatial variability of topsoils and vegetation in a grazed steppe ecosystem in Inner Mongolia (PR China). Journal of Plant Nutrition and Soil Science, 172(1): 78-90.

Steffens M, Kölbl A, Totsche K U, et al. 2008. Grazing effects on soil chemical and physical properties in a semiarid steppe of Inner Mongolia (P.R. China). Geoderma, 143(1-2): 63-72.

Sterngren A E, Sara H, Per B, et al. 2020. Archaeal ammonia oxidizers dominate in numbers, but bacteria drive gross nitrification in N-amended grassland soil. Frontiers in Microbiology, 6.

Stevens C J, Manning P, Berg L J L V D, et al. 2011. Ecosystem responses to reduced and oxidised nitrogen inputs in European terrestrial habitats. Environmental Pollution, 159(3): 665-676.

Stevens R J, Laughlin R J, Frost J P, et al. 1989. Effect of acidification with sulphuric acid on the volatilization of ammonia from cow and pig slurries. Journal of Agricultural Science, 113: 389-395.

Stevens C J, Dise N B, Mountford J O, et al. 2004. Impact of nitrogen deposition on the species richness of grasslands. Science, 303(5665): 1876-1879.

Stevenson F J, Firestone M K. 1982. Biological denitrification. Nitrogen in Agricultural Soils, 22: 289-326.

Strumpf K S, Oberholzer-gee F, et al. 2002. Endogenous policy decentralization: Testing the central tenet of economic federalism. Journal of Political Economy, 110(1): 1-36.

Su Y, Zhao H. 2010. Influences of grazing and exclosure on carbon sequestration in degraded sandy grassland, Inner Mongolia, North China. New Zealand Journal of Agricultural Research, 46: 321-328.

Su Y Z, Li Y L, Cui J Y, et al. 2005. Influences of continuous grazing and livestock exclusion on soil properties in a degraded sandy grassland, Inner Mongolia, Northern China. Catena, 59(3): 267-278.

Sun H, Zheng D, Yao T, et al. 2012. Protection and construction of the national ecological security shelter zone on Tibetan Plateau. Acta Geographica Sinica, 67(1): 3-12.

Sun J, Fu B, Zhao W, et al. 2021. Optimizing grazing exclusion practices to achieve Goal 15 of the sustainable development goals in the Tibetan Plateau. Science Bulletin, 66(15): 1493-1496.

Sun J, Liu M, Fu B J, et al. 2020. Reconsidering the efficiency of grazing exclusion using fences on the Tibetan Plateau. Science Bulletin, 65(16): 1405-1414.

Sun X, Jiang Z, Liu F, et al. 2019. Monitoring spatio-temporal dynamics of habitat quality in Nansihu Lake basin, Eastern China, from 1980 to 2015. Ecological Indicators, 102: 716-723.

Tanentzap A, Coomes D. 2011. Carbon storage in terrestrial ecosystems: Do browsing and grazing herbivores matter? Biological Reviews of the Cambridge Philosophical Society, 87: 72-94.

Templer P H. 2012. Changes in winter climate: Soil frost, root injury, and fungal communities. Plant and Soil, 353(1-2): 15-17.

Thomas R J, Logan K A B, Ironside A D, et al. 1988. Transformations and fate of sheep urine-N applied to an upland U.K. pasture at different times during the growing season. Plant and Soil, 107(2): 173-181.

Tyson S C, Cabrera M L. 1993. Nitrogen mineralization in soils amended with composted and uncomposted poultry litter. Communications in Soil Science and Plant Analysis, 24(17-18): 2361-2374.

Ulman Richard H. 1983. Redefining seculiey. Intemalional Security, 8 (1): 129-153.

Underhay V, Dickinson C. 1978. Water, mineral and energy fluctuations in decomposing cattle dung pats. Grass and Forage Science, 33 (3): 189-196.

Uysal M, Sirgy M J, Woo E, et al. 2016. Quality of life (QOL) and well-being research in tourism. Tourism Management, 53: 244-261.

Vadas P A, Aarons S R, Butler D M, et al. 2011. A new model for dung decomposition and phosphorus transformations and loss in runoff. Soil Research, 49 (4): 367-375.

van der Heijden M G A, Klironomos J N, Ursic M, et al. 1998. Mycorrhizal fungal diversity determines plant biodiversity, ecosystem variability and productivity. Nature, 396 (6706): 69-72.

van der Weerden T J, Luo J, de Klein C A, et al. 2011. Disaggregating nitrous oxide emission factors for ruminant urine and dung deposited onto pastoral soils. Agriculture, Ecosystems and Environment, 141 (3-4): 426-436.

van Rompaey A J, Verstraeten G, van Oost K, et al. 2001. Modelling mean annual sediment yield using a distributed approach. Earth Surface Processes and Landforms, 26 (11): 1221-1236.

Venter O, Sanderson E W, Magrach A, et al. 2016. Sixteen years of change in the global terrestrial human footprint and implications for biodiversity conservation. Nature Communications, 7 (1): 1-11.

Vitousek P M, Porder S, Houlton B Z, et al. 2010. Terrestrial phosphorus limitation: Mechanisms, implications, and nitrogen-phosphorus interactions. Ecological Applications, 20 (1): 5-15.

Walther G R, Post E, Convey P, et al. 2002. Ecological responses to recent climate change. Nature, 416 (6879): 389-395.

Wang H, Liu H Y, Cao G M, et al. 2020. Alpine grassland plants grow earlier and faster but biomass remains unchanged over 35 years of climate change. Ecology Letters, 23 (4): 701-710.

Wang K, Dickinson R E. 2012. A review of global terrestrial evapotranspiration: Observation, modeling, climatology, and climatic variability. Reviews of Geophysics, 50 (2): RG2005.

Wang S, Wei Y. 2022. Qinghai-Tibetan Plateau greening and human well-being improving: The role of ecological policies. Sustainability, 14 (3): 1652.

Wang T, Yang D, Yang Y, et al. 2020. Permafrost thawing puts the frozen carbon at risk over the Tibetan Plateau. Science Advances, 6 (19): eaaz3513.

Wang W, Ma Y, Xu J, et al. 2012. The uptake diversity of soil nitrogen nutrients by main plant species in Kobresia humilis alpine meadow on the Qinghai-Tibet Plateau. Science China: Earth Science, 55 (10): 1688-1695.

Wang X L, Li X D, Zhang S, et al. 2016. Physiological and transcriptional responses of two contrasting Populus clones to nitrogen stress. Tree Physiology, 36 (5): 628-642.

Wang X, Cheng G, Zhao T, et al. 2017. Assessment on protection and construction of ecological safety shelter for Tibet. Bulletin of the Chinese Academy of Sciences, 32 (1): 29-34.

Wang X, Yi S, Wu Q, et al. 2016. The role of permafrost and soil water in distribution of alpine grassland and its NDVI dynamics on the Qinghai-Tibetan Plateau. Global and Planetary Change, 147: 40-53.

Wang Y, Wesche K. 2016. Vegetation and soil responses to livestock grazing in Central Asian grasslands: A review of Chinese literature. Biodiversity and Conservation, 25 (12) : 2401-2420.

Wang Y, Xue M, Zheng X, et al. 2005. Effects of environmental factors on N$_2$O emission from and CH$_4$ uptake by the typical grasslands in the Inner Mongolia. Chemosphere, 58 (2) : 205-215.

Wang Y, Zhu Z, Ma Y, et al. 2020. Carbon and water fluxes in an alpine steppe ecosystem in the Nam Co area of the Tibetan Plateau during two years with contrasting amounts of precipitation. International Journal of Biometeorology, 64 (7) : 1183-1196.

Wang Z, Zhang Y, Yang Y, et al. 2016. Quantitative assess the driving forces on the grassland degradation in the Qinghai-Tibet Plateau, in China. Ecological Informatics, 33: 32-44.

Weber C, Puissant A. 2003. Urbanization pressure and modeling of urban growth: Example of the Tunis Metropolitan Area. Remote Sensing of Environment, 86 (3) : 341-352.

Wedin D A, Tilman D. 1990. Species effects on nitrogen cycling: A test with perennial grasses. Oecologia, 84 (4) : 433-441.

Wei D, Qi Y H, Ma Y, et al. 2021. Plant uptake of CO$_2$ outpaces losses from permafrost and plant respiration on the Tibetan Plateau. Proceedings of the National Academy of Sciences of the United States of America, 118 (33) : e2015283118.

Wei D, Xu R, Wang Y H, et al. 2012. Responses of CO$_2$, CH$_4$ and N$_2$O fluxes to livestock exclosure in an alpine steppe on the Tibetan Plateau, China. Plant and Soil, 359 (1-2) : 45-55.

Wei D, Zhao H, Zhang J, et al. 2020. Human activities alter response of alpine grasslands on Tibetan Plateau to climate change. Journal of Environmental Management, 262: 110335.

Wei H, Qi Y. 2016. Analysis of grassland degradation of the Tibet Plateau and human driving forces based on remote sensing. Pratacultural Science, 33 (12) : 2576-2586.

Wessels K J, van Den Bergh F, Scholes R J. 2012. Limits to detectability of land degradation by trend analysis of vegetation index data. Remote Sensing of Environment, 125: 10-22.

White D. 2005. Modeling the suitability of wetland restoration potential at the watershed scale. Ecological Engineering, (24) : 359-377.

Whitehead D, Raistrick N. 1993. Nitrogen in the excreta of dairy cattle: Changes during short-term storage. The Journal of Agricultural Science, 121 (1) : 73-81.

Willams J R, Dyke P T, Fuchs W W, et al. 1990. EPIC-erosion/productivity impact calculator: 2. User manual. Washington D. C. : US Department of Agriculture.

Wilson C H, Strickland M S, Hutchings J A, et al. 2018. Grazing enhances belowground carbon allocation, microbial biomass, and soil carbon in a subtropical grassland. Global Change Biology, 24 (7) : 2997-3009.

Wilson M C, Smith A T. 2015. The pika and the watershed: The impact of small mammal poisoning on the ecohydrology of the Qinghai-Tibetan Plateau. Ambio: A Journal of the Human Environment, 44 (1) : 16-22.

Wilson W. 1887. The study of administration. Political Science Quarterly, 2 (2) : 197-222.

Wischmeier W H, Smith D D. 1978. Predicting rainfall erosion losses—A guide for conservation planning. Washington D. C. Department of Agriculture, Science and Education Administration.

Woodroffe R, Hedges S, Durant S M, et al. 2014. To fence or not to fence. Science Australia, 344 (6179) :

46-48.

Wrage N , Velthof G L, van Beusichem M L, et al. 2001. Role of nitrifier denitrification in the production of nitrous oxide. Soil Biology and Biochemistry, 33(12-13): 1723-1732.

Wu G L, Du G Z, Liu Z H, et al. 2009. Effect of fencing and grazing on a Kobresia-dominated meadow in the Qinghai-Tibetan Plateau. Plant and Soil, 319(1-2): 115-126.

Wu G L, Liu Z H, Zhang L, et al. 2010.Long-term fencing improved soil properties and soil organic carbon storage in an alpine swamp meadow of Western China. Plant and Soil, 332(1-2): 331-337.

Wu J, Li M, Zhang X, et al. 2021. Disentangling climatic and anthropogenic contributions to nonlinear dynamics of alpine grassland productivity on the Qinghai-Tibetan Plateau. Journal of Environmental Management, 281: 111875.

Wu J, Yang P, Zhang X, et al. 2015. Spatial and climatic patterns of the relative abundance of poisonous vs. non-poisonous plants across the Northern Tibetan Plateau. Environmental Monitoring and Assessment, 187(8): 1-19.

Wu J, Zhang X, Shen Z, et al. 2013. Grazing-exclusion effects on aboveground biomass and water-use efficiency of alpine grasslands on the Northern Tibetan Plateau. Rangeland Ecology and Management, 66(4): 454-461.

Wu Q, Liu K, Song C, et al. 2018. Remote sensing detection of vegetation and landform damages by coal mining on the Tibetan Plateau. Sustainability, 10(11): 3851.

Wu X, Li Z S, Fu B J, et al. 2014. Restoration of ecosystem carbon and nitrogen storage and microbial biomass after grazing exclusion in semi-arid grasslands of Inner Mongolia. Ecological Engineering, 73: 395-403.

Wu X, Zhao L, Fang H, et al. 2016. Environmental controls on soil organic carbon and nitrogen stocks in the high-altitude arid Western Qinghai-Tibetan Plateau permafrost region. Journal of Geophysical Research: Biogeosciences, 121(1): 176-187.

Xia Z C, He Y, Yu L, et al. 2020a. Sex-specific strategies of phosphorus (P) acquisition in Populus cathayana as affected by soil P availability and distribution. New Phytologist, 225(2): 782-792.

Xia Z C, He Y, Zhou B, et al. 2020b. Sex-related responses in rhizosphere processes of dioecious Populus cathayana exposed to drought and low phosphorus stress. Environmental and Experimental Botany, 175: 104049.

Xiang S, Guo R, Wu N, et al. 2009. Current status and future prospects of Zoige Marsh in Eastern Qinghai-Tibet Plateau. Ecological Engineering, 35: 553-562.

Xie Y, Yang L, Zhu T, et al. 2018. Rapid recovery of nitrogen retention capacity in a subtropical acidic soil following afforestation. Soil Biology and Biochemistry, 120: 171-180.

Xiong D, Shi P, Sun Y, et al. 2014. Effects of grazing exclusion on plant productivity and soil carbon, nitrogen storage in alpine meadows in Northern Tibet, China. Chinese Geographical Science, 24(4): 488-498.

Xu B, Li B, Fu Q, et al. 2018. Effects of grazing exclusion on the grassland ecosystems of mountain meadows and temperate typical steppe in a mountain-basin system in Central Asia's arid regions, China. Science of the Total Environment, 630: 254-263.

Xu H J, Wang X P, Zhang X X. 2016. Alpine grasslands response to climatic factors and anthropogenic activities on the Tibetan Plateau from 2000 to 2012. Ecological Engineering, 92: 251-259.

Xu H J, Wang X P, Zhang X X. 2017. Impacts of climate change and human activities on the aboveground production in alpine grasslands: A case study of the source region of the Yellow River, China. Arabian Journal of Geosciences, 10(1): 1-14.

Xu J, Xiao Y, Xie G D. 2019. Analysis on the spatio-temporal patterns of water conservation services in Beijing. Journal of Resources and Ecology, 10(4): 362-372.

Xu X, Ouyang H, Cao G, et al. 2004. Uptake of organic nitrogen by eight dominant plant species in Kobresia meadows. Nutrient Cycling in Agroecosystems, 69(1): 5-10.

Yan Y C, Xu X L, Xin X P, et al. 2011. Effect of vegetation coverage on aeolian dust accumulation in a semiarid steppe of Northern China. Catena, 87(3): 351-356.

Yang L, Xia L C, Zeng Y, et al. 2022. Grafting enhances plants drought resistance: Current understanding, mechanisms, and future perspectives. Frontiers in Plant Science, 13: 1015317.

Yang Y, Hopping K, Wang G, et al. 2018. Permafrost and drought regulate vulnerability of Tibetan Plateau grasslands to warming. Ecosphere, 9(5): e02233.

Yao T D, Duan K Q, Xu B Q, et al. 2002. Temperature and methane records over last 2ka in Dasuopu ice core. Science in China: Series D, 45(12): 1068-1073.

Yao T D, Thompson L G, Mosbrugger V, et al. 2012. Third pole environment (TPE). Environmental Development, 3: 52-64.

Yao T, Piao S, Shen M, et al. 2017. Chained impacts on modern environment of interaction between Westerlies and Indian Monsoon on Tibetan Plateau. Bulletin of the Chinese Academy of Sciences, 32(9): 976-984.

Yoshitake S, Soutome H, Koizumi H, et al. 2014. Deposition and decomposition of cattle dung and its impact on soil properties and plant growth in a cool-temperate pasture. Ecological Research, 29(4): 673-684.

You Q Y, Xue X, Peng F, et al. 2014. Comparison of ecosystem characteristics between degraded and intact alpine meadow in the Qinghai-Tibetan Plateau, China. Ecological Engineering, 71: 133-143.

Youssef F, Visser S, Karssenberg D, et al. 2012. Calibration of RWEQ in a patchy landscape: A first step towards a regional scale wind erosion model. Aeolian Research, 3(4): 467-476.

Yu H, Ding Q, Meng B, et al. 2021. The relative contributions of climate and grazing on the dynamics of grassland NPP and PUE on the Qinghai-Tibet Plateau. Remote Sensing, 13(17): 3424.

Yu L F, Chen Y, Sun W J, et al. 2019. Effects of grazing exclusion on soil carbon dynamics in alpine grasslands of the Tibetan Plateau. Geoderma, 353: 133-143.

Yu L, Song M Y, Xia Z C, et al. 2019. Plant-plant interactions and resource dynamics of *Abies fabri* and *Picea brachytyla* as affected by phosphorus fertilization. Environmental and Experimental Botany, 168: 103893.

Yuan D, Hu Z, Yang K, et al. 2021. Assessment of the ecological impacts of coal mining and restoration in alpine areas: A case study of the Muli Coalfield on the Qinghai-Tibet Plateau. IEEE Access, 9: 162919-162934.

Yuan Z Q, Epstein H, Li G Y, et al. 2020. Grazing exclusion did not affect soil properties in alpine meadows in the Tibetan permafrost region. Ecological Engineering, 147: 105657.

Zadeh L. 1975. The concept of a linguistic variable and its application to approximate reasonin. Information Sciences, 8(3): 199-249.

Zaman M, Di H J, Cameron K C, et al. 1999. A field study of gross rates of N mineralization and nitrification and their relationships to microbial biomass and enzyme activities in soils treated with dairy effluent and ammonium fertilizer. Soil Use and Management, 15(3): 188-194.

Zedler J B. 2000. Progress in wetland restoration ecology. Trends in Ecology and Evolution, 15: 402-405.

Zeng Q C, Liu Y, Xiao L, et al. 2017. How fencing affects the soil quality and plant biomass in the grassland of the Loess Plateau. International Journal of Environmental Research and Public Health, 14(10): 1117.

Zhan Q Q, Zhao W, Yang M J, et al. 2021. A long-term record (1995-2019) of the dynamics of land desertification in the middle reaches of Yarlung Zangbo River basin derived from Landsat data. Geography Sustainability, 2(1): 12-21.

Zhang B J, Xiong D H, Tang Y F, et al. 2021. Land surface roughness impacted by typical vegetation restoration projects on aeolian sandy lands in the Yarlung Zangbo River valley, Southern Tibetan Plateau. International Soil Water Conservation Research, 10(1): 109-118.

Zhang B, Zhang Y, Wang Z, et al. 2021. Factors driving changes in vegetation in Mt. Qomolangma (Everest): Implications for the management of protected areas. Remote Sensing, 13(22): 4725.

Zhang G L, Zhang Y J, Dong J W, et al. 2013. Green-up dates in the Tibetan Plateau have continuously advanced from 1982 to 2011. Proceedings of the National Academy of Sciences of the United States of America, 110(11): 4309-4314.

Zhang J, Jia L, Menenti M, et al. 2021. Interannual and seasonal variability of glacier surface velocity in the Parlung Zangbo Basin, Tibetan Plateau. Remote Sensing, 13(1): 80.

Zhang S, Jiang H, Zhao H X, et al. 2014. Sexually different physiological responses of populus cathayana to nitrogen and phosphorus deficiencies. Tree Physiology, 34(4): 343-354.

Zhang S, Tang D T, Korpelainen H, et al. 2019. Metabolic and physiological analyses reveal that Populus cathayana males adopt an energy saving strategy to cope with phosphorus deficiency. Tree Physiology, 39(9): 1630-1645.

Zhang S, Zhou R, Zhao H X, et al. 2016. iTRAQ-based quantitative proteomic analysis gives insight into sexually different metabolic processes of poplars under nitrogen and phosphorus deficiencies. Proteomics, 16(4): 614-628.

Zhang T, Cao G, Cao S, et al. 2016. Dynamic assessment of the value of vegetation carbon fixation and oxygen release services in Qinghai Lake basin. Acta Ecologica Sinica, 37(2): 79-84.

Zhang W N, Wang Q, Zhang J, et al. 2020. Clipping by plateau pikas and impacts to plant community. Rangeland Ecology and Management, 73(3): 368-374.

Zhang X Z, Wang X D, Gao Q Z, et al. 2016. Research in ecological restoration and reconstruction technology for degraded alpine ecosystem, boosting the protection and construction of ecological security barrier in

Tibet. Acta Ecologica Sinica, 36(22): 7083-7087.

Zhang X, Liu H, Baker C, et al. 2012. Restoration approachesused for degraded peatlands in Ruoergai (Zoige), Tibetan Plateau, China, for sustainable land management. Ecological Engineering, 38: 86-92.

Zhang X B, Higgitt D L, Walling D E. 1990. Apreliminary assessment of the potential for using cesium-137 to estimate rates of soil-erosion in the Loess Plateau of China. International Association of Scientific Hydrology Bulletin, 35(3): 243-252.

Zhang X B, Walling D E, Feng M Y, et al. 2003. Pb-210(ex) depth distribution in soil and calibration models for assessment of soil erosion rates from Pb-210(ex) measurements. Chinese Science Bulletin, 48(8): 813-818.

Zhang Y X, Feng L H, Jiang H, et al. 2017. Different proteome profiles between male and female populus cathayana exposed to UV-B radiation. Frontiers in Plant Science, 8: 13.

Zhang Y Y, Zhao W Z. 2015. Vegetation and soil property response of short-time fencing in temperate desert of the Hexi Corridor, Northwestern China. Catena, 133: 43-51.

Zhang Y, Hu Z, Qi W, et al. 2016. Assessment of effectiveness of nature reserves on the Tibetan Plateau based on net primary production and the large sample comparison method. Journal of Geographical Sciences, 26(1): 27-44.

Zhang Y, Xie Y, Ma H, et al. 2020. Rebuilding soil organic C stocks in degraded grassland by grazing exclusion: A linked decline in soil inorganic C. PeerJ, 8: e8986.

Zhang Y, Zhang C, Wang Z, et al. 2016. Vegetation dynamics and its driving forces from climate change and human activities in the Three-River source region, China from 1982 to 2012. Science of the Total Environment, 563: 210-220.

Zhao H D, Liu S L, Dong S K, et al. 2015. Analysis of vegetation change associated with human disturbance using MODIS data on the rangelands of the Qinghai-Tibet Plateau. Rangeland Journal, 37(1): 77-87.

Zhao X Q, Zhao L, Xu T W, et al. 2020. The Plateau Pika has multiple benefits for alpine grassland ecosystem in Qinghai-Tibet Plateau. Ecosystem Health and Sustainability, 6(1): 1750973.

Zhao X Q, Zhou X M. 1999. Ecological basis of alpine meadow ecosystem management in Tibet: Haibei alpine meadow ecosystem research station. Ambio: A Journal of the Human Environment, 28(8): 642-647.

Zhao Z L, Zhang Y L, Liu L S, et al. 2015. Recent changes in wetlands on the Tibetan Plateau: A review. Journal of Geographical Sciences, 25(7): 879-896.

Zhou J Q, Zhang F G, Huo Y Q. 2019. Following legume establishment, microbial and chemical associations facilitate improved productivity in deg raded grasslands. Plant and Soil, 443: 273-292.

Zhou Z, Takaya N, Sakairi M, et al. 2001. Oxygen requirement for denitrification by the fungus Fusarium oxysporum. Archives of Microbiology, 175(1): 19-25.

Zhu Z C, Piao S L, Myneni R B, et al. 2016. Greening of the Earth and its drivers. Nature Climate Change, 6(8): 791-795.

Zhuang Q, He J, Lu Y, et al. 2010. Carbon dynamics of terrestrial ecosystems on the Tibetan Plateau during the 20th century: An analysis with a process-based biogeochemical model. Global Ecology and Biogeography, 19(5): 649-662.